“十二五”普通高等教育本科国家级规划教材

Fenzi Yichuanxue

分子遗传学

MOLECULAR GENETICS

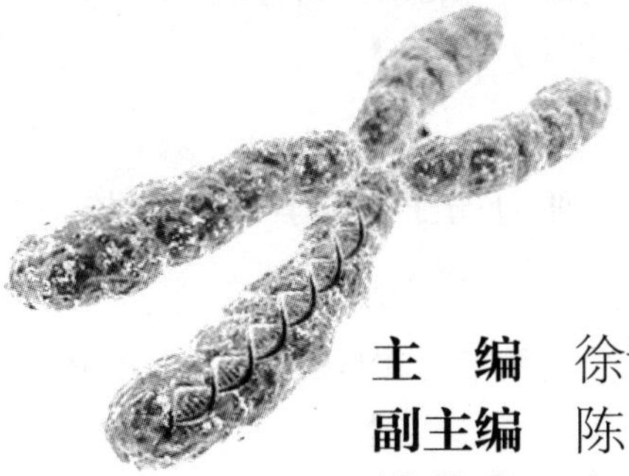

主　编　徐晋麟

副主编　陈　峰

编著者　（按姓氏拼音排序）

陈　淳　陈　峰　庞小燕

徐晋麟　徐　沁　赵耕春

高等教育出版社·北京

内容提要

本书为“十二五”普通高等教育本科国家级规划教材，共10章，内容以中心法则为纲，由浅入深地阐明DNA的结构、复制、转录、加工、翻译及调控。此处还介绍了损伤与修复、基因突变、重组、转座、发育和分子进化。每章后附有习题。

本书内容新颖，纳入了近年的一些新发现、新理论和新成果。本书在介绍每项成果时，着重介绍发展的过程，以期使读者受到启迪，贯彻“授人以渔”的理念。本书文字流畅，插图丰富，资料翔实，力图达到图文并茂。

本书可供综合、师范、农林、医学院校生命科学相关专业的本科生和研究生使用，也可供相关专业的教师及科研人员参考。

图书在版编目（CIP）数据

分子遗传学 / 徐晋麟主编. —北京：高等教育出版社，2011.6（2020.8重印）

ISBN 978-7-04-032463-1

Ⅰ.①分… Ⅱ.①徐… Ⅲ.①分子遗传学-高等学校-教材 Ⅳ.①Q75

中国版本图书馆CIP数据核字（2011）第128805号

策划编辑 王 莉　　责任编辑 高新景　　封面设计 赵 阳　　责任绘图 尹 莉

责任校对 杨雪莲　　责任印制 耿 轩

出版发行 高等教育出版社
社 址 北京市西城区德外大街4号
邮政编码 100120
印 刷 北京市密东印刷有限公司
开 本 889×1194 1/16
印 张 23.5
字 数 720 000
购书热线 010-58581118
咨询电话 400-810-0598
网 址 http://www.hep.edu.cn
http://www.hep.com.cn
网上订购 http://www.landraco.com
http://www.landraco.com.cn
版 次 2011年6月第1版
印 次 2020年8月第4次印刷
定 价 46.00元

物料号 32463-A0

前　言

分子遗传学是在分子水平研究基因结构与功能的遗传学分支学科，是体外重组技术的重要理论基础，也是生命科学最为活跃的领域之一。这门课程于20世纪80年代起在国内一些高等院校陆续开设，随之出版了各具特色的教材。其中最具有影响力的是两本教材，一本是1998年由复旦大学盛祖嘉和沈仁权教授编著的《分子遗传学》，另一本是孙乃恩等1990年编写出版的《分子遗传学》。前者颇具特色，并不按照一般的思路编写，而是从基因组展开，资料丰富，内容深入，数据翔实，论述严谨，比较适合于研究生使用；后者是以B. Lewin的*GENES Ⅱ*（1985，第2版）、J. D. Watson等的*Molecular Biology of the Gene*（1987，第4版）和D. Freifelder的*Molecular Biology*（1983）3本名著为基础编写而成，文字流畅，内容翔实系统，一度成为国内高校普遍采用的教材。如今*GENES Ⅹ*已于2010年出版，2005年的*Molecular Biology of the Gene*（第5版）中译本也已问世，这些书的内容和以前相比，可谓面目全非，而孙乃恩等编写的教材仍未能更新，实是可惜。

生命科学发展之快令人目不暇接，作为生命科学前沿学科的分子遗传学更是日新月异。为了适应学科的发展，我和同事们参考了B. Lewin的名著*GENES Ⅸ*，著名科学家J. D. Watson等著的*Molecular Biology of the Gene*（第5版）及近年来出版的相关书籍和文章，同时在我们编写的《现代遗传学原理》（2005，第2版）基础上，将分子遗传学部分独立出来，去粗取精，吐故纳新，纳入近年来的新成果、新理论、新技术和新概念，编成《分子遗传学》，以期为读者提供更新、更丰富的内容。

本书共分10章，70余万字，450余幅插图，以期达到图文并茂，适合54～72学时教学使用。为了使读者更好地掌握基础知识和基本理论，每章后附有习题。

由于水平有限，书中内容难免有疏漏之处，希望读者不吝赐教，以便更正。在编写的过程中，我们得到了高等教育出版社王莉、高新景编辑的支持和帮助，对他们的辛勤劳动表示衷心的感谢。

作　者

2011年3月

目　录

绪　论

分子遗传学(molecular genetics)是在分子水平研究基因的结构与功能的遗传学分支学科。分子遗传学主要研究遗传物质的化学本质、DNA 复制、基因的表达与调控、DNA 的重组、细胞间遗传信息的横向转递、DNA 的损伤与修复及进化等分子机制。分子遗传学研究的对象是从微生物到人类,其早期研究都以微生物为材料,而现在研究的重点已转移到真核生物,特别是植物和人类。

一、分子遗传学研究方法

分子遗传学的研究方法和经典遗传学的大不相同(表 1)。经典遗传学(1900—1953 年)是以杂交为主要实验方法,通过观察比较生物体亲代和杂交后代的性状变化,进行数量分析,从而了解与生物性状相关的基因及其突变与传递的规律。这是遗传学的杂交分析时代,即从生物体的性状改变来认识基因,是谓正向遗传学(forward genetics)。从 20 世纪 50 年代以后,分子遗传学脱颖而出,急剧地演变为运用物理学和化学的原理和实验技术,在分子水平上揭示基因的结构和功能,以及两者之间的关系,即从基因的结构出发来认识基因的功能,故称之为反向遗传学(reverse genetics)。

表 1　分子遗传学和经典遗传学之间的差异

	分子遗传学	经典遗传学
研究的目标	基因的结构和功能	遗传信息纵向传递的规律
研究的层次	分子水平	染色体水平
研究的策略	反向遗传(基因→表型)	正向遗传(表型→基因)
研究的方法	理化实验和 DNA 的构象分析	杂交,镜检和统计分析
主要理论基础	双螺旋模型,一基因一酶学说,顺反子,操纵子模型,中心法则,遗传密码和信息论	分离法则,自由组合法则,连锁法则和概率论

分子遗传学的研究方法主要有下面几种。

(一) 建立模型

根据观察到的现象或获得的实验结果建立一种模型来加以解释,以揭示其分子机制。例如,双螺旋模型、操纵子模型等。

(二) 理化实验和构象分析

分子遗传学几乎完全不采用杂交和统计分析方法,而是常用 DNA(或 RNA)的抽提、分离、纯化、测序、酶切、电泳、分子杂交、定点突变、体外扩增(PCR)、体外表达和基因打靶等理化实验方法。在对 DNA 大分子结构的研究中还经常应用电子显微镜技术。在对某些调节因子及酶的结构分析中也常用 X 射线衍射技术。基因组学问世后,生物信息学也成为分子遗传学中某些领域(如分子进化)常用的方法。

二、经典遗传学和分子遗传学

经典遗传学揭示了遗传信息纵向传递的规律，为分子遗传学打下基本的理论基础，同时也提供了更为深入的研究线索。分子遗传学就沿着这些线索，由表及里探寻相应的分子机制。分子遗传学是经典遗传学的延伸、深入和升华。例如，1938 年 M. M. Rhoades 首次发现**不稳定突变等位基因**(unstable mutant allele)，即一种回复突变率很高的等位基因。1951 年 McClintock 在此基础上提出转座(transposition)和跳跃基因(jumping gene)，进一步解释了不稳定突变等位基因的本质。1969 年 J. A. Shapiro 在 *E. coli* 中发现了转座因子(transposable element)，并建立了转座的 Shapiro 模型，从分子水平解释了转座的机制(见第九章)。

1940 年 C. P. Oliver 首次报道了**基因内重组**(intragenic recombination)的现象。他发现位于果蝇 X 染色体上菱形眼(lozenge)基因座的两个隐性等位基因"眼镜眼"(spectacle eye)基因(lz^s)和"玻璃眼"(glassy eye)基因(lz^g)，它们被认为是一对等位基因，即同一个基因的不同形式。这个资料被用于 X 染色体上同一个基因座的作图。它们有着相似的眼突变表型，杂合体(lz^s/lz^g)雌性也表现为菱形眼。当用 lz^s/lz^g 雌蝇与 lz^s 或 lz^g 雄蝇交配，并检查了大量后代时，发现有 0.2% 的个体具有正常的野生型眼。野生型的产生可解释为 lz^s 或 lz^g 基因发生了回复突变，但有两点理由可充分地否定此解释：①在菱形眼的雄果蝇中 lz^s 或 lz^g 基因的回复突变率远低于 0.2%；②在菱形基因座两侧带有遗传标记的 lz^s/lz^g 杂合体雌蝇中，极少的后代具有野生型眼，这些雌蝇 X 染色体上的 lz^+ 基因侧翼标记总是发生重组。而且当 lz^s 和 lz^g 两个基因之间发生交换时，侧翼标记总是发生相同的重组(图 1)。在这些后代中侧翼标记(A,b)绝不会同时出现在一条染色体上。Oliver 认为这些野生型等位基因的出现是由于在菱形眼基因座内发生了交换的结果。但 Oliver 不能鉴别这种双突变，是由于他不能识别来自亲本的单个表型。鉴别野生型后代和由于在菱形基因中发生交换而产生的双突变染色体的变型，这些突变型是在菱形基因座的两侧的一些位点发生了突变。M. M. Green 称这些突变位点为侧翼标记(flanking marker)。如果交换发生在菱形眼基因座内，就会产生一个侧翼标记发生重组的染色体，并且在野生型基因 lz^+ 附近出现固定的标记。例如，在 lz^s/lz^g 杂合体雌性 X1 染色体的菱形眼基因座附近带有重组侧翼标记，则野生型后代 X 染色体应在菱形眼基因座发生基因内重组，也就是说 lz^+ 始终是伴随着侧翼标记的重组而发生。M. M. Green 使用了许多对这样的侧翼标记，实验结果均与预期相符，这充分地说明 lz^s 和 lz^g 是位于基因座的不同位置上，lz^+ 染色体的产生是由于在 lz^s 和 lz^g 两个突变位点之间发生了交换。这项研究的结果首次表明基因要比"念珠"复杂得多。研究揭示基因是可分的，它含有的位点通过交换是可以分开的。

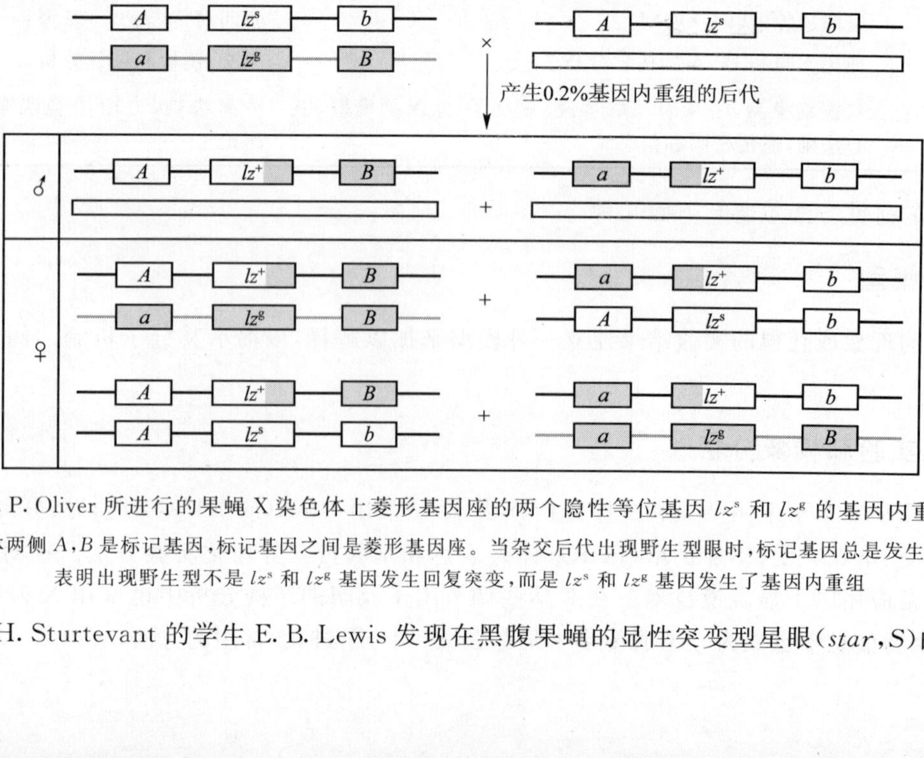

图 1 C. P. Oliver 所进行的果蝇 X 染色体上菱形基因座的两个隐性等位基因 lz^s 和 lz^g 的基因内重组实验

染色体两侧 A,B 是标记基因，标记基因之间是菱形基因座。当杂交后代出现野生型眼时，标记基因总是发生重组，表明出现野生型不是 lz^s 和 lz^g 基因发生回复突变，而是 lz^s 和 lz^g 基因发生了基因内重组

1942 年 A. H. Sturtevant 的学生 E. B. Lewis 发现在黑腹果蝇的显性突变型星眼(*star*,S)的杂合体(S/+)

具有比野生型稍小的复眼，而隐性突变型星眼（*asteroid*，*ast*）的纯合体（*ast*/*ast*）的复眼更小。这两个突变型基因都在 2 号染色体上，在唾腺细胞的 2 号染色体上占有两条并列的显著横纹，相距 0.02 图距单位。这两个基因的顺式构型（＋＋/*S ast*）果蝇的复眼几乎和野生型的一样，而反式构型（＋*ast*/*S*＋）的果蝇则具有较小的突变型复眼。这个结果用星眼（*star*，*S*）突变的不完全显性是难以解释的。随后 E. B. Lewis 用两个眼色突变（白色眼 *w* 和杏色眼 *apr*）又进行了相似的实验，而获得了容易解释的结果。*apr*（现称为 w^a）和 *w* 是果蝇 X-连锁隐性突变基因，*apr* 的纯合体为杏色眼，*w* 的纯合体为白色眼，与之相对的是野生型红色眼（w^+）。Lewis 于 1942 年报道杂合体（*apr*/*w*）雌蝇绝大部分为淡杏色眼，但也有很少的红色眼的子代，这些红眼子代带有重组（*apr* w^+）的染色体。Lewis 能鉴别出那些 *apr w* 交互重组基因型的子代。他观察到 *apr w* 突变之间的重组率为 0.03%，显然 *apr* 和 *w* 是可以通过重组而分开的。依照经典的基因概念，*apr* 和 *w* 不是一对等位基因。当 Lewis 获得的基因型为 *apr w*/apr^+ w^+ 果蝇时，眼为红色，就像野生型果蝇的眼色；当获得的基因型为 apr^+ *w*/*apr* w^+ 果蝇时，眼为淡杏色（图 2）。两种基因型都含有相同的突变型和野生型的遗传信息，但排列不同。当两个突变基因在染色体上呈顺式排列时，表型为野生型，反式排列表型为突变型，这种因排列方式不同而表型不同的现象被 E. B. Lewis 称为**顺反位置效应**（*cis-trans* position effect），又称为位置拟等位基因。在此基础上，1955 年 S. Benzer 用细菌为实验材料，提出了"顺反子"概念，使基因的概念从"经典"走向了"现代"。

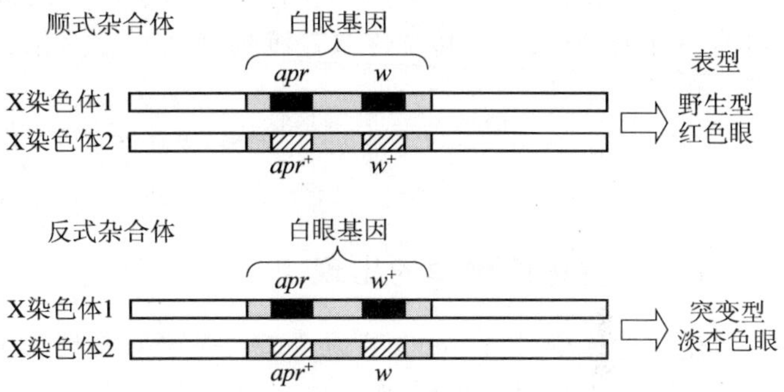

图 2　E. B. Lewis 进行的顺反位置效应实验

apr 为杏色眼基因，*w* 为白色眼基因。这两个基因连锁在 X 染色体上

三、分子遗传学和分子生物学

分子遗传学主要的研究对象是核酸，而分子生物学是在分子水平研究大分子（蛋白质、核酸和多糖）的结构和功能。那么分子生物学是否涵盖了分子遗传学？回答是否定的。虽然分子生物学也涉及核酸，但研究的深度远不及分子遗传学。而分子遗传学的研究领域同样也涉及蛋白质，但不是所有的蛋白质，而是和基因的结构、功能及表达紧密相关的一些蛋白质，如 DNA 聚合酶、RNA 聚合酶和一些表达调控因子等。因此可以说，分子生物学和分子遗传学各有侧重。分子生物学早期的研究主要是利用物理和化学的方法来研究大分子的结构。例如，1938 年 W. T. Astburu 和 F. D. Bell 首次发表脱氧核糖核酸的 X 射线衍射研究。同年 J. D. Bernal 等发表胰蛋白酶和血红蛋白的 X 射线衍射研究。1949 L. Pauling 等证明 H^S 基因产生异常血红蛋白，并提出了"分子病"的新概念。1951 年 L. Pauling 和 R. B. Corey 对蛋白质的结构提出了 α 螺旋模型。1955 年 F. Sanger 和他的 5 位同事首次报道一种蛋白质的一级结构，显示胰岛素含有两条多肽链，通过二硫键相连接。1955 年 D. W. Green 等用 X 射线衍射晶体分析研究了血红蛋白的结构。1957 年 J. C. Kendrew 等用 X 射线衍射建立了肌红蛋白分子的三维结构模型等。同年 F. Sanger 和 H. Tuppy 用纸层析首次分析了胰岛素的苯丙氨酰氨基链的氨基酸序列。

四、分子遗传学的起源与发展

分子遗传学的形成含有 4 项重要的基石：那就是遗传物质的分子结构、适合分子遗传学的基因概念、操纵子模型的建立和遗传密码的破译。分子遗传学的发展是一个逐步的过程，遗传学的发展史为分子遗传学的形成画出了一条清晰的轨迹（图 3）。即从经典遗传学发展到生化和微生物遗传，并在此基础上发展成分子遗传学。科学的发展是历史的必然，但某些偶然的因素也成了重要的促进剂。1944 年，量子力学创始人之一的奥地利物理学家、诺贝尔物理学奖（1933 年）得主 E. Schrödinger 出版了《生命是什么》一书，通俗系统地介绍了遗传学的基本定律；提出基因能够逐代传递而保持不变是因为"携带它们的染色体是一种非周期晶体"的观点。

他认为这种非周期晶体是由少量的同分异构单体的连续体所组成，再由这种“连续体”组成了遗传密码。他用民用电报的莫尔斯电码中“滴”(·)和“答”(一)两个符号的排列组合来解释遗传密码可能具有的极大信息量。另外他指出：“有机化学家在研究越来越复杂的分子时，已经十分接近于那种‘非周期晶体’了，依我看来，那正是生命的物质载体。因此，有机化学家对生命问题已作出了重大贡献，而物理学家却几乎毫无作为，也就不足为奇了”，并号召物理学家通过遗传学研究来发现“新的物理学定律”。在 E. Schrödinger 的激励和鼓动下，一些年轻的物理学家离开了他们自己的专业，而进入到遗传学这个新的研究领域中。例如，建立 DNA 双螺旋模型的著名科学家 F. H. C. Crick，他将 DNA 制备成晶体进行 X 射线分析；获得清晰的 DNA 射线照片的 R. E. Franklin 和 M. Wilkins，证实噬菌体的遗传重组的 M. Delbrück 等都是来自物理学“阵营”的科学家。这些物理学家的加盟虽然并没有发现新的物理学定律，却引发了一场生命科学的革命，真可谓“忽如一夜春风来，千树万树梨花开”。物理学家们将物理学的思维方式带到了遗传学中，改变了传统生物学家那种“观察、描述和归纳”的研究模式。遗传学逐步过渡到“实验、建模和演绎”的分子遗传学时代。

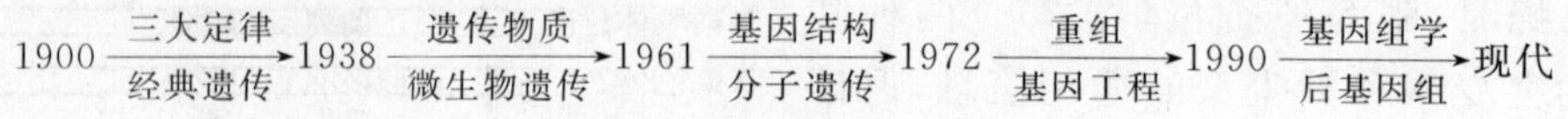

图 3　分子遗传学的发展轨迹

(一) 生化遗传学的出现

生化遗传学(biochemical genetics)是研究基因或基因组在细胞和/或机体代谢过程中的作用及其规律的遗传学分支学科，始于 20 世纪初。1902 年英国医生 A. Garrod 通过对**尿黑酸尿**(alkaptonuria，AKU)、白化病、胱氨酸尿症和戊糖尿症 4 种代谢疾病的研究，首次提出了“先天性代谢缺陷”的概念，建立了“一个突变基因一个代谢障碍”(one mutant gene-one)的观点。1941 年 G. W. Beadle 和 E. L. Tatum 创立了一种研究代谢途径遗传控制的新方法，即用 X 射线处理，诱发脉孢菌发生突变，用选择性培养基加以鉴别，通过大量的实验将“一个突变基因一个代谢障碍”的概念发展为“**一基因一酶**”(one gene-one enzyme)学说。此学说首先阐明了基因是通过对酶的控制来决定性状的，对以后基因的结构和功能的研究产生了深远的影响，对分子遗传学的诞生起了“助产”的作用。在这个阶段还未能在分子水平上研究基因的结构和功能。

(二) 微生物遗传学的兴起

经典遗传学一般是以真核生物为材料(如豌豆、果蝇和玉米等)，以杂交的方式来研究基因纵向传递的规律。而微生物遗传学的显著特点之一是以微生物为材料，但也常以杂交的方式进行研究；特点之二是多研究遗传信息的横向传递，如转化、转导、接合、转染和性导等。1928 年 F. Griffith 发现肺炎链双球菌(*Streptococcus pneumoniae*)的转化现象。1944 年，O. T. Avery 等通过体外实验揭示了肺炎链双球菌遗传物质转化的实质，并证明遗传物质是 DNA，而不是蛋白质。1943 年 S. E. Luria 和 M. Delbrück 论证抗性突变是细菌的固有特征，是通过试剂选择出来的，而不是被试剂诱变而产生的。1946 年 J. Lederberg 和 E. L. Tatum 发现了细菌的遗传重组。1952 年 J. Lederberg 和 N. D. Zinder 发现了广泛性转导现象。同年 A. D. Hershey 和 M. Chase 用标记噬菌体感染实验再次证实遗传物质是 DNA，而不是蛋白质。1955 年 S. Benzer 用微生物进行实验，建立了染色体的精细作图方法和互补测验，提出了“**顺反子**”(cistron)概念。顺反子的提出对分子遗传学的产生意义重大，因为顺反子突破了经典遗传学中“基因”的概念，认为基因仅是一个遗传的“功能单位”，而不是“重组单位”和“突变单位”。也就是说，基因内部是可以重组的，最小的重组单位和突变单位是碱基，而不是基因。

微生物遗传学的产生和发展为分子遗传学的产生铺平了道路，但它并不能代替分子遗传学，分子遗传学的研究材料、方法和着眼点和微生物遗传学都是不同的。

(三) 分子遗传学的诞生

1953 年 J. D. Watson 和 F. H. C. Crick 建立了 DNA 双螺旋模型，这为分子遗传学奠定了最为重要的基础，但从整体而言，当时还处在微生物遗传学时期，因为此时遗传密码尚未破译，还难以从分子水平来研究基因的结构和功能。其实早在1938年W. T. Astburu和F. D. Bell就已发表脱氧核糖核酸的X射线衍射研究结果，并为DNA的结构提出了框架。但我们不能认为1938年就已经产生了分子遗传学。同样的道理，在1951年B. McClintock就首先发现了玉米中的转座因子。她的实验方法是比较经典的，但其结论是分子水平的。正是由于当时仍处于微生物遗传学时期，人们对“基因”的认知尚未能达到分子水平，所以才将B. McClintock的发现视为“天方夜谭”，将她看成“另类”。也正因为如此，现在人们公认B. McClintock的伟大发现是超时代的。

将20世纪60年代作为分子遗传学时期的开始比较合适。这一时期的成果主要有：1958 F. H. C. Crick提出中心法则，确定了基因流的方向，也成为分子遗传学研究内容的“纲”。1961年法国的F. Jacob和J. Monod提出了操纵子模型，使人们认识到基因的表达是受到调控的。而在经典遗传、生化遗传和微生物遗传时期都未涉及基因的调控。同年F. H. C. Crick、L. Barrett和S. Brenner等证实了遗传密码为“三联密码”。接着，1964年又由美国遗传学家C. Yanofsky等确定大肠杆菌色氨酸合成酶的基因和蛋白产物的共线性。同年英国的R. Holliday提出DNA重组的“Holliday”模型。此后真核生物的分子遗传学研究才逐渐开展起来。1965—1967年美国的M. W. Nirenberg和H. G. Khorana先后通过“三联体结合实验”和“重复共聚物实验”破译了除终止密码子以外的全部有义密码子，解决了遗传密码问题。这一阶段起才真正进入了分子遗传学时期。

以上可以看出分子生物学的产生要略早于分子遗传学，但两者并不是从属的关系，而是并驾齐驱，相互交叉。

(四) 分子遗传学的发展趋势

分子遗传学并不是遗传学发展的“尽头”。随着社会的进步，分子遗传学的发展有以下几种趋势。

1. 由纯理论向应用方向发展

在20世纪60年代后期，分子遗传学领域已是硕果累累，成就辉煌。1961法国巴斯德研究所的F. Jacob和J. Monod建立操纵子模型。1962年瑞士的W. Arber提出限制与修饰假说来解释宿主对噬菌体生长的限制。1965—1967年美国国立卫生研究院的M. W. Nirenberg和威斯康星大学的H. G. Khorana分别破译了全部有义密码子。1966年B. Weiss和C. C. Richardson就已经分离了DNA连接酶，这就可以对DNA进行体外加工了。1968年，H. O. Smith等分离出第一个限制性核酸内切酶。这些成果也为基因工程的诞生铺平了道路。理论研究向应用转移也是社会发展的需要，是人类对自然科学研究的期盼。但分子遗传学从科学理论转化为生产力的周期之短，速度之快，成果之显著令人惊叹。1972年美国斯坦福大学的P. Berg等将猿猴病毒(SV40)的DNA和噬菌体λ的DNA进行体外重组，开创了体外重组之先河。1972年加州大学的H. W. Boyer等就在研究限制性核酸内切酶*Eco* RⅠ，并鉴别了λ噬菌体DNA中被特异的核酸内切酶所识别的核苷酸序列。斯坦福大学的S. N. Cohen等证明大肠杆菌能接纳环状质粒DNA分子，并利用质粒所携带的抗生素抗性基因来筛选细菌的群落中的转化株。1973年，S. N. Cohen和H. W. Boyer等人，用限制性核酸内切酶*Eco* RⅠ切割含有抗四环素基因的质粒pSC101和来自鼠伤寒沙门氏菌的质粒RSF1010(带有抗链霉素和磺胺基因)，用连接酶进行拼接，构建成一个新的DNA分子即杂种质粒。用它转化大肠杆菌后，转化子既抗四环素，又抗链霉素，从而首次建立了基因工程技术。1974年他们又将非洲爪蟾的DNA切成片段，连接到质粒pSC101中并转移到大肠杆菌中，又将基因工程技术向前推进了一大步。此时分子遗传学进入了应用的时代。一个新的“基因工程”时代展现在人们的眼前，它既给人们带来了惊奇、兴奋和希望，同时也到来了惶恐、争议和不安。

基因工程的发展更为神速，1985年美国的R. L. Brinster等成功地将人类生长激素基因(*HGH*)转移到侏儒品系小鼠的受精卵中，使侏儒型小鼠长成了巨鼠。1986年M. A. DeLuca首先将萤火虫的荧光素酶基因*luc*(luciferase gene)转到烟草中并表达。1996年7月英国的I. Wilmut和K. Campbell等首次成功地进行体细胞克隆，产生一头克隆羊——多莉(见第九章)，这震惊了全世界，并掀起了动物体细胞克隆的新高潮。如今科学家们已成功地克隆了多种哺乳动物。

将克隆技术应用于人类，主要体现在两个方面：一是“**生殖克隆**”（reproductive cloning），也就是俗称的“克隆人”；二是“**医疗克隆**”（therapeutic cloning），即运用胚胎克隆技术产生干细胞，并且通过培养、分化，获得人类医疗所需要的组织和器官，用于预防和医治一些先天性遗传缺陷等疾病和器官移植，可以救治很多人的生命。我国政府表示支持“医疗克隆”，反对“生殖克隆”。

体细胞克隆技术的诞生也促进了干细胞的研究。2007 年 3 月美国内华达大学的专家们就培育出世界上首只人兽细胞混种羊。希望“混合器官”逐步提高人体化，而用于人体器官移植。2007 年 8 月英国成为首个批准人兽混合胚胎研究的国家。科学家宣称一旦胚胎细胞混合成功，他们会从中提取干细胞，用于组织器官的培养。2006 年 3 月，日本京都大学的山中伸弥（Shinya Yamanaka）领导的研究小组在小鼠尾部细胞中插入一个四基因联合体，成功得到了类胚胎干细胞。

2007 年 6 月 Yamanaka、麻省理工学院的 R. Jaenisch 及哈佛大学的 K. Hochedlinger 领导的 3 项研究，改进了导入 4 种基因的载体及 iPCs 的选择标记，并且证实了利用小鼠表皮细胞制得的**诱导多能性干细胞**（induced pluripotent cells，iPCs），具有类似胚胎干细胞（ES）的功能，有分化成各种组织的潜力。

2007 年 11 月 21 日，《细胞》和《科学》杂志同时分别发表了 Shinya Yamanaka 等和美国威斯康星大学的 J. A. Thomson 和 Junying Yu（俞群英）的科学论文，宣告人类首次以非克隆技术将人类的皮肤细胞培养成人体干细胞。

2. 由分子遗传学向基因组学和系统生物学方向转移

分子遗传学就其方法论来说是属于还原论的范畴。所谓“还原论”（reductionism）是 17 世纪法国物理学家笛卡尔（Rence Descartes）提出的，他认为如果一件事物过于复杂，以至于一下子难以解决，那么就可以将它分解成一些足够小的问题，分别加以分析，然后再将它们组合在一起，就能获得对复杂事物的完整、准确的认识。还原论是一种“认识论”和“方法论”，对现代科学的发展起到了深远的影响。在这种思想的指导下，自然科学包括近代力学、物理学和生命科学都取得了巨大的成功，但科学发展到目前这个阶段，还原论的局限性也随之凸显出来。在生命科学的研究中表现尤为明显。1986 年因发现肿瘤病毒而获得 1975 年诺贝尔医学奖的美国科学家 R. Dulbecco 在《科学》上发表了题为《癌症研究的转折点：测序人类基因组》的文章，他回顾了 1970 年以来肿瘤研究的状况，认为人们花费了近 20 年的时间研究癌的发生，发现了约 100 个癌基因和近 20 个抑癌基因，取得了一定的成绩，但对癌的发生、演进、侵袭和转移的机制仍未弄清；看来要彻底阐明癌症，研究单个的癌基因是不够的，必须对人体细胞的基因组进行测序，研究基因间的相互关系和作用才能达到目的。于是他提出了对人类基因组进行全序列测定的建议。这个建议的本身就反映科学家们已认识到还原论的局限性，认识到生物体是一个复杂系统。从整体的角度，综合分析并充分理解组成生命体各部分的相互作用方式，才是破解生命之谜的真正途径。2001 年 9 月哈佛大学医学院的细胞生物学家 S. Rothman 出版了《还原论的局限：来自活细胞的训诫》（*Lessons from the living cell：the limits of reductionism*）一书，系统地批判了生命科学中“还原论”的方法论。

“系统论”（system theory）是奥地利科学家 L. von Bertalanffy 在 1969 年提出的。系统论的核心思想是系统的整体观念。Bertalanffy 指出，任何系统都是一个有机的整体，它不是各个部分的机械的组合或简单的加积，系统的整体功能是各要素在孤立状态下所不具有的新功能。系统中的任何一部分从整体中分离出来后，它所显示的功能与在系统中的发挥的作用可能不完全相同。例如，白介素 2（IL-2）在体外可以刺激 T 细胞的生长，故旧称 T 细胞生长因子。科学家利用基因敲除技术去除小鼠基因组中的 *IL-2* 基因后，预期这种小鼠 T 细胞的数量与功能将明显下降。但结果却完全相反，*IL-2* 基因敲除小鼠表现为 T 淋巴细胞大量增殖。这说明 *IL-2*在体外所显示的功能与在体内细胞因子网络中的作用是不完全相同。现已知道 IL-2 在体内除了具有刺激 T 细胞的生长的功能以外，还具有促进 T 细胞凋亡的功能，但在体外其单独是表现不出这种功能的。因此，一般来说系统的整体功能要大于部分功能之和。

系统论的基本思想方法就是把所研究和处理的对象，当做一个系统，分析系统的结构和功能，研究系统、要素、环境三者的相互关系和变动的规律性。

目前,进一步揭示"还原论"的局限性,以达到在科学方法论上对还原论的超越是必要的。但是,这种超越不是简单地否定和抛弃,还原论对于近代科学的发展是起了不可磨灭的作用。对于认识一个事物,一开始便从整体出发,可能难以揭开内在的奥秘。孟德尔正是从"遗传因子"着手才建立了遗传学的基本理论,而他的先驱者虽然也进行了植物的杂交实验,但都是从整体出发而不得要领。但是到了现阶段,人们已经了解了很多基因的结构和功能,那么就应当进一步从整体的视角了解基因与基因、基因与蛋白质、蛋白质与蛋白质之间的相互作用规律。从而出现了基因组学、蛋白质组学,以及其他的各种"组学",这也促进了系统生物学的诞生。系统生物学(system biology)是研究一个生命系统中所有组成成分(基因、mRNA和蛋白质等)的构成,以及在特定条件下这些组分间的相互关系的学科。

3. 开拓核酸以外的遗传信息

从20世纪初,遗传学基本原理被大家广为接受以来,人们就一直坚定地认为,遗传信息仅储存在DNA或RNA中。随着遗传学深入研究和迅速的发展,科学家们发现很多用遗传学原理无法解释的现象而感到困惑。例如,马、驴正交和反交的后代表型差别较大;同卵双生子具有完全相同的基因组,即使在同样的环境中发育生长,他们的性格、爱好、对某些疾病(如自身免疫性疾病等)的易感性等方面也会有较大的差异;衣藻(*Chlamydomonas reinhardi*)杂交时,两个亲本对合子贡献了相等的细胞质,而后代总是保留 mt^+ 亲本与抗性有关的表型,呈现单亲遗传的现象。这些都不符合经典遗传学原理。随着诸如花斑位置效应、转染(transfection)、副突变、剂量补偿、RNA编辑、亲本印记及基因转录后沉默等的不断发现和积累,随着分子遗传学研究的不断深入,人们逐步认识到除了基因序列外,还另有一些因素在影响着基因的表达,如染色质的化学修饰,从而建立了表观遗传学。表观遗传学被称为基因、表型和环境之间"迷失的桥梁"。分子遗传学的发展方向之一可能就是要延伸这座"迷失的桥梁"。

4. 从单一生命学科向多学科的交叉融合方向发展,建立了生物信息学

生物信息学(bioinformatics)是从事对基因组研究相关生物信息的获取、加工、储存、分配、分析和解释的一门交叉学科。具体来讲,生物信息学是通过分析基因组DNA序列信息,找到基因组序列中代表蛋白质和RNA基因的编码区。同时,阐明基因组中大量存在的非编码区的信息实质,探索隐藏在DNA序列中的遗传语言规律。在此基础上,归纳、整理与基因组遗传信息释放及其调控相关的转录谱和蛋白质谱的数据,从而认识代谢、发育、分化和进化的规律。此外,生物信息学还利用基因组中编码区的信息进行蛋白质空间结构的模拟和蛋白质功能的预测,并将此类信息与生物体和生命过程的生理生化信息相结合,阐明其分子机制,最终进行蛋白质、核酸的分子设计、药物设计和整体化的医疗保健设计。

生物信息学在短短十几年间,在基因组测序、序列比对(sequence alignment)、基因识别、非编码区分析研究、表达谱分析、分子进化、比较基因组学、基因组注释、核苷酸多态性位点的分析、蛋白质结预测和药物的设计与开发等方面已发挥了巨大的作用,形成多个研究方向。

此外,近些年来分子遗传学和分子细胞生物学似乎也在逐渐地"靠拢",在细胞周期调控、免疫、信号传递及癌的发生等领域有着大幅度的交叉和融合。

分子遗传学发展形成了很多新的学科,但它本身并没有被取代而消失,仍以加速度的步伐走在生命科学的最前列。

第一章
遗传信息的载体——DNA 与染色体

- 遗传物质的发现、功能和组成
- DNA 和 RNA 的化学组成及双螺旋模型的诞生
- DNA 的结构和性质
- DNA 的变性和复性
- 真核生物的染色体

20 世纪初 W. S. Sutton 和 T. Boveri 提出了著名的"萨顿-鲍维里假说"(Sutton-Boveri hypothesis),认为基因是位于染色体上。1910 年摩尔根(T. H. Morgan)和他的弟子们建立了遗传的连锁定律(law of linkage),为萨顿-鲍维里假说提供了间接的证据。1916 年摩尔根的学生 C. B. Bridges 通过"染色体不分离"实验确证了萨顿-鲍维里假说,使人们接受了染色体是基因的载体这一观点。但此时,人们对"基因"及其载体的本质几乎是一无所知,更无法将基因、核酸和染色体联系在一起。

早在 1868 年,瑞典的一名年轻的生物化学家 F. Miescher 对从伤员绷带的脓细胞中分离到的一种酸性物质产生了兴趣。他先从绷带中分离到脓细胞,用猪胃蛋白酶处理这些细胞,最后他得到了一种酸性物质,并将它命名为**核素**(nuclein)。Miescher 分离得到的核蛋白其特别之处在于,它含有大量的氮元素和磷元素,而这两种元素在当时被认为只共存于一些特殊的脂类当中。Miescher 将他的发现整理成文,并于 1869 年寄往杂志社。然而,该杂志的编辑对此结果的真实性感到怀疑,决定自己亲自重做一下实验。因此,Miescher 的文章一直到 1871 年才得以发表。但这项重大的发现未受到科学界的重视。1989 年德国化学家 A. Kossel 等发现核素是蛋白质和核酸的复合物。他小心地水解核酸,得到了组成核酸的基本成分:鸟嘌呤、腺嘌呤、胸腺嘧啶和胞嘧啶,还有些具有糖类性质的物质和磷酸。由于此项贡献,Kossel 荣获了 1910 年获诺贝尔生理学或医学奖。Kossel 的学生 P. A. Levene 和 W. Jones 等在 1911—1934 年,对核酸的化学结构作了系统研究,并证明核酸中含有五碳核糖和脱氧核糖。但在 1929 年 Levene 和 E. S. London 提出"**四核苷酸假说**"(tetranucleotide hypothesis),认为"核酸是一种简单的线形排列的四核苷酸多聚体,来源不同的各种脱氧核糖核酸其 4 种碱基的摩尔数相等"。这一假说当时被普遍接受,使人们误认为核酸不可能作为遗传物质,从而阻碍了遗传学的发展。

第一节　遗传物质的发现、功能和组成

早在 1883 年提出"种质论"的 A. Weismann 就预言道:"遗传物质是具有特定分子结构的化合物"。在证实核酸(DNA 和 RNA)是遗传物质之前很长的时间里,遗传学家们认识到,遗传物质这种特殊的分子必须具备以下基本特点:①它必须能携带生物的各种遗传信息。②它必须能精确地复制,这样才能稳定地传递遗传信息。③它在生物体各个体细胞中结构必须相同,含量必须稳定;而在生殖细胞中其含量应当减半否则遗传物质会逐代倍增。④它必须能够变异。如果没有变异(如突变和重组)生物就不能发生改变和适应,进化也不会发生。

一、遗传物质的发现

直到 20 世纪 30 年代末,人们才逐渐将核酸化学的研究和遗传信息联系起来。1928 年英国 F. Griffith 的

转化实验导致了遗传物质的发现。肺炎双球菌(*Streptococcus pneumoniae*)有光滑型(S型)和粗糙型(R型)两种,S型肺炎双球菌在其细胞壁的外面有一层多糖荚膜,感染小鼠会导致小鼠患败血症而死亡,但加热杀死S型双球菌后再感染小鼠则不会引起患病。R型肺炎双球菌的外面没有荚膜,故称为粗糙型,R型双球菌感染小鼠不会引起小鼠的死亡。Griffith将R型双球菌和加热灭活的S型双球菌混合后感染小鼠,结果小鼠患病死亡,并从其心血中检出有活的S型双球细菌(图1.1)。Griffith认为这是由于那些加热灭活的S型双球菌的存在导致那些活的R型双球菌获得了生成荚膜的能力,称其为**转化作用**(transformation)。3年后他发现在体外只需有加热灭活的S型双球菌的存在,也可导致R型双球菌发生转化。又过了两年,他进一步发现只需将S型双球菌的提取液加到R型双球菌培养物中,同样也能发生转化。Griffith最初认为"接种物中的死细菌可能提供了某些特异的蛋白质为食料,使R型细胞能制造荚膜"。还有人提出病毒说和感染性诱变因素等假设。1944年美国微生物学家O. T. Avery等通过体外转化实验终于探明了转化的本质。他们重复了Griffith的实验,将S型双球菌的细胞内提取物加到培养R型双球菌的试管中,会使R型双球菌转变成S型双球菌。不同的是,他们要弄清这些提取物中到底是何种物质引起了转化。为此,他们使用一系列化学物质和酶将各种蛋白质、类脂、多糖和核酸从提取液中除去,然后观察处理后的提取液能否仍然起转化作用,来确定转化因子的化学本质(图1.2)。实验结果表明转化因子是DNA,而不是蛋白质或其他物质。但以上的实验结果尚不能使人们接受DNA是遗传物质。

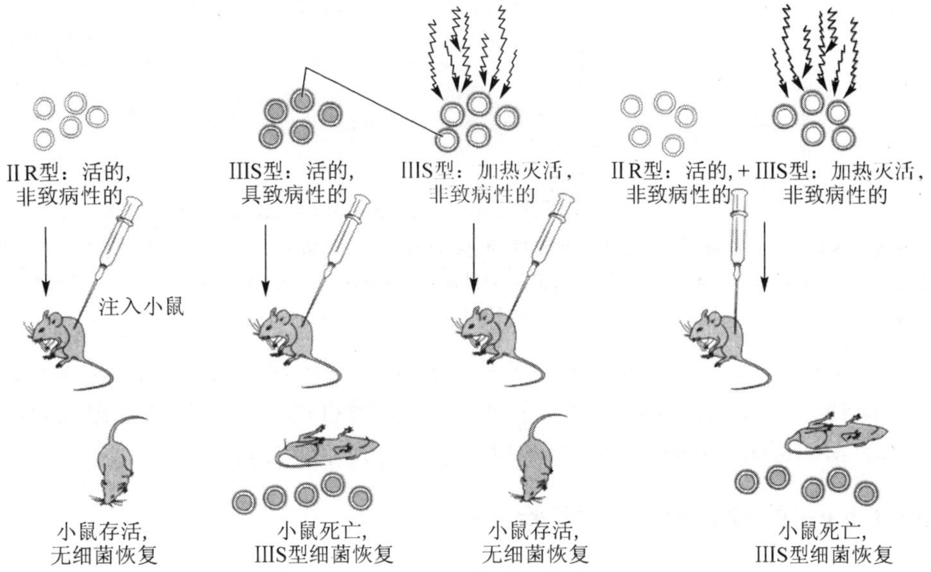

图1.1　Griffith的转化实验

当小鼠被注入ⅢS型肺炎双球菌会导致小鼠患败血症而死亡;小鼠被注入ⅡR型或加热灭活的ⅢS型肺炎双球菌后不致死。当小鼠被注入ⅡR型和加热灭活的ⅢS型肺炎双球菌后导致小鼠患败血症而死亡,在小鼠的心血中分离到活的ⅢS型肺炎双球菌(引自P. J. Russell,1992)

虽然上述实验是十分严密的,但当时人们仍怀疑这一结论,这是由于:①虽然R. Feulgen(1924年)已证明了DNA是染色体的主要组分之一,但人们仍然认为遗传和染色体上的蛋白质有关。人们认为蛋白质相对分子质量大,结构复杂,其中20种氨基酸不同的排列组合将是个天文数字,可以作为一种遗传信息,且在不同生物体中的同源蛋白质之间在结构的特异性上存在着极大的差异。而DNA相对分子质量小,只含4种不同的碱基,人们一度认为不同种有机体的核酸只有微小的差异,因而形成一种观念,基因和染色体的活性成分是蛋白质。②人们认为转化实验中DNA并未能提得很纯,还附有其他物质,可能正是这些少量的特殊蛋白在起转化作用。③也有人认为即使转化因子确实是DNA,但也可能DNA只是对荚膜形成起着直接的化学效应,而不是充当遗传信息的载体。由于以上原因Avery的重大发现并未能完全改变人们的旧观念。

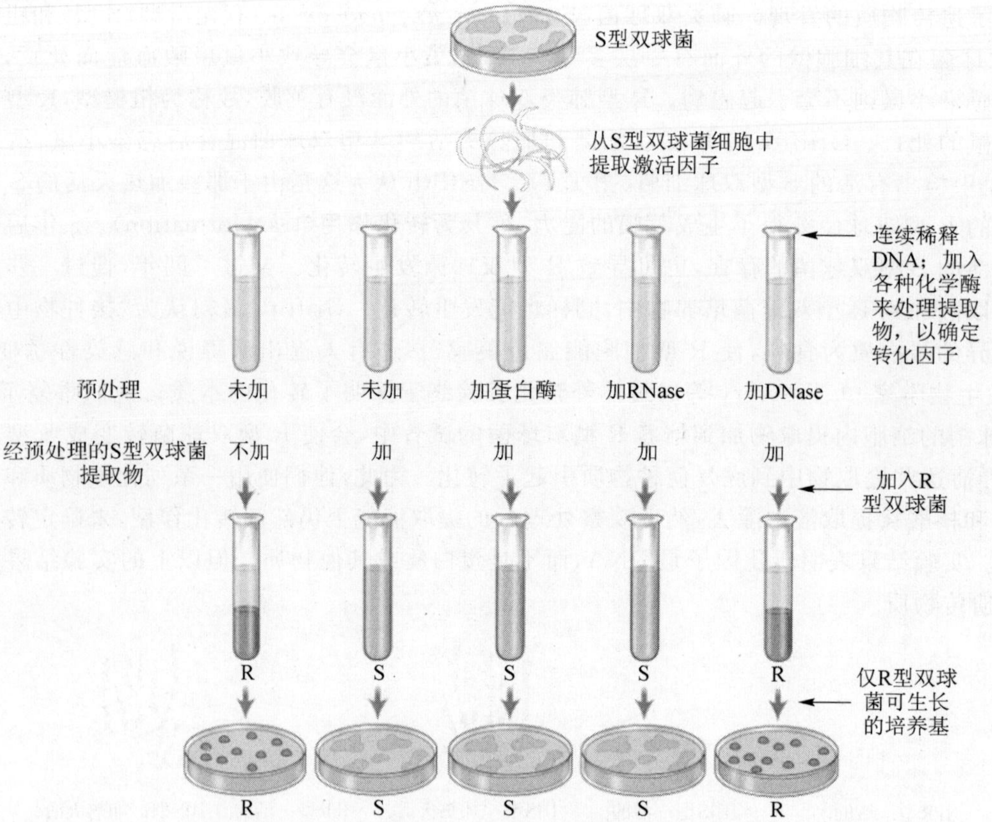

图 1.2 Avery 等进行肺炎双球菌体外转化实验

他们在S型双球菌细胞提取液中分别加入破坏多糖、类脂、DNA、蛋白质和RNA的酶，以确定转化因子的本质。转化活性可被狗肠黏膜提取物所废除，而此提取物是能破坏DNA的。这样可以推测DNA是遗传物质

（引自 Cold Spring Harbor Laboratory，2007）

1949 年 R. D. Hotchkiss 证实了和荚膜无关的细菌性状也能转化，用实验证明了 DNA 已提得很纯，其中蛋白质杂质的含量已降到 0.02%，这种纯的 DNA 仍可转化，且纯度越高转化效率也愈高，但这还是未能改变人们的认识，直到 1952 年 Hershey-Chase 的噬菌体侵染实验发表才使人们信服。

二、Hershey-Chase 的噬菌体侵染实验

Avery 及其同事的体外转化实验是十分精确和严密的，但很多的科学家仍不相信 DNA 是遗传物质，所幸的是在 Avery 去世（1955）前的 1952 年，A. D. Hershey 和 M. Chase 的噬菌体侵染实验终于使 DNA 是遗传物质的结论得到了进一步的证实。这一突破性的实验受到了 T. F. Anderson 两项发现的启发：①1949 年 Anderson 先将 T-偶数噬菌体悬液骤然用蒸馏水稀释，使其受到低渗作用，结果噬菌体释放出 DNA 而留下噬菌体头部的空壳；②噬菌体用尾部吸附到细菌表面上，形成动力学不稳定的联结，用组织搅碎器剧烈搅拌就可以阻碍侵染作用。1951 年 R. M. Herriott 发现这种释放了 DNA 的噬菌体空壳仍可吸附在细菌上。这些发现为噬菌感染实验打下了基础。当时已知 T2 噬菌体是由蛋白质外壳和内部的 DNA 组成。蛋白质中含有硫而不含磷，DNA 中含磷而不含硫，所以 Hershey 等分别用同位素 ^{35}S 和 ^{32}P 来标记 T2 的蛋白质外壳和 DNA。他们首先将 T2 噬菌体分别感染在含有 ^{32}P 和 ^{35}S 培养基中的两组 *E. coli*，细胞裂解后分别收集裂菌液，再分别感染 *E. coli*，感染后培养 10min，用 Waring 氏搅拌器剧烈搅拌，使吸附在细胞表面上的噬菌体脱落下来，再离心分离。细菌是在沉淀中，而游离的噬菌体是悬浮在上清液中。经同位素测定，上清液中 ^{35}S 的含量为 80%，沉淀中含量为 20%，这表明蛋白质外壳脱落下来，并未进入细胞中。沉淀中的 20% 可能由于少量的噬菌体经搅拌后，仍吸附在细胞上所致。相反，^{32}P 在沉淀中含有 70%，而在上清液中仅有 30%。这表明噬菌体感染细菌后

将带有${}^{32}P$的DNA已注入细胞中，可能还有少部分噬菌体尚未将DNA注入宿主就被搅拌了下来，所以上清液中约有30%的${}^{32}P$(图1.3)。

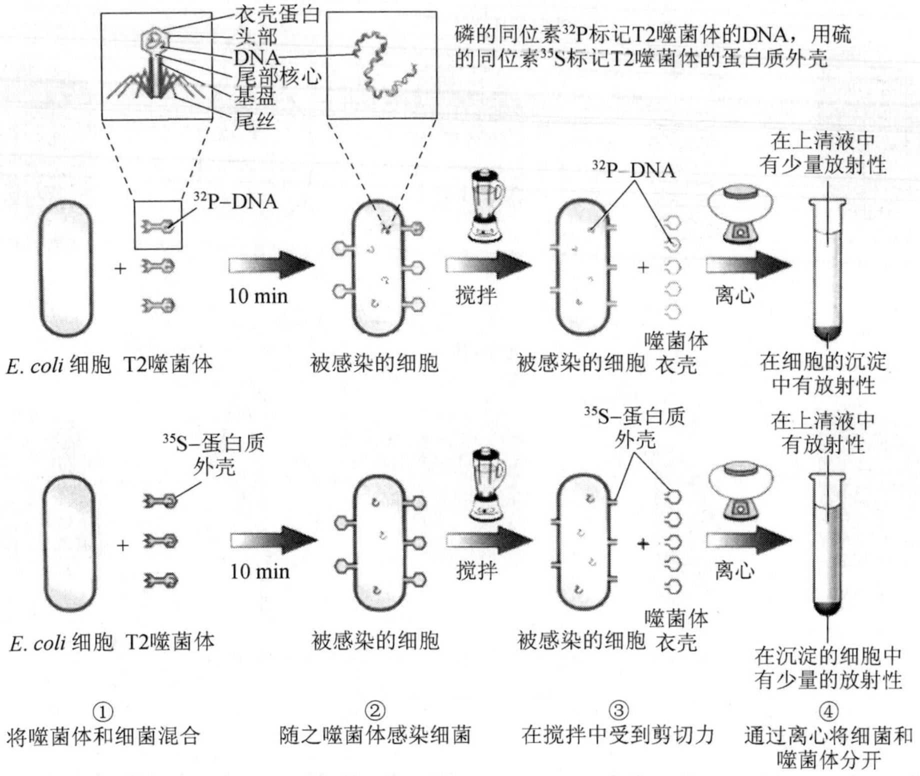

图1.3　A. D. Hershey和M. Chase的噬菌体侵染实验证实T2噬菌体的遗传信息存在于DNA中

(引自S. Simmons，2010)

这个实验的结果，进一步证实DNA是遗传物质，而不是蛋白质。鉴于当时已有许多研究者开始注意到DNA，因此和Avery的时代不同，他们的结论很快得到了承认，Hershey也因此荣获了1969年诺贝尔生理学或医学奖。

三、RNA也是遗传物质

大部分生物的遗传物质是DNA，但也有某些病毒和噬菌体的遗传物质是RNA。烟草花叶病毒(tobacco mosaic virus，TMV)就是一种筒状RNA病毒(图1.4)。TMV直径为18 nm，长度为300 nm，由2 130个蛋白质亚基构成外壳，环绕着一个RNA核心。把TMV放在水和苯酚中振荡，就可以把病毒的蛋白质部分和RNA分开，也可由这分开的两部分重新组合成有感染力的病毒。1956年A. Gierer和G. Schraman发现从TMV分离出的RNA也能侵染植物，产生TMV所致的特异病斑，如用RNA酶处理，则RNA就失去感染能力。而分离出的蛋白质部分无这种感染力。这个实验证明了TMV的遗传物质是RNA，而不是蛋白质。

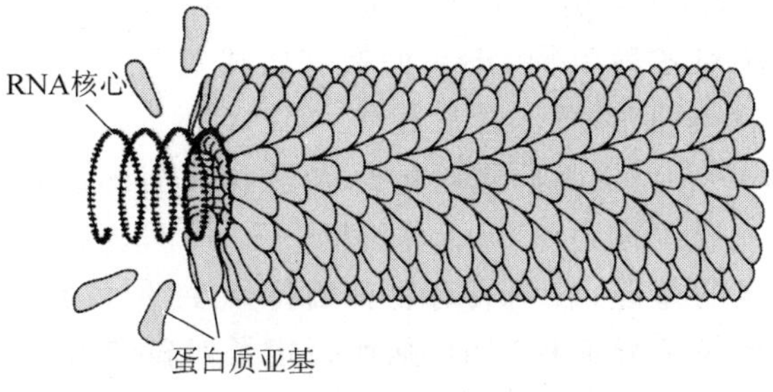

图1.4　筒状的烟草花叶病毒(TMV)

(引自P. J. Russell，1992)

1957年美国的H. Fraenkel-Conrat等用实验进一步证实了这一结论。他们从TMV中分离出两个不同品系：M(masked strain)和HR(holmes ribgrass strain)，它们感染植物产生的病斑形态不同(图1.5)。若将M和HR品系重建，即将两种病毒蛋白质外壳互换一下，可重建成“杂种”TMV，但仍具有感染能力，所产生的病斑形态和“杂种”TMV的RNA一致，而和蛋白质无关。由此看来病毒的遗传信息不是由蛋白质决定的，而是由 RNA 来决定的。根据以上实验表明 RNA 也是遗传物质。

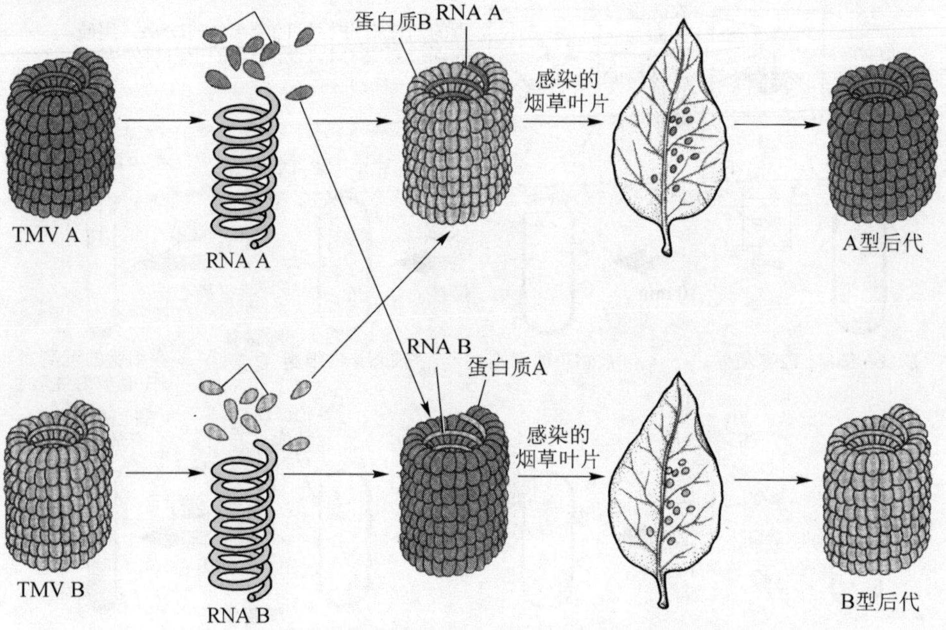

图 1.5 烟草花叶病毒 M 和 HR 品系的重建试验

（引自 P. J. Russell，1992）

第二节 DNA 和 RNA 的化学组成及双螺旋模型的诞生

一、DNA 和 RNA 的化学组成

DNA 和 RNA 是生物大分子，相对分子质量至少为 10^3。核酸经水解成**单核苷酸**(nucleotides)。单核苷酸由**磷酸基团**(phosphate group)和**核苷**(nucleotide)组成。核苷含有戊糖(pentose)和碱基(base)(图 1.6，表 1.1)。在 DNA 中戊糖是 D-2-脱氧核糖，碱基是 A、T、G 和 C。而 RNA 中戊糖是 D-核糖，碱基是 A、U、G 和 C (图 1.7)。

起初人们普遍接受四核苷酸假说，认为 DNA 不论来源如何，成分都是相同的，因此不可能作为遗传信息的载体。

1948 年 A. Boivin R. Vendrely 和 C. Vendrely 发现不同的生物体细胞中 DNA 的含量都是其配子中的两倍，这与染色体遗传学的原则完全一致。

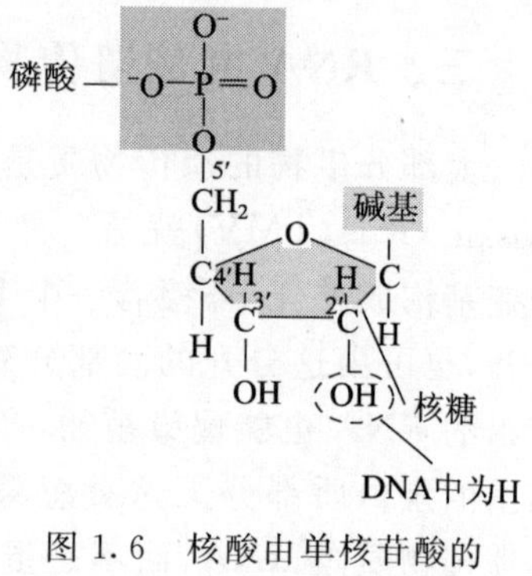

图 1.6 核酸由单核苷酸的重复结构组成，单核苷酸由磷酸基团、戊糖和碱基组成

（引自 M. T. Madigan，2006）

1949 年美国的 E. Chargaff 应用当时先进的纸层析及紫外分光光度计方法对各种生物 DNA 的碱基组成进行了定量测定，他发现：①所有 DNA 中 A 与 T 的摩尔含量相等，即[A]=[T]，G 与 C 的摩尔含量也相等，即[G]=[C]。因此嘌呤的总含量和嘧啶的总含量是相等的 A+G=C+T，这一规律称为“Chargaff 法则”(表 1.2)。②不同生物的 DNA 碱基组成有明显的差异，表明具有物种的特异性，但没有组织的特异性和不同发育阶段的特异性，即各种生物的碱基组成是特异而稳定的，从而否定了四核苷酸假说。Chargaff 谨慎地称这一发现是“DNA 结构的某些重要面貌的反映”。在双螺旋模型未诞生之前，能有这样的“猜测”是具有远见卓识的。实际上各种生物 DNA 碱基组成的特异性和稳定性表明 DNA 可以携带遗传信息。Chargaff 法则的发现提示了 A 与 T，G 与 C

互补的可能性，为双螺旋模型的建立提供了重要依据。此发现扭转了局面，使得 DNA 是遗传物质的观点迅速成为主流。

表 1.1 碱基的表示方法

基本碱基	不确定碱基	
A：腺嘌呤	B：G，C 或 T(即非 A)	W：A 或 T
C：胞嘧啶	D：G，A 或 T(即非 C)	M：A 或 C
G：鸟嘌呤	H：A，C 或 T(即非 G)	K：G 或 T
T：胸腺嘧啶	V：A，C 或 G(即非 T)	S：G 或 C
U：尿嘌呤	Pu：嘌呤	Y：C 或 T/U(Pu)
H：次黄嘌呤	Py：嘧啶	R：A 或 G(Py)
X：黄(嘌呤核)苷	N：A，T，G，C	
I：肌苷，次黄苷		

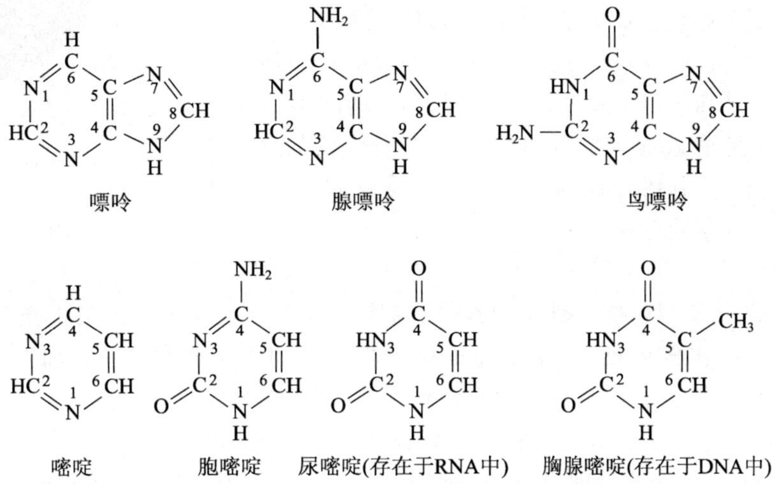

图 1.7 DNA 和 RNA 中含氮碱基的结构

它们的母体化合物是嘌呤(上部)和嘧啶(下部)，碱基之间的差异在于突出的基团(引自 P. J. Russell，1992)

表 1.2 E. Chargaff 测定多种生物 DNA 的碱基组成的数据

生物	A∶G	T∶C	A∶T	G∶C	嘌呤∶嘧啶
牛	1.29	1.43	1.04	1.00	1.1
人类	1.56	1.75	1.00	1.00	1.0
母鸡	1.45	1.29	1.06	0.91	0.99
鲑鱼	1.43	1.43	1.02	1.02	1.02
小麦	1.22	1.18	1.00	0.97	0.99
酵母	1.67	1.92	1.03	1.20	1.0
流感嗜血杆菌	1.74	1.54	1.07	0.91	1.0
大肠杆菌 K2	1.05	0.95	1.09	0.99	1.0
鸟类结核杆菌	0.4	0.4	1.09	1.08	1.1
黏质沙雷氏菌	0.7	0.7	0.95	0.86	0.9
芽孢杆菌	0.7	0.6	1.12	0.89	1.0

二、DNA双螺旋模型的诞生

20世纪50年代初人们对DNA的结构已产生了浓厚的兴趣。当时世界上从事这项研究的主要有3组科学家:第一组是著名的美国理论化学家L. Pauling,他在1951年提出了蛋白质结构的α-螺旋模型,后因此而获诺贝尔奖。第二组是英国剑桥大学从事DNA X衍射研究的物理学家R. Franklin和M. H. F. Wilkins。第3组是到英国剑桥进修的青年学者J. D. Watson和剑桥大学卡文迪什实验室医学研究组的年轻学者F. H. C. Crick。1952年的最后一天L. Pauling和R. B. Corey发表了DNA的三链模型,随后R. D. B. Fraser也提出另一个三螺旋模型。而Watson和Crick最初也接受了此模型,但很快他们就发现三螺旋模型存在一系列问题:①靠近轴的磷酸盐带有负电荷,将会相互排斥;②三螺旋模型中,有的范德华(van der Waals)的距离太小。Fraser模型和Pauling等的模型不同,磷酸盐是在外侧,碱基是在内部,彼此通过氢键连接。然而,Watson和Crick发现Fraser模型太含糊不清。1952年末,Franklin和Wilkins拍到了一张十分清晰的DNA结晶X衍射照片(图1.8)。Watson看到了这张照片后就确定双螺旋模型是正确的。1953年《自然》杂志同时发表了Watson和Crick题为《DNA双螺旋结构》的论文及Franklin和Wilkins所拍的DNA结晶X衍射照片,DNA双螺旋模型从此诞生。这是继孟德尔发现遗传学基本定律后的又一次最伟大的发现,也是自然科学中划时代的成就之一。Watson、Crick和Wilkins分享了1962年诺贝尔化学奖。

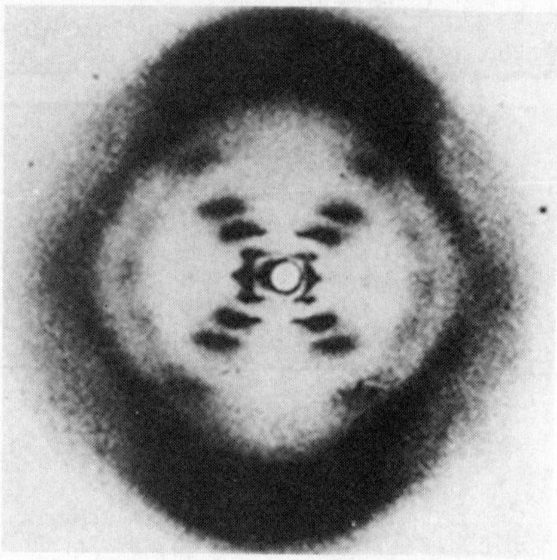

图1.8 1952年末Franklin和Wilkins拍到了1张十分清晰的DNA结晶X衍射照片

(引自Waston等,2005)

双螺旋模型是建立在许多前人努力研究所取得成果的基础上,主要是受到4方面的影响:①1938年W. T. Astbury和F. D. Bell用X衍射技术研究DNA的结构。1947年他们拍摄了第1张DNA的衍射照片,并推断DNA分子的结构是:柱状;多核苷酸是一叠扁平的核苷酸;核酸残基取向和分子长轴垂直,间距为0.34 nm。这已构成了DNA分子结构的雏形。②1951年Pauling和Corey在美国科学院报上连载了7篇有关α-螺旋结构的文章,轰动整个世界,他们运用化学的定律进行理论推理,此方法对Watson和Crick产生了很大的影响。③美国晶体学者J. Donohue和化学家Chargaff帮助Watson和Crick纠正了起初同类碱基配对的错误构想,而提出碱基互补的正确构型。④Franklin和Wilkins拍得的DNA晶体的X衍射照片为双螺旋模型提供了强有力的依据。

第三节 DNA的结构和性质

一、DNA双螺旋结构

Watson和Crick提出的DNA双螺旋模型有以下特点:①DNA分子由两条反向平行的多核苷酸链组成(图1.9),形成右手双螺旋,即从一端看过去,是以顺时针方向旋转;②双螺旋的直径是2 nm;螺距为3.4 nm,上下相邻碱基的垂直距离为0.34 nm,交角为36°,每个螺旋有10个碱基对;③两条链反向平行,即两条链的5′和3′的方向相反;④糖-磷酸链是在双螺旋的外侧,两条链上的碱基通过氢键形成碱基对,使两条链连在一起,碱基对的平面与轴线垂直;⑤糖与附着在糖上的碱基近于垂直;⑥碱基配对时,必须一个是嘌呤,另一个是嘧啶;⑦DNA双螺旋有**大沟**(major or wide groove)和**小沟**(minor or narrow groove)的存在(图1.10)。

模型中的碱基配对十分重要:①A—T和G—C配对时可形成很好的线性氢键(图1.11)。②A—T对和G—C对的几何形状一样,使双链中两侧脱氧核糖的C_1—C_2之间的距离相似,故不会使双螺旋丧失对称性和产生畸形。③碱基对几乎处在同一平面内,在平面内有对称轴,垂直于平面,碱基对围绕对称轴旋180°仍保持原来的对称性。这就是说在一个螺旋中虽然碱基对在平面上的投影位置各不相同,但每对都可保持在一个平面

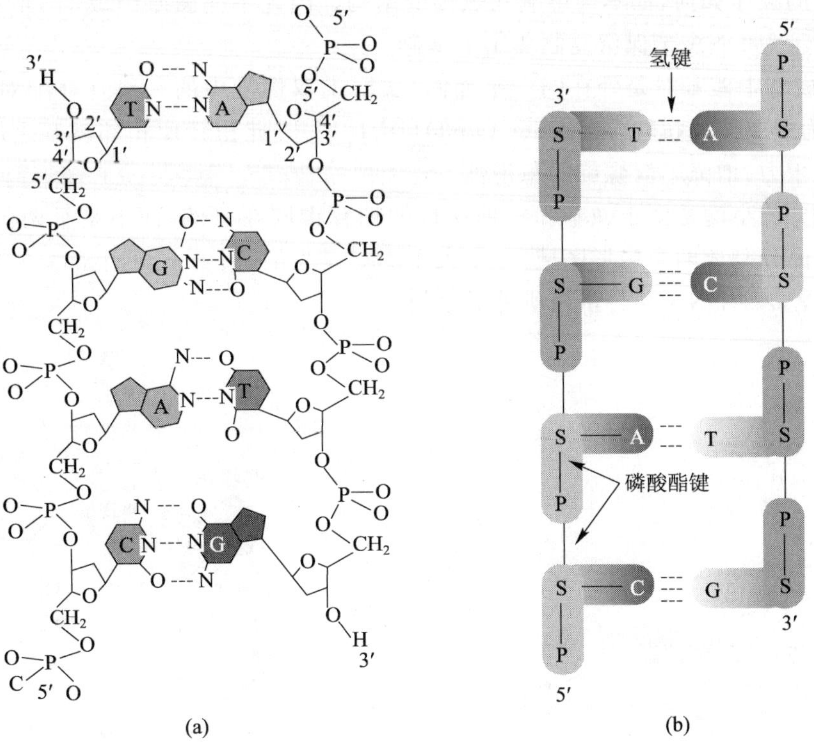

图 1.9　一个松散的 DNA 双链片段的结构

（a）两侧为磷酸骨架，分子的中央是通过氢键互补配对的碱基　（b）相同 DNA 片段中核苷酸反向平行排列的简化的形式，一个单核苷酸被显示成"L"形（引自 A. J. F. Griffiths 等，1999）

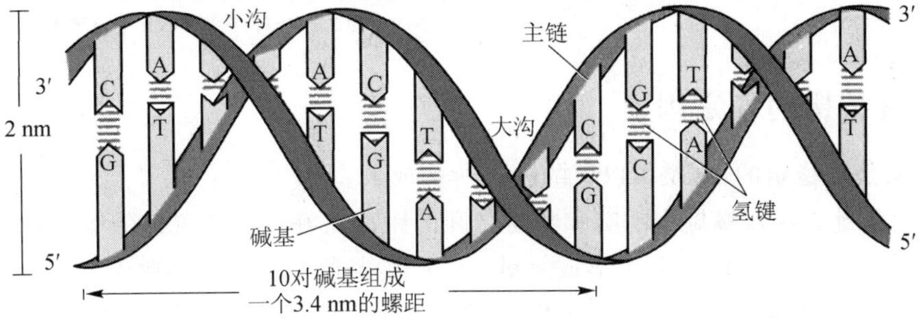

图 1.10　DNA 分子的结构

（引自 B. Alberts，2002）

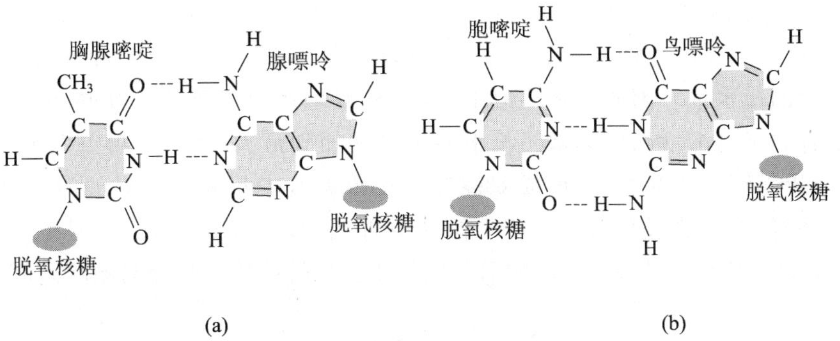

图 1.11　DNA 中碱基互补配对的结构

图示嘌呤与嘧啶配对的两种情况：（a）腺嘌呤和胸腺嘧啶通过 2 个氢键进行配对（b）鸟嘌呤和胞嘧啶通过 3 个氢键进行配对（引自 P. J. Russell，1992）

内。那么不论核苷酸的顺序如何，都不会影响双螺旋的结构。因此不同碱基组成的DNA双螺旋，其外形都是光滑均匀的圆柱体。④为DNA半保留复制奠定了基础。

在DNA双螺旋模型中碱基对是处在同一平面内，实际上双螺旋中的一对互补配对的碱基之间存在着一个小角度的扭转，称为**螺旋桨式扭转**(propeller twist)(图1.12)。此扭转使相邻碱基之间的重叠面积增大，从而增加了碱基间的堆积力，增强了双螺旋的稳定性。

DNA分子上产生大、小沟是由于碱基和核糖连接的糖苷键同在一侧，而不是呈两侧旋转对称(图1.13)。碱基对的糖苷键将平面分割成两个扇形区域，一个大于180°是大沟(图1.13的上部)，一个小于180°是小沟(图1.13的下部)。大沟是多种DNA结合蛋白所处的空间。

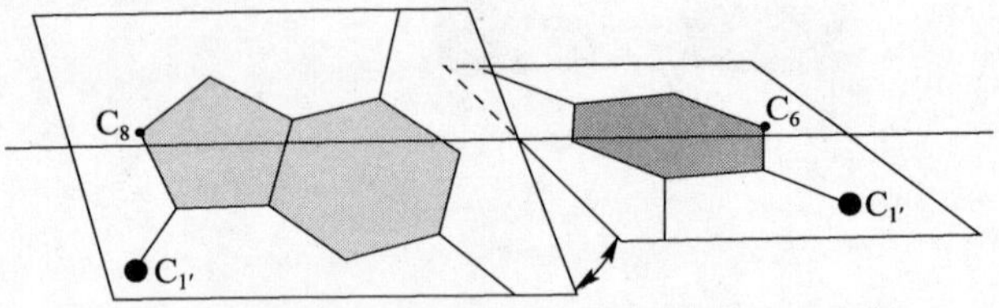

图1.12 双螺旋中的一对互补配对的碱基之间存在着螺旋桨式扭转

(引自C. R. Calladine等，1997)

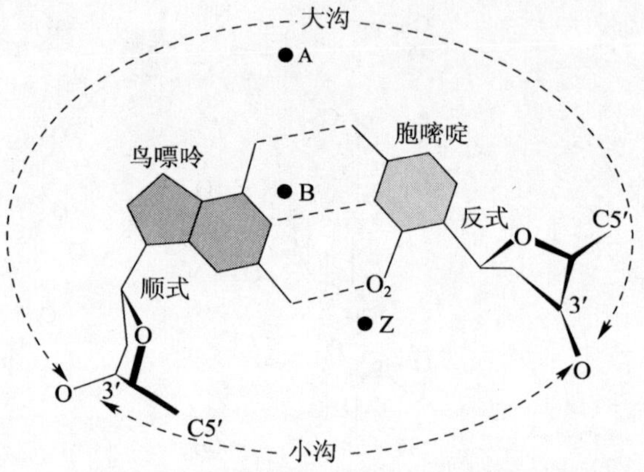

图1.13 将碱基连接到糖环上的C—N键的两种构象

反式构象(右侧)存在于各种A-DNA和B-DNA及Z-DNA的胞嘧啶中；而顺式构象(左侧)存在于Z-DNA的鸟嘌呤中。图中标出的A、B和Z 3个位点表示3种类型DNA双螺旋的中轴位置。此中轴在A-DNA中位于大沟；在B-DNA中穿越碱基对；在Z-DNA中位于小沟(引自P. J. Russell，1992)

二、DNA二级结构的稳定因素

DNA的二级结构是很稳定的，这是由以下的因素所构成：

1. 碱基对之间的氢键。在双螺旋中嘧啶和嘌呤之间的距离正好与一般氢键的键长(0.27 nm)相一致。供体氢原子和受体原子处于一条直线上，利于形成氢键。若嘌呤与嘌呤或嘧啶与嘧啶配对，其空间的大小都不适合氢键的形成。单个氢键仍是不稳定的，分子平均的键能仅2.5 kJ/mol，但由20个以上的碱基对组成的双螺旋在室温下已相当稳定。由于这个原因我们在设计PCR引物时，一般至少为16 nt，以使其较为稳定，但最好为20～24 nt，以增加特异性。氢键的形成有助于DNA复制、修复、重组、转录、翻译及各种分子杂交等。

2. 碱基的堆集力。此是碱基对之间在垂直方向上的相互作用所产生的力。它包括：疏水作用、范德华力、磷酸基团的负电荷斥力。DNA的主链部分是亲水的，碱基的外围基团——氨基和酮基也是亲水的，但嘧啶和嘌呤本身带有一定程度的疏水性。因此在水溶液中，这些疏水基团自发聚集。从热力学的角度来看，DNA倾向于形成三维结构是有利于高溶性的磷酸基团与水的接触增加到最大限度，使碱基与水的接触减少到最小限度，从而使双螺旋内部相邻碱基相互聚集，形成双螺旋。在双螺旋中相邻碱基对的间隔是0.34 nm，而范德华(van der Waals)力的半径(指引力和斥力正好相平衡的距离)平均为0.17 nm。

碱基间相互作用的强度与相邻碱基之间环的面积成正比。总的趋势是嘌呤与嘌呤之间＞嘌呤与嘧啶之间＞嘧啶与嘧啶之间。

$$\frac{\overrightarrow{GC}}{\overleftarrow{CG}}=-3.4(\text{kcal/mol}),\Delta G=-200\ \text{kJ/mol};\ \frac{\overrightarrow{CG}}{\overleftarrow{GC}}=-2.0(\text{kcal/mol}),\Delta G=-9\ \text{kJ/mol}。$$

3个终止密码子(UAA，UAG，UGA)中，UAA最有效。这是因为在64个密码子中，假如都有反密码子的话，

$\overrightarrow{\mathrm{UAA}}$/$\overleftarrow{\mathrm{AUU}}$ 的 T_m 值(解链温度)最低,在生理温度下也不稳定,故也很少产生抑制基因,UAA 被自然界选择为终止密码子在热力学上是十分合理的。在碱基堆集中,处于 DNA 中间的碱基比两端的稳定,两端碱基越多中间的堆集力越大,正因为这个原因,DNA 双链两端经常**绽裂**(fraying)。

3. 核苷酸的磷酸基团上都带有负电荷,因此双链之间存在着静电的排斥作用。当在溶液中加入盐类时,正离子(Na^+)可以和负电荷结合,围绕在磷酸基团的周围形成离子云,从而屏蔽了静电斥力。在处于生理盐水浓度(0.02 mol/L)时就可发生这种屏蔽作用,斥力被中和,那么两条链就不易分开。当离子浓度降低,屏蔽作用减弱时,排斥力加大,T_m 值就会降低。若浓度大于生理盐水浓度,随浓度的增加,T_m 值增加。此是因为在高盐的浓度下,碱基的溶解性降低,而增加了疏水作用,促进了双螺旋的稳定。

三、双螺旋结构的多型性

Watson 和 Crick 所描述的双螺旋结构实际上是 B-DNA。B-DNA 是 DNA 在生理状态下(在低浓度的盐溶液中)的构型。绝大多数活细胞的细胞质中的 DNA 都是以 B-DNA 形式存在的。但是,DNA 不是一种固定的刚性结构,它的分子结构具有一定的弹性,在一定的条件下双链 DNA 可以从 B 型转变成其他的构型。双螺旋的构型现已知有 A、B、C、D、E、T 和 Z 共 7 类,常见的为 A、B 和 Z 3 类(表 1.3,图 1.14)。

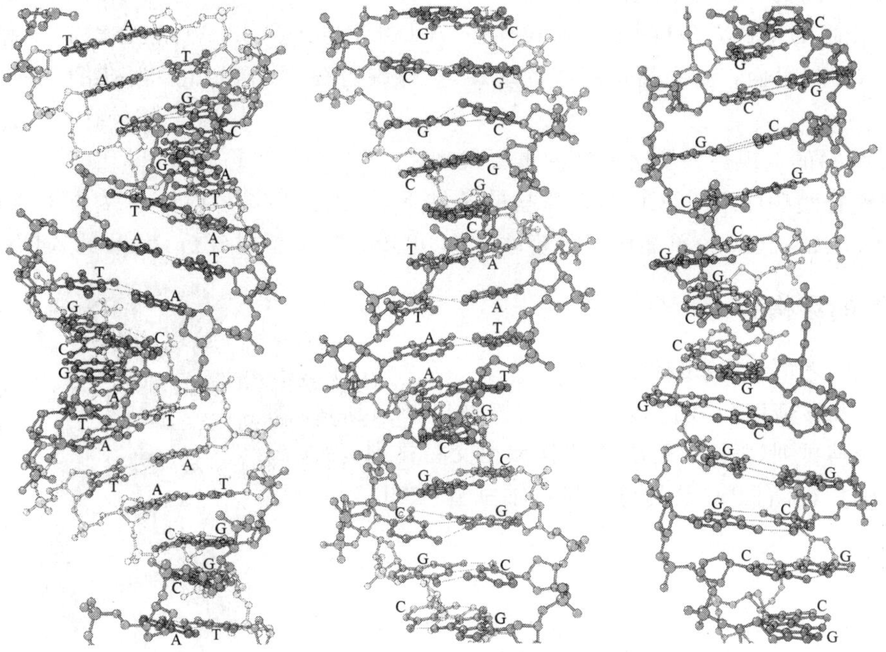

A–DNA　　B–DNA　　Z–DNA

图 1.14　不同类型 DNA 结构的比较

显示了 3 种类型 DNA 的短片段。中央为碱基对,两侧的链为糖磷酸骨架。
注意:Z-DNA 的糖磷酸骨架呈"之"字形走向(引自 P. J. Russell,1992)

表 1.3　A、B、C、Z 型双螺旋的特性

双螺旋类型	每螺旋内碱基对数	每对碱基的转角	每碱基对的间距/nm	直径/nm	存在的条件		沟型		糖苷键的构象	中轴位置
					相对湿度	盐的种类	大沟	小沟		
A	11	34.7°(右旋)	0.256	2.3	75%	Na^+,K^+,Cs^+	窄深	宽深	反式(G,C) $C_{3'}$ 内式	大沟
B	10	34.0°(右旋)	0.338	1.9	92%	Na^+ 低盐	宽,中等深	窄 中等深	反式(G,C) $C_{2'}$ 内式	碱基对

续表

双螺旋类型	每螺旋内碱基对数	每对碱基的转角	每碱基对的间距/nm	直径/nm	存在的条件		沟型		糖苷键的构象	中轴位置
					相对湿度	盐的种类	大沟	小沟		
C	9.33	38.6°（右旋）	0.332	1.9	66%	Li^+	宽，中等深	窄中等深	反式(G,C) $C_{3'}$外式	碱基对
Z	12	−30°（左旋）	0.371	1.8	43%	Na^+，Mg^+高盐	平浅	窄深	反式(C)，顺式(G)，$C_{2'}$内式 $C_{3'}$内式(交替)	小沟

核酸中核糖的五元糖环不成一个平面，其中的$C_{1'}$-O-$C_{4'}$ 3个原子一般共一个平面，而$C_{2'}$或$C_{3'}$都会偏离平面，这种偏离的差异使核糖产生了不同的构象(conformation)。若$C_{2'}$或$C_{3'}$偏离平面的方向与$C_{5'}$相同，则称为**内式**(endo)，若偏离平面的方向相反，则称为**外式**(exo)。

DNA的结构可随环境因素而变化，与DNA相互作用的分子对DNA的具体构型也可产生影响。引起DNA双链构型改变有以下因素：①核苷酸序列；②碱基组成；③盐的种类；④相对湿度。

在细胞内，B-DNA的每一螺旋的碱基数大约为10.4个，而不是一般示意图中的10个。在高浓度的盐溶液或部分脱水的状态时，DNA以A-DNA的形式存在，A-DNA与B-DNA相似，也是右手螺旋，但每一螺旋的碱基数为11。A-DNA相对而言是更短更粗些的螺旋，其螺旋直径为2.3 nm。但在细胞内，几乎没有A-DNA的形式存在。

左旋DNA(Z-DNA)的发现是分子遗传学的重要发现之一。1972年F. M. Pohl等发现人工合成的嘌呤与嘧啶相间排列的多聚核苷酸顺序(GCGCGC)在高盐的条件下，旋光性会发生改变。接着王惠君(A. H. J. Wang)和A. Rich对六聚体d(CGCGCG)单晶作了分辨率达0.09 nm的X-衍射分析，提出了Z-DNA模型。

(一) Z-DNA的结构特点

1. 糖磷酸骨架呈“之”字形(Zigzag)走向

在Z-DNA中C和核糖以反式连接，而G和核糖以顺式连接(图1.13)，由于GC的交替排列，随之，顺式、反式构象也交替排列，使主链P-G-P的行经与转轴平行，而P-C-P的行经与主轴垂直(图1.15)而呈“之”字形。

2. 左旋

因G的糖苷键呈顺式，不仅使旋转方向发生改变，而且使G残基位于分子表面(图1.14)。

3. 分子外形呈波形

这是由于碱基对向螺旋的外表面前移，中轴不再像B-DNA位于碱基对，而移向小沟。

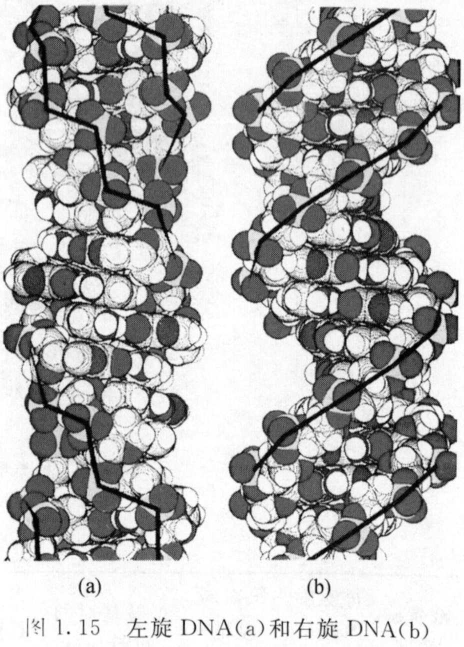

图1.15 左旋DNA(a)和右旋DNA(b)

(二) Z-DNA存在的条件

1. 高盐

NaCl的浓度超过2 mol/L，$MgCl_2$的浓度要超过0.7 mol/L。

2. 嘌呤-嘧啶相间排列

poly d$\left(\frac{GC}{CG}\right)_n$。在一定的条件下poly d$\left(\frac{AC}{TG}\right)_n$甚至d$\left(\frac{AT}{TA}\right)_n$以及更为复杂的排列如$\frac{CGCATGCG}{GCGTACGC}$也可形

成 Z-DNA。现在认为在适当的离子存在条件下，任何不少于六个 bp 的嘌呤-嘧啶交替排列序列都能形成 Z-DNA。

3. 在活细胞中如果胞嘧啶被甲基化(^{m5}C)则无需嘌呤-嘧啶相间排列，在生理盐水的浓度下就可产生 Z 型如 $\begin{array}{l}{}^{m5}\mathrm{C\ \ GAT\ \ G}\\ \mathrm{G}^{m5}\mathrm{CTA}^{m5}\mathrm{C}\end{array}$。1981 年 M. Behe 发现此是由于甲基(m)伸向大沟含水的环境中，周围局部形成憎水区，有利于 Z-DNA 的稳定。用 Z-DNA 抗体实验表明果蝇的 X 染体中就存在 Z-DNA。

4. 其他条件

在体内有多胺化合物的存在，如精胺、亚胺和亚精胺，它们和阳离子一样，可和磷酸基团结合，减少负电荷的排斥作用，使 B-DNA 转变成 Z-DNA。某些蛋白质如 Z-DNA 结合蛋白带有正电荷，与 DNA 结合可使 DNA 周围形成局部的高盐浓度微环境，这也是在活细胞中形成 Z-DNA 的原因之一。在体内负超螺旋的存在也是 Z-DNA 形成的条件之一。抗体结合实验表明，将 poly(dG-dC)插入到质粒中，当质粒处于松弛状态时不能和 Z-DNA 抗体结合。

(三) Z-DNA 的生物学意义

Z-DNA 可能提供了某些调节蛋白的识别位点。在 SV40 的增强子中有 3 段 8 bp 的 Z-DNA 存在，若将其中 2 个 Z-DNA 片段除去，再接到 β-珠蛋白基因上，则增强子失去活性。当将野生型 SV40 的 Z-DNA 中"T"和"C"转换成"C"、"T"时，不影响突变体的活性，但嘧啶转换成嘌呤时，由于破坏了嘌呤-嘧啶的相间排列，而使 Z-DNA 难以形成，从而 SV40 也失活(图 1.16)。

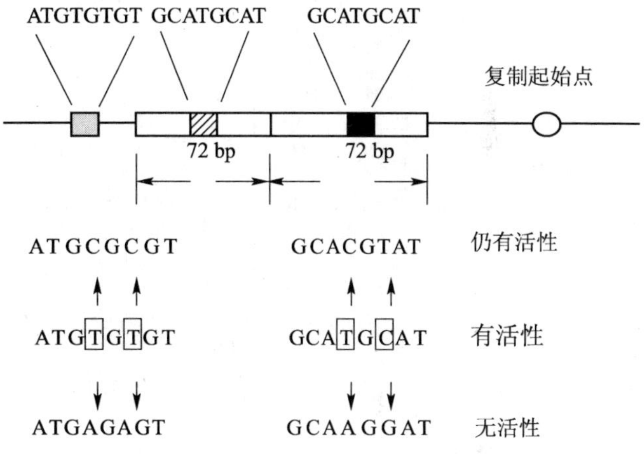

图 1.16　SV40 增强子中的 Z-DNA 及其突变后的影响

另一个例子是原生动物纤毛虫，它有大、小两个核，它们的 DNA 序列相同，但大核有转录活性，小核则与繁殖有关。用 B-DNA 抗体以荧光标记后，结果显示抗体和大、小两核都能结合，而以荧光标记的 Z-DNA 抗体显示仅和大核 DNA 结合，而不和小核的 DNA 结合，说明大核 DNA 有 Z-DNA 的存在，可能和转录有关。

四、DNA 二级结构的类型

(一) 三链 DNA

三链 DNA(triple-stranded DNA)也称为 **DNA 三链体**(triplex DNA)，是 DNA 的一种特殊结构。是由第三条寡核苷酸链通过 Hoogsteen 碱基配对和双螺旋中的一条链以特殊的氢键相连，形成三螺旋结构(图 1.17)。

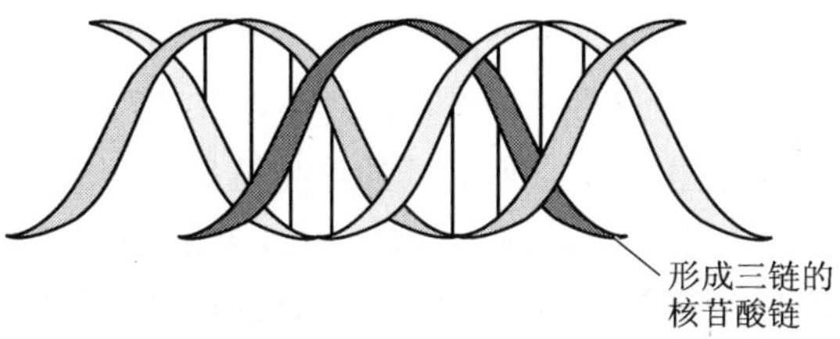

图 1.17　三螺旋结构的模型
第 3 条链嵌在大沟中与 DNA 双链结合
(引自 M. M. Seidman 等，2003)

三链 DNA 是一种 DNA 结构，在此结构中 3 条寡核苷酸链彼此缠绕形成一个三螺旋(triple helix)。三链 DNA 基本结构可分为两类(图 1.18)：①嘧啶-嘌呤-嘧啶构象(如 C·G-C，T·A-T)(C^+ 表示质子化的胞嘧啶)(图 1.18a，b)；②嘌呤-嘌呤-嘧啶构象(如 G·G-C，A·A-T)(图 1.18c，d)。在三链 DNA 结构中，一条链通过 Hoogsteen 或**反转 Hoogsteen 氢键**(reversed Hoogsteen hydrogen bond)与 B-DNA 的双螺旋结合。例如，T 通过 Hoogsteen 氢键与 Watson-Crick 碱基对 T—A 连接。一个 N-3 的质子化的胞嘧啶也能通过 Hoogsteen 氢键与 G—C 对结合(图 1.18a)。

这样，通过 Hoogsteen 氢键，由两个**同型嘧啶**（homopyrimidines）和一个**同型嘌呤**（homopurine）组成三螺旋DNA。而这个同型嘧啶第3条链是和同型嘌呤链平行的。

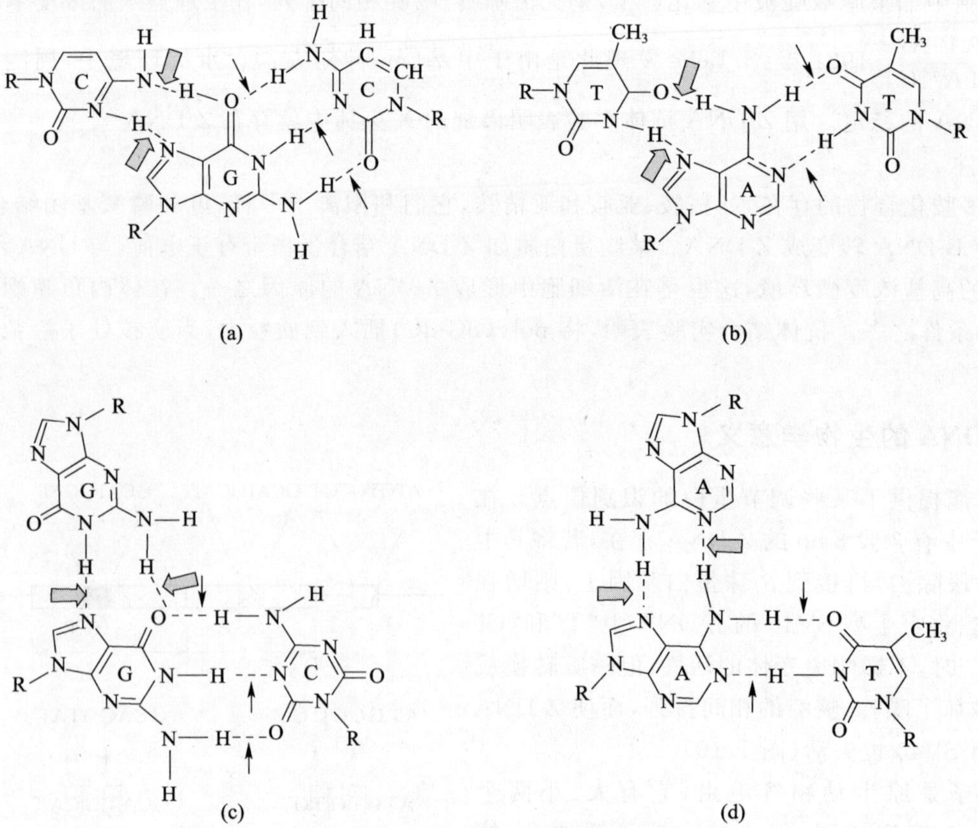

图1.18 三链DNA中的碱基配对

(a) C·G—C (b) T·A—T (c) G·G—C (d) A·A—T，→表示 Watson-Crick 氢键；⇨表示 Hoogsteen 氢键（引自 M. M. Seidman 等，2003）

1963年K. Hoogsteen发现三链DNA中的碱基能以不同的构象连接，称为 **Hoogsteen 氢键**（Hoogsteen hydrogen bond）。**Hoogsteen 碱基配对**（Hoogsteen base pairing）是一种不同于 Watson-Crick 配对的碱基配对方式。在这种配对中，腺嘌呤的6-NH_2和N-7分别与胸腺嘧啶的4-O和H-1形成氢键，鸟嘌呤与胞嘧啶的配对要求胞嘧啶的N-1是质子化的，鸟嘌呤的6-O和N-7分别与胞嘧啶的4-NH_2和质子化的N-1形成氢键。Hoogsteen 配对中的嘌呤核苷酸的糖苷键是顺式的。DNA三链结构中的第3条链与其中的双链的碱基形成 Hoogsteen 碱基配对。

一个同型嘌呤的第3条链能用反转 Hoogsteen 氢键模式与同型嘌呤-同型嘧啶双螺旋结合。在这种三链中，碱基A结合于A—T碱基对，G结合于C—G碱基对。因此，在第3条链上的碱基是反转的。同型嘌呤的第3条链是与原来双链的嘌呤链反向平行的。

1957年G. Felsenfeld等报道了Poly(U)及Poly(A)形成的双螺旋可与另一条Poly(U)结合形成A(U)2的三股螺旋结构，认为这种结构仅是体内的一个生物学过程。例如，在*E. coli*重组酶*Rec*A作用中产生的一个中间体，当时他们未能弄清其功能。正因为平行的三螺旋结构（指三螺旋结构中的第3条链的序列与第1条链的序列相同，方向也相同）与基因的重组（recombination）有关，所以这种结构的DNA又称为R-DNA。

1987年S. M. Mirkin等在一种质粒的酸性溶液中发现了分子内的三股螺旋DNA，称为**铰链 DNA**（hinged DNA，H-DNA）（图1.19），同年P. B. Dervan等证实可通过将第3股DNA黏接到含有真实基因的天然DNA上，引起了人们的广泛关注。研究结果表明，三螺旋DNA的形成可能伴随于DNA转录、复制和重组等过程。现在人们建立了用DNA片段结合到DNA双螺旋上形成三链的方法来调节基因表达。

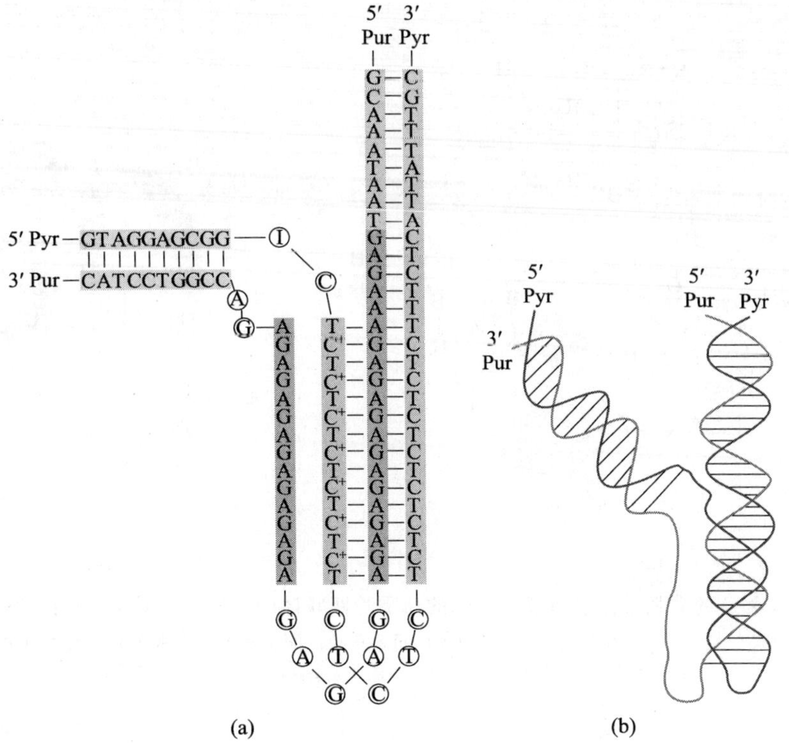

图 1.19 铰链 DNA 的结构

(a) 第 3 条链的碱基以 Hoogsteen 氢键的模式 DNA 与双螺旋结合。第 3 条链中的胞嘧啶已质子化，与互补链同向平行排列 (b) 第 3 条链平行地嵌在双螺旋的大沟中

(二) 四链体 DNA

四链体 DNA(tetraplex DNA)是富含鸟嘌呤序列的四链 DNA 所形成的一种结构。已发现两种主要的类型，一类为重复的鸟嘌呤序列所形成的结构，另一类为由四条独立的平行链相系而成。

端粒的单链富含“G”的 3′突出端能形成**鸟嘌呤四联体**(G quartet)又称为 **G-四联体螺旋**(G-quadruplex)。例如，哺乳动物的端粒序列是具有重复 T_2AG_3 序列所组成，而末端有一小段 150～200 nt 的单链 G 丰富重复序列，悬在染色体的 3′端。1989 年 J. R. Williamson 等用 X-衍射在体外分析了这段序列的晶体，发现这段序列可形成特殊的四链结构，特别是在具有钠离子和钾离子存在的情况下，可以聚集形成四链结构。这是由于 4 个鸟嘌呤通过 Hoogsteen 氢键可形成环状的平面鸟嘌呤四联体，每个鸟嘌呤既可作为一个质子供体又可作为其相邻质子的受体，所以，四联体通过 8 个氢键连接在一起。四联体可一个个堆叠，位于轴向的单价阳离子有利于堆叠的稳定(图 1.20)。四链 DNA 的生物学功能可能在于参与端粒 DNA 的复制。

五、超螺旋

E. coli 的 DNA 的总长度是其细胞长度的 100 倍，那么它的 DNA 怎样包装成类核(nucleoid)？原来其 DNA 存在着**超螺旋**(supercoil)。1963 年 J. Vinogred 在离心分离多瘤病毒(polyomavirus)的环状 DNA 时，原以为在离心管中只会出现一条带，结果出现了两条带，他认为一条可能是**松弛型 DNA**，另一条可能是**超螺旋 DNA**(supercoiled DNA)，从而发现了 DNA 的超螺旋。

双链在促旋酶或称**旋转酶**(gyrase)的作用下，螺旋恢复到松弛状态(图 1.21)，此酶沿拓扑异构复制叉的移动是通过**解旋酶**(helicase)来完成的，解旋酶可切断配对碱基之间的氢键，并逐步解开正在前进的 DNA pol Ⅲ前面的双螺旋。产生的单链 DNA 被**单链结合蛋白**(single strand binding protein，SSB)所结合，使单链保持稳定，防止其重新形成双链。当 DNA 解旋时，它趋向形成**超螺旋**。这个过程和将绳子的两股扯开的情况相似(图 1.22)。

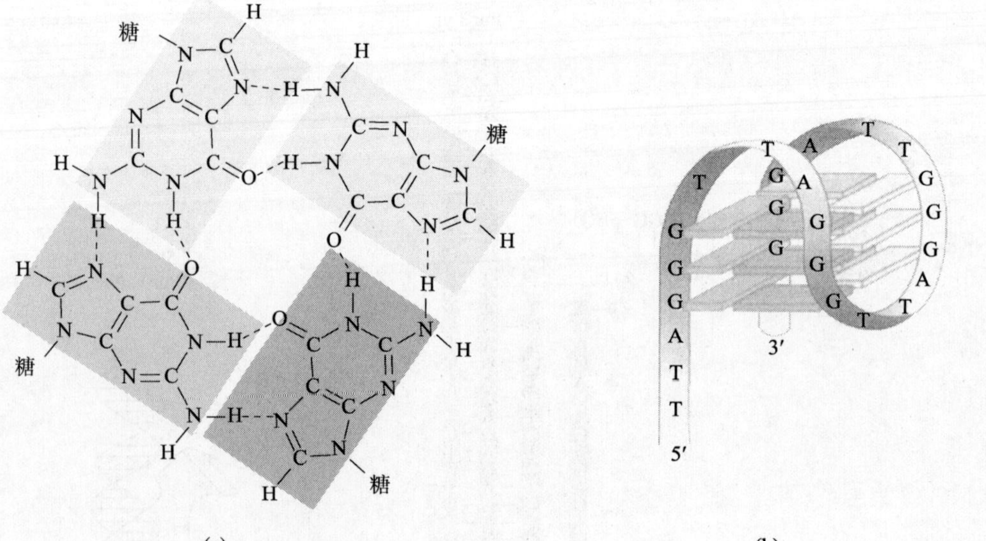

图 1.20 (a) 端粒富含 G 的寡核苷酸经溶解而形成的鸟嘌呤四联体的结构 (b) 人类端粒结构的单分子发夹模型
为了简洁，图中仅含有少数的几个 TTAGGG 重复单位。而实际上在正常人类染色体的端粒中
这些重复序列具有 250～1 500 次的重复(引自 S. Simmons，2003)

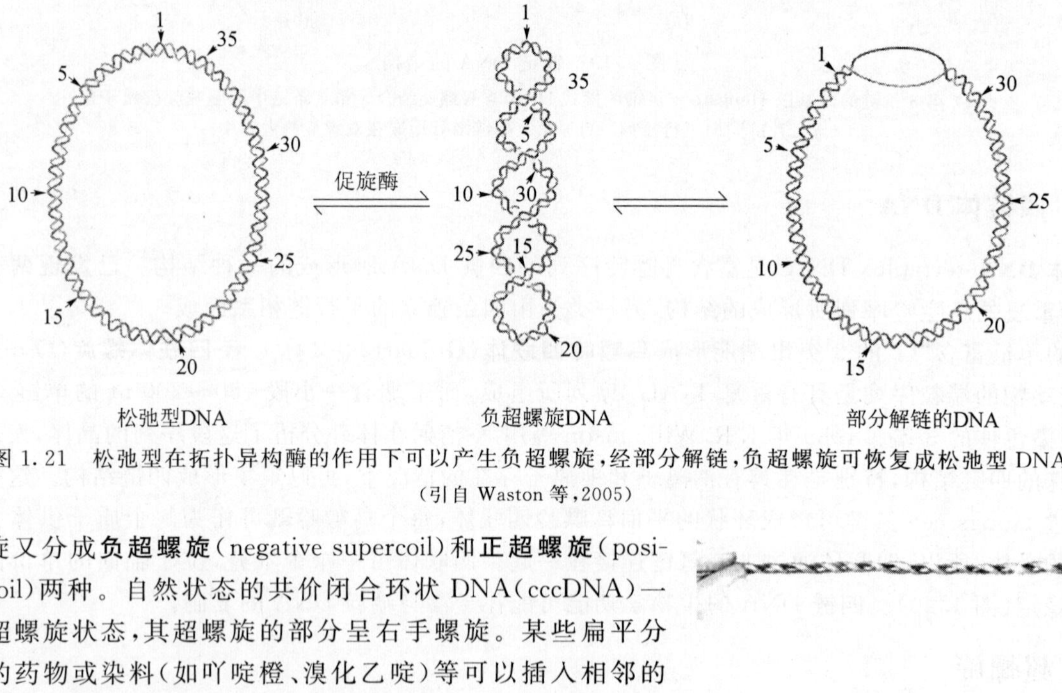

图 1.21 松弛型在拓扑异构酶的作用下可以产生负超螺旋，经部分解链，负超螺旋可恢复成松弛型 DNA
(引自 Waston 等，2005)

超螺旋又分成**负超螺旋**(negative supercoil)和**正超螺旋**(positive supercoil)两种。自然状态的共价闭合环状 DNA(cccDNA)一般都呈负超螺旋状态，其超螺旋的部分呈右手螺旋。某些扁平分子芳香族的药物或染料(如吖啶橙、溴化乙啶)等可以插入相邻的两个碱基之间，促进产生正超螺旋，其螺旋部分是左手螺旋。闭合环若被切开一条单链，或在双链上交错切割，都会形成开环(Ⅱ型 DNA)，此时呈**松弛型**(relax form)。若此时再将缺口封闭起来，形成环状(I°型)仍是松弛型，无超螺旋存在。毫无疑问，线状的 DNA 是不可能形成超螺旋的。不同类型的 DNA 的沉降系数和泳动率不同，我们可以用密度离心和凝胶电泳来进行鉴别(表 1.4)。另外也可以用电镜来直接观察超螺旋结构(图 1.23)。

图 1.22 将绳子的两股扯开，会使绳子产生扭结，即"超螺旋"
(引自 D. L. Nelson 等，2000)

表 1.4　不同类型 DNA 的三级结构及性质

DNA 类型	形态	拓扑结构	沉降系数	电泳迁移率
Ⅰ	闭合环	超螺旋	1.41	最快
Ⅰ°	闭合环	松弛形	1.14	最慢
Ⅱ	开环	松弛形	1.14	同Ⅰ°型
Ⅲ	线形	松弛形	1.00	中等速度

超螺旋是可以定量描述的。J. H. White 在 1969 年通过微分几何的研究建立了 White 方程（$L=T+W$）来说明环绕数和超螺旋的关系。

L（linking number）为链环数或称拓扑环绕数，指 cccDNA 中一条链绕另一条链的总次数。其特点是：①L 是整数；②在 cccDNA 中任何拓扑学状态中其值保持不变；③右手螺旋对 L 取正值。

T（twisting number）为缠绕数，即双螺旋的圈数。其特点是：①可以是非整数；②是变量；③右手螺旋时，T 为正值。

W（writhing number）为扭曲数，即超数旋数。其特点是：①可以是非整数；②是变量；③右手螺旋时，W 取负值。

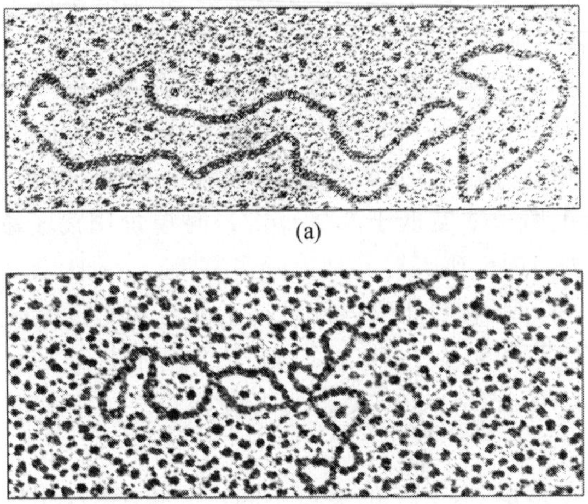

图 1.23　超螺旋 DNA 的电镜照片

(a) 为松弛型的环状 DNA，它是伸展的　(b) 为超螺旋 DNA，是扭曲而凝缩的（引自 W. M. Becker 等，2009）

无论是 L 的增加或减少，即加旋或解旋，DNA 分子具有维持 B-DNA 结构的倾向，即由 10 碱基构成一个螺旋，因此，DNA 的长度确定后，“T”会保持不变，加旋和解旋的影响由三极结构的扭曲来抵消。现举例说明这三者之间的关系。例如，有松弛的 B-DNA，共有 420 bp，一条链绕另一链 42 次，正好形成 42 圈螺旋，则 $L=T=42$，所以 $W=0$，无超螺旋。若固定一端，另一端按顺时针方向旋转，使双螺旋解开 6 圈，再将双链连接成闭合环，而 DNA 仍要保持 B-DNA 的结构，每个螺旋由 10 bp 组成，T 又变成最初的 42，即有 42 个螺旋，则 $L=36$，$T=42$，所以 $W=-6$，即形成了 6 个负超螺旋（右旋），在此情况下，T 值保持不变，$\Delta T=0$，$\Delta L=\Delta W$。

第四节　DNA 的变性和复性

DNA 双链依靠氢键彼此互补地连接在一起。A—T 对有两个氢键，G—C 对有 3 个氢键。如果缓慢地加温，就可以使氢键断裂，双链解开，产生单链的 DNA 分子，这一过程就称为 DNA 的**变性**（denaturation）或**解链**（melting）。已经变性的单链 DNA 分子若骤然冷却，仍保持为单链，但若缓慢冷却，单链就重新彼此靠近，随机碰撞，重新结合成双链。若是非对应段的结合，即使有短暂的结合又会发生分离。互补的两条链首先是中心部分互补碱基对之间形成氢键，此称为**成核作用**（nucleation），接着像拉拉链一样，其余部分随之形成互补双链，此称为**拉拉链作用**（zippering）。核酸分子在变性后分开的互补链缓慢冷却，重新形成互补双链的过程称为**复性**（renaturation）或**退火**（annealing）。

DNA 的复性对片段有两个要求：①互补序列的碰撞和排列；②碱基的正确配对和氢键的形成，但不需要完全配对，即不需要两条链完全互补。

一、DNA 变性的影响因素

高温、酸、碱及某些变性剂如尿素、甲酰胺和甲酸等都可导致 DNA 变性。DNA 变性后形成单链，其物理性质也相应发生了变化：①流体力学的性质发生改变：黏度下降，而沉降速度增加；②由于发色基团隐藏在

DNA的内部，变性后裸露出来，从而提高了对紫外线的吸收能力，此称为**增色效应**(hyperchromic effect)。例如，双链DNA的A_{260}(浓度为50 μg/mL时，对波长260 nm紫外线的吸收能力)＝1.00；单链DNA的A_{260}＝1.37；游离碱基或核苷酸的A_{260}＝1.60。表示变性特征的简便参数是**解链温度**(melting temperature，T_m)或熔点，T_m是A_{260}值升高达到极大值一半时的温度。或者说是变性温度范围的中点。在生理条件下T_m一般为85～95℃(图1.24)。

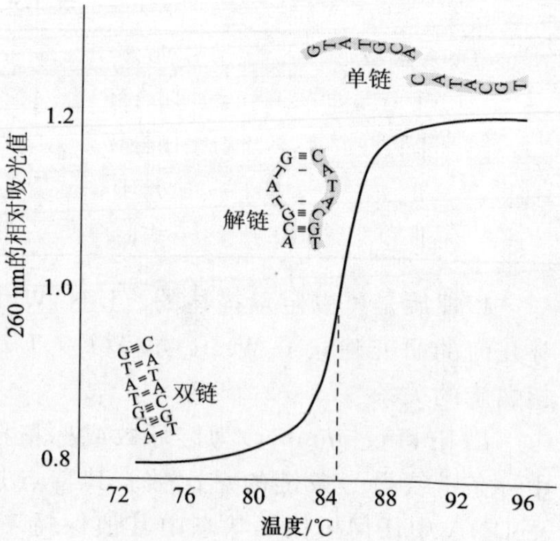

图1.24 DNA的解链曲线

DNA在不同的温度范围内可能呈现的不同构象

(引自M. T. Madigan，2006)

影响变性的因素有外部条件和内部结构两类。外部条件如温度和正离子的浓度。如前所述，正离子对磷酸骨架负电荷的中和及屏蔽，以及对碱基疏水性的增加，可影响到双链的打开。在正离子浓度低于0.4 mol/L时单价阳离子浓度增高10倍，T_m增加16.6℃。

影响变性的内部结构主要是和GC含量及分子类型有关。当GC的含量上升1%，则T_m上升0.4℃。可以通过马默多蒂(Marmur-Doty)关系式来换算GC百分比与T_m的关系：

$$T_m=69.3+0.41\text{GC}\%\text{，或 GC}\%=(T_m-69.3)\times 2.44$$

DNA分子的类型不同，T_m也不同，环状比线状稳定，所以其T_m高于线状分子的T_m。在进行PCR引物设计时要求一对引物的T_m相近，就需考虑GC含量和引物的长度来调整其T_m。

二、DNA的复性动力学

复性动力学的研究可以用来推测原核基因组的大小，以及区分单一序列和复杂序列等。根据化学动力学二级反应速率方程：

$$\frac{dC}{dt}=-kC^2$$

可推导出DNA的复性动力学公式：$\frac{C}{C_0}=\frac{1}{1+kC_0t}$

式中，dC表示DNA在反应过程中单链浓度的变化，dt表示反应中时间的变化，k为反应的速率常数。初始时单链DNA的浓度C_0，因为$\frac{C}{C_0}=1$，全部复性时$\frac{C}{C_0}=0$。

那么复性进行一半时：

$$\frac{C}{C_0}=\frac{1}{2}=\frac{1}{1+kC_0t_{1/2}}$$

所以：

$$C_0t_{1/2}=\frac{1}{k}$$

因为k是和DNA分子的大小N呈反比的($k\propto 1/N$)，所以复性反应进行一半时的浓度和时间的乘积和DNA分子大小(N)成正比：

$$C_0t_{1/2}\propto N$$

根据复性动力学公式我们可以知道：①单链DNA的浓度“C”随着时间“t”的增大而减小。②反应速率取决于初始单链的浓度C_0。③我们可以用反应浓度为纵坐标，以$C_0t_{1/2}$的对数为横坐标绘制出各种DNA的复性曲线。④因为$C_0t_{1/2}$和基因组的大小成正比，我们就可以通过$C_0t_{1/2}$值的测定来推测原核生物和噬菌体的相对分子质量。例如，已知大肠杆菌的基因组为4.2×10^6 bp，$C_0t_{1/2}=9$ mol·s/L那么我们只要测出某原核生物的$C_0t_{1/2}$，用下列公式就可以计算其基因组的大小。已测出的某原核生物的$C_0t_{1/2}\div 9$(mol·s/L)＝某基因组大小÷(4.2×10^6 bp)。⑤不同的原核生物因基因组大小不同,复性曲线也不同(图 1.25)。⑥可以用以区分真核生物和原核生物的基因组。R. J. Britten 和 D. E. Kohne(1968 年)通过对 DNA 复性动力学的研究提供了基因组中序列分布的信息,指出了原核生物和真核生物基因组明显不同之处。真核生物的 DNA 有重复序列,而原核生物多为单一序列。单一序列的复性曲线常只有一个拐点,而重复序列常有多个拐点。即使有些真核生物中的单一序列只有一个拐点,但其 C_0t 比值变化范围和原核也不同。我们可以通过曲线的拐点(即反应进行一半时的这一点)做切线,在横坐标上的两个交点即为 C_0t 比值变化范围,原核生物的 C_0t 比值为 100 之内,而真核生物 DNA 的 C_0t 比值将大于 100(图 1.26)。

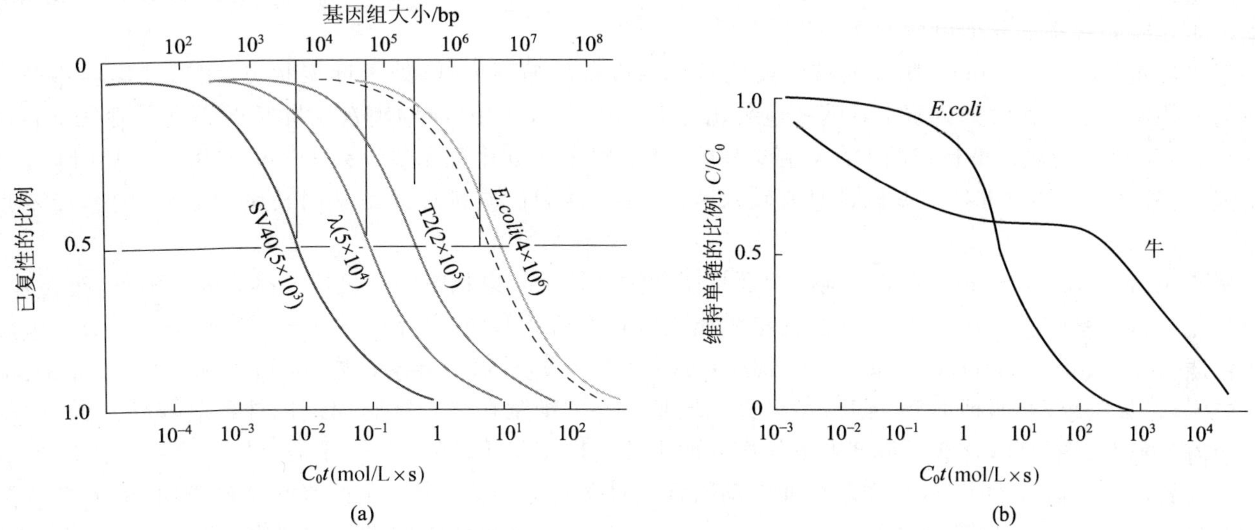

图 1.25　不同 DNA C_0t 区段

(a) 小基因组生物(*E. coli*、噬菌体 T2 和 λ 及小病毒 SV40)的 C_0t 区段。虚线表示推测基因组大小与 *E. coli* 相当的生物的 DNAC_0t 区段　(b) 大肠杆菌和牛 DNA 的 C_0t 区段以一个 C_0t 区段来比较牛胸腺 DNA 与 *E. coli* DNA 的复性动力学。*E. coli* 的 DNA 几乎全部都是单一序列。而牛的 C_0t 曲线与 *E. coli* 的完全不同,显示某些序列复性很慢(曲线的右侧),而有的又比 *E. coli* 还要快一些(曲线的左侧)(引自 P. J. Russell,1992)

复性反应也受到以下因素的影响:①DNA 片段的大小;②DNA 的浓度;③DNA 的复杂性,即原核为单一序列,所以 DNA 复性较为稳定,而真核 DNA 具有各种重复序列,所以较为复杂;④温度,复性温度一般比 T_m 低 25 ℃为最佳;⑤盐的浓度,复性时要求盐的浓度达到足够高,如 NaCl 的浓度为 0.15～0.50 mol/L。

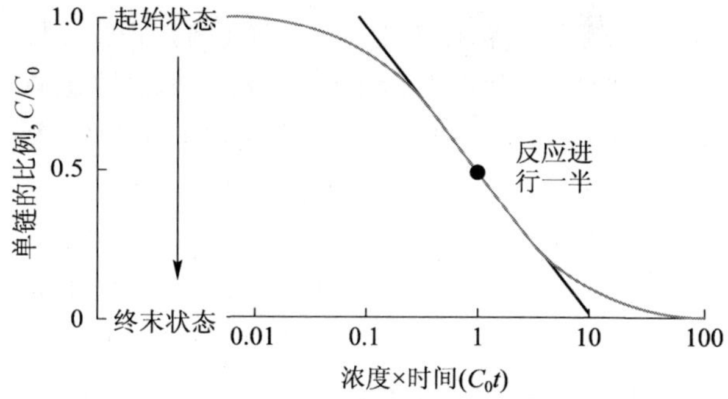

图 1.26　DNA 单一序列复性曲线的判断

DNA 开始时是单链,复性终止时是双链。复性曲线的 80% 跨越了 2 logC_0t(引自 P. J. Russell,1992)

一般我们可以通过两种方法检测在复性反应中单链是否已经结合成双链:①**减色效应**(hypochromic effect),和增色效应相反,由于双链逐渐增多,对波长 260 nm 的紫外光吸收会相应减弱。因此测定光密度,即 **OD 值**(optical density)即可。DNA 从单链变成双链,OD_{260} 减少 30%。②羟基磷灰石柱层析,羟基磷灰石的特点是对双链 DNA 吸附较牢,但不易吸附单链。将样品过柱,然后用不同浓度的缓冲溶液洗脱,就可分别收集单链和双链 DNA,计算相对浓度。

第五节　真核生物的染色体

DNA 是遗传信息分子水平的载体,而染色体是遗传信息亚细胞水平的载体。在真核细胞分裂的中期,由染色质凝聚成的在显微镜下可观察到的棒状物称为**染色体**(chromosome)。它们是由 DNA、组蛋白、非组蛋白和少量的 RNA 组成,每条染色体都具有一个着丝粒和两个端粒,有的染色体还有一个核仁形成区。每个物种的染色体都具有特定的数目和形态。

虽然早在 19 世纪 80 年代,科学家们已用碱性染料染色,在光学显微镜下观察到了染色体。但对染色体结构的认识却晚于 DNA。

一、染色质

染色质(chromatin)是间期细胞核内能被碱性染料染色的物质,是染色体的基本成分,可分为伸展状态的常染色质和凝缩状态的异染色质。

常染色质(euchromatin)是指间期核内染色质纤维折叠压缩程度低,处于伸展状态,用碱性染料染色时着色浅的那些染色质。在常染色质中,DNA 包装比为 1/(1 000～2 000),即 DNA 实际长度为染色质纤维长度的 1 000～2 000 倍。构成常染色质的 DNA 主要是单一序列 DNA 和中度重复序列 DNA(如组蛋白基因和 tRNA 的基因)。常染色质中并非所有基因都具有转录活性,处于常染色质状态只是基因转录的必要条件,而不是充分条件。

异染色质(heterochromatin)是细胞间期及早前期时仍处于凝集状态的染色质。具有强嗜碱性,染色深,染色质丝包装折叠紧密。与常染色质相比,异染色质是转录不活跃部分,多在晚 S 期复制。异染色质分为**组成型异染色质**(constitutive heterochromatin)(又称结构性异染色质)和**兼性异染色质**(facultative heterochromatin)(又称功能性异染色质)两种类型。组成型异染色质是指各类细胞在整个细胞周期内处于凝集状态的染色质,多位于着丝粒区、端粒区,含有大量高度重复序列的 DNA,即卫星 DNA。兼性异染色质只在一定细胞类型或在生物发育的一定阶段发生凝集,如雌性哺乳动物含一对 X 染色体,其中一条始终是常染色质,但另一条在胚胎发育的第 16～18 d 变为凝集状态的异染色质,该条凝集的 X 染色体在间期形成染色深的颗粒,称为**巴氏小体**(Barr body)(图 1.27)。

组蛋白是组成染色体的最主要蛋白质。它的作用是和染色体中带有负电荷的 DNA 相结合。组蛋白是比较小的碱性蛋白;在细胞正常 pH 时,组蛋白带有正电荷,这样它们就可以和 DNA 结合,这个正电荷主要存在于碱性氨基酸 Lys 和 Arg 的—NH_3^+ 上。其实,组蛋白约含 25%的 Arg 和 Lys,比其他蛋白质的 Arg,Lys 的含量都多。

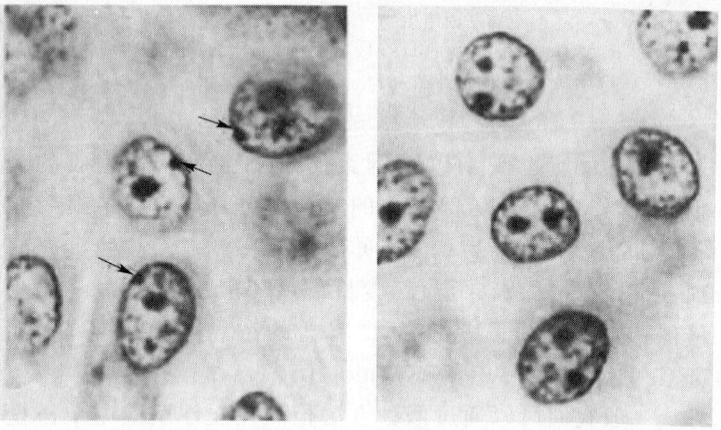

(a) (b)

图 1.27 巴氏小体

(a) 正常女人的细胞,在核膜附近存在巴氏小体(箭头所指)
(b) 正常男人的细胞,在核膜附近无巴氏小体(引自 P. J. Russell,1992)

和真核 DNA 结合的有 5 种类型的组蛋白:H1、H2A、H2B、H3 和 H4。组蛋白的总量和 DNA 的总质量大致相等,这个总量和比例在各种真核细胞中都是如此。来自小牛胸腺 DNA 的组蛋白的特点如表 1.5 所示。H2A、H2B、H3 和 H4 4 种组蛋白的序列是通过各种生物测定的结果。比较这个序列表明,它们的一级结构是高度保守的。这 4 种组蛋白的保守性在已知的所有蛋白质中算是最高的。氨基酸序列的保守性明显表明组蛋白在各种真核生物染色体的组成中起到相同的作用。

各种细胞中的 H1 组蛋白虽不完全相同,但紧密相关。这种组蛋白有一定的氨基酸核心区域。此区域是通过进化而保留下来的,但其余分子都缺少这种保守性。但某些组织中并不存在 H1,而被其余的组蛋白所取代。例如,在鸟类的红细胞(和哺乳动物的红细胞不同,鸟类的红细胞有核)中 H5 取代了 H1。

表 1.5　小牛胸腺 DNA 的组蛋白的特点

组蛋白类型	碱性氨基酸含量		氨基酸数	相对分子质量
	Lys	Arg		
H1	29%	1%	215	23 000
H2A	11%	9%	129	13 960
H2B	16%	6%	125	13 775
H3	10%	13%	135	15 340
H4	11%	14%	102	11 280

非组蛋白(non-histone proteins)是指细胞核中组蛋白以外的酸性蛋白质。相对分子质量为(10～15)×10^3。在染色质中的蛋白质成分里，组蛋白占有相当大的比例，而且在性质上相对较为均一。非组蛋白虽然含量很少，但表现出极端的不均一性，在控制基因表达中发挥重要功能(见第七章)。非组蛋白主要包括与 DNA 和组蛋白的代谢、复制、重组和转录调控等密切相关的各种酶类。例如，组蛋白甲基化酶，DNA 合成及修复过程中的 DNA 聚合酶和连接酶，RNA 聚合酶，以及核酸和蛋白质如组蛋白在修饰过程中所需要的酶，此外还包括 DNA 结合蛋白、组蛋白结合蛋白和调节蛋白。由于非组蛋白常常与 DNA 或组蛋白结合，所以在染色质或染色体中也有非组蛋白的存在，如染色体支架蛋白。它们还包括**高速泳动族蛋白**(high mobility group proteins，HMG)，这类蛋白质携带较高的电荷，在染色质结构组成及基因调控中发挥各种各样的作用；可分为 5 个亚型(HMG-1、-2、-14、-17 和 I/Y)，3 大类(HMG-1/2 家族，HMG1/Y 家族和 HMG-17/14 家族)。HMG-1(25×10^3)、HMG-2(24×10^3)与染色质中核糖体间 DNA 相关，在染色质复制、运输中起作用。HMG-14(11×10^3)、HMG-17(9×10^3)是结合在新复制的染色质核糖体中心轴上。HMG-17/14 可积聚于活化的染色质上，推测这一现象有助于染色质较高级结构的解聚。HMG I/Y 家族的非组蛋白的确切作用还不十分清楚，但已知其优先与含有 AT 重复序列的 DNA 相结合；并且和 H1 型组蛋白类似，它们可以被周期蛋白依赖性激酶所磷酸化。在包装和转录激活等过程中，HMG 蛋白的另一个重要作用是使 DNA 产生角度较小的弯曲，在包装的过程中 DNA 呈现出这种特殊的三维构象，而在转录过程中，在其相邻的不同位点上将结合调节因子(如增强子)。还有一类非组蛋白是鱼精蛋白(protamine)，它可以促进 DNA 包装进精子头部。这类蛋白排列在 DNA 双链相邻的大沟中，使 DNA 折叠成高度致密的一束平行纤维结构。

二、染色体的四级结构

真核生物染色体含有一条很长的单个 DNA 分子。例如，黑腹果蝇基因组中最长的染色体含有一个完整的 DNA 分子，长 6.5×10^7 bp，线性双链 DNA 长约 22 mm。图 1.28 是果蝇 DNA 的放射自显影照片，其长度超过了 36×10^6 bp。

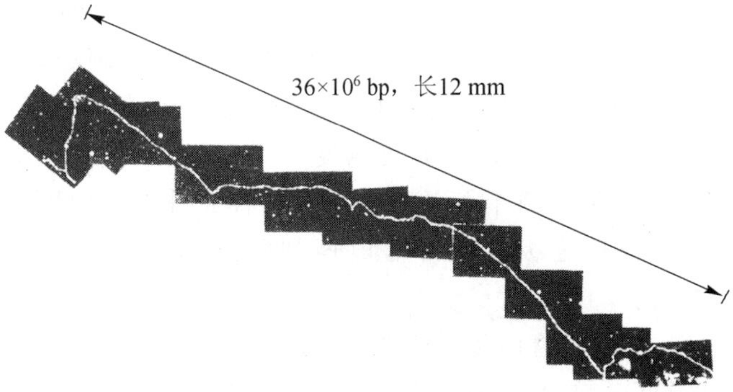

图 1.28　果蝇的一条 DNA 分子

(引自 D. L. Hartl 等，2006)

从 DNA 到染色体不论是形态还是长度都相差很大。人类最长的 1 号染色体全长仅 10 μm，但其 DNA 分子却长达 7.2 cm，含有 2.23 亿个碱基对，而一个细胞核直径仅 5 μm，在这样一个小小的空间中却要容纳下全长近 200 cm 的 DNA，人们不禁要问 DNA 如何形成染色体，纳入小小的核中。解决这个问题同样是由很多科学家经过 20 年的努力，最终提出了为大多数人能接受的模型——侧环模型。

早在 1956 年为双螺旋模型提供 X 衍射证据的 M. H. F. Wilkins 和另一位科学家 V. Luzzati 对染色质进

行了X衍射研究，发现染色质中具有间隔为10 nm的重复性结构。蛋白质和DNA本身的结构从来不会表现出这种重复性。推测可能是组蛋白和DNA的结合方式迫使DNA折叠或缠绕成具有10 nm周期的重复结构。

R. J. Clark和G. Felsenfeld于1971年首先用**葡萄球菌核酸酶**(Staphylococcal nuclease)作用于染色质，发现有一些区域对核酸酶敏感，有一些则不敏感，不敏感的区域比较均一，这暗示染色体中存在着某些亚单位。接着D. R. Hewish和L. A. Burgoyun(1973年)用内源核酸酶消化细胞核，再从核中分离出DNA，结果发现一系列DNA片段，它们相当于长约200 bp的一种基本单位的多聚体。表明在DNA上组蛋白是以一种有规律的方式分布，以致产生对核酸酶敏感的只是某些限定区域。M. Noll(1974年)用外源核酸酶处理染色质，然后进行电泳，证实了以上结果，他测得前3个片段的长度分别为205、405、605 bp，每个片段相差200 bp，即染色质可能以200 bp为一个单位。这正好和以下电镜观察的结果相印证。与此同时A. L. Olins和D. E. Olins夫妇(1974)和P. Chambon等(1975年)在电镜下观察到大鼠胸腺和鸡肝染色质的“念珠”状结构(图1.29)，小球的直径为10 nm，Olins并把这种小球称为**ν小体**(ν-body)，有时译成**钮体**(nu body)。

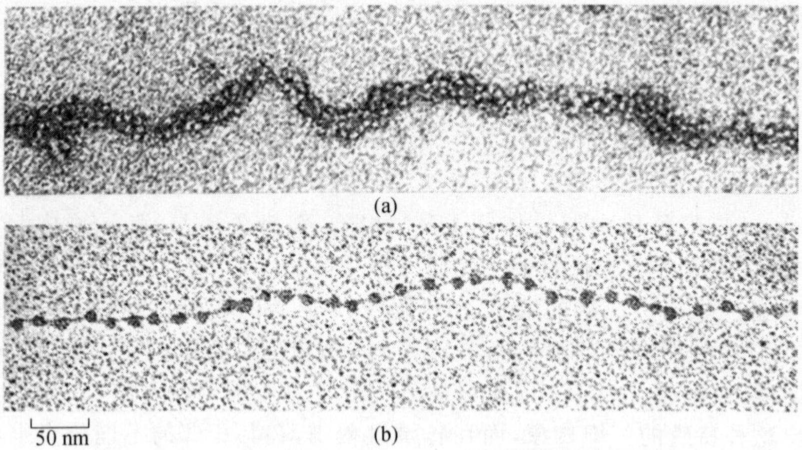

图1.29 核小体的电镜照片显示包装前后的染色质丝

(a) 30 nm的染色质丝 (b) 盘绕前染色质呈“念珠”状结构(引自B. Alberts等，2002)

X衍射图表明组蛋白的多聚体都是紧密相连，并无可容纳像DNA分子那样大小的孔洞，所以不可能由DNA之“绳”穿过组蛋白之“珠”，而只可能是DNA缠绕在“珠”的表面。

电泳的结果和电镜观察到“念珠”结构之间是什么样的关系呢？R. D. Kornberg和J. O. Thomas 1974年用实验回答了这一问题。他们先用微球菌核酸酶稍稍消解一下染色质，切断一部分200 bp单位之间的DNA，使其中含有单体、二聚体、三聚体和四聚体等。然后经离心将它们分开。每一组再通过凝胶电泳证明其分子大小及纯度。然后分别用电镜来观察各组的材料；结果单体均为一个10 nm的小体，二聚体则是两个相连的小体，同样三聚体和四聚体分别由3个小体和4个小体组成，表明200 bp的电泳片段长度级差正好是电镜观察到的一个“念珠”单位(图1.30)，他们称其为**核小体**(nucleosome)或核粒。

人们接着用化学交联、高盐分离组蛋白，以及X衍射等方法进一步研究组蛋白多聚体的结构、排列及怎样和DNA结合的，从而建立了核小体模型。1984年A. Klug和P. J. Butler进行了修正。核小体的构造可用图1.31表示。

经**微球菌核酸酶**(micrococcal nuclease)轻微消解染色质得知：每一个核小体结合的DNA总量为200 bp左右，一般为150～250 bp。连接两个核小体的**连接DNA**(linker DNA)是最容易受到这种酶的作用，因此微球菌核酸酶在连接DNA处被切断，此时每个重复单位的DNA长约200 bp，而且是和5种组蛋白相结合，保持着核小体的结构。也就是“念珠”结构的“绳”被切断，剩下一个一个的“珠”(图 1.32b)。

用这种酶进一步消解连接 DNA 的尾巴，结果释放出了 H1，留下了**核小体核心颗粒**(nucleosome core particle)，此是由组蛋白八聚体和围绕其四周的长 146 bp 的 DNA 组成。此 146 bp 的 DNA 因和八聚体组蛋白核心相结合，所以对酶不敏感。连接 DNA 其长度变化也比较大，小到 8 bp，长到 114 bp 不等。实际上在 H1 未释放前，DNA 消解到最短时不是 146 bp，而是 166 bp，这是因为在 146 bp 两端还各有 10 bp 的 DNA，从核心颗粒上翘起来，能与 H1 组蛋白结合。H1 像一个“搭扣”，将绕在八聚体上的 DNA 固定。当将这 20 bp 降解掉后，H1 也随之脱落了。在核心颗粒上 146 bp 的 DNA 中有 83 bp 的 DNA 是紧密地与八聚体结合，正好围绕八聚体的一周。除 H1 外，4 种组蛋白有相互作用形成聚合体的趋势。H3 和 H4 的亲和力最强，首先由两分子的 H3，H4 呈轴对称结合成四聚体；H2A 和 H2B 异二聚体在上下两端和 H4 的侧面结合形成八聚体(图 1.32a)。由于组蛋白八聚体的立体构象形成了沟，沟的位置决定了 DNA 绕在其上的走向为左盘绕，此与 DNA 在溶液中自身环绕成的超螺旋的方向正好相反，然而都是负超螺旋。核小体除去组蛋白之后，DNA 能产生负超螺旋，当绕在组蛋白上就处于松弛状态。

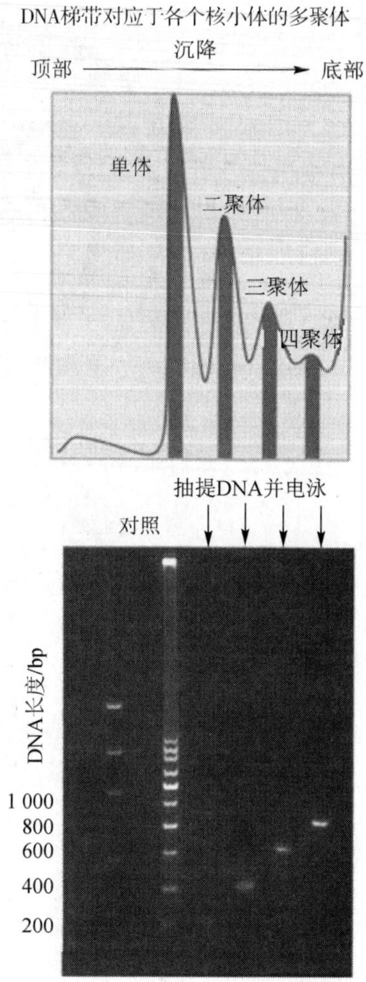

图 1.30 每个核小体的多聚体含有相应数目的单位长度 DNA
(引自 B. Lewin，2008)

在活细胞中染色质并不以“念珠”状存在。而是保持高度紧密的状态。关于染色质高度折叠的一些细节现在仍不清楚。染色质在细胞周期中发生的一系列规律性变化的细节也不大清楚。相邻核小体彼此紧密相连使染色质形成直径为 10 nm 的**核丝**(nucleofilament)。那么核丝怎样形成更高级的结构？1976 年 J. T. Finch 和 A. Klug 提出了**螺旋管模型**(solenoid model)。他们用小球菌核酸酶消解鼠肝细胞的核，制备了含有 10～100 核小体的染色质，再进行电镜观察，发现在 0.2 mmol/L 镁离子存在的条件下 10 nm 的核丝进一步螺旋化，形成直径为 30～50 nm 的核丝，因而提出 10 nm 的染色质纤丝螺旋缠绕成直径为 30 nm 的螺旋管，内径为 10 nm。螺旋的每一周由 6 个核小体组成(图 1.33)。组蛋白 H1 在形成 30 nm 的纤丝的过程必定起到了重要的作用，因为 H1 用完时仍能形成 10 nm 的染色质丝，却不能形成 30 nm 的纤丝，但组蛋白 H1 在 30 nm 纤丝的什么部位目前尚不清楚。这一模型符合很多学者所观察到的 30 nm 的染色质丝(图 1.29)，因此广为人们所接受。

对于 30 nm 的螺旋管如何形成更高级的结构，至今尚不明确。科学家们提出了很多的模型。现在一般认为 30 nm 的纤丝结合在核骨架上，形成一系列的侧环，结合点是富含 AT 的**核骨架附着区**(scaffold attached region，SAR)或**核基质结合区**(matrix association region，MAR)。每个侧环长 10～90 kb。带有侧环的非组蛋白骨架进一步形成直径为 700 nm 的螺旋，这就是染色单体(图 1.34)，而由两条姐妹染色单体形成的中期染色体直径为 1 400 nm，螺旋的方向是相对的。染色体包装的侧环模型和增强子作用机制的成环模型也能相吻合。

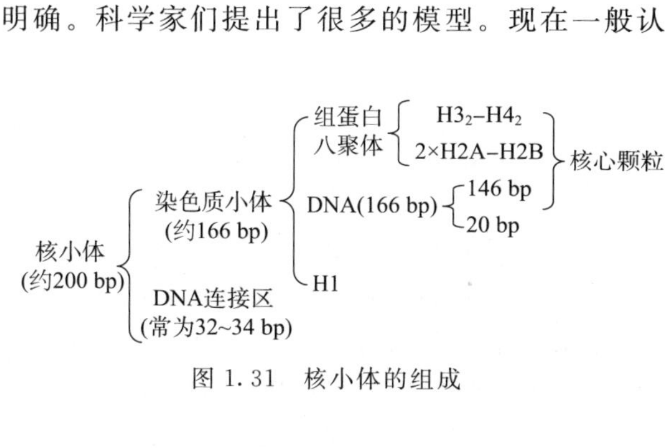

图 1.31 核小体的组成

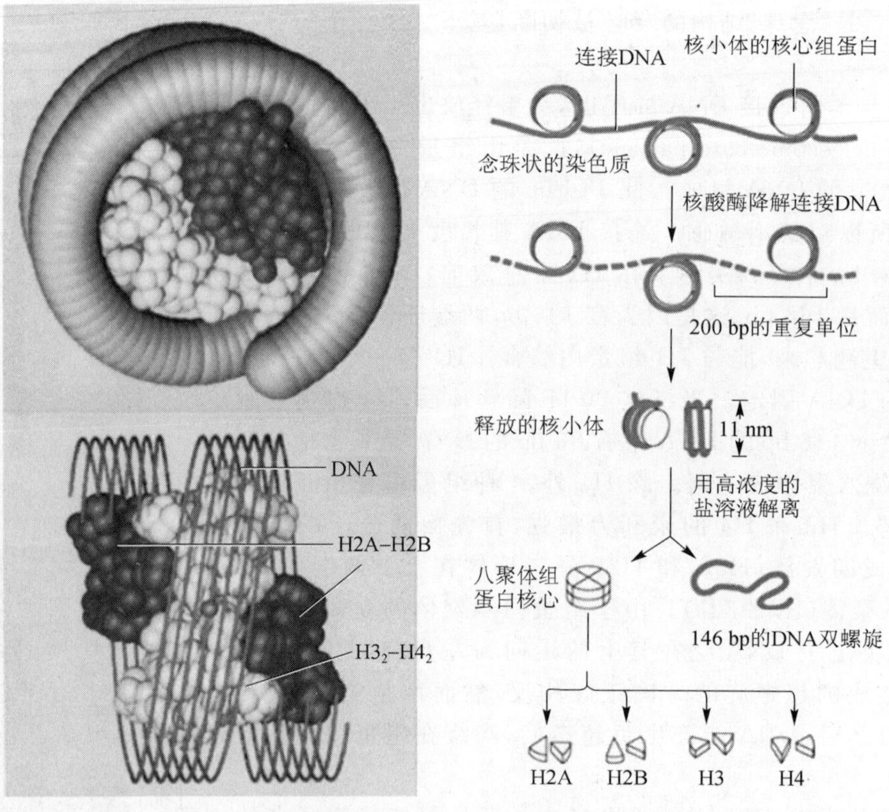

图 1.32 组蛋白八聚体

(a) 组蛋白八聚体的三维结构图。上部几根平行线表示 DNA 围绕在组蛋白八聚体的四周；两个 H2A-H2B 的二聚体(深色)的侧面有 H3-H4 四聚体 (b) 八聚体组蛋白核心外面绕有两圈 DNA，每圈含 83 bp，加上连接 DNA。用微球菌核酸酶降解 DNA 所释放出的这一部分核小体就是所谓的“珠”。在每个核小体珠上盘绕着 146 bp 的 DNA 双螺旋，绕组蛋白八聚体 1.8 周(引自 B. Alberts 等，2002)

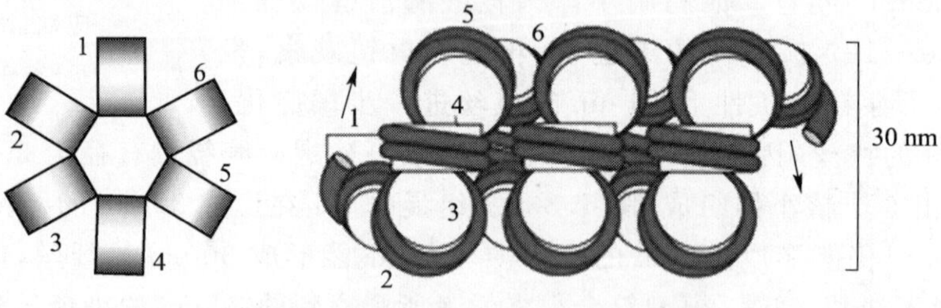

图 1.33 直径为 30 nm 的染色质丝

此模型用来解释“念珠”状的核小体如何包装形成 30 nm 的染色质丝。(a) 螺旋管的侧面观 (b) 这种包装每个核小体还需要 1 个分子的组蛋白 H1(未显示)(引自 B. Alberts 等，2002)

三、着丝粒

在真核细胞有丝分裂和减数分裂时，染色体复制，两条染色单体分离并趋向于分裂细胞的两端，这种分离受到纺锤体微管的控制，附着纺锤体微管的染色体区域称为**着丝粒**(centromere)。每条姐妹染色单体上的着丝粒区由微管附着，并拖向两极。而染色体上的黏结蛋白(cohesin)可使姐妹染色单体连接在一起，直到细胞分裂的末期，随着黏结蛋白的降解，姐妹染色单体才先从着丝粒处分开。分裂后期当染色体向两极移动时，着丝粒的位置决定染色体的形状是否呈棒状、J 状或 V 状。在少数物种中，牵引丝沿染色体的长轴附着。这种染色体为多着丝粒(polycentric)的或有一个**漫散着丝粒**(diffuse centromere)。一条已复制的染色体含有两条染色单体,它们在着丝粒区结合在一起。**动粒**(kinetochore)为一种附着于着丝粒区外侧的圆盘状结构,是一些蛋白质的复合结构,由内外两层组成,内层是和着丝粒DNA结合的**着丝粒结合蛋白**(centromeric-binding proteins);外层是**微管结合蛋白**(microtubule-binding proteins),供微管附着。动粒并能捕获来自于两极纺锤体中一侧的微管(图1.35)。中期染色体的着丝粒区比染色体的其他区域狭窄,因此称为染色体**主缢痕**(primary chromosomal constriction),着丝粒是含有DNA重复序列的异染色质,且复制晚。从结构上看,着丝粒有两种主要的类型,一种在染色体DNA上占非常小的区域(约200 bp);另一种则占有较大的区域(40 kb到5 Mb)。酿酒酵母(*S. cerevisiae*)着丝粒属第一种类型。着丝粒的DNA序列称为CEN序列,至少有10种酿酒酵母的CEN序列已被确定。没有一个已知的CEN区和另一个的DNA序列及组成完全相同。但4种酵母的CEN区也存在着关键的序列信息,即保守序列。它们的核心着丝粒区都由3个功能区组成。中部的元件Ⅱ是最大的功能区,由80~90 bp组成,A+T含量高,>90%;左侧的元件Ⅰ含有PuTCACPuTG序列(Pu是嘌呤),而右侧的元件Ⅲ是由26 bp组成的保守区,此区也是A—T丰富区(图1.36)。有趣的是所有真核生物的着丝粒功能都相同,但其DNA序列却具有种的特异性。

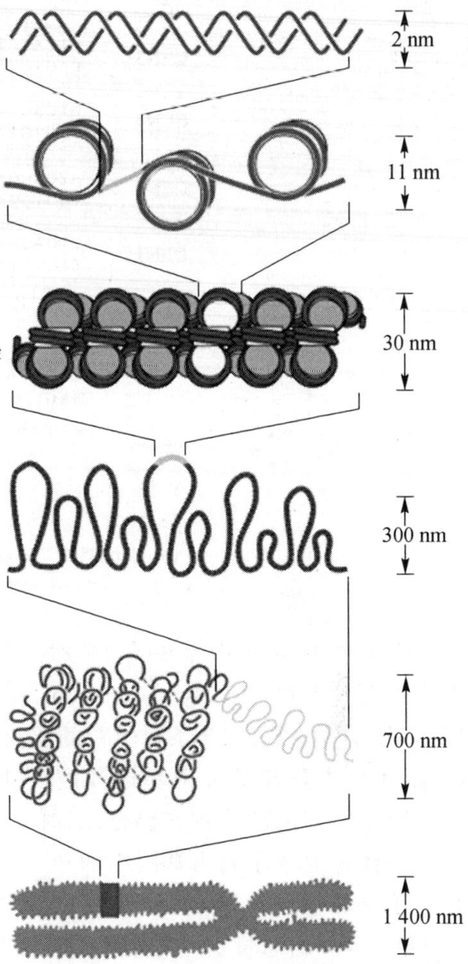

图1.34 染色体包装模型

图示一个高度浓缩的中期染色体其包装的多层次

(引自B. Alberts等,2002)

较大的染色体有区域化的(regional)着丝粒,这种着丝粒可同时结合30到40根微管。例如,果蝇(*D. melanogaster*)着丝粒含420 kb DNA,由简单重复的DNA片段组成。此区亦为富含AT的片段,可起结合微管的作用。在果蝇2号染色体的着丝粒内有4个具转录活性的基因已被作图。拟南芥(*Arabidopsis thaliana*)着丝粒的长度变化范围为1.4~1.9 Mb,约占染色体DNA的7%。在全部的5条染色体上,着丝粒区内有180 bp的序列可重复上百次。在着丝粒区富含与反转录转座子(retroposons)相似的序列。拟南芥的着丝粒区域中有大约200个基因,但其中许多基因是没有活性的。然而至少有50个基因具有转录活性。

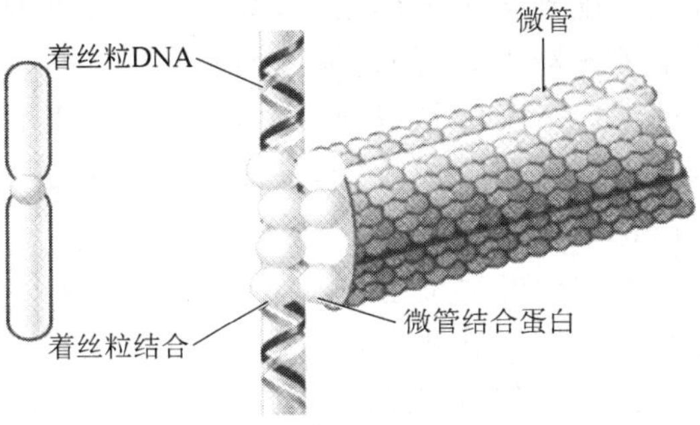

图1.35 着丝粒是通过与特殊蛋白质(着丝粒结合蛋白)结合的DNA而被鉴别的,这些蛋白质本身并不能和微管结合,但确立了微管结合蛋白的结合位点

(引自B. Lewin,2008)

在人类的着丝粒上有一种重复序列,称为**α卫星DNA**(α satellite DNA),长171 bp,在着丝粒中平均重复约18 000次。动粒蛋白结合于着丝粒的中央区域,纺锤体微管附着在动粒上(图1.37)。通过荧光标记的α卫星DNA探针与人类染色体进行杂交,结果表明所有的着丝粒都含有丰富的α卫星DNA。但**人类人工染色体**(human artificial chromosome,HAC)其着丝粒上仅带有少量拷贝的α卫星DNA,在有丝分裂时也可分离。因此α卫星DNA对于姐妹染色单体分离有什么作用,还不清楚。

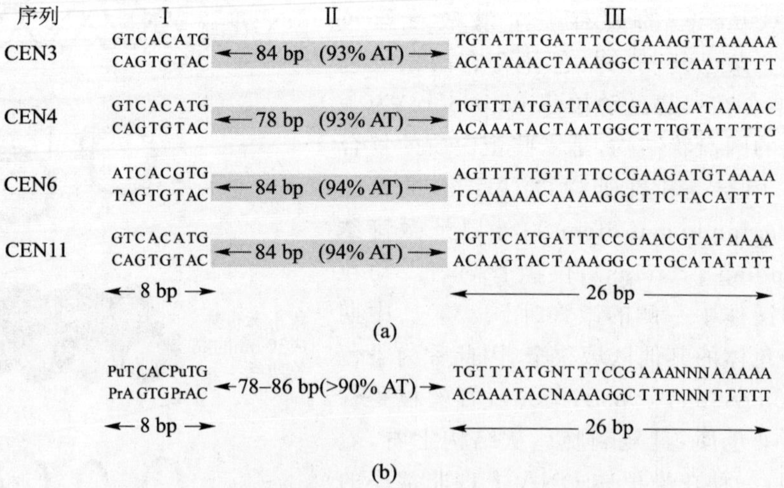

图 1.36 着丝粒 DNA 的特异区域和保守序列

(a) 在酿酒酵母的着丝粒 DNA 中 CEN3、CEN4、CEN6 和 CEN11 之间的同源区域

(b) 酿酒酵母的着丝粒的保守序列(引自 P. J. Russell,1992)

在人类基因组中至少有 68 214 个单体的 α 卫星序列。人类的着丝粒区大小为 0.3～5 Mb。着丝粒区域平均长度若以 3 Mb 计算,那么 23 条着丝粒的总长度就占整个基因组的 2%。不同着丝粒的 α 卫星区长度变化较大,着丝粒区域中的 α 卫星序列的功能现在仍是未知的。

单体 α 卫星序列占基因组的 0.3%,这些少量的 DNA 看来似乎是着丝粒中不重要的"逃亡者"或"化石着丝粒"。但 α 卫星 DNA 的总量占基因组的 2%～5%。这样数量巨大的序列是不包含在数据库中的。如果加上这些化石着丝粒,估计垃圾 α 卫星 DNA 的量总计约为基因组的 1%。

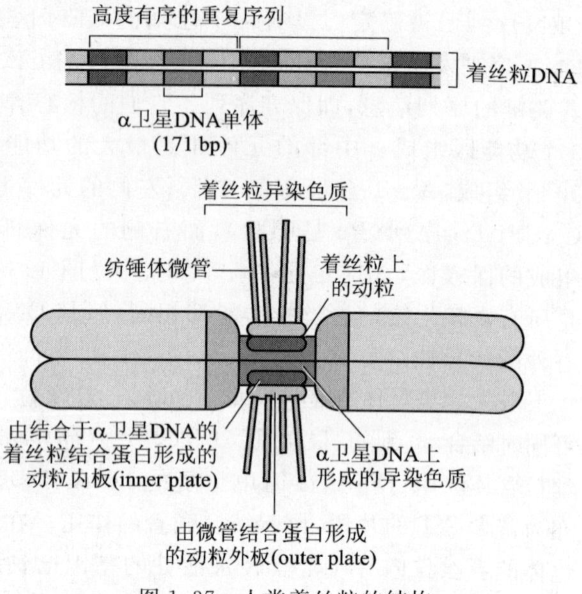

图 1.37 人类着丝粒的结构

(a) 着丝粒 DNA 中的 α 卫星 DNA 重复序列

(b) 微管结合于着丝粒上(引自 B. Alberts 等,2002)

在有丝分裂和减数分裂中,复制后的染色体要能均匀准确地分配到两个子细胞中,其关键在于纺锤丝附着在染色体的着丝粒上,使染色体向两极移动。失去了着丝粒的染色体片段就不能精确地分离,也不能和其他的染色体在末期汇聚在一起形成核,而是在细胞质中逐渐凝聚为**微核**(micronuclei)。

在人类中发生染色体不分离的频率较高,但这种配子通常早在子宫中就死亡了,像 21-三体和某些 X-染色体异常的患者常因其母亲形成配子时由于染色体的不分离所致。我们可以估算人类 21 号染色体不分离的频率是 $1/(600\times2)=1/1\ 200$。1/600 是唐氏综合征患儿的出生率,除以 2 是因为人是由精子和卵细胞两个细胞结合而成的,而发生 21 号染色体不分离的细胞只是其中的一个。来自父亲的配子是正常的,以细胞为单位来计算发生率所以分母乘以 2。若其他各条染色体不分离的频率和 21-三体病相同的话,那么人类染色体不分离的频率将是 $1/1\ 200\times22$(22 为人类常染色体对数)$=22/1\ 200=1.83\%$。

目前正在研究着丝粒结合蛋白及其他的一些因素。一个主要的问题是解决纺锤丝附着到着丝粒的具体机制及揭示着丝粒中重复序列所承担的功能。

四、端粒

端粒(telomere)是真核染色体天然末端结构,为一特定的DNA-蛋白质复合体结构。它可以保持染色体的稳定性,使DNA分子的末端不会成为DNA修复系统及核酸外切酶的靶标。端粒还可以使真核生物的线形染色体能顺利进行复制。

早在1938年,著名的遗传学家H. J. Müller用X射线处理果蝇进行诱变,发现在染色体的末端很少发生缺失和倒位的现象,于是推测在染色体的两端一定存在着一种特殊的结构,这种结构对于染色体的稳定性是至关重要的,并将它称为端粒。

同年,一直在研究玉米染色体的美国科学家B. McClintock通过玉米染色体的断裂端容易融合,而正常的染色体彼此间不发生连接的现象,推测染色体末端有端粒的存在。

端粒虽然发现很早但一直被忽视,随着分子遗传学的飞速发展,在20世纪70年代末期终于有了突破。1978年E. H. Blackburn等研究了四膜虫(*Tetrahymena*)大核中的rDNA分子,发现其末端是由6个核苷酸组成的串联重复$[5'G_4T_2 3']_n$,总长度为370～520 bp,重复几十次。不同种的四膜虫其rDNA结构完全一样。1982年Blackburn和J. Szostak证明端粒在染色体复制中的作用及在不同生物中的保守性。1985年Blackburn和她的弟子C. W. Greider等发现了端粒酶(见第二章)。由于这3位科学家的突出贡献他们荣获了2009年诺贝尔生理学或医学奖。

在大部分真核生物中,端粒含有两种类型的重复序列:端粒DNA(telomeric DNA)和亚端粒DNA(subtelomeric DNA),后者也称为**端粒相关序列**(telomere-associated sequence,TAS)。端粒DNA含有一段简单的短串联重复序列,不同生物的端粒重复单位不同(表1.5),通常通过原位分子杂交(ISH)可直接定位端粒或TAS(图1.38)。

尽管在低等真核生物中,简单的端粒序列多种多样,但都有以下的共同特点。

(1) 在所有的真核生物中端粒的结构是保守的。四膜虫的端粒由丰富的串联GT重复序列$(TTGGGG)_n$组成,是典型的端粒DNA序列。每一个端粒都含有一系列的短的同向重复序列(表1.6)。这些序列都可用$C_n(A/T)_m$这一通式来表示,其中$n>1$,而m为1～4。这种短的重复序列不仅给端粒酶提供了识别信号及端粒酶中的RNA互补结合的位点,还为端粒末端的特殊结构提供了基础。1981年L. A. Klobutcher等在尖毛虫中发现端粒中富含GT的链突出,产生一条14～16 nt的单链(图1.39)。GT链突出端的长短具有物种的特异性,如尖毛虫端粒的延长端长16 nt,人和小鼠的延长端长50～100 nt。如果因突变而改变了GT链延长端的长度也会影响到端粒的功能,所以其长度对于端粒的功能而言是重要的。

表1.6 几种生物端粒的重复单位

生物	DNA来源	重复单位(5′—3′)
四膜虫 *Tetrahymena*,*Paramecium*	大核	TTGGGG
尖毛虫 *Stylonchia oxytricha*,*Euplotes*	大核	TTTTGGGG
鞭毛虫 *Trypanosoma*,*Leishmania*	微染色体	ATGGG
酵母 *Saccharomyces*	染色体	$T(GT)_{1-3}G_{2-3}$
拟南芥 *Arabidopsis*	染色体	ATTTGGG
泥毛霉菌 *Phyparum*,*Dictyostelium*	rDNA	ATGGG
人 *Homo Sapiens*	染色体	TTAGGG

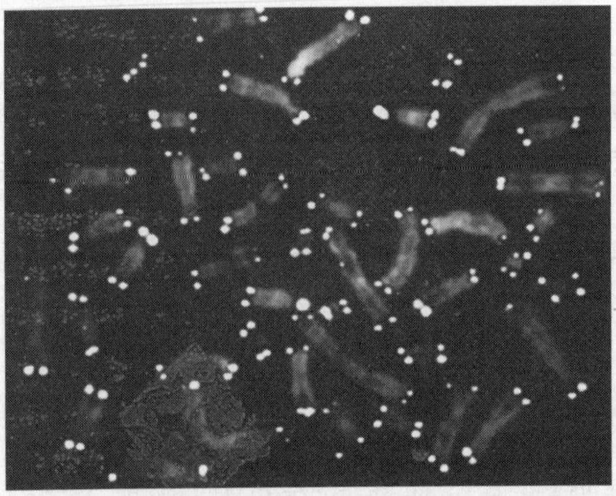

图 1.38 用荧光原位分子杂交定位人类染色体上的端粒

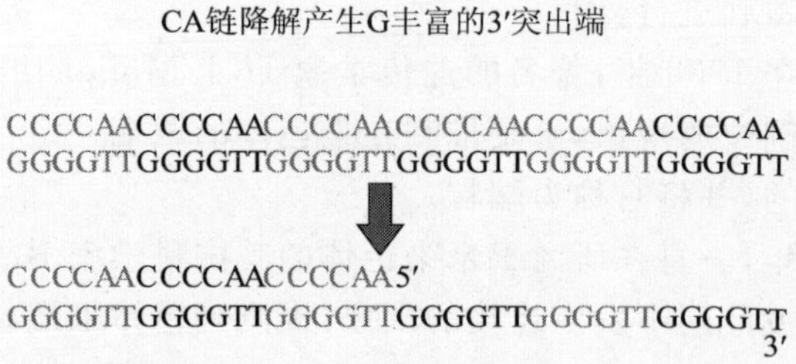

图 1.39 典型的端粒具有简单的重复序列结构，富含 GT 的链比富含 CA 的链长出一段，这是由于富含 CA 的链被有限降解而产生的（引自 B. Lewin，2004）

（2）在端粒区域中有一种特殊的不连续排列，产生单链断裂的形式，这种断裂结构并不能被连接酶封闭起来，而在正常情况下连接酶是可以作用于 DNA 链上的缺刻(nick)。这表明这种断裂所形成的缺口较大。因为连接酶只能连接相邻的两个 3′-OH 和 5′-P 端之间形成磷酸二酯键，而不能封闭大的裂缺(gap)。提纯的天然端粒区可直接用 *E. coli* DNA 多聚酶Ⅰ进行**缺口平移**(nick translation)，表明在端粒区确有缺口存在，缺口中的 3′-OH 为缺口平移时新链合成提供了引物。

（3）在端粒区的最末端以某种方式被封闭起来，可能带有 3′-OH 的单链末端回折成了发夹(hairpin)结构，因此它们不被核酸酶所识别。1987 年 E. Henderson 等用非变性聚丙烯酰胺凝胶电泳，吸热变性分析以及核磁共振光谱分析了四膜虫端粒的末端结构，证实了端粒末端回折形成发夹结构，而这一结构并不是由通常的 Watson-crick 配对，而是通过 G—G 配对而形成(图 1.40)，富含 G 的特点在形成特殊的 G—G 配对及染色体的复制有着重要意义。

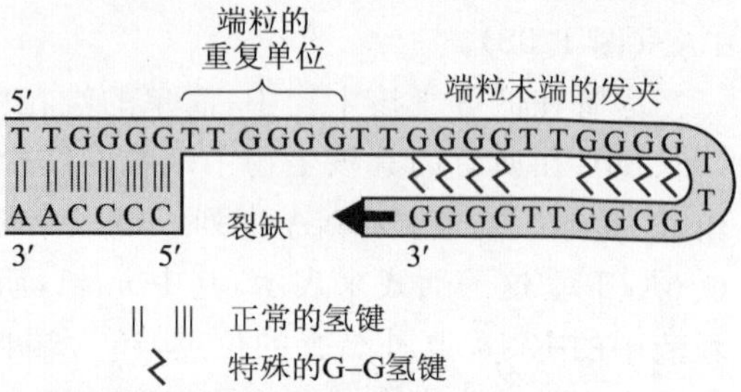

图 1.40 四膜虫端粒 DNA 3′延长端形成的发夹结构

（4）在细胞中，端粒总是和一些非组蛋白相结合，形成复合体，常表现为异染色质或构成染色体的末端结节，所以我们在对染色体处理后进行硝酸银染色时，发现端粒部位出现浓染，其他部位出现浅染或不染色。D. E. Gottschling 和 K. A. Zakian(1986 年)在尖毛虫(*Dxytricha*)中发现两种端粒蛋白，相对分子质量分别为 55×10^3 和 26×10^3。它们与端粒 DNA 紧密结合，能抗高盐提取和核酸酶的处理。他们推测这种 DNA 与蛋白质的结合是非共价结合，可能是依赖氢键和范德华力的作用。人们进一步发现在体外这种端粒蛋白与端粒的重复顺序也能形成复合体。

（5）1999 年 J. D. Grffith 等发现了与端粒 DNA 结合的端粒蛋白。他们发现在哺乳动物的细胞中，染色体的末端有一个大的末端环，称为**三链-DNA 替代环**(three-stranded DNA displacement loops)或 **D 环**(D-loop)和 RNA 替代环或 **R 环**(R-loop)。通过电镜的观察将这些新结构称为“t 环”，即**端粒环**(telomere loops)。双链端粒 DNA 长的末端延伸弯曲成环，而单链的末端插入到双链 DNA 分子中，置换了其中的一条链，这样保护了染色体的末端(图 1.41，图 1.42)。

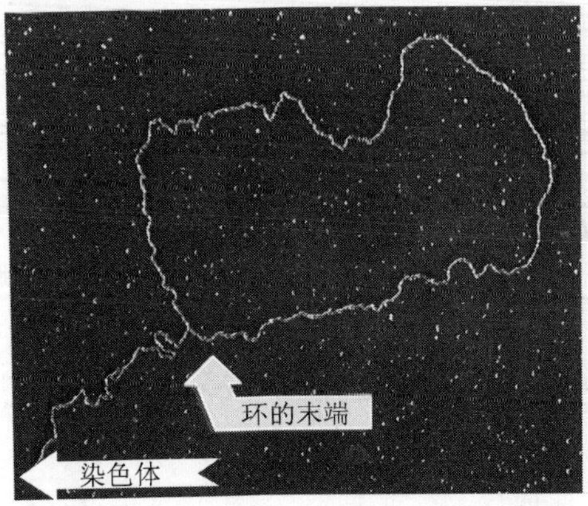

图 1.41　染色体的末端形成一个环

（引自 B. Lewin，2004）

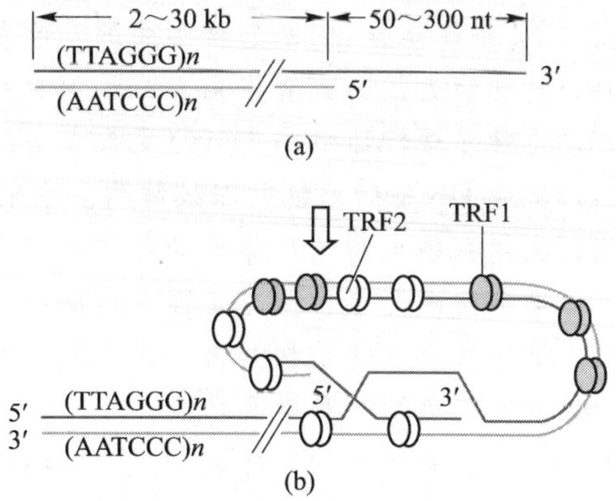

图 1.42　人类染色体 t 环的形成

（a）端粒重复序列区域 3′端突出　（b）G 链的 3′突出端折回，插入双链区，替代同源链，和 C 链结合，形成 t 环

端粒 DNA 结合蛋白 2（TTAGGG repeat binding factor-2，TRF2）以二聚体形式与端粒重复序列 TTAGGG 结合，并与 TRF1 等蛋白质组成复合物（图 1.42），在端粒动态平衡维持过程中起重要作用，进而影响整个基因组的稳定性。此外，TRF2 在细胞 DNA 损伤应答过程中可能发挥重要作用。

端粒除了保持染色体的稳定和线形 DNA 的顺利复制以外，随着研究的逐步深入，人们又发现它还有一些其他的生物功能，如和染色体的行为、细胞的寿命、遗传信息的复制和表达及核骨架的组成都有一定的关系。

人们发现无论是同源染色体还是异源染色体，它们的端粒常发生暂时性的并合。在第一次减数分裂前期，端粒聚集在一起并处于核膜的周围，使染色质呈"花束"（bouquet orientation）状排列。这种端粒与端粒之间的相互作用的意义还不太清楚，但人们认为可能影响到染色体的行为如重组等。

20 世纪 90 年代前期的研究证明生殖细胞可以重建与延长端粒的 DNA，而体细胞则随着复制次数的增加端粒 DNA 会逐渐缩短。C. B. Harley 等（1989 年）用人的端粒重复片段为探针对胎儿、新生儿、青年和老年人细胞株的端粒长度进行了研究，发现随着年龄的增加，人成纤维细胞端粒的长度不断减短。因此端粒 DNA 可能决定了细胞的寿命，并与细胞的自然凋亡与癌变密切相关。1990 年 Harely 等则认为端粒的长度可反映细胞有丝分裂的次数。最有力的证据是分离培养 0（胚胎组织）～93 岁不同年龄人的成纤维细胞，其端粒的长度与细胞分裂有关，细胞分裂的次数与细胞最初的端粒长度成正比。以上研究表明端粒像是细胞分裂的"计数器"。

习　题

1. 在 Griffith 发现转化以后，Avery 等进一步地研究了相同的现象：①他们的实验是怎样设计的，比 Griffith 的实验有何发展？②在实验中加 DNA 酶的作用是什么？
2. 简述 Hershey 和 Chase 的噬菌体侵染实验。本实验说明什么问题？有何重大意义？
3. 有什么证据表明烟草花叶病毒（TMV）的遗传物质是 RNA？
4. 有什么证据表明 DNA 是遗传物质？
5. DNA 双螺旋模型建立的基础是什么？
6. 什么是 Z-DNA，其特点是什么？有何生物学意义？
7. 什么是 DNA 的顺式构象？什么是反式构象？什么是内式？什么是外式？
8. 从细菌的噬菌体中分离了 DNA，经鉴定此 DNA 含 33%A、26%T、18%G 和 23%C，从此资料中可以推测此噬菌体的DNA的结构如何?

9. 什么是超螺旋,它是怎样形成的?有何生物学意义?
10. 复性动力学公式有何意义?如何通过复性动力学实验来鉴别真核基因组?
11. 马默多蒂(Marmur-Doty)关系式有何应用价值?
12. 试述DNA的三链和四链结构。它们有何生物学意义?
13. 试述真核生物核小体和染色体的四级结构。
14. 染色质的侧环模型与基因表达调控有何关系?
15. 简述核小体的结构?核小体是否为真核生物所特有?
16. 试述染色质的种类及功能。
17. 着丝粒有何生物学功能,其结构有何特点?有何应用价值?
18. 端粒有何生物学功能,其结构有何特点?它是怎样发现和证实的?

第二章
DNA 与染色体的复制

遗传物质必须能精确地自我复制。**DNA 复制**(DNA replication)是指亲代 DNA 合成子代 DNA 的过程。J. D. Watson 和 F. H. C. Crick 根据 DNA 双螺旋模型提出了 DNA **半保留复制模型**(semiconservative replication model)。其主要内容是亲代 DNA 的两条链解开,每条链作为合成新链的模板,形成两个子代 DNA 分子,其中的每一个子代 DNA 分子都含有一条亲代链和一条新合成的链。

DNA 的合成分为 3 个步骤:①合成的起始;②链的延伸;③合成的终止。下一节我们将介绍有关 DNA 复制的一些基本特征。

第一节 DNA 半保留复制的验证

当 J. D. Watson 和 F. H. C. Crick 提出 DNA 双螺旋结构时,就已经认识到碱基的互补性是 DNA 进行自我复制的基础,所以他们紧接着就提出了 DNA 半保留复制模型。当时人们对 DNA 半保留复制模型持怀疑态度,产生最大的疑问是双链是如何打开?其所需的能量从何而来?Watson 和 Crick 也承认这是“最大的问题”。人们为了绕过打开双链这个难题,又提出了另外两个模型:一个是**全保留复制模型**(conservative replication model),另一个是**分散模型**(dispersive model)。全保留复制模型提出:DNA 复制时以两条母链为模板,新合成完整的子代 DNA 双链分子。分散模型提出:亲代 DNA 双链随机断裂成小片段,再与新合成的 DNA 片段交错连接成子代分子(图 2.1)。这 3 种模型究竟哪一种是正确的?科学家们用各种实验证实仅半保留复制模型是正确的。现在我们首先介绍 Meselson-Stahl 实验。

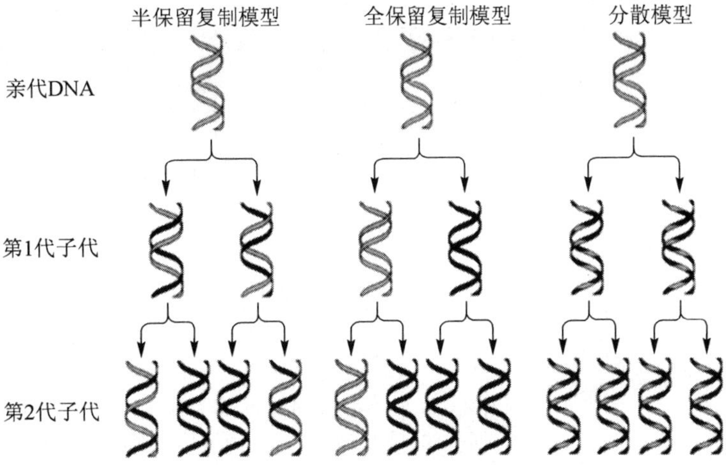

图 2.1 3 种不同的复制假设模型

(引自 S. Simmons,2010)

一、Meselson-Stahl 实验

1958 年 M. Meselson 和 F. W. Stahl 采用重同位素 ^{15}N 作 DNA 标记。^{15}N 会导致 DNA 分子密度显著增

加，这样可以通过密度梯度离心将亲本链和子代链区分开来。大肠杆菌在含^{15}N的培养基中生长，它们的DNA被广泛标记上重同位素(重链)。然后细胞被转移到含正常^{14}N的培养基中，将DNA从经过一到两轮复制的细胞中分离出来。DNA用密度梯度离心分析，分辨重链DNA，正常的轻链DNA和包含一条重链和一条轻链的DNA"杂合链"。在一轮复制之后，DNA都是在"杂合链"的密度中，而在两轮复制后，有等量的"杂合链"和轻链密度。这些结果与半保留复制模型相符，可以排除全保留复制模型，却不能排除分散模型(图2.2)。为了进一步确定分散模型是否正确，Meselson等还做了第二项实验，就是将第一代的$^{14}N/^{15}N$杂合链变性使双链分开，然后再将变性前后的双链和单链分别进行CsCl密度梯度离心。变性前杂种双链只有一种带，密度为$1.717\ g\cdot cm^{-3}$，变性后两条单链的密度不同，因而呈现了两条带，一条为^{15}N带，另一条为^{14}N带。而同时进行作对照的样品是从肺炎球菌(*D. pneumoniae*)中提取的DNA，变性前后都只有一条带(^{14}N带)。这一结果完全符合半保留复制模型预期的结果，并彻底否定了"全保留复制模型"及"分散模型"。

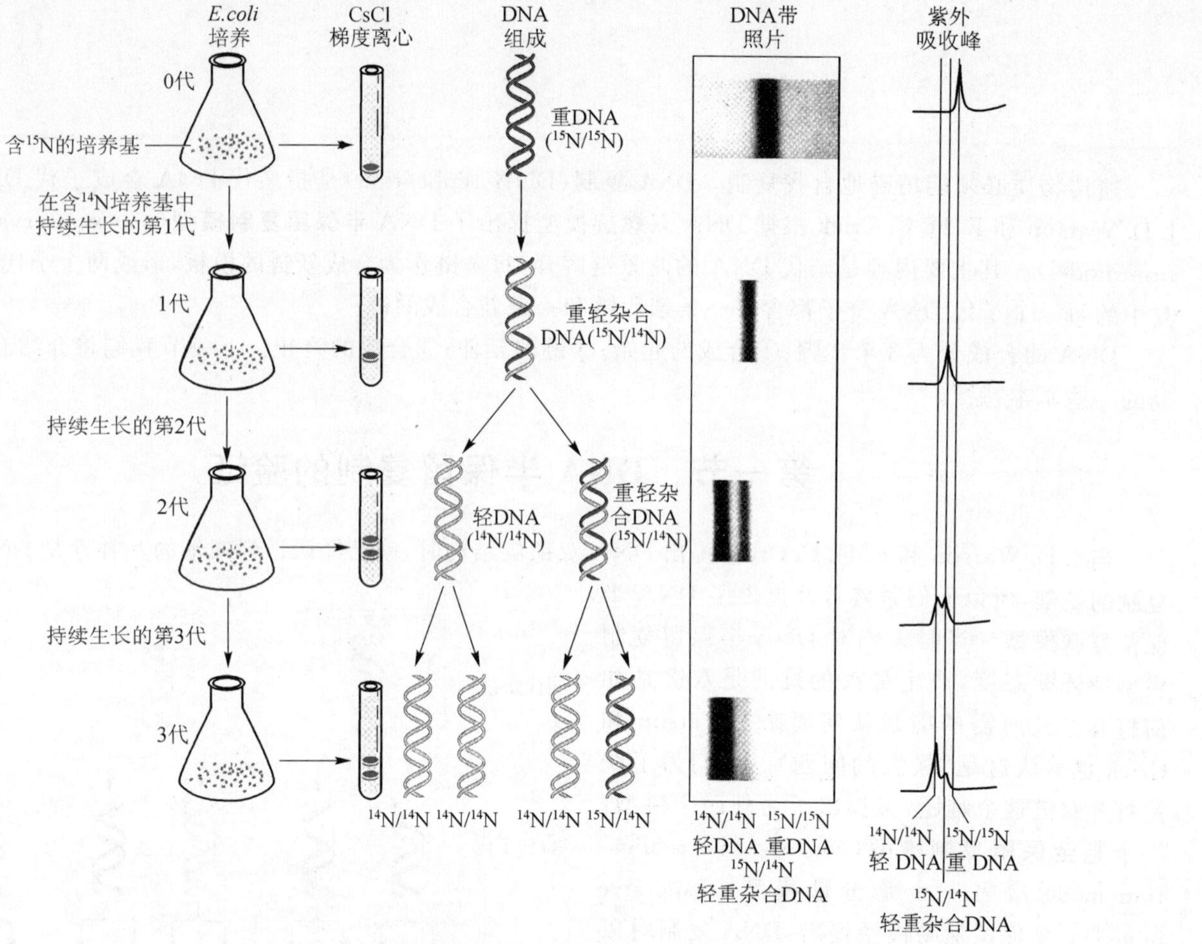

图2.2 Meselson-Stahl实验

在大肠杆菌中证明半保留复制模型。细胞在含有^{15}N的培养基中生长多代，然后，转移到含有^{14}N的培养基中。经培养几代后取样，提取DNA，通过CsCl密度梯度离心进行分析。图中显示在各代中的DNA条带和紫外吸收峰(引自P. J. Russell，1992)

二、Taylor实验

1958年H. Taylor用^{3}H标记蚕豆根尖细胞的DNA，通过放射自显影证实了真核生物的DNA复制也符合半保留复制模型。

Taylor等用含有放射性同位素^{3}H标记的胸腺嘧啶的培养基来培养蚕豆根尖8 h，然后从放射性的培养基中移出根尖，洗涤，再转移到无放射性同位素但含秋水仙碱的培养基中培养。因为秋水仙碱可阻断纺锤丝的形成，使子代染色体不能分离。结果导致染色体加倍。放射自显影分析表明，第一轮有丝分裂中期的姐妹染色单体都具有相似的放射性(图 2.3a)。但在第二轮有丝分裂中期，每对姐妹染色单体中只有一条具有放射性。采用半保留复制模型可以很好地解释这种现象(图 2.3b)。在这之后，其他一些真核生物的实验也表明 DNA 的复制都是以半保留方式进行的。

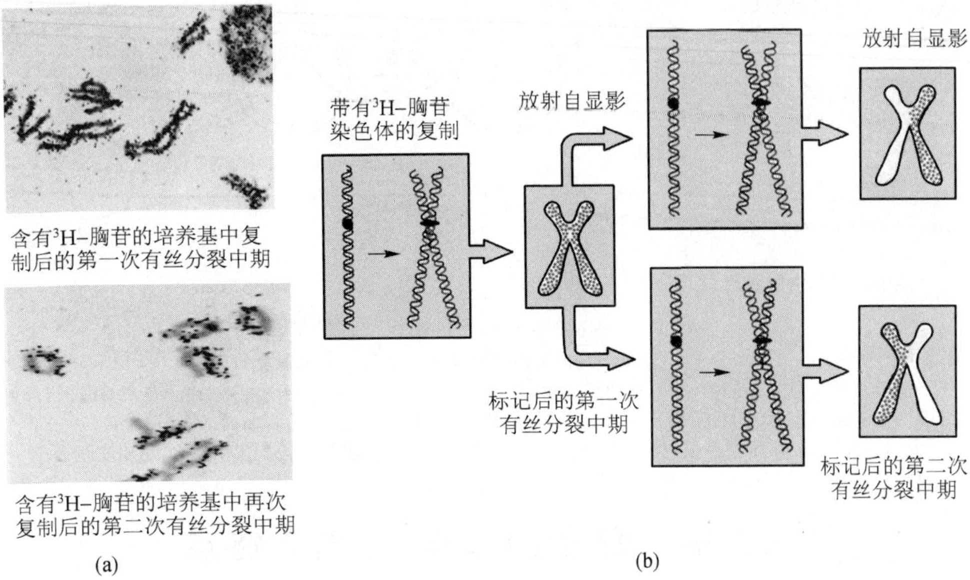

图 2.3 Taylor 等实验的结果和解释

(a) 蚕豆根尖染色体的放射自显影 (b) 蚕豆染色体复制的模式图(引自 S. Simmons，2010)

三、Cairns 复制模型

M. Meselson 和 F. W. Stahl 的实验是证明 DNA 半保留复制的一个经典实验，但仍有可质疑之处。在其实验中除了完成完整复制周期的 DNA 以外，还应当有一些节段已复制了两次，而其他部分连一次都未复制的情况，那么这些重、轻嵌合分子也应出现，但图中却没有显示。即未能反应复制叉延伸的问题。1963 年，3 个不同的实验解决了这个问题，其中之一就是 J. Cairns 设计的实验。他将 *E. coli* 放在含有同位素标记的胸腺嘧啶培养基中培养，新合成的 DNA 链中含有^{3}H，按半保留复制模型，培养一代后产生的环状子染色体中应有一条单链是被标记的。那么继续在此培养基中再培养半代时，每个环状染色体含^{3}H 的部分如图 2.4④-a，④-b 所示。此时用溶菌酶缓慢裂解细胞壁，以提取完整的环状 DNA 置于膜上，进行放射自显影，然后在电镜下观察、摄影，观察到了 θ(theta)形结构。因此现在对环状染色体的半保留复制也称 θ 型复制。实验结果首先证明了 F. Jacob 和 E. L. Wollman(1957 年)有关 *E. coli* 基因组为圆形排列的推断。放射自显影照片还表示 *E. coli* 环状染色体在复制 1.5 轮时的情况。第二轮尚未复制的部分(A 和 C)已标记了一条链，称为热链，未被标记的是冷链，冷链在放射自显影图中是显示不出的。这表明 *E. coli* 的 DNA 复制确实是半保留的。第二轮复制时只有部分环进行了复制，形成了**复制叉**(replication fork)，其模板是一条未标记的亲代链(D)，另一条是第一轮新复制的被标记的链(A)，所以在第二轮复制时，A，B 两条链都被标记过，显影较深，C 只有一条链含^{3}H，显影较浅。这样不仅证明了半保留复制的正确性，还显示了环状 DNA 复制时的拓扑学形态。这些结果表明复制是有一定顺序的，在一轮复制未完成前，DNA 有的部分已复制，有的部分尚未复制，用这张照片可以直接度量出 *E. coli* 基因组的大小(全长为 1 100 μm)。因每个螺旋长 34Å(3.4×10^{-3} μm)，含 10 bp，按此计算 *E. coli* 的基因组含有 $1\,100\div(3.4\times10^{-3})\times10=3.2\times10^{6}$(bp)。但现在通过基因组测序已知 *E. coli* 的基因组实际长为 4.2×10^{6}(bp)，两者相差 10^{6}(bp)，请读者思考一下，产生这种误差的可能原因是什么？

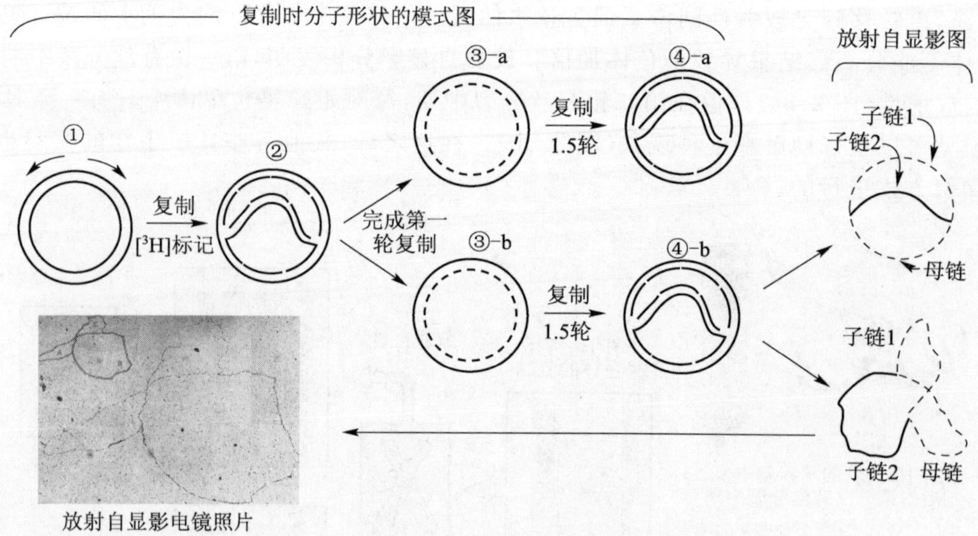

图 2.4 Cairns 实验的原理和实验结果

①细菌开始复制的 cccDNA 分子 ②用[^{3}H]标记新合成的链 ③第一轮复制完成时，将产生两个分子，每个分子中新合成的链是被标记的，以不连续线表示（热链） ④第二轮复制进行一半，就终止复制，并进行放射自显影。在电镜照片中（转引自 B. Lewin，2008）标记浅的（A，C 链）是第二轮复制时的母链（A 链）和子链 1，图中用虚线表示；在照片中标记深的（B 链）是第二轮复制时的母链和子链 2 合在一起，用粗实线表示

第二节 复制的起点、方向和终点

Cairns 推论 *E. coli* 的复制有起始点且单向复制。他的推理是否正确？实际上从 Cairns 模型中尚不能解决这些问题。从 θ 模型可以推测有复制起始点，但进一步要问这个起始点是否固定？在染色体的什么位置？作为复制起始点有无特殊的序列和结构？至于复制的方向问题，从复制叉来看应有两种可能——单向和双向，具体确定必须要有进一步的实验证据。人们采用了各种巧妙的方法将这些问题都一一化解了。

一、研究方法

（一）同位素标记法

用同位素标记法有两种思路，一是假设有一个起始点，且双向复制，那么起始点和复制终点应相对排列；若只有一个起始点，单向复制的话，起始点和终点在完成一轮复制后应重合。因此在第一周期末开始标记至第二周期起始。实验结果表明，第二周期复制起始的细胞环状染色体上有两个相对排列的标记位点，这就是复制起点和终点，*E. coli* 有一个复制起点，且为双向复制。这是由 R. L. Rodrigue 等在 1973 年提出的，为了保证同步复制，他们选择了温度突变型细菌（42℃只能延伸不能起始），先将细菌在 42℃下培养，直到复制停止，再放到 25℃下培养，这样同步进入新周期。另一个思路就是仅在复制开始时进行轻密度标记，然后继续再进行重密度标记，如果两个 Y 型复制叉都被标记，说明复制是单起点，双向复制，若仅一个复制叉被标记说明单向复制，轻重密度标记可以显示复制的先后顺序（图 2.5）。

（二）噬菌体插入标记法

噬菌体插入标记法是由 R. E. Bird 等于 1972 年建立的。Mu 噬菌体可引起突变，它可以插入到大肠杆菌基因组的多个位点中。当它插入到某一个基因内时，该基因便失活，使细胞突变成了相应的缺陷型，因此我们通过选择培养基可以将突变型选出来，并推测出 Mu 噬菌体的插入位点。Mu 噬菌体的结构和序列已十分清楚，用其基因组中的特殊序列制作探针，进行分子杂交便能确定大肠杆菌基因组中已插入的 Mu 噬菌体拷贝数。

λ 噬菌体只在 *att* 位点整合到 *E. coli* 的染色体中，整合时不会导致任何基因的突变。由于在每个 *E. coli* 基因组中仅有一个 λ 噬菌体的拷贝，因此，λ 噬菌体的拷贝数可以用来表示复制的周期数。有了这两项前提就可以采用同步培养和不同步培养来测定复制的起始点和方向。所谓同步培养法就是将各种噬菌体的插入突变型同时培养一定长的时间，若有固定复制起始点，那么越是靠近复制起始点的位点拷贝数就越多(图 2.6)。不同步培养是将不同突变体的群体进行培养，在不同时间里抽样检查。若有固定复制起始点，在最短时间内出现复制的位点应是离复制起始点最近的。这种方法不仅解决了有无复制起始点及是否单双相复制的问题，还确定了具体的复制起始点和终点。

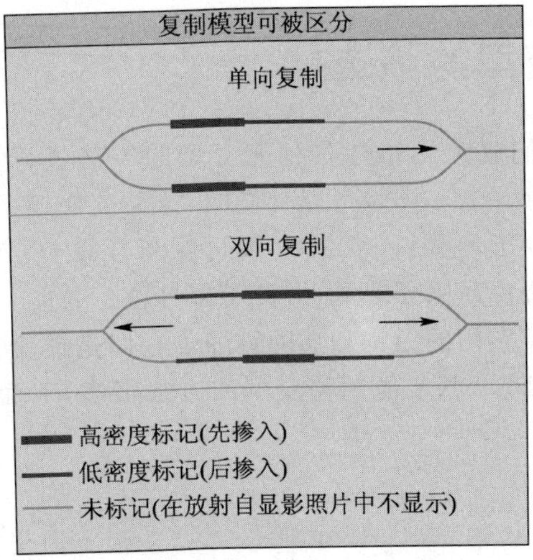

图 2.5　不同密度的放射性标记能用来区分单向复制和双向复制

箭头表示复制叉移动方向(引自 B. Lewin，2004)

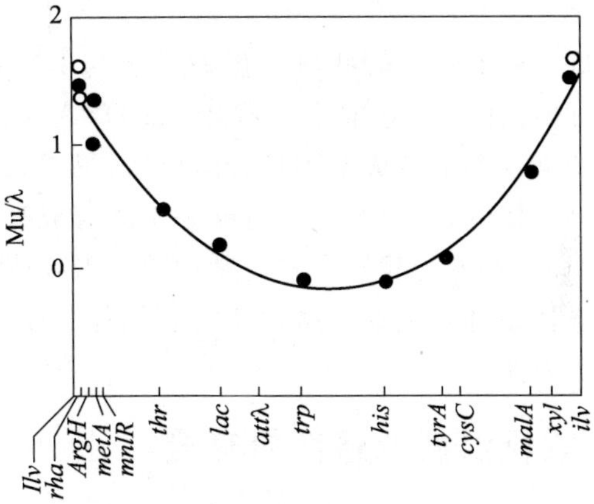

图 2.6　大肠杆菌在非同步培养条件下 DNA 复制的测定

(转引自盛祖嘉和沈仁权，1988)

(三) 变性定位法

变性定性法(denaturation mapping)是由 R. Inman 和 M. Schnös 建立的。将 DNA 分子加热到刚能出现解链的温度时，A-T 丰富区便解链形成"小泡"，若此时加入变性剂甲醛，并使 DNA 冷却，小泡依然存在。这样不同位置上的小泡就成了可以用电镜观察到的标记，作为固定的参考点。复制时就可以根据复制叉和小泡的相对位置来确定复制起始点和复制方向(图 2.7)。

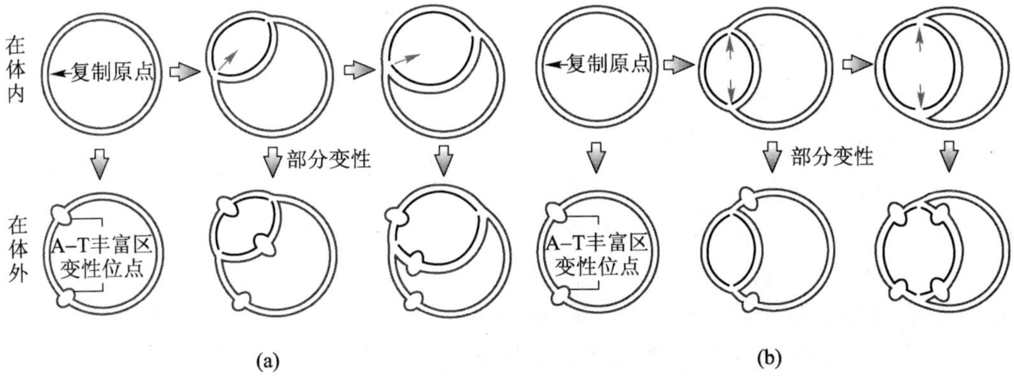

图 2.7　用 Schnös 和 Inman 的方法，按变性的逻辑作图来区别染色体的(a)单向复制和(b)双向复制

(引自 S. Simmons，2010)

二、原核生物DNA的复制起点和方向

现在通过各种实验表明，大肠杆菌有一个复制起点位于74.5′的*ilv*(*ile-val*)操纵子，终点在25′的*trp*操纵子位点附近，属双向对称复制。T7是线性染色体，也只有一个复制起点，在近一端的17%处开始，然后向两端延伸。真核生物的DNA复制和原核生物不同，有多个复制起点(i)，双向等速复制。

在原核生物并不都是定点双向对称的模式，也发现一些例外的情况。例如，枯草杆菌的DNA复制虽有固定的起始点双向复制，但不对称。一侧复制基因组的4/5，另一侧复制基因组的1/5，即终点不在*Ori*的对面。质粒R_6K早期为单向复制，复制了约1/5基因组时进行双向的晚期复制。质粒*Col E1*有固定起始点，却为单向复制。

第三节 DNA复制突变型的筛选

为了进一步研究有哪些酶和蛋白质参与DNA复制过程，人们就采用筛选各种突变型的方法进行分析。DNA复制的各种突变型都导致不能合成DNA，最终致死，可分为两类：一类是可以补偿的，这种突变型是由于某些基因的突变不能合成某种核苷酸所致，只要人为给它加入所缺乏的原料(核苷酸)便可顺利合成DNA。另一类是不可补偿的，这类突变型可能是不能合成某种复制所需的蛋白质因子或酶，因此难以补偿。若能分离研究这些突变型，就能使我们了解复制过程中需要哪些蛋白质和酶及它们的结构和功能。因为它们是致死突变，所以只有选择条件致死的品系才能将它们保存下来加以研究。筛选DNA复制突变型的方法很多，下面介绍其中的两种方法。

一、质粒温度敏感性的筛选

质粒温度敏感性的筛选是F. Jacob等(1963)建立的方法，质粒的复制和宿主的复制机制有关，因此筛选出的质粒的复制突变型也能用于研究复制所需的蛋白质和酶。人们用*E. coli* F*lac*(lac^-/lac^+)品系，即细菌本身为lac^-，它带有一个含lac^+的F′因子。将此细菌诱变，在EMB(伊红美蓝培养基，当基因正常时可引起发酵，在红色培养基上，阳性菌落呈深紫色)培养基上培养，菌落为深紫色。然后将它们影印到EMB培养基上，在42℃培养，若菌落不是深紫色表明lac^+突变成lac^-。那么进一步要问这种突变是由于F′因子不能复制所致，还是基因lac^+基因的调控元件发生了改变(即高温时不表达，低温时才表达)所致？我们只要将在42℃含非深紫色菌落的平皿，放回32℃培养，若菌落仍然是非深紫色表明是复制引起的。因为当F′因子不能复制时宿主照样繁殖，这样大量的后代中已不再带有F′lac^+，变成lac^-品系，所以温度降下来也无济于事。如果放回32℃培养，菌落可呈现深紫色，表明以上变化属于温度敏感性的功能性变化，那么质粒仍然能复制，每个细胞中都还含有F′lac^+，只是在低温中才表达而已，用这种方法分离出了*dna N*的突变型。

二、快停突变与慢停突变

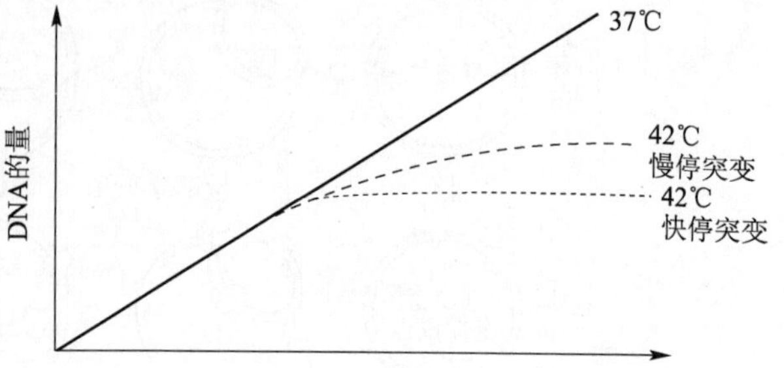

图2.8 慢停突变和快停突变示意图

当提高培养温度时快停突变的DNA合成立即停止，而慢停突变则缓慢停止

复制的过程总的说来包括起始、延伸和终止3个阶段，一轮一轮的进行，每一阶段的蛋白质和酶不完全一样，有的是某一阶段所特有的，我们如何把这种蛋白质或酶的基因筛选出来？**快停突变**(fast-stop mutants，F)和**慢停突变**(slow-stop mutants，S)就是一种较好的筛选方法。所谓的快停突变，就是当把培养温度提高以后(42～45℃)复制迅速停止(图2.8)，说明这种突变所涉及产物和链的延伸有关，而和起始无关。慢停突变是指将培养温度提高以后，DNA合成并不立即停下来，还会继续合成，要经过一段时

间,合成才会停止。为什么会产生这种情况?那是因为复制是一轮一轮地进行,如果第一轮已经启动了,这时将温度提高若引起与起始复制有关蛋白质和酶的突变,并不会影响DNA的延伸,所以合成继续进行,直到第二轮合成起始时才会因某种蛋白质或酶的功能改变而不能进行,使DNA合成停下。这样就可以筛选出与合成起始有关的蛋白质或酶的基因。

第四节 DNA聚合酶

第一例体外合成DNA的实验由A. Kornberg等在1956年完成,他们从大肠杆菌中分离得到一种酶,该酶可以将核苷酸共价连接在一条已经存在的DNA链上。这种酶开始时被称为DNA聚合酶或"Kornberg酶",现在则称为**DNA聚合酶**Ⅰ(DNA polymeraseⅠ)。

开始人们以为DNA聚合酶Ⅰ是细菌中DNA复制所需的主要的酶类,后来发现DNA聚合酶Ⅰ的突变株照样可以进行DNA复制,才知道它并不是复制的主角。当DNA聚合酶Ⅰ不能催化大肠杆菌染色体的半保留复制时,其他DNA聚合酶将起替代作用。实际上,在大肠杆菌中,至少还有另外4种DNA聚合酶:DNA聚合酶Ⅱ、Ⅲ、Ⅳ和Ⅴ。与DNA聚合酶Ⅰ一样,DNA聚合酶Ⅱ也是一种DNA修复酶,但它只占大肠杆菌DNA聚合酶总酶活的一小部分。DNA聚合酶Ⅱ由一条多肽组成,具有5′→3′DNA聚合酶活性及3′→5′DNA外切酶活性,但不具有5′→3′DNA外切酶活性。与DNA聚合酶Ⅰ及DNA聚合酶Ⅱ相比,DNA聚合酶Ⅲ是由多个不同亚基组成的复合酶。与DNA聚合酶Ⅱ一样,DNA聚合酶Ⅲ也有5′→3′DNA聚合酶活性及3′→5′DNA外切酶活性,但它还具有只作用于单链DNA的5′→3′DNA外切酶活性。DNA聚合酶Ⅳ和Ⅴ在带有损伤的DNA复制过程中起重要作用。大肠杆菌的几种DNA聚合酶的结构与活性如表2.1所示。

表2.1 大肠杆菌的5种DNA聚合酶

酶	基 因	功 能
Ⅰ	*polA*	主要的修复酶
Ⅱ	*polB*	复制重新开始
Ⅲ	*polC*	复制
Ⅳ	*dinB*	跨损伤复制
Ⅴ	$umuD'_2C$	跨损伤复制

(引自B. Lewin,2004)

目前已知的DNA聚合酶,无论其来自于真核生物还是原核生物,都具有相同的合成活性,都可以在3′-OH上加核苷酸使链延伸(图2.9),其速率为1 000 nt/min。DNA聚合酶的共同特点是:①需要提供合成DNA的模板;②不能从头起始(*de novo* initiation)新DNA链的合成,必须要有引物提供3′-OH;③合成的方向都是5′→3′。④除合成DNA外还有其他功能。

复制的忠实性问题会影响到翻译的精确性。这种忠实性主要是依赖于碱基的特异性配对。但估计每个碱基对将有10^{-3}的概率会发生错配,而实际的错配率只有$10^{-8}\sim10^{-10}$。DNA聚合酶能增加互补碱基特异性,互补碱基的特异性主要是两方面的作用:①它能够通过匹配的化学特点加以识别,检查进入的碱基是否和模板互补,这是合成前的一种预防措施,称为合成前错误控制;②在新的碱基加到链上以后,再检查碱基是否配对。若发生错配,会将刚加上的错误碱基切除掉,即具有**校正**(proofreading)功能。

细菌的3种DNA聚合酶都具有3′→5′外切酶活性,可对DNA合成逆向进行"检查",提供校对功能。在链的延伸阶段中,一个核苷酸进入生长链的末端形成键,聚合酶就向前移动一个碱基对,准备下一个碱基对的进入。若一个错误产生了,聚合酶就向后退,切除最后加进来的这个碱基,用正确的碱基来取代它。不同DNA聚合酶校正的效率是不同的。反转录酶和*Taq*酶都没校正功能。

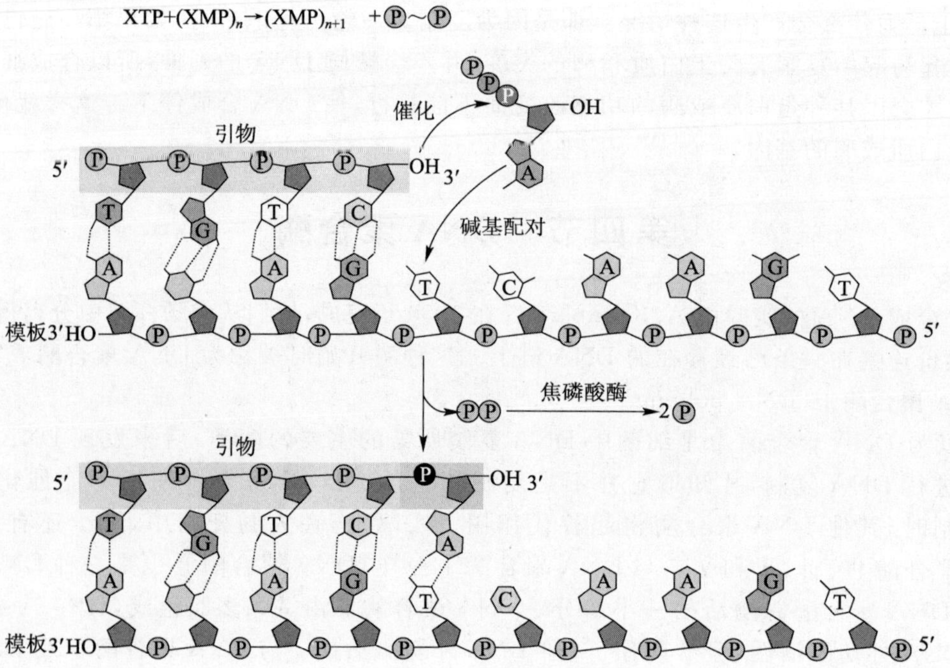

图 2.9 DNA合成机制

DNA合成由掺入的dNTPα-磷酸的亲核进攻而引发，导致引入的引物3′-延伸一个核苷酸，并释放一个焦磷酸分子，焦磷酸很快被焦磷酸酶水解成2个磷酸分子(引自 Waston 等，2004)

一、DNA聚合酶Ⅰ

DNA聚合酶Ⅰ是一个多功能的酶，该酶是由 *pol A* 编码的单个肽链，相对分子质量为103×10^3，可被枯草杆菌蛋白切成两个片段，小片段位于N端，相对分子质量为35×10^3，具有5′→3′外切酶活性；大片段位于C端，相对分子质量为68×10^3，称为Klenow片段。

DNA聚合酶Ⅰ有6个结合位点：①模板结合位点；②引物结合位点；③引物3′-OH结合位点；④底物dNTP结合位点；⑤5′→3′外切酶结合位点；⑥3′→5′校正位点。DNA聚合酶Ⅰ具有以下的催化功能。

1. 5′→3′聚合功能

DNA聚合酶Ⅰ的聚合酶活性主要用于DNA的修复和后随链中RNA引物的置换。它使用模板的范围较宽，有3种：①有引物的ssDNA(无论线状或环状)；②有缺口(无论大小)的dsDNA；③有切口(nick)的双链DNA。而DNA聚合酶Ⅲ只能利用<100 nt缺口的dsDNA作模板。

2. 3′→5′外切酶活性

DNA聚合酶Ⅰ的C端有一纵沟，沟底由6个反向平行的β折叠构成，宽为2.0～2.4 nm，沟的两侧面由α螺旋构成，深2.5～3.0 nm，可以容纳一条DNA。聚合活性区域在C端，3′→5′外切活性区域在中间部位。在新合成的DNA链中，错误的碱基即使是蒙混过关进入DNA中，但插入的速率很低，同时也不能形成正确的氢键，使双螺旋发生形变，直径加大，DNA不能在沟中向前滑动，只有倒退，错误碱基正处在外切活性功能域，它激发了这个区3′→5′外切酶活性，将其切除，转换成游离的dNMP，"障碍"排除后，DNA继续向前移动，合成新链(图2.10)。

3. 5′→3′外切酶活性

这是由35×10^3小片段执行的5′→3′外切功能，切除小片段DNA，一次切除10 bp。这是和合成、校正活性相一致的。这种活性为DNA聚合酶Ⅰ提供了在有缺刻的DNA上进行体外复制的能力。在磷酸二酯键断裂处，此酶可以延伸3′-OH，从而可以进行：①**切口平移**(nick translation)(图2.11a)；②链的置换(图2.11b)；③**模板转换**(template-switching)(图2.11c)。

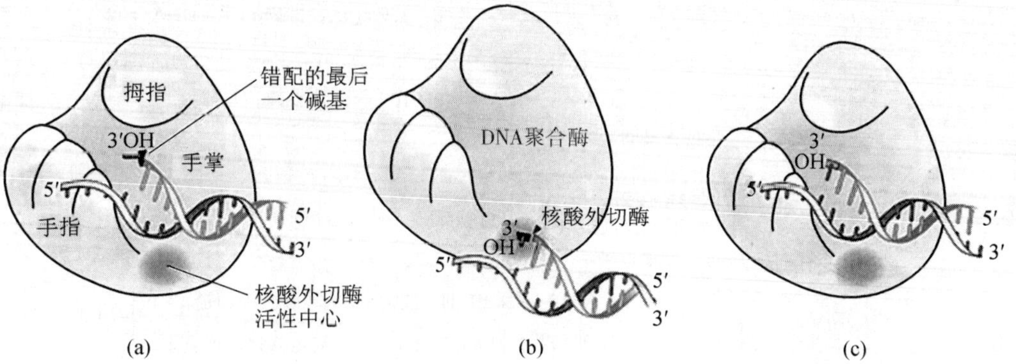

图 2.10　校正的核酸外切酶将错配碱基从 DNA3′端除去

(a) 当聚合酶将错误的核苷酸掺入到 DNA 中，DNA 合成速度降低，引物 3′端与 DNA 聚合酶活性位点的亲和力减弱　(b) 错配后，DNA 的 3′端与核酸外切酶活性位点的亲和力增加并相互结合，错配核苷酸即被去除　(c) 当错配核苷酸被去除后，正确配对的核苷酸与 DNA 聚合酶的亲和力恢复，DNA 合成继续进行(转引自 Waston 等，2005)

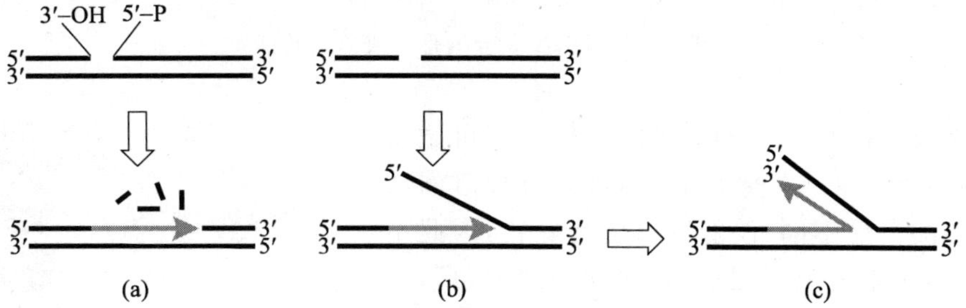

图 2.11　DNA 聚合酶Ⅰ 5′→3′外切酶活性的功能

(a) 切口平移　(b) 链的置换　(c) 模板转换

由于 DNA 聚合酶Ⅰ既具有 5′→3′的聚合活性，又有 5′→3′的外切酶活性，所以它可以在切口的 5′-P 处开始行使外切酶功能的同时，从切口的 3′-OH 开始合成新链，填补切口，使"切口"像是从 5′→3′不断在移动(图 2.11a)。反应停止后留下的切口由连接酶来封闭。这一功能常出现在 DNA 损伤修复，冈崎片段中引物的切除。当控制酶的反应条件，使其 5′→3′外切酶活性消失或者用 Klenow 酶在具有缺口的双链 DNA 模板上合成时，由于它们已不具外切酶活性，因此产生了链的取代和模板转换。链的置换被认为是重组机制中的重要一环。在 *E. coli* 中只有 DNA 聚合酶Ⅰ具有独立的链置换能力。在其他蛋白质的帮助下，前导链可进行链的置换(置换了互补链)，但后随链中无此现象。未发现模板转换的生物学意义。

4. 内切酶活性

当 DNA 存在不配对碱基时，DNA 聚合酶Ⅰ具有核酸内切酶活性，在不配对碱基的 5′-P 端的后面切开磷酸二酯键(图 2.12)。这一功能主要用于切除修复系统，在正常复制中无此活性。

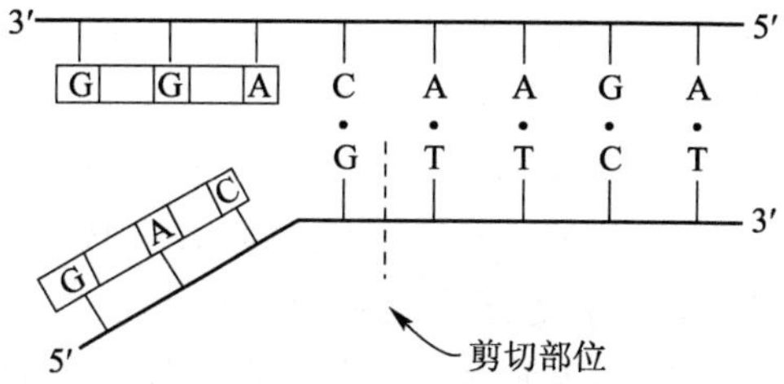

图 2.12　DNA 聚合酶Ⅰ核酸内切酶活性

图中显示出不配对的碱基和剪切的部位

(引自 D. Freifelder，1983)

二、DNA 聚合酶Ⅲ

DNA 聚合酶Ⅲ是大肠杆菌 DNA 进行半保留复制时起作用的 DNA 复制酶(replicase)，它的发现源于对一个 *dnaE*$^-$ 基因突变株的分离和研究。该突变株在 25℃生长时可产生有活性的 DNA 聚合酶Ⅲ，但该突变株从 25℃转移到 43℃生长时，DNA 的复制过程终止，这表明 *dnaE* 的表达产物是 DNA 合成必需的。随后，*dnaE* 基因被证实编码的是 DNA 聚合酶Ⅲ的 α 亚基，α 亚基具有 5′→3′DNA 聚合酶活性。

DNA 聚合酶Ⅲ相当复杂，其结构和各亚基的功能如图 2.13 所示。DNA 聚合酶Ⅲ具有 5′→3′聚合功能，

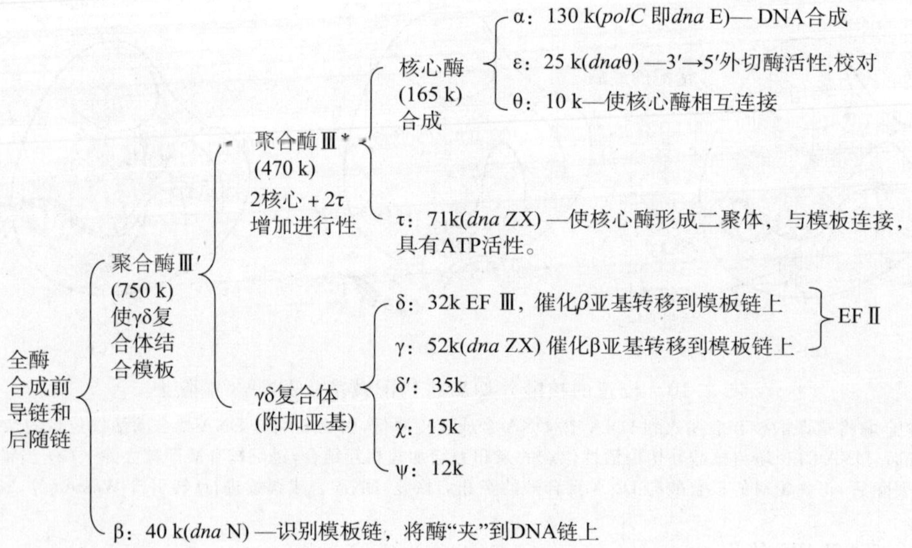

图 2.13 DNA 聚合酶Ⅲ的成分与功能

但对模板的要求很高，仅有缺口<100 nt 的 dsDNA 才可做模板。3′→5′的外切酶活性和 DNA 聚合酶Ⅰ相同，有校对的功能。但 5′→3′的外切酶活性不同，仅能以单链为底物，因此不能进行缺口平移。DNA 聚合酶Ⅲ是合成 DNA 的“主角”，一般合成长片段，如前导链的合成和冈崎片段的合成。

现在对 DNA 聚合酶Ⅲ有了进一步的了解。它的结构和半不连续复制的机制是相吻合的。其“核心酶”含有 α，ε 和 θ 3 个亚基(图 2.14)。α 亚基具有合成 DNA 的能力，ε 亚基具有 3′→5′外切酶的功能，起到校正的作用。而 θ 亚基可能在组装中发挥功能。但核心酶的进行性很低，通常合成 11 bp 左右就从模板上解离下来。τ 亚基加到核心酶上有助于使其二聚化，进一步产生聚合酶Ⅲ*。最后 γ 复合体加入到聚合酶Ⅲ*，形成聚合酶Ⅲ′复合体。γ 复合体是由 γ，δ，δ′，χ 和 ψ 亚基组成，其作用是作为固定 β 亚基这个“滑动钳”的支架。β 亚基加盟后就形成 DNA 聚合酶Ⅲ全酶。这是一种不完全对称的结构，左侧负责前导链的合成，右侧负责后随链的合成。

全酶在 DNA 上的组装分为 3 个阶段：①一个 β 二聚体加上一个 γ 复合体识别引物模板形成一种前起始复合物。在此反应中，γ 复合体水解 ATP，并将 β 亚基转运到引发模板上。一对 β 亚基形成一个“滑动钳”，夹在 DNA 的后随链上。γ 复合体成为这种“钳子的支架”，负责水解 ATP，移动 β 亚基结合 DNA。②DNA 在 β，γ 复合体结合的位点构象发生改变，而对核心酶产生了高亲和性，使核心酶能与 DNA 结合。③τ 二聚体结合核心聚合酶，使其二聚化，也就是与另一个核心聚合酶结合，第二个核心酶又和另一个 β“滑动钳”结合，这样组装好了全酶。值得注意的是全酶只有一个 γ 复合体。

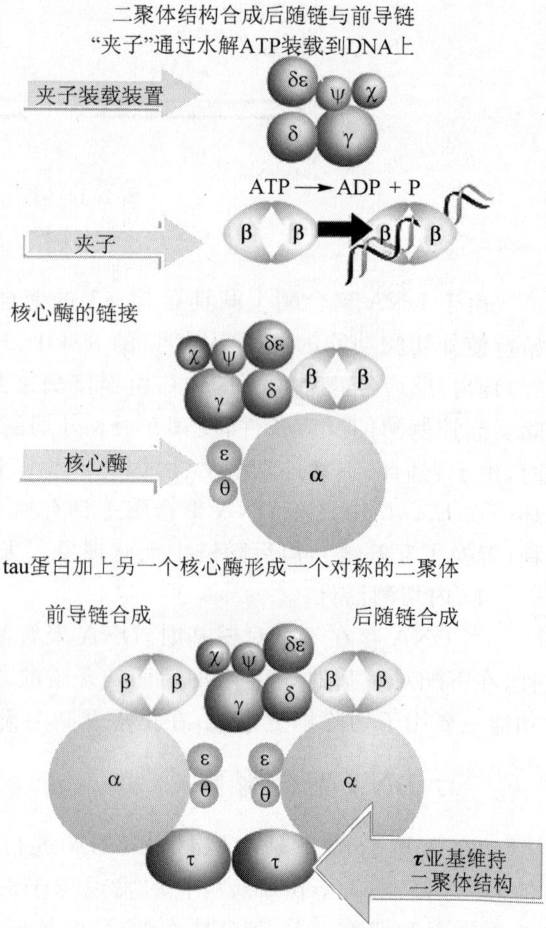

图 2.14 DNA 聚合酶Ⅲ全酶分阶段组装，产生一个合成 DNA 两条新链的酶复合物

(引自 B. Lewin，2004)

三、真核生物的 DNA 聚合酶

真核生物中已经发现了许多种不同的 DNA 聚合酶，它们在细胞中有不同的功能，分为半保留复制所需要的及参与合成物质以修复受损 DNA 所需要的两类（表 2.2）。两种或两种以上 DNA 聚合酶（α、δ 和/或 ε）共同作用完成细胞核中 DNA 的半保留复制；DNA 聚合酶 γ 作用于线粒体中 DNA 的复制；而 DNA 聚合酶 β、ξ 和 η 是细胞核 DNA 的修复酶。一些真核 DNA 聚合酶不具有原核 DNA 聚合酶的 3′→5′DNA 外切酶活性。

表 2.2 真核细胞中的 DNA 聚合酶

DNA 聚合酶	功能	结构
	高保真复制酶	
α	起始前导链和后随链，具有引发酶活性	350×10^3 四聚体
δ	合成前导链	250×10^3 四聚体
ε	参与合成后随链及其他功能	350×10^3 四聚体
γ	线粒体复制	200×10^3 二聚体
	高保真修复	
β	碱基切除修复	39×10^3 单体
	低保真修复	
ξ	绕过胸腺嘧啶二聚体	异源二聚体
η	碱基损伤修复	单体
ι	减数分裂所必需	单体
κ	缺失和碱基替换	单体

真核生物的 DNA 聚合酶 α 是作为一种复合体存在，它含有 180×10^3 的催化亚基和另一小亚基相连，小亚基含有两个小蛋白质，具有引发酶活性，以上两种活性的功能是偶联的。若解偶联（产生 60×10^3 和 50×10^3 小亚基）就不能产生有催化活性的引物酶。复合体与复制起点结合，合成一段约 10 nt 的 RNA 短链，然后合成一段 20～30 nt 的**起始 DNA**（initiator DNA，iDNA）。随后聚合酶 α/引发酶将被聚合酶 δ 取代，这一取代过程称为**聚合酶转换**（pol switch）。

DNA 聚合酶 δ 具有高持续力，可连续合成前导链，即用于前导链的延伸。δ 酶由两个亚基组成，相对分子质量分别为 125×10^3 和 25×10^3，具 3′→5′外切酶活性。

DNA 聚合酶 ε 可能参与合成后随链，同时也发现它还有其他功能。

通常认为，真核生物复制叉包括了一个 DNA 聚合酶 α/引发酶复合物和两个其他的 DNA 聚合酶复合物。其中一个复合物是 DNA 聚合酶 δ，另一个复合物是第二个 DNA 聚合酶 δ，也可能是 DNA 聚合酶 ε。DNA 聚合酶 δ/ε 复合物的功能是沿着 DNA 模板进行链的延伸，其中一个合成前导链，另一个合成后随链的冈崎片段。外切酶 MFI 去除冈崎片段上的 RNA 引物，最后由 DNA 连接酶来封闭缺口。

第五节 与 DNA 合成有关的其他蛋白质

一、DNA 连接酶

任何聚合酶尽管它们有能力合成长片段 DNA，但却不能将裂缝中相邻的 3′-OH 和 5′-P 连接成磷酸二酯键，只有 **DNA 连接酶**（DNA ligase）才能做到这一点。其作用机制是分 3 步进行：①（图 2.15a）ATP 或 NAD 与连接酶结合产生酶-AMP复合物；②（图2.15b）酶-AMP复合物上的AMP转移到DNA的5′-PO_4上使其活化；③（图2.15c）活化的5′-PO_4与相邻的3′-OH聚合酶作用形成3′→5′磷酸二酯键，并释放出AMP。

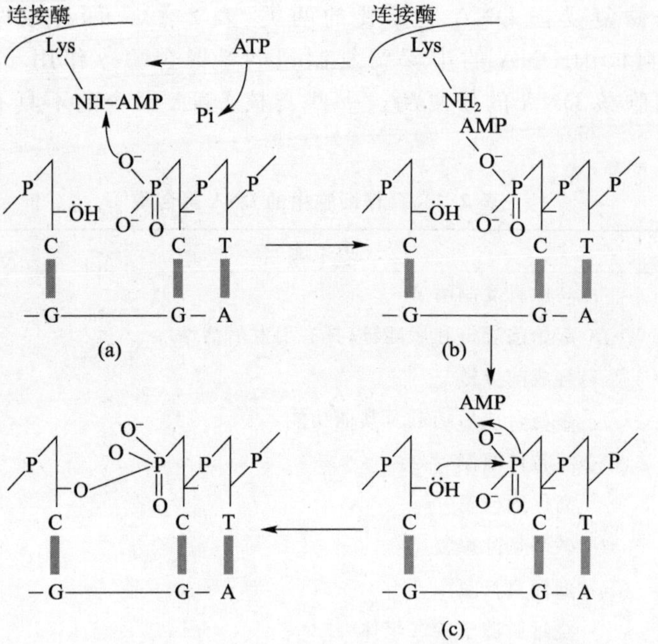

图2.15 DNA连接酶通过酶-AMP封闭相邻核苷酸之间的缺口

连接酶不能连接单链，必须要有模板的存在。也不能连接3′-OH和5′-PPP及DNA与RNA。DNA连接酶在后随链的合成、DNA的损伤修复、重组及转座中都发挥着重要的作用。

二、单链结合蛋白

单链结合蛋白（single strand binding protein，SSB）又称为**双螺旋去稳定蛋白**（helix destabilizing protein）。当解旋酶将双链打开以后，单链DNA具有一种潜在的恢复原来双链的能力，重新形成氢键。而且单链本身若有反向重复也会形成发夹结构，这两种情况都会影响复制，但SSB可以解决这一问题。SSB并不是酶，而是由177个氨基酸组成的蛋白质，存在于原核细胞中，*E. coli*的SSB以四聚体存在，相对分子质量为74×10^3，结合在单链上，每个分子可以覆盖32 nt，使DNA受到保护，不被酶水解，也不恢复成双链，因此可以降低DNA的T_m值。SSB对于细菌复制叉结构的作用和解旋酶是同等的。

SSB与DNA的结合具有协同效应：若第一个SSB的结合能力为1，则第二个SSB的结合能力为10^3。这可能因为：①SSB之间的相互作用；②第一个SSB和DNA的结合改变了DNA的结构。

真核生物的复制系统中具有复制因子A（RF-A），其作用相当于SSB，但无协同效应。

三、解旋酶

解旋酶（helicase）是一类解开氢键的酶，由水解ATP来供给能量。它们常常依赖于单链的存在，并能识别复制叉的单链结构。大肠杆菌有12种不同的解旋酶，一般为多聚体，常见类型为六聚体。解旋酶通常在邻近双链的单链区结合单链DNA，利用它的多聚体结构沿DNA移位，并解开双链，一般每解开一对碱基需要水解一个ATP（图2.16）。

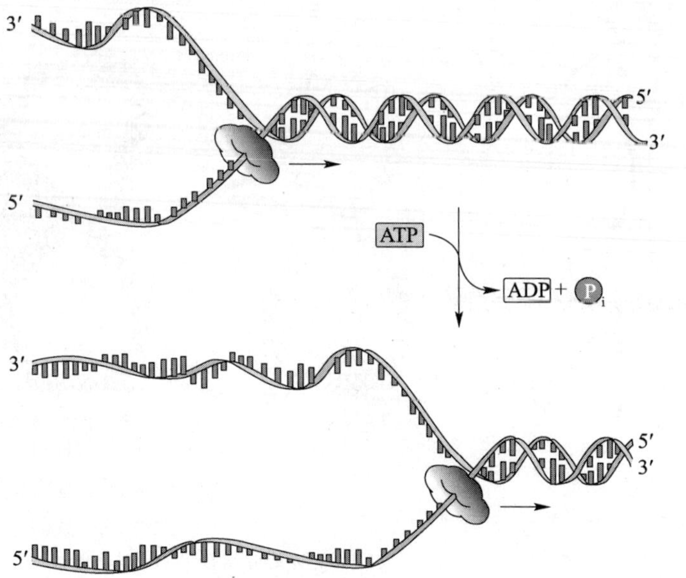

图 2.16 DNA 解旋酶分离双螺旋的两条链

当 ATP 加到与单链 DNA 结合的解旋酶上时，解旋酶在单链上以 5′→3′方向进行运动，表明解旋酶与复制叉上的后随链模板结合(引自 Waston 等，2005)

四、DNA 拓扑异构酶

DNA 拓扑异构酶(topoisomerase)可以在 DNA 中引入或解开超螺旋，因为它可以改变闭合 DNA 分子中两条链之间的交叉次数，即在切割 DNA 的单链或双链后，让 DNA 通过断裂点再重新闭合。DNA 拓扑异构酶可分为两类：Ⅰ型拓扑异构酶和Ⅱ型拓扑异构酶(表 2.3)。

表 2.3 大肠杆菌和真核生物的拓扑异构酶

	Ⅰ型拓扑异构酶	Ⅱ型拓扑异构酶
剪切	单链	双链
机制	酶非共价与 DNA 结合。剪切单链，3′磷酸基团共价与激活位点的酪氨酸残基结合。完整无缺的链从缺口处通过。打断的链重新连接	酶非共价与 DNA 结合。剪切双链，5′磷酸基团共价与激活位点的酪氨酸残基结合(这涉及回旋酶和拓扑异构酶Ⅱ的 4 bp 交错)。一完整的双链从缺口通过(通过涉及 ATP 结合的构象改变而得以进行)切开的双链重新连接，DNA 释放
需要 ATP	不	是
大肠杆菌	拓扑异构酶Ⅰ(ω 蛋白)：释放负超螺旋 拓扑异构酶Ⅲ	拓扑异构酶Ⅱ(促旋酶)：诱导负超螺旋 拓扑异构酶Ⅳ：去连接连锁的环
真核生物	拓扑异构酶Ⅰ：释放正和负超螺旋 拓扑异构酶Ⅲ：释放负超螺旋(弱活性)，不能去连接	拓扑异构酶Ⅱ：释放正和负超螺旋 拓扑异构酶Ⅳ：释放负超螺旋，可能也释放正超螺旋

大肠杆菌的拓扑异构酶Ⅰ是一个单体，由 *topA* 基因编码，含 864 个氨基酸，可以切单链，然后封口，其作用是使负超螺旋松弛(图 2.17)。复制中拓扑异构酶Ⅱ则切开双链，通过水解 ATP 使松弛型 DNA 产生超螺旋(图 2.18)。

大多数真核生物有单一的拓扑异构酶Ⅰ，为复制叉移动和解开转录时产生的超螺旋所须；拓扑异构酶Ⅱ则为复制后染色体的分离有关；其他拓扑异构酶与重组和修复有关。

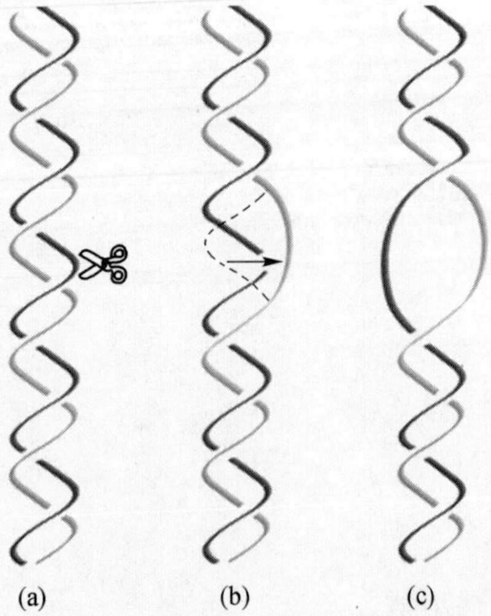

图 2.17 拓扑异构酶Ⅰ作用的模型

(a) 一条DNA链被酶切开 (b) 另一条DNA链越过断裂处，被切链的末端重新连接 (c) 结果减少了双螺旋的负超螺旋

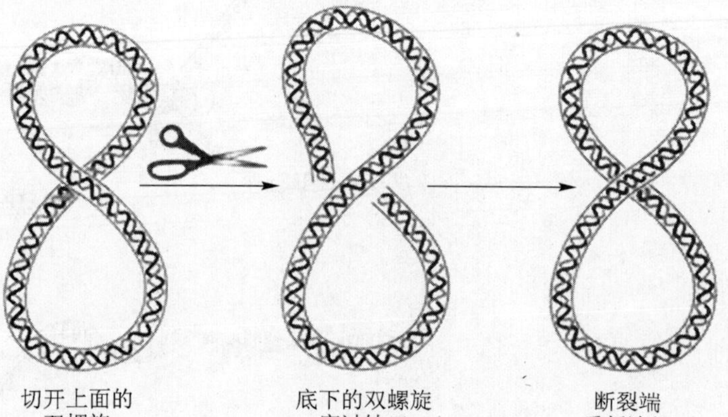

图 2.18 DNA在拓扑异构酶Ⅱ(促旋酶)的作用下改变连环数的过程

拓扑异构酶Ⅱ结合于DNA，切断双链，未切的DNA穿过切口后断裂再重新连接(引自 Waston 等，2005)

第六节 DNA复制的过程

一、原核DNA的复制起始点和方向

在细菌和病毒的染色体中，每条染色体通常只有一个复制的起始点，并由这个起始点开始进行双向复制，从而形成两个方向相反的复制叉。作为含有一个复制起始点的独立复制单位称为一个**复制子**(replicon)。大多数原核基因组只含有一个复制子。

人们将 *E. coli* 的复制起始的区域切下，然后用外切酶逐步消解两侧，每次消解留下的片段都接到一个含有抗药性标记但没有复制原点的质粒上，转化细菌，观察能否复制，一直到留下片段失去复制启动功能为止，然后将该片段从质粒上切下并测序。结果表明，大肠杆菌有一个复制起始点，位于 74.5′的 *ilv*(Isoleucine-Valine)操纵子处，终点在25′的 *trp* 操纵子附近，属双向对称复制。

T7是线性染色体，也只有一个复制起始点，在近一端的17%处开始，然后向两端延伸。

E. coli 复制起始区称为 *ori C*，包含245 bp，其左侧有3个13 bp近乎相似的回文序列和4个9 bp的重复序列(R1、R3正向，R2、R4反向)，它们是DNA蛋白的结合位点。复制起始区的结构特点是：①富含A-T，这可能和双链易于解开起始复制有关；②含有多个回文结构(9～14个GATC，*E. coli* 含有11个)8个GATC较保守，CATC中的“A”已甲基化；③具有R1、R2、R3、R4 4个反向重复序列，作为DNA蛋白结合位点；④此序列的右侧毗邻区域有两个启动子，其可能的作用是：转录产生引物；产生复制必要的蛋白质；产生调节功能的RNA；起转录激活作用。

在 *E. coli ori C* 的复制起始的体外实验表明需要6种蛋白质形成起始复合物：Dna A、Dna B、Dna C、组蛋白样蛋白(HU)、促旋酶及单链结合蛋白(SSB)(表2.4)，从而使环状超螺旋模板转变为广泛解旋的形式。

表 2.4 在 *oriC* 上前引发所需的6种蛋白质

蛋白质	功能	对蛋白质的要求
Dna A	协同结合于9 bp和13 bp重复序列	20～40单体
Dna B	结合于Dna A，提供解旋酶活性	1～2六聚体

续表

蛋白质	功能	对蛋白质的要求
Dna C	和 Dna B 形成复合体	6个单体
HU	组蛋白样蛋白，激发复合体形成	~5个双体
Gyrase	促旋酶，解除正超螺旋，引入负超螺旋	催化
SSB	稳定单链	化学剂量，四聚体

Dna A 单体首先结合到 *ori C* 的 4 个 9 bp 重复序列上。然后 20～40 个 Dna A 单体结合到 *ori C* 上形成一个核心。在 Dna A 蛋白的作用下，位于 *ori C* 右侧的 3 个 13 bp 重复序列开始解链形成开放复合体（图 2.19）。随后 Dna B 和 Dna C 蛋白加入开放复合体，形成**引发体**（primosome）。引发体中每个 Dna B 六聚体结合 6 个 Dna C 单体形成 480×10^3 直径为 6 nm 的球状复合体（图 2.20）。

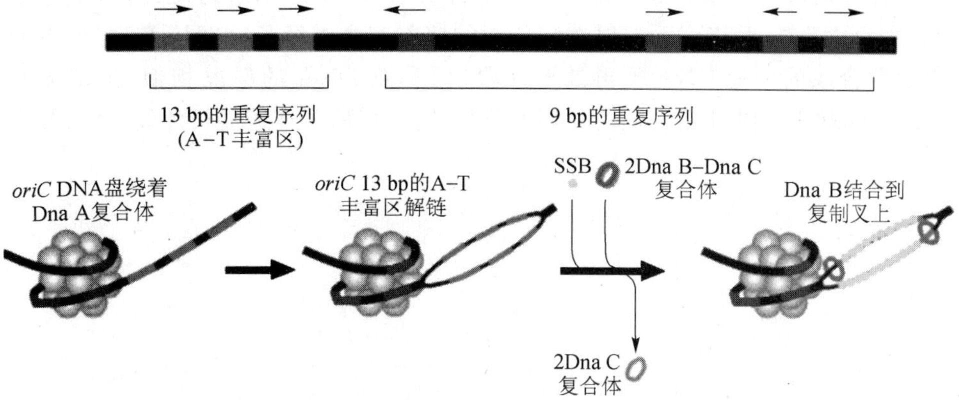

图 2.19 预引发需要有序地结合蛋白质，形成复合体，导致 DNA 的解链

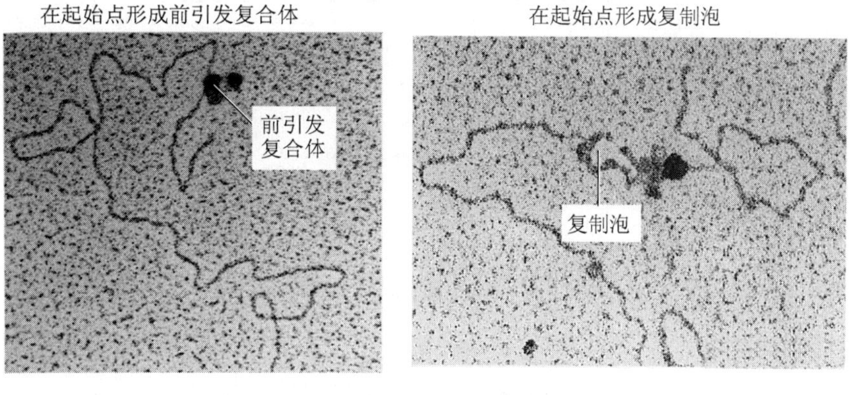

图 2.20 通过电镜来观察 *oriC* 上的复合体

两个复合体都是由 Dna B 抗体所显示（引自 B. Lewin，2004）

Dna B 提供解旋酶活性，使 DNA 解旋形成复制叉。Dna B 还具有激活 Dna G（引发酶）的能力。解旋反应还需要另外两种蛋白质，促旋酶和 SSB。促旋酶的作用是解除正超螺旋，引入负超螺旋。若没有这步反应，解开双链就会产生 DNA 的扭曲。SSB 可使已形成的单链处于稳定状态。

HU 是 *E. coli* 中一般的结合蛋白，在体外复制起始并不绝对需要它的存在，但它能刺激复制起始。

二、半不连续复制

在 *E. coli* 的 DNA 复制由 *oriC* 区域开始，进行双向复制，从而形成两个方向相反的复制叉，复制叉上两条单链分别为模板，以 5′→3′方向合成新链，链的合成方向和复制叉移动方向相同的是**前导链**(leading strand)，相反的是**后随链**(lagging strand)。而 DNA 聚合酶合成方向都是在引物的 3′-OH 上合成，这样在前导链和后随链上的聚合酶似乎要背道而驰。究竟在前导链和后随链上 DNA 是如何合成的？

(一) 不连续复制模型

为了解决上述问题，1968 年日本的冈崎(Reiji Okazaki)等提出了**不连续复制模型**(discontinuous replication model)。当时他们做了两个实验：第一个是**脉冲标记实验**(pulse-labeling experiment)。以 *E. coli* 为材料，在其培养基中加入[^{3}H]标记的 dT，经 30 s 后，DNA 刚开始复制不久，就分离全部的 DNA，然后在碱中沉淀，使其变性，让新合成的单链和模板链分开，再进行 CsCl 密度梯度离心，以沉降的快慢来确定片段的大小，经检测放射标记。结果表明被[^{3}H]标记的片段，也就是新合成的片段，沉淀系数为 20 S 左右，据此估计，这些 DNA 都是长为 1 000～2 000 nt 的片段，而分离到的亲本链要比它大 20～50 倍；第二个是**脉冲追踪实验**(pulse-chase experiment)。目的是检测早期合成的 DNA 片段的状态，是保持原来的短片段，还是连接成了长片段。他们先进行 30 s 脉冲标记培养，后移到无放射性同位素的培养基中继续长时间培养，再分离 DNA 后使其在碱中沉淀。检测结果表明合成的标记 DNA 不再是短片段，而和总 DNA 的情况相似，沉淀系数为 70 S～120 S 的较长片段(图 2.21)，这意味着刚开始合成的片段都是短片段，以后再连接成长片段，最初合成的短片段就称为

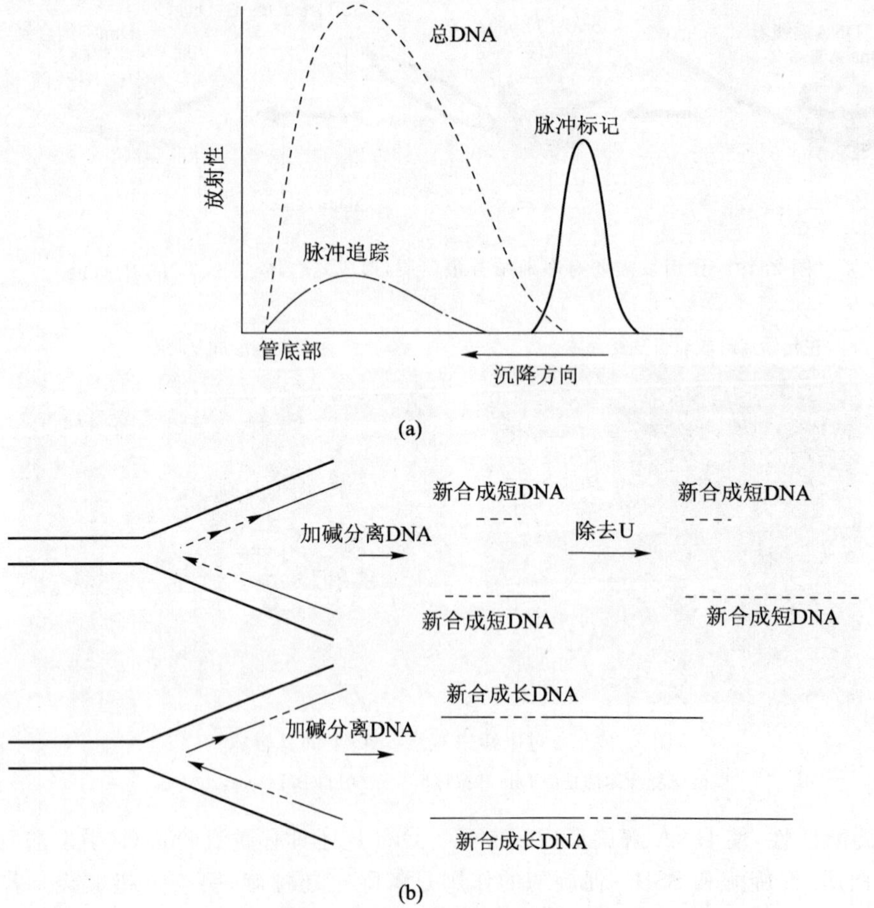

图 2.21 脉冲标记实验和脉冲追踪实验

(a) 脉冲标记 DNA(实线)和脉冲追踪 DNA(长虚线)的碱性沉降所获得的数据。总 DNA 是非放射性 DNA 和放射性 DNA 之和，用光吸收表示。沉降物质的 S 值从右到左递增。曲线图表明，经多轮复制所得到的总 DNA 为长片段；经短时间复制(脉冲标记)，前导链和后随链上所合成的都是短片段 DNA；经稍长时间复制(脉冲追踪)合成的 DNA 都是长片段，仅数量上远低于总 DNA (b)在脉冲标记时及追踪后，放射性 DNA(虚线)的部位。表示存在于碱溶液中的放射性分子。除去尿嘧啶后，前导链得到较长的片段(转引自 D. Freifelder，1983)

冈崎片段(Okazaki fragment)。这个实验的结果使得人们普遍接受这样的观点,认为无论是前导链还是后随链都是先合成小片段,然后再连成大片段,即 DNA 的复制是**"不连续复制"**(discontinuous replication)。

(二) 半不连续复制模型

后随链为不连续复制是容易理解的,而前导链的合成是顺着复制叉的移动方向,完全没有必要以不连续的方式合成,但冈崎实验的结果确实是不连续的,如何解释这个现象? 1978 年 B. M. Olivera 提出了**半不连续复制模型**(semidiscontinuous replication model),认为前导链上的合成是连续的,而后随链上的合成才是不连续的。现在已经弄清原来是由于细胞内都存在 dTTP 和 dUTP,而 DNA 聚合酶Ⅱ却并不能区分它们,因此也会误将 dUTP 加入到 DNA 中,形成 A-U 对。那么在 DNA 中为什么没有 U 的存在? 这是因为 *E. coli* 细胞里有双重"保险",防止了 U 的"混入"。第一道关是细胞里的**脱氧三磷酸尿苷酶**(dUTPase),能使脱氧三磷酸尿苷(dUTP)变成脱氧单磷酸尿苷(dUMP),dUMP 是不能作为 DNA 合成的底物,这样它就不再能加入 DNA 中。但总还有些漏网之"鱼",混入 DNA 中,这就靠第二道关来清除"异己",这道关是依赖**尿嘧啶 *N*-糖苷酶**(uracil *N*-glycosylase),它可以切断混入尿苷的糖苷键,形成**无 P 嘌呤和无嘧啶位点**(apurinicorapyrimidinic, AP),再由 AP 内切酶在 AP 位点切出一个缺口,进一步进行切除修复(图 2.22)。在细胞内,尿嘧啶 *N*-糖苷酶作用较快,而 AP 内切酶作用较慢,在新链合成之初约 1 200 bp 就有可能掺进一个 U,但很快就被尿嘧啶 *N*-糖苷酶切断糖苷键,在 AP 内切酶未作用前,在脉冲标记实验中就提取了 DNA,用 NaOH 沉淀时,AP 位点易断裂,所以前导链也成了小片段。以下实验证实了这个解释:①在 *dut*$^-$(dUTPase 缺失)突变体中冈崎片段比在 *dut*$^+$ 中为短,这是因为 U 掺入机会增加;②在 *ung*$^-$(尿嘧啶 *N*-糖苷酶缺失)突变体中,新合成的 DNA 约有一半由片段组成。这是因为尿嘧啶 *N*-糖苷酶缺失,不会切除 U 的糖苷链,也就不会出现 AP 位点,所以碱沉淀时不易断裂,从而保持了半不连续的原貌;③在 *dut*$^-$ *ung*$^-$ 双突变体中,结果和实验②相同,更进一步证实了此推测。

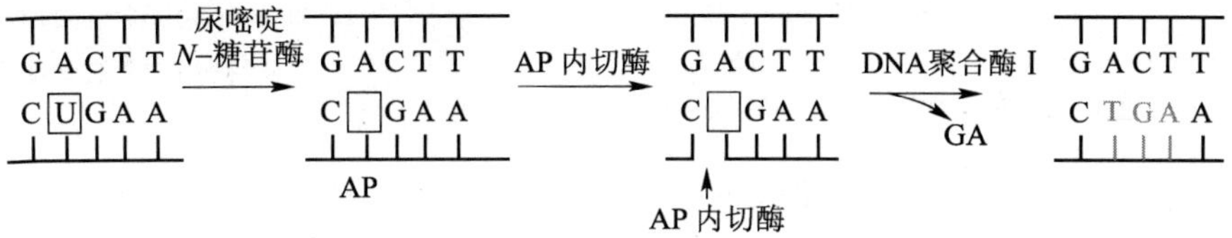

图 2.22 在 DNA 合成中 U 的切除和修复

(三) 半不连续复制的过程

在 *E. coli* 的 DNA 复制由 *oriC* 区域开始,进行双向复制,从而形成两个方向相反的复制叉。复制过程由解旋酶解螺旋,切开氢键,打开双链,拓扑异构酶使解旋产生的正超螺旋恢复成负超螺旋,然后 SSB 蛋白结合到单链上,使其稳定,暂不复性。DNA 聚合酶Ⅲ分别以复制叉上两条单链为模板,按 5′→3′方向合成新链。前导链由 DNA 聚合酶Ⅲ在最初的 RNA 引物的 3′-OH 上连续延伸,直到完成。而在后随链上合成甚为复杂。由 PriA、B、C,DnaB,C,DnaT 及引发酶结合形成**引发体**(primosome),合成 2～5 nt 的引物 RNA,DNA 聚合酶Ⅲ在引物 RNA-3′-OH 上加入 dNTP 合成 1～2 kb 的冈崎片段,然后由 DNA 聚合酶Ⅰ用 5′→3′外切酶活性切除引物,再从冈崎片段的 3′端合成短片段 DNA,填补空缺。相邻两片段之间的缺刻由连接酶封闭,完成半不连续复制(图 2.23,图 2.24)。

三、复制体和回环模型

DNA 双链的两条单链具有相反的极性,在合成过程中,DNA 聚合酶都只能按 5′→3′方向进行 DNA 合成,那么它们在复制叉上的移动方向按理是相反的。但采用放射自显影技术和电子显微技术对 DNA 复制过程的研究表明,在复制叉上所合成的两条新链都是以同一个方向延伸的,这样就形成了矛盾。为了解决这个矛盾,生物化学家们曾经试图找到一种可按 3′→5′方向进行 DNA 合成的聚合酶,然而却一无所获;相反,实验证明所有的 DNA 聚合酶都只能从 5′→3′方向合成 DNA。

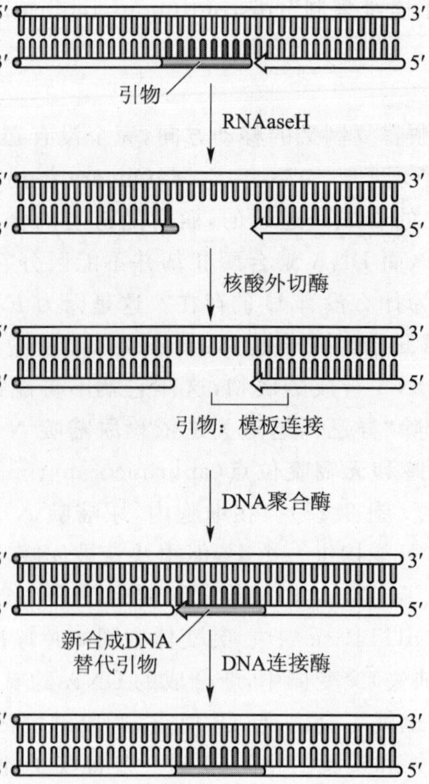

图 2.23 从新合成 DNA 上除去 RNA 引物

图示为 RNA 引物去除过程中，RNaseH、核酸外切酶、DNA 聚合酶及 DNA 连接酶相继作用（引自 Waston 等，2005）

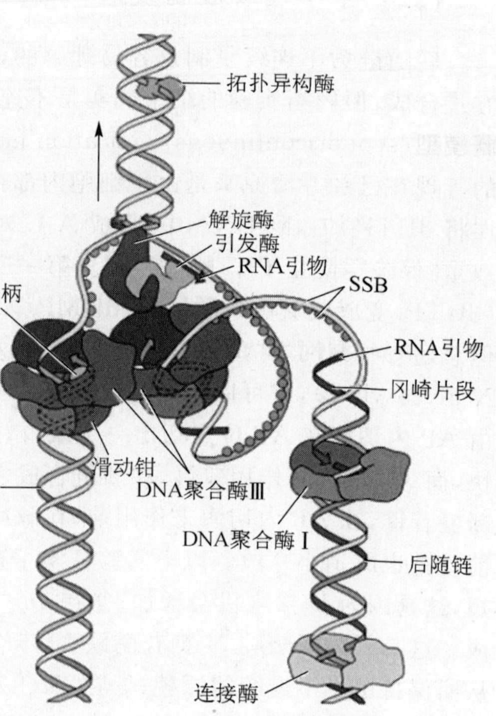

图 2.24 大肠杆菌的复制叉，显示了参与复制的主要酶和蛋白质

后来人们发现：①每一个复制叉含有特别大的多聚体Ⅲ复合体，它是一个不对称的二聚体，可能同时催化两条链；②在电镜下观察到真核生物的双螺旋 DNA 聚合酶 α 也同样具有两个活性部位，推测双螺旋复制也是同向复制的。

所谓**复制体**（replisome）是由解旋酶、引发酶和 DNA 聚合酶Ⅲ全酶组成的复合体，它在 DNA 合成时，沿着复制叉移动的方向推进。复制体中，后随链模板形成了一个回环，使环中 RNA 引物和冈崎片段的合成方向与前导链一致，以适应双链在同一复制体上进行复制，称为回环模型（图 2.25）。

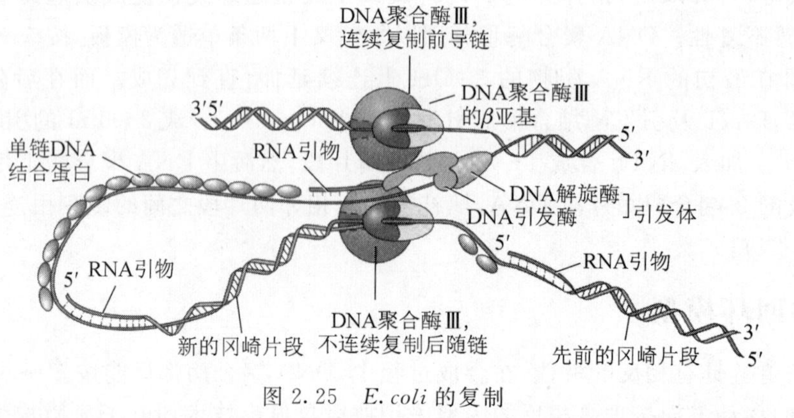

图 2.25 *E. coli* 的复制

两个 DNA 聚合酶Ⅲ的催化核心复制前导链和后随链，引发体解开亲代双螺旋，用 RNA 引物起始合成新链。整个复制叉沿着亲代双螺旋移动，复制体中的每种蛋白以协作的方式行使其特定的功能。也许复制体并不移动，而是 DNA 穿过复制体。图中复制的前进方向是从左到右（引自 S. Simmons，2010）

回环模型的特点是：①聚合酶和引发体联系在一起可以协调它们的作用；②复制体中的 DNA 聚合酶Ⅲ是两侧对称的多聚体；③后随链是形成回环复制的。

实际上 DNA 聚合酶Ⅲ是不完全对称的，据此人们进一步推测复制叉的结构。两个催化核心分别和 DNA 的两条模板链结合，全酶沿着前导链模板随着复制叉的移动而移动，而后随链模板从复制体上“拉出”一段，形成一个环。DnaB 产生解链点，并沿着后随链以 5′→3′方向移动。DnaB 与 DNA 聚合酶Ⅲ的 τ 亚基连接。这个连接的作用有两个：一是可以使 DNA 的合成速度增加 10 倍；二是防止前导链的聚合酶从链上脱落下来。前导链的合成为后随链的合成提供了一个单链的环。当解旋点推进时这个环变得更大。冈崎片段开始合成后，后随链上的酶核心复合体将单链模板拉向 β 亚基形成的“滑动钳”。在后随链上，聚合酶在合成一个冈崎片段之前，单链至少需要延伸一个冈崎片段那么长。

当 DNA 聚合酶Ⅲ全酶在 DNA 遇到一个裂口时核心复合体和滑动的“滑动钳”离开，然后在别处与新的 β 亚基结合，图 2.26 表示在冈崎片段末端发生这种反应。当核心酶合成完一段冈崎片段时，核心复合体就会和模板解离，将环释放出来，另一个（也可能是同一个）核心复合体再和一个 β“滑动钳”结合，起始下一个冈崎片段的合成。有可能一个新的 β“滑动钳”已存在于起始位点，而失去了核心复合体的 β“滑动钳”将从模板上解离下来，然后再被重新使用。

四、环状 DNA 复制的终止

对于大肠杆菌染色体和有些质粒而言，环状基因组的复制可以在终止区（称为 *ter* 位点）特定序列处终止（图 2.27）。*ter* 位点是一个 23 bp 的短序列，能在体外导致复制的终止，且具有方向性。*E. coli* 染色体的 *ter* 位点含有两对反向重复序列（*terE*、*D*、*A* 和 *ter C*、*B*），位于相遇点的任意一侧 100 kb 处。每一终点对复制叉移动的方向是特异的，它们这样排列是为了使复制叉能通过另一个终点而延伸。*ter* 位点可被一种蛋白质（*E. coli* 中是 Tus 蛋白，*B. subtilis* 中是 RTP 蛋白）所识别，*tus*（terminus utilization substance）基因的产物 Tus 蛋白

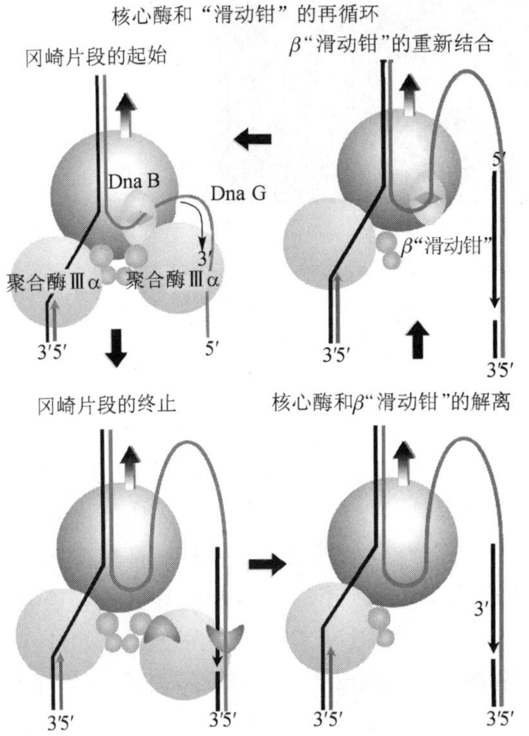

图 2.26　DNA 聚合酶Ⅲ的核心酶与 β“滑动钳”在冈崎片段合成之后解离，并在下一个起点重新结合

（引自 B. Lewin，2004）

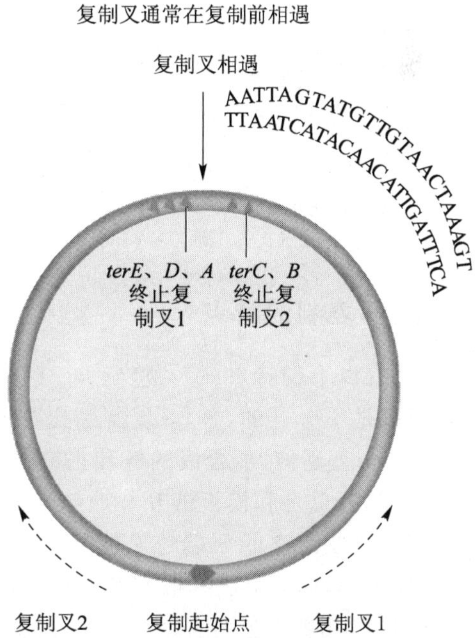

图 2.27　*E. coli* 的复制终止位点在复制叉实际相遇点的两侧

（引自 B. Lewin，2008）

(36×10^3)通过与 *ter* 位点形成复合物来阻止复制叉前进而终止复制。

有的环状染色体并没有特定的终止位点，如λ噬菌体就是通过简单的碰撞而终止的。

五、滚环复制模型

许多噬菌体DNA的复制都采用了**滚环复制**(rolling circle replication)的方式。滚环复制又称为**σ复制**(σ replication)，由W. Gilbelt和D. Dressler在1968年提出。σ复制不同于θ型复制的模式。ΦX174基因组的复制、λ噬菌体的增殖、接合及真核生物rDNA的扩增都是以这种模式复制的。

(一) 滚环复制过程

在滚环复制过程中，复制叉沿着环状DNA模板无限制地绕圈复制新链；每绕一圈新合成的子链就替换了上一圈新合成的子链，并产生一条多聚体的单链尾巴(图2.28)。从这条多聚体单链尾巴上切下一个单位长度，就可形成一个线性拷贝，线性拷贝可保持单链状态(如噬菌体ΦX174)，也可通过合成一条互补链而转换为双链；线性拷贝环化后可形成与模板一致的环状DNA。

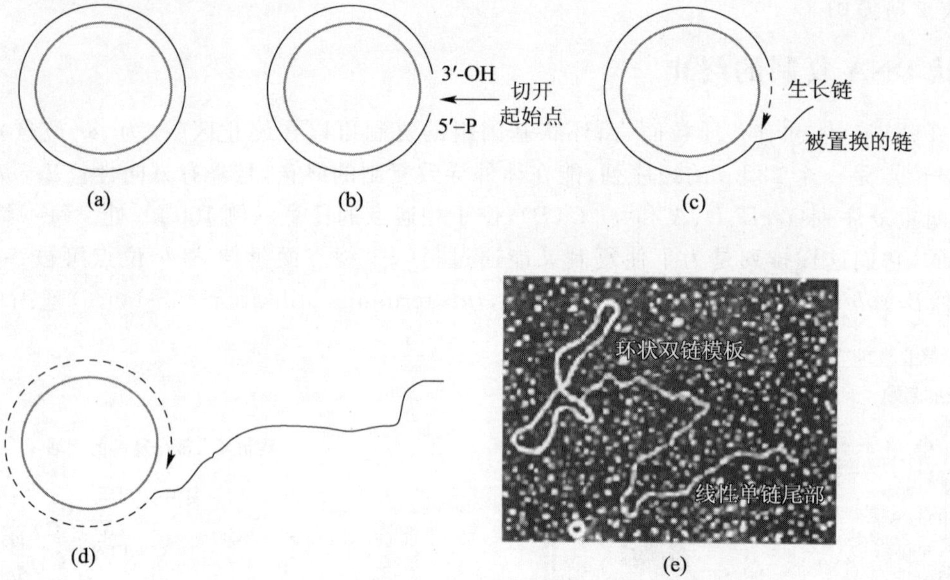

图2.28 DNA的滚环复制产生多个单位长度的单链尾部

(a) 环状双链DNA模板 (b) 复制在一条链上起始。(c) 生长链的延伸置换了旧链 (d) 连续延伸产生的被置换链达到了多个单位长度 (e) 滚环复制的电镜照片(电镜照片引自S. Simmons, 2010)

(二) 滚环复制的特点

滚环复制有以下的特点：①共价延伸。θ复制是以引物的3′-OH为起点，以亲代链为模板从头合成一条新链，新链和旧链是不分开的。但σ复制是先在一条亲代链(正链)上切一缺口，然后以另一负环为模板，在正链切口上的3′-OH上延伸，新合成的链和正链连在一起。②模板链和新合成的链分开。θ复制是半保留合成的，一条新合成的单链总是和模板链互补地结合在一起形成一条子链。而σ复制3′端不断沿环状模板合成，5′端脱离负环，随着复制游离的5′端越来越长，和环形模板完全分开。③不需RNA引物，可在正链3′-OH上延伸。④只有一个复制叉，而θ复制一般都有两个复制叉。⑤形成**多联体**(concatemer)。5′端游离的部分经半保留复制形成双链，并含有多个基因组，串联在一起称为多联体。

参与滚环复制的除A蛋白和SSB以外，还有Rep蛋白(解旋酶)、DNA聚合酶Ⅲ、DNA聚合酶Ⅰ、RNA聚合酶、连接酶等，形成复制体，催化连续复制。

(三) 噬菌体 ΦX174 的基因组复制

噬菌体 ΦX174 是单链环状 DNA 病毒，基因组为正(+)链。其复制的第一步是合成一条互补的负(−)链，产生双链环，称为**复制型**(replication form，RF)；然后通过滚环复制产生新的正链基因组。

其复制过程中，双链环先转换成超螺旋的共价闭合环状结构；A 蛋白(由噬菌体基因组编码)可在双链 DNA 的正(+)链的特定位点(复制起始点)上切割起始点并结合于 5′端，该链 3′端则结合 DNA 聚合酶；切口 3′端在 DNA 聚合酶作用下延伸合成一条新链，原有正链被分离出来；当 DNA 聚合酶合成的新链达到起始点并替换起始点后，先前的 A 蛋白可再次识别复制起始点，在复制起始点产生切口，并结合于新切口的 5′端；这样，新一轮滚环复制启动并循环下去(图 2.29)。新切口会产生一段游离的单链 DNA，该 DNA 在同一个 A 蛋白的参与下环化，形成完整的 ΦX174 基因组。

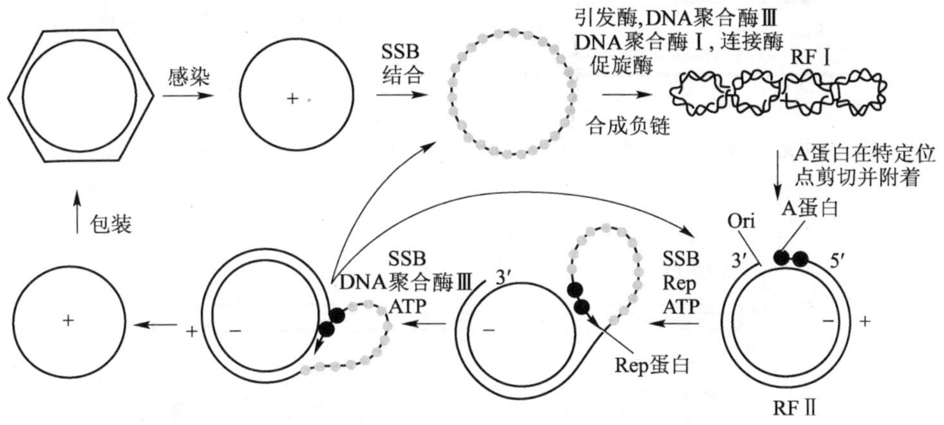

图 2.29 ΦX174DNA 的复制涉及两种复制型

复制型Ⅰ(RFⅠ)是一个双链超螺旋 DNA 分子，是以正链为模板合成一条互补的负链而形成。复制型Ⅱ(RFⅡ)是双链开环 DNA，它是通过滚环复制合成新的正链。A 蛋白识别一个发夹结构，切开单链。Rep 蛋白作为解旋酶，切开氢键

ΦX174 基因组的复制特点是 5′端游离部分不再复制而单独形成环，每环含一个基因组，因此又称为**成环滚环复制**(looped rolling circle replication)。

(四) 线状 DNA 复制的末端补齐

按半保留复制的双链 DNA 理论，当 5′端引物被切除后，因没有 3′-OH 的存在，而 DNA 聚合酶不能从头起始，必须在引物的 3′-OH 上延伸，所以无法将缺少的一段补起来，这样一来，新合成的链每一轮会减短一个引物的长度(图 2.30)。所以线性基因组需要特殊的策略来完成它的 5′端，而环形基因组因首尾相连而避免了这个难题。很多线性复制子则通过在它们的复制循环中采取一环形构象来解决末端问题(如 λ 噬菌体)。腺病毒是利用末端蛋白代替 RNA 引物；而 T7 噬菌体是用串联体的策略解决 5′端缺失的；至于真核生物染色体的末端复制的问题最为复杂，是依赖端粒酶特殊功能来解决的(本章第七节)。

1. 用蛋白质代替 RNA 引物

解决线性 DNA 末端复制的一种策略是用特殊的蛋白质来替代 RNA 引物的作用，这种蛋白质要具备有两个特点：①要带有游离的 3′-OH，可为 DNA 聚合延伸反应提供引物；②要能和 DNA 聚合酶结合，将聚合酶引入到复制起始位点。一些病毒，如腺病毒(adenovirus)、Φ29 噬菌体和脊髓灰质炎病毒(poliovirus)等都具有这种蛋白质，称为**末端蛋白**(terminal protein，TP)，这种蛋白质可从线性 DNA 的一端起始 DNA 的复制

(图 2.31),同时解决了末端复制的问题。

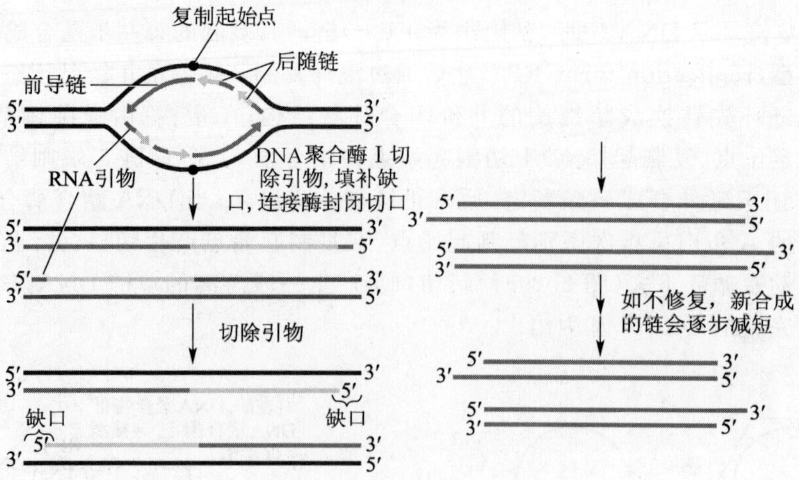

图 2.30 线性 DNA 复制

后随链 5′端会留下缺口,不同的生物将采取不同的策略避免这种情况的发生(引自 W. M. Becker 等,2009)

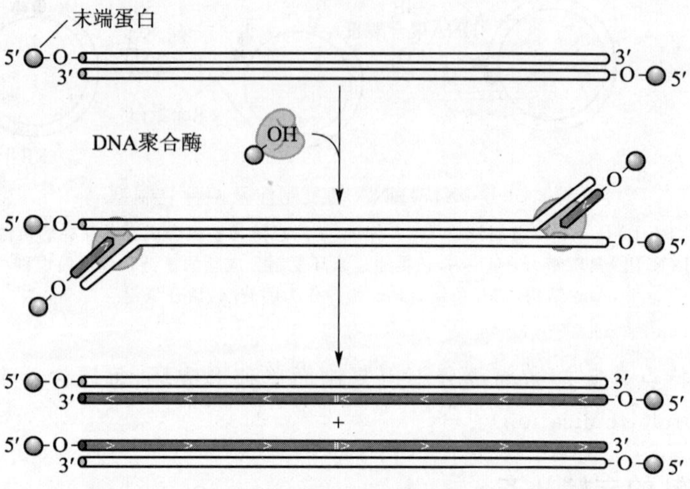

图 2.31 蛋白质引物是解决末端复制的一个策略

通过与 DNA 聚合酶及模板 3′端的结合,蛋白质提供具引物作用的 3′-OH,起始 DNA 的合成(引自 Waston 等,2005)

2. 串联体模型

1972 年 J. D. Watson 提出了**串联体**(concatemer)模型,解决了 T7 噬菌体线形染色体末端复制的难题。T7 噬菌体线形染色体的两端具有**丰余末端**(redundant end),为长 160 bp 的重复序列。当 T7 噬菌体线性 DNA 分子复制时,并没有产生单个的后代分子,而是产生很长的端端相连的串联体,它们含有重复的完整基因组。串联体模型如图 2.32 所示。

两个 5′端有空缺的分子通过 3′端凸出的重复序列互补配对。然后 DNA 聚合酶Ⅰ从 3′端延伸填补这个空缺,留下最后的裂隙由连接酶封闭,产生了一个大分子串联体。再由限制酶在连接处交错切割,产生 3′凹端,由 DNA 聚合酶Ⅰ在 3′-OH 上延伸填补新的缺口,产生两条完整的双链。由于在 T7 噬菌体侵染的细菌中分离到了 T7 噬菌体的串联体,因此这一模型也得到了承认。

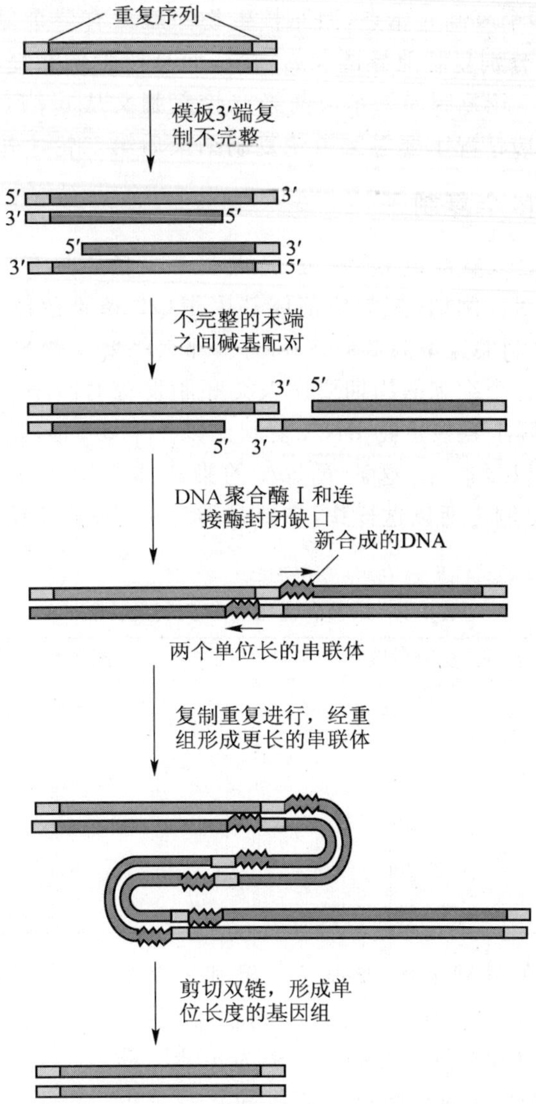

图 2.32 T7 噬菌体的线性 DNA 复制终止的串联体(concatemer)模型

第七节 真核生物的 DNA 复制

许多有关 DNA 复制的知识都来自于对大肠杆菌及其噬菌体的研究，而有关真核生物 DNA 复制的资料相对较少。研究结果表明，真核生物的 DNA 复制在大多数方面都与原核生物相似。虽然真核生物的 RNA 引物及冈崎片段都比原核生物短些，但它的前导链和后随链分别以连续和不连续的方式进行复制的模式是相同的。同时，真核生物的染色体结构相对比较复杂，所以真核 DNA 的复制也有一些其特有的性质。

如前所述，真核生物 DNA 被包装在称为核小体的含组蛋白的结构中。这些核小体会参与复制叉的移动吗？如果不会，那么复制体又如何越过核小体？在复制过程中，核小体是完全或是部分解开？还是保持原始状态，而由复制体在缠绕核小体的 DNA 上滑行完成复制？最后，由于真核生物染色体是线性的，如何复制后随链的末端成了一个难题。

一、真核生物 DNA 复制的特点

真核生物的 DNA 合成只发生在细胞周期中相对较短的时间里，而原核生物的 DNA 合成却是连续进行的；真核生物染色体一般包含有多个复制起始点，而原核生物一般只有一个复制起始点；原核生物在复制叉上仅用一种DNA聚合酶的复合体，分别复制前导链和后随链，而真核生物在复制前导链和后随链时需要不同的聚合酶起作用。在原核生物中第一轮复制尚未结束前第二轮复制又从 *ori* 区开始了，此称为**成熟前起始**（premature initiation），而真核生物一般情况下要等第一轮复制结束后第二轮才开始。

（一）真核生物染色体有多个复制子

每一条真核生物的染色体都是线状双链DNA分子，若每条染色体只有一个复制起始点的话，那么要完成整套染色体的复制要花费很多时间。例如，人类单倍体基因组（23条染色体）有 2.75×10^9 bp，平均每条染色体长约有 10^8 bp，在人的细胞中复制的速率为 $2\ kb\cdot min^{-1}$，那么将要花费830 h才能完成一条染色体的复制，实际上人的细胞周期为72 h。若每个细胞的周期要比人类胚胎发育时间还要长的话，那么妊娠的时间就需要许多年而不是"十月"怀胎了。实际上真核生物DNA复制比以一个 *ori* 推算的结果快得多。例如，果蝇胚胎二倍体整个染色体只需3 min就可以复制完，这比 *E. coli* 的染色体复制快6倍。即使果蝇的DNA长度要比 *E. coli* 的大100倍。果蝇DNA复制之所以这样快，主要是因为在其基因组中有多个复制起始点，在真核生物中普遍如此。

表2.5 细菌和真核生物复制的比较

生物	复制子数	复制子长度/kb	复制速率/($kb\cdot min^{-1}$)
细菌(*E. coli*)	1	4 200	50
酵母(*S. cerevisiae*)	500	40	3.6
果蝇(*D. melanogaster*)	3 500	40	2.6
爪蟾(*X. laevis*)	15 000	200	500
小鼠(*M. musculus*)	25 000	150	2.2
蚕豆(*V. faba*)	35 000	300	

表2.5表明细菌和真核生物的复制子数、复制子长度和复制叉移动的速率。真核生物基因组的复制子相对于原核生物较小，且复制速率要比原核生物慢得多。酵母和果蝇的复制子一般为40 kb，动物细胞一般为100 kb左右。真核的复制起始点的数目和复制单位的大小是随着细胞的特点变化而改变的，如不同的生长速率的细胞和不同组织的细胞。

在生物的基因组中，并非所有的复制子都同时进行DNA复制，而是有一定的起始时间顺序。不同类型的细胞复制起始的顺序也不同，现在尚不清楚控制复制早迟的分子机制。图2.33表明一段DNA上的两个复制子在不同的时间开始复制，当两个相邻的复制叉延伸，融合后染色体就变成了两条染色单体。在一般情况下随着一组复制起点的同步激活，染色体DNA片段开始复制。整个过程可通过放射自显影研究证实。

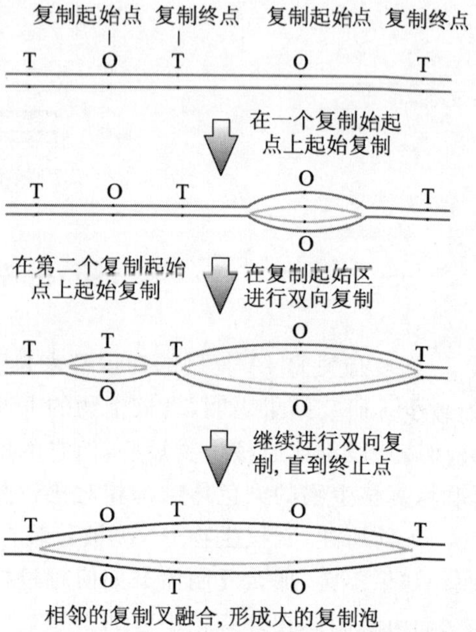

图2.33 真核生物具有多个复制起始点
（引自S. Simmons，2010）

（二）自主复制序列

真核生物染色体的复制起始点也由特定的DNA序列组成。在酿酒酵母（*S. cerevisiae*）基因组中，具有能充当复制起始位点的DNA序列称为**自主复制序列**（autonomously replicating sequences，ARS）或**ARS元件**（ARS element），**起始点识别复合物**（origin recognition complex，ORC）可与之结合，启动复制。在其他的真核生物中也发现有类似于ARS元件的序列。

比较一下酵母中多种ARS元件可发现有11 bp的保守序列(T/ATTTATPuTTTA/T),称为A结构。这个A-T丰富序列是和复制起始点的功能相适应的,因为这段序列的双链易于变性。在不同的发育时期,真核生物的复制起始点和复制子的大小是会改变的,有些复制起点在某些发育阶段就不再发挥作用。例如,果蝇受精后复制起始点从5 000个上升到50 000个。在发育早期时,每个复制子长仅7.9 kb,也就是说复制子较多,而发育到成体时,每个复制子长40 kb,毫无疑问,其中很多*ori*区不再起作用。

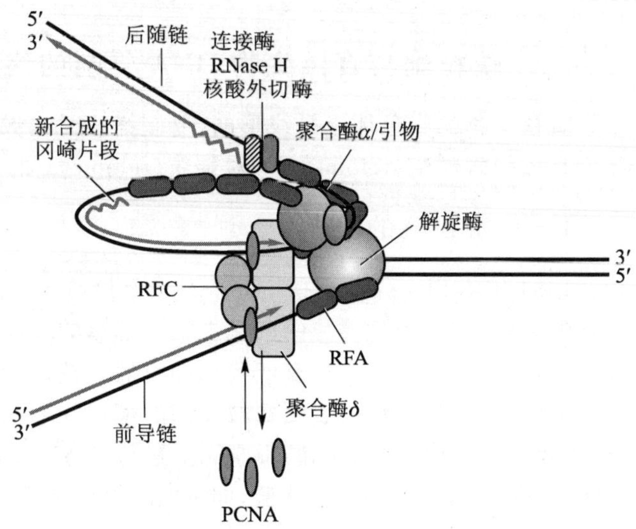

图 2.34 在真核生物复制叉上至少有两个DNA聚合酶α,δ或ε起作用

DNA聚合酶δ或ε复制前导链,并完成冈崎片段的合成;DNA聚合酶α起始后随链上的复制

(三) 真核生物的复制体

1987年K. M. Downey等建立了真核生物的DNA复制模型(图2.34)。在真核细胞内DNA引发酶和聚合酶α紧密偶联,而在原核细胞内引发酶是和解旋酶偶联在一起,形成复制体的一部分。DNA聚合酶δ的前进力需要靠一种附属蛋白来维持,这种蛋白质称为**增殖细胞核抗原**(proliferating cell nucleus antigen,PCNA),相对分子质量37×10^3。PCNA的晶体结构很像大肠杆菌DNA聚合酶Ⅲ的β亚基,其三聚体可形成一个围绕DNA的环,所以它的功能可能是通过形成一个"滑动钳"而把DNA聚合酶δ"夹在"在DNA模板上。此外还有两种蛋白质:**复制因子A**(RF-A)和**复制因子C**(RF-C)。前者相当于原核生物的SSB,结合单链,使其保持稳定,后者是"滑动钳"的安装器,负责组装PCNA,维持复制的前进性。这两类生物的复制体的差别见表2.6。

表2.6 细菌和真核复制体的成分和性质

复制体性质/成分	细菌	真核生物
一般性质的比较		
复制起始点	单个	多个
延伸速度	$100\ kb\cdot min^{-1}$	$2\ kb\cdot min^{-1}$
冈崎片段	1～2 kb	100～200 bp
引发策略	引发酶产生引物,由DNA聚合酶Ⅲ延伸	由DNA聚合酶α延伸,由DNA聚合酶δ完成
复制聚合酶	单体有不同进行性的异源二聚体	每条链有不同的酶,有不同的进行性
拓扑学	疏松和卷曲之间存在平衡,全为负超螺旋	浓缩在核小体中的负超螺旋。高级结构影响拓扑学
复制体成分的比较		
复制聚合酶	DNA聚合酶Ⅲ全酶	DNA聚合酶δ/聚合酶α
进行性因子	β亚基	PCNA
定位因子夹	γ亚基	RF-C
引发酶	Dna G	DNA聚合酶α:引发酶
解旋酶	Dna B(定位需要Dna C)	? 几个候选者
引物去除	RNaseH和DNA聚合酶Ⅰ	RNaseH1和MF-1核酸酶
后随链修复	DNA聚合酶Ⅰ和DNA连接酶	DNA聚合酶δ/聚合酶ε和DNA连接酶Ⅰ
拓扑异构酶	促旋酶	拓扑异构酶Ⅱ
单链结合蛋白	SSB	RF-A

二、端粒酶与真核生物DNA复制的终止

真核生物的染色体也是线形的，复制终止时也像T7噬菌体那样面临5′端有缺口的问题，在真核生物染色体中是依赖**端粒酶**(telomerase)对**端粒**(telomere)的复制来解决的。

(一) 端粒酶的发现

1984年J. Shampay、J. W. Szostakand和E. H. Blackburn构建了线性质粒，两端连接了四膜虫的端粒，转化到酵母后，这一线性质粒的两端加上了酵母的端粒。当将线性质粒的一端连接四膜虫的端粒，另一端连接酵母的端粒，转化酵母后发现有四膜虫端粒的一端仍加上酵母的端粒，而在有酵母端粒的另一端保持不变，这就是著名的加尾实验，结果表明端粒复制的模板并不在端粒上，那么模板在何处？

1985年C. W. Greider和Blackburn进行了体外实验来寻找端粒复制酶的线索。他们用四膜虫无细胞抽提物在体外进行了端粒的“加尾”实验，即以四膜虫末端重复序列$(G_4T_2)_4$为引物，以同位素标记的dGTP和dTTP为底物进行“加尾”，结果抽提物可以使引物延伸几百个nt，且以6个nt序列(G_4T_2)为单位往返重复，既然末端序列不作为模板，但延伸的序列又和它相同，那么加尾和末端结构到底有什么内在的联系？这种复制酶是否需要识别？

他们又改变条件继续实验，当以酵母的末端重复序列为引物时，用四膜虫抽提物加上的仍是四膜虫的端粒；当以pBR322的片段为引物时，则不能延长末端；当以四膜虫的另一条互补链$(C_4A_2)_4$为引物时也不能延长；当把反应基质加热到90℃或用蛋白酶处理也不再能延长末端。这表明：①端粒的加尾方向是按富含G链5′→3′方向延伸，每次以(G_4T_2)为单位加上去的；②端粒本身不作为模板，而是作为引物从头合成；③酶系能识别拟被“加尾”的末端序列；④酶是蛋白质性质的。他们称其为**端粒末端转移酶**(telomere terminal transferase)，现称端粒酶。

1987年Greider和Blackburn分离纯化了端粒酶，其相对分子质量为$(200\sim500)\times10^3$。进一步分析发现端粒酶是一种含RNA的反转录酶，RNA长159 nt。

(二) 端粒酶与端粒的复制

1989年，Greider和Blackburn建立了端粒的复制模型(图2.35)。反应为3步进行：①结合：首先是端粒酶与端粒DNA结合，端粒酶中的RNA与凸出的3′-OH引物配对；②延伸：以RNA为模板，在DNA3′端合成DNA，延伸6个nt；③移位：合成一个重复单位后，端粒酶向DNA模板新合成的3′端移动，引物再和模板配对，就这样循环往复，周而复始。

端粒酶合成单个的重复单位，将重复单位加到前导链DNA的末端，但它本身不控制重复单位的数量，另一些蛋白质决定了端粒的长度。这些蛋白质可能与端粒酶结合，并通过控制端粒酶与底物的接近来决定端粒的长度。然后，互补链通过DNA聚合酶α/引发酶复合物用常规引物合成，填补了5′端的缺口。去除引物后，染色体DNA突出的3′端回折成**端粒环**(telomere loop)(第一章)。

三、线粒体的D环复制

真核生物的线粒体按共生学说其来源于原核生物，它的染色体也是环状的，但复制十分特殊(图2.36)。哺乳动物的线粒体DNA(mt DNA)有两个复制起点，一个在重(H)链上，另一个在轻(L)链上。亲代L链被新L链所取代，形成一个**取代环**(displaced loop)，也称**D环**(D-loop)，长500～600 bp。随着L链的合成，D环不断扩展。当D环达到mtDNA 2/3处时，L链上的复制起点(*ori*)露出，新H链开始合成。新的L链完全合成后，释放出子代的L环，此时亲代L环部分进行了复制。经继续合成，最终也完成复制产生带一个缺口的双环。两个新的L链和H链的缺口被封闭起来，完成全部复制。这是线粒体DNA复制的取代模型。有的生物如爪蟾的线粒体只有一个长的D环，而另一些生物有几个短的D环，如四膜虫线性mt DNA就有多达6个D环。在高等植物的叶绿体中有2个D环。另一个模型是对称复制模型。两个复制起始点同时打开，同步进行反向复制，同时产生两个子环。

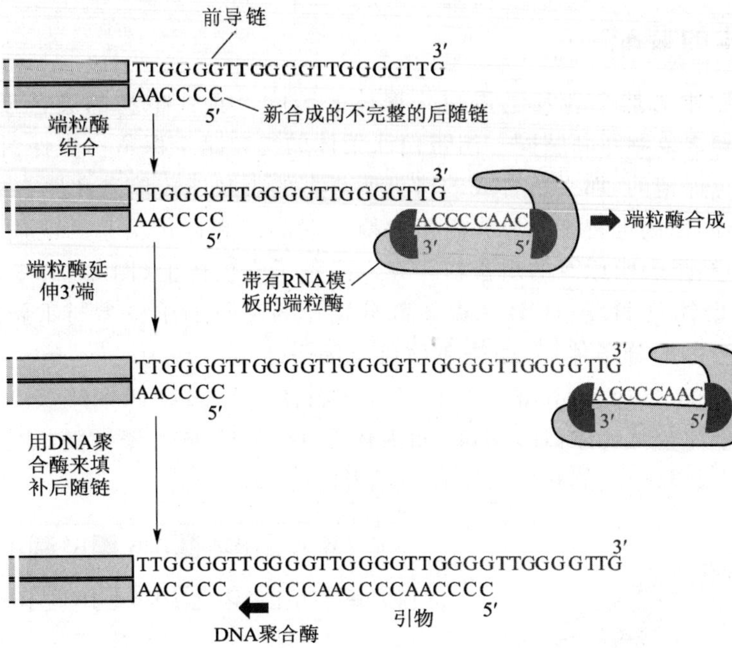

图 2.35 端粒的复制模型

端粒酶通过酶内部的RNA模板与DNA 3′端单链突出端配对来实现自身的定位，以3′-OH为引物，在模板的指导下逐个添加T和G，完成一个重复单位的复制后，再向前移动，合成下一个重复单位。前导链合成结束后，引物结合于已延伸的3′端序列上，通过DNA聚合酶填补后随链（引自B. Alberts等，2002）

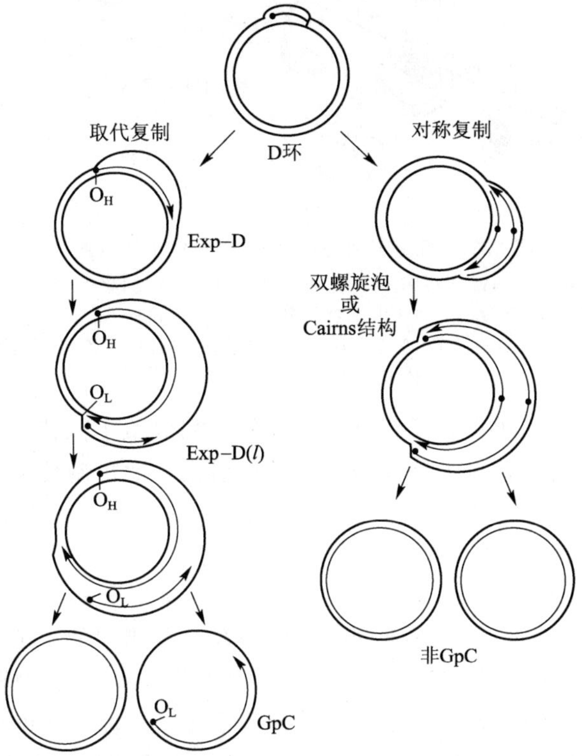

图 2.36 线粒体DNA复制的取代和对称复制模型

这两个模型的特点是都出现D环。取代复制模型在左边，复制是通过H链的单链取代，并进一步地延伸，延伸直到L链的复制起始点（O_L）为止，此复制的中间体称为延伸的D环（expanded D-loop，Exp-D）。然后，新合成的L链以反方向对称合成，此中间体称为Exp-D(*l*)。链的对称合成模型中，一个先完成合成的子分子释放出，另一个L链尚未完成复制，称为缺口环（gapped circle，GpC）。图的右侧显示复制的同步模型。这个模型认为在一个宽广的区域中有一个复制起始区。在此区域中，两条链双向合成，形成了双链复制叉，一直越过整个的mtDNA。在此模型中不出现Exp-D、Exp-D(*l*)和GpC结构（引自T. A. Brown等，2005）

四、组蛋白八聚体的装配

在真核生物DNA复制中必然会涉及组蛋白八聚体的装配。真核生物的染色质是有核小体存在的，在DNA复制时，核小体也应随之复制重新装配。组蛋白八聚体的组装是全保留？半保留还是随机组合？这是个令人困惑的问题。如果是全保留的，那么新合成的拷贝所具有的表观遗传信息和原有的染色体完全相同；如果是完全随机的，那么染色体的复制也将丧失原先组蛋白修饰时的表观遗传信息。经用不同标记物标记原有的组蛋白和新合成的组蛋白，结果表明原有的组蛋白存在于两条子染色体上（图2.37）。但这种重新分配并不是完全随机的。$H3_2$-$H4_2$四聚体及H2A-H2B二聚体都分别作为完整的单位参与重新组装，不再解离为单体。核小体的重新组装涉及组蛋白的分子伴侣，如**染色质装配因子-1**（chromatin assembly factor-1，CAF-1）、**核小体装配蛋白-1**（nucleosome assembly protein-1，NAP-1），它们将$H3_2$-$H4_2$四聚体及H2A-H2B二聚体传递到复制叉。DNA复制时，核小体暂时解体，$H3_2$-$H4_2$四聚体及H2A-H2B二聚体随机地分配到复制的DNA子链上，结果，每条子链上有半数新合成的和半数原有的组蛋白（图2.38）。

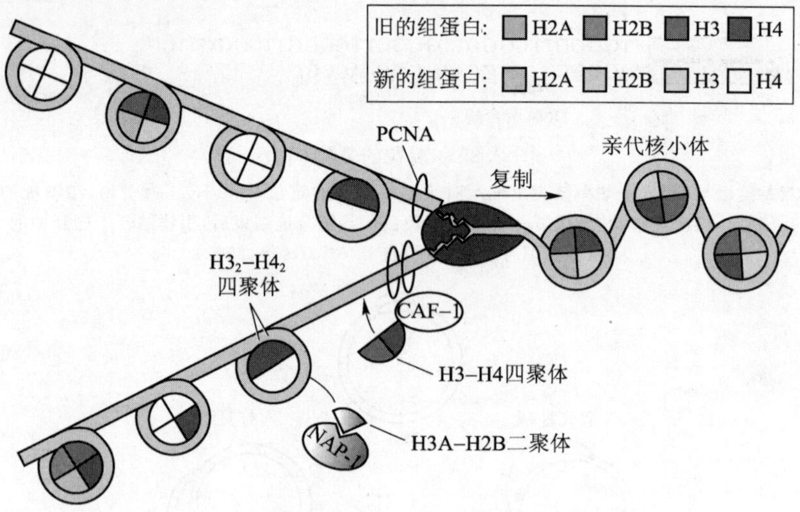

图2.37 染色质组装因子有助于核小体的组装

复制叉经过后，染色质组装因子CAF-1和NAP-1伴随游离的$H3_2$-$H4_2$四聚体和H2A-H2B二聚体到新复制的DNA位点。一旦到了新复制的DNA上，这些因子就将其结合的组蛋白转交给DNA。CAF-1因子通过与DNA"滑动钳"的相互作用被引导到新合成的DNA上。这些环状的辅助复制因子环绕DNA，当复制叉移动时可从复制复合体上释放（引自Waston等，2005）

在染色体复制的过程中，旧的组蛋白在子代染色体上的排列保留了亲代染色体上原有的顺序。通过旧的组蛋白引导乙酰转移酶，在其邻近的位置上修饰新合成的组蛋白。此机制使复制后的染色体仍保持原有的修饰状态。

五、复制的调节

复制调节的例子多发现在质粒中，而且在不同的质粒中存在着相同的调节机制。在质粒复制的调节中广泛地存在着反义RNA调节，即较短的反义RNA与一个功能性RNA的互补结合，阻遏其活性。这是由于质粒拷贝数的维持要求存在一个不稳定的调节物，以便使质粒群体可以对标准拷贝数的偏离迅速作出反应。RNA无疑是这种不稳定调节物的适宜的候选者。下面举两个例子来说明这种调节。一个例子是ColE1质粒，另一个例子是pSC101质粒。

ColE1质粒的复制是由RNA聚合酶由其复制原点（*ori*）上游555 bp前的启动子转录出一段RNAⅡ，称为**前引物**（preprimer），其二级结构可被核酸酶（RNase H）识别并剪切，当它延伸越过复制原点时，RNaseH在复制原点处将它切断，DNA聚合酶可将其作为引物，在其3′-OH延伸，进行复制（图2.39）。但在质粒复制原点上游

445 bp 处有一个反向的启动动子，ColE1RNA 聚合酶由此处转录出另一条 RNA，称为 RNA Ⅰ，RNA Ⅰ 和 RNA Ⅱ 有一个重叠区，所以它们之间可互补配对，即 RNA Ⅰ 为 RNA Ⅱ 的反义 RNA。当 RNA Ⅰ 和 RNA Ⅱ 配对形成双链时，RNA Ⅱ 不能形成可被 RNaseH 识别的二级结构，因此不能作为复制的引物，这样复制也无法启动。

在复制原点下游有个基因 *rom*（RNA Ⅰ modulator）或 *rop*（repressor of primer），它编码一种 Rom（或称 Rop）蛋白，它是含有 63 个氨基酸的同二聚体，每个亚单位含有螺旋-转角-螺旋（H-T-H）的模体，因而此二聚体是由 4 个 α 螺旋组成的呈双重对称的紧密束状结构。Rom 蛋白与 RNA Ⅰ 和 RNA Ⅱ 具有相似的亲和力，故它能促使这两种 RNA 分子的互补结合由不稳定的中间体变为更稳定的结构，从而加强了 RNA Ⅰ 和大于 200 nt 的 RNA Ⅱ 之间的互补结合，（图 2.40），结果使 RNaseH 不能在正确的位置进行剪切，也就不能产生复制的引物，因此减少了复制。除去 *rop* 基因则有利于拷贝数的增加。质粒载体 pUC18/pUC19 正是利用此原理将 ColE1 质粒的 *rop* 基因删除掉，而获得了高拷贝的性能。

质粒 pSC101 的复制区下游有一基因 *repA*，它编码的 RepA 蛋白，在功能上扮演复制活化因子的同时又充当**自我抑制物**（autorepressor）。这是一种顺式作用蛋白，可结合于复制起点，对复制的起始具有正调节作用（图 2.41）。此外，RepA 又可作为一种阻遏物，结合于本身的启动子上，对其自身基因的转录具有负调控作用。*repA* 基因位于 pSC101 复制起点的下游，其转录方向和 pSC101 复制方向相反。在 *repA* 基因的启动子和 pSC101 复制起点中有好几个同向和反向的短 DNA 重复序列，长 18～22 bp，称为**互作子**（iteron）。RepA 蛋白会结合在互作子上。质粒在低拷贝时，产生低浓度的 RepA，促进了质粒的复制；质粒在高拷贝时，产生大量的 RepA 蛋白结合在复制起点和 *repA* 的启动子上，抑制质粒的复制。因此，RepA 和互作子的相互作用决定了 pSC101 的拷贝数。这种反馈调节功能与原核生物转座因子 TnA 中 *tnpR* 编码的解离酶相似。

repA 相邻的基因 *copA* 转录一条反义 RNA，它与 *repA* mRNA（称为 *copT*）的前导区互补结合，阻止 mRNA 的翻译（图 2.42）。CopB 蛋白可促进二级结构的形成，抑制 *copB* 的表达，促进 pSC101 的复制。

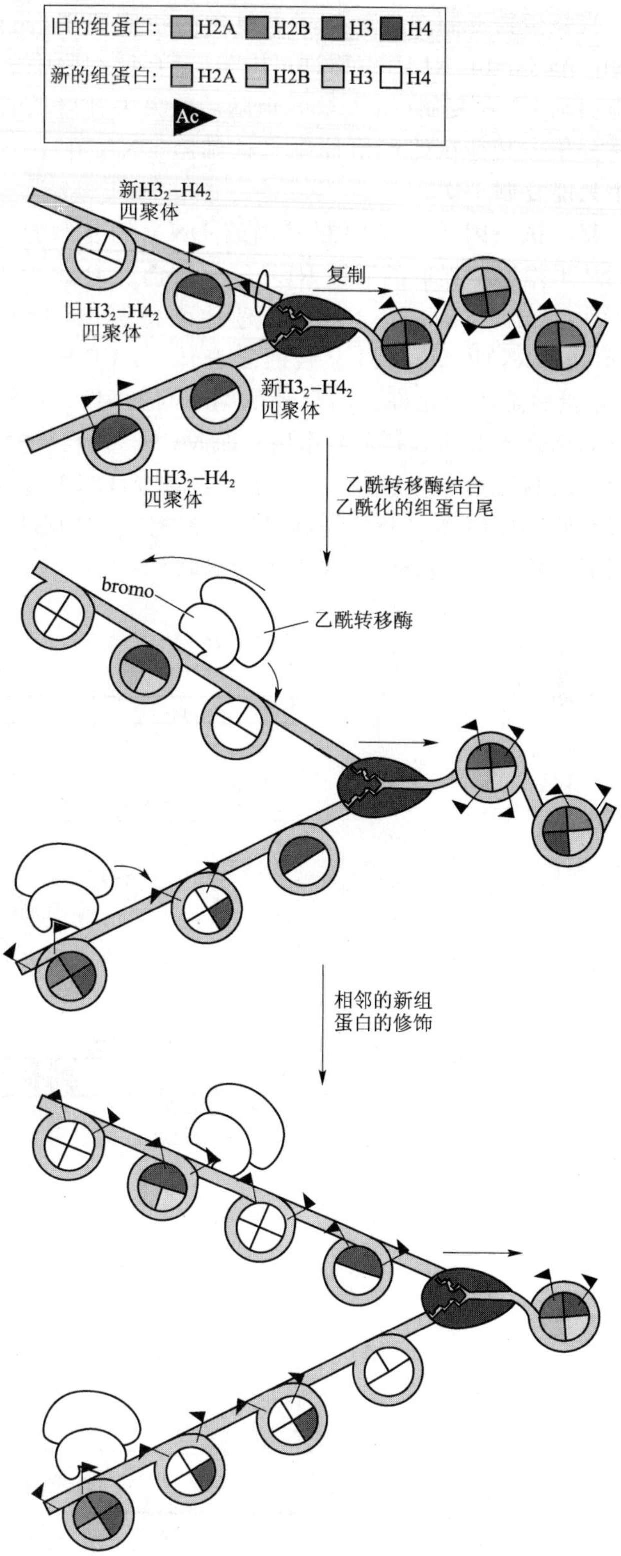

图 2.38　亲代 $H3_2$-$H4_2$ 四聚体的遗传有助于染色质状态的遗传。染色体复制后，亲代 $H3_2$-$H4_2$ 四聚体的分配导致子代染色体获得与亲代相同的修饰，将相同的修饰状态正确地传递给两个子染色体。这些修饰携带了一定的表观遗传信息（引自 Waston 等，2005）

真核生物复制调控的例子是复制的**执照因子**(replication licensing factor,RLF)也称许可因子,是真核细胞中一类能够参与启动DNA复制(图2.43),但随后便失去其启动活性的蛋白质分子。其存在能严格控制真核细胞DNA在一个细胞周期中只能复制一次。

复制执照因子对于限制基因组DNA的复制是必需的。人们从爪蟾卵中提取的活性RLF经分析含有RLF-B和RLF-M两种成分。RLF-M含有小染色体维持(minichromosome maintenance,MCM)蛋白家族的复合体。RLF-B还未弄清。MCM蛋白是作为允许复制启动的“执照因子”。在细胞周期中它们结合于DNA,起调节作用。即MCM蛋白只能在G_1期结合于复制起始区,当细胞进入到S期起始DNA复制,一旦完成起始,MCM蛋白就从复制起始区解离下来,通过分裂期,直到下一轮G_1细胞的DNA都不能复制。

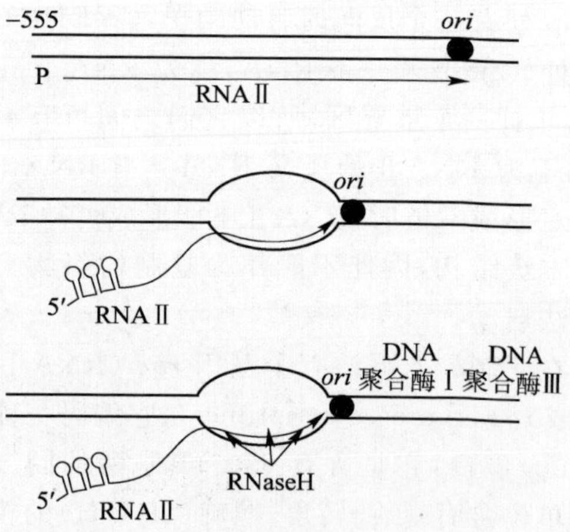

图2.39 ColE1质粒复制原点前有一个启动子转录RNAⅡ,在复制起点处可被RNaseH剪切,产生3′-OH,作为复制的引物

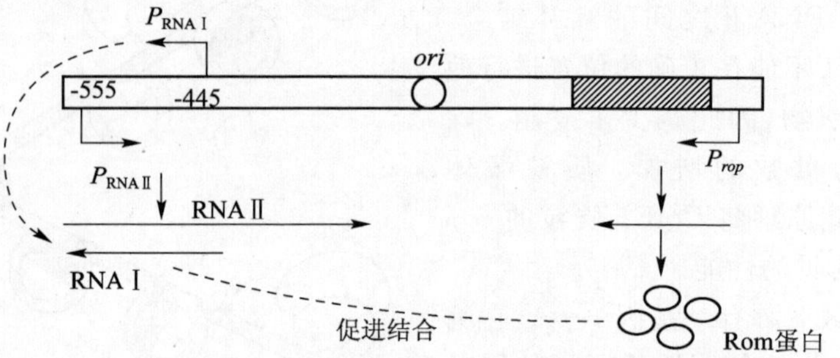

图2.40 Rom蛋白促进RNAⅠ和RNAⅡ互补结合

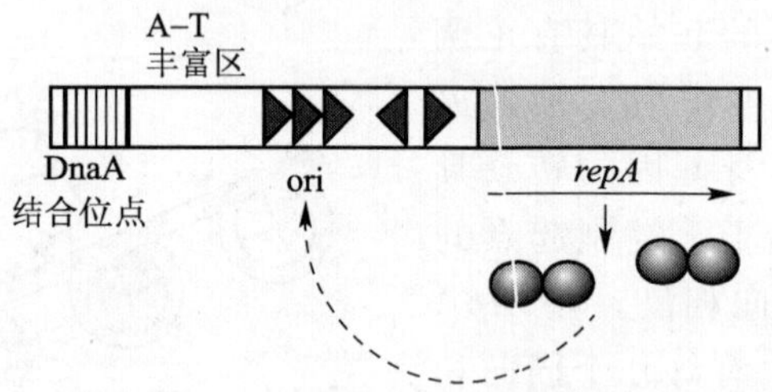

图2.41 质粒pSC101复制区的结构

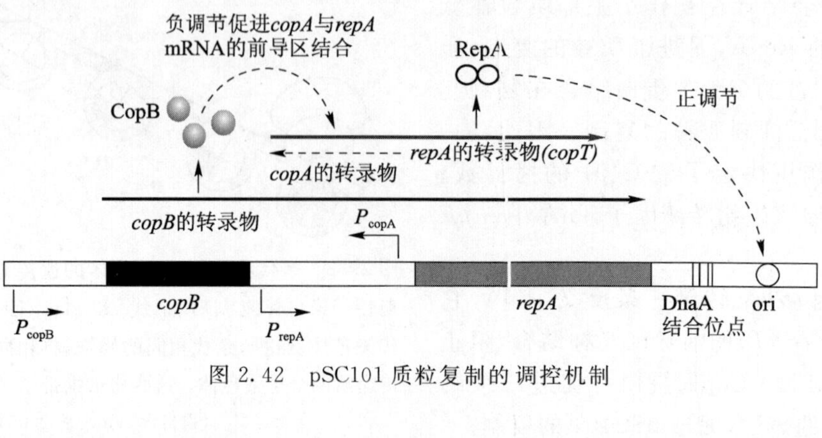

图2.42 pSC101质粒复制的调控机制

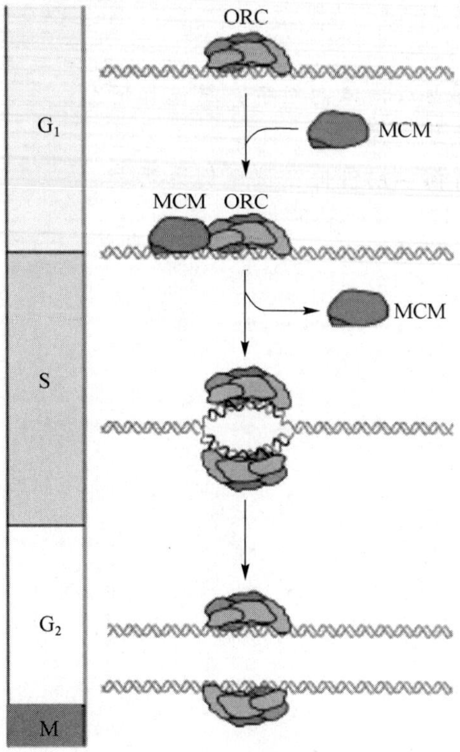

图 2.43　真核细胞中复制执照因子对细胞周期的调控

习　题

1. 原核生物复制起始点的结构有何特点？
2. *E. coli* 复制起始复合物有哪些蛋白质组成？它们的功能是什么？
3. DNA 聚合酶Ⅰ和聚合酶Ⅲ的功能有什么不同？
4. DNA 聚合酶Ⅲ由哪些亚基组成，它们的功能是什么？
5. 什么是 DNA 的回环复制模型或复制体模型？
6. 什么是滚环复制？它有何特点？举出原核和真核生物滚环复制的例子。
7. 哪些重要的实验证实了复制半保留模型，Meselson-Stahl 实验还存在什么问题？如何解决？
8. 哪些方法可以确定原核环状 DNA 的固定复制起始点及是单向复制还是双向复制？
9. 解释用双向电泳确定离复制起始点不同距离位点的序列。
10. 以 T7 为例说明噬菌体线性 DNA 的复制终止机制。
11. 冈崎脉冲实验的结果表明新合成的 DNA 片段都是小片段，这和半不连续复制模型是不相吻合的，你怎样加以解释？
12. 真核生物的复制特点和原核生物的复制特点有什么不同？
13. 什么是快停突变和慢停突变？这类突变有何应用价值？
14. 端粒是怎样复制的？
15. 简述端粒酶的结构特点及功能。
16. 试解释在研究端粒的加尾实验中，将线性质粒的一端连接四膜虫的端粒，另一端连接酵母的端粒后，转化酵母，发现有四膜虫端粒的一端仍加上酵母的端粒，而在有酵母端粒的另一端保持不变，这是为什么？

17. 什么是D环复制？
18. 怎样用实验来分析组蛋白八聚体的组装？结论如何？
19. 复制是否可以调控？试举例说明。
20. 研究质粒的调控蛋白有何应用价值？试举例说明。

第三章 RNA 的转录与加工

- RNA 的酶促合成
- 原核生物的转录
- 真核生物的转录
- 转录后加工

代谢是由一系列酶促反应来完成的，每个酶由一个或多个基因所编码。所以说，代谢途径的每步反应都处于遗传信息的控制之中。一条多肽的氨基酸序列由一个基因控制，在细胞中，一条多肽可能有结构性功能、调节功能或催化功能。每一种酶可催化一种特定的代谢反应；但实际情况更为复杂一些，因为一个代谢过程通常都包含了多个酶促反应。一个特定代谢物的合成或降解也需要由一系列的酶促反应来完成。合成或降解某一特定代谢物的一系列的酶促反应称为**代谢途径**（metabolic pathway）。

代谢途径中的每一步反应都需要酶的参与，而每个酶都是由一条或多条肽链组成。由于每条肽链由一个基因编码，所以代谢途径中的每步反应至少需要一个基因。图 3.1 是代谢途径的酶促反应示意图。多数基因的产物是蛋白质，但有些基因的终产物是 RNA 分子，其中有些 RNA 分子是蛋白质合成所必需的，我们将在下一章详述这些 RNA 分子的功能。由于基因决定了 RNA 和蛋白质的结构，接下来我们要了解的是 DNA 的核苷酸序列是如何决定 RNA 的核苷酸序列及蛋白质的氨基酸序列。

1958 年最初由 F. H. C. Crick 提出**中心法则**（central dogma）（图 3.2），指明了信息流的方向，从核酸传递到核酸，也可以从核酸传递到蛋白质，但遗传信息不能从蛋白质传递到蛋白质，也不能从蛋白质逆向传递到核酸，也就是说，遗传信息一旦被表达成蛋白质后就不能再取出。

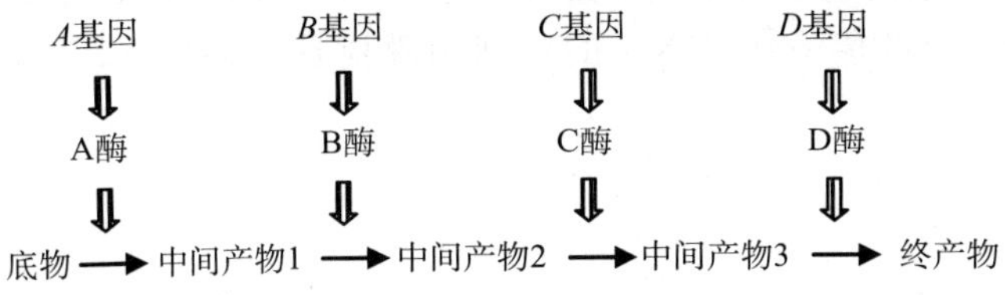

图 3.1 代谢途径的遗传控制

每步反应都需要酶参与，每个酶至少需要一个基因来编码

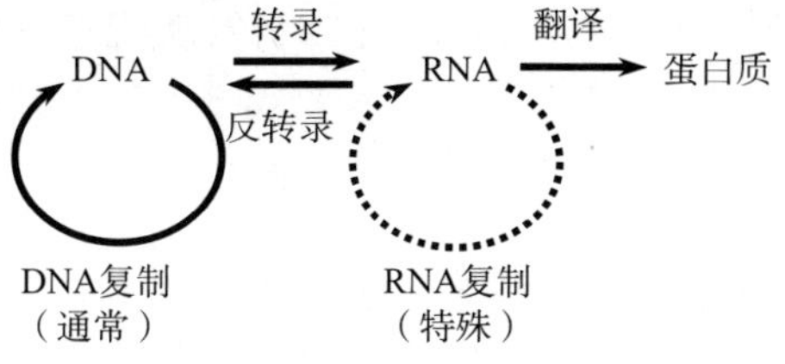

图 3.2 中心法则

第一节 RNA 的酶促合成

一、RNA 合成的基本特征

RNA 合成的机制与 DNA 合成相似，但是有以下几点不同：①前体物是核糖核苷三磷酸而非脱氧核糖核苷三磷酸；②只有一条 DNA 链作为模板指导 mRNA 的合成；③RNA 链合成的启动不需要引物链的存在。合成的 RNA 链与 DNA 的**模板链**（template strand）互补；④除其中的尿嘧啶代替了胸腺嘧啶之外，RNA 链与 DNA 的**非模板链**（nontemplate strand）即**编码链**（coding strand）的序列是相同的。编码链又称为**有义链**

(sense strand),而模板链又称为**反义链**(antisense strand)。

RNA 聚合酶在启动子处开始启动转录。**启动子**(promoter)一般位于基因上游,是提供 RNA 聚合酶识别、结合的 DNA 顺式元件。RNA 链的合成也是 5′→3′方向进行的,新的核糖核苷酸残基加在新链的 3′-OH 端。大多数原核生物中,一个 RNA 聚合酶可以完成所有的转录过程,而在真核生物中有 3 个不同的 RNA 聚合酶,这 3 种 RNA 聚合酶分别作用于不同类型的启动子,合成不同的 RNA。RNA 合成是在 DNA 的解旋区域中进行的,这个区域有时称为**转录泡**(transcription bubble)(图 3.3)。

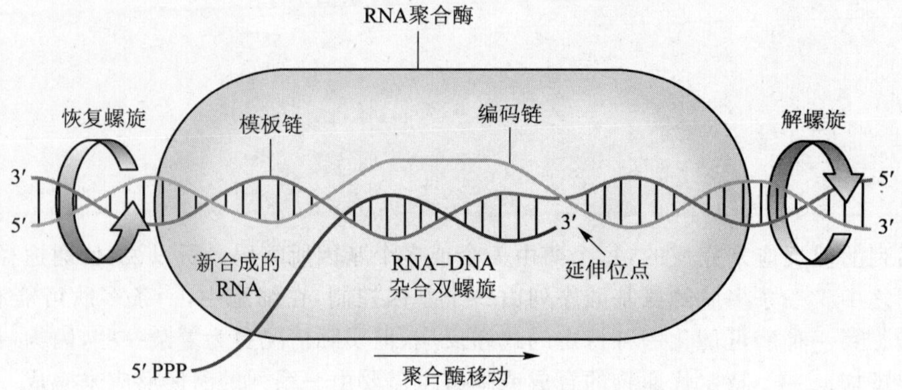

图 3.3 表示一个 RNA 正在延伸中的转录泡

RNA 聚合酶前端的双链 DNA 解旋,而其后端又恢复螺旋。在延伸时 RNA-DNA 杂合双链不断旋转

(引自 J. M. Berg 等,2002)

二、RNA 聚合酶的特点

1961 年 S. B. Weiss 等发现了一个能在 DNA 模板上合成 RNA 的酶系统,称为 DNA **依赖的** RNA **聚合酶**(DNA-dependent RNA polymerase),简称为 RNA **聚合酶**(RNA polymerase,RNA pol),使得 mRNA 假设得到了更有力的支持。

几乎所有的细胞中都有这种酶,其共同特点是:①以核糖核苷三磷酸(rNTP)为底物,以 DNA 为模板;②按5′→3′方向合成;③无需引物就能从头(*de nove*)起始链的合成;④合成时,第一个引入的 rNTP 是以三磷酸形式存在;⑤在体内 DNA 双链中仅以一条链作为转录的模板;⑥RNA 的序列和模板是互补的,但与编码链相同;⑦RNA 聚合酶无校正能力。

三、细菌 RNA 聚合酶

每种细菌都编码 RNA 聚合酶,大肠杆菌 RNA 聚合酶是四聚体的**核心酶**(core enzyme),相对分子质量约为 480 000,包含 α 和 β 亚基,分子式为 $\alpha_2\beta\beta'$(表 3.1)。其中 α 亚基与四聚体核心部分($\alpha_2\beta\beta'$)的组装有关;RNA 聚合酶 α 亚基的羧基端功能域(carboxyl terminal domain,CTD) 与上游启动子元件接触(起始位点上游 40~60 bp 处的 A-T 丰富区),α-CTD 通过一个可变形的连接区和 α 亚基的氨基端功能域(amino-terminal domain,NTD)相连。

表 3.1 细菌 RNA 聚合酶 5 种亚基的相关基因和功能

亚基	在复合物中的拷贝数	基因	相对分子质量/$\times10^3$	功能
α	2	*rpoA*	40	结合蛋白质
β	1	*rpoB*	155	结合核苷酸
β'	1	*rpoC*	160	结合模板

续表

亚基	在复合物中的拷贝数	基因	相对分子质量/×10³	功能
σ	1	*rpoD*	32～90	起始转录
ω	1	*rpoZ*	11	调节

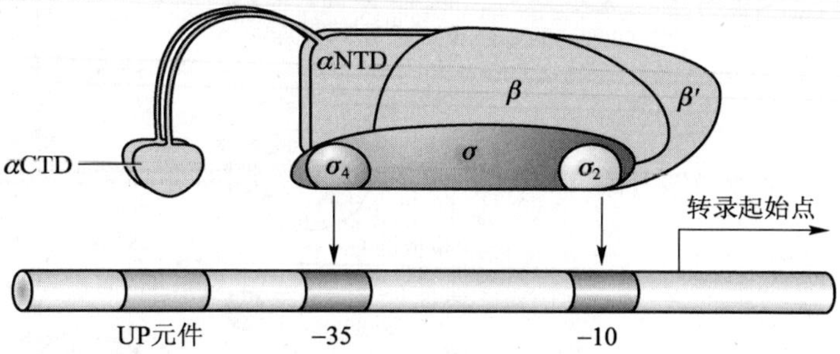

图 3.4 RNA 聚合酶的结构和功能

α 亚基的 C 端(αCTD)识别 UP 元件，而 σ 因子的 σ2 区和 σ4 区分别识别－35和－10 序列(引自 Waston 等，2005)

β 亚基带有核糖核苷三磷酸的结合位点，β' 亚基可锚定于 DNA 模板的结合区域。核心酶可承担合成 RNA 的任务，但不能识别启动子，转录起始还需要一个称为 σ 因子的亚基，加入 σ 亚基后称为**全酶**(holoenzyme)。σ 因子的主要功能是识别和结合启动子的保守区，介导 RNA 聚合酶与启动子结合。σ 因子有 4 个功能区(σ_1、、σ_2、σ_3 和 σ_4)，它们之间由连接区相连。σ_3 在 σ_2 和 σ_4 之间，相距的距离与－35 和－10 序列之间的距离相近。σ4 具有螺旋-转角-螺旋(H-T-H)的模体，σ2 也有一个 α 螺旋。这两个结构域分别可识别结合－35 和－10 序列，从而选择模板链(图 3.4)。

RNA 的合成需要 DNA 模板、Mg^{2+} 和 4 种 3 磷酸核苷(ATP、UTP、CTP 和 GTP)底物，缺少其中任何一种底物转录都不能进行。对细菌 RNA 聚合酶广泛的研究发现：*E. coli* 的 RNA 聚合酶是一种复合酶，可以合成 tRNA、mRNA 和 rRNA。

RNA 聚合酶需执行多种功能：①识别 DNA 双链上的启动子；②使 DNA 在启动子处解链成单链；③通过阅读启动子序列，RNA 聚合酶确定它自己的转录方向和模板链；④最后当它达到终止子时，通过识别而停止转录。

第二节 原核生物的转录

以 DNA 为模板，由 RNA 聚合酶合成互补的 RNA 分子的过程称为**转录**(transcription)。可转录的一段 DNA 片段被称为**转录单位**(transcription unit)。在原核生物中，一个转录单位常含有几个连续的基因，而在真核生物中，一个转录单位通常只含有一个基因。

转录反应可以分成几个阶段，首先是模板的识别，即 RNA 聚合酶在双链 DNA 的特定区域结合形成一个复合物，然后才开始正式的转录过程。转录的过程可分为 3 个步骤：①新 RNA 链转录的起始；②链的延伸；③转录的终止和新生 RNA 链的释放(图 3.5)。

一、原核生物的启动子

启动子(promoter)是基因 5′端的调控区域，当 RNA 聚合酶识别这个区域中的模体并与之结合后，启动转录的起始。一般将 DNA 上的转录位点定位＋1 来排序，其下游(右侧)为正值，其上游(左侧)为负值。原核生物不同基因的启动子虽然结构有一定的差异，但明显具有共同的特点：①结构典型，都含有识别(R)、结合(B)和起始(I)3 个位点；②序列保守，如－35 序列和－10 序列结构都十分保守；③位置和距离都比较恒定；④直接和多聚酶相结合；⑤常和操纵子相邻；⑥都位于其所控制基因的 5′端；⑦决定转录的启动和方向。

细菌中，典型的启动子具有－35(R)、－10(B)序列和转录起始点(I)3 个元件；在强启动子上游具有 UP 元件；另一类型的启动子缺乏－35 序列，而在－10 序列侧翼有一个额外的短序列(图 3.6)。

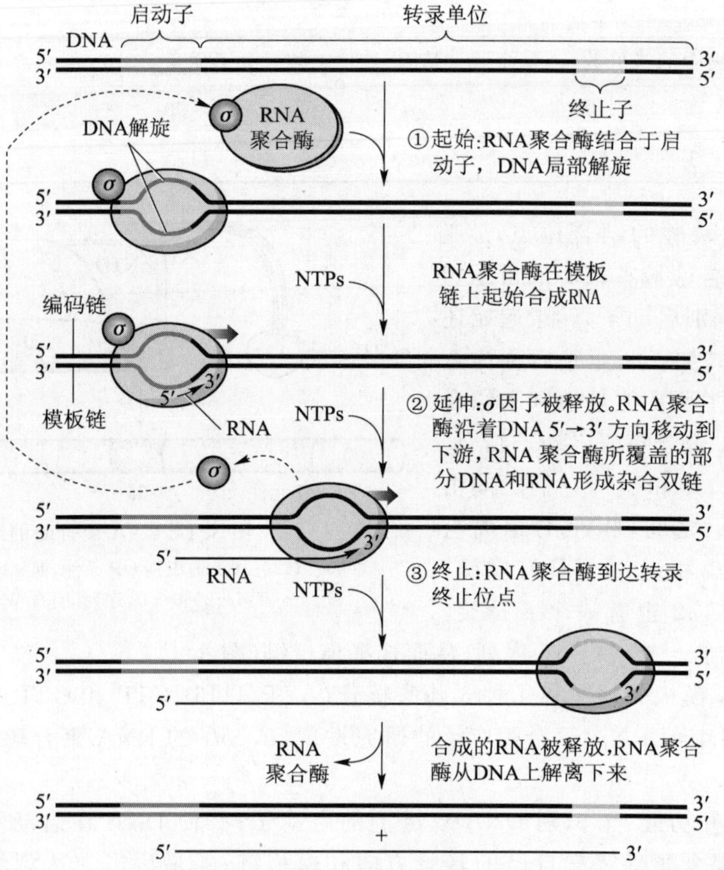

图 3.5 转录有 3 个阶段，每个阶段涉及 RNA 聚合酶和 DNA 之间不同类型的相互作用

RNA 聚合酶结合于启动子上，使 DNA 解链，在起始阶段保持静止，延伸阶段则沿着 DNA 移动，在终止处解离

(一) −10 序列

−10 序列（−10 sequence）是由 D. Pribnow 和 H. Schaller 于 1975 同时发现的，故也称为 **Pribnow 框**（Pribnow box）。−10 序列位于−10 bp 左右，其保守序列为 TATAAT，也可写成 $T_{80}A_{95}T_{45}A_{60}A_{50}T_{96}$。右下角的数字表示该碱基在这个位置上出现的百分率（如果该碱基没有可辨认的偏爱率则记为 N）。−10 序列 3′端的“T”几乎完全保守，而 5′端的前两个碱基 TA 也是高度保守的。该序列中 A、T 较丰富，易于解链。它和转录起始位点“I”一般相距 5 bp。−10 序列的功能是：①与 RNA 聚合酶紧密结合；②形成**开放启动子复合体**（open promoter complex）；③使 RNA 聚合酶定向转录。

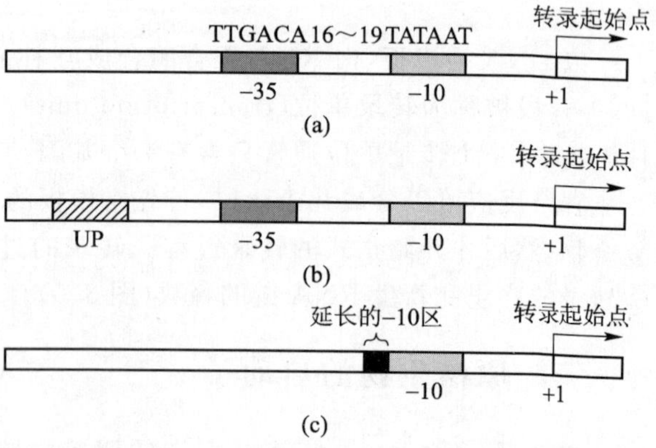

图 3.6 细菌 3 种类型的启动子

(a) 典型的启动子，具有−35 序列、−10 序列和起始点 3 个元件 (b) 在强启动子上游具有 UP 元件 (c) 启动子缺乏−35 序列，而在−10 序列侧翼有一个额外的短序列

−10 序列的碱基组成对转录的效率影响很大，如果−10 序列发生以下突变：[T]ATAAT→[A]ATAAT，则转录效率会下降，故称为**减效突变**（down mutation）。如果 *lacO* 的−10 序列发生以下突变：TAT[G]TT→TAT[A]TT，则转录效率会上升，故称为**增效突变**（up mutation）。

造成减效突变可能是因为 $\overrightarrow{\mathrm{TA}}\atop\overleftarrow{\mathrm{AT}}$ 的堆积能要小于 $\overrightarrow{\mathrm{AA}}\atop\overleftarrow{\mathrm{TT}}$ 的堆积能，所以突变后双链打开比突变前要消耗更多的

能量，从而影响转录效率；后者造成增效突变可能是因为$\genfrac{}{}{0pt}{}{\overrightarrow{TG}}{\overleftarrow{AC}} \rightarrow \genfrac{}{}{0pt}{}{\overrightarrow{TA}}{\overleftarrow{AT}}$不仅堆积能降低了，而且氢键也减少了，所以比突变前更易打开双链，转录效率也会提高。

（二）－35 序列

－35 序列（－35 sequence）又称为 Sextama **框**（Sextama box），与－10 序列相隔 16～19 bp。其保守序列为 TTGACA，也可写成 $T_{82}T_{84}G_{78}A_{65}C_{54}A_{45}$。－35 序列的功能是：①为 RNA 聚合酶的识别位点。RNA 聚合酶的核心酶只能起到和模板结合和催化的功能，并不能识别－35 序列，只有 σ 亚基才能识别－35 序列，为转录选择模板链。②－35 序列和－10 序列的距离是相当稳定的，过大或过小都会降低转录活性。这可能与 RNA 聚合酶本身的大小和空间结构有关。

与－10 序列相似，－35 序列的突变也可能造成减效突变或增效突变。通常－35 序列的突变影响启动子与 RNA 聚合酶的起始结合；－10 序列的突变影响 RNA 聚合酶-DNA 复合物中 DNA 双链的解开。

有一种类型的启动子缺乏－35 序列，而是在－10 序列的左侧翼有一个额外的短序列，称为“延长的－10 区”，RNA 聚合酶和此区的结合弥补了－35 序列的缺失。*E. coli* 的 *gal* 基因启动子就具有这种元件。

（三）转录起始位点（Ⅰ）

转录起始位点是转录开始时模板上的第一个碱基，在原核生物中 90％以上的起点是 A 或 G，而且位置固定，不像真核生物那样，有时会发生前移的现象。

（四）UP 元件

UP 元件（UP element）是位于细菌强启动子－35 序列上游的 DNA 序列，能够在体内和体外提高转录效率 30 倍。它是作为一个独立的启动子组件发挥作用的，当将其插入到其他启动子中也能增强转录。UP 元件和启动子中其他元件不同，它是被 RNA 聚合酶 α 亚基羧基端结构域（αCTD）所识别，而不是被 σ 因子所识别。UP 元件的增强转录效应，使它有希望能被构建成通用高效表达系统。

二、转录起始

原核生物中，转录起始的过程可分为 4 个阶段（图 3.7）：①核心酶在 σ 因子的参与下与模板的 DNA 接触，生成非专一的，不稳定的复合物在模板上移动；②起始识别：全酶与模板的启动子结合，产生“**封闭二元复合物**”（closed binary complex），其中的 DNA 仍以双链形式存在；③聚合酶紧密地结合在启动子的－10 序列处，模板 DNA 局部变性，形成“**开放二元复合物**”（open binary complex），其中 DNA 出现了部分解链，形成转录泡；④酶移动到转录起始点上，第一个 rNTP 转录开始，σ 因子释放，形成包含酶-启动子-rNTP 的“**三元复合物**”（ternary complex）。

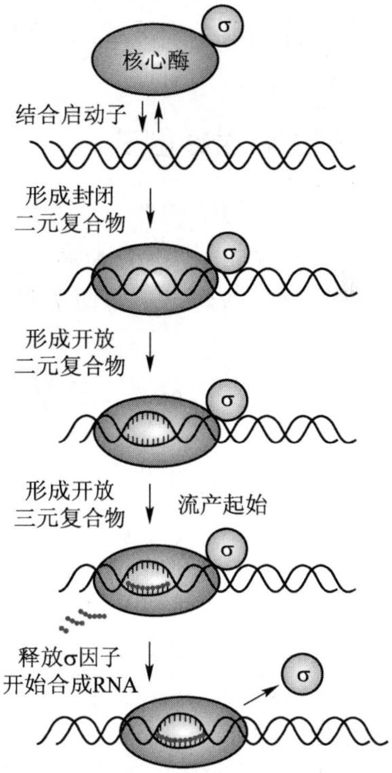

图 3.7　在延伸之前，RNA 聚合酶要通过几个阶段

封闭的二元复合物转变成开放形式，再变成三元复合物（引自 R. F. Weaver，1999）

全酶-启动子反应开始是通过形成“封闭二元复合物”产生一种松散的结合反应。由于这种“封闭二元复合物”的形成是可逆的，所以常以平衡常数 k_B 来描述它。k_B 的数值变化范围是宽的。由于酶的结合，被结合的 DNA 中有一个很短的区域（－10 序列）解链，使这个“封闭二元复合物”变成一个“开放复合物”，此反应称为**紧密结合反应**（tight binding reaction）。下一步是前两个核苷酸的结合，然后在这两个核苷酸之间形成磷酸二酯键。这样就产生了含有 RNA、DNA 和酶的“三元复合物”。酶不用向前移动，核苷酸可以进一步加到 RNA 链上，直到增长 9 bp。进行中的转录在一

短寡核苷酸合成之后停止，RNA 聚合酶回到起始位置，称为**流产起始**(abortive initiation)。一个流产起始循环通常合成 2～9 nt 的寡核苷酸。成功的起始经常在模板上形成 10 nt 或 10 nt 以上后开始，然后全酶就释放 σ 因子并形成一个由 RNA 聚合酶的核心酶-DNA-新生 RNA 构成的"转录延伸三元复合物"。

在转录起始过程中，RNA 聚合酶的全酶移动到 −10 序列时解开 DNA 双链，移动到转录起点位置时开始加上第一个 rNTP。

三、转录延伸

对于延伸来说，传统的观点是很单调的过程，即酶沿 DNA 向前移动一个 bp，RNA 链也就伸长 1 nt，其实这个过程是很复杂的。在延伸的时候，酶后端边缘的分界线也可作为 RNA 链延伸至末端。即酶的后端向前每移动 1 bp，RNA 延伸的末端也就加上了 1 nt，但酶的前端并没有移动，仍保持原来的位置，只不过酶整体收缩了 1 bp 的长度。酶内部所覆盖的 DNA 双链的开放区及 RNA 的生长点(3′端)都向前移动了 1 nt。当 RNA 链已延伸到多个 nt 时，酶的前端突然向前一下子延伸 7～8 bp，像是尺蠖向前运动的方式。延伸时 RNA 聚合酶以稳定收缩和突然伸展的方式在 DNA 上"蠕动"，稳定的收缩是指 RNA 聚合酶从 35 bp 长连续地收缩到 28 bp，然后前端又突然向前伸展 8 bp，RNA 聚合酶又恢复到 35 bp 长。

四、转录终止

原核生物转录的终止处有一个特殊结构，称为**终止子**(terminator，T)。RNA 聚合酶能识别终止位点并在此处停止，然后释放 RNA，最终 RNA 聚合酶也脱离模板，终止转录。

原核细胞有两种不同的终止子：一是强终止子，二是弱终止子。强终止子在体外实验中，无需其他任何因子的帮助就可以终止转录，这种终止子也称为**内在终止子**(intrinsic terminators)。弱终止子需要在一种蛋白质因子——**ρ 因子**(rho factor)的帮助下才能终止，所以又称为 **ρ 依赖性终止子**(rho-dependent terminator)。

(一) 内在终止子

强终止子的结构有 3 个特点：①有回文结构存在，由它转录出的 mRNA 可形成茎环结构，使 RNA 聚合酶的移动暂时停顿；②茎的区域内富含 GC，使茎环不易解开；③3′端上有多个 U，由于它和模板形成连续的 U-A 配对，因而较易打开，从而便于释放出 RNA(图 3.8，图 3.9)。

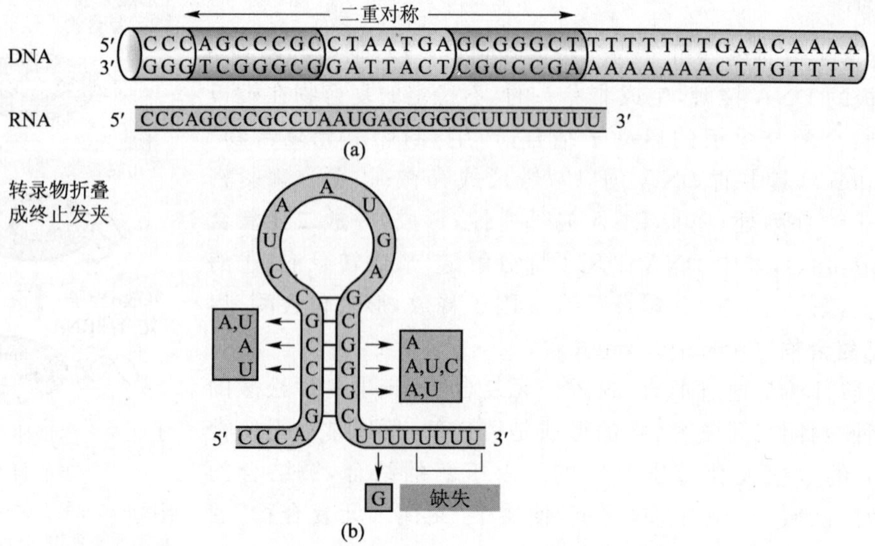

图 3.8 一个强终止子的序列

(a) 上端是强终止子的 DNA 序列，其下显示是与它相对应的 RNA 序列 (b) 终止子的发夹结构。方框中表示的是破坏终止功能的突变位点(引自 Waston 等，2005)

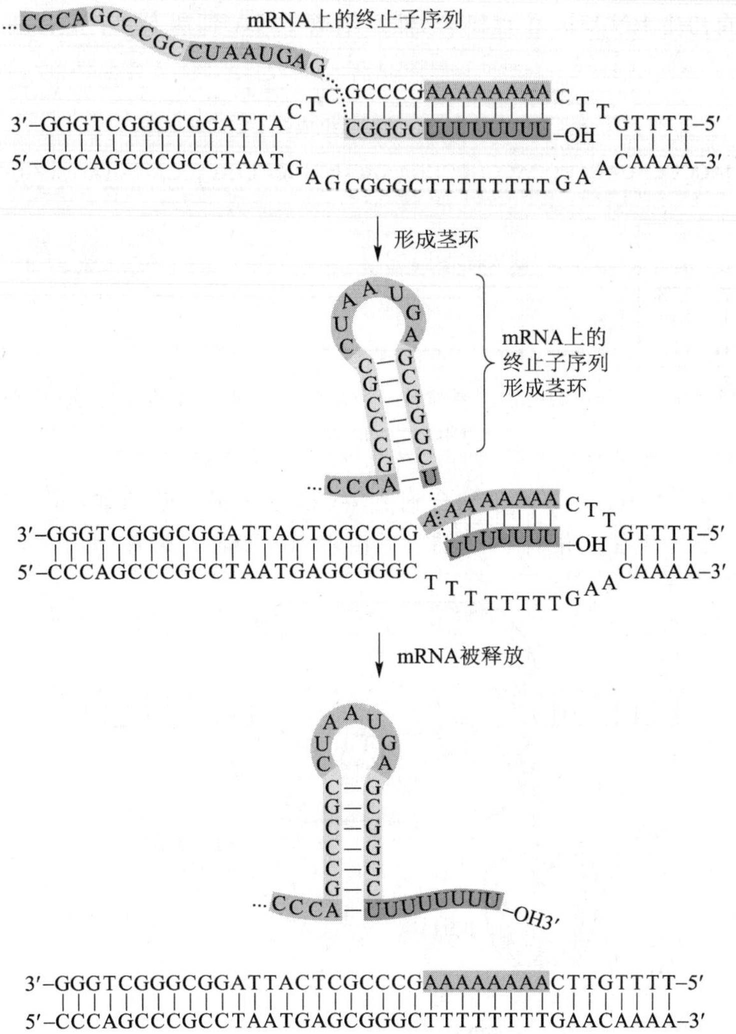

图 3.9　原核生物转录的终止

（二）ρ 依赖性终止子

弱终止子也可形成茎环结构，但在其茎环中 GC 含量少，茎环易打开，在其 3′端也没有寡聚 U（图 3.10），因此已转录的 mRNA 难以脱离 DNA 模板，必须依赖于 ρ 因子的帮助才能发生终止。

ρ 因子是 *E. coli* 的一种重要蛋白质，若加到体外合成系统中就可使 RNA 聚合酶在一定的位点终止，产生带有 3′端的 RNA 分子，这种作用称为 ρ 依赖性终止。ρ 因子在 *E. coli* 中种类很少，大部分 ρ 因子是由噬菌体的基因组编码。

ρ 因子识别的序列早已鉴别出，这种序列若上游发生缺失，可能导致**通读**（readthrough），这段序列称为 *rut* **位点**（*rho utilization*），其共同特点是 C 丰富而 G 缺乏，但不形成二级结构（图 3.11）：各碱基所占的比例是 C：41％，A：25％，U：20％，G：14％。作为一般的规律，ρ 依赖性终止子的效率随着“富 C/贫 G”区域长度的增加而增加。

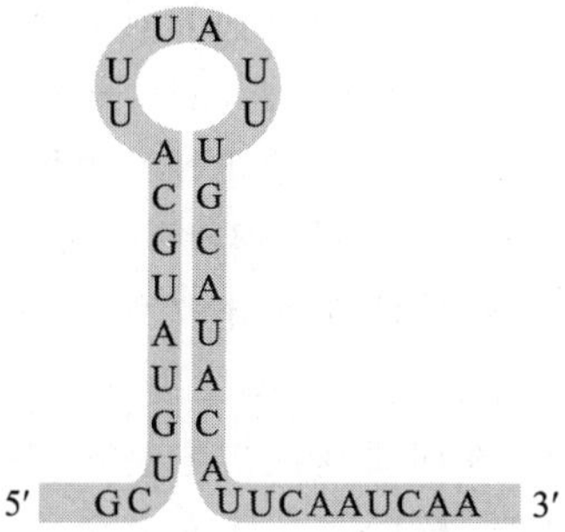

图 3.10　一种可形成茎环结构的 ρ 依赖性终止子结构

对于涉及真核生物的 RNA 聚合酶终止的信号因子和辅助因子知之甚微。

（三）ρ 因子的作用机制

ρ 因子具有依赖 RNA 的 ATPase 活性和解旋酶活性，它可形成六聚体，每个亚基中有一个 RNA 结合域和一个 ATP 水解酶域。它同初生 RNA*rut* 位点结合，然后沿着 RNA 到达 RNA 聚合酶，在这里将 RNA 从 DNA 模板上释放出来。

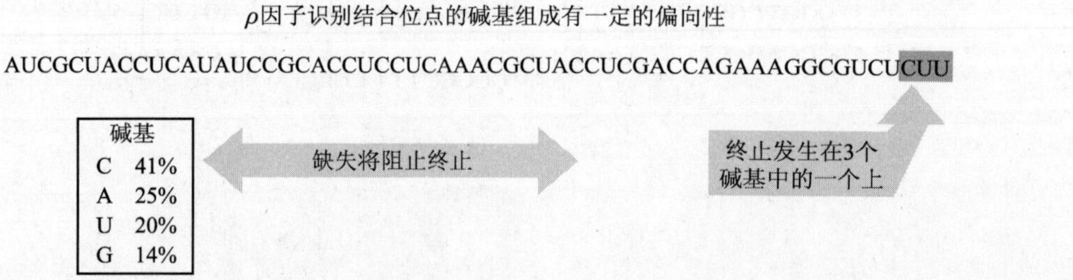

图 3.11 *rut* 依赖型终止子在真正的终止序列前有一个富含 C 而缺乏 G 的序列，此序列位于 RNA 的 3′端

（引自 Lewin，2004）

ρ 因子的作用模型如图 3.12 所示。ρ 因子结合到 RNA 链终止子上游的某一点，有可能需要一个特殊序列或某一类型的序列，结合可能发生在 5′端，ρ 因子结合后沿着 RNA 向 3′端移动。

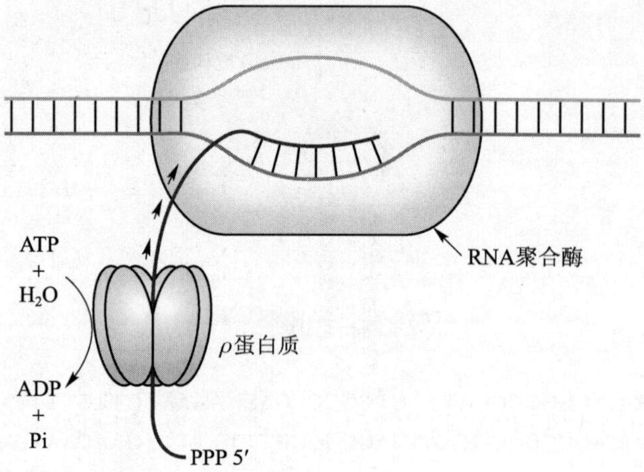

图 3.12 ρ 蛋白质终止转录的机制

ρ 蛋白质是 ATP-依赖型解旋酶，它沿着新产生的 RNA 链向 RNA 聚合酶和 DNA 模板移动（引自 J. M. Berg 等，2002）

ρ 因子追上 RNA 聚合酶的一种可能是 ρ 因子沿着 RNA 移动要比 RNA 聚合酶沿着 DNA 移动得快。当 RNA 聚合酶达到终止密码子时就暂停下来，那么在此位置 ρ 因子就会追上 RNA 聚合酶。

ρ 因子可通过直接作用于 DNA 和 RNA 的连接域或间接作用于 RNA 聚合酶来释放 RNA。在没有 RNA 聚合酶的情况下，ρ 因子可以导致 RNA-DNA 杂合链的分离，ATP 水解提供反应的能量。

ρ 因子沿着 RNA 的移动这一假设产生了一个关于转录和翻译两者之间关系的重要预言：ρ 因子首先要接触 RNA 上的结合序列，而且能沿着 RNA 移动。正在翻译的核糖体可能会阻止其前进。当发生了无义突变时，核糖体在此处解离，ρ 因子可以在此无义密码子处和 RNA 聚合酶接触，从而提前终止转录（图 3.13）。

假设转录单位中存在 ρ 依赖性终止子，在正常情况下由于核糖体的阻隔使 ρ 因子无法接触到 RNA 聚合酶，直到遇到正常的终止密码子时核糖体解离，ρ 因子才有机会追上 RNA 聚合酶。当前面的基因发生无义突变时，核糖体在无义突变位点解离，ρ 因子提前得以接触 RNA 聚合酶，使转录终止，将合成的部分 mRNA 释放出来。

有时，在转录单位中一个基因发生了无义突变（nonsense mutation），将会阻止其后面基因的表达，这种现象称为**极性突变**（polarity mutation）。上述 ρ 依赖性终止子模型就可以解释此现象。

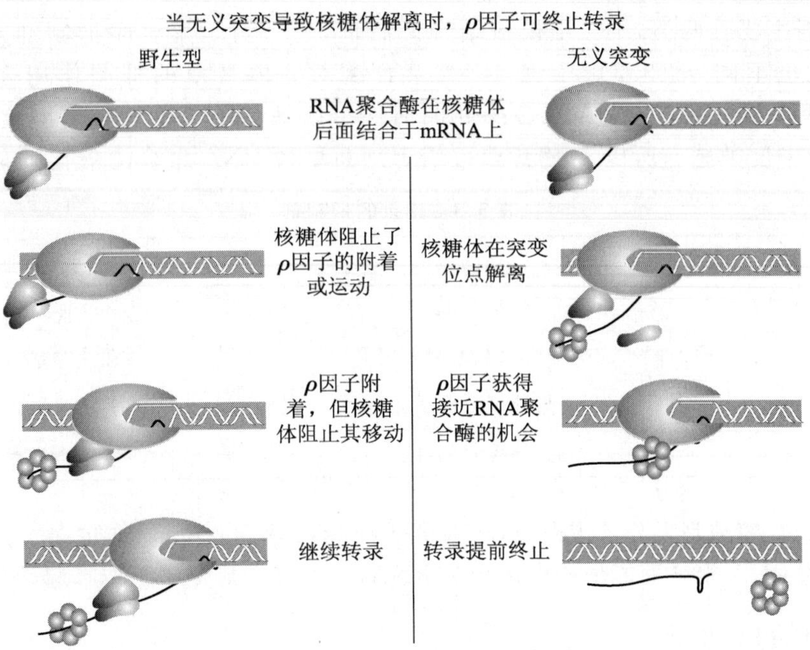

图 3.13　当 ρ 依赖性终止子位于无义突变的下游邻近处时，ρ 因子可能在转录和翻译之间起连接的作用

（引自 B. Lewin，2004）

第三节　真核生物的转录

真核生物的 RNA 在细胞核中合成，而这些编码蛋白质的 RNA 需要转移到细胞质的核糖体上才能进行翻译。原核生物的 mRNA 常包含有两个或多个基因的编码区域，即多顺反子的。相反，真核生物的 mRNA 通常只包含单个的基因，即单顺反子的。不过，线虫（*C. elegans*）基因组中高达 1/4 的转录单位是多顺反子的。真核生物中存在 3 种不同的 RNA 聚合酶，每种酶催化一类基因的转录。此外，真核生物的大多数可编码蛋白质的初级转录物在转移到细胞质之前要经过加工。

真核生物的细胞核中存在大量大小不一的 RNA，这些初级转录产物统称为**核内不均一 RNA**（heterogeneous nuclear RNA，hnRNA）。真核生物的转录产物之所以更为稳定，至少部分原因是 RNA 结合蛋白的存在。

一、真核生物的 RNA 聚合酶

真核生物有 3 种 RNA 聚合酶，其特点如表 3.2 所列。每种酶涉及合成不同类型的 RNA。RNA 聚合酶Ⅰ是唯一在核仁中的 RNA 聚合酶，它催化合成两种大分子 rRNA（28S rRNAs 和 18S rRNAs）和 2 种小分子 rRNA 中的一种（5.8S rRNAs），这些分子都在核糖体上。RNA 聚合酶Ⅱ只在核质中，它涉及 hnRNA、mRNA 和某些核内小分子 RNA（small nuclear RNA，snRNA）的合成。RNA 聚合酶Ⅲ也在核质中，它合成 tRNA、5S RNA 和某些涉及 RNA 加工的 snRNA。

表 3.2　真核生物的三种 RNA 聚合酶的特点

RNA 聚合酶	位置	产物	相对活性/%	对 α-鹅膏蕈的敏感性
聚合酶Ⅰ	核仁	28S，18S，5.8S rRNAs	50～70	不敏感
聚合酶Ⅱ	核质	hnRNA，mRNA，某些 snRNAs	20～40	高度敏感
聚合酶Ⅲ	核质	tRNA，5S rRNA，某些 snRNAs	～10	片段特异，中等敏感

RNA 合成抑制剂主要分两类，一类是模板结合抑制剂，另一类是聚合酶抑制剂，不同的真核聚合酶对各种抑制剂的敏感性也不同（表 3.3）。3 种 RNA 聚合酶对 α-鹅膏蕈的抑制作用表现出不同的敏感性。RNA 聚合酶Ⅰ对 α-鹅膏蕈不敏感，RNA 聚合酶Ⅱ的活性可以被低浓度的 α-鹅膏蕈完全抑制，RNA 聚合酶Ⅲ对这种毒素表现为中度敏感。所以，α-鹅膏蕈可用于判断哪种 RNA 聚合酶催化了某特定基因的转录。

表 3.3 转录的抑制剂

抑制剂	靶酶	抑制作用
利福霉素	细菌全酶	和 β 亚基结合，抑制起始
链霉溶菌素	细菌核心酶	和 β 亚基结合，抑制起始
放射线素 D	真核聚合酶Ⅰ	和 DNA 结合，阻止延伸
α-鹅膏蕈	真核聚合酶Ⅱ	和 RNA 聚合酶Ⅱ结合

所有真核 RNA 聚合酶都是大分子蛋白质，相对分子质量可达 500×10^3 或更多。典型的 RNA 聚合酶有 8～14个亚基。提纯的 RNA 聚合酶能依赖模板转录 RNA，却不能在启动子上选择起始。

二、真核生物的启动子

真核生物有 3 种不同的 RNA 聚合酶，它们各有不同的启动子，其中以 RNA 聚合酶Ⅱ的启动子最为复杂。真核生物和原核生物的启动子有很多不同：①有多种转录因子识别和结合的元件；②结构不恒定，不同启动子中各种元件的位置、序列、距离和方向都不完全相同（图 3.14）；③有的有远距离的调控元件存在，如增强子；④这些元件常常起到控制转录效率和选择起始位点的作用；⑤不直接和 RNA 聚合酶结合，转录时先和其他蛋白质因子相结合，再和 RNA 聚合酶结合。

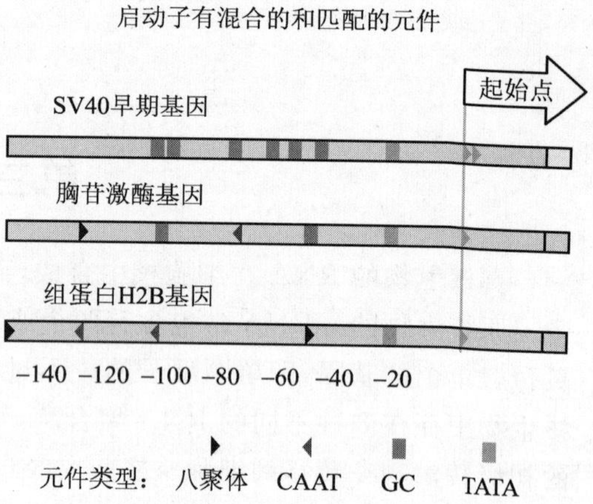

图 3.14 真核启动子包含了 TATA 框、CAAT 框、GC 框及其他元件的不同组合

（引自 B. Lewin，2004）

（一）RNA 聚合酶Ⅱ启动子和调控区

RNA 聚合酶Ⅱ启动子由**核心元件**（core element）和**上游启动子元件**（upstream promoter element，UPE）组成。核心元件包括 TATA 框和转录起始位点附近的起始子。在起始位点一般没有保守序列，但 mRNA 的第一个碱基倾向 A，另一侧翼由 Py 组成（原核生物启动子的 CAT 起始序列也有这种情况），称为**起始子**（initiator，Inr）。起始子一般由 $P_{Y2}CAP_{Y5}$ 构成，位于－3～＋5，可能提供 RNA 聚合酶Ⅱ识别信号。无论 TATA 是否存在，Inr 对于启动子的强度和起始位点的选择都是十分重要的。

1. 核心元件

TATA 框又称 Hogness 框或 Goldberg-Hogness 框，其一致序列是，$T_{85}A_{97}T_{93}A_{85}A_{63}A_{83}A_{50}$，一般位于起始位点的上游－25 bp 左右，相当于原核生物的－10 序列。但原核生物中－10 序列是不可缺少的，而真核生物启动子中也有的缺乏 TATA 框。

TATA 框的作用是：①选择正确的转录起始位点，保证精确起始，故也称为**选择子**（selector）。当有的基因缺少 TATA 框时，可能由 Inr 来替代。例如，鼠的脱氧核苷转移酶基因就没有 TATA 框，但有 17 bp 的 Inr。②影响转录的速率。TATA 框的 8 bp 的保守序列一般都是由 A-T 对组成，少数情况下其中的两个位点由 G-C 对取代了 A-T 对，因此它较容易打开。当它的序列因发生突变和缺失而改变时就会影响它和酶的结合能力，从而影响转录的效率。在伴清蛋白基因中，当 TATA 框突变为 TAGA 后，转录效率大大降低。当兔的珠蛋白基因 TATA 框的保守序列 ATAAAA 人工突变为 ATGTAA 后，转录效率会下降 80%。人的 β 珠蛋白基因的 ATAAAA 序列突变为 ATGAAA 或 ATAGCAA 后，珠蛋白产量也会大大降低而出现地中海贫血症。

2. 上游启动子元件

上游启动子元件包括 CAAT 框、GC 框、八聚体(octamer)、κB 和 ATF 等(表 3.4)，它们的保守序列和结合的蛋白质因子也各不相同。

表 3.4 哺乳动物 RNA 聚合酶Ⅱ上游转录因子结合的元件

元件	保守序列	结合 DNA 的长度/bp	蛋白质因子	大小/$\times 10^3$	丰度(每个细胞中)	分布
TATA 框	TATAAAA	~10	TBP	27	?	普遍
CAAT 框	GGCCAATCT	~22	CTF/NF1	60	30 万	普遍
GC 框	GGGCGG	~20	SP1	105	6 万	普遍
八聚体	ATTTGCAT	~20	Oct-1	76	?	普遍
八聚体	ATTTGCAT	23	Oct-2	52	?	淋巴细胞
κB	GGGACTTTCC	~10	NFKB	44	?	淋巴细胞
κB	GGGACTTTCC	~10	H2-TF1	?	?	普遍
ATF	GTGACGT	~20	ATF	?	?	普遍

CAAT 框的保守序列是 GG$^{\text{C}}_{\text{T}}$CAATCT，一般位于上游 −75 bp 左右，紧靠 −80 bp。CAAT 框能和 CTF(识别 CAAT 的转录因子)相结合，其功能是控制转录起始活性。

GC 框的保守序列是$^{\text{G}}_{\text{T}}$GGGCGG$^{\text{GGC}}_{\text{AAT}}$，常以多拷贝形式存在 −90 bp 处。在真核生物和病毒的一些启动子中常存在 GC 框，它可被转录因子 SP1 所识别，作用也是控制转录效率。

3. 远端调控区

(1) 增强子　远端调控区较常见的是**增强子**(enhancer)，又称**远上游序列**(far upstream sequence)。增强子的存在可以增强启动子的转录活性，其特点是：①具有远距离效应。常在上游 −200 bp 处，但可增强远处启动子的转录，即使相距十几 kb 也能发挥作用。②无方向性。无论它在靶基因的上游、下游或内部都可发挥增强转录的功能。③顺式调节，只调节位于同一染色体上的靶基因，而对其他染色体上的基因无作用。④无物种和基因的特异性，可以接到异源基因上发挥作用。⑤具有组织的特异性。SV40 的增强子在 3T3 细胞中的作用比在多瘤病毒中的要弱，但在 HeLa 细胞中 SV40 的增强子比在多瘤病毒中的要强 5 倍；抗体基因的增强子只有在 B 淋巴细胞中才起作用，增强子的效应需特定的蛋白质因子参与。⑥有相位性，其作用和基质结合区(MAR)及绝缘子的位置有关(第七章)。⑦有的增强子可以对外部信号产生反应，如热激基因在高温下才表达；编码重金属蛋白的金属硫蛋白基因在镉和锌存在下才表达；某些增强子可以被固醇类激素所激活。

最先被描述的病毒 SV40 增强子的结构如图 3.15 所示。它由两个 72 bp 的重复序列组成。位于上游 −200 bp 处。每个 72 bp 的单元中都有 A、B 两个功能域。增强子的某些结构特征和启动子相似：它们都是被某些蛋白质因子所识别的**顺式作用序列**(*cis*-acting sequence)，只不过增强子的作用距离比启动子长。

成环模型认为增强子通过一些蛋白质因子的介导使 DNA 形成了一个环，可与远距离的启动子结合，从而促使其转录。成环模型也符合染色体的侧环模型和核基质的调控理论，也就是说 DNA 的特殊序列可以和核基质结合形成侧环，在某些细胞中有些基因通过环的形成让增强子区和启动子区相互靠近，使这些基因能得以表达。看来环的形成主要由两种因素介导：①某些蛋白质因子；②和核基质特异的结合(图 3.16)。

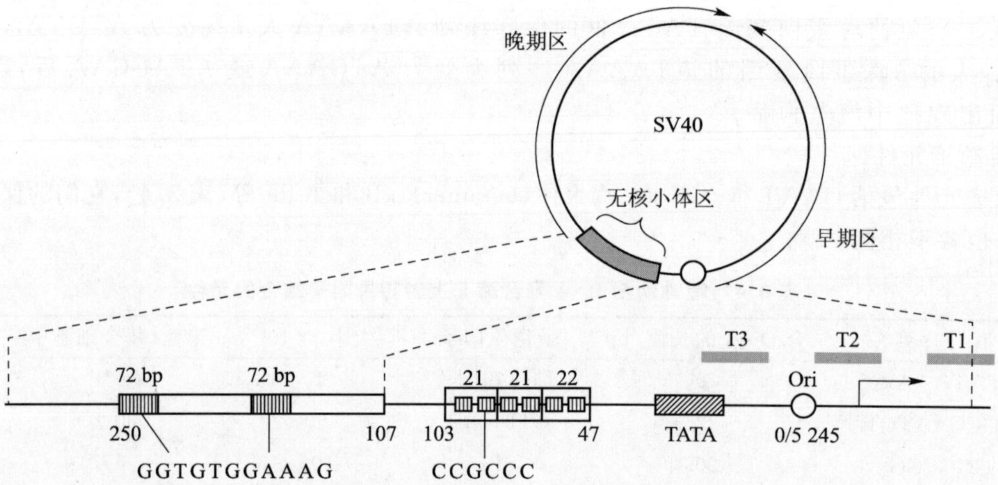

图 3.15 SV40 增强子的结构

(2) 减弱子 在某些基因的上游远端或下游远端具有负调节元件，其作用不受距离和方向的影响，称为**减弱子**(dehancer)。例如，*C-mos* 基因上游 0.8 kb 或 1.8 kb 处有一序列，使 *C-mos* 不易被反转录病毒的长末端重复序列(LTR)所激活。在 *C-myc* 基因的 3′端也存在着减弱子。

(3) 沉默子 在酵母交配型转换的盒式模型中，左右两个沉默框(第七章)都不表达，这是因为在这两个框盒上游 1.5 kb 处都有一个 E 片段，它可和阻遏沉默框盒表达的蛋白质 SIR(1～4)(silent mating type information regulation)结合，起抑制作用，故称**沉默子**(silencer)，可作用 2.5 kb 远的启动子。

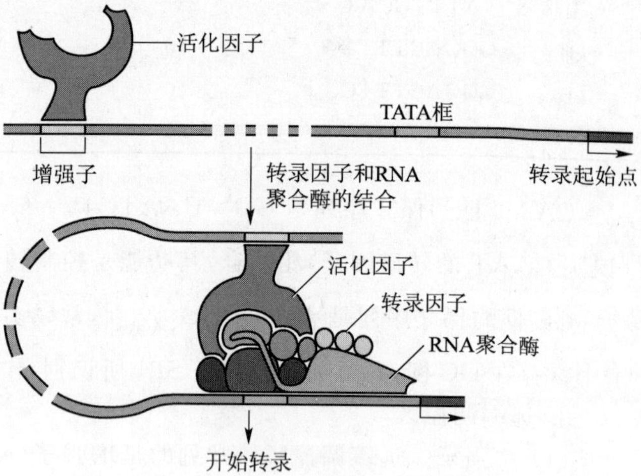

图 3.16 在真核细胞和病毒中，增强子可以远距离地增强启动子的转录

转录因子和 RNA 聚合酶并不能直接作用启动子，而必须依赖活化因子对增强子的识别和结合(引自 B. Alberts 等，2004)

(4) 上游激活序列 **上游激活序列**(upstream activating sequences，UAS)是酵母的远端上游序列，类似于增强子。它仅影响转录程度，对位点选择不起作用。和增强子不同的是它有方向性，不能在启动子的下游起作用。它结合的转录因子是 GCN4 和 GAL4，识别序列为 ATGACTCAT。

(二) RNA 聚合酶Ⅰ启动子

RNA 聚合酶Ⅰ启动子负责转录编码核糖体 RNA 的多顺反子转录本。脊椎动物 RNA 聚合酶Ⅰ的启动子有两部分组成，包括转录起始点附近的**核心启动子**(core promoter)和起始点 5′上游 100 bp 左右的**上游启动子元件**(upstream promoter element，UPE)。核心启动子从－45 到＋20，负责转录的起始；而 UPE 从－180 延伸到－107，可增加核心元件的转录起始效率。

RNA 聚合酶Ⅰ需要两种辅助因子：UBF 和 SL1。UBF 是一个单链多肽，它可以和 UPE 的 GC 富集区结合，结果使 DNA 围绕该蛋白质一圈，从而使核心启动子与 UPE 靠得很近，并导致第二个因子 SL1 与核心启动子结合起来(图 3.17)。核心结合因子 SL1 含有 4 个蛋白质和一个 TATA 框结合蛋白(TATA-binding protein，TBP)。SL1 本身对这种启动子来说并非是特异的，但一旦 UBF 和 DNA 结合了，那么 SL1 就可以协同结合在 DNA 上。当这两个因子都结合上了 RNA 聚合酶才能和核心启动子结合起始转录。

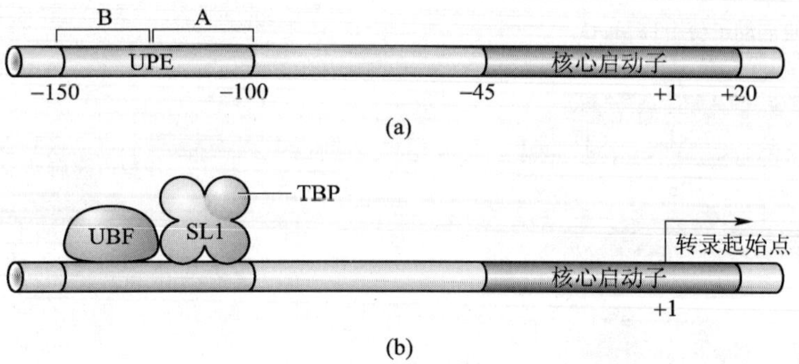

图 3.17 RNA 聚合酶Ⅰ启动子区域

(a) RNA 聚合酶Ⅰ启动子的结构 (b) 脊椎动物 RNA 聚合酶Ⅰ的辅助因子(引自 Waston 等,2005)

(三) RNA 聚合酶Ⅲ启动子

RNA 聚合酶Ⅲ启动子可由不同的转录因子以不同的方法来识别。RNA 聚合酶Ⅲ启动子有 3 种类型:两种内部启动子和一种上游启动子。5S RNA 和 tRNA 的启动子位于起始位点下游的转录区内,因此也称为**下游启动子**(downstream promoter)或**内部启动子**(intragenic promoter)或**内部控制区**(internal control region, ICR)。snRNA 基因的启动子和常见的启动子一样位于起始位点的上游,称为**上游启动子**(upstream promoter)。

下游启动子又可分为 1 型和 2 型。1 型内部启动子含有两个分开的 A 框(TGGCNNAGTGG)和 C 框(CGGTCGANNCC)序列;而 2 型内部启动子含有两个分开的 A 框和 B 框,且 A 框和 B 框之间的距离较宽。3 型启动子为上游启动子或称为基因外启动子,由分开的几个元件(Oct、PSE 和 TATA)组成(图 3.18)。

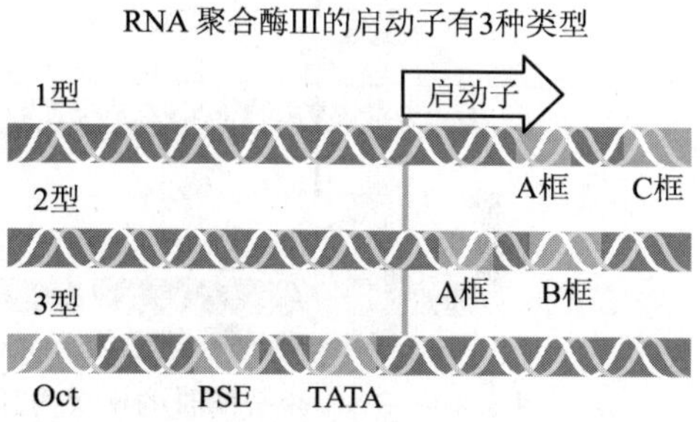

图 3.18 RNA 聚合酶Ⅲ的启动子可能由起始点下游的两个序列组成,即相互分开的 A 框序列和 C 框或 B 框;或者由起始点上游相互分开的元件(Oct、PSE 和 TATA)组成(引自 B. Lewin,2004)

1. RNA 聚合酶Ⅲ内部启动子

图 3.19 表示 1 型内部启动子起始转录的各个阶段,起始事件是 $TF_{Ⅲ}A$ 结合在 A 框上,以便 $TF_{Ⅲ}C$ 结合在 C 框上;而图 3.20 表示 2 型内部启动子起始转录的各阶段,首先是 $TF_{Ⅲ}C$ 与 A 框及 B 框的结合引发后续事件。

这两种内部启动子涉及 3 个起始因子。$TF_{Ⅲ}A$ 是一种含有 9 个锌指(zinc finger)的蛋白质(见第七章)。$TF_{Ⅲ}B$ 含有 TBP 和两个其他的蛋白质。$TF_{Ⅲ}C$ 是一种大分子蛋白质复合物,至少有 5 个亚基,分为两个功能域 $\tau A(300\times10^3)$ 和 τB,分别和 2 型内部启动子(tRNA 基因启动子)的 A 框和 B 框结合(B 框相当于增强子的作用,A 框相当于启动子的作用)。$TF_{Ⅲ}C$ 的结合使 $TF_{Ⅲ}B$ 依次结合在起始位点的近上游并和 $TF_{Ⅲ}C$ 相连。在 1 型内部启动子中(如 5SRNA 基因启动子),$TF_{Ⅲ}A$ 结合在 C 框上,使 $TF_{Ⅲ}C$ 结合在 C 框下游。

这些起始因子作用的突出特点是,一旦 $TF_{Ⅲ}B$ 已经结合,将 $TF_{Ⅲ}A$ 和 $TF_{Ⅲ}C$ 从启动子上除去(在体外用高浓度的盐)也不影响起始反应;只要 $TF_{Ⅲ}B$ 仍结合在起始点的附近就能使 RNA 聚合酶Ⅲ正确地结合在转录起始点。因此只有 $TF_{Ⅲ}B$ 才是 RNA 聚合酶Ⅲ所必需的起始因子,$TF_{Ⅲ}A$ 和 $TF_{Ⅲ}C$ 仅是一种**装配因子**(assembly factor),它们的作用是辅助 $TF_{Ⅲ}B$ 结合到正确的位置上。

$TF_{Ⅲ}B$ 是一个**定位因子**(positioning factor),负责使 RNA 聚合酶Ⅲ结合到正确位置上,就像 RNA 聚合酶Ⅰ中的 SL1 那样,功能类似于原核的 σ 因子。$TF_{Ⅲ}B$ 本身缺乏和 DNA 的结合能力,但可以和结合在 DNA 上的其他蛋白质结合。$TF_{Ⅲ}B$ 含有 TBP,而 SL1 也含有 TBP,TBP 可能作为 $TF_{Ⅲ}B$ 的一个亚基,直接和 DNA 相互作用。

内部启动子虽然赋予这些基因具有转录的能力,但对起始点也有一定的影响。若改变起始点上游区域就会改变转录效率。看来内部启动子的作用是提供识别;起始位点的作用是控制转录效率。

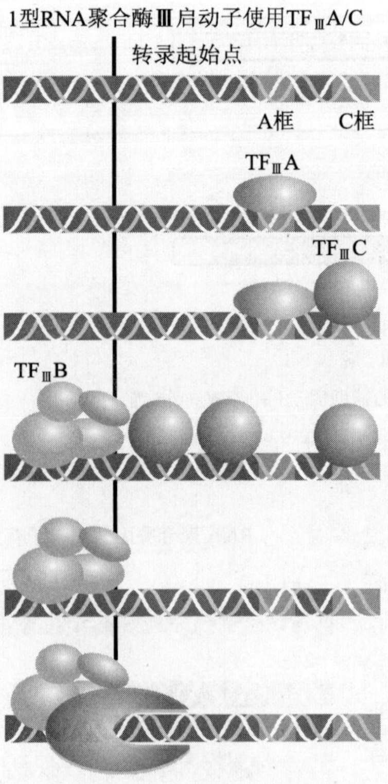

图 3.19 RNA 聚合酶Ⅲ的 1 型内部启动子，用结合到 A 框和 C 框上的装配因子 $TF_{Ⅲ}A$ 和 $TF_{Ⅲ}C$ 来招募 RNA 聚合酶Ⅲ的定位因子 $TF_{Ⅲ}B$

（引自 B. Lewin，2004）

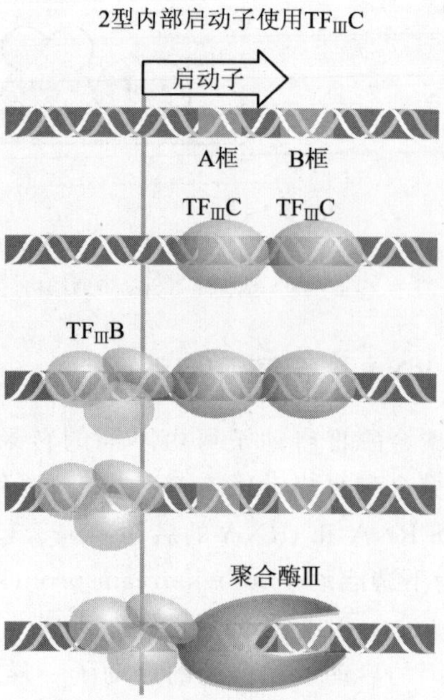

图 3.20 RNA 聚合酶Ⅲ的 2 型内部启动子，用结合到 A 框和 B 框上的 $TF_{Ⅲ}C$ 来招募 RNA 聚合酶Ⅲ的定位因子 $TF_{Ⅲ}B$

（引自 B. Lewin，2004）

2. RNA 聚合酶Ⅲ上游启动子

3 型启动子是 RNA 聚合酶Ⅲ的上游启动子。它有 3 个上游元件，这些元件仅在 snRNA 启动子中被发现，有的 snRNA 是由 RNA 聚合酶Ⅱ转录，有的是由 RNA 聚合酶Ⅲ转录。这些上游元件在一定程度上和 RNA 聚合酶Ⅱ启动子相似。

上游启动子转录起始发生在起始点上游的一个很短的区域中，且含有 TATA 框。**次近端序列元件**（proximal sequence element，PSE）和八聚体（Oct）元件的存在大大增加了转录效率，结合在这些元件上的转录因子相互协同作用（图 3.21）。

TATA 元件是供 TBP 识别的，TBP 亚基本身识别 DNA 序列，其结合的其他蛋白质有的可以和 RNA 聚合酶Ⅲ结合，有的对 RNA 聚合酶Ⅱ特异，这就可以解释为什么 RNA 聚合酶Ⅲ和这些启动子特异结合。TBP 及其结合蛋白的功能是使 RNA 聚合酶Ⅲ正确地结合在起始位点上。

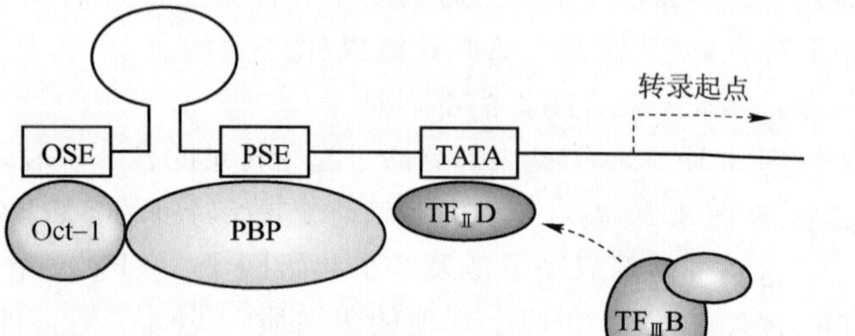

图 3.21 真核生物 RNA 聚合酶Ⅲ上游启动子的结构与转录起始

TBP 也是 RNA 聚合酶Ⅱ起始因子中的重要成分，它是定位因子的关键成分，通过不同机制结合在各种类型的启动子上。无论哪一种启动子，TBP 都是起始复合物的组成部分，与 RNA 聚合酶的相互作用中发挥共同的作用。

三、RNA 聚合酶Ⅱ的转录起始

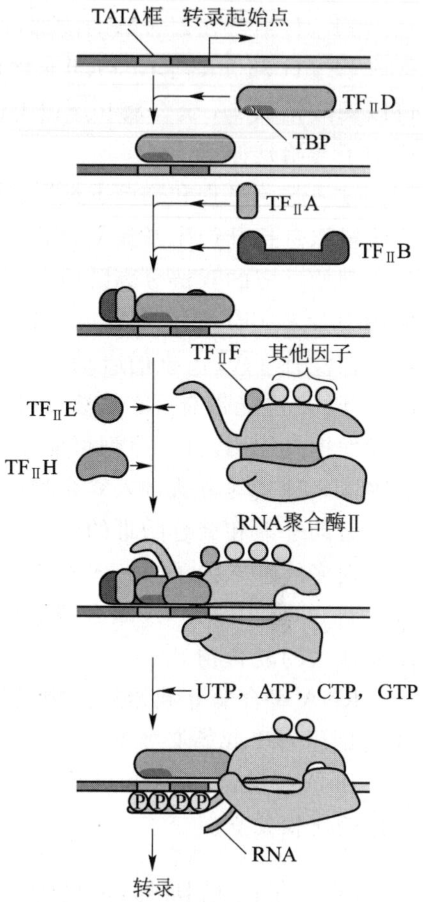

图 3.22　RNA 聚合酶Ⅱ依次与转录因子结合，在启动子上组装转录起始复合物

（引自 B. Alberts 等，2004）

RNA 聚合酶Ⅱ转录起始的第一步是转录启动因子 $TF_{Ⅱ}D$ 和 TATA 框结合形成复合物，为 RNA 聚合酶Ⅱ指明结合位置（图 3.22）。现在已知 $TF_{Ⅱ}D$ 含有两种蛋白质，一种是识别 TATA 框的 **TATA 框结合蛋白**（TATA-binding protein，TBP），是 30×10^{3} 的小蛋白。另一些亚基称为 TBP 结合因子（TBP-associated factors，TAF）。有的 TAF 是和 TBP 等量的，而另一些 TAF 存在量较少。很可能 $TF_{Ⅱ}D$ 含有不同的 TAF 来识别不同的启动子。

这种观点认为 TBP 和不同的 TAF 结合可以使其 RNA 聚合酶识别不同的启动子。$TF_{Ⅲ}B$ 是用于 RNA 聚合酶Ⅲ内部启动子，SL1 是用于 RNA 聚合酶Ⅰ启动子，但这两者都被分成 TBP 和特殊 TAF 结合的一种成分。任何单个的 TBP 分子，其本身并不是对所有启动子都是必需的，而是和 TAF 结合，用于特殊的启动子。TBP 必须具备和 TAF 或聚合酶结合的能力，在酵母中 TBP 基因突变会影响到不同类型启动子的转录。

TBP 作为第一个和 DNA 接触的因子十分引人注目。由于 TATA 框离转录起始位点的距离是固定的，识别它对 RNA 聚合酶来说是重要的。TBP 在启动上对各种聚合酶所起的一个相同的作用是将它们组入转录复合物中。

$TF_{Ⅱ}A$ 含有几个亚基（酵母有 2 个，哺乳动物有 3 个），当它加入复合物中时，$TF_{Ⅱ}D$ 所保护的 DNA 区域就延伸至更上游的区域。它可能通过解除 TAF 的阻遏作用而激活 TBP，它的参与使 $TF_{Ⅱ}D$ 和 TATA 框结合得更稳定（表 3.5）。

$TF_{Ⅱ}B$ 相对分子质量为 33×10^{3}，它在起始点邻近区域，从 -10 到 $+10$ 可以部分地保护模板链在 TATA 框下游与 DNA 松散结合，形成复合物。$TF_{Ⅱ}B$ 和 DNA 双链结合是不对称的，它还可以使 $TF_{Ⅱ}E/TF_{Ⅱ}F$ 相互作用。

$TF_{Ⅱ}F$ 含有两个亚基，大亚基 RAP74，具有 ATP 依赖性 DNA 解旋酶活性，它和起始时 DNA 链的熔解有关。它的小亚基是 RAP38，和细菌的 σ 因子有部分同源，紧密地和 RNA 聚合酶Ⅱ结合。介导聚合酶Ⅱ和其他蛋白质结合转录成复合物。$TF_{Ⅱ}F$-聚合酶Ⅱ和复合物连接时，与 $TF_{Ⅱ}B$ 的相互作用是重要的。

表 3.5　人类Ⅱ型基因的转录因子

因子	相对分子质量	功能
RNA 聚合酶Ⅱ	$\geqslant10\times10^{3}$	依赖模板合成 RNA
$TF_{Ⅱ}A$	12、19、35×10^{3}	稳定 $TF_{Ⅱ}D$ 和 DNA 的结合，激活 TBP 亚基
$TF_{Ⅱ}B$	33×10^{3}	结合模板链（$-10\sim+10$），起始 RNA 聚合酶Ⅱ结合，和 $TF_{Ⅱ}E/F$ 相互作用
$TF_{Ⅱ}D$	（TBP，30×10^{3}）	TBP 亚基识别 TATA，将聚合酶组入复合物中，TAFs 识别特殊启动子
$TF_{Ⅱ}E$	34×10^{3}（β）、57×10^{3}（α）	结合在 RNA 聚合酶Ⅱ的前部，使复合物的保护区延伸到下游
$TF_{Ⅱ}F$	38、74×10^{3}	大亚基具解旋酶活性，小亚基和 RNA 聚合酶Ⅱ结合，介导其加入复合物
$TF_{Ⅱ}H$		具激酶活性，可以磷酸化 RNA 聚合酶ⅡC 端的 CTD，使 RNA 聚合酶Ⅱ逸出，延伸
$TF_{Ⅱ}I$	120×10^{3}	识别 Inr，起始 $TF_{Ⅱ}F/D$ 结合
$TF_{Ⅱ}J$		在 $TF_{Ⅱ}F$ 后加入复合物，不改变 DNA 的结合方式
$TF_{Ⅱ}S$		RNA 合成延伸

RNA 聚合酶Ⅱ结合位点在模板链上达到下游＋15，在非模板链上达到＋20，其长度贯穿了整个复合物，上游也被其保护了。

$TR_{Ⅱ}E$ 结合在聚合酶的前部，使复合物的保护区延伸到下游双链的＋30 处。

$TR_{Ⅱ}H$ 和 $TR_{Ⅱ}J$ 在 TRⅡF 之后也加入复合物中，但并不改变 DNA 的结合方式。$TF_{Ⅱ}H$ 具有激酶活性，可以磷酸化 RNA 聚合酶Ⅱ尾巴上的 CTD，CTD 的磷酸化使聚合酶Ⅱ从转录因子中释放出来，这样就能离开启动子开始延伸。

这一起始过程和细菌 RNA 聚合酶催化的反应是相似的。RNA 聚合酶的结合产生了闭合复合物。在最后阶段双链打开产生开放复合物。这种转变和下游位点复合物影响的增加有关。多半是由于 TFⅡ因子的释放。起始反应的双链分离阶段是需水解 ATP 的，可能要释放某些转录因子。在基本的因子和聚合酶Ⅱ的相互作用中看来 TBP 和酶尾部的 CTD 之间的作用也是重要的。

在没有 TATA 框的启动子上起始如何发生？这种起始同样需要一些基本的转录因子，其中也包括 $TF_{Ⅱ}D$。$TF_{Ⅱ}D$ 可能带有一个或多个 TAF 来直接识别 Inr，并与之结合。现在还不清楚在和 TATA 结合中 $TF_{Ⅱ}D$ 怎样发挥其作用。Inr 序列可能作为一种位置元件，让转录因子结合于其上，且锚定这种复合物。$TF_{Ⅱ}D$ 看来必须以某种其他方式进入复合物而不结合在 TATA 框上。在这些启动子上 TBP 的功能很像在 RNA 聚合酶Ⅰ的启动子上和聚合酶Ⅲ的内部启动子上。

很多的基本因子含有多种亚基，所以多数的相对分子质量是很大的，可能涉及 20 多种肽链，总相对分子质量达到 500×10^3，RNA 聚合酶Ⅱ约有 10 个亚基，相对分子质量也有约 500×10^3，看来 RNA 聚合酶的起始涉及非常大的复合物。

RNA 聚合酶Ⅱ起始复合物提供了一个和原核转录有趣的对照。细菌的 RNA 聚合酶很容易和 DNA 结合；σ 因子对于起始必要的，但无助于延伸，因为起始后它就被释放出来了。真核的 RNA 聚合酶Ⅱ只有在起始因子和 DNA 结合后才和启动子结合。这些因子的作用类似 σ 因子，使聚合酶识别启动子上的特殊序列，但已进化的比较独立。

四、真核基因转录的终止

真核生物的 RNA 大部分都要经过加工，包括剪切和加上 poly(A)，因此对于其终止的情况了解很少，只有少数的例子搞得比较清楚。

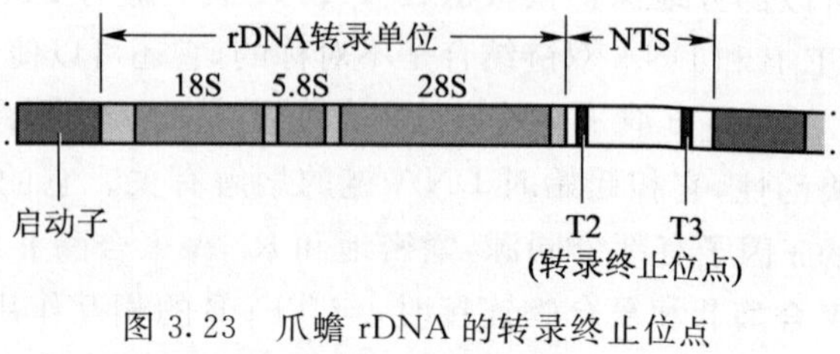

图 3.23 爪蟾 rDNA 的转录终止位点

(引自 P. J. Russell，1992)

前体 RNA 转录的终止是随着组织的变化而变化。例如，在爪蟾中有两个重要的转录终止位点：T2 和 T3。T2 位于 28S rRNA 序列 3′端下游约 235 bp 处，T3 排列在下一个转录单位的上游约 200 bp 处（图 3.23）。T2 和 T3 都含有一段包含 7 个碱基的保守序列：5′-GACTTGC-3′。T2 是前体 rRNA 转录的初始终止位点，T3 是作为“失败-保险”的终止位点，由于 rDNA 转录单位是串联排列的，所以“失败-保险”终止系统让 RNA 聚合酶可能在一个转录单位上起始和转录。

第四节 转录后加工

转录后加工（posttranscriptional modification）是指将各种前体 RNA 分子加工成成熟的各种 RNA。在原核和真核生物中 mRNA、tRNA 和 rRNA 都是来自于转录，在真核生物中还有第 4 种 RNA 分子即 snRNA，同样也是转录的产物。表 3.6 举出了 RNA 加工反应的类别。

表 3.6 RNA 加工反应的分类

加工反应	举例
剪切	使 rRNA 和 tRNA 从多顺反子转录本中释放,终止真核生物 mRNA 转录
内切降解	加工 rRNA 和 tRNA 产生成熟末端
核酸转移	转移 CCA 到某些 tRNA 的 3′端
碱基化学修饰	mRNA 和 rRNA 的甲基化,tRNA 和 snRNA 普遍碱基修饰
核酸切除和替换	tRNA 鸟嘌呤的过度修饰产生二氢尿嘧啶(Q)和假尿嘧啶(W)
加帽	在真核生物 mRNA 5′端加上 7-甲基鸟嘌呤
多腺苷酸化	在大多数真核生物和少数细菌 mRNA 3′端加上多腺苷酸尾巴
剪接(转接)	去除大多数内含子(经常是顺式,偶尔反式)
剪接(连接)	去除 tRNA 内含子
编辑	通过碱基修饰改变 mRNA 所携带信息,在编码区中插入或缺失碱基

一、原核生物 tRNA 和 rRNA 的加工

在翻译过程中参与蛋白质合成的 tRNA 和 rRNA 都不是最初的转录物,这是由于:①它们的 5′端都是单磷酸,而原始的转录物 5′端应该是三磷酸;②分子比初始转录物小;③tRNA 含有特殊的碱基,这些碱基只有通过一些化学修饰才可以产生。

(一) 原核生物 tRNA 的加工

原核生物 tRNA 初始转录本多为**多顺反子**(polycistron),也就是几个 tRNA 分子串联在一起。这有 3 种不同的情况:①串联的 tRNA 分子都是相同的,如 27′的 $tRNA^{Tyr}$-$tRNA^{Tyr}$;②串联的 tRNA 分子是不同的,如 71′的 $tRNA^{Ile}$-$tRNA^{Ala}$-$tRNA^{Thr}$;③由 tRNA 和 rRNA 串联组成。少数的 tRNA 前体为**单顺反子**(monocistron)如 43′的 $tRNA^{Ser}$(图 3.24)。将 tRNA 的前体分子加工为成熟的 tRNA,需要将多余的序列用核酸内切酶或外切酶去除(图 3.25)。tRNA 的加工过程分成 3 个阶段。

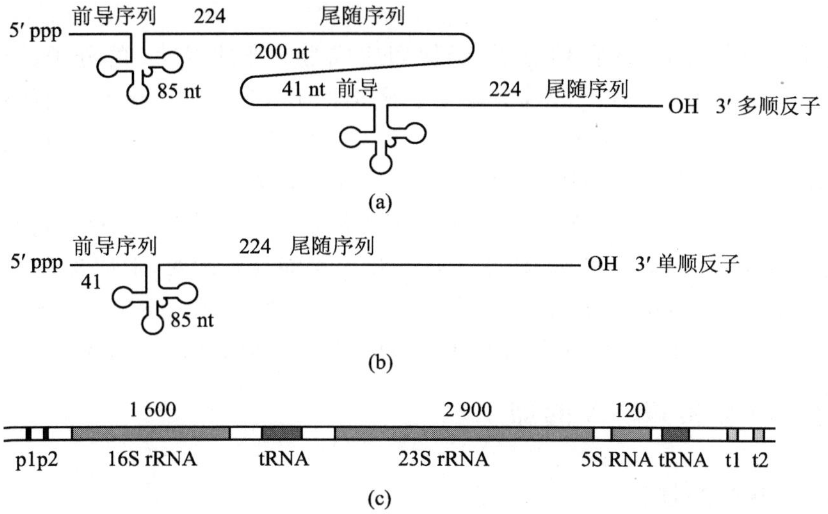

图 3.24 3 种 tRNA 前体分子

(a) 多顺反子 tRNA 前体分子 (b) 单顺反子 tRNA 前体分子 (c) tRNA 和 rRNA 串联排列

1. “斩头”,形成 5′端

RNaseP 是一种由蛋白质和 RNA 组成的复合物。其 RNA 长 375 nt,相对分子质量为 130×10^3。

RNase P 具有核酶的活性，可切除 *E. coli* 前体 tRNA 5′端的前导序列（41 nt），此酶不识别特殊的序列，而识别二级结构——发夹所组成的 tRNA。这就是 S. Altman 提出的外部引导理论。处在底物内的高级结构区，可供 RNase P 识别，最终仍存在于成熟产物中，此 tRNA 的高级结构就称为**外部引导序列**（external guide sequences）。

2. "去尾"，形成 3′-OH 端

此过程由核酸内切酶和核酸外切酶共同参与，但还不知道是哪一种核酸内切酶。前者识别发夹结构，后者识别 CCA 序列，对于具有 CCA 端的 Ⅰ 型 tRNA 前体，修整其 3′端的核酸外切酶是 RNase D，在 CCA 端它一次切除（或逐步切除）3′的碱基。对于没有 CCA 序列的 Ⅱ 型 tRNA 前体分子来说，还不清楚是通过何种 RNase 来切。

在真核生物中所有前体分子都是 Ⅱ 型的。加 CCA 是由 **tRNA 核苷转移酶**（tRNA nucleotidyl transferase）来完成的，加 CCA 的 tRNA 分子才成为有活性的 tRNA 分子。

3. 修饰

在前体 tRNA 的一些专一部位的碱基需要通过甲基化酶、硫醇酶和假尿嘧啶核苷化酶等的作用进行修饰成为特殊的碱基，如氨基酸臂上 5′的4-硫尿苷（4tu）；D 臂上的 2-甲基鸟苷（2mG）；TψC 臂上的假尿苷（ψ）及反密码子环上的 2-异戊腺苷（2ipA）（图 3.26）。

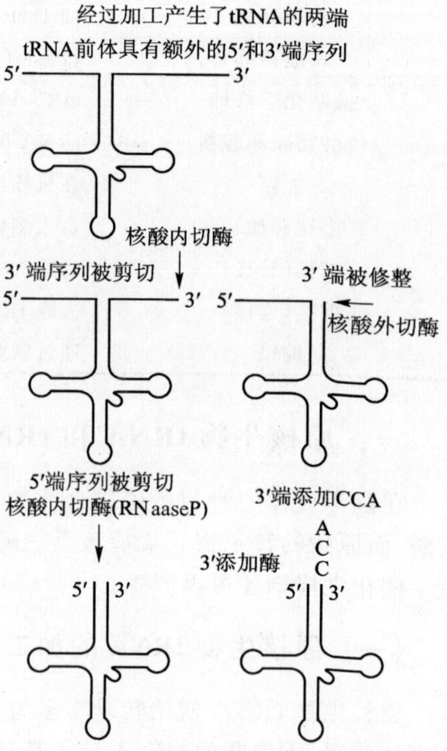

图 3.25 tRNA 前体 3′端通过剪切、修整，再加上 CCA；5′端经剪切而产生成熟 tRNA

（引自 B. Lewin，2004）

（二）原核生物 rRNA 的加工

在 *E. coli* 中 rRNA 有 7 个转录单位，名为 *rrnA-G*，它们在染色体上并不紧密连锁。rRNA 序列是保守的，每个转录单位都含有 16S rRNA、23S rRNA、5S rRNA 及一个或几个 tRNA。但 tRNA 的数量、种类及位置都不固定，或在 16S rRNA 和 23S rRNA 之间的间隔序列中，或在 3′端 5S rRNA 之后。每个转录单位中含有等比例的 16S rRNA、23S rRNA、5S rRNA，因为它们仅存在于核糖体中且是等比例的，因此串联转录单位保障了它们的等量关系。

每个转录单位转录成单个的 RNA 前体分子，经剪切后成为成熟的 RNA 的分子。在 16S 和 23S 之间是 400～500 bp 的转录间隔序列（TS）。在此区域中有一个或多个 tRNA 基因。rRNA 前体的加工是由 RNase Ⅲ 负责的。在 *rnc*$^-$ 的细胞中不存在成熟的 rRNA，只积聚了 30S 的前体 rRNA 分子。这种前体分子在体外能被 RNase Ⅲ 切割为成熟的 16S rRNA、23S rRNA 和 5S rRNA（图 3.27）。

RNase Ⅲ 由两个亚基组成，不含 RNA，起核酸内切酶的作用。它可能识别一级结构和二级结构相结合的某种特征。在 30S 前体 RNA 中，p16S 和 p23S 各自的 5′和 3′都能互补配对，形成含有 1 600 nt 和 2 900 nt 的茎环，RNase Ⅲ 在两者的茎上交错切割（而不在单链泡上切开）产生了 16S rRNA、23S rRNA 和 5S rRNA 前体。再进一步由核酸外切酶进行修整，切除多余的部分形成各种成熟的 rRNA 分子。

二、真核生物 tRNA 和 rRNA 的加工

（一）真核生物 tRNA 的加工

真核生物与原核生物的 tRNA 基因有许多不同点：①真核生物的前体分子 tRNA 是单顺反子，但成簇排列，基因间有间隔区。例如，在爪蟾中每个基因组中各个 tRNA 基因超过 200 拷贝，是一种重复序列。②真核生物 tRNA 基因一般都比原核生物 tRNA 基因多得多，如酵母约有 400 个 tRNA 基因。③真核生物 tRNA 的 5′端都有单磷酸核苷酸，表明已被加工过。④tRNA 的前体分子中含有内含子。

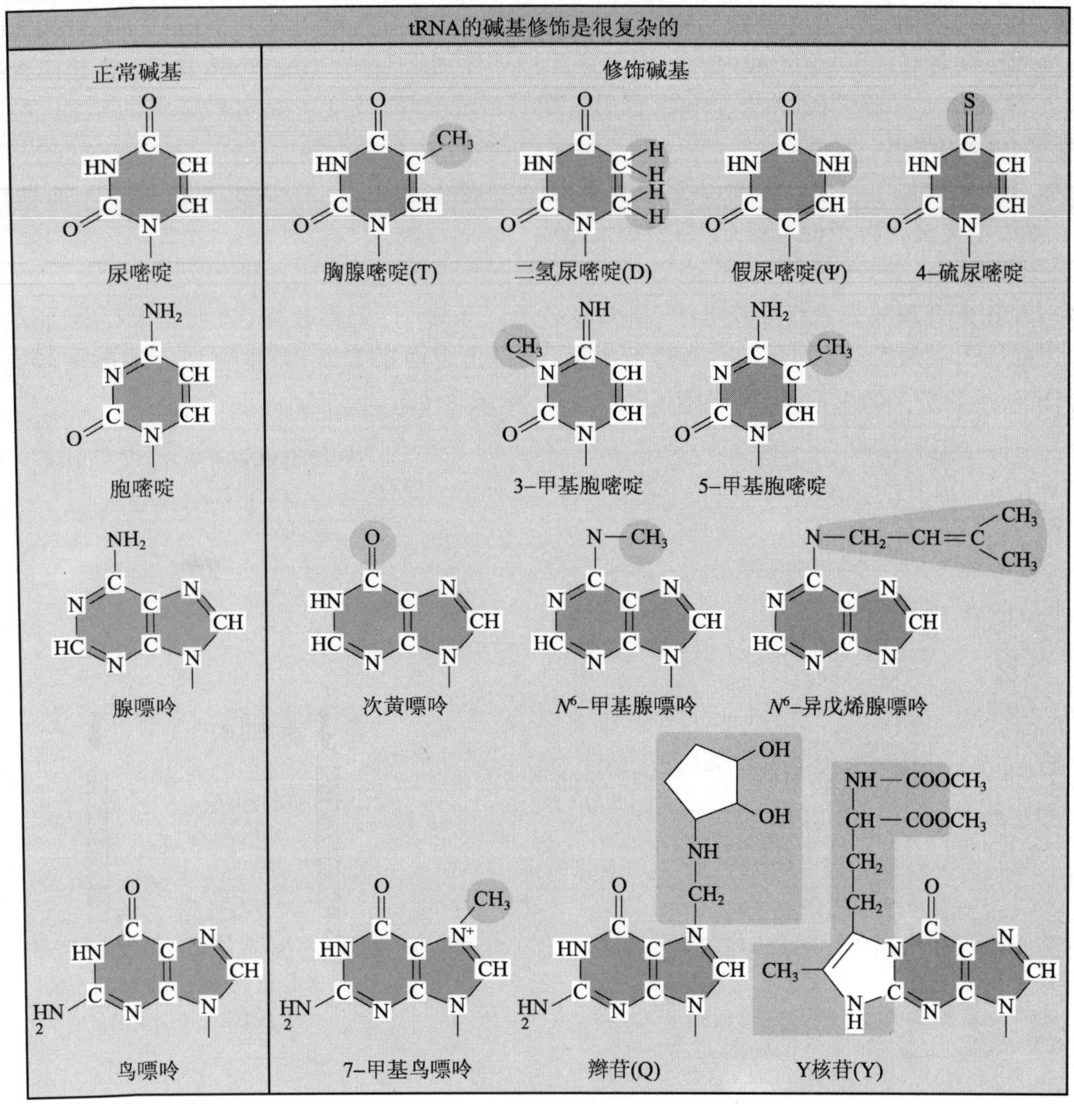

图 3.26　tRNA 中的 4 种碱基类型都可能被修饰

（引自 B. Lewin，2004）

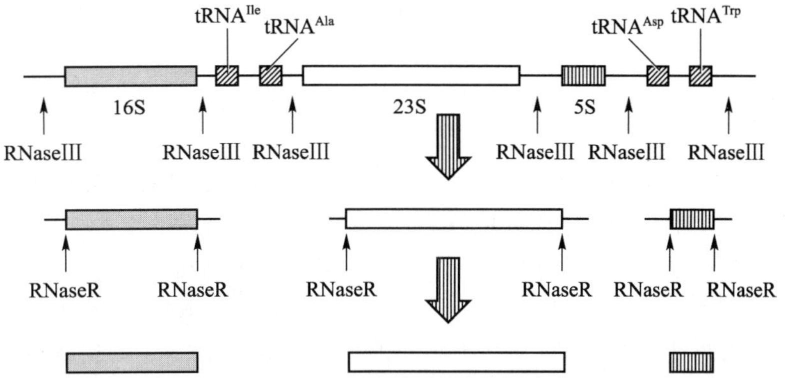

图 3.27　原核生物 rRNA 的加工

真核生物tRNA的内含子有一些共同特点：①位置相同，都在反密码子环的下游(图3.28)；②不同tRNA的内含子长度和序列各异；③外显子和内含子交界处无保守序列，不符合Chambon法则，故其内含子的剪切是依靠RNase异体催化进行剪切；④内含子和反密码子配对形成茎环，改变了反密码子臂的结构，保护了反密码子，使其免受某些酶的降解。

真核生物tRNA的加工和原核生物tRNA有所不同，主要区别在于：①真核生物tRNA前体中无二聚体和多聚体；②增加了剪接内含子的过程；③都要加CCA。

1. 内含子的切除

酵母tRNA在未处理前先进行凝胶电泳，结果只显示一条带，且跑得较慢，表明是tRNA的前体分子；当加入核酸内切酶后无需加入ATP，反应后再进行电泳，结果出现两条带，一条是剪切后游离出的内含子，另一条是互补的外显子，称为**tRNA的半分子**(tRNA half-molecules)(图3.29)。

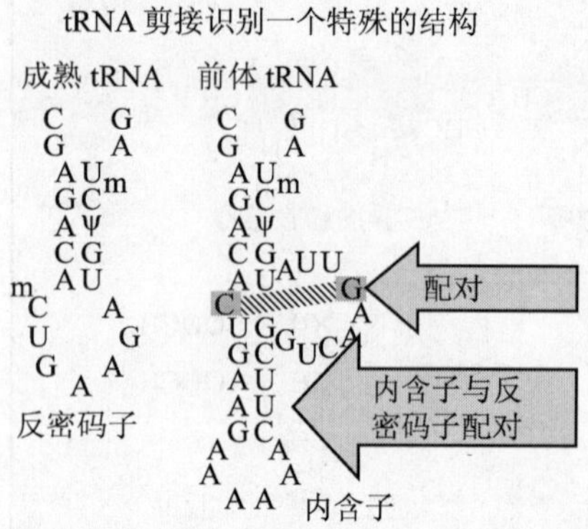

图3.28 酵母苯丙氨酰-tRNA中的内含子可与反密码子环配对，从而改变反密码子臂的结构

茎上的一个突出的碱基(C)与内含子上的一个碱基(G)之间的配对对剪接可能是必需的(引自B. Lewin，2004)

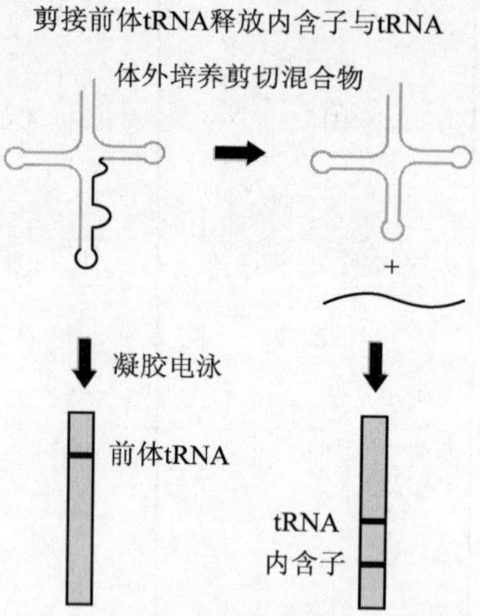

图3.29 酵母tRNA的体外剪接，并可通过凝胶电泳来分析其RNA前体及产物

(引自B. Lewin，2004)

2. 外显子的连接

切除tRNA内含子的核酸酶很特殊，不是形成3′-OH和5′-P，而是产生了**2′-3′环磷酸**和**5′-OH**，因此不能直接连接。此步反应无需ATP，但必须通过**环磷酸二酯酶**(phosphodiesterase)将2′-3′环磷酸打开，形成3′-OH和2′-P。然后5′端须在激酶作用下将5′-OH磷酸化，再通过连接酶将两个半分子连接起来(图3.30)。

哺乳动物的tRNA连接酶可将2′-3′环磷酸与5′-OH直接连接起来，无需环磷酸二酯酶和激酶的介入。

真核生物tRNA内含子的切除和其他内含子的切除是不同的：①既没有交界序列，也没有内部引导序列；②是依赖于蛋白质的RNase，而不是核酶或snRNP；③反应的本质不是转酯反应。

真核生物tRNA内含子的精确剪切依赖于对tRNA共同的二级结构的识别，而不是内含子的保守序列，所以内含子的突变并不影响剪切。前体$tRNA^{Lle}$、$tRNA^{Len}$、$tRNA^{Tye}$及$tRNA^{Phe}$等内含子的上游切点都是在反密码子3′端之后的一个核苷酸上，另一切点常在不配对的泡上。这些tRNA的反密码子和内含子的序列都不同，可见剪切的核酸酶不识别一级结构，而是依赖于tRNA的二级结构。tRNA分子不同部分的区域对于剪切是重要的，包括受体臂、D环、TψC环和反密码子环。

现在发现内含子环中的一个碱基与茎上的一个碱基进行配对，这对剪切来说十分重要，影响这一配对的其他位点的突变也会影响剪接(如产生另一种配对)，这说明内含子的结构并非完全与剪切无关。

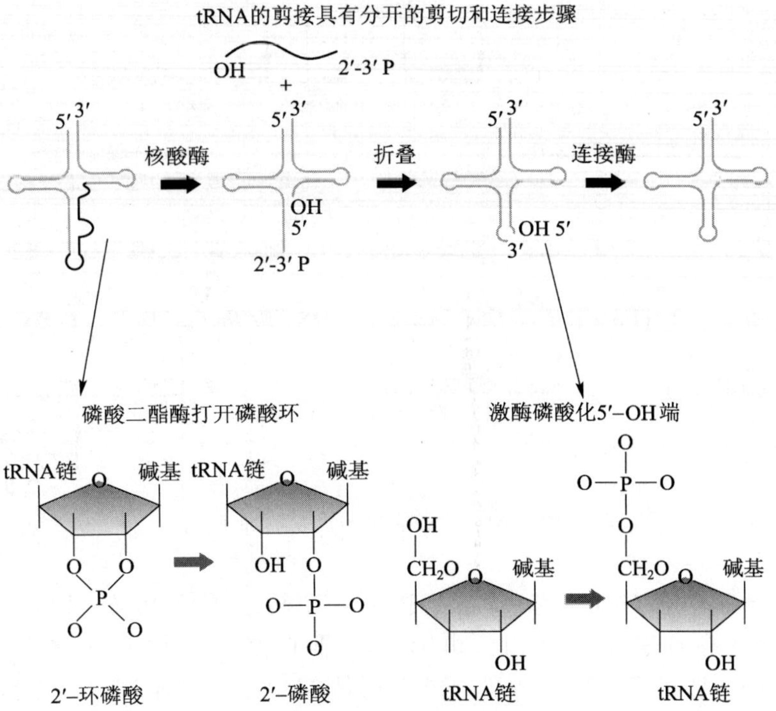

图 3.30　tRNA 的剪接需要核酸酶和连接酶活性

首先被核酸酶在外显子-内含子交界处切开，产生 2′-3′环磷酸和 5′-OH。环磷酸被打开，产生 3′-OH 和 2′-P。5′-OH 被磷酸化，内含子被释放后，余下的 tRNA 半分子折叠成一个含有 3′-OH 和 5′-P 缺口的类 tRNA 结构。后通过连接酶将缺口封闭(引自 B. Lewin，2004)

(二) 真核生物 rRNA 的加工

真核生物的 18S、5.8S 和 28S rRNA 基因是串联在一起形成一个转录本，初始转录本为 45S rRNA(低等真核生物如酵母的是 35S rRNA)。5S rRNA 是和 18S、5.8S 和 28S rRNA 分开转录的，这和原核生物 rRNA 基因不同。

在真核生物的 rRNA 加工中，通常它没有内含子[但在一些原生动物(如四膜虫)的 rRNA 中存在内含子]，因此加工时，无需剪切内含子这一步。真核生物 rRNA 前体的加工过程要通过 4 个阶段，所以速率相对较慢，因此主要的中间产物可从各种细胞中分离出来，从而使哺乳动物的 rRNA 加工过程得以清楚地描述。

不同真核生物的加工顺序可能有些不同，但几乎所有真核生物都有相似的加工反应。多数情况下 5′端由切割直接产生，而 3′端由切割加上 3′-5′修整反应而产生(图 3.31)。我们现在尚不知道加工的细节，但已知道 45S RNA 和蛋白质结合，在核糖体上进行加工，而不是以游离的 rRNA 进行加工。

三、前体 mRNA 的加工

(一) 原核生物 mRNA 前体的加工

前体 mRNA 分子的加工主要指真核生物 mRNA 前体的加工，原核生物的 mRNA 很少经过加工，由于转录和翻译偶联(一边转录一边翻译)，中间没有可加工的间歇时间。但在少数情况下多顺反子 mRNA 先被内切酶切成较小的单位再成为翻译的模板。例如，*E. coli* 基因组上 89～90 bp 处有一个操纵子含有 4 个基因：*rplj*(*L*10)、*rplL*(*L*7/*L*12)(核糖体大亚基蛋白)和 *rpoB*(RNA 聚合酶的 β 亚基)及 *rpoC*(RNA 聚合酶的 β′亚基)。它先转录一个单个的多顺反子 mRNA，然后经 RNase Ⅲ 将其切开，4 个基因两两分开，最后再各自进行翻译。

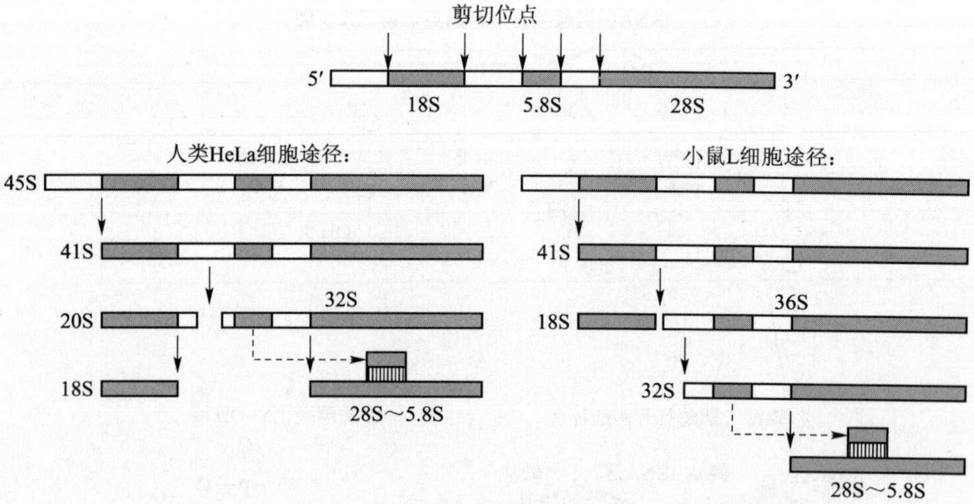

图 3.31 真核生物 rRNA 的加工

T7 噬菌体早期转录区中含有 6 个基因，它们同在一个转录单位中，转录后产生一个大的多顺反子 mRNA，每个 mRNA 之间存在着茎环结构。由 RNase Ⅲ 在茎环处切开前体 RNA 分子，形成单个的 mRNA 进行翻译。RNase Ⅲ 对 T7 的切割和 rRNA 前体的切割有所不同。切点在不配对的"泡"上，而不在茎上。

（二）真核生物 mRNA 前体的加工

1. 核内不均一 RNA

在真核细胞核内可以分离到一类含量很高，相对分子质量很大但不稳定的 RNA，称为**核内不均一 RNA**（heterogenous nuclear RNA，hnRNA），其平均分子长度为 8～10 kb，长度变化的范围从 2 kb 左右到 14 kb 左右，比 mRNA 的平均长度（1.8～2 kb）要大 4～5 倍。估计 hnRNA 仅有总量的 1/2 转移到细胞质内，其余的都在核内被降解。

hnRNA 的结构有以下特点：①5′端有帽子结构；②3′端有 poly（A）尾巴；③帽子结构后有 3 个寡聚 U 区，每个长约 30 nt；④有重复序列，位于寡聚 U 区后面；⑤有茎环结构，可能分布于编码区（非重复序列）的两侧；⑥非重复序列中有内含子区。

人们经分析认为它是 mRNA 的前体，证据包括：①hnRNA 和 mRNA 有相同的序列。小鼠核内 hnRNA 分离出的 1.5 kb（15S）的 RNA 分子和 10S β-珠蛋白 mRNA 都可分别与小鼠的 β-珠蛋白基因进行分子杂交，形成 R 环（图 3.32）。hnRNA 中存在与 mRNA 相同的序列，但比 mRNA 更为复杂，这是 hnRNA 是 mRNA 前体的最有力的证据。②hnRNA 在体外能作为模板翻译蛋白质，这也是 hnRNA mRNA 前体的直接证据。③两者 5′端都有帽子结构，其他 RNA 分子和前体都没有这种特殊的结构。④两者的合成同样不为低剂量放线菌素 D 所抑制，但能被高剂量放线菌素 D 所抑制，表明两者为相同的聚合酶所合成。⑤两者的 3′端都有 poly（A）尾巴，这也是其他 RNA 分子所没有的。

根据以上证据表明：hnRNA 和 mRNA 之间关系密切，至少部分 hnRNA 是 mRNA 的前体。但由于 hnRNA 已有 5′帽结构和 3′poly（A）尾巴，所以它不可能是初始转录本，而已经通过初步的加工。在 β-珠蛋白的 15S RNA 与其 DNA 杂交形成的环是完全互补的，而 10S RNA 与其 DNA 的杂交出现了 R 环，这表明 15S RNA 和 DNA 一样尚未切除内含子，所以可完全互补，而 10S RNA 是已切除内含子的 mRNA，它和 DNA 杂交时可使内含子区域环出。由此可见 hnRNA 虽已加帽、加尾，但尚未切除内含子。

2. 真核生物 mRNA 前体的加工方式

所有的真核生物 mRNA 前体有相似的加工过程。加工过程可分为 5 个阶段：①5′加帽；②3′加尾；③切除内含子；④修饰；⑤某些 mRNA 前体分子还要进行编辑。

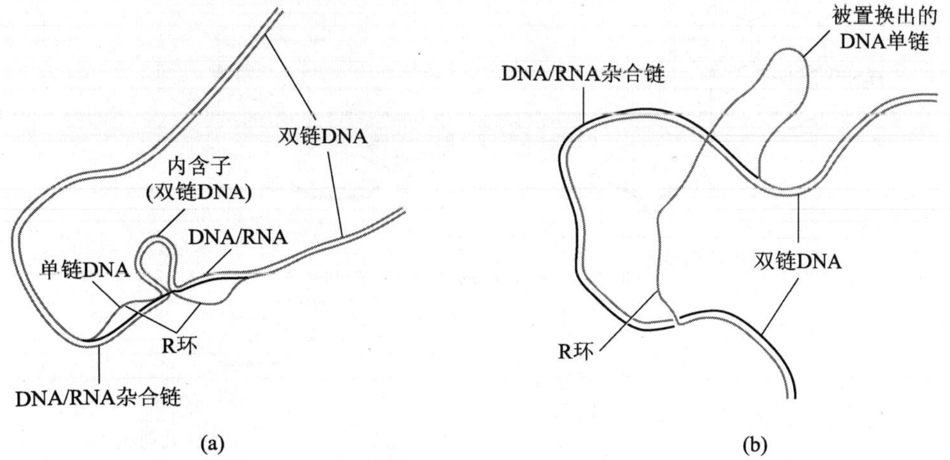

图 3.32　图表示小鼠 β-珠蛋白基因含有一个内含子

(a) 在 10S 成熟的 β-珠蛋白 mRNA 和 β-珠蛋白基因之间形成 R 环　(b) 在 15S 前体 β-珠蛋白 mRNA 和 β-珠蛋白基因之间形成 R 环(引自 P. J. Russell,1992)

(1) 加帽　**加帽**(caping)是真核生物 mRNA 合成后的一种加工形式，在酶的催化下产生 mRNA5′帽子结构，通常是 7-甲基鸟苷($^{m}7G$)与 mRNA 的 5′端通过 3 个磷酸基团形成 5′-5′连接。

mRNA 的 5′端的修饰是在细胞核中进行的，所有的真核生物都是如此。转录开始是用一个三磷酸核苷(通常是一个嘌呤 A 或 G)，这第一个核苷酸的 5′端仍保留三磷酸基团，其 3′端和下一个核苷酸的 5′位点形成磷酸二酯键，转录本的起始序列可能是：

$$5'\mathrm{ppp}\genfrac{}{}{0pt}{}{\mathrm{A}}{\mathrm{G}}\quad \mathrm{pNpNpNp}\cdots\cdots$$

但当人们在体外用酶来处理成熟的 mRNA，并未产生预期的 pppA 或 pppG，而是得到了 5′-5′三磷酸连接的两个核苷酸，而且末端的碱基总是一个 G，它是在转录后加在原来 RNA 分子上的。加帽反应的第一步是在鸟苷转移酶(加帽酶)催化下在 5′端加上鸟苷，这个反应在转录后立即发生；该反应是在 GTP 和原来的 RNA 5′端三磷酸之间进行的缩合(condensation)反应。第二步才是进行甲基化，此反应是在 *S*-腺苷基甲硫氨酸的作用下进行甲基化。

以上在前体 RNA 的前导序列 5′端加上的结构就称为**“帽子”**(cap)。不同的生物中帽子结构也有几种不同的形式：帽子上仅在末端鸟苷的第 7 位上存在单个甲基化位点的称为 **0 型帽子**(cap0)；除此以外在次末端核苷酸核糖上的 2′-O 位点上还有一个甲基位点的称为 **1 型帽子**(cap1)；除末端以外，在第 3 个核苷酸的核糖上(2′-O)有甲基化位点的称为 **2 型帽子**(cap2)(图 3.33)。这 3 种帽子都有 7-甲基鸟核苷三磷酸($^{m}7Gppp$)，它与下一个核苷酸以 5′与 5′方向相对的连接方式相连，这种特殊的结构称为**面对面核苷酸结构**(confrontde nucleotide structure)。

帽子结构的功能主要在 3 方面：①有助于 mRNA 越过核膜，进入胞质；②保护 5′端不被酶降解；③翻译时供起始因子(eIFⅢ)和核糖体识别(第四章)。将有帽和无帽的呼肠病毒(reovirus)的 mRNA 注入表达系统表达，结果有帽的病毒更加稳定，鸟嘌呤不带甲基时翻译效果差，但稳定性不变，但若起始密码子离 5′端很远的话，或者核糖体与 mRNA 亲和力很强，则帽子就显得不那么重要了。

(2) 加尾　RNA 聚合酶Ⅱ转录的 mRNA 前体的 3′端都被切除掉，然后加上 poly(A)尾巴，这和转录终止密切相关。在高等生物中(酵母中无此特点)mRNA 的共同特点是在 poly(A)上游 11～30 nt 处有一特殊序列 AAUAAA，这一序列是高度保守的，称为加尾信号(tailing signal)。体外多腺苷化系统的建立和发展使人们可以了解加尾反应的途径(图 3.34)。

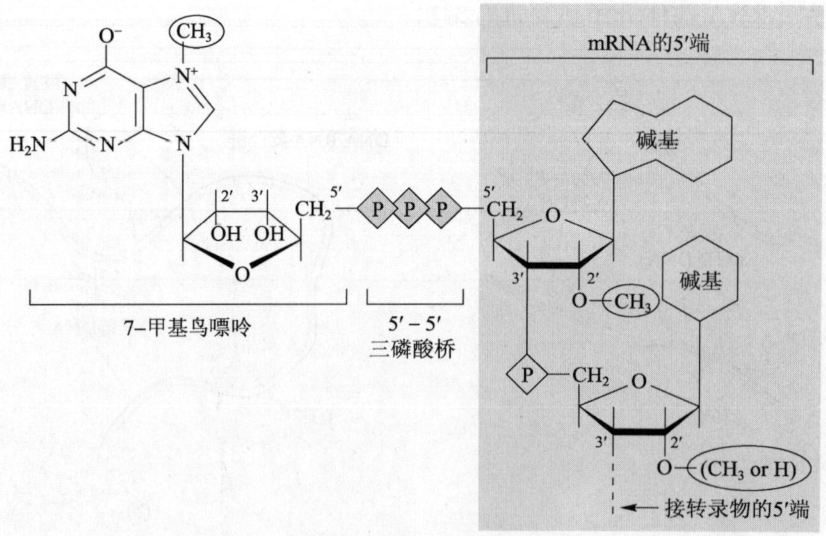

图 3.33 帽子覆盖了 mRNA 5′端，并可在几个位点被甲基化（用椭圆表示）

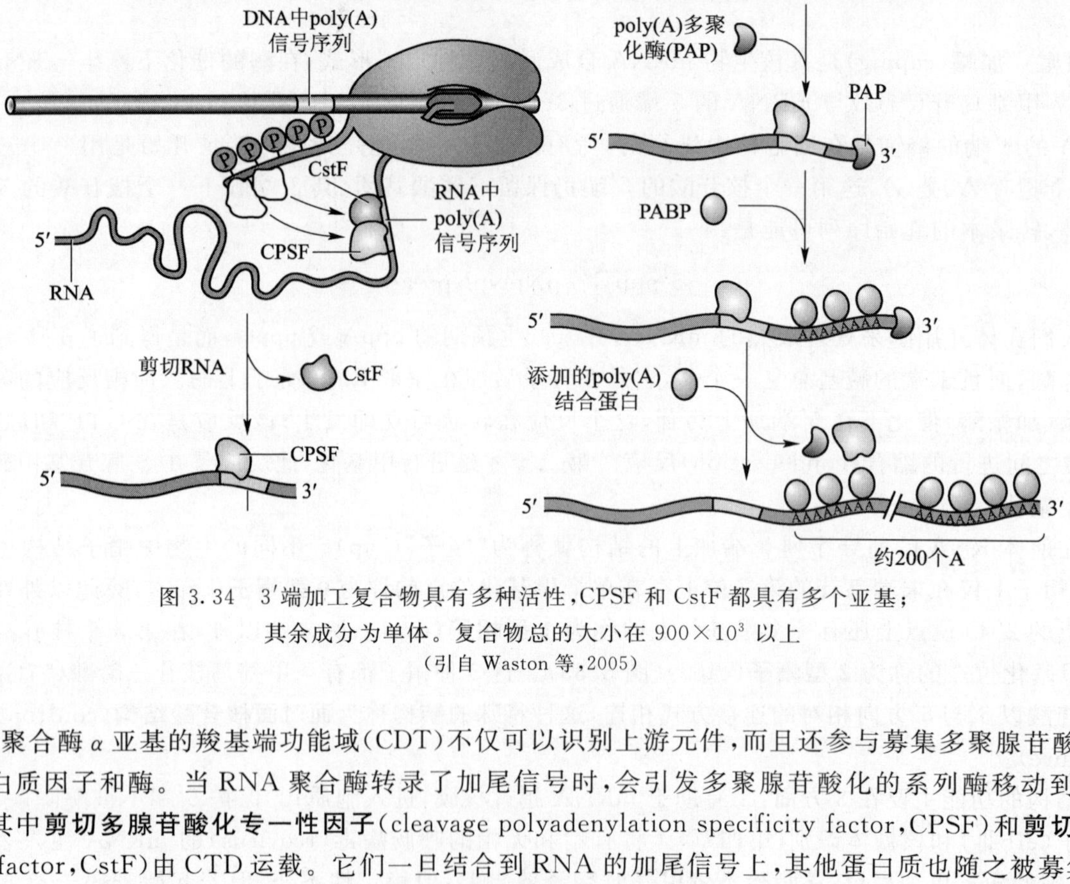

图 3.34 3′端加工复合物具有多种活性，CPSF 和 CstF 都具有多个亚基；
其余成分为单体。复合物总的大小在 900×10³ 以上
（引自 Waston 等，2005）

RNA 聚合酶 α 亚基的羧基端功能域（CDT）不仅可以识别上游元件，而且还参与募集多聚腺苷酸化所需的一系列蛋白质因子和酶。当 RNA 聚合酶转录了加尾信号时，会引发多聚腺苷酸化的系列酶移动到此加尾信号附近。其中**剪切多腺苷酸化专一性因子**（cleavage polyadenylation specificity factor，CPSF）和**剪切刺激因子**（cleavage factor，CstF）由 CTD 运载。它们一旦结合到 RNA 的加尾信号上，其他蛋白质也随之被募集，组装成复合物。CstF 在加尾信号的下游切断 3′端尾巴，由**多聚腺苷聚合酶**[poly(A)polymerase，PAP]在 CPSF 指导下，在尾部加一个短的寡聚 A 序列（10 nt）。此反应依赖于 AAUAAA 序列。第二步是寡聚 A 尾巴延伸到 240 nt 的长度。此反应并不需要 AAUAAA 序列，但需要一个识别寡聚 A 延伸的刺激因子——**poly(A)结合蛋白**（polyadenylate binding protein，PABP）指导 poly(A)聚合酶加 A，加到 200A 左右后反应停止，复合物解离。PABP 被认为通过一未知的机制，控制 poly(A)尾巴的长度。

有的 mRNA 是不进行多聚腺苷化的，其 3′端的形成和前者不同。突出的例子是编码组蛋白的 mRNA，其 3′端形成依赖于末端的二级结构（图 3.35）。

（3）甲基化　在真核生物和病毒的 mRNA 分子上某些位点的腺嘌呤是经过甲基化的，具体的甲基化位点还不太清楚，只知道在 HeLa 细胞、鸟类肉瘤病毒 mRNA 和 SV40 晚期转录的 mRNA 中 ^{m6}A 主要出现在 Ap^{m6}ApC 和 Gp^{m6}A pC 两种序列中，但有的真核生物和病毒的 mRNA 中并没有 ^{m6}A，有人推测这一序列可能为 mRNA 的剪切提供信号。

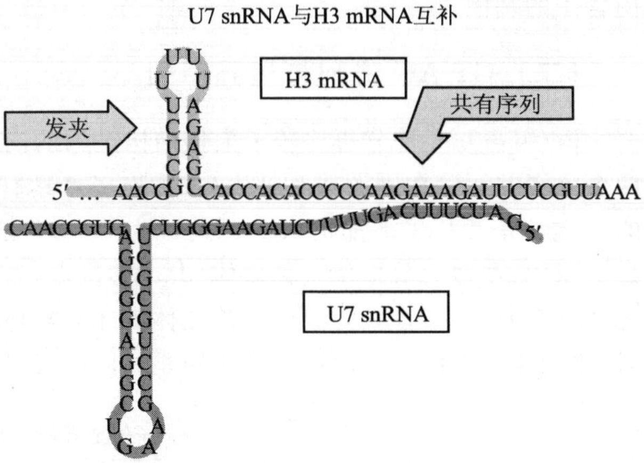

图 3.35　组蛋白 H3 mRNA 的 3′端的形成依赖于保守的发夹结构和与 U7 snRNA 碱基配对的序列
（引自 Lewin，2004）

四、内含子的剪接

内含子**剪接**（splicing）和**剪切**（clearvage）是 mRNA 转录后加工中最为复杂的一环，也是发展很快的研究领域之一。不同内含子的剪切和剪接，其机制、类型和酶都不完全相同。

（一）真核基因中含有内含子的证据

哺乳动物的 β-球蛋白基因中含有内含子的最早证据来自于对 DNA-mRNA 杂交的电子显微镜图像（图 3.32）。DNA-RNA 的二聚体结构比 DNA 二聚体结构更为稳定。所以，如果 DNA 二聚体部分变性后，与同源的 RNA 分子在适当条件下温育，RNA 就会与互补的 DNA 链杂交，而代替另一条 DNA 链。DNA-RNA 杂交的结果是在 DNA 中形成一段单链的区域，该区域称为 **R 环**（R-loops），R 环可以通过电子显微镜观察得到。

当 P. Leder 等人将纯化的 β-球蛋白 mRNA（来自细胞质）与包含该基因的 DNA 分子进行杂交时，他们在电子显微镜下观察到两个 R 环，这两个 R 环被一个双链 DNA 的环分隔开了。这一结果表明，在 DNA 上，β-球蛋白基因中间还存在另一段核苷酸序列，但这段序列却不存在于 β-球蛋白 mRNA 中，所以，这段序列不编码 β-球蛋白的氨基酸序列。当 Leder 等采用来自细胞核且证实是基因的初级转录产物的 β-球蛋白前体 mRNA（pre-mRNA）纯化物重复以上 R 环实验时，他们只观察到一个 R 环（图 3.32）。这一结果表明，初级转录产物包含了完整的结构基因序列，包括外显子与内含子。上述两个实验也表明，在初级转录产物向成熟 mRNA 转化过程中，内含子序列被切除了，而两段外显子序列连接在一起了。

Leder 等很快就采用测序的方法对以上实验加以证实。他们测定了包含内含子与外显子在内的小鼠 β-球蛋白基因序列，然后与根据 β-球蛋白的氨基酸序列推测出的基因序列相比较，其中的非编码序列就很清楚了。如果小鼠 β-球蛋白基因中没有内含子，其假设的表达产物的第 105 到第 110 个氨基酸残基将是 Val-Ser-Leu-Met-Gly-Thr。然而，小鼠 β-球蛋白第 105 到第 110 个氨基酸残基实际为 Leu-Leu-Gly-Asn-Met-Ile。随之，Leder 等还在小鼠 β-球蛋白基因序列中发现了另外一段更小些的内含子。

内含子的存在被证实后，研究者发现大量的真核基因中都存在着内含子。实际上，在高等动植物中这种不连续的基因比连续的基因更为普遍。例如，在非洲爪蟾（*X. laevis*）的基因组中，编码卵黄蛋白原 A2 的基因包含有 33 个内含子，鸡的 α2 胶原蛋白基因中包含至少 50 个内含子，蛋白基因的长度为 37 000 bp，而在成熟的 mRNA 中只有 4 600 nt。其他一些真核基因包含相对较少的内含子，但有些内含子非常大。例如，果蝇的 *Ubx*（ultrabithorax）基因包含一个大约 70 000 bp 的内含子。人体最大的基因之一是杜兴氏肌营养不良致病基因 *DMD*（Duchenne muscular dystrophy），全长 25×10^5 bp，含有 78 个内含子。

虽然高等动植物的大多数基因都有内含子存在，但是它们并不是必需的，因为并不是所有基因都包含内含子。海胆的组蛋白基因与 4 种果蝇热激蛋白基因就是较早发现缺乏内含子的基因，现在已发现了更多的缺乏内含子的基因。

(二) GT-AG法则与边界序列

P. Chambon等分析比较了大量结构基因的内含子剪接位点，发现内含子结构域有两个特点：①内含子的两个末端并不存在同源或互补序列；②连接点具有很短的保守序列，也称为边界序列(图3.36)。100种内含子的5′端都是GT，3′端都是AG，因此称为**GT-AG法则**(GT-AG rule)，又称为Chambon法则。这两个位点序列是不同的，左边的剪接位点称供体(donor)位点，右边的剪接位点称受体(acceptor)位点。这两个位点对于剪接是十分重要的，一旦发生突变无论在体内还是在体外，都会抑制剪接。此法则几乎适合于所有真核生物的核基因，这意味着它们切除内含子的机制是相同的，但不适用于可自体催化的Ⅰ类内含子。

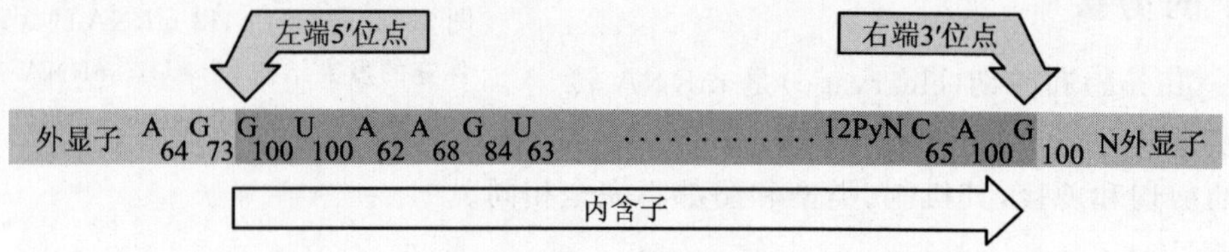

图3.36 内含子的末端用GT-AG法则界定

(引自B. Lewin, 2004)

(三) 核酶与内含子剪接类型

核酶(ribozyme)是T. Cech等(1981年)在研究四膜虫rRNA时发现的，1982年Cech将核糖核酸(ribonucleic acid)和酶(enzyme)这两个词"重组"成一个新词："ribozyme"，它是指本质为RNA或以RNA为主含有蛋白质辅基的一类物质。

迄今，人们发现的核酶有3种类型：①剪接型酶，包括Ⅰ类和Ⅱ类内含子，此类酶催化转酯反应；②水解型酶，如加工tRNA的RNaseP；③剪切型酶，如病毒和植物类病毒、拟病毒中可自我剪切的RNA。核酶在自然界中广泛存在，在真核生物、真细菌和古细菌中都有核酶存在。

核酸具有催化功能，但和酶又有区别，主要表明在两个方面：①一般的酶是纯的蛋白质，而核酶是RNA或带有蛋白质辅基的RNA；②核酶既是催化剂又是底物，随着反应的进行，本身也消失了。而酶却不同，仅催化反应，反应前后其本身的质和量都不发生改变。

核酶的发现是分子遗传学和生物化学中的一项重大突破。其意义在于：①突破了酶的概念。人们一直笃信具有蛋白质性质的酶才能催化生化反应，核酶的发现使人们了解了RNA本身也可具有催化功能，但和酶的催化机制不同，它是一种自体催化；②揭示了内含子自我剪接的奥秘，促进了RNA的研究；③为生命的起源和分子进化提供了新的依据(第十章)。

内含子剪接是核酶催化的结果。核酶催化的反应分为自体催化和半自体催化两类，自体催化包括：①Ⅰ类内含子的自我剪接；②Ⅱ类内含子的自我剪接；③植物类病毒和拟病毒的自我剪切。半自体催化包括：①核mRNA内含子的剪接；②锥虫slRNA的反式拼接；③tRNA 5′端加工，此项不属于转酯反应，但也是核酶的活性之一。

除核酶之外，核酸酶和由内含子本身编码的成熟酶也参与某些内含子的剪接，如真核生物tRNA内含子和酵母*cob*基因的内含子的剪接。不同内含子的结构特点及其剪接反应见表3.7，下面我们将分述不同内含子的剪接反应特点。

表 3.7 不同类内含子的结构特点和剪切/剪接反应

酶	催化类型	加工对象	剪切/接模式	识别信号	特殊结构	反应	中间体
核酶	自体催化	植物类病毒 植物拟病毒	剪切	13 nt 的保守序列	锤头结构和杂种 RNA	内切	
		Ⅰ类内含子	顺式拼接	边界序列	核心序列和内部引导序列	转酯反应	L19 IVS
		Ⅱ类内含子	顺式拼接	边界序列	分支序列	转酯反应	套索
	半自体催化	核 mRNA	顺式拼接	边界序列	分支序列	转酯反应	套索
		锥虫 VSG	反式拼接	边界序列		转酯反应	Y 型结构
内切酶 连接酶 核酸酶	异体催化	tRNA5′端加工	剪切 5′	发夹结构	外部引导序列	内切	
		tRNA 内含子	剪切	茎和环上的一对碱基	内含子和反密码子配对形成的环	内切	半分子
成熟酶	自体催化	酵母 *cob* 基因的内含子	剪切	?	?		

(四) Ⅰ类内含子的自我剪接

Ⅰ类内含子的自我剪接发现于线粒体基因组中,也存在于极少数单细胞真核生物(如嗜热四膜虫的 rRNA)的核基因组中。噬菌体中少数内含子也是Ⅰ类内含子(如 T4 噬菌体胸苷酸合成酶基因)。

1981 年 T. R. Cech 等用四膜虫(*T. thermophila*)为材料来研究真核生物染色体的结构对基因表达的影响,他们分离得到了 35S 的前体 rRNA,它含有一个长 413 bp 的内含子。这个 35S rRNA 无论是否加入核的抽取物,只要加入一价或二价阳离子及 GTP 就可以在体外释放出 413 bp 的线性内含子,若继续保温,该线形内含子又可形成环状的 RNA(图 3.37),这一结果意味着 35S RNA 在 GTP 的作用下可以自我剪接。这个新奇的发现突破了人们的传统观念,不免会提出疑问,是否有少量酶含在其中而造成假象?为了澄清这个问题,T. R. Cech 等又用了大量的 SDS-酚来抽提,以较彻底地去除蛋白质,或用蛋白酶来处理,但结果仍然可以**自我剪接**(self-splicing or autosplicing)。为了进一步证实这种自我剪接,排除其他可能的异体催化,将四膜虫 rRNA 的内含子(413 bp 的序列)插到 β-半乳糖苷酶的第 10 个密码子中,再转化 *E. coli*(图 3.38)。β-半乳糖苷酶基因由于外源片段的插入而失活,就不能使底物 X-gal 变蓝,菌株为白色;如果插入的 β-半乳糖苷酶基因能自我剪切掉,那么 β-半乳糖苷酶基因的活性就可得到恢复,使 X-gal 变蓝。实验结果确实有部分的菌落变成蓝色,说明内含子的确可以自我剪切。这个实验设计的缜密之处在于:①转化实验是用提纯的 DNA 进行转化,即使含有微量蛋白质,也不能被转化到受体细胞中;②*E. coli* 本身是没有内含子的,也不含可以帮助内含子剪接的任何酶类,证明内含子的剪接是自我剪接;③可引入突变的剪接信号,以便探究剪接信号的作用。而体内实验是难以进行这项工作的。

1982 年 Cech 小组提出了四膜虫 35S rRNA 自我剪接的模型(图 3.39),认为其化学反应的本质是**转酯反应**(transesterification reaction)。用同位素标记的 GTP 加入到分离的 35S rRNA 中,发现它留在 413 nt 的内含子内,因此推测 GTP 上的 3′-OH 对内含子 5′端和外显子交界处的 U-A 之间的磷酸二酯键发起**亲核进攻**(nucleophilic attack),切下外显子,而其 3′-OH 和内含子 5′端(G)的磷酸形成了新的磷酸二酯键,从而结合到内含子上,这就是转酯反应。切下的外显子的 3′-OH 又对内含子 3′端交界的磷酸二酯键作亲核进攻,切下 414 nt 的内含子,而和外显子以新的磷酸二酯键相连。切下的 414 nt(413 IVS 加上外加的鸟苷)内含子,其 3′-OH 又对本身 5′端第 15、16 两个碱基之间的磷酸二酯键进行亲核进攻,切下 15 nt 的小片段,余下的 399 nt 的**间插序列**(intervening sequence,IVS)(即内含子)首尾相连而呈环状,环形内含子可进一步水解,在首尾相接处切开磷酸二酯键,成为 399 nt 线形内含子,因为已丢失了 15 个 nt,故称其为 L-15 IVS,L 是“lose”的缩写。L-15 IVS 的 3′-OH 再次对其本身 5′端第 4~5 碱基之间的磷酸二酯键发动亲核进攻,切下 4 nt 的小片段,余下环形的 395 nt 内含子,经再次水解,产生了 395 nt 线状的内含子,因前后一共丢失了 19 nt 的小片段,故称其为 L-19 IVS。

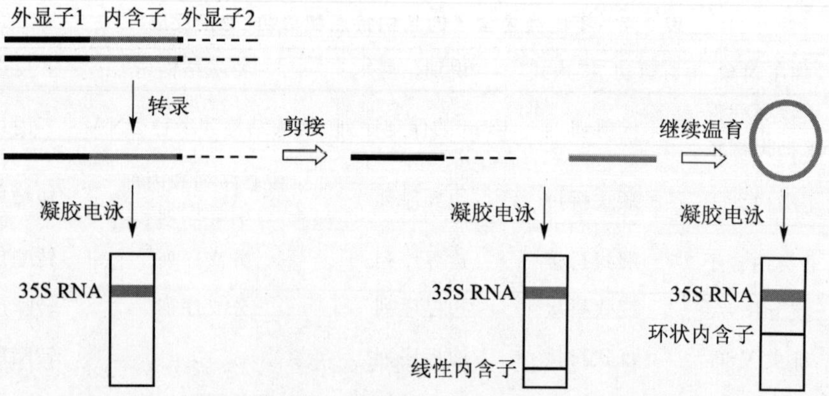

图 3.37 四膜虫 35S RNA 保温前后的电泳结果

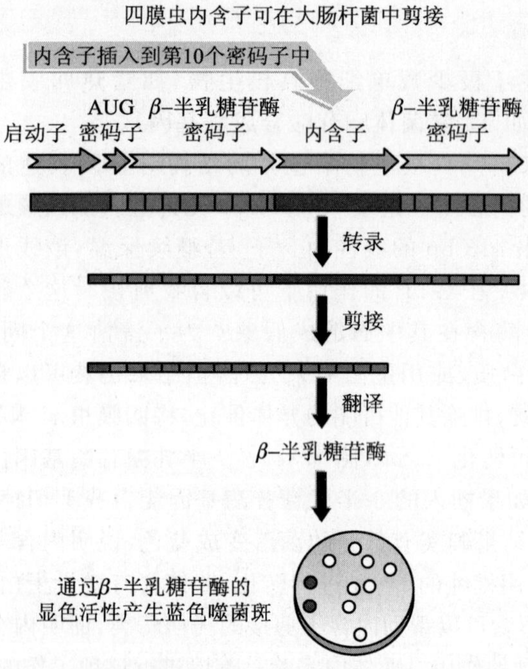

图 3.38 将四膜虫的内含子插入到 β-半乳糖苷酶编码区而建立一种在大肠杆菌中分析自我剪接的方法

通过加入一种可被 β-半乳糖苷酶催化而显示蓝色的物质，来检测该酶的表达。由于这个序列是由噬菌体携带的，因此可通过检测蓝色噬菌斑来显示成功剪接(引自 B. Lewin，2004)

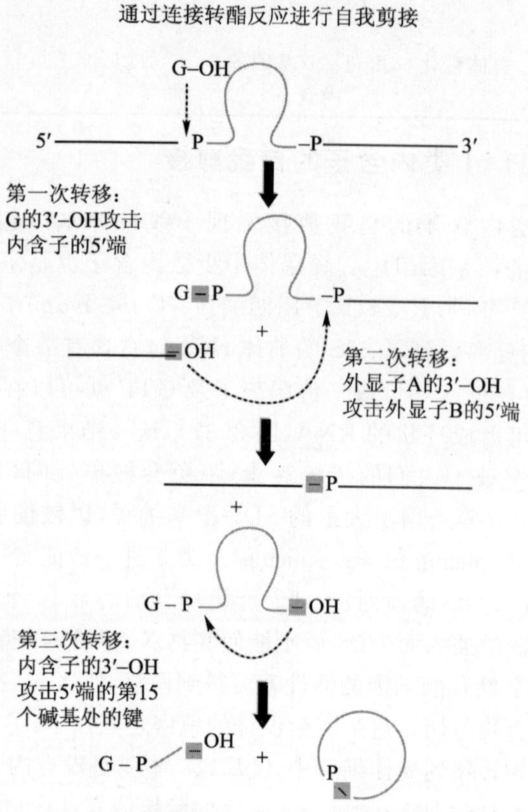

图 3.39 自我剪切的转酯反应中键之间的交换是直接进行的，图中的每一步所产生的化学键用小方块表示

(引自 B. Lewin，2004)

1. Ⅰ类内含子的结构特点

Ⅰ类内含子的结构特点是：①其边界序列为 5′ U↓…… G↓3′(↓表示剪切位点)；②具有**中部核心结构**(central core structure)；③具有内部引导序列。

所有的Ⅰ类内含子中都可以形成一种特征性的二级结构。四膜虫内含子中共有 9 个碱基配对区(P1～P9)，其中有两个配对区(P4 和 P7)是Ⅰ类内含子中共有的保守序列。P4 由 P 和 Q 序列形成，长 10 nt，有 6～7 个碱基是可以配对的。P7 是由 R 和 S 序列构成的，长 12 nt，但只有 5 个碱基可配对，其他的配对区在不同的内含子中是不同的。突变分析表明，P3、P4、P6 和 P7 是核心结构，也就是可以执行催化的最小区域(图 3.40)。R. W. Davies 等(1982 年)首先提出了内部引导序列(internal guide sequences，IGS)的概念，它是内含子中可与外显子配对的序列，由 6 nt 组成：GAGGG(四膜虫)。最初人们认为 IGS 的作用是通过与两个外显子近侧区域配对，使外显子并在一起，现在认为其作用是决定剪接的专一性，而且使切点的 U 处于易于受到攻击的暴露点。

碱基的配对对于产生核心结构是很必要的，顺式作用位点的突变就会阻止Ⅰ类内含子的剪接。

2. Ⅰ类内含子的剪接机制

核酶具有多种催化活性，对于Ⅰ类内含子来说这些活性是由于它可以产生特殊的二级和三级结构，形成活性位点，相当于传统酶的激活位点。图 3.41 就表示在这些位点上进行的剪接反应。内含子的二级三级结构形成了鸟苷结合位点和底物结合位点，后者依赖于内部引导序列的配对来确定。核心结构和内部引导序列又使这两个位点彼此靠近，便于相互作用。

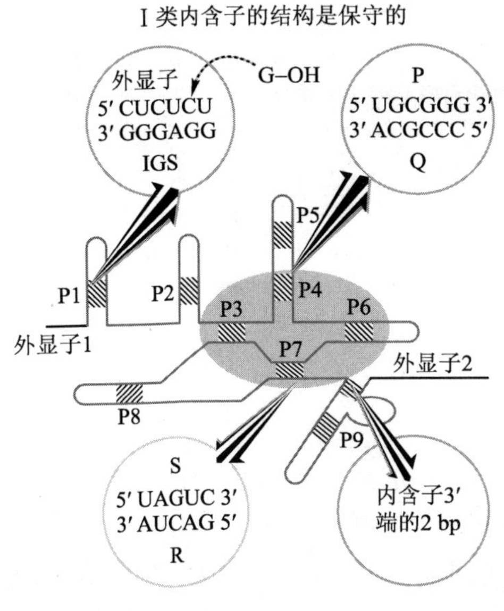

图 3.40 Ⅰ类内含子具有由 9 个碱基配对形成的共有二级结构
这个区域的 P4 和 P7 序列是保守的，含有 P、Q、R 和 S 序列。P1 区是由左边的外显子和内含子的 IGS 配对而形成的；P7 和 P9 之间的区域和内含子的 3′端配对(引自 B. Lewin，2004)

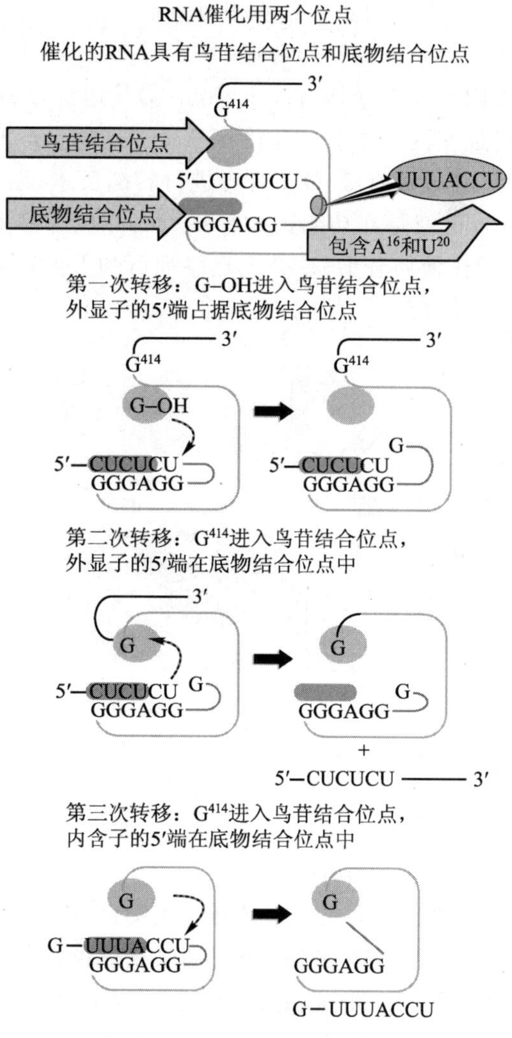

图 3.41 在四膜虫的 rRNA 中，Ⅰ类内含子的切除过程包括从占据鸟苷结合位点到占据底物结合位点之间的一系列连续反应
(引自 B. Lewin，2004)

在剪接过程中，第一步是 GTP 进入鸟苷结合位点，左边外显子的 3′端通过和引导序列的互补配对进入底物结合位点。GTP 的 3′-OH 作用于左边外显子和内含子交界处的磷酸二酯键，本身结合到内含子的 5′端，被切下外显子的 5′端仍保持在底物结合位点上，并未游离。第二步内含子的 G^{414}（即 3′交界序列上的鸟苷酸）又进入了鸟苷结合位点，切下的外显子 3′-OH 又对鸟苷结合位点上的鸟苷酸与 3′外显子之间的磷酸二酯键发动亲核进攻，切开磷酸二酯键，而其 3′-OH 和 3′外显子的磷酸重新形成磷酸二酯键而连接起来，这样就完成内含子的剪接。内含子成为线形的 413 nt 的 RNA 分子。第 3 步，内含子 5′端和引导序列的相邻序列通过引导序列互补配对，进入底物结合位点。仍然留在鸟苷结合位点上的 G^{414}，其 3′-OH 再作用于底物结合位点上的序列，切下 19 nt 的内含子 5′端，并和余下内含子的 5′-P 形成二酯键，产生 414 nt 的环状内含子。

（五）Ⅱ类内含子的自我剪接

Ⅱ类内含子在植物和低等真核生物的细胞器基因组中发现。Ⅱ类内含子的剪接和Ⅰ类内含子不同，而和核 mRNA 内含子的剪接有些相似。

1. Ⅱ类内含子的结构特点

Ⅱ类内含子的结构有以下特点：①其边界序列为 5′↓GUGCG……YnAG↓，符合 GT-AG 法则。②二级结构的形成使两个相邻的功能区靠近。功能区 5 和功能区 6 被两个碱基隔离开。功能区 6 含有一个不配对腺苷酸残基，其上带有 2′-OH 首先进行转酯反应（图 3.42）。③在内含子的近 3′端具有**分支点序列**（branch-point seguence），也就是在功能区 6 有 6～12 nt 保守序列，在哺乳动物中为 YNCURAY（Y 表示嘧啶，R 表示代表嘌呤，N 表示任何核苷酸）。分支点序列可和上游序列互补，形成茎环，但腺苷酸不配对（图 3.43）。

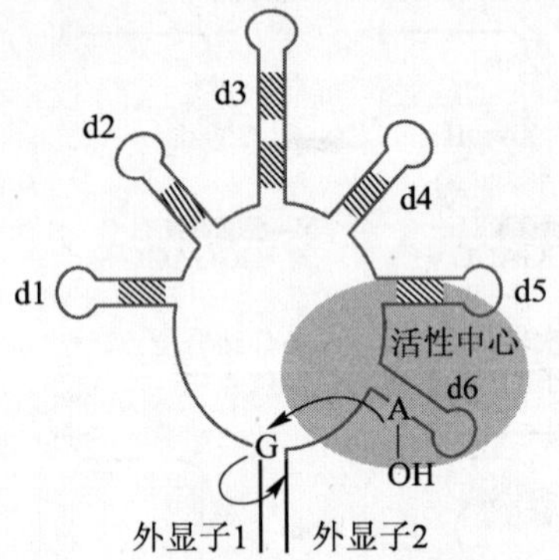

图 3.42 Ⅱ类内含子的结构

其剪接反应由两次转酯作用完成：第一次是游离羟基攻击外显子 1 和内含子连接处，第二次是外显子 1 末端产生的羟基攻击外显子 2 与内含子连接处（引自 B. Lewin，2004）

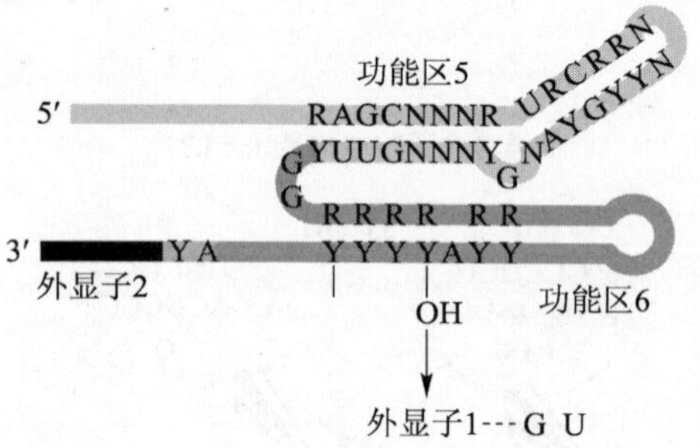

图 3.43 Ⅱ类内含子剪接反应的活性中心

（引自 B. Lewin，2004）

2. Ⅱ类内含子的剪接机制

Ⅱ类内含子的剪接无需鸟苷的辅助，但需 Mg^{2+} 的存在。第一步是分支点腺苷酸的 2′-OH 对 5′端外显子和内含子交界处的磷酸二酯键发动亲核进攻，切下外显子 1，内含子 5′端的边界序列上鸟苷酸的 5′磷酸和分支点腺苷酸的 2′-OH 形成磷酸二酯键，从而产生了**套索**（lariat）结构（图 3.44）；第二步是切下的外显子的 3′-OH 继续对内含子 3′端的边界序列进行亲核进攻，切下的外显子 2 的 5′磷酸和外显子 1 的 3′-OH 形成磷酸二酯键，连接在一起，同时释放出套索状的内含子。

（六）核 mRNA 的剪接

核 mRNA 剪切过程和Ⅱ类内含子十分相似，但根本的不同点是核 mRNA 前体的剪接本身不能形成二级结构，必须依赖于 snRNP（U1、U2、U4、U5、U6）的帮助才能形成剪接体，进行自我剪接。和 snRNA 的结合是相当复杂的，但剪接反应的第一步5′位点的剪接是由U6催化的，3′位点是由5′外显子1的3′-OH对内含子3′端切点进行转酯反应来完成。

1. 核mRNA内含子的结构特点

核mRNA内含子有以下特点：①其边界序列完全符合GU-AG法则。②它和Ⅱ类内含子相似也具有分支点序列。位于内含子3′端上游18～40 nt处，序列为$Py_{80}NPy_{87}Pu_{75}APy_{95}$其中A为百分之百的保守，且具有2′-OH。③内含子5′端有一保守序列(5′GUAAGUA3′)可以和U1 snRNA的5′端的保守序列3′CAUUU-CAU5′互补。

2. 核mRNA内含子的剪接机制

核mRNA剪接的过程是一个复杂的过程，首先要解决的是如何识别剪接位点，一般是通过两种途径：①存在一种酶可以特异的识别它们，并将两者的保守序列拉到一起；②通过RNA的碱基配对产生二级结构，再由一种酶来识别。

核mRNA的剪接可能要依赖于**反式作用RNA**(trans-acting RNA)。在真核生物中都含有很多的不连接的小分子RNA片段，在高等生物中其长度为100～300 nt，在酵母中长度可达1 000 nt，其丰度很高。仅位于核内的这些RNA称为**小分子核内RNA**(small nuclear RNA，snRNA)。在细胞质内的称为**小分子胞质内RNA**(small cytoplasmic RNA，ScRNA)。在自然状态下，它们以核糖核蛋白(snRNP)的形式存在。在剪接装置中会有几种snRNP和大量的附加蛋白质，常称为剪接因子，这些snRNP是U1、U2、U5和U4/U6。U1、U2和U5 snRNA每种都含有单个的snRNA和几种蛋白质，而U4/U6含有U4和U6 snRNA及几种蛋白质。

U1 snRNA自我配对形成了多个茎环结构，从而构成了不同的功能区(图3.45)。U1 snRNA的Sm结合位点是和其他snRNP相互作用的区域。其5′端有一保守序列：3′CAUUCAU 5′，这一序列可与核mRNA内含子5′端的边界序列互补结合，这对于剪接反应是很重要的。以腺病毒12S RNA的5′端边界序列为例，如果此序列从GUGAGG突变成为GUGAAU，虽然仅两个碱基发生改变，配对的碱基数仍然未变，仅减少了一个

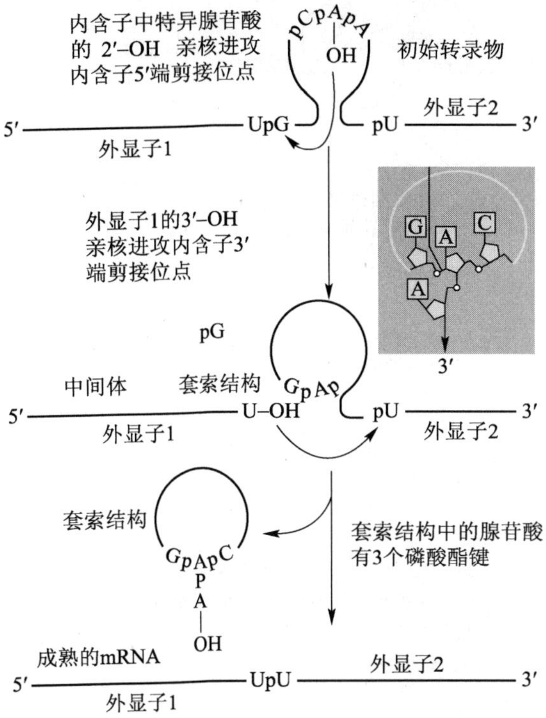

图3.44　Ⅱ类内含子的剪接机制

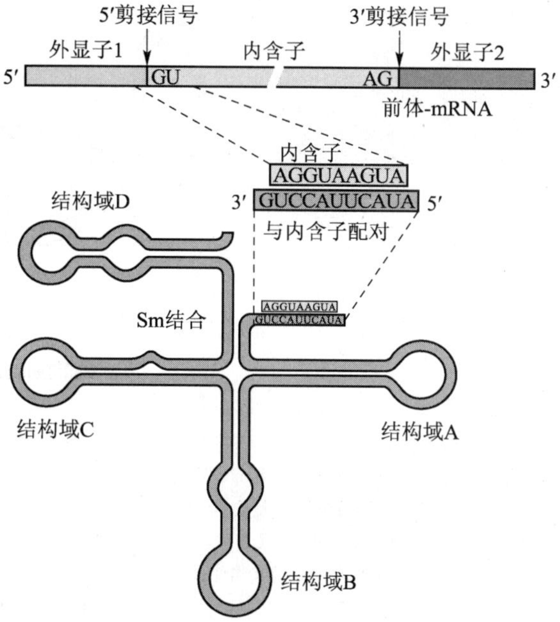

图3.45　U1 snRNA具有产生一系列结构域的碱基配对结构。其5′端保留着单链的形式，并可与内含子的5′端剪接位点配对

氢键，但结果却不能剪接。若在此基础上 U1 RNA 的 5′端序列也发生相应的突变，使得突变的碱基也能配对，结果又恢复了剪接的能力(图 3.46)。由此可见 U1 RNA 5′端保守序列和内含子 5′端剪接位点的配对对于剪接反应来说是十分重要的。其作用可能是通过配对使 URNP 可以和核 mRNA3′剪接位点牢固地结合，再通过 U1 和其他 snRNP 的相互作用，使 5′剪接位点与 3′剪接位点彼此靠近，弥补核 mRNA 本身不能通过形成特殊的二级结构将两个剪位位点拉近的问题，使剪接能顺利进行。

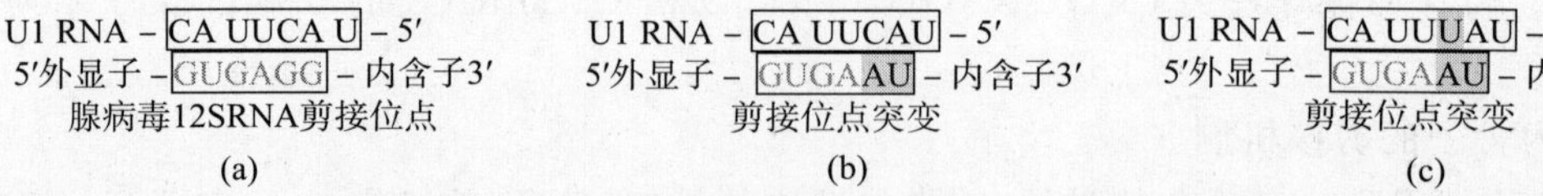

图 3.46 U1 RNA 5′端剪切位点功能的突变能被 U1 snRNA 上的互补突变所抑制，而恢复碱基配对

(a) 野生型 U1 snRNA 与 12S 前体 mRNA 碱基配对，正常剪接 (b) 野生型 U1 snRNA 与突变的 12S 前体 mRNA 碱基不完全配对，不剪接 (c) 突变的 U1 snRNA 与突变的 12S 前体 mRNA 碱基配对，恢复剪接

图 3.47 表示 snRNP 的剪接功能和反应步骤。第一步是 U1 通过和 5′剪接位点的配对和 5′位点结合。但 U1 也可和分支位点结合，因带有突变的分支位点的前体 mRNA 其 5′位点是不能和 U1 snRNA 结合的，现在还不知道 U1 是如何识别分支位点的，可能和 snRNP 的某些组分有关，或者存在某些辅助因子。

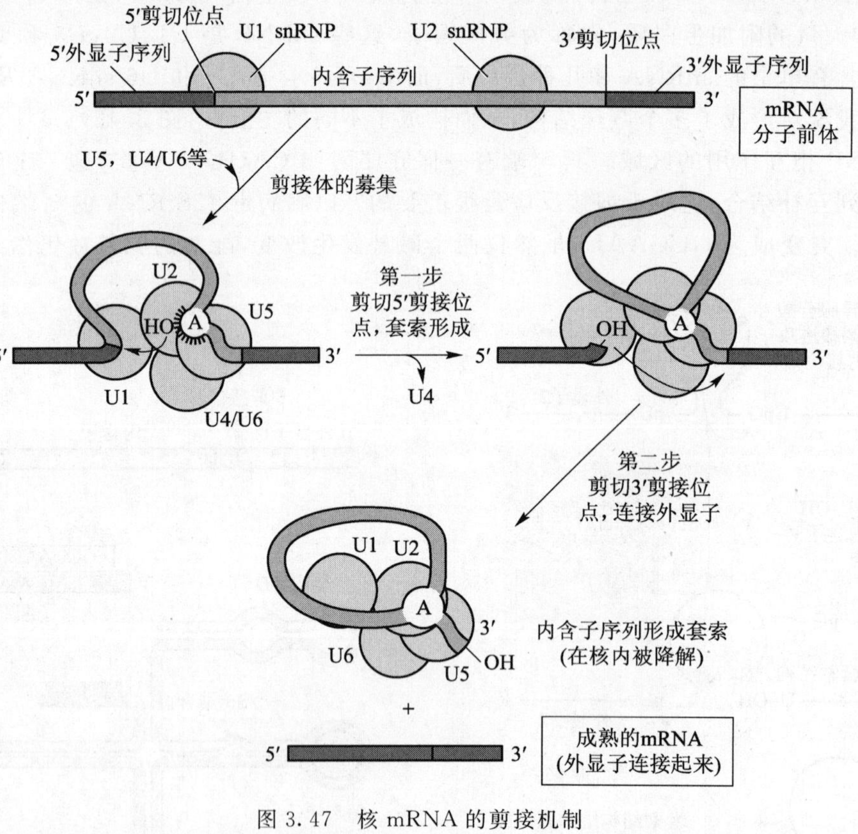

图 3.47 核 mRNA 的剪接机制

核 mRNA 的剪接是由 U1、U2、U5 和 U4/U6 snRNP 加其他成分所形成的剪接体催化的。剪接体募集后进行两步反应：第一步是内含子中分支位点上的 A(靠近 3′剪接位点)进攻并剪切 5′剪接位点，切下的 5′端内含子与 A 共价连接形成套索。在第二步中，前步反应所产生的第一个外显子序列的 3′-OH 亲核进攻 3′剪接位点，两个外显子序列彼此连接，而内含子序列所形成的套索被释放。剪接反应发生在核中，由前体 mRNA 形成成熟的 mRNA 分子(引自 B. Alberts 等，2002)

U1 的存在对于第二步也是必要的。在第二步中 U2 snRNA 结合在分支位点上。U2 snRNA 通过和分支位点的碱基配对来识别它。在酵母中分支位点序列为 5′UACNACA 3′，可和 U2 形成 7 bp 的双链。剪切反应需要特殊的 **U2 剪切因子**(U2 auxiliary factor，U2AF)。U2 snRNA 的结合需要 ATP 水解，并将前体 mRNA

置于剪切途径中。

由于分支位点紧靠3′剪接位点，U1 snRNA（结合在5′位点）和U2 snRNA（结合在分支位点）之间的反应使两个剪接位点彼此靠近。

含有U5和U4/U6 snRNA的三聚体结合，水解ATP，现在剪接装置的所有成分都全部到位，在剪接反应前，它们都装配起来。

U1和U2是剪接起始阶段是所需要的，它们的失活会阻碍5′位点的剪切和套索的形成。虽然5′位点和U1 snRNA的碱基配对负责剪接位点的识别，但并不控制剪切。U1在反应开始前解离，在此点上的U5 snRNA会改变自己的位置，开始它靠近外显子，然后移到附近的内含子上。

催化反应通过U4的释放来启动。同时也需要ATP的水解，U4 snRNA的作用可能是"抓住"U6 snRNA，直到U6参加反应。

以上几种内含子的剪接机制是不同的，现总结如表3.8所示。

表3.8　几种不同内含子剪接反应的区别

	酵母tRNA	Ⅰ类内含子	Ⅱ类内含子	核mRNA前体
边界序列	无	5′U↓-G↓3′	5′↓GU-AG↓3′	5′↓GU-AG↓3′
特殊序列	C(茎上)－G(环上)	内部引导序列	分支点序列	分支点序列，5′外显子序列
二级结构	茎环构象	核心结构	5、6功能区	剪接体
基因外的成分	内切酶，连接酶	GTP，Mg^{2+}	Mg^{2+}	U1、U2、U4、U5、U6
能量要求	ATP	不	不	ATP
中间型分子	半分子tRNA	环状L-19 IVS	套索	套索

（七）反式剪接反应

内含子的剪接一般都是发生在同一个基因内，切除内含子，相邻的外显子彼此连接，称为**顺式剪接**（cis-splicing）；但也有另一种情况，即不同基因的外显子剪接后相互连接，称为**反式剪接**（trans-splicing）。

反式剪接的情况较少，较典型的例子是锥虫**表面糖蛋白**（variable surface glycoprotein，VSG）基因，线虫的**肌动蛋白基因**（actin genes）和衣藻（*chlamydomonas*）叶绿体DNA中含有的*psa*基因（植物光合系统基因）的内含子剪接。

Von der Ploeg等（1982年）发现在锥虫（*Trypanosome*）中许多mRNA的5′端都有共同的35 nt前导序列，但每个转录单位上游并未编码这个前导序列，1986年W. J. Murphy和R. E. Sutton证实这是一种反式剪接。这种前导序列来源于基因组中位于别处的重复序列所转录的小片段RNA，每个重复单位长135 nt，前面35 nt的前导序列可以通过转酯反应加到VSG mRNA的5′端，反应如图3.48所示。其反应机制和核mRNA内含子的剪接机制是相似的。在VSG mRNA右侧内含子上有分支位点，可以和重复序列的内含子相连接。因为这两段序列是反式结构，所以形成Y形中间体而不形成套索，用去分支酶处理就可以得到两个片段，若是套索的话就会得到一条片段。切下的5′端外显子，即35 nt的前导序列的3′端可以再进行第二次转酯反应。

反式剪接的5′端外显子称为**剪接前导RNA**（splicing leader RNA，SL RNA）。SL RNA存在于几种锥虫和线虫中，它们具有共同的特点，即可折叠成相同的二级结构，有3个茎环和1个单链区，此单链区类似于U1的Sm结合位点。因此SL RNA存在和snRNP相似的形式。可能作为snRNP中的一种。锥虫具有U2、U4和U6 snRNAs，但没有U1和U5 snRNA。U1 snRNA的缺乏可通过SL RNA的特点加以解释。即SL RNA和U1 snRNA一样具有可以和内含子5′端剪接位点识别和结合的功能。

SL RNA的反式剪接反应可能体现了核内剪接装置的进化。SL RNA提供了顺式剪接中识别5′端剪接点的能力，这可能依赖于RNA的特殊构象。它保留了剪接所必要的功能，在其mRNA剪接中是由独立的snRNA所提供的。无需像U1 snRNP之类的剪接因子的帮助，SL RNA就能执行剪接的功能，表明5′端剪接位点的识别是直接依赖于 RNA 的。

在线虫的肌动蛋白基因中也存在着类似的情况。3 种肌动蛋白的 mRNA(和某些其他的 RNA)在 5′端有相同的 22 nt 的前导序列。这个前导序列并不是由肌动蛋白基因编码的,而是来自于长 100 nt 单独转录的 RNA 的一个部分。

植物线粒体基因的表达经常存在反式剪接。当一个基因的片段分散在 mtDNA 分子上时,发生反式剪接。每个基因片段被独立地转录,不同转录物的外显子通过与其旁侧内含子之间的相互作用而被一起剪接。例如,小麦编码 NADH 还原酶的一个亚单位的 *nadl* 基因,在 mtDNA 中被分成 4 个片段。其中每一个片段都被分别地转录出来,导致转录物随之被一起剪接而形成 mRNA(图 3.49)。这个过程需要一个顺式剪接作用和 3 个反式剪接作用。

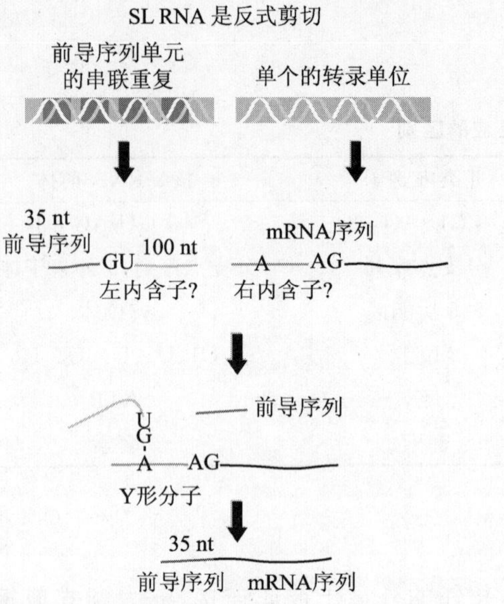

图 3.48 锥虫 SL RNA 提供了一个通过反式剪接与 mRNA 第一个外显子连接的外显子。这个反应和细胞核的顺式剪接的相互作用相同,但产生 Y 形中间体,而不是套索结构

(引自 B. Lewin,2004)

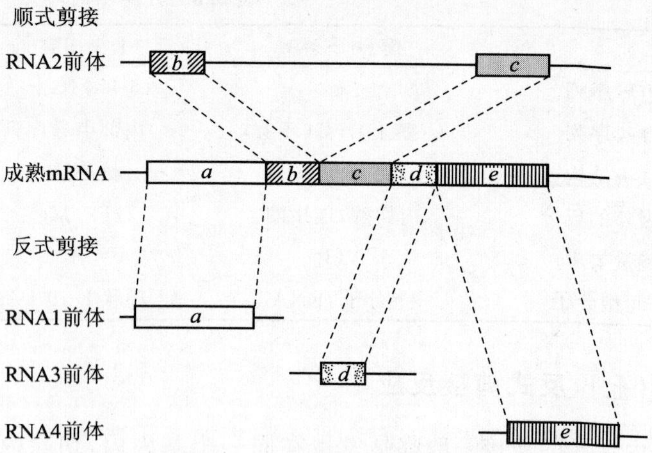

图 3.49 线粒体中的反式剪接

小麦编码 NADH 还原酶的基因由 4 个不同的 mRNA 前体拼接而组成

五、剪切型核酶

剪切型核酶包括锤头结构核酶、发夹结构核酶、丁型肝炎病毒核酶及瓦库德卫星核酶。这类核酶的特点是分子较小,通常在几百个 nt 以内。它们的基本构成都是由活性中心及其侧翼序列组成,活性中心决定核酶的催化活性;侧翼序列则决定核酶 RNA 识别与裂解靶 RNA 的特异性。

(一) 植物类病毒和拟病毒的自我剪切

植物类病毒和拟病毒中具有自我剪切的小分子 RNA,长约 350 bp,可以进行自我剪切反应,其中包括**锤头结构**(hammerhead structure)、发夹结构的卫星 RNA。

植物类病毒(viroids)是感染性 RNA 分子,独自具有功能,外面不包被任何蛋白外壳。**拟病毒**(virusoids)与类病毒结构相同。但包被在植物病毒内。它和植物病毒的基因组一起被包装。拟病毒本身不能复制,必须依赖病毒的帮助,这种拟病毒有时称为**卫星 RNA**(satellite RNA)。

植物类病毒和拟病毒两者都要经过滚环复制。包被在病毒中的 RNA 链称为**正链**(plus strand),在复制时产生的互补链称为**负链**(minus strand)。现在发现了正链和负链的**多聚体**(multimers)。两种类型的单体可能是通过剪切滚环的尾巴而产生。环状的正链单体可能是由一个线状单体末端相连而成(图 3.50)。

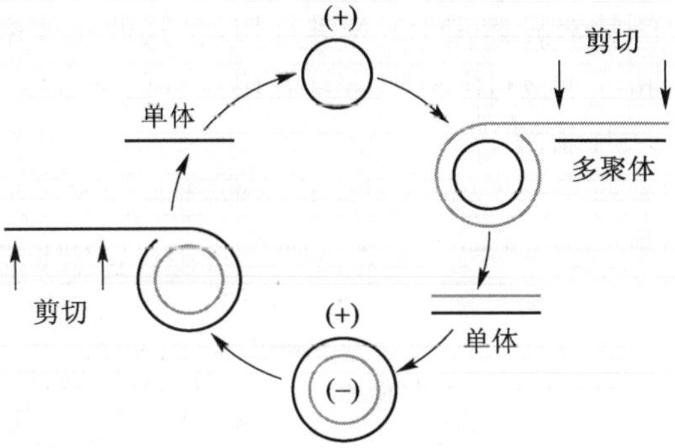

图 3.50 植物类病毒和拟病毒的复制与剪切

植物类病毒和拟病毒的正负链在体外都要经过自我剪切。这个剪切反应是由二价阳离子启动的;它产生 5′-OH 和 2′ 3′环磷酸二酯末端。这类 RNAs 有的在体外生理条件下剪切,而另一些都要先加热和冷却后再用同样的处理才能剪切;这表明分离的 RNA 有一种不适当的构象,但经变性、复性后能产生一种活性的构象。

1. 锤头结构核酶

1987 年,R. H. Symosn 和 A. C. Forster 提出了**锤头二级结构**(hammerhead secondary structure)模型来解释某些植物类病毒、拟病毒和卫星 RNA 的自我剪切机制。1988 年,J. Haseloff 和 W. L. Gerlach 构建了锤头结构核酶。

大部分的植物类病毒和拟病毒的自我剪切取决于形成"锤头"二级结构(图 3.51a)。这种结构的序列对于剪切是充分条件。当周围序列缺失时,则不再需要经过解链和退火的循环,小分子 RNA 就能进行自我剪切,这表明外围序列可以影响到锤头结构构型。

剪切的活性位点是仅有 58 nt 的序列。锤头结构含有 3 个茎环区,其位置和大小是固定的。另外还含有 13 nt 的保守序列,在此区域连结成结构的中心。这 13 个保守碱基和双链的茎形成了一个具有自我剪切能力的 RNA。

一个活性锤头结构也可以通过两条 RNA 链互补配对而构成(图 3.51b)。这种杂种 RNA 结构和锤头结构很相似,由 19 nt 的 RNA 分子和另一个 24 nt 的 RNA 分子杂交形成,仅少了Ⅰ环和Ⅱ环。当两个小分子互补结合时,剪切就发生在锤头结构固定的靶位点上。因此这个 19 nt 的 RNA 是带有内切酶活性的核酶。

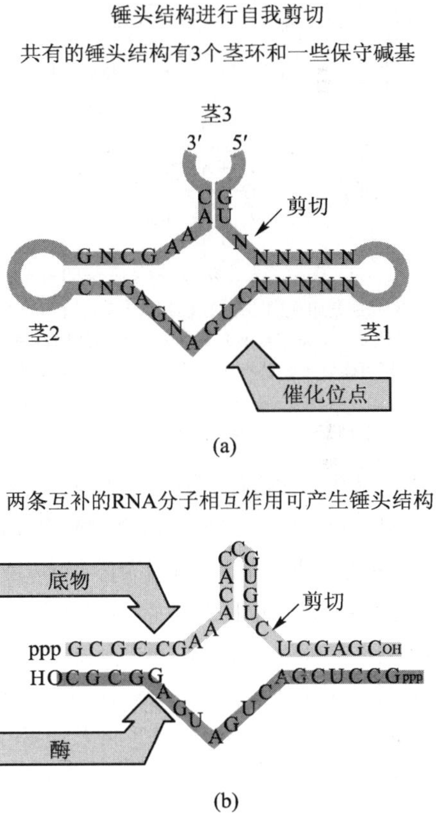

图 3.51 (a)植物类病毒和拟病毒的自我剪切位点具有共有序列,可通过分子间配对形成锤头二级结构 (b)底物链和酶链配对也可形成锤头结构
(引自 B. Lewin,2004)

2. 发夹结构核酶

发夹结构核酶(hairpin ribozyme)发现于烟草脆裂病毒(TRV)、苜蓿黄化病毒(CYV)和苜蓿花叶病毒(alfalfa mosaic virus,AMV)3 种不同的植物 RNA 病毒中,均为单链 RNA,以滚环方式复制。发夹结构核酶切割活性所需的最小长度为 50 nt,其中 15 nt 是必需的。该酶由 4 个螺旋区(H)和 5 个环状区(L)组成。螺旋 1、2 的主要功能是与靶序列结合,决定酶切割部位的特异性,螺旋 3 配对碱基及其 3′端的未配对碱基均为切割活性所必需(图 3.52)。核酶的作用原理是核酶的特异性序列通过互补碱基对识别并结合特异性靶 RNA,根据这一特性可以人工设计针对某一 RNA 的核酶分子,破坏病毒转录物而宿主的 RNA 不受影响。

(二) 丁型肝炎病毒核酶

丁型肝炎病毒(hepatitis delta virus, HDV)是乙肝病毒(HBV)的一个卫星病毒,它具有一个长约 1 700 nt 的环形单链 RNA 基因组,其中 70%是自身互补的。HDV 是目前已知的唯一具有核酶活性的动物病毒。

1. 斧头状核酶

1991 年,A. D. Branch 首先证明了 HDV **斧头状核酶**(axehead ribozyme)斧头结构具有自我剪切活性,并能够对异体靶 RNA 进行切割，其催化效率比锤头结构高。斧头状核酶自身折叠形成的二级结构含有两个环和 3 个茎(图 3.53)，其剪切位点位于 685～686 nt 的磷酸二酯键。剪切时需要二价阳离子，产生 5′-OH 和 2′、3′-环磷酸。

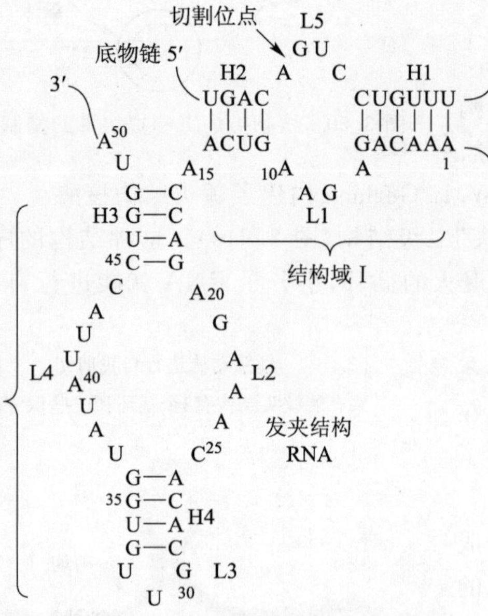

图 3.52 发夹结构核酶的序列和结构

核酶和底物组成螺旋 1、2 及对称的环 1、5。4 个螺旋包括 18 个碱基对，只有一个非正规碱基对 A-G。发夹结构核酶包含两个结构域，结构域Ⅰ由螺旋 1、2 和环 1、5 组成，结构域Ⅱ由螺旋 3、4 和环 2、3、4 组成。腺苷酸残基 A15 连接这两个结构域，使它们相互靠近相互作用，形成催化反应所必需的三级结构。环 3 被认为与催化作用无关

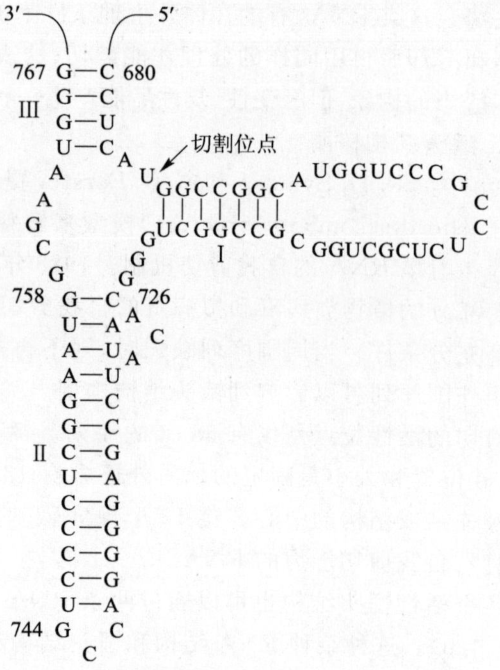

图 3.53 丁型肝炎病毒(HDV)斧头状核酶

2. 斧头状核酶的假结样结构

1991 年，A. T. Perrotta 和 M. D. Been 提出了 HDV 斧头状核酶的**假结样结构**(pseudoknot-like)模型。HDV 基因组 RNA 和反基因组 RNA 互补配对，形成假结样结构。它不仅在复制过程中起着关键的作用，并且能催化自我切割和自我连接。HDV 自身剪切位点位于 688～689 nt 的磷酸二酯键。HDV 斧头状核酶结构较锤头结构核酶和发夹结构核酶要复杂，呈多个茎环组成的假结样结构(图 3.54)，因而可能更具有稳定性。HDV 斧头状核酶有 4 个配对区(P1～P4)及 P1.1。其中 P1 和 P2，P3 和 P1.1 各形成一个双交叉的假节。这两个假节又使 P1 和 P1.1 之间形成第 3 个假节。这几个配对区形成两个平行的结构域，其中 P1、P1.1 和 P4 共轴堆积在一起；P2 和 P3 共轴堆积在一起。配对区 P1 含有剪切位点。核酶的活性中心为 J1/4、J2/4 连接区。HDV 斧头状核酶的催化需要二价金属离子，C75(U75)也是核酶催化的重要因子。

(三) 脉胞菌的核酶

脉胞菌(*Neurospora*)线粒体中存在**瓦库德卫星核酶**(varkud satellite ribozyme，VS ribozyme)，VS 核酶在加工复制中间体中起作用。VS 核酶长约为 150 nt，由 6 个茎区组成，这 6 个茎区形成Ⅱ-Ⅲ-Ⅵ和Ⅲ-Ⅳ-Ⅴ两个三向连接。VS 核酶的连接区域的序列对 VS 核酶茎区的共轴堆积至关重要。VS 核酶的催化中心位于茎区Ⅵ的 A730 内环中，而 VS 核酶的切割位点位于茎区Ⅰ内环中 G620/A621 之间。茎区Ⅰ末端环的 GUC 3 个碱基可以与茎区Ⅴ末端环的 GAC 形成远距配对。这种相互作用将 VS 核酶的切割位点折到了催化中心处(图 3.55)。

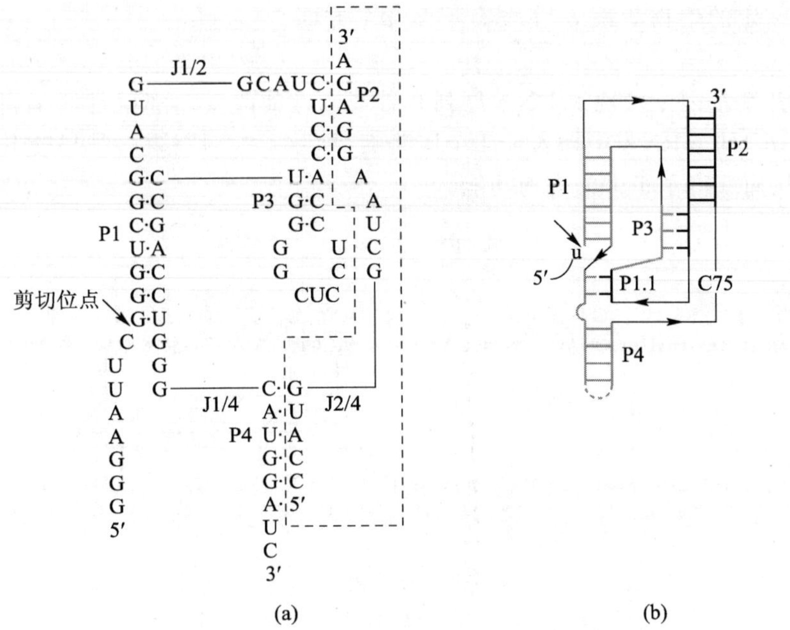

图 3.54 斧头状核酶的假结样结构

(a) HDV 斧头状核酶结构简图 (b) HDV 斧头状核酶的三极结构(引自张翼等,2009)

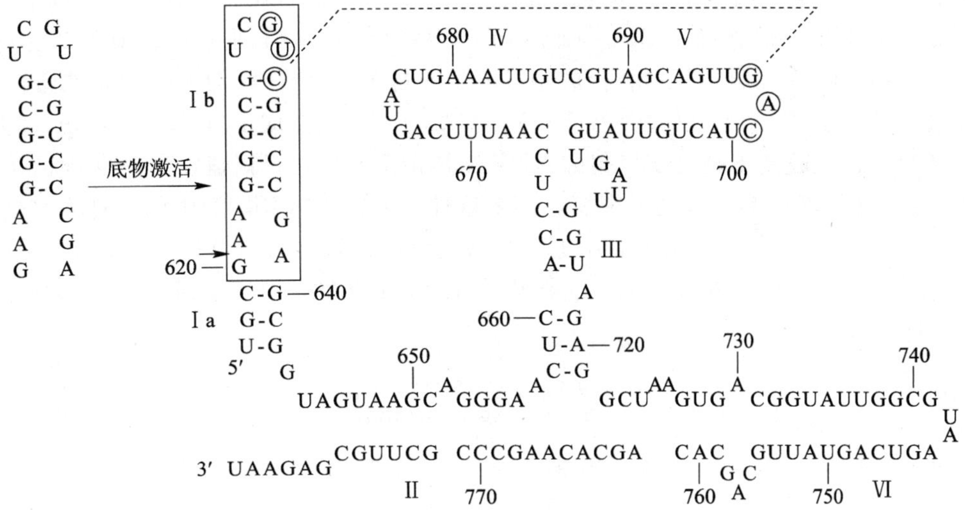

图 3.55 VS 核酶的二级结构

环Ⅰ和环Ⅴ之间的远距离配对用虚线表示

六、RNA 编辑

(一) RNA 编辑的发现及作用

RNA 编辑(RNA editing)是指转录后的 RNA 在编码区发生碱基的加入、删除或转换等现象。1986 年,R. Benne 在研究锥虫线粒体 mRNA 转录加工时发现 mRNA 的多个编码位置上发生加入或删除尿苷酸,1990 年在高等动物和病毒中也发现了 RNA 编辑现象。

mRNA 所有的信息都来自 DNA,在哺乳动物和鸟类免疫球蛋白中经 DNA 体细胞重组改变了 DNA 编码的信息。它的改变仍是发生在 DNA 水平的。而 RNA 编辑是在 mRNA 的水平改变遗传信息,而且往往会增加一些原来 DNA 模板中不曾编码的碱基。

编辑的存在具有一定的生物学意义，主要有下面几个方面。

1. 校正作用

在锥虫线粒体的几个基因中发现了RNA序列有着戏剧性的改变。那就是经编辑在其线粒体细胞色素氧化酶亚基Ⅱ基因(*cox Ⅱ*)的mRNA中插入了4个尿嘧啶，导致了“−1”移框，结果使其氨基酸序列变得和其他生物一致(图3.56)，从而获得了正常的生物功能。

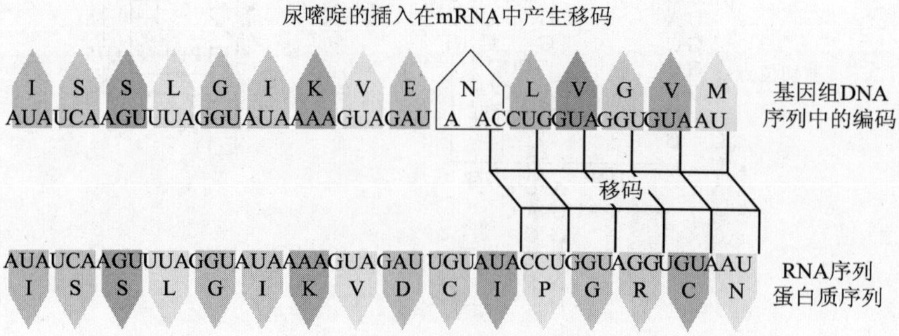

图3.56 锥虫*cox Ⅱ*基因的mRNA相对于其DNA有一个移码、通过插入4个尿嘧啶产生了正确的可读框(引自B. Lewin，2004)

2. 调控翻译

通过编辑可以构建或去除起始密码子和终止密码子，如*apo-B*基因在肝和肠中的不同表达。在哺乳动物各种组织中都鉴定出具有单个载脂蛋白-B(apolipoprotein-B，*apo-B*)基因，但该基因在肝中指令合成相对分子质量为512×10^3的蛋白质，而在肠中只指令合成相对分子质量为250×10^3的一个较短的蛋白质，仅有全长的一半(N端)。经检测发现其第2 153位的密码子CAA(Gln)中的“C”变成了“U”，这样“CAA”也变成了终止密码子UAA(图3.57)。这一改变不是突变引起的：①突变是指DNA上的碱基发生改变，而*apo-B*的DNA模板并未发生改变；②上述转换的频率远高于突变。原来这种转换是由“编辑”产生的。这类编辑很罕见，但*apo-B*并不是唯一的例子。另一个例子是大鼠脑中的谷氨酸受体的编辑。编辑可将RNA单个位点上原来编码天冬氨酸(Gln)的密码子变成编码精氨酸(Arg)的密码子，而精氨酸在控制离子流向神经递质中起到重要的作用，因此编辑具有明显的生理功能。

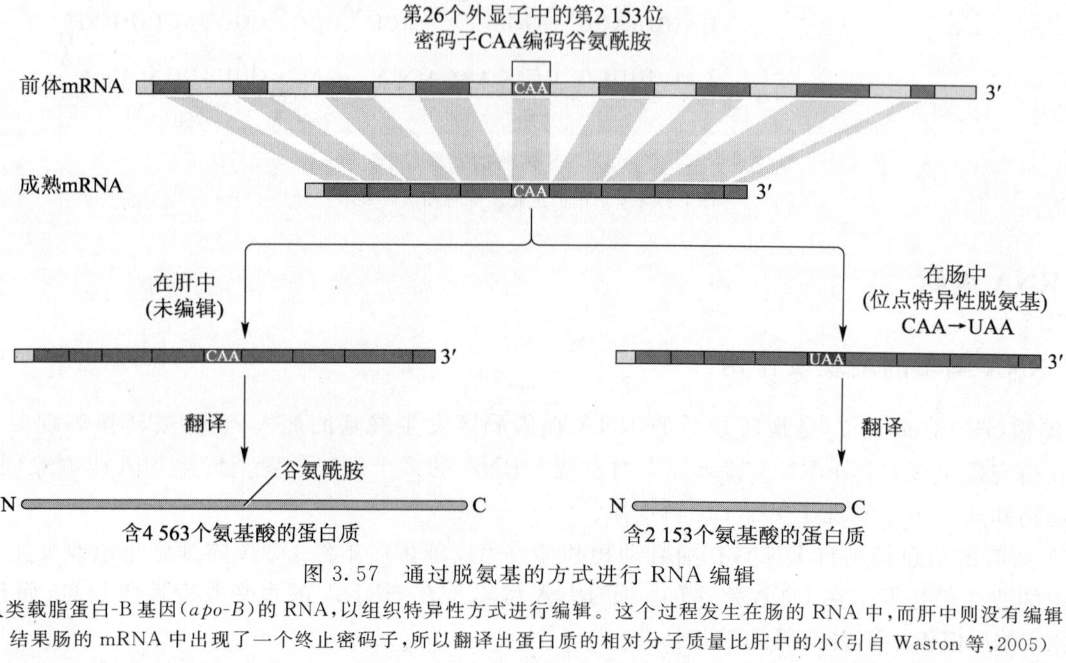

图3.57 通过脱氨基的方式进行RNA编辑

人类载脂蛋白-B基因(*apo-B*)的RNA，以组织特异性方式进行编辑。这个过程发生在肠的RNA中，而肝中则没有编辑。结果肠的mRNA中出现了一个终止密码子，所以翻译出蛋白质的相对分子质量比肝中的小(引自Waston等，2005)

3. 扩充遗传信息

经编辑在锥虫(*T. brucei*)*cox Ⅲ* mRNA 的第 158 位插入了 394 个核苷酸;在第 9 位删去了 18 个尿苷酸,实际增加了 376 个核苷酸,使 *cox Ⅲ* 的长度增加了 55%(图 3.58)。因此 *cox Ⅲ* 的基因比成熟的 mRNA 小很多,故称其为**隐匿基因**。

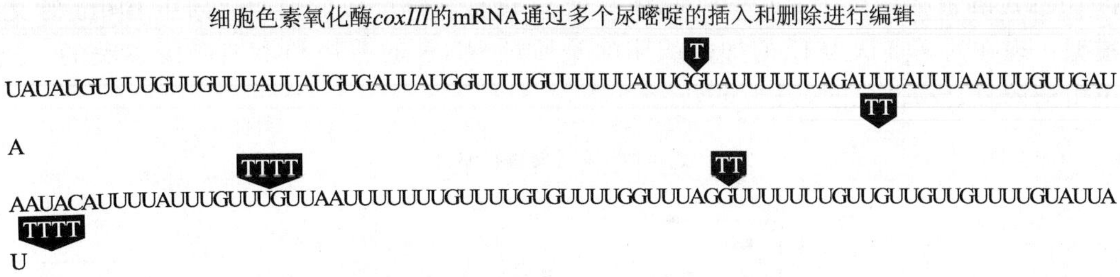

图 3.58 锥虫细胞色素氧化酶 *cox Ⅲ* 基因的部分 mRNA 序列,很多 U 在 DNA 中未出现,是编辑时插入的。而另一些 T(在框中)在 mRNA 中被删除

(引自 B. Lewin,2004)

(二) RNA 编辑的机制

1990 年 L. Simpsom 等在研究锥虫线粒体 mRNA 时发现了一类新的小分子 RNA,这种 RNA 可以和 mRNA 分子被编辑的部分发生非常规的互补,G-U 配对,对 mRNA 前体分子的编辑起了指导作用,故称其为

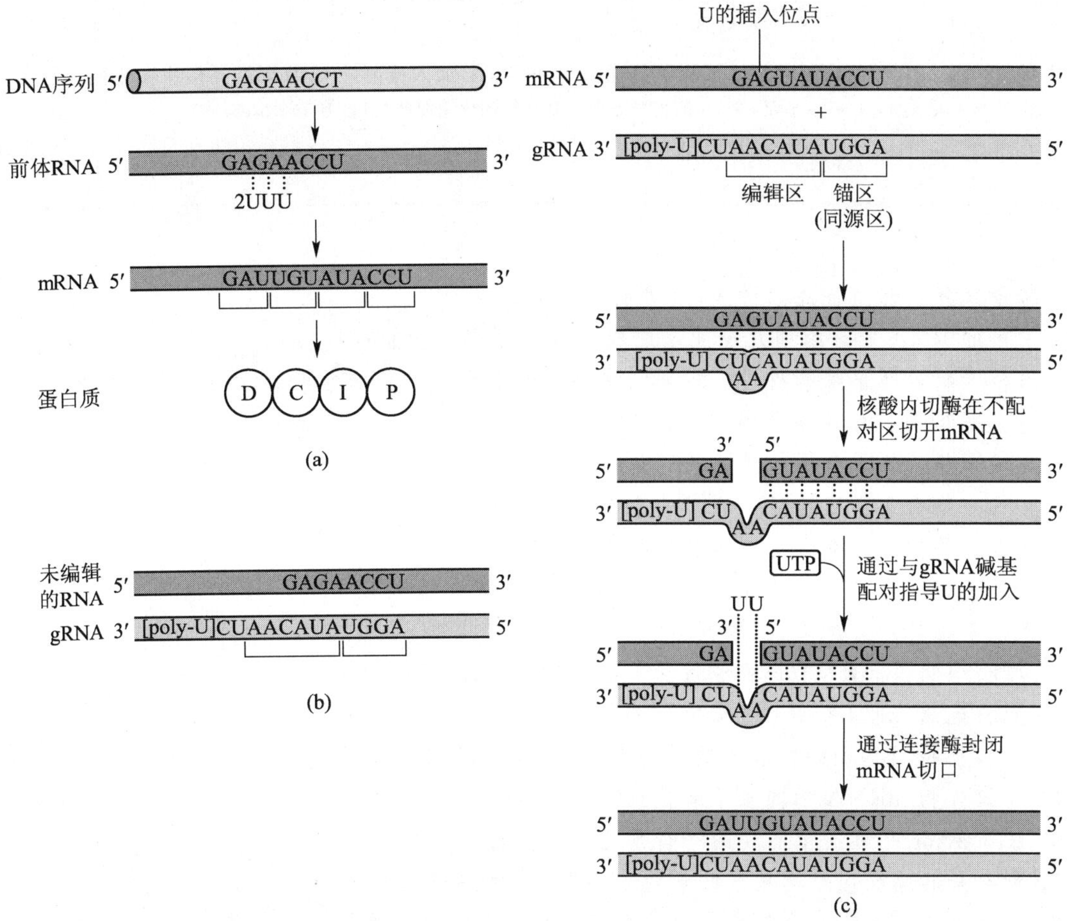

图 3.59 由 gRNA 介导的尿嘧啶加入进行 RNA 编辑

锥虫 *cox Ⅱ* 基因 RNA 的编辑。(a) 表示 *cox Ⅱ* 基因前 mRNA 上 4 个 U 插入的位置,在 mRNA 上形成正确的可读框及编码信息 (b) 标出了 gRNA 上指导 U 插入模式的序列 (c) 显示编辑反应的过程(引自 Waston 等,2005)

指导 RNA(guide RNA,gRNA)。gRNA 含有一段序列可与被编辑的 mRNA 互补。在互补区中 gRNA 的腺嘌呤的相应位置留下了空缺。为 U 插入提供模板(图 3.59)。当反应完成时 gRNA 和 mRNA 彼此分离,mRNA 已成熟,可以进一步进行翻译。gRNA 是作为一种独立的转录单位而被编码的。

转酯反应机制也是一个十分引人注目的问题。1990 年 B. Blum 等首先提出了**编辑体模型**,1991 年 Cech 等又提出了以 gRNA 和被编辑前体 RNA 配对,由寡聚 U 进行转酯反应的模型。同年 Blum 等又提出了 RNA 编辑的**转酯模型**。现在的观点认为 U 的加入或删除是通过 RNA 的剪切和末端连接实现的。这个反应是在 gRNA 指导下由酶的复合物催化的(图 3.60)。

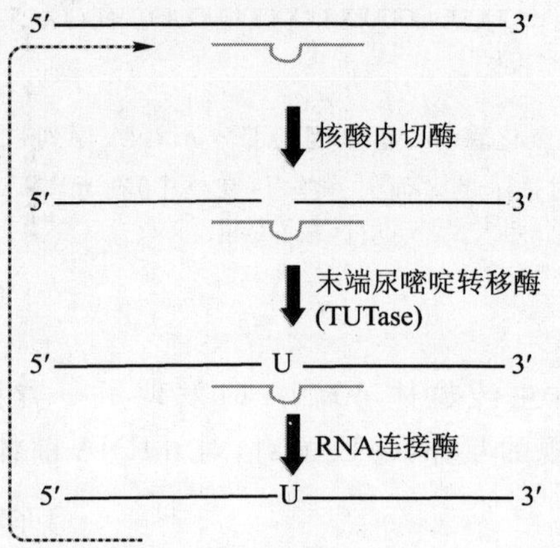

图 3.60 U 残基的加入或删除是通过剪切 RNA,加入或删除 U 及末端连接来实现的
此反应是在 gRNA 的指导下由酶复合物催化完成的(引自 B. Lewin,2004)

习 题

1. 转录和复制都是合成的过程,两者有何不同?
2. 细菌的 RNA 聚合酶由几个亚基组成?各组分有何功能?
3. 原核生物启动子结构有什么特点?真核生物启动子和原核生物启动子有何不同?
4. 什么是终止子?可分为哪几类?特点如何?
5. 真核生物的转录和原核生物的转录有何不同?
6. 真核生物有几类启动子?它们的主要结构特点是什么?
7. 远上游调控序列有哪些?各有何特点?
8. 增强子为何可在远距离调节启动子,为何没有方向性?
9. 原核生物转录后加工,主要包括哪些方面?
10. 原核生物的 mRNA 是否经过加工,试举例说明。
11. 真核生物 mRNA 加工主要包括哪些步骤?
12. 真核生物 tRNA 的内含子的结构有何特点?简述其剪切的分子机制。
13. 真核生物 mRNA 的内含子有几种?其特点如何?
14. Ribozyme 是如何被发现的?有哪几类?有何意义?
15. 什么是转酯反应?那些生物学过程涉及转酯反应?
16. 剪切型核酶有哪几类?它们自我剪切的机制是什么?有何应用价值?
17. 什么是反式剪接?试举例说明。

第四章
遗传密码与翻译

- 遗传密码的破译
- tRNA 与核糖体
- 氨酰-tRNA 的形成
- 蛋白质的合成：起始
- 蛋白质的合成：延伸和终止
- 翻译后的加工

在细胞的核糖体中，将 mRNA 链上的核苷酸从一个特定的起始位点开始，按每 3 个核苷酸代表一个氨基酸的原则，依次合成一条多肽链的过程称为**翻译**(translation)。核苷酸序列所携带的遗传信息就称为**遗传密码**(genetic code)。遗传密码包含 20 种氨基酸和多肽链翻译起始及终止的一套 64 个三联体密码子。

遗传密码的破译给“基因”注入了灵魂，为遗传学的发展提供了阶梯，是基因工程得以实现的重要工具，同时也证实了碱基是最小的突变单位和重组单位。

第一节　遗传密码的破译

要破译一个未知的密码，一般的思路就是比较编码的信息，即密码和相应的译文。对于遗传密码来说最简单的破译方法应是将 DNA 序列或 mRNA 序列和多肽序列相比较。但和一般破译密码不同的是，遗传信息的译文——多肽的序列是已知的，未知的却是密码。1954 年 F. Sanger 用纸层析分析了胰岛素的序列后，对蛋白质的氨基酸序列了解得越来越多。但是直到 1965 年前后，经历了 10 年时间，多位科学家经过辛勤探索才破译了遗传密码，其中最为重要的几项工作其构思之新颖，方法之精巧都体现了科学家们的睿智和创新精神。

密码子的破译需要科学家回答以下几个问题：①遗传密码是几联密码？②20 个氨基酸是由哪些密码子来决定的？③翻译是否有固定的起始密码子和终止密码子？④遗传密码是否是重叠？⑤遗传密码是否是连续的(即没有“逗号”)？⑥遗传密码在生物界是否是通用的？

早在 1944 年理论物理学家 E. Schriodinger 发表的《什么是生命》一书中就大胆地预言，染色体是由一些同分异构的单体分子连续所组成。这种连续体的精确性组成了遗传密码。他认为同分异构单体可能作为一般民用的莫尔斯电码的两个符号“·”和“—”，通过排列组合来储存遗传信息。10 年后 DNA 双螺旋模型才得以建立，在这样的背景下能将遗传信息设想成一种电码式的形式，实在是一种超越时代的远见卓识。1953 年双螺旋模型的建立，给予科学家以很大的激励，破译遗传密码也就成了势在必行的工作。

一、遗传密码的试拼

1954 年俄国物理学家和天文学家 G. Gamov(1934 年移居美国)对破译密码首先提出了挑战。他以著有《奇异王国的汤姆金斯》等优秀的科幻作品而著称，具有丰富的想象力，但他不是一位实验科学家，所以只能从理论上来尝试遗传密码的解读。同年，他在《自然》杂志首次发表了遗传密码的理论研究文章，指出“氨基酸正好按 DNA 螺旋结构进入各自的洞穴”。他设想若一种碱基与一种氨基酸对应的话，那么只可能产生 4 种氨基酸，而已知天然的氨基酸约有 20 种，因此不可能是 1 种碱基编码一种氨基酸。若 2 个碱基编码一种氨基酸的话，4 种碱基共有 $4^2=16$ 种不同的排列组合，也不足以编码 20 种氨基酸。因此他认为 3 个碱基编码一种氨基酸就可以解决问题。虽然3个碱基组成三联密码，经排列组合可产生 $4^3=64$ 种不同形式，要比20种氨基酸大3倍多，但若是四联密码，就会产生 $4^4=256$ 种排列组合。相比之下只有**三联体**(triplet)较为符合20种氨基酸。后来的实验证实这一推测是完全正确的。但人们不禁要问在三联体中的每个碱基作为信息只读一次还是重复阅读？Gamov也许是考虑到效率的问题，认为一个碱基可能被重复读多次，也就是说遗传密码的阅读是完全重叠的(图4.1)，因此氨基酸数目和核苷酸数目存在着一对一的关系。这一假定非常简洁地解释了核苷酸间距和多肽链上邻接氨基酸的间距(0.36 nm)之间明显的相关性。若真是如此，重叠密码对多肽链上氨基酸的序列就形成了一种限制。例如，具有完全重叠密码的密码子ATC，后面接着的密码子一定是TC开头，那么相应的氨基酸的序列也会受到限制。再者若是重叠密码，则任何一个碱基的突变都会影响到相连的3个重叠密码子，即3个氨基酸都会发生改变，但事实并非如此。1957年S. Brenner发表了一篇令人兴奋的理论文章，他通过氨基酸序列分析，发现不存在氨基酸的邻位限制作用，从而否定了遗传密码重叠阅读的可能性。同时人们也发现在镰刀形细胞贫血症患者的血红蛋白中仅有一个氨基酸发生改变。说明G. Gamov的后一推论是不能成立的。这也验证了"智者千虑，必有一失"的箴言。紧接着F. H. C. Crick等提出了一种非重叠式的三联密码(图4.2)。按此假设，每个三联体仅决定一种氨基酸。接下来的问题是如何阅读？任何一条DNA序列都有3种可能的读法，是3种都正确，还是其中仅一种读法是正确的？若是如此，如何选择正确的读法。随着遗传密码研究的深入，这些问题也就迎刃而解。

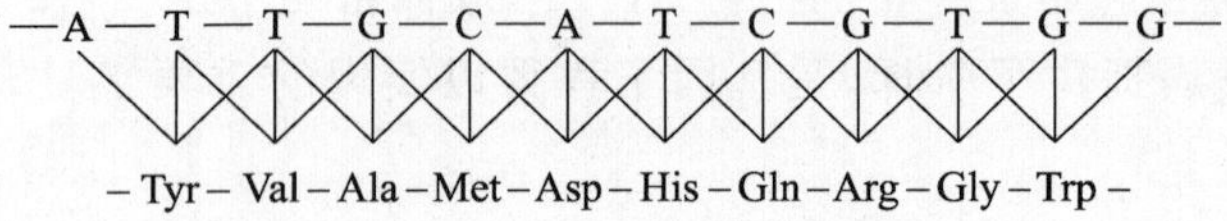

图4.1 G. Gamov设想的重叠式密码
相应的氨基酸是假设的，并不正确

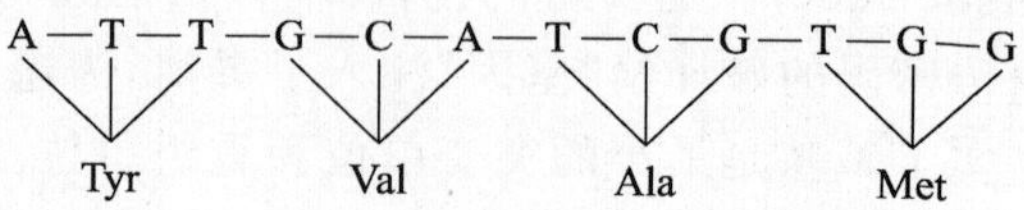

图4.2 F. H. C. Crick设计的三联密码
相应的氨基酸是假设的，并不正确

二、利用突变来解读密码

1960年A. Tsugita，H. Fraenkel-Connrat和H. G. Wittmann小组试图将突变型和野生型进行比较来确定肽链上氨基酸取代的位点和类型，以此来解读密码。这个思路是正确的，而且，当时烟草花叶病毒(TMV)肽链的一级结构已被揭示，它是由158个氨基酸组成；另一个有利条件是当时已知亚硝酸人工诱变可将mRNA中的A突变为G，或C突变为U。他们采用了用亚硝酸来对TMV进行诱变，并收集了大量的TMV自发突变和诱变所获得的突变株，经氨基酸测序后和野生型进行比较，他们推测诱变的产生必定是由于mRNA中的A突变为G或C突变为U的缘故。那么取代与被取代的氨基酸之间，一定有两个碱基是相同的，而原来氨基酸的第3个碱基应是A或C，而取代的氨基酸的第3个碱基应为G或U。他们一共获得了约200个突变株，经反复比较分析结果，破译了少数几个密码子，离全部破译尚有很大的距离。但他们直接地证实了密码子是不重叠的。若当时可以定点突变的话，用这一方法是可以破译所有的密码子。因诱发突变是随机的，并不能按他们的愿望来获得必需的突变株，若经过更多时日，使他们能获得充分的资料，也许他们是可以破获全部的遗传密码，但时不待人，1961年的夏天，美国国立卫生研究院(NIH)的青年科学家M. W. Nirenberg已捷足先登，为破译遗传密码建立了更为快速的方法。

三、Crick-Brenner实验验证三联密码

1961年F. H. C. Crick和S. Brenner，等设计了一个实验，有力地证实了三联密码的真实性。他们用**原黄素**(proflavin)处理T4染色体上的一个基因(*r II*)，使单个碱基A插入或删除，插入称为"加字"突变，删除称为"减字"突变，无论"加字"和"减字"都可以引起**移框突变**(frameshift mutation)(图4.3)。Crick小组用这种方法获得一系列的T4"加字"和"减字"突变，再通过杂交进行重组来获得增加或减少2个、3个不同碱基数的系列突变。他们开始用原黄素诱导的突变称"FCO"，突变株只能在*E. coli*的B菌株上生长形成噬菌斑，而不能

在 K 菌株上生长，然后他们再用原黄素诱导产生恢复突变，在 *E. coli* K(λ) 菌株中出现了噬菌斑。用遗传学的方法和野生型杂交分析这些“恢复突变体”，表明此恢复突变并非是突变位点又精确地恢复到原来的状况。实际上这种所谓恢复突变是在不同位点发生第二次突变而引起的。这种第二次突变“抑制”了原来 FCO 的表达。这种突变称为**抑制基因突变**(suppressor mutation)，它可校正或抑制前一次突变的效应。

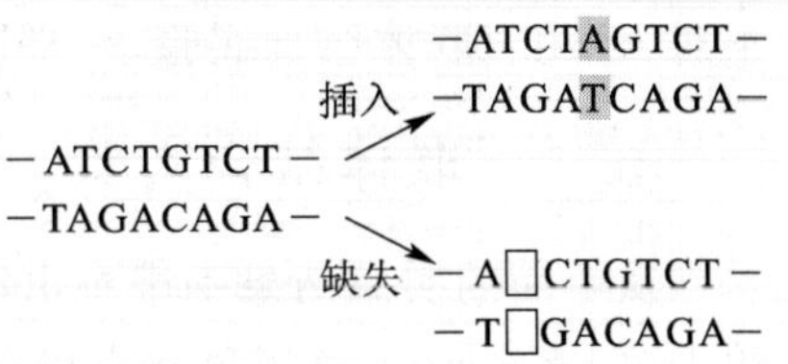

图 4.3 “加字”与“减字”突变

mRNA 上的 3 个连续的碱基作为一个**密码子**(codon)，头 3 个就读成第一个“字”。当原黄素使 DNA 上增加或减少单个碱基时将导致“移框”，产生“错读”，这样的移框突变可能导致遗传信息变成“无义”的。若第二次诱变相应地插入或缺失一个碱基则可恢复正确的读框。通过这样的方法他们发现加入或减少 1 个或 2 个碱基都会引起移框突变，而加入或减少 3 个碱基时反而可以恢复正确的读框，表明每个密码的确是由 3 个碱基组成的。

四、无细胞系统用于破译遗传密码

1961 年 M. W. Nirenberg 利用无细胞系统确定了各氨基酸的碱基组成，为遗传密码的破译和以后的体外表达奠定了重要的基础，这一新技术又是在多核苷酸磷酸化酶发现的基础上建立起来的。

1955 年也就是在 RNA 聚合酶发现的前 5 年，S. Ocha 等在细菌中分离了在体外可合成多核苷酸的另一种酶，称为**多核苷酸磷酸化酶**(polynucleotide phosphorylase)，它催化核糖核苷二磷酸的聚合。此酶和 RNA 聚合酶及 DNA 聚合酶不同，它合成时不需要任何 DNA 模板。

M. W. Nirenberg 在读到第一篇发现 mRNA 的报导之后，就酝酿建立一种无细胞反应系统，来揭开遗传密码之谜。他采用的方法是：①去模板，用 DNase 处理 *E. coli* 抽提物，使 DNA 降解，除去原有的转录模板。在抽提物中含有核糖体、ATP 及各种氨基酸，除 mRNA 以外，是一个完整的翻译系统。由于 DNA 被降解，所以不再转录产生新的 mRNA，即使原来残留的 mRNA 因其半衰期很短，也会很快被降解掉。这样从理论上来说若加入任何外源 mRNA 就可以按新的信息合成蛋白质。②在研究中他采用先易后难的方法，先加入 poly(U)。Nirenberg 用了多核苷酸磷酸化酶，仅以尿苷二磷酸为底物，人工合成 poly(U)。当他把人工合成的 poly(U)加入这种无细胞系统中来代替原有的 mRNA 时，惊喜地发现果真合成了单一的多肽，即多聚苯丙氨酸，这一结果不仅证实了无细胞系统的成功，同时还表明 UUU 是苯丙氨酸的密码子。他们用同样的方法分别加入 poly(A)、poly(C)和 poly(G)，结果相应地获得了多聚赖氨酸、多聚脯氨酸和多聚甘氨酸，从而顺利地破译了 4 个密码子。③按比例加入两种核苷合成混合的多聚物。因当时还未分离 RNA 聚合酶，无法按设计的模板来合成 RNA，但除了 UUU、CCC、AAA、GGG 以外，还必须破译其他的密码，Nirenberg 又想出了一种新的方法，就是按一定的碱基比例来合成 RNA。例如，在底物中加 5 份的 UDP 和 1 份的 GDP，碱基比为 U∶G＝5∶1，它们能组成的三联体不外乎 8 种：UUU、UUG、UGU、GUU、GGG、GGU、GUG 和 UGG。U 和 G 将随机地加入到三联体中，但各个位点上进入 U 和 G 的概率不同，如 UUU∶UGG＝(5×5×5)∶(5×1×1)＝25∶1；同理 UUU∶UUG＝5∶1，根据这样的推测，在无细胞系统中以这种比例合成的 mRNA 产生的氨基酸的比例也应是相应的，这样可以推测出密码子的组成。例如，氨基酸测定结果：

苯丙氨酸(UUU)∶半胱氨酸(UGU)＝5∶1

苯丙氨酸(UUU)∶缬氨酸　(GUU)＝5∶1

苯丙氨酸(UUU)∶甘氨酸　(GGU)＝24∶1

苯丙氨酸的密码子是已知的，由 3 个 U 组成那么半胱氨酸一定是由两个 U，一个 G 组成；缬氨酸同样如此；甘氨酸应是由一个 U 两个 G 组成。

1963 年 S. Ochoa 及其合作者获悉 Nirenberg 用 poly(U)大获成功之后，利用自己保存的多种多聚核苷酸也开展了破译密码的研究，采用的方法也是加入不同比例的混合多核苷酸。两组展开了激烈的竞争，经过两个组一年多的努力，结果搞清了各种氨基酸的碱基组成，但是并不知其排列序列。Nirenberg 于 1964 年又有了新主意，创用三联体结合实验，一举破译了所有密码，取得了重大的突破。

五、三联体结合实验

从上面的实验结果不难看出，按比例合成 RNA 的方法不能解决最关键的序列问题，此时擅长 RNA 合成的 H. G. Khorana 就担负起直接合成有序多核苷酸的难题，1965 年正当 Khorana 刚刚奋力完成了第一批排列的核糖多核苷酸时，Nirenberg 和 P. Leder 等又有了新的突破，使破译密码的艰难工作迅速达到了光辉的顶点，这种新的突破就是建立了三联体结合实验的新方法。

三联体结合实验的原理是建立在两项基础上的：①tRNA 和氨基酸及三联体的结合是特异的；②上述结合的复合物大分子是不能通过硝酸纤维滤膜(NC)的微孔，而氨酰-tRNA 的复合物是可以通过的。

1965 年 Nirenberg 等采用了一把钥匙开一把锁的思路，进行破译密码。他首先发现当将简单特定的核苷酸加入到 *E. coli* 的核糖体上时，它们并不促使蛋白质的合成，而引起了相应的 tRNA 及其携带的氨基酸结合到核糖体上，形成大的复合物。因此他每次在无细胞系统中仅加一种已知序列的三联体 RNA(如 CUC)，同时在氨基酸中只用^{14}C 标记一种氨基酸(如 Ser)，若 CUC 进入核糖体后，如果 CUC 不是 Ser 的密码子，$tRNA^{Ser}$和其携带的 Ser 就不能与核糖体上的 CUC 特异结合形成大的复合物，而从 NC 上透过，所以通过测定透过 NC 的氨酰-tRNA 小复合物是否带有标记，如带有标记就可以确定输入的三联体 CUC 不是 Ser 的密码子；那么就可重新输入另外的三联体 RNA，一直到 tRNA 所带有标记的氨基酸不透过 NC 为止，说明此三联体 RNA 正好就是被标记氨基酸的密码子，就这样 Nirenberg 小组一举破译了除终止密码子以外的全部遗传密码(图 4.4)。

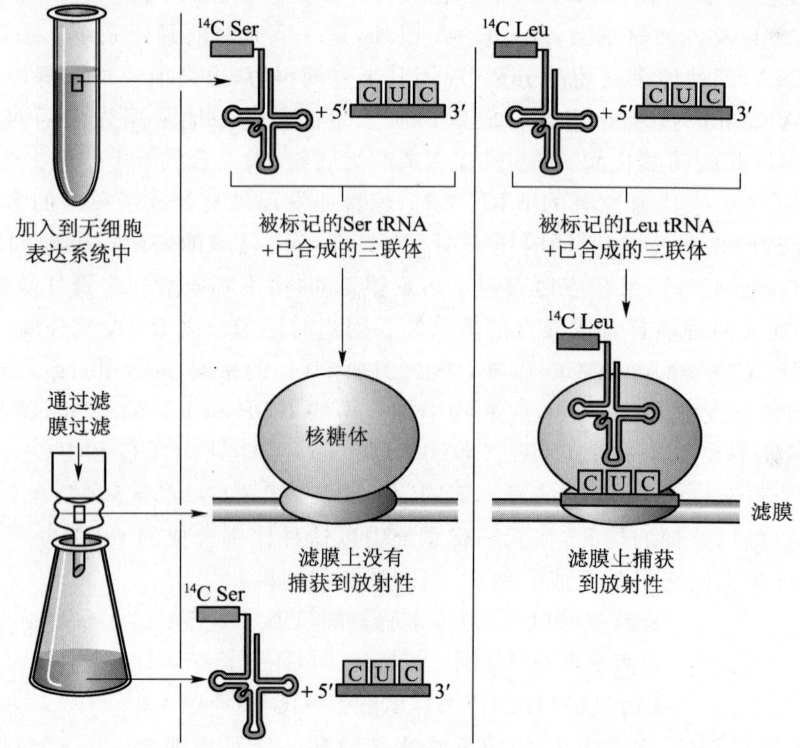

图 4.4 M. W. Nirenberg 建立的破译遗传密码的三联体结合实验

用同位素^{14}C 标记特定的氨基酸，如图中的 Ser 和 Leu，然后加入任一个三联体(CUC)，如果被标记的氨酰-tRNA(Ser-tRNA)不能和加入的三联体结合成复合物，经吸滤就可流入吸滤瓶中，故滤膜上捕获不到放射性；如被标记的氨酰-tRNA(Leu-tRNA)能和加入的三联体结合成复合物，因分子较大，不能通过滤膜，故滤膜上可捕获到放射性，表明该三联体就是被标记氨基酸的密码子(引自 L. H. Hartwell 等，2000)

六、利用重复共聚物破译密码

1967 年 Khorana 以不同的思路和方法也巧妙地破译了除终止密码子以外的全部的遗传密码，他发挥了自己合成 RNA 的特长，用已知碱基组成 2 个、3 个或 4 个碱基合成重复共聚物 mRNA，在体外翻译系统中加入同位素标记的氨基酸，然后分析所合成多肽的氨基酸序列，再进行比较分析。

Khorana 采用了有机合成一条短的单链 DNA 重复序列，然后用 DNA 聚合酶 Ⅰ 合成其互补链，再用 RNA 聚合酶及不同的底物合成两条重复的 RNA 共聚物（图 4.5），作为翻译的模板 mRNA，加入到体外表达系统中，根据合成的肽链的相应序列来推测各氨基酸的密码子，如表 4.1 所示。当重复序列为（UC）n 时，组成的重复 RNA 无论怎样阅读，只可能是 UCU-CUC，翻译的多肽也是由丝氨酸和亮氨酸相间排列的重复序列，但尚不能确定这两种氨基酸的相应密码子。当重复序列为（UUC）n 时，无论怎样阅读，都只产生 3 种多聚氨基酸，即 poly Ser、poly Leu 和 poly Phe。和第一次比较，只有一个密码子 UCU 相同，但同样都有 Ser 和 Leu，所以仍不能确定。再看第 3 行重复序列（UUAC）n，无论怎样读，只会是 4 个密码子的循环；UUA-CUU-ACU-UAC，但合成的肽链中氨基酸只有 3 种，Leu-Leu-Thr-Tyr。将密码子和氨基酸与第二次作对照，彼此共有密码子 CUU 和 Leu，所以可以确定 CUU 是 Leu 的密码子。那么第二栏中既然 CUU 已知是亮氨酸，毫无疑问 UCU 是丝氨酸。第一栏中原来 UCU-CUC 难以确定哪一个是 Ser，哪一个是 Leu，现已确定 UCU 是 Ser，那么余下的 CUC 定是亮氨酸了。Khorana 就用这种方法将所有的遗传密码都破译了。这项实验还同时证实了三联密码的正确性，以及兼并的存在。遗传密码如表 4.2 所示，氨基酸缩写符号如表 4.3 所示。

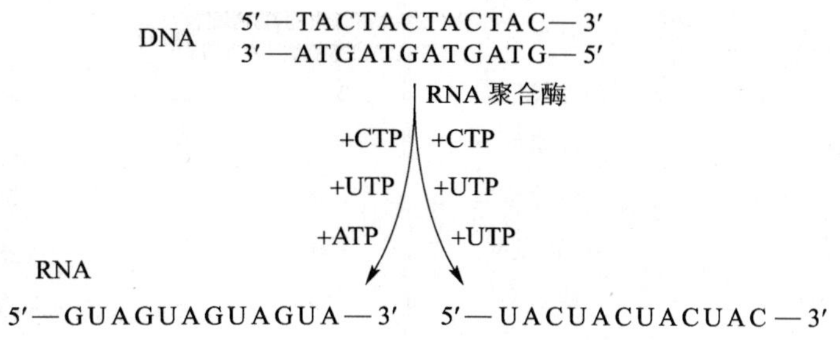

图 4.5　重复共聚体 RNA 的合成途径

表 4.1　Khorana 用 2 个、3 个或 4 个核苷酸构建重复共聚体来确定密码子

重复序列	可组成的三联密码	多肽的氨基酸组成
$(UC)_n$	UCU-CUC	Ser-Leu
$(UUC)_n$	(UUC);(UCU);(CUU)	poly Phe, poly Ser, poly Leu
$(UUAC)_n$	(UUA-CUU-ACU-UAC)	Leu-Leu-Thr-Tye

表 4.2　遗 传 密 码

第二位

第一位	U		C		A		G		第三位
U	UUU	Phe	UCU	Ser	UAU	Ser	UGU	Ser	U
	UUC		UCC		UAC		UGC		C
	UUA	Leu	UCA		UAA	终止	UGA	终止	A
	UUG		UCG		UAG	终止	UGG	Trp	G
C	CUU	Leu	CCU	Pro	CAU	His	CGU	Arg	U
	CUC		CCC		CAC		CGC		C
	CUA		CCA		CAA	Gln	CGA		A
	CUG		CCG		CAG		CGG		G

续表

		第二位								
		U		C		A		G		
第一位	A	AUU	Ile	ACU	Thr	AAU	Asn	AGU	Ser	U
		AUC		ACC		AAC		AGC		C
		AUA		ACA		AAA	Lys	AGA	Arg	A
		AUG	Met	ACG		AAG		AGG		G
	G	GUU	Val	GCU	Ala	GAU	Asp	GGU	Gly	U
		GUC		GCC		GAC		GGC		C
		GUA		GCA		GAA	Glu	GGA		A
		GUG		GCG		GAG		GGG		G 第三位

表 4.3 氨基酸缩写符号

缩写		氨基酸		缩写		氨基酸	
Ala	A	alanine	丙氨酸	Met	M	methionine	甲硫氨酸
Cys	C	cysteine	半胱氨酸	Asn	N	asparagine	天冬酰胺
Asp	D	aspartic acid	天冬氨酸	Pro	P	proline	脯氨酸
Glu	E	glutamic acid	谷氨酸	Gln	Q	glutamine	谷氨酰胺
Phe	F	phenylalanine	苯丙氨酸	Arg	R	arginine	精氨酸
Gly	G	glycine	甘氨酸	Ser	S	serine	丝氨酸
His	H	histidine	组氨酸	Thr	T	threonine	苏氨酸
Ile	I	isoleucine	异亮氨酸	Val	V	valine	缬氨酸
Lys	K	lysine	赖氨酸	Trp	W	tryptophan	色氨酸
Leu	L	leucine	亮氨酸	Tyr	Y	tyrosine	酪氨酸

七、起始密码子和终止密码子的确定

在 Nirenberg 的三联体结合实验和 Khorana 的重复共聚物的体外翻译实验中，合成能从任何碱基起始。但在体内却并非如此，而是需要一个**起始密码子**(initiator codons)。相对而言，起始密码子是不难确定的。将各种蛋白质的氨基酸序列和其编码序列相比较，起始时都是 AUG 密码子，读码也都相同，在原核生物细胞中它编码甲酰甲硫氨酸，在真核生物细胞中编码未经修饰的甲硫氨酸。当正常的 AUG 起始密码子缺失时，GUG 也为起始密码子。但在离体条件下 GUG 的起始翻译的效率要比 AUG 低得多，可能因为它和甲酰甲硫氨酸-tRNA 的亲和力较低，这也可以作为调控该基因表达的一种手段。

终止密码子的确定就不那么容易了。1964 年 C. Yanofsky 在研究 *E. coli* 色氨酸合成酶 A 蛋白质时推测**无义密码子**(nonsense codons)(即终止密码子)的存在。他是从两个不同的角度进行推测：一是 *trp A* 编码的 mRNA 还编码了 *trpB*、*trpC*、*trpD* 和 *trpE*。那么有可能在翻译中途的某个位点(两个肽的连接处)停止，然后再从下一个新的起点翻译，这样使各个肽链可以分开，而不至于产生一条很长的肽链。这就意味着存在一种**终止密码子**(stop codons)。另一个是他发现 *E. coli* Trp^- 的突变株不能合成完整的色氨酸合成酶 A 蛋白质，但继续对它进行诱变可以得到回复突变。回复突变有两种，一种是个别氨基酸发生了变化，而另一种是完全回复，没有任何氨基酸组成的变化，这表明，*E. coli* Trp^- 不可能是移框突变的结果，那么这类突变很可能携带有阻止合成的无义密码子。直到 1965 年，M. Weigert 和 A. Garen 根据碱性磷酸酯酶基因中色氨酸位点的氨基酸置换，证明 *E. coli* 中无义密码子的碱基组成，并揭示它们分别是终止密码子 UAG 和

UAA。当时 64 个密码子中的 61 个已破译，只留下了 UAA、UAG 和 UGA 有待确定。A. Garen 等为了鉴定无义密码子，他们从 *E. coli* 的碱性磷酸酯酶基因(*pho A*)中的一个无义突变品系中分离了大量的回复突变株，然后来比较分析。结果从图 4.6 中可以看出无义密码子是从该基因的色氨酸位点的密码子产生的。在回复突变中，无义密码了变成了 Trp、Ser、Tyr、Leu、Glu、Gln 和 Lys 的相应密码子。仅有 Trp 的 UGG 变成 UAG，然后在此基础上回复突变成 7 种氨基酸，因此 Trp 产生的无义突变的密码子就是 UAG。此项工作同时也证明了基因突变的最小单位是单个碱基。第 3 个终止密码子 UGA 则在 1967 年由 Brennr 和 Crick 证实。

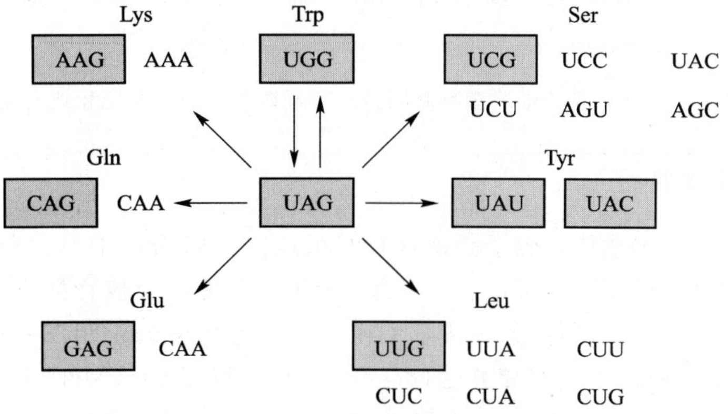

图 4.6 A. Garen 等将琥珀无义突变密码鉴定为 UAG

他们从大肠杆菌中分离出一个突变株(Pho^-)(缺乏碱性磷酸酯酶)，在其 *phoA* 基因中产生了琥珀突变。他们从突变株(Pho^-)中又分离了一组回复突变(Pho^+)，但它们的碱性磷酸酯酶功能的恢复不是由于抑制基因的突变。通过对此酶的氨基酸序列分析发现，它们在多肽的同一位置上存在不同的氨基酸置换，而野生型的碱性磷酸酯酶在该位置上为色氨酸残基。图中每一组密码子为一个氨基酸的同义密码子，加框的密码子则是 UAG 能通过单个碱基的改变而产生的密码子。此图也揭示，基因突变的最小单位是单个碱基

如果 mRNA 的可读框中因为突变而出现终止密码子 UAG、UAG 和 UGA 而决定多肽链的终止，这种突变被称为终止密码突变，也称为**无义突变**(nonsense mutation)。这种突变产生的是缩短了的基因产物，因为多肽链会失去正常的羧基端。其中出现 UAG 的突变称为**琥珀突变**(amber mutation)，该突变一般是致死的，以符号 am 表示。琥珀变异株(带有琥珀突变的细菌或噬菌体)在基因的结构与功能研究中具有十分重要的作用。终止密码子 UAG 也称为**琥珀密码子**(amber codon)。这个名字的由来是因为这个密码子是在大肠杆菌噬菌体 T4 的琥珀突变种中发现的。T4 突变株的发现者是德国的 H. Bernstein，而 Bernstein 这个词在德语中意为“琥珀”。后来，UAA 和 UGA 终止密码子也被赋予了相似的命名：**赭石密码子**(ochre codon)和**蛋白石密码子**(opal codon)。

八、遗传密码的证实和特点

(一) 遗传密码的证实

遗传密码虽已破译，但是否正确无误，还必须经过验证。因当时 DNA 测序方法尚未建立，只能采用一些经典的实验来检测。1965 年，在遗传密码表问世不久，S. Ocha 等就采用了他们所擅长的方法对遗传密码进行了验证。即加入一定比例的两种核苷来合成短片段 RNA，再输入到无细胞系统中进行表达，观察所合成的肽段是否符合按遗传密码所预期的比例。实验结果表明遗传密码是完全正确的。

1966 年 G. Sterisinger 和 A. Tsugita 等采用和上述实验完全不同的方法来加以验证。他们采用的方法跟 Crick 等的原黄素诱发移码突变的方法相同，使 T4 噬菌体的溶菌酶基因产生了移框突变，根据突变后所指令合成的蛋白质，将其一级结构和野生型溶菌酶氨基酸序列进行了比较。采用 T4 溶菌酶为材料是因为该酶比较小，易于纯化，而且其氨基酸序列是已知的。结果表明，根据移框后密码子的改变所产生的肽和按照破译的

遗传密码推测的结果完全一致，证明遗传密码是正确的(图 4.7)。

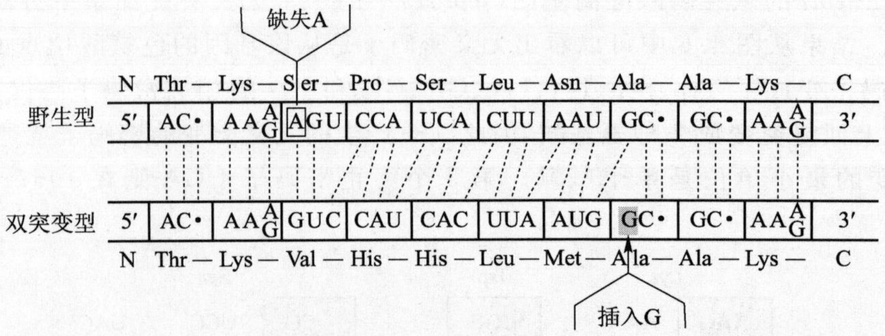

图 4.7 T4 噬菌体的溶菌酶基因经原黄素诱发的插入突变和缺失突变

(二) 遗传密码的基本特征

遗传密码具有以下的特点：①遗传密码子是由核苷酸组成的三联密码子。②密码子的阅读方向是从 5′到 3′。③遗传密码子是不重叠的(nonoverlapping)。一条 mRNA 上的每个核苷酸都只属于一个密码子，除非因为某些基因重叠或核苷酸序列在两个不同的可读框中使用。④遗传密码子间没有逗号的分隔，在翻译过程中密码子是连续读取的。⑤遗传密码子具有**简并性**(degeneracy)。除 AUG(Met)和 UGG(Trp)以外，其他的氨基酸都有两个或两个以上密码子(表 4.2)。⑥密码子的使用具有一定的偏好。密码虽有简并性，但它们使用的频率并不相等，有的密码子使用的机会较多，有的几乎不用。例如，Leu 有 6 个不同的密码子，但 CUG 使用很高，而 UUA 使用率就很低。每种氨基酸所具有的密码子数目并不和该氨基酸在蛋白质中出现的频率成正比。⑦遗传密码子具有规则性(the genetic code is ordered)。决定某氨基酸的多个密码子或决定化学性质相近的几个氨基酸的密码子往往很相似，通常只有一个核苷酸的差别。⑧遗传密码子中包含有起始密码子和终止密码子。终止密码子没有相应的 tRNA 存在，可供释放因子识别来终止翻译。⑨遗传密码子具有通用性。除极少数例外，在所有的生物中密码子具有相同的译义，包括病毒和人类。

(三) 摆动假说

1966 年 F. H. C. Crick 提出反密码子的**摆动假说**(wobble hypothesis)来解释密码子第 3 位的简并性。**反密码子**(anticodon)是 RNA 反密码子环上的核苷酸三联体，翻译时可以和核糖体上的 mRNA 的特异密码子互补配对。摆动假说提出：当 tRNA 的反密码子与 mRNA 的密码子配对时，前两个碱基严格遵守碱基互补配对法则，但第 3 个碱基有一定的自由度可以“摆动”(表 4.4，图 4.8)。

表 4.4 密码子第 3 个碱基的摆动

反密码子上的第一个碱基	相应密码子上的第 3 个碱基
A	U
U	A 或 G
G	C 或 U
C	G
I(次黄嘌呤)	U、C 或 A

摆动规则在不同物种中有所不同，反映了 tRNA 修饰的差异。摆动假说也称为**三中读二**(2 out of 3 reading)。遗传密码虽有 61 个**有义密码子**(sense codon)，但反密码子由于摆动可能少于 61 个，如原核和真核细胞都只有约 30 种反密码子。

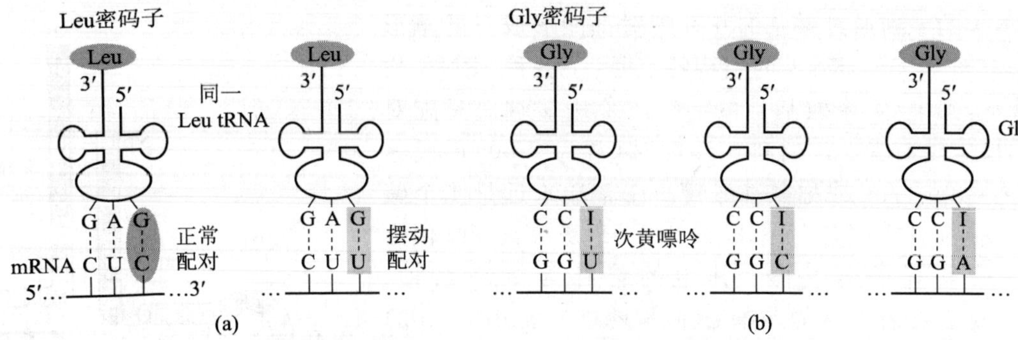

图 4.8 tRNA 反密码子摆动配对

(a)tRNA^{Leu}的摆动配对 (b)tRNA^{Gly}的摆动配对(引自 P. J. Russell,1992)

三中读二是由 tRNA 与密码子结合的稳定性决定的:①当密码子的第 1、2 两个碱基和反密码子能形成 6 个氢键时,可三中读二,如 CCX、CGX、GCX 和 GGX。②密码子的第 1、2 两个碱基和反密码子仅能形成 4 个氢键时,不可三中读二,如 AAX、AUX、UAG 和 UUX。③密码子的第 1,2 两个碱基和反密码子形成 5 个氢键时又分两种情况:当第二个碱基为嘧啶时,可三中读二,如 UCX、ACX、CUX 和 GUX。当第二个碱基为嘌呤时,则不能三中读二,如 CAX、GAX、UGX 和 AGC。

(四) 遗传密码的歧化

遗传密码的普遍性是很严格的,但也存在一些例外的情况。这些变化倾向涉及起始密码子和终止密码子。或是原来的有义密码子变成了终止密码子,或是原来的终止密码子变成了起始密码子。在表 4.5 中就可以看到在真菌、原生动物和线粒体中的改变。

表 4.5 密码子排布的变化

密码子	通用的翻译	系统	改变
AAA	Lys	一些动物的线粒体(果蝇线粒体)	Asp
AGR	Arg	大部分动物线粒体(脊椎动物线粒体)	Ser
AUA	Ile	一些动物和酵母线粒体	Ser
CUG	Leu	圆柱念珠菌(*Candida cylindracea*)细胞核基因组	终止
CUN	Leu	酵母线粒体	Thr
UAR	终止	一些纤毛虫(ciliate)细胞核基因组[如四膜虫(*Tetrahymena*)]	Glu
UGA	终止	动物和酵母线粒体基因组,支原体基因组	Try
UGA	终止	一些纤毛虫(ciliate)细胞核基因组[如游纤虫属(*Euplotes*)]	Cys

纤毛虫是从真核生物进化早期分化出来的,其遗传密码改变的一种解释是:当时的密码仍然有很大的错误倾向,带有不稳定的终止。其实缺乏固定终止使得在任何位点上蛋白质合成都可能终止。进化的结果使终止仅在 3 个密码子处变得有效,从而增加了蛋白质的合成。但在支原体和纤毛虫中某些原始的终止密码子仍被保留下来。

第二节 tRNA 与核糖体

一、tRNA 的三叶草型结构

tRNA 的结构是在 1965 年由 R. N. Holley 等对酵母丙氨酸 tRNA 的研究首先发现的。几百种来自细菌和真核生物的 tRNA 的序列通过碱基的互补配对都能形成三叶草形(cloverleaf)的结构(图 4.9)。tRNA 的结构特点是:①各种 tRNA 均含有 70～80 个碱基,其中 22 个碱基是恒定的。②其 5′端总是配对的,这与 tRNA 的稳定性有关。5′端和 3′端配对(常为 7 bp)形成茎区,称为**受体臂**(acceptor arm)或称**氨基酸臂**。在 3′端永远是 4 个碱基(XCCA)的单链区,在其末端有 2′-OH 或3′-OH,是被氨基酰化位点。此臂负责携带特异的氨基酸。其他的臂都为茎环结构。③**TψC 环**(TψC loop)存在着特殊的碱基 ψ(假尿嘧啶),常由 5 bp 的茎区和7 nt 的环区组成。此环负责和核糖体上的 rRNA 识别结合。④**反密码子环**(anticodon loop)常由 5 bp 的茎区和7 nt 的环区组成,在环区的中央总存在着反密码子三联体,它负责对 mRNA 上的密码子的识别与配对。⑤**双氢尿嘧啶环**(DH loop)的茎区长度常为 4 bp,环区有 4 个碱基不恒定,此环中的 17、17∶1、20∶1 和 20∶2 含有特殊的碱基 D(双氢尿嘧啶),故也称为 D 环。⑥**额外环**(extra arm)可变性大,从 4 nt 到 21 nt 不等,也称为**可变环**(variable loop),其功能是在 tRNA 的 L 型三维结构中负责连接两个区域(D 环-反密码子环和 TψC-受体臂)。

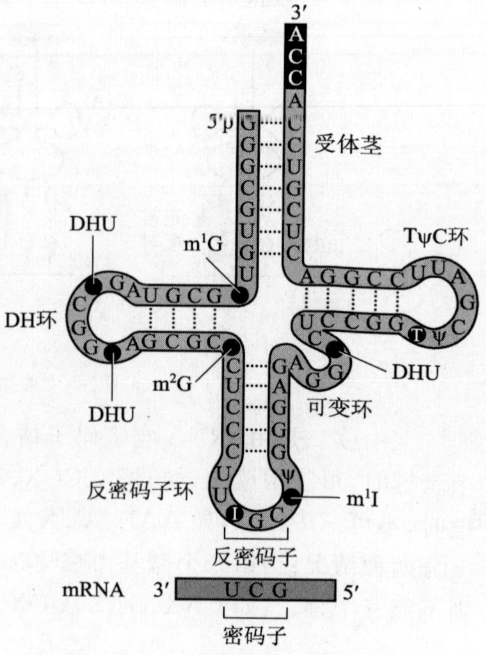

图 4.9 酵母苯丙氨酸 tRNA 的序列,显示了稀有密码子和反密码子位点

Ψ:假尿苷,I:次黄苷,DHU:双氢尿苷,T:胸苷嘧啶核苷,m^2G:2-甲基鸟嘌呤,m^1G:1-甲基鸟嘌呤,m^1I:甲基次黄苷(引自 Waston 等,2005)

二、tRNA 的 L 形结构

tRNA 的三叶草结构并没有使我们明确 tRNA 的各个臂在空间上如何排列。通过 X-衍射来研究 tRNA 的晶体获得了 tRNA 的三维构象。几种酵母 tRNA 晶体的研究表明,各种 tRNA 存在共同的三维结构。它主要是依靠茎中的碱基配对来维持,形成了稳定的"L"形结构(图 4.10):①氨基酸受体臂位于 L 形的一侧,距反密码子环约 70 bp。②D 环和 TψC 环形成了"L"的转角。③在一些保守和半保守的碱基之间形成很多的三级氢键,使分子形成"L"形,并使结构稳定(图 4.11)。④使得三维结构得以形成的这些碱基配对涉及与磷酸核糖主链相互作用的三级结构的磷酸二酯键分布在核糖的 2′-OH 上。⑤几乎所有的碱基其朝向相同,使得碱基平面之间产生堆积作用(图 4.12)。这种作用也是 tRNA 构象稳定的主要因素之一。⑥在反密码子环中仅有很少的三级氢键,这可能由于在蛋白质合成时,便于反密码子区的相对方向发生改变。

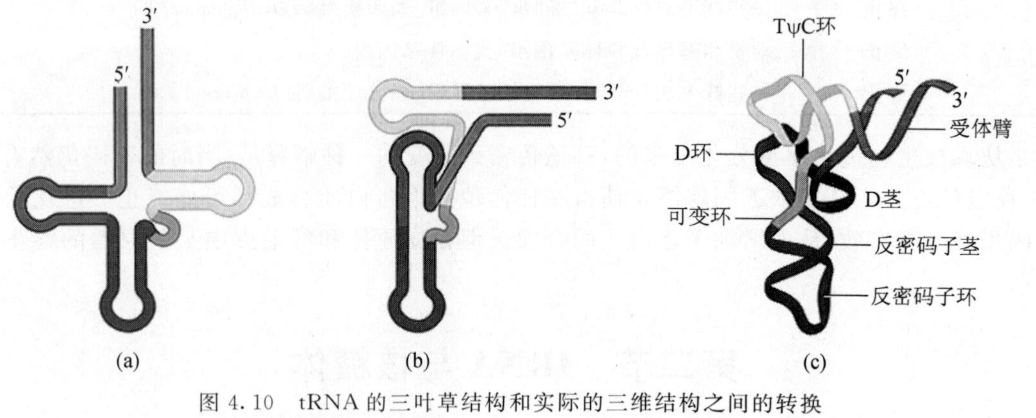

图 4.10 tRNA 的三叶草结构和实际的三维结构之间的转换

(a) 三叶草结构 (b)"L"形结构,图示最终折叠的 tRNA 碱基配对的位置

(c)"L"形结构的带状示意图(引自 Waston 等,2005)

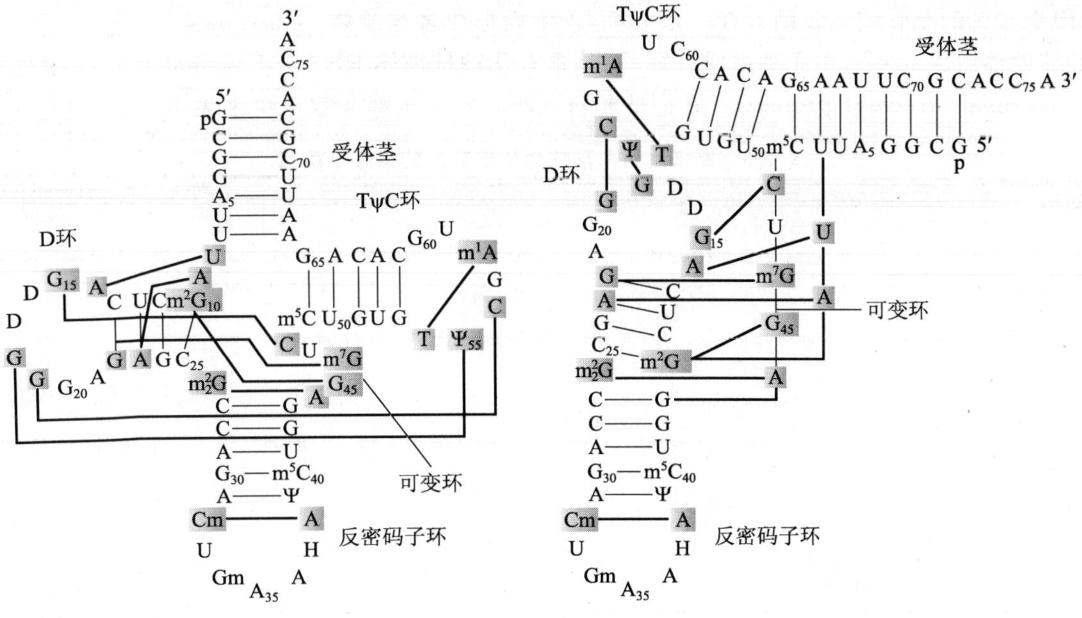

(a) (b)

图 4.11 酵母苯丙氨酸 tRNA 中三级氢键相互作用

(a) 三叶草模型中,图中有方框的碱基表示为可变的碱基,深色的线表示三级氢键 (b) 三叶草形的 tRNA 经三级氢键的牵拉,形成了倒“L”形(引自 J. D. Waston 等,1987)

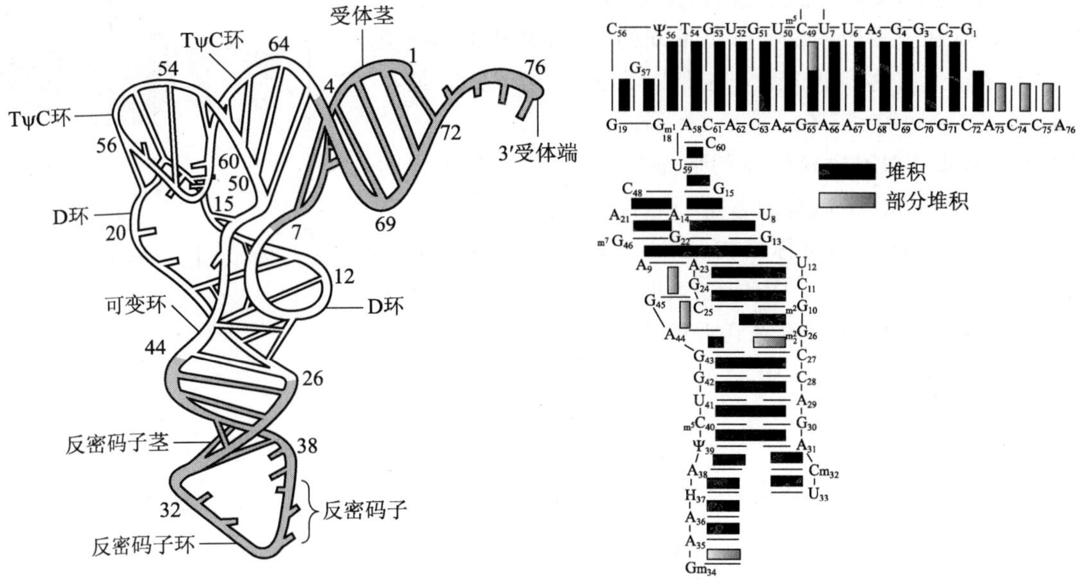

(a) (b)

图 4.12 图示酵母 $tRNA^{Phe}$ 的结构

(a) 显示基于 X-衍射而得到的 $tRNA^{Phe}$ 的“L”形三维结构 (b) 显示“L”形 $tRNA^{Phe}$ 核苷间氢键的堆积 黑色表示堆积,灰色表示部分堆积。第 34 位的 G 是反密码子上的第 3 个碱基,由于是部分堆积的,可以自由地摆动(引自 J. D. Waston 等,1987,2004)

三、核糖体的结构

核糖体(ribosome)是蛋白质合成的装置,由核糖核蛋白大复合物组成。细菌的核糖体是附着在 mRNA 上,真核细胞中核糖体总是和细胞骨架或粗面内质网的膜相结合。核糖体能够以独立的**单核糖体**(monosome)

行使功能，但更常见的是它们成簇结合在一条 mRNA 上而形成**多核糖体**(polysomes)。

所有的核糖体由大亚基与小亚基组成，每一亚基含有几种核糖体 RNA(ribosomal RNA，rRNA)和多种核糖体蛋白(ribosomal protein，r-protein)。它们的相对大小常常用沉降系数单位来表示(表 4.6)。

表 4.6 原核生物和真核生物核糖体的组成及功能

核糖体	亚基	相对分子质量	rRNAs	蛋白质	RNA 的特异序列和功能
细菌 70S 相对分子质量 2.5×10^6；66%RNA	50S	16×10^5	23S=2 904 b 5S=120 b	约 34 种 (L1～L34)	含 CGAAC 和 GTψCG 互补
	30S	9×10^5	16S=1 542 b	21 种(S1～S21)	16SRNA(CCUCCU)和 S-D 序列(AGGAGG)互补
哺乳动物 80S 相对分子质量 4.2×10^6；60%RNA	60S	28×10^5	28S=4 718 b 5.8S=160 b 5S=120 b	49 种	有 GAUC 和 TψC G 互补
	40S	14×10^5	18S=1 874 b	33 种	和 Cap^{m7}G 结合

细菌中所有的核糖体都已鉴定出来。*E. coli* 的 rRNA 已被测序，其小亚基(30S)是由 16S rRNA 和 21 种蛋白质构成的；大亚基(50S)是由 23S RNA 和小分子的 5S RNA 及 34 种蛋白质构成的。

真核生物的核糖体要比细菌的核糖体大得多。主要的 RNA 分子较长，并有很多蛋白质，RNA 在量上仍占主导地位。

细胞器的核糖体和胞浆中的核糖体是不同的，具有各种不同的类型。最大的差不多和细菌的核糖体大小相似。含 70% 的 RNA，最小的仅有 60S，所含 RNA 小于 30%。

细菌、叶绿体和真核细胞质核糖体的形态都十分相似(线粒体的核糖体的形态尚不清楚)，其小亚基形态是平的，而大亚基则是凸形结构。完整的 70S 核糖体具有不对称结构，在小亚基的头部和中部与大亚基结合形成了"V"形的隧道。图 4.13 表明 tRNA 的大小与核糖体的比例关系。看来 tRNA 可能插入到大的表面"裂口"(clefts)中，而不会插入完整核糖体的内部空隙中。

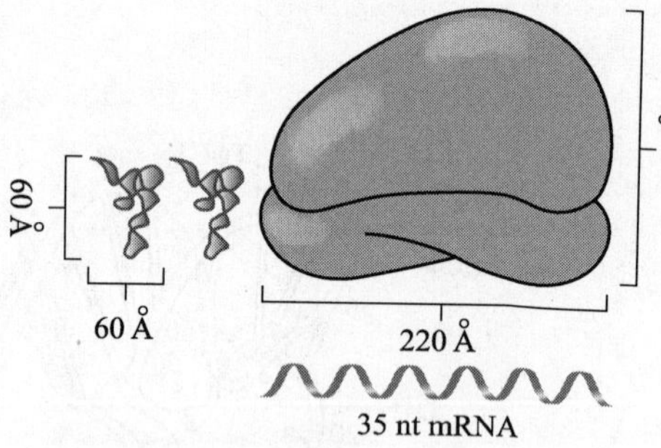

图 4.13 比较大小表明核糖体足以与 tRNA 及 mRNA 结合

(引自 B. Lewin，2008)

四、核糖体的活性部位

根据核糖体的位点和功能，我们可以区分出核糖体的几种活性(表 4.7)。70S 核糖体可能具有供 tRNA 结

表 4.7 核糖体的活性部位

活性部位	功能	位置	组分
mRNA 结合部位	结合 mRNA 和 IF 因子	30S，P 位附近	S1、S18、S21 以及 S3、S4、S5、S12；16S rRNA 3′端区域
P 位	结合 fMet-tRNA 和肽酰-tRNA	大部分在 50S 亚基	L2、L27 及 L14、L18、L24、L33；16S 和 23S rRNA 3′附近区域
A 位	结合氨酰-tRNA	大部分在 30S 亚基	L1、L5、L7/L12、L20、L30、L33；16S 和 23S rRNA(16S 的 1400 区)
E 位	结合脱酰-tRNA	50S	23S rRNA 是重要的

续表

活性部位	功能	位置	组分
5SRNA	和 23S rRNA 结合	P 位和 A 位的附近	L5、L18、L25 复合物
肽酰基转移酶	将肽链转移到氨酰-tRNA 上	50S 的中心突起	L2、L3、L4、L15、L16;23S rRNA 是重要的
EF-Tu 结合部位	氨酰-tRNA 的进入	30S 外部	
EF-G 结合部位	移位	50S 亚基的界面上,L7/L12 附近,近 S12	
L7/L12	GTP 酶需要	50S 的柄	L7、L12

合的两个功能部位:A 位和 P 位。**A 位**(氨基乙酰 tRNA 部位,amino acyl-tRNA site)在延伸过程中与进入的负载 tRNA 结合,而 **P 位**(肽酰-tRNA 部位,peptidyl-tRNA site)与携带新生多肽链的 tRNA 结合。细菌核糖体具有 **E 位**(退出部位,exit site)(图 4.14),脱酰-tRNA 从此部位被排出。大亚基具有肽基转移酶结构域,提供肽键形成的催化活性,GTP 酶结构域,其活性是核糖体在 mRNA 移位所必需的。

肽酰转移酶部位的中心在 50S 亚基上,EF-G 结合位点及负责移位的部位都在 50S 大亚基上。核糖体的另外区域是多肽**输出功能域**(exit domain),核糖体通过这个区域附着在膜上。多肽链从一个功能区出现进入另一个功能区,通过一个离肽酰转移酶有一定距离的出口被排出。

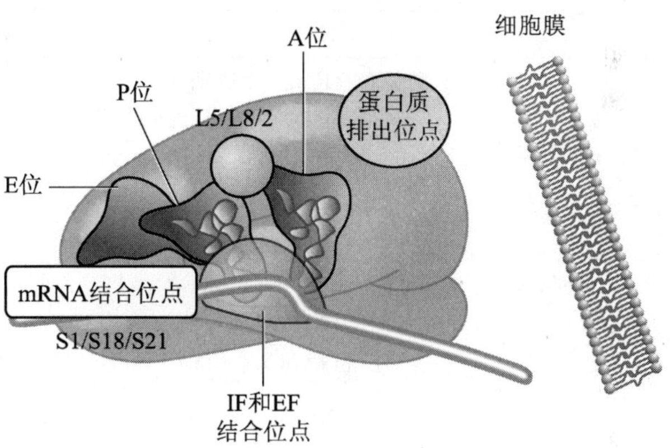

图 4.14 核糖体具有的几个活性中心

核糖体可能与膜相连。mRNA 由 A 位转入 P 位时形成一个转角。E 位在 P 位旁侧。肽酰转移酶位点(未显示)越过了 A、P 位的顶部(引自 B. Lewin,2008)

在细菌中 tRNA 进入 A 位通过移位再进入 P 位。然后通过 E 位离开细菌的核糖体。A 位和 P 位必定涉及两个亚基,这是由于 tRNA 要和 30S 小亚基上的 mRNA 配对,但肽链的转移又发生在 50S 大亚基上。通常设想 A、P 两个部位离得很近,这样易位时便于 tRNA 由一个部位移入到另一部位。E 位又被设想在 P 位的附近。各种核糖体活性位点之间在功能上的相互关系现在尚没有完全弄清楚。核糖体可能有一种高度相互作用的结构,在这些结构中某一位点发生改变就会明显地影响到其他位点的活性。

第三节 氨酰-tRNA 的形成

一、tRNA 对氨基酸的识别

tRNA 通过反密码子和 mRNA 上的密码子相互配对,将特定的氨基酸运送到核糖体上肽链合成位点,但是 tRNA 识别特定的氨基酸涉及 tRNA 的“身份”(identity)问题,这个问题是核酸领域的热点之一。人们需要解决几个问题:①tRNA 怎样接受特定的氨基酸,氨酰-tRNA 合成酶怎样识别 tRNA;②tRNA 中的哪些结构和接受特定氨基酸有关。

1988 年 Hou Ya-ming(候雅明)和 P. Schimmel 首先取得了这方面的突破。他们采用的方法是选用色氨酸合成相关基因(*trpA*)发生琥珀突变(UGG→UAG)的突变体来进行研究。这种突变体必须在加有色氨酸的培养基上才能生长。当含有校正 tRNA 时,此缺陷型细菌可在基本培养基上生长(第五章)。此校正 tRNA 携带着 Ala,但反密码子突变成 CUA,因此可以和终止密码子 UAG 相配对,这样校正了色氨酸的琥珀突变，在色氨酸突变位点加入了 Ala。转化 *E. coli* 后只要校正率达到 3%，该 *trp*⁻ 菌株就可在基本培养基上生长。然后他们用点突变的方法来改变校正 tRNA(Ala)上的各个位点，观察对识别 Ala 有何影响，以此来确定与识别特异氨基酸有关的位点。他们用上述方法证明了 Ala tRNA 的 G3：U70 碱基对，仅一对碱基决定了丙氨酰 tRNA 合成酶与 tRNA 的识别，他们就把这样很小的组件称为 tRNA 的"身份"，或称为**副密码子**(paracodon)。简而言之，副密码子是 tRNA 分子上被氨酰-tRNA 合成酶识别，从而决定其携带何种氨基酸的区域和部位。

Hou Ya-ming 和 P. Schimmel 等用合成的微螺旋做氨基酸接受实验，证明只要具有 Ala tRNA 受体臂那样长的微螺旋，或者具有该 tRNA 受体臂和 TψC 环连在一起的小螺旋，且在受体臂有相当于 G3：U70 的碱基对，它们就能接受 Ala。已发现了带有 3 种不同反密码子(CUA、GGC、UGC)的 Ala tRNA 都具有 G3：U70 副密码子。

表 4.8 表明这些位置的共同特点是：①关键位点的数很少(1～5)个；②副密码子较集中在反密码子和受体臂上，这与 tRNA 的"L"形三维结构和氨酰-tRNA 聚合酶结合的空间构型有关；③由于一个碱基对不足以使 20 套 tRNA 被普遍的识别，因此不同的 tRNA 都有自己特殊的规律来进行识别。

表 4.8 氨酰-tRNA 合成酶通过几个特殊碱基来识别其同质 tRNA

tRNA	合成酶识别的碱基
Ⅰ类氨酰-tRNA 合成酶	
Val	反密码子上的 3 个碱基
Met	反密码子上的 3 个碱基
Ile	反密码子上的 C34 修饰碱基
Gln	U35(反密码子)；U1-A72 和 G73(受体臂)
Ⅱ类氨酰-tRNA 合成酶	
Phe(酵母)	反密码子上的 3 个碱基，G20(D 环)；A73(末端)
Ser	G1-C72；G2-C71；A3-U70(受体臂)；C11-G24(D 环)
Ala	G3-U70(受体臂)

二、氨酰-tRNA 的形成

tRNA 分子在蛋白质合成中的重要功能是将特异的氨基酸运送到核糖体 mRNA 的复合物上，氨基酸和 tRNA 的结合首先要经过氨基酸的活化，然后再形成氨酰-tRNA。

氨基酸进入蛋白质合成途径是通过氨酰-tRNA 合成酶(aminoacyl-tRNA synthetase)，这种酶将氨基酸和特异的 tRNA 连接起来。所有这种合成酶的功能都是分两步来进行的(图 4.15)：

活化：氨基酸＋ATP＋E→氨基酰-ATP-E＋ppi (E 表示酶)

转移：氨酰-ATP-E＋tRNA→氨酰-tRNA＋AMP＋E

这种合成酶将 tRNA 和氨基酸分拣到相应的位点，每种合成酶都能识别单一的氨基酸和所有的 tRNA，然后将相应的氨基酸和 tRNA 组装起来。合成酶对 tRNA 的识别描述成它的关联 tRNA 或同族 tRNA(cognate tRNA)，通常它们的反密码子是不同的。

这种合成酶尽管功能相同，但可分成不同的类型。他们的相对分子质量从 40×10^3 到 100×10^3 大小不等，有的是单体，而有的是双体或三体。根据其 tRNA 结合区的结构，氨酰-tRNA 合成酶一般分为两类，各有 10 种酶。它们之间的同源性很小，可能是由不同的蛋白质进化而成。两类酶都具有催化功能区(ATP 和氨基酸结合区)、tRNA 受体双螺旋结合区、tRNA 反密码子结合区、寡聚物形成区，但排序不同(图 4.16)。

根据结晶所作的模型(图 4.17)，可看到两类酶和"L"形 tRNA 不同的侧面相接近，彼此呈镜像对称的关系。

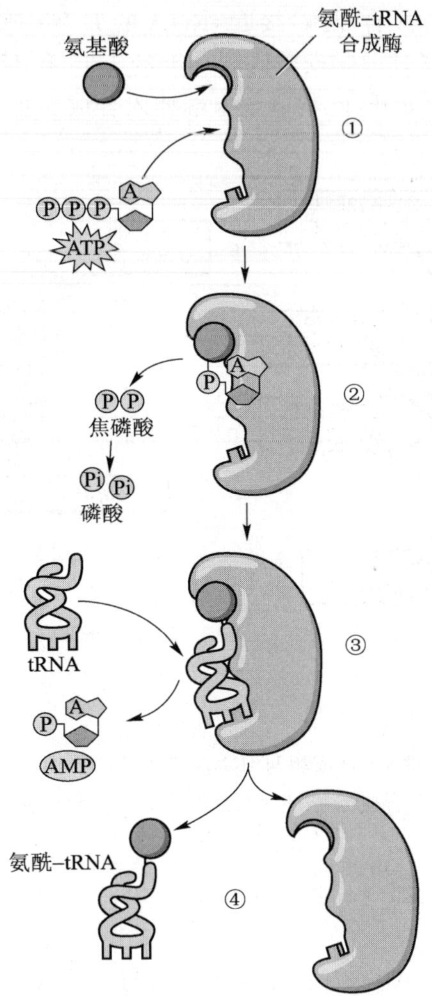

图 4.15　氨基酸的活化

①氨基酸和 ATP 结合到氨酰-tRNA 合成酶上的活化位点上。每种氨酰-tRNA 合成酶特异地针对一种氨基酸　②反应使氨基酸和 AMP 结合，并释放两个焦磷酸，被活化的氨基酸具有高潜能　③被活化的氨基酸从 tRNA 合成酶上转移到特异的 tRNA 上　④氨酰-tRNA 被释放，进入翻译的进程中

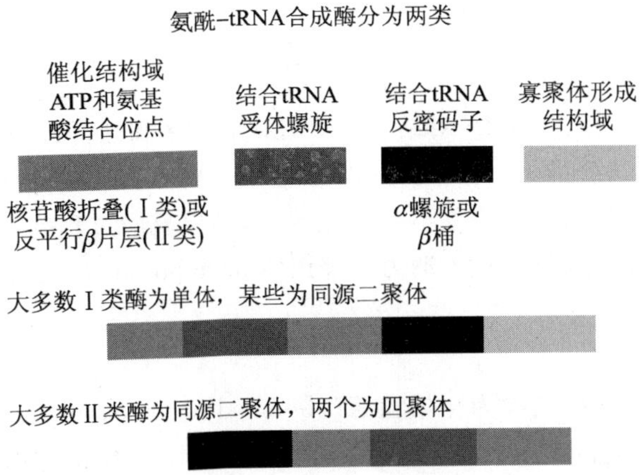

图 4.16　氨酰-tRNA 合成酶含有 3～4 个功能区（仅多聚体的合成酶具有寡聚体形成结构域）(B. Lewin，2004)

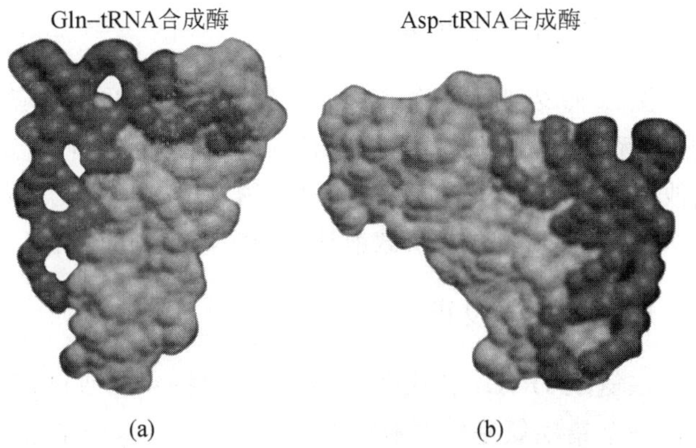

图 4.17　晶体结构显示Ⅰ类(a)和Ⅱ类(b)氨酰-tRNA 合成酶结合在其 tRNA 底物的相反面

tRNA 用黑色表示，蛋白质用灰色表示（B. Lewin，2004）

Ⅰ类氨酰-tRNA 合成酶(Gln-tRNA 合成酶)接近 tRNA 的 D 环一侧,而在受体茎末端的结合位点是识别其小沟,同时也识别另一端的反密码子环。①反密码子环上的 U35 和 U36 被拉开而进入蛋白质中;②受体茎的末端明显变形,使 U1:A72 碱基对分开,此茎单链末端插入合成酶蛋白质的深处,在此处也含有 ATP 结合位点(图 4.18)。

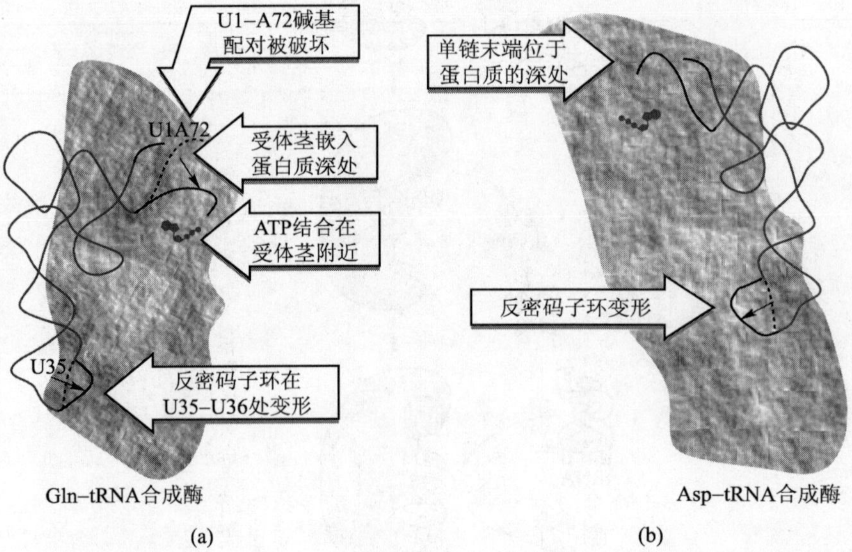

图 4.18 Ⅰ类氨酰-tRNA 合成酶与 tRNA 受体茎的小沟和反密码子环接触(a);
Ⅱ类氨酰-tRNA 合成酶与 tRNA 受体茎的大沟和反密码子环接触(b)
(引自 B. Lewin,2004)

这个结构印证了副密码子的功能,即当 tRNA 的 U35:G73 或 U1:A72 碱基对若发生改变会影响到氨基酰-tRNA 合成酶对 tRNA 的识别。

Ⅱ类氨酰-tRNA 合成酶(Asp-tRNA 合成酶)是从另一侧与 tRNA 接触,识别可变环及受体茎的大沟。受体茎保持着规则的双螺旋构象,ATP 可能结合在末端腺嘌呤的附近。在结合位点的另一端紧密地和反密码子环结合,环的构象发生改变,随之和蛋白质紧密结合。

三、氨酰-tRNA 合成酶的校正作用

(一) 动力学校正

图 4.19 表明 tRNA 和合成酶的结合通过两步反应来进行,相关 tRNA 对结合位点有很高的亲和性,因此结合较快,解离较慢。随着 tRNA 的结合,此酶就要"审查"这个被结合的 tRNA。若是正确的 tRNA,那么通过酶构象的改变使结合更为稳定。接着迅速的发生氨基酰化。若是错的 tRNA,构象不会发生改变,结果反应过程变得很慢,这样增加 tRNA 在负载前从酶中解离出来的机会。这种控制的类型称为**动力学校正**(kinetic proofreading)。

(二) 化学校正

在氨酰-tRNA 合成酶中,氨基酸的特异性通过逆反应进行校正称为**化学校正**(chemical proofreading)。在校正一个错误氨基酸时有两个阶段可以进行,一个是校正错误的氨酰-腺苷酸(图 4.20);另一个是校正错误的氨酰-tRNA。两个步骤都需要正确的 tRNA 存在。

当 tRNA 与错误的氨酰-腺苷酸结合时,氨酰-腺苷酸可被水解。这一过程需要一个连接和水解的持续循环,直到一个正确的氨基酸转移到 tRNA 上为止。若校正发生在氨酰-腺苷酸形成之前的阶段,正确的 tRNA 的存在对于触动校正是必要的。

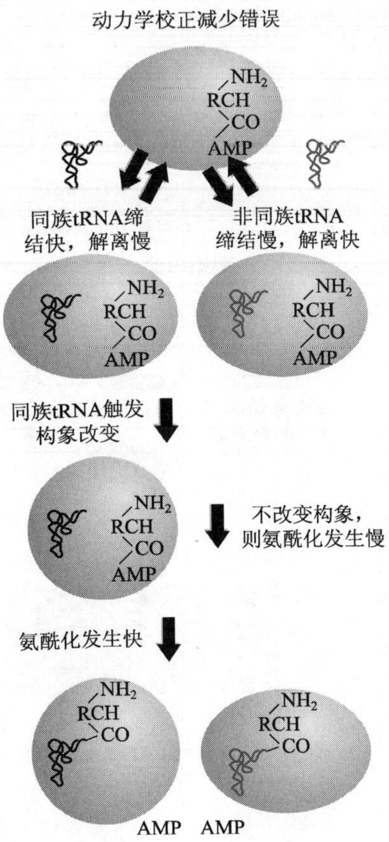

图 4.19　氨酰-tRNA 合成酶通过两个步骤控制对正确 tRNA 的识别

首先，酶对同族 tRNA(可被同一氨基酰 tRNA 辨认的)有很强的亲和力；其次，不正确的 tRNA 发生氨基酰化很慢(引自 B. Lewin，2004)

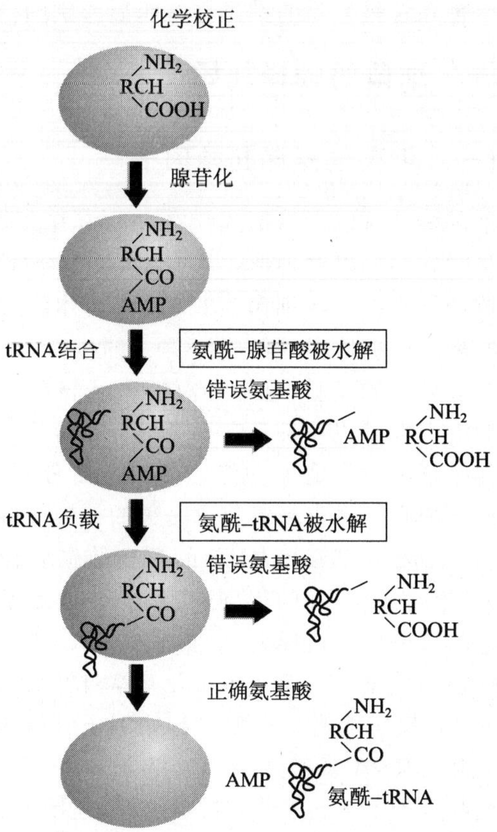

图 4.20　氨酰-tRNA 合成酶和错误的氨基酸结合时，校正需要同族 tRNA 结合，它或使酶构象改变，导致错误的氨酰-腺苷被水解，或使氨基酸转移到 tRNA 上，随之被水解

(引自 B. Lewin，2004)

第四节　蛋白质的合成:起始

蛋白质合成基本分为 3 个阶段:起始、延伸和终止(图 4.21)。这在原核生物和真核生物中都是相似的，但

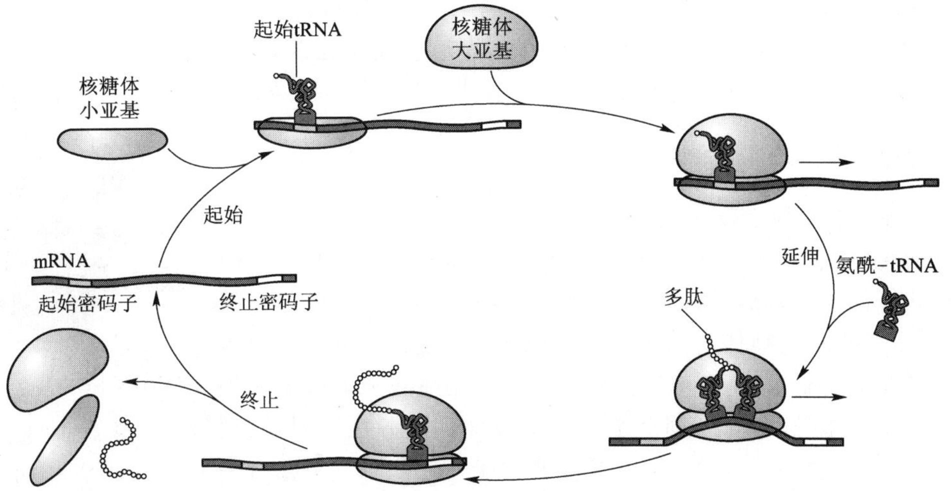

图 4.21　翻译的总体过程

(引自 Waston 等，2005)

原核生物和真核生物的翻译是有明显差别的。本节将先介绍蛋白质合成起始阶段。

一、细菌的翻译起始

（一）细菌的翻译起始因子

细菌核糖体以 70S 形式存在时承担着多肽链延伸的任务。翻译终止时它们仍以这种形式从 mRNA 上释放出来，然后进入到游离的核糖体库中。在细菌生长时，核糖体的主要任务是合成蛋白质。游离的核糖体库约保持在 20%的核糖体。核糖体在游离库中可解离成分开的亚基，这样游离的 70S 核糖体与分开的 30S 小亚基和 50S 大亚基以一种动态平衡的形式存在。完整的核糖体并不具有起始蛋白质合成的功能。起始是由分开的亚基来完成的，在起始反应中它们再重新组装成完整的核糖体(图 4.22)。

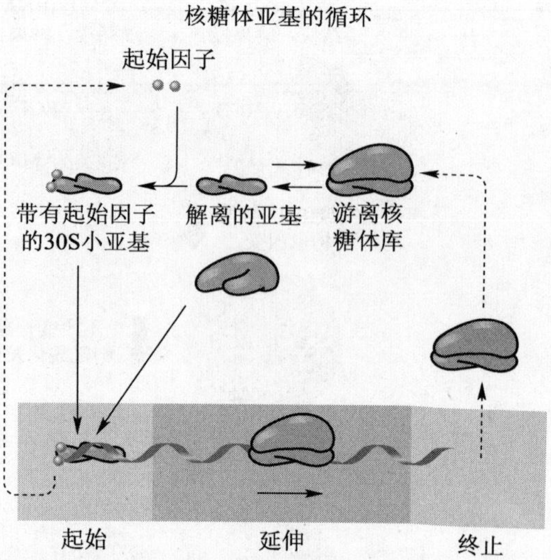

图 4.22 翻译起始需要游离的核糖体亚基
当核糖体在上次翻译终止被释放时，其 30S 小亚基就与起始因子结合，然后解离产生游离的亚基。当亚基重新组合，产生在起始时具有功能的核糖体，释放出起始因子(引自 B. Lewin，2008)

当 30S 小亚基在 mRNA 的核糖体结合位点结合成起始复合物时，产生对 mRNA 的识别；然后 50S 大亚基结合到复合物上产生完整的核糖体。这样大、小亚基在 mRNA 的核糖体结合位点缔合成完整的核糖体。但 30S 小亚基本身并没有结合 mRNA 和 tRNA 的这种反应能力。它需要起始因子(initiation factor，IF)的结合才能和 mRNA 及氨酰-tRNA 结合。

当缔合产生 70S 核糖体时，释放出起始因子。起始因子的释放使翻译从起始转入延伸阶段。细菌有 3 种起始因子 IF-1、IF-2 和 IF-3，它们的功能是：①IF-3 是 30S 小亚基与 mRNA 起始位点的特异结合所必需的。②IF-2 是特异地和起始 tRNA 结合并把它带到起始复合物中。③IF-1 结合于 30S 小亚基的 A 位，以阻止氨酰-tRNA 的进入，并阻止 30S 小亚基与 50S 大亚基结合，维持 30S 小亚基的稳定性(图 4.23)。IF-3 因子具有双重功能(图 4.24)。首先是控制核糖体游离态和结合态之间的平衡。IF-3 和游离的 30S 小亚基相结合，但不和 70S 核糖体结合。当 IF-3 与 30S 小亚基相结合时，阻止 30S 小亚基和 50S 大亚基的结合，其作用实际上是**抗缔合因子**(antiassociation factors)。IF-3 的第二个功能是控制 30S 小亚基与 mRNA 结合的能力，小亚基失去 IF-3 就不能和 mRNA 形成起始复合物。但 mRNA 上 S-D 位点的选择是核糖体亚基的功能。因此合成起始复合物需要 IF-3，但 IF-3 并不涉及特异位点的选择。在 30S 小亚基和 50S 大亚基结合之前，IF-3 被释放出来。30S 小亚基不能在结合 IF-3 的同时又与 50S 大亚基结合。

（二）细菌的翻译起始复合物

1. 核糖体在 mRNA 上的定位

mRNA 上的翻译起始位点可通过 **DNA 酶足迹法**(DNA Ⅰ footprintion)进行鉴别。即在阻断翻译延伸时，然后核糖体停留在起始位点上，再加核酸酶，降解 DNA，但由于受到核糖体的保护，核糖体附着区被保留下来。对这一片段通过分离纯化和分析就可了解其结构和特点。在细菌中被核糖体保护的 DNA 区域长 35～40 bp。在不同的细菌中这段序列同源性很弱，它们只有两个共同的特点：①这一区域中总含有起始密码子(多为 AUG)；②有一个序列和 16S rRNA 3′端附近的序列互补结合。带有 IF-3 的 30S 小亚基以此识别结合 mRNA 上的 S-D 序列，使下游邻接的 AUG 精确定位在小亚基

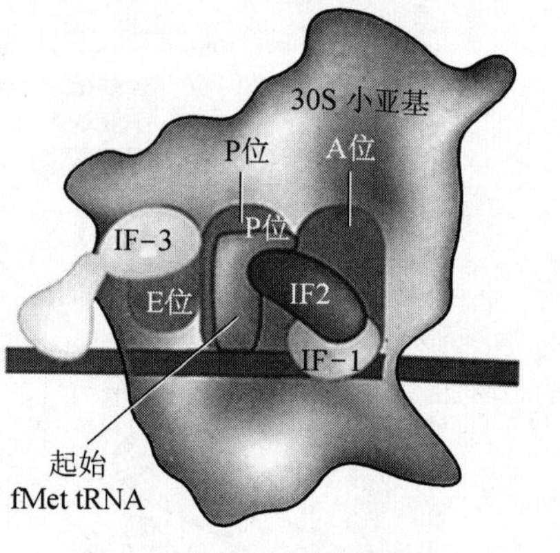

图 4.23 起始因子结合核糖体 30S 小亚基的模型
图示 IF-1、IF-2 和 IF-3 与 30S 小亚基可能结合的位置(引自 Waston 等，2005)

的 P 位上，产生开始的读框。这段很短的保守序列位于起始密码子 AUG 的上游 10 bp(5′-AAACAGGAGG-3′)以内，其中的4～6 bp(5′-AGGAGG-3′)高度保守，是与 16S rRNA 互补结合的核心(图 4.25)。它是由澳大利亚的 J. Shine 和 L. Dalgarno 于 1975 年首先发现的，故称为 **S-D 序列**(Shine-Dalgarno sequence)，也称为**核糖体结合位点**(ribosome-binding site)。

经点突变实验表明 S-D 序列和 16S rRNA 配对在翻译起始中起着重要的作用。S-D 序列的点突变能阻止翻译。例如，在 rRNA 的互补序列上引入突变将对细胞有害，它会改变蛋白质合成的模式。为了进一步搞清碱基配对反应，在 mRNA 的 S-D 序列和 rRNA 进行了补偿性的突变，结果所产生的 mRNA 起始缺陷特异地被相应突变的核糖体所校正。

细菌的 16S rRNA 的 3′端序列是高度保守的。它可以自我互补，形成发夹结构。发夹的一部分可以和 mRNA 的 S-D 序列互补。在起始反应时可能发夹的末端打开而与 mRNA 配对(图 4.26)。起始以后，mRNA-rRNA 的双链又因发夹结构重新形成而断开。这一机制可能服从在特殊位点形成一个稳定起始复合物，然后此复合物又要沿着 mRNA 移动的需要。

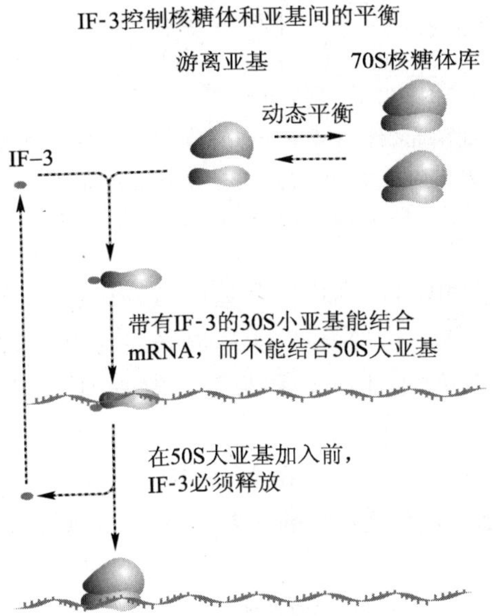

图 4.24　蛋白质合成起始需要带有 IF-3 的 30S 小亚基

(引自 B. Lewin，2004)

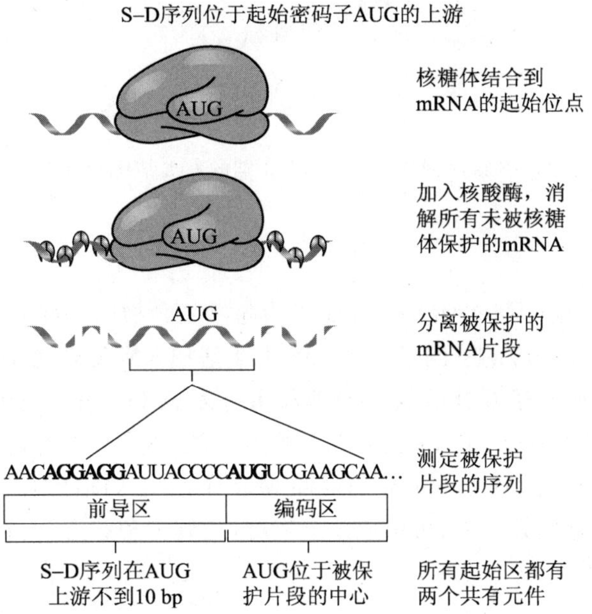

图 4.25　mRNA 上的核糖体结合位点可从起始复合物上再现，它们包含上游的 S-D 序列和起始密码子

(引自 B. Lewin，2008)

2. 起始子 fMet-tRNA$_f$

起始密码子通常是用 AUG，但在细菌中 GUG 或 UUG 有时也被用作起始密码子。AUG 是相对于 Met 的密码子，而两种类型的 tRNA 都能携带 Met，但一个是用于起始，另一个是用于延伸。

在细菌和真核细胞器中起始 tRNA 携带着一个被甲酰化的甲硫氨酸残基，形成了 *N*-甲酰甲硫氨酸-tRNA (*N*-formyl-methionyl-tRNA)分子，通常缩写成 fMet-tRNA$_f$。

在生成起始子 fMet-tRNA$_f$ 过程中，起始 tRNA 首先负载甲硫氨酸产生了一个 Met-tRNA。然后通过甲酰化反应封闭了自由的氨基，使氨基不可能参与链的延伸，但羧基端可以延伸肽链(图 4.27)。

这种 fMet-tRNA$_f$ 仅用于起始，它识别密码子 AUG 或 GUG(偶尔也识别 UUG)。这些密码子的识别并非是同等的。当 AUG 被 GUG 取代时起始的效率会下降一半，若用 GUG 时起始的效率又要下降一半。

负责识别延伸中的 AUG 密码子的是 Met-tRNA$_m$，这个 tRNA 的甲硫氨酸没有被甲酰化，它仅负责延伸的 AUG 密码子。

AUG 和 GUG 密码子的意思取决于"上下文"关系，当 AUG 用于起始时，它是作为甲酰-甲硫氨酸的密码子。GUG 的"含义"主要取决于其位置。当它位于第一个密码子时被读成甲酰-甲硫氨酸，参与起始反应；当它位于基因中时，被 Met-tRNA$_m$ 所识别。

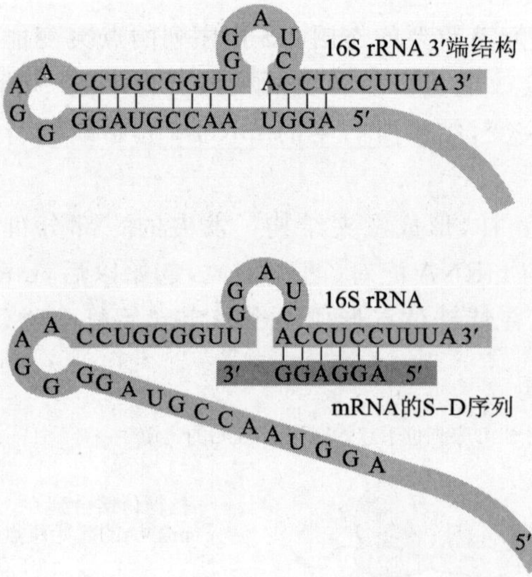

图 4.26 S-D序列与16S rRNA 3′端的发夹结构配对

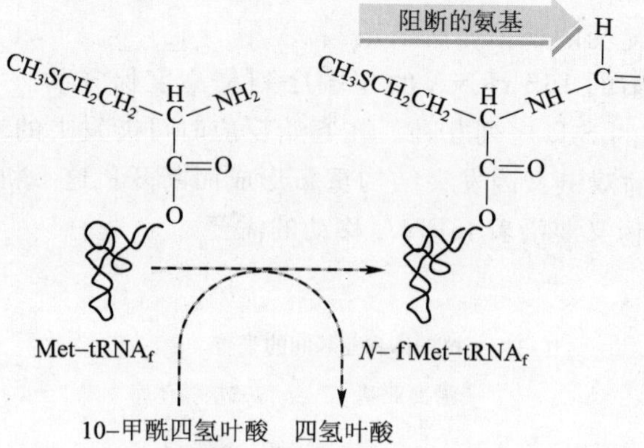

图 4.27 细菌起始子 fMet-tRNA$_f$ 由甲硫氨酰-tRNA 经甲酰化而产生，甲酰四氢叶酸为辅助因子

（引自 B. Lewin，2004）

只有 fMet-tRNA$_f$ 才能成为起始复合物的一部分，称为**起始子**(initiator)，其特点是可以直接进入 P 位，来识别其相应的密码子。当 50S 大亚基加入到复合物中，这个起始子 fMet-tRNA$_f$ 位于新的完整的 P 位，而与第二个密码子互补的氨酰-tRNA 可进入 A 位。第一个肽链在起始子 fMet-tRNA$_f$ 和第二个氨酰-tRNA 之间形成，此起始子 tRNA 的行为是作为肽酰-tRNA 的类似物。

起始 fMet-tRNA$_f$ 与延伸 Met-tRNA$_m$ 的结构有着明显的不同(图 4.28)：①在 Met-tRNA$_m$受体臂末端的一对碱基是 G-C，可形成 3 个氢键，达到饱和状态；而在 fMet-tRNA$_f$ 受体臂末端的一对碱基是 C、A，C 和 A 不

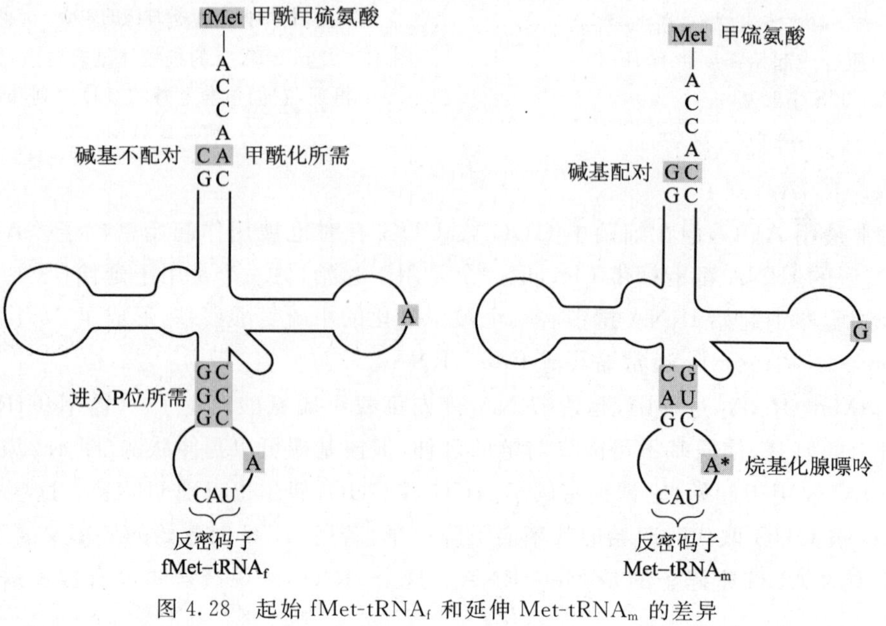

图 4.28 起始 fMet-tRNA$_f$ 和延伸 Met-tRNA$_m$ 的差异

能配对，这样就可以用氢键与延伸因子 IF-2 结合，形成“肽酰-tRNA”的形式，正因为如此，它们可以进入核糖体小亚基的 P 位。②fMet-tRNA$_f$ 的反密码子茎上有 3 对 G-C，若发生突变将会阻止其进入 P 位。③fMet-tRNA$_f$ 的反密码子 3′端邻接的碱基是 A，而 Met-tRNA$_m$ 的反密码子 3′端邻接的碱基是烷基化腺嘌呤（A*）。④fMet-tRNA$_f$ 的 TψC 环近末端是 AAA，Met-tRNA$_m$ 的相应位置是 AGA，其作用尚不清楚。

3. 起始复合物的形成

起始子 Met-tRNA$_f$ 是由 IF-2 结合到 30S mRNA 复合物上的。首先 IF-2 和 30S mRNA 复合物结合，同时 GTP 和 30S mRNA 复合物结合，然后 fMet-tRNA$_f$ 通过 IF-2 结合到 30S mRNA 复合物上，形成起始复合物，IF-2-fMet-tRNA 二元复合物再和 30S mRNA 复合物结合。只有起始 tRNA 才能和 IF-2 结合。其他任何氨酰-tRNA 都不能参加起始反应。在这一阶段，IF-2 保留在 30S 小亚基上，可以进一步地发挥作用。这个因子具有**核糖体依赖性 GTP 酶活性**（ribosome-dependent GTPase activity），负责水解存在于核糖体上的 GTP，释放出高能键中储存的能量（图 4.29）。

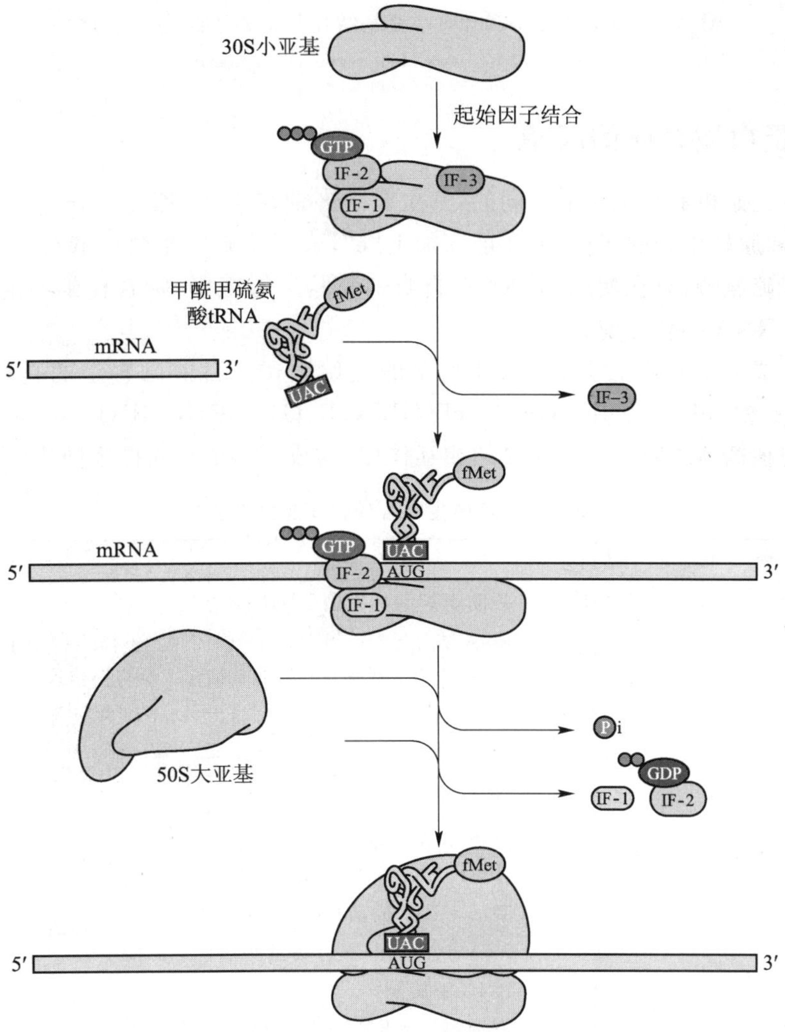

图 4.29　翻译起始的过程

当 50S 大亚基和 30S 小亚基结合形成完整的核糖体时，GTP 已被水解（图 4.30）。IF-2 本身并不是 GTPase，但可以激活带有这种功能的核糖体蛋白。GTP 的水解可能涉及核糖体构象的改变，这样结合后的亚基变成了有活性的 70S 核糖体。

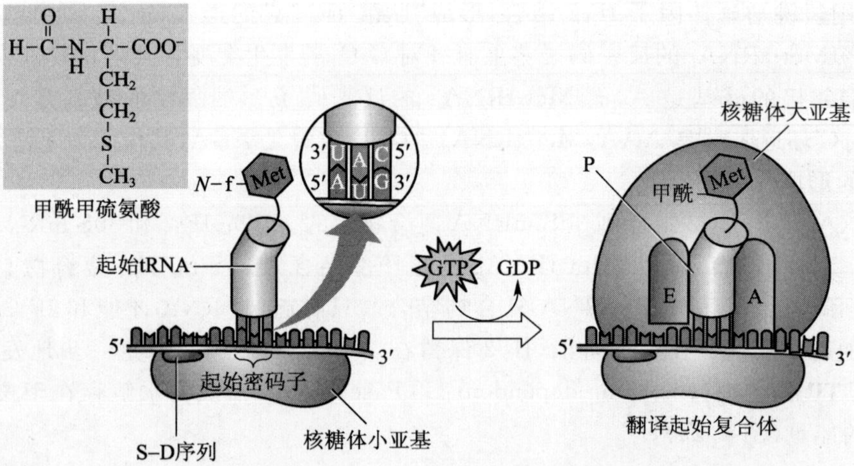

图 4.30 50S 大亚基和 30S 小亚基结合形成完整的翻译复合体

（引自 http://www.bio.miami.edu/dana/）

二、真核生物蛋白质合成的起始

真核蛋白质合成的起始机制与细菌的相同的，其主要的区别在于：①各种成分装配的次序不同；②真核起始因子数目较多，名称和原核生物的相似，但在前面加上“e”，表示是真核生物的起始因子；③真核翻译的起始和延伸都使用相同的甲硫氨酸，只在使用的 tRNA 自身的结构上有区别；④真核细胞的起始 tRNA 和小亚基的结合总是发生在与 mRNA 结合之前。

真核生物蛋白质合成的起始非常复杂，涉及很多的起始因子。目前已鉴定的真核起始因子共有 13 种［eIF1、eIF1A、eIF2（α、β、γ）、eIF2A、eIF2B、eIF3、eIF4F（A、E、G）、eIF4B、eIF4H、eIF5、eIF5A、eIF5B、eIF6］。在这些起始因子之间与核糖体之间存在着大量的相互作用，构成了一个相互作用网络（表 4.9）。

表 4.9 真核生物各种翻译起始因子

起始因子	相对分子质量/$\times 10^3$	结构	功能
eIF1	12	单体	帮助识别起始密码子 AUG
eIF1A	16	单体	RNA 结合蛋白。可稳定 Met-$tRNA_i$ 与 40S 亚基间的结合，激活 mRNA 的结合，阻止 40S 亚基与 60S 亚基结合。参与扫描起始密码子
eIF2	125	异源三聚体	磷酸化酶，参与形成 eIF2-GTP-Met-$tRNA_i$ 复合物
eIF2A	65	单体	抑制内部核糖体进入位点介导的翻译起始
eIF2B	270	五聚体	eIF2 的鸟苷酸交换因子
eIF3	约 800	十三聚体	阻止 40S 亚基与 60S 亚基的结合；帮助其他 eIF 结合到 40S 亚基上；使 eIF4F-mRNA 复合物定位到 40S 亚基上
eIF4B	140	二聚体	激活 eIF4F 的活性
eIF4F	240	三聚体	5′帽结合蛋白，具有解链酶活性和激酶活性
eIF4A	44.4	单体	RNA 解旋酶
eIF4E(CBP-Ⅰ)	24	单体	识别结合 mRNA5′端帽结构，解链 mRNA
eIF4G		单体	支架蛋白，协同不同起始因子间的作用和增强它们的活性
eIF4H	28	单体	激活 eIF4F 的活性
eIF5	50	单体	核糖体依赖的 GTP 酶，帮助 eIF2・GTP-Met・$tRNA_i$ 复合物结合到小亚基上
eIF5A	18	单体	激活 60S 亚基的结合，协助 80S 亚基构象的改变
eIF5B	139	单体	核糖体依赖的 GTP 酶，结合 60S 亚基
eIF6	18	单体	阻止 40S 和 60S 亚基结合

真核生物翻译起始复合物在众多的起始因子参与下逐步形成。为了便于理解,我们可以将这一复杂的过程,分成3条路线来阐明。第一条是43S起始复合物的形成;第二条是eIF2介导Met-tRNA$_i$和GTP形成的三元复合物;第三条是起始因子eIF4F与mRNA的结合。然后再与43S复合物进一步地组合成48S复合物。

(一) 43S起始复合物的形成

真核生物蛋白质合成的起始首先是通过起始因子eIF1A和eIF3将完整的80S核糖体解离为大小两个亚基(图4.31)。eIF1A和eIF3相当于原核的起始因子IF-1和IF-3。eIF1A可阻止40S小亚基与60S大亚基结合,稳定Met-tRNA$_i$与40S小亚基间的结合。同时它是一种RNA结合蛋白,可激活mRNA的结合,并参与扫

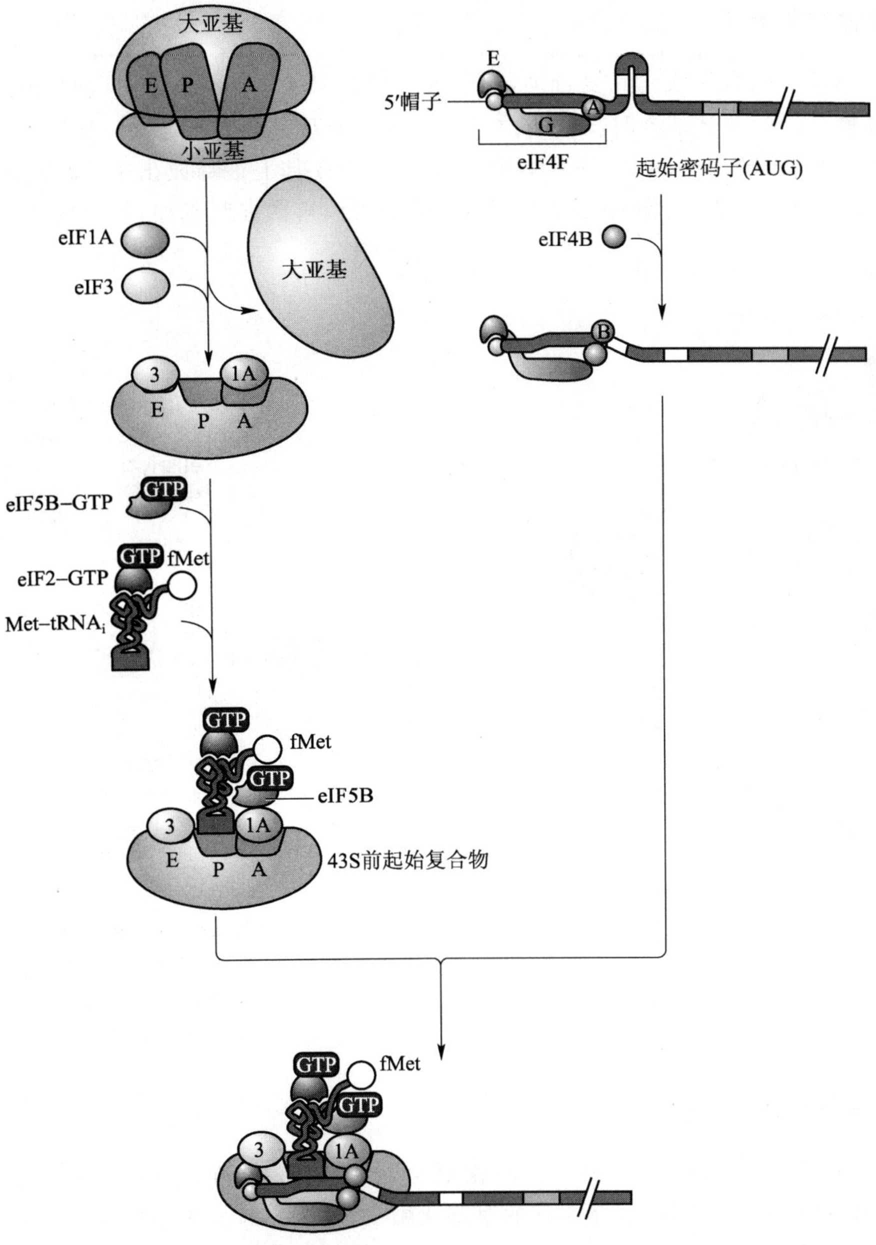

图4.31　真核细胞的小亚基和起始tRNA缔合于mRNA

eIF4F由3个蛋白质亚基(eIFA、eIFE和eIFG)组成。eIFE直接结合于5′帽结构。eIFA和eIFG也结合在mRNA的5′端(引自Waston等,2005)

描起始密码子。eIF3 是由 13 个亚基(a、b、c、d、e、f、g、h、i、j、k、l 和 m)组成的多聚体,是介导这一相互作用网络的中心点,它的一些亚基可与 eIF1、eIF1A、eIF2、eIF4B、eIF4G、eIF5 及 40S 小亚基相互作用,从而形成稳定的复合物参与翻译的起始;同时也可能存在一些动态的相互作用,使得翻译起始的过程成为可调控的。

eIF3 可阻止 40S 小亚基与 60S 大亚基的结合;帮助其他起始因子结合到 40S 小亚基上;使 eIF4F-mRNA 复合物定位到 40S 小亚基上。

eIF5B 是核糖体依赖的 GTP 酶,相当于原核的 IF-2,它与 40S 小亚基的作用依赖于 eIF1A。

结合了 eIF1A 和 eIF3 的 40S 小亚基保持了游离状态,eIF2 因子将已经形成的三元复合物结合到 40S 小亚基上。通过协同作用,eIF5B-GTP 和 eIF2-GTP 这两个 GTP 结合蛋白将 Met-$tRNA_i$ 安置在 40S 小亚基未来的 P 位上,形成 43S 起始复合物(图 4.32)。

(二) 三元复合物的形成

eIF2 可与 Met-$tRNA_i$ 结合形成三元复合体,eIF2 是一种单体 GTP 结合蛋白,由 α、β、γ3 个亚基组成。当它结合 GTP 时有活性,而与 GDP 结合时没有活性。在 60S 大亚基结合上来之前,eIF5 激活了 eIF2 的 GTP 酶活性,从而将结合的 GTP 水解为 GDP。eIF2-GDP 就从 40S 小亚基上被释放出来。游离的 eIF2-GDP 在鸟苷酸交换因子 eIF-2B 的作用下,被重新转换为 eIF2-GTP 从而可以再次参与起始过程(图 4.33)。

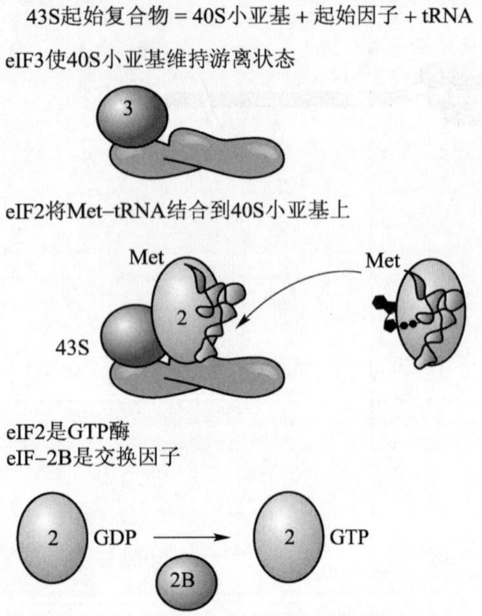

图 4.32 eIF2 将起始 Met-tRNA 结合到 40S 小亚基上,形成 43S 复合物

在以后的反应中,GTP 水解,eIF2 以 eIF2-GDP 的形式释放出来。eIF-2B 再使 eIF2 形成活化形式(引自 B. Lewin,2008)

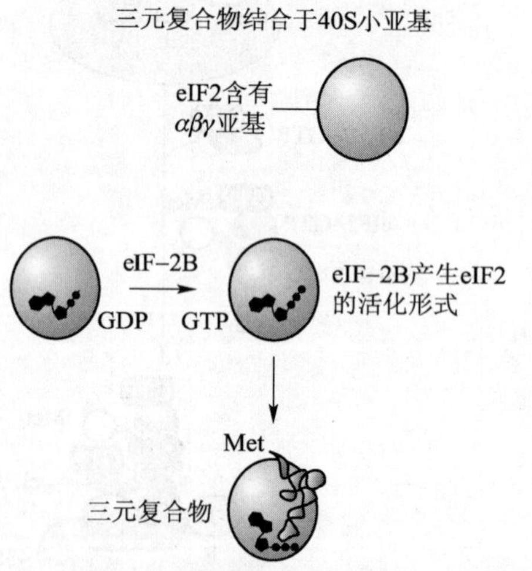

图 4.33 在真核生物的翻译起始中,eIF2 与 Met-$tRNA_i$ 形成三元复合物

此复合物与游离的 40S 小亚基结合,此小亚基再与 mRNA 的 5′端结合。后来在反应中,GTP 水解,eIF2 以 eIF2-GDP 的形式被释放出来。eIF-2B 再重新形成活化的形式(引自 B. Lewin,2008)

(三) 起始因子与 mRNA 的结合

eIF4F 通过帽结构来识别 mRNA。eIF4F 即**帽结合蛋白**(cap binding protein,CBP),它有 3 个亚基(eIF4A、eIF4E 和 eIF4G),其中 eIF4E 结合 5′端的甲基化帽子,其他的两个亚基与 RNA 非特异性结合。

除了 CBP 和 5′端帽结构结合以外,通过 CBP 与结合在尾部的 poly(A)**尾结合蛋白**(poly-A binding protein,PABP)相互作用,使 mRNA 形成环状(图 4.34)。导致第一轮翻译完成后,所释放的核糖体立即移动到 mRNA 的翻译起始位点。加速了翻译的循环,节省了能量。

(四) 核糖体结合 mRNA 的信号

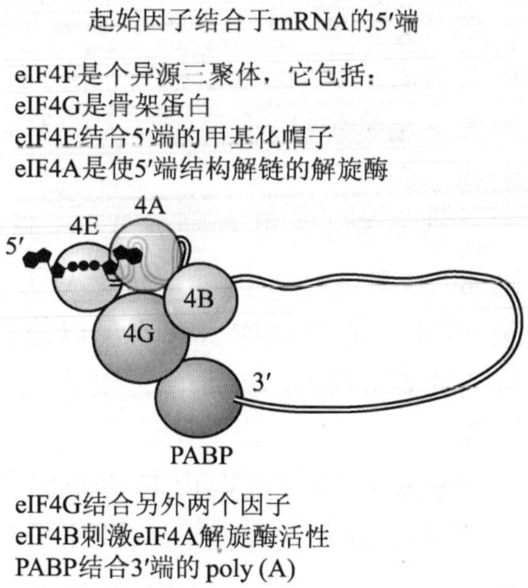

图 4.34 异源三聚体 eIF4F 结合于 mRNA 的 5′端，也结合其他的因子
(引自 B. Lewin，2008)

真核细胞质中的核糖体首先识别 5′端帽结构。若除去帽结构这个信息，在体外便不能有效地合成。40S 小亚基和 mRNA 的结合需要各种因子，包括那些识别帽结构的蛋白质。

5′端的二级结构可能妨碍 mRNA 与核糖体的结合效率，减少了对翻译起始的识别能力。帽结合蛋白(CBP)的功能之一就是使 mRNA 前导序列解链，来帮助 mRNA 的核糖体结合位点以单链的状态存在，以保证有效识别。

少数病毒的 mRNA[如脊髓灰质炎病毒(poliovirus)]的 5′端是不加帽子的。它们具有不需要帽子而进行翻译的一些位点，叫做**内部核糖体进入位点**(internal ribosome entry site，IERS)。此位点是一种可以形成二级结构的模体，可使蛋白质合成从内部起始。在果蝇中触角足复合基因座也存在此位点。这对某些病毒是有利的，如脊髓灰质炎病毒感染时可抑制宿主 mRNA 的翻译，就是通过阻碍细胞 mRNA 起始所必需的 CBP 来实现的。这对于脊髓灰质炎病毒本身的无帽结构的 mRNA 就不会受到影响。

(五) 48S 起始复合物的形成

43S 前起始复合物对 mRNA 的识别是通过对帽结构的识别开始的。和 CBP 结合的 mRNA 再与 eIF4B 结合，eIF4B 激活 CBP 中 eIF4A 亚基的 RNA 解旋酶活性，解开 mRNA5′端的二级结构，使其便于被 40S 小亚基识别和结合。通过 CBP 和 eIF3 的相互作用将 mRNA 缔合到 43S 前起始复合物上，形成 48S 起始复合物(图 4.35)。

(六) 80S 起始复合物的形成

当 48S 起始复合物组装好后，就沿着 5′→3′方向移动，开始扫描，寻找起始密码子。此移动是依赖于 ATP，由 eIF4A 的 RNA 解旋酶活性所驱动。有时 AUG 起始密码是位于 mRNA5′端 40 nt 处，但也有很多的 mRNA 的帽结构和 AUG 相隔有一段距离，最长的可达 1 000 nt。帽结构的存在对于在起始密码子处形成稳定的复合物仍然是必要的。核糖体怎样能在两个相隔很远的位点上发挥作用呢？图 4.36 代表核糖体的扫描

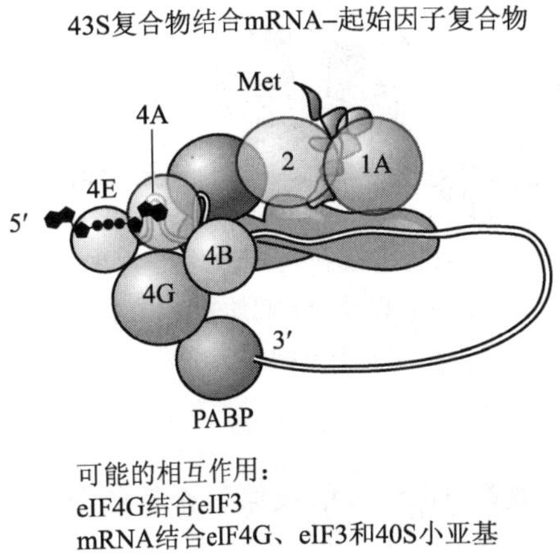

图 4.35 当 mRNA 结合于 43S 复合体时，起始因子间的相互作用是很重要的
(引自 B. Lewin，2008)

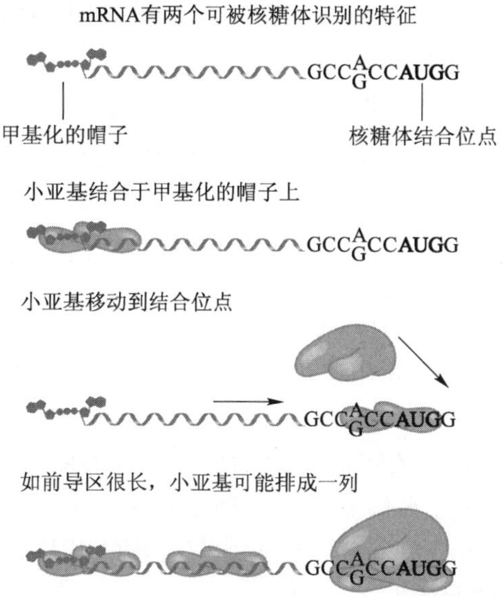

图 4.36 真核生物核糖体从 mRNA5′端向含有起始密码子 AUG 的核糖体结合位点移动
(引自 B. Lewin，2008)

(scaning)模型，认为40S小亚基开始识别5′端的帽子，然后再沿着mRNA开始扫描。它们使稳定性小于30千卡的发夹结构解链，但稳定性大的发夹会妨碍或阻止核糖体的移动。

当40S小亚基移动到AUG起始密码子时就停下来。通常(但不总是如此)第一个AUG三联体就是起始密码子。AUG三联体本身并不足以使移动停下来。很可能当具有正确的邻接序列时它仅作为起始密码子提供有效识别。

核糖体结合位点由起始密码子所决定，在某些起始密码子上游邻接序列也可能十分重要，被称为Kozak**序列**(Kozak sequence)，其保守序列为ACC AUG G，其中含有起始密码子AUG。位于AUG前第3个嘌呤“A”或“G”和后面邻接的“G”是最重要的，如发生改变，转录效率将减少到原来的1/10。Kozak序列相当于原核的S-D序列，是由女科学家M. Kozak(1989)经统计分析而发现，因此被命名。Kozak序列已被应用于表达载体的构建中。前起始复合物结合在5′端甲基化的帽结构上并沿着mRNA扫描，借助Kozak序列搜寻第一个起始密码子。

核糖体扫描必须从mRNA5′端开始，这是和真核生物mRNA为单顺反子的特点是一致的。某些例外的情况是一些病毒的mRNA含有一个以上的编码区，在这些情况下，靠mRNA编码区最近的5′端先被翻译。其他序列只有在此mRNA被剪切后，在中部起始密码子处产生一个新的5′端才能被阅读。此现象表明，中部的起始位点不能被直接识别。

当前导序列较长时，更多的40S小亚基能识别第一个起始密码子前面的5′端，沿着前导序列核糖体排成一排，直至起始位点。

当Met-tRNA$_i$的反密码子和起始密码子正确配对时，在eIF5的调节下，使eIF2(阻止大亚基的结合)和eIF3(结合起始子tRNA)从48S起始复合物上解离，它们防止核糖体亚基在胞浆中相互作用。eIF5A、eIF5B介导60S大亚基的结合，形成80S起始复合物(图4.37)。eIF5B是核糖体依赖的GTP酶，大亚基的结合又刺激了eIF5B的活性，水解ATP，使剩余的起始因子释放。这时，Met-tRNA$_i$正位于80S起始复合物的P位，为A位接纳第一个氨酰-tRNA，形成第一个肽键做好了准备，完成翻译的起始。

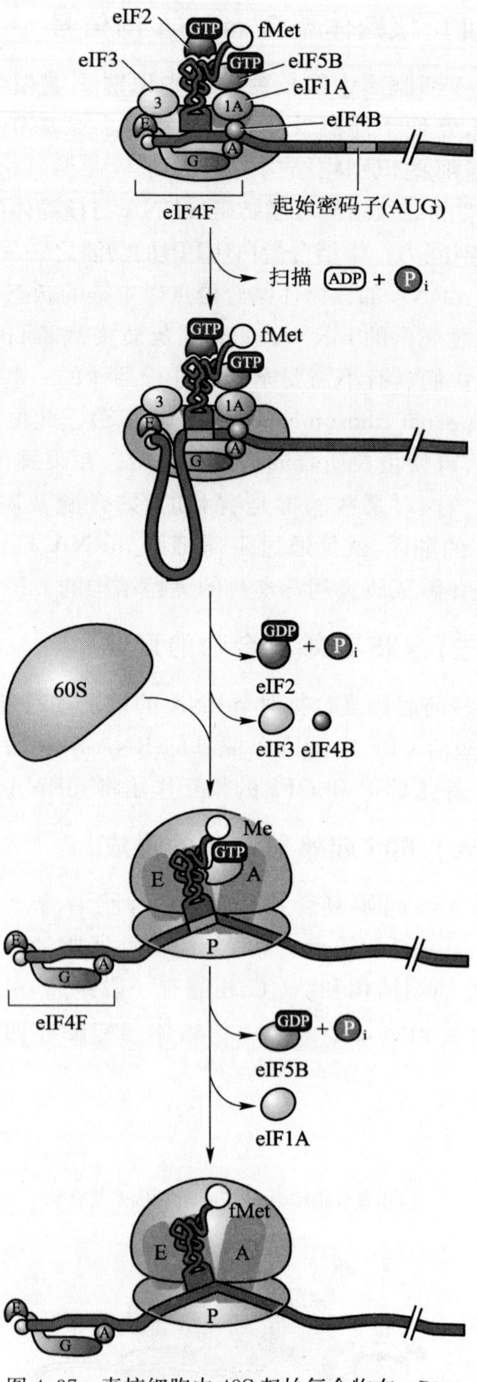

图4.37 真核细胞中48S起始复合物在mRNA上的扫描，以及80S起始复合物的形成(引自Waston等，2005)

综合以上的各个步骤，汇集成一幅总图(图4.38)，以便系统地掌握真核生物翻译起始的复杂过程。

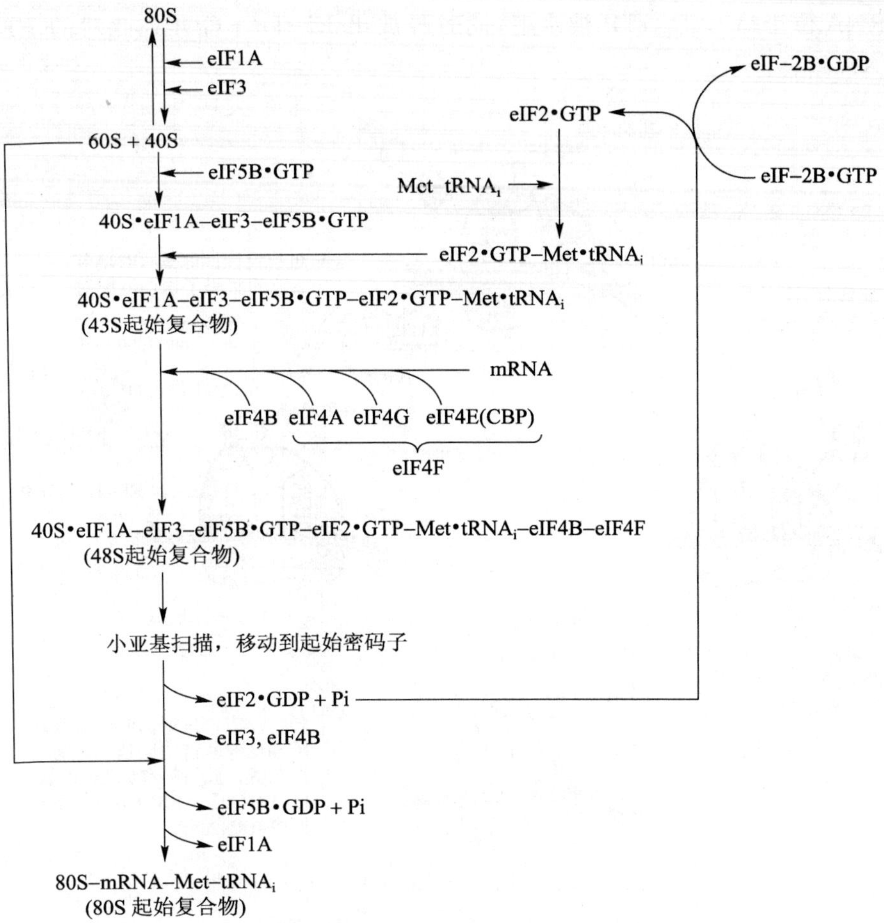

图 4.38　真核生物翻译起始所涉及的各种因子及相关的复杂过程

第五节　蛋白质的合成:延伸和终止

一、肽链合成的延伸

细菌和真核生物的延伸循环基本相同,可分为 3 个阶段:①进位反应;②转位反应:③移位反应。在细菌中涉及 3 部位模型(图 4.39)。

(一) 进位反应

一旦在起密码子处形成了完整的核糖体,就开始进位反应阶段,肽酰-tRNA 占据 P 位,而氨酰-tRNA 进入核糖体的 A 位,这样不断往返循环。除了起始子以外,任何氨酰-tRNA 只能由**延伸因子**(elongation factor)介导才能进入 A 位。

正像起始中的 IF-2 一样,EF-Tu 仅在氨酰-tRNA 将进入核糖体时,它才和核糖体结合,一旦氨酰-tRNA到位了,EF-Tu 即被核糖体释放出来,再与下一个氨酰-tRNA 结合,这样构成了 EF-Tu 与核糖体结合和解离的循环。

图 4.40 表示进位反应。**EF-Tu** 带有一个鸟苷,鸟苷的状态控制这个因子的活性:当 GTP 存在时,EF-Tu 呈活性状态;当 GTP 水解成 GDP 时,EF-Tu 便失活;当 GDP 被 GTP 取代后,它又恢复了活性。EF-Tu · GTP 的二元复合物与氨酰-tRNA 结合成氨酰-tRNA · EF-Tu · GTP 三元复合物。此三元复合物只有当 P 位已被肽酰-tRNA 占据时才能和 A 位结合。这一步是使氨酰-tRNA 和肽酰-tRNA 处于正确位置进而形成肽链的关

键性反应。氨酰-tRNA位于A位后GTP被水解,同时释放出EF-Tu·GDP。此时的EF-Tu是处于失活状态,不能和氨酰-tRNA结合。

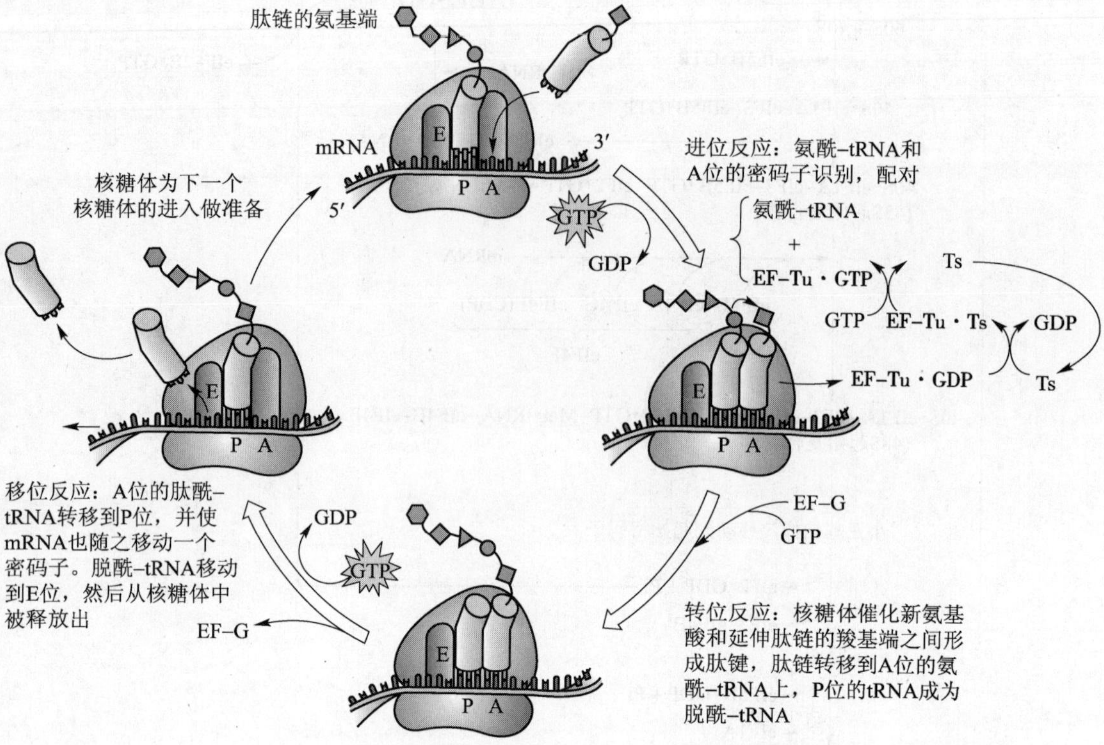

图 4.39 肽链合成延伸及相关延伸因子的作用

(引自 http://www.bio.miami.edu/dana)

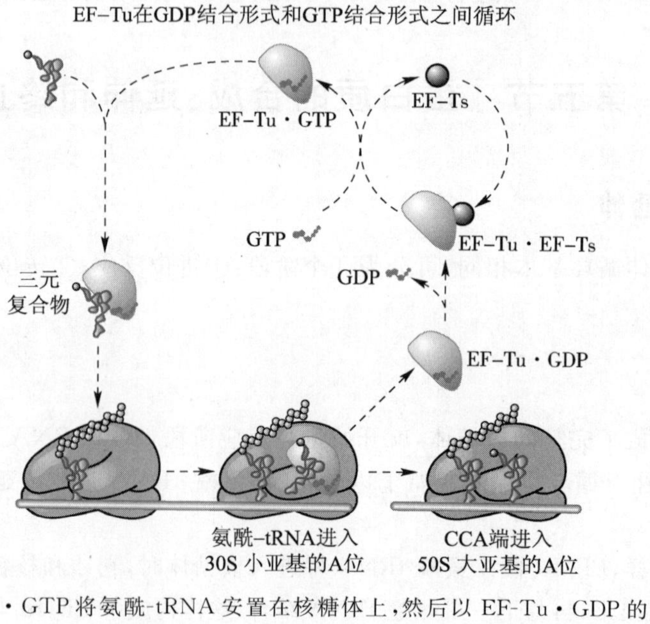

图 4.40 EF-Tu·GTP将氨酰-tRNA安置在核糖体上,然后以EF-Tu·GDP的形式被释放

EF-Ts介导GTP置换GDP。这个反应消耗GTP,释放GDP。在氨酰-tRNA中,只有fMet-$tRNA_f$不能被EF-Tu·GTP识别,两者无法结合可保证后者不识别内部AUG或GUG(引自B. Lewin,2008)

另一个因子EF-Ts是一种交换因子,可使失活的EF-Tu·GDP变成为有活性的EF-Tu·GTP。首先EF-Ts从EF-Tu中置换出GDP,形成EF-Tu·EF-Ts复合因子,然后EF-Ts再被GTP取代,重新形成EF-Tu·GTP释

放出 EF-Ts 进入再循环。延伸因子 EF-Tu 是在游离态和结合态之间进行循环(图 4.40)。

在进位反应中如何保证新进入 A 位的氨酰-tRNA 不会产生错误是翻译精确性的关键之一。另一个关键是依赖氨酰-tRNA 合成酶把关,使 tRNA 和相应正确的氨基酸结合,其差错低于 10^{-5}。但翻译的错误率为 $10^{-3}\sim10^{-4}$,即在进位反应中也会产生差错,但差错率不高。那么是什么机制保证了核糖体选择了一个正确的氨酰-tRNA 进入 A 位?密码子和反密码了结合的特异性并不很高,在溶液中,tRNA 和三联体密码子的结合错误率可高达 $10^{-1}\sim10^{-2}$,因此密码子和反密码子的识别能力不足以保证翻译的正确性。而决定正确氨酰-tRNA 进入有 3 种选择机制:①核糖体小亚基的 16S rRNA 结构影响了翻译的精确性(图 4.41a),通过改变 16S rRNA 的结构,翻译的精确性也随之改变。经 X-衍射实验发现,当反密码子和密码子正确配对时前两个碱基对所形成的螺旋上的小沟可与 16S rRNA 的两个相连的腺嘌呤相互作用,稳定了这个结构。这两个相连的腺嘌呤并不能识别 G∶C 或 A∶U,只识别正确配对产生的小沟,通过此间接地识别了反密码子和密码子的正确配对。这个作用最终导致正确配对的 tRNA 从核糖体上解离的速度要远低于非正确配对的 tRNA。②EF-Tu 的 GTP 酶的活性有助于保证反密码子和密码子正确配对(图 4.41b)。EF-Tu 从 tRNA 上的释放需要水解 GTP。只有反密码子和密码子正确配对才能激活 EF-Tu 的 GTP 酶活性,如反密码子和密码子未能正确配对,则 EF-Tu 的 GTP 酶活性将急剧下降,使翻译无法进行。③EF-Tu 释放后校正(图 4.41c)。当氨酰-tRNA 与 EF-Tu·GTP 复合物进入 A 位后,其 3′端背离肽键形成位点。为了成功地进行肽酰转移反应,氨酰-tRNA 必需调转方向,使 3′端进入到核糖体大亚基的肽酰转移酶活性部分,这一过程称为**调向**(accommodation)。非配对的氨酰-tRNA 在调向过程中常从核糖体上解离下来。有假设认为,氨酰-tRNA 的旋转为反密码子和密码子的配对产生了扭转张力,而只有正确配对的反密码子才能维持这种张力。这样错配的氨酰-tRNA 就有可能在肽酰转移反应之前就会从核糖体上脱落下来。以上的 3 种选择机制加强了翻译的精确性。

(二) 转位反应

当多肽链从 P 位的肽酰-tRNA 上转移到 A 位的氨酰-tRNA 上时,核糖体仍保持在原来的 mRNA 位置上,图 4.42 就表示转位反应。负责肽链合成的活性被称为**肽基转移酶**(peptidyl transferase)。氨酰-tRNA 携带的氨基酸结合在肽酰-tRNA 最后一个氨基酸的 3′端羧基上。实际上,这两个氨基酸的 3′端被带到核糖体上相邻的位置。这种位置效应可使氨酰-tRNA 的氨基攻击肽酰-tRNA C 端的羧基,形成新的肽键。结果使多肽链从 P 位的肽酰-tRNA 上转移到 A 位的氨酰-tRNA 上,故这个反应称为**肽酰转移酶反应**(peptidyl transferase reaction)。

(三) 移位反应

氨基酸加到增长的肽链上这一循环是依赖于**移位**(translocation)来完成的(图 4.43),在图中核糖体沿着 mRNA 向前移动一个密码子。移位导致脱酰-tRNA 从 P 位移出,进入 E 位,使新的肽酰-tRNA 可以进入 P 位,空着的 A 位是为下一个密码子相应的氨酰-tRNA 的进入做好准备。

以前人们普遍认为核糖体上仅有 A 位和 P 位,即二部位模型。1989 年德国的 K. H. Nierhaus 等提出了三部位模型,现已被普遍接受。该模型认为,细菌 70S 核糖体不仅具有提供 tRNA 结合的两个功能部位:A 位和 P 位,而可能还具有第 3 个 E 位(图 4.31)。细菌的 tRNA 及 mRNA 相对于核糖体发生移位后,脱酰-tRNA 并未立即从核糖体上解离下来,而是移到了 E 位,当新的氨酰-tRNA 结合到 A 位时 E 位的脱酰-tRNA 才解离下来。此过程涉及核糖体构象的变化。核糖体具有两种构象状态,一种是移位前状态,A、P 位对 tRNA 有较高的亲和力,E 位的亲和力增弱,从而使占据 E 位的脱酰-tRNA 得以释放。另一种是移位后状态,即肽酰-tRNA 移入 P 位时,E 位的亲和力增强,使脱酰-tRNA 可进入 E 位;而 A 位的亲和力减弱,使氨酰-tRNA 不能立即进入 A 位,从而给核糖体有足够的时间从众多的氨酰-tRNA 中选择合适的氨酰-tRNA(图 4.44)。

移位需要 GTP 和另一种延伸因子 EF-G,这种因子是细胞中的一种主要成分。每个细胞中约有2 000个 EF-G 分子,每个核糖体约有一个拷贝的 EF-G。EF-G 结合于核糖体上发动移位,然后当 GTP 水解时它就被释放出来。当 GDP 取代 GTP 时结合仍然发生。表明鸟苷的存在对于结合是必要的,但它的水解对于移位反应的发生并不是必需的。EF-G 并不催化 GTP 的水解,此活性是核糖体的功能。

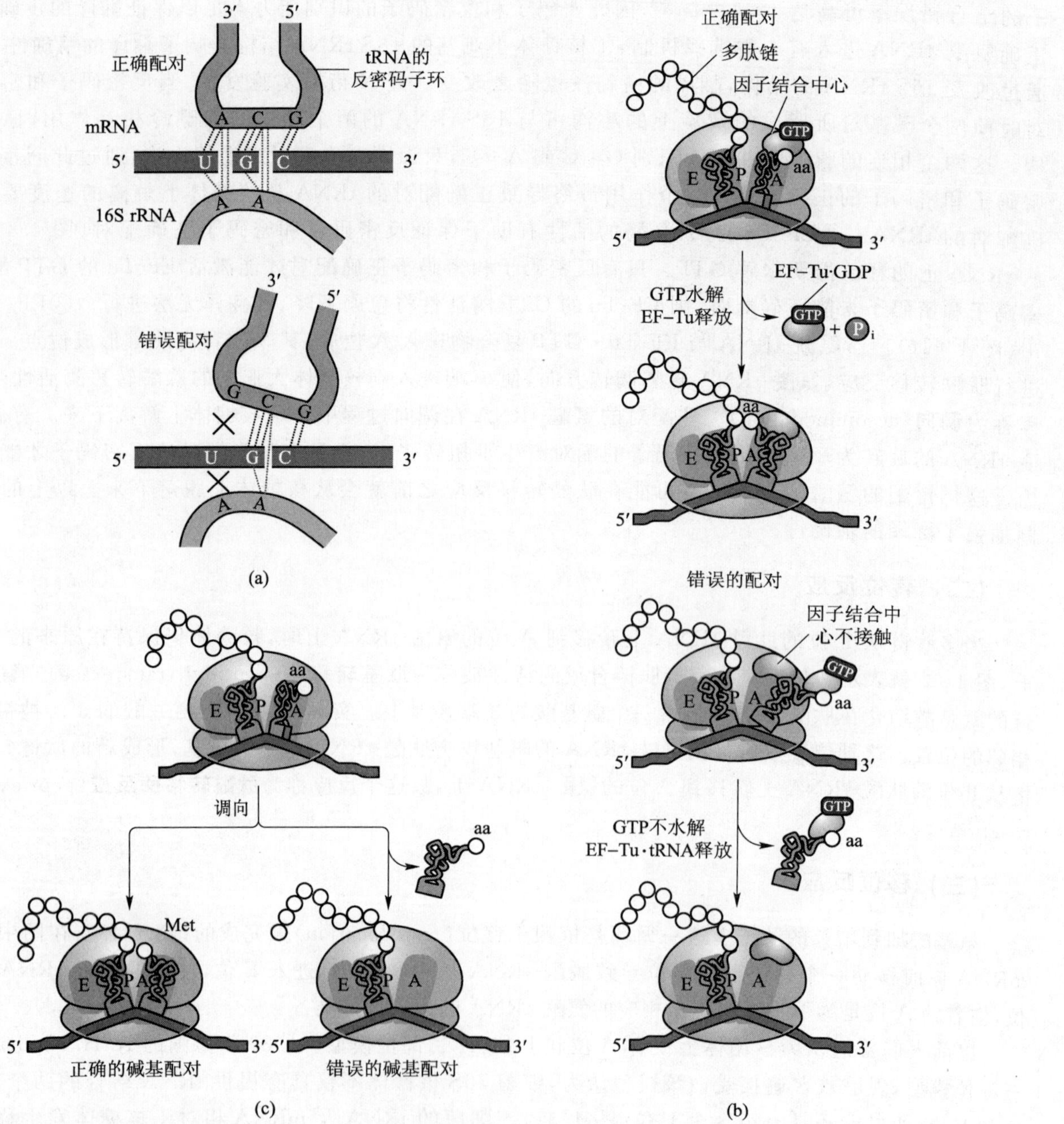

图 4.41 保证 tRNA 和 mRNA 正确配对的 3 种机制

(a) 只有当反密码子和密码子正确配对时,16S rRNA 的两个腺嘌呤与配对碱基对的小沟才能形成额外的氢键 (b) 正确的碱基配对使结合氨酰-tRNA 的 EF-Tu 与因子结合中心相互作用 (c) 只有配对正确的氨酰-tRNA 在肽键形成的过程中才能转向进入正确的位置,保持与核糖体的结合。这一转向过程称为调向(引自 Waston 等,2005)

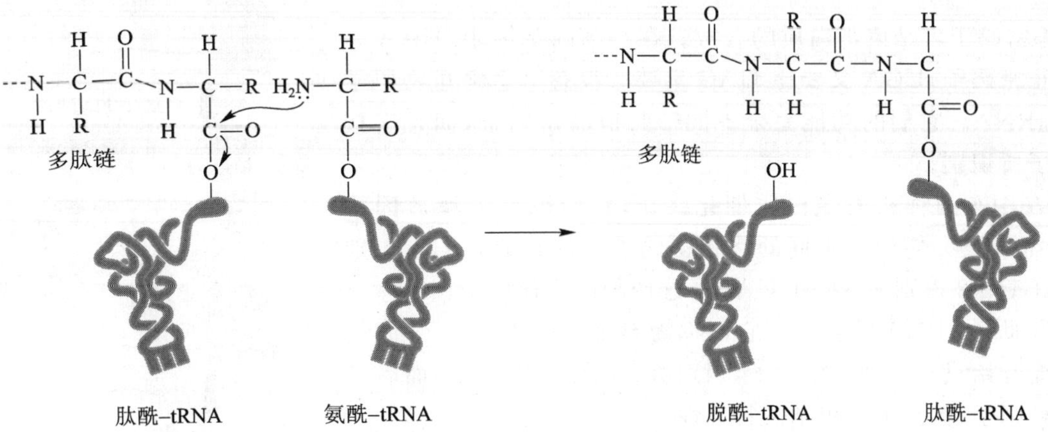

图 4.42 肽酰转移酶反应
(引自 Waston 等,2005)

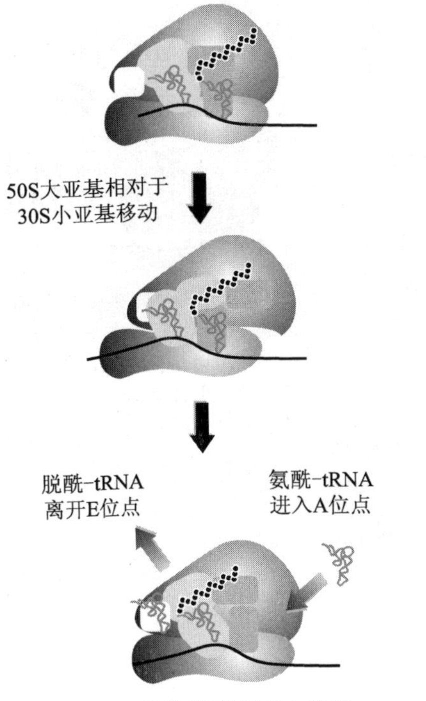

图 4.43 移位模型分两个阶段
首先是肽键的形成,在 A 位的 tRNA 的氨基酰端移入 P 位。然后,tRNA 的反密码子端移入 P 位
(引自 B. Lewin,2004)

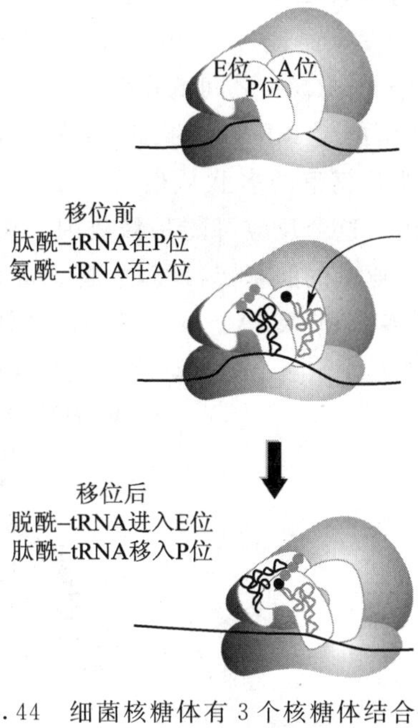

图 4.44 细菌核糖体有 3 个核糖体结合位置
氨酰-tRNA 进入核糖体的 A 位,在 P 位有肽酰-tRNA。P 位的肽酰-tRNA 脱去酰基,肽链和 A 位的氨酰-tRNA 形成肽键,再移位到 P 位,原来在 P 位的脱酰-tRNA 进入 E 位(引自 B. Lewin,2004)

核糖体不能同时和 EF-Tu 及 EF-G 结合,EF-Tu 和 EF-G 是交替与核糖体结合并从其中释放出来(图 4.45)。这样在 EF-G 结合前,EF-Tu·GDP 必须被释放出来;而在氨酰-tRNA-EF-Tu·GTP 结合前也必须释放出 EF-G。现在尚不知道延伸因子之间的这种排斥能力是通过作用于核糖体整个构象来介导的还是对于共同的结合位点采取竞争性结合。这种排斥的作用对于蛋白质合成过程有序的进行十分必要。

在真核生物中,相当于 EF-G 的蛋白质因子是 eEF-2,它以相似的方式来执行功能——作为一种依赖于 GTP 水解的移位酶。一个稳定的 eEF-2 和 GTP 的复合物能被分离出来。此复合物能和核糖体结合,结果使 GTP 水解。

二、肽链合成的终止

3个终止密码子可结束蛋白质的合成。在细菌的基因中，UAA是最常用的终止密码子，UGA又要比UAG重要。没有一个终止密码子具有相应的tRNA。它们的功能完全不同于其他的密码子，而是直接被蛋白质因子所识别。

在*E. coli*中有两种相关蛋白质催化终止，它们被称为**释放因子**(release factors，RF)，它们对不同的终止密码子是特异的。RF1识别UAA和UAG；RF2识别UGA和UAA。这两种因子作用于核糖体A位且需要P位肽酰-tRNA的存在。它们都需要第3个因子RF3的帮助。细菌可能开始只有一种释放因子，识别所有的终止密码子，而后来它进化成两种因子，具有了密码子的特异性。

当肽酰-tRNA移入P位，A位出现了终止密码子时，释放因子就结合到A位，激活了肽酰转移酶来应答终止密码子。肽酰转移酶切开tRNA和肽链相连的肽键，将多肽链从P位释放出来。核糖体分离成两个亚基，终止了翻译(图4.46)。

在真核生物中，eRF(GTP依赖因子)识别所有的终止密码子，但效率不同。有时会发生**通读**(readthr ough)，特别在弱终止密码子时，这反映了释放因子与tRNA之间的竞争。终止密码子的错读是翻译调节的重要方面，并可能受mRNA的二级结构的影响。

终止反应涉及完整的多肽从最后一个tRNA上释放出来，tRNA也从核糖体中排出。这个反应可能是释放因子识别终止位点并与之结合，激活了核糖体大亚基的肽基转移酶，水解了P位上多肽与tRNA之间的键，然后释放了多肽和tRNA。现在尚不清楚核糖体如何从mRNA上解离下来。有可能是RF因子的触动改变核糖体的构象而导致解离。

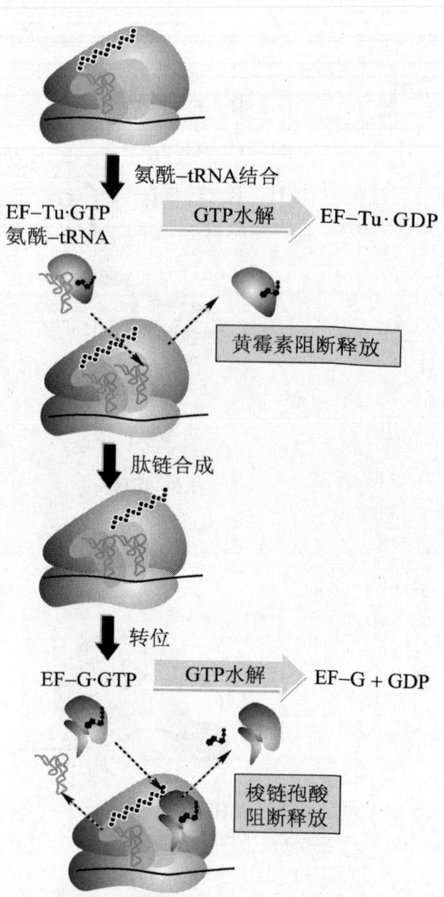

图4.45 当核糖体接受新的氨酰-tRNA时，EF-Tu和EF-G与核糖体交替结合，形成肽键并移位
(引自B. Lewin，2004)

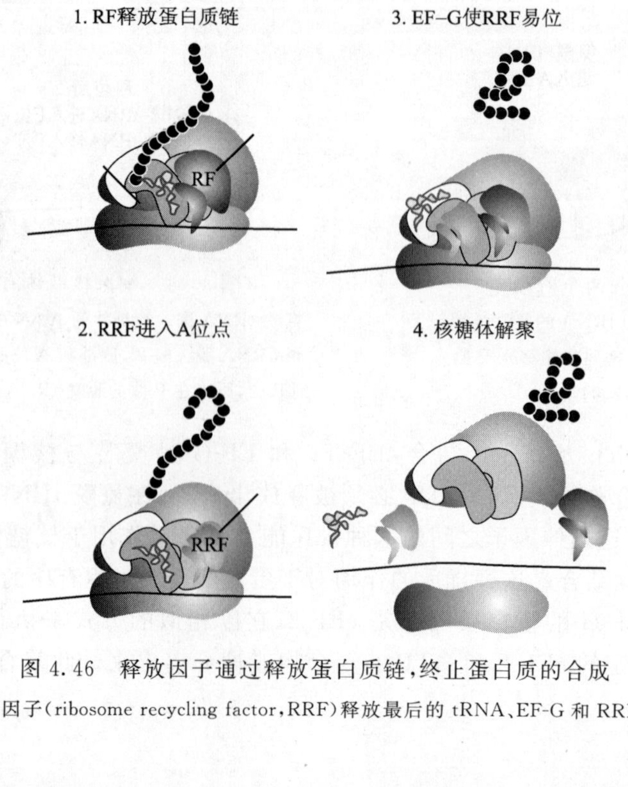

图4.46 释放因子通过释放蛋白质链，终止蛋白质的合成

由于核糖体被解离，核糖体循环因子(ribosome recycling factor，RRF)释放最后的tRNA、EF-G和RRF本身(引自B. Lewin，2004)

一个 DNA 序列可能有 3 种读框，但只有一种具有编码的作用，称为**可读框**(open reading frame，ORF)。有的读框因终止密码子频繁出现故不能生成蛋白质，这种读框称为**阻断读框**(block reading frame)。若一个序列所有的 3 个读框都是阻断的，则它无编码蛋白质的功能。一个可翻译的序列有一个可读框，开始于 AUG 起始密码子，通过一系列有义密码子，直到终止密码子结束。

当获得了一个未知功能的 DNA 区域的序列，要通过分析来确定读框是可读的还是阻断的。在任何一个 DNA 序列中往往只有一个可读框。ORF 似乎并不是随机存在。一个 ORF 未鉴别出蛋白质产物，有时称其为**未鉴定可读框**(unidentified reading frame，URF)。

第六节 翻译后的加工

一些前体蛋白质是没有活性的，常常要进行一个系列的翻译后加工，才能成为具有功能的成熟蛋白质。加工的类型是多种多样的，一般分为 4 种：N 端甲基的去甲酰化或甲基的切除、二硫键的形成、化学修饰和蛋白质剪接。

一、N 端甲基的去甲酰化或甲基的切除

由于同一个氨基酸被用于所有蛋白质链的起始，有时须切除掉这个不需要的残基，这个反应发生很快，当新生肽链达到 15～16 氨基酸长度时就会发生。在细菌和线粒体中，新合成的肽链，其 N 端不保留甲基的甲酰化(fMet)，大约半数蛋白质由**去甲酰酶**(deformylase)除去甲酰基，产生一个正常的 NH_2 端，留下 Met 作为第一个氨基酸。若甲硫氨酸是蛋白质 N 端的氨基酸，那么只需要这一步反应。在原核及真核细胞中，当成熟肽链 N 端的第一个氨基酸不是甲硫氨酸时，该肽链末端的甲硫氨酸再被**氨肽酶**(aminopeptiase)切除掉，产生一个新的 R2 端。水解的过程有时发生肽链合成的过程中，有时在肽链从核糖体上释放以后。至于脱甲酰还是除去 fMet 常与邻接的氨基酸有关。例如，第二氨基酸是 Arg、Asn、Asp、Glu、Ile 或 Lys 以脱甲酰基为主；邻接的氨基酸是 Ala、Gly、Pro、Thr 或 Val 则常除去 fMet。

二、二硫键的形成

二硫键是指蛋白质内两个半胱氨酸残基相距较远硫氢基之间可以氧化形成的共价键，产生 mRNA 中没有相应密码子的胱氨酸。在蛋白质中，二硫键可存在于同一条多肽链内，也可以存在于不同的多肽链之间。对于许多蛋白质而言，二硫键是它们最终折叠产物的永久特征。很多细胞外蛋白质中都有二硫键的形成，如胰岛素和免疫球蛋白。二硫键的存在对于维持蛋白质空间结构稳定性，保持其生理活性具有至关重要的作用。长期以来，人们通常认为二硫键是固定的、结构性的蛋白质化学修饰，而不像蛋白质磷酸化那样高度动态，并且参与细胞信号转导、调节细胞功能。但近期研究发现，少数定位在细胞质中的蛋白质也会受细胞氧化还原状态影响形成暂时的二硫键，从而影响蛋白质功能与细胞性状。

三、化学修饰

化学修饰是蛋白质加工的重要组成部分，修饰的类型也很多，包括磷酸化(如核糖体蛋白质的 Ser、Tyr 和 Trp 残基常被磷酸化)、糖基化(如各种糖蛋白)、甲基化(如组蛋白、肌蛋白)、乙酰化(如组蛋白)和羟基化(如胶原蛋白)。还有各种辅基如大卟啉环结合在叶绿体蛋白和血红蛋白上。糖基化是真核细胞中特有的加工，这些蛋白质常和细胞信号的识别有关，如受体蛋白等。

四、蛋白质剪切和剪接

很多的前体蛋白要经过剪切后方可成为成熟的蛋白质。在原核生物中常常产生一种多蛋白质的前体，经

剪切后才能成为成熟的蛋白质，如反转录病毒中有 3 个基因 *gag*、*pol* 和 *env*，其中 *pol* 基因长约 2 900 nt，其产物经剪切后产生反转录酶、内切酶和蛋白酶 3 种蛋白质。其他两个基因的产物也要经过加工才能产生核心蛋白和外壳蛋白。

在真核生物中有些蛋白质要经过切除才能成为有活性的成熟蛋白质，最有名的例子是高等生物的胰岛素，它是一种分泌蛋白，具有信号肽。新合成的**前胰岛素原**(preproinsulin)，在内质网中切除信号肽变成了**胰岛素原**(proinsulin)，它是单链的多肽，由 3 个二硫键将主键连在一起，弯曲成复杂的环形结构。分子由 A 链(21 aa)、B 链(31 aa)和 C 链(33 aa)3 个连续的片段构成。当转运到胰岛细胞的囊胞中后，C 链被切除，成为由 A、B 两条分开的链，由 3 个二硫键连结成成熟的胰岛素(图 4.47)。

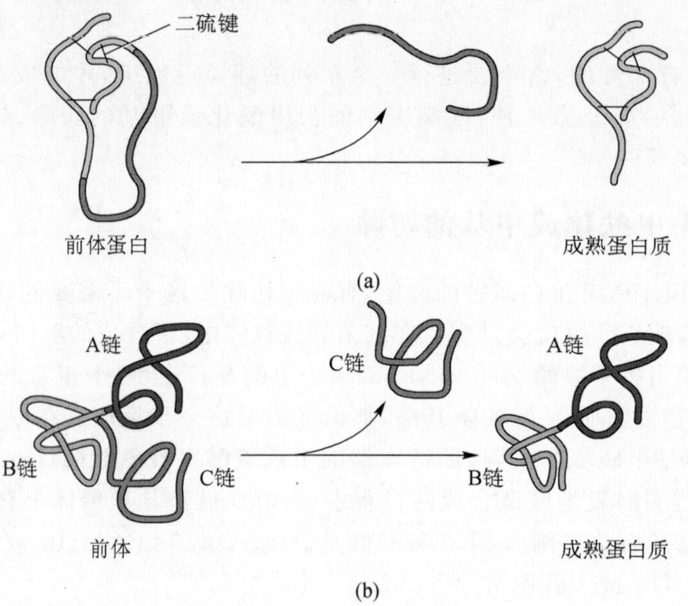

图 4.47 蛋白质前体分子的(a)剪切与(b)内含肽的剪接

内含肽(intein)曾称为**蛋白质内含子**(protein intron)，是 1994 年由 F. B. Perler 等首先提出的。内含肽存在于某些蛋白质前体肽内部的一些肽段，在转变为成熟蛋白质时，通过非酶促的转肽反应被切除，与其对应的是保留于成熟蛋白质中的**外显肽**(extein)。内含肽具有核酸酶活性。内含肽的基因不是单独的开放可读框(ORF)，它是插入在外显肽的基因中，和内含子的区别在于它可以和外显肽的基因一道表达，而不是其 mRNA 被切除，产生前体蛋白后再从前体中被切除掉，余下的外显肽连接在一起成为成熟的肽链，这也不同于胰岛素，胰岛素的 A 链和 B 链本身是不相连接的，仅仅通过二硫键将两个片段连在一起(图 4.47a)。

内含肽的与外显肽的剪接是一种自体催化反应，完全由内含肽和其 C 端外显肽的第一个残基催化完成，不需要其他蛋白质和 ATP。内含肽剪接机制已经弄清，一般有两种途径，一种是选择性剪接机制(图 4.48a)，通过 C 端外显子第一个残基，直接亲核进攻内含子和 N 端外显子之间的酯键，使 N 端外显肽与 C 端外显子之间形成硫酯键，产生**分支中间体**(branched intermediate)。另一种是标准内含肽介导的剪接途径。图 4.48b 显示这种途径两步反应，第一步为 X-*N* 酰基移位。然后再通过转酯反应，形成分支中间体。在两种不同的途径的剪接反应中，都需要形成分支中间体。分支中间体的解离和外显肽之间肽键的形成和这两个机制相同。内含肽 C 端的 Asn 能通过水解琥珀酰亚胺环(succinimide ring)而重新产生。在某些内含肽中，Asn 能经过类似的环化反应被 Gln 所取代。

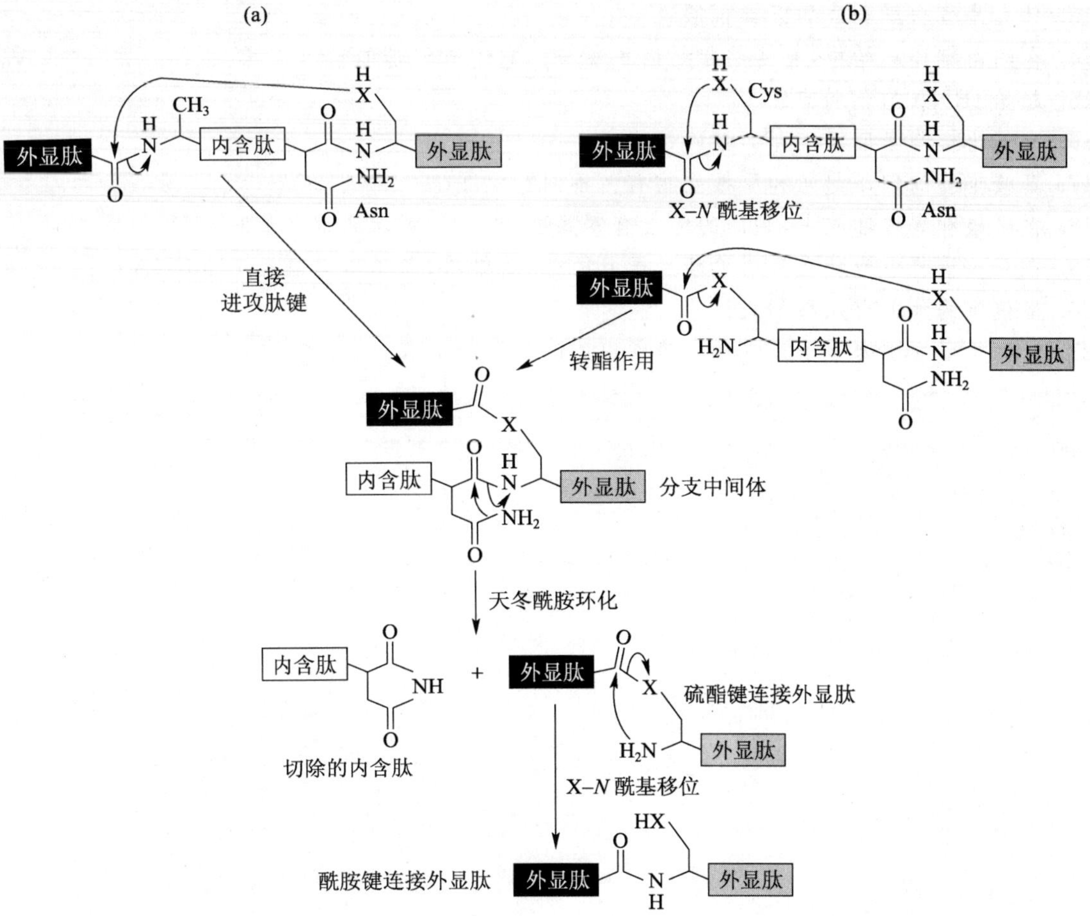

图 4.48　蛋白质内含子介导的蛋白质剪接的分子机制

(a) 选择性剪接机制　(b) 标准内含肽介导的剪切途径　图中 Ser、Thr 或 Cys 的侧链上存在的氧或硫以“X”表示，黑框表示 N 端的外显肽；白框表示内含肽；灰框表示 C 端的外显肽。为了简洁明了，所有的中间体、辅助基团和蛋白质转运阶段都被省略了

习　题

1. 遗传密码是如何被破译的？
2. 遗传密码的特点是什么？
3. 什么是摆动假说？有何生物学意义？
4. 线粒体遗传密码和通用密码有何不同？这意味着什么？
5. 各种密码子的使用机会是否相同？有何生物学意义？
6. tRNA 的二级、三级结构的特点是什么？
7. tRNA 对氨基酸如何识别？
8. 什么是校正基因？有几种类型？
9. 抑制基因是否会影响蛋白质合成的正常终止？为什么？
10. 细菌核糖体有哪些活性位点，其功能位置是怎样的？
11. 氨酰-tRNA 是如何形成的？
12. 氨酰-tRNA 合成酶如何控制识别正确的 tRNA 和氨基酸？

13. 什么是蛋白质合成的三部位假说？
14. 在细菌翻译起始中，有哪些起始因子参与？它们有何功能？
15. 起始 tRNA 有何特点？
16. 有哪些机制保证了翻译的精确性？
17. 真核生物的翻译起始和原核生物有何不同？
18. 在原核和真核细胞中，翻译的终止有哪些因子介入，其功能是什么？
19. 在真核生物中为什么采用单顺反子 mRNA 的策略，而不用多顺反子 mRNA？
20. 蛋白质的加工有几种形式？
21. 什么是蛋白质内含子？它和一般蛋白质的剪切加工有何不同？

第五章
原核生物与噬菌体的基因表达调控

- 转录水平的调控
- 操纵子模型
- 操纵子的其他调控形式
- DNA 重排对转录起始的调控
- RNA 聚合酶转录起始的调节
- 转录终止的调控
- 翻译的调控
- λ 噬菌体生活周期的调控

一般情况下，根据细胞的需要，原核生物基因的活性可以受到调节基因的控制称为**可诱导的基因**(inducible gene)。另一些基因的产物维持了细胞生长和细胞分裂的正常功能，不论环境条件如何，这些基因总是处于活性状态，这些基因就叫做**组成型基因**(constitutive gene)也称为持家基因(housekeeping genes)。当环境突然变得对正常细胞生长不利时，细胞可通过特殊调节机制来降低或增加某种物质合成，以适应生存的需要。

第一节　转录水平的调控

原核生物基因表达的调控可以在 DNA、转录和翻译 3 个不同层次进行调控，但转录水平的调控是最主要的方式，也是类型最多、最经济、最有效的方式。

一、调节基因和结构基因

一个基因就是一段编码有功能产物的 DNA 序列。基因的产物可以是蛋白质或是 RNA(如 tRNA 和 rRNA)。DNA 元件是 DNA 上的一段保守序列，由于它只能作用于同一条 DNA，因此称为**顺式作用元件**(*cis*-acting element)。

基因可以根据它们的产物分成不同的类型。编码细胞必要的蛋白质，如酶或结构蛋白的基因称为**结构基因**(structural gene)。这类基因在细胞中占绝大部分，承担着细胞各种蛋白质的结构和功能。编码调节蛋白的基因称为**调节基因**(regulator genes)。调节蛋白可调节其他基因的表达。由于调节基因的产物可以自由地结合到其相应的靶上，因此属于**反式作用因子**(*trans*-acting element)。反式作用因子是指通过直接或间接作用于 DNA、RNA 分子的各类蛋白质因子，对基因的表达可起到激活或抑制的作用。

调节的关键是调节蛋白通过和 DNA 上特殊位点的结合来控制转录。顺式作用元件被反式作用因子识别可以以“正”或“负”的形式调节靶基因。顺式作用位点通常总是在靶基因的上游。

当在细菌培养基中加入某些底物(如 Lac)时可以诱导相应基因的表达。这些基因称为“可诱导的”基因。使基因进入转录状态的各种因子称为**诱导物**(inducer)。它是一类小分子效应物(effectors)的成员之一，与很多被调节基因的表达控制有关。

当可诱导的基因其顺式作用元件受到诱导物和调节蛋白作用时，RNA 聚合酶结合在启动子上并起始转录，产生 RNA 并合成相应的酶。诱导物使基因进入转录状态的作用称为**诱导**(induction)。

组成型基因在细胞生长和分裂时，RNA 聚合酶结合于它们的启动子上，基因可持续的转录，并恒定地合成必要的基因产物。组成型基因也有控制位点，但这些位点只能控制合成的速率。例如，在一定的条件下，组成型基因的表达需要减少或阻断，这些条件包括热休克和饥饿状态，即培养基中氨基酸耗尽或在缺少某种氨基酸的培养基中生长。

二、正调控和负调控

任何促进转录的调节都称为**正调控**(positive regulation)，任何阻碍转录的调节都称为**负调控**(negative regulation)。根据操纵子对调节基因表达的小分子所作出反应的特点，分为**可诱导**(inducible)和**可阻遏**(repressible)两类。

例如，在细菌的培养基中只有在加入代谢的诱导物之后，细菌才产生一种酶，这就是可诱导操纵子。例如，在培养基中加入足量的某些合成物的成分，就可以阻遏合成时所需的一系列酶的产生，这就是可阻遏操纵子。可诱导操纵子只有在小分子诱导物存在的情况下才有功能；可阻遏操纵子只有在小分子**辅阻遏物**(corepressor)缺乏的情况下才有功能。

用于可阻遏系统的术语是：操纵子的活性状态称为**去阻遏**(derepressed)或被诱导。若操纵子发生突变而不能去阻遏的话有时被称为**超阻遏**(super-repressed)或不可诱导。

无论是正调控还是负调控都是利用调节蛋白与小分子诱导物或辅阻遏物之间的相互作用来完成诱导和阻遏。图 5.1 表示 4 种相似的调控类型，每一个诱导物使阻遏物失活或活化激活蛋白产生诱导；当辅阻遏物活化

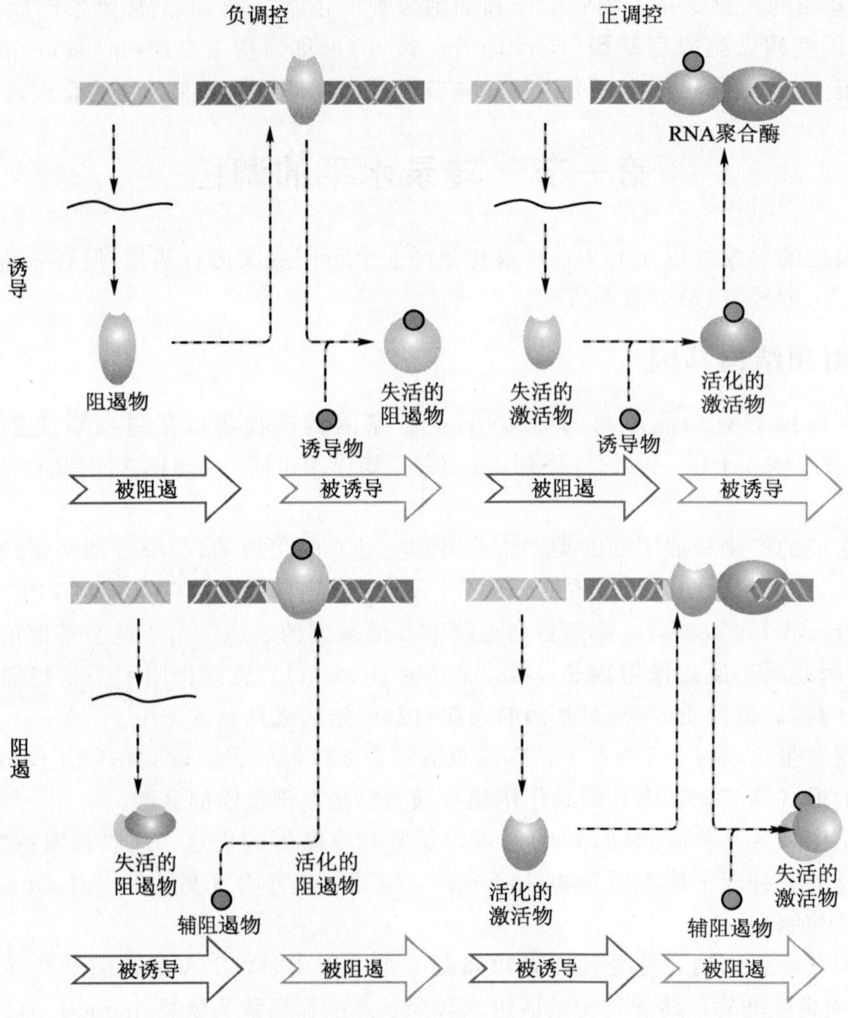

图 5.1 调控路线是多种多样的，并可设置成阻遏-诱导的正调控或阻遏-诱导的负调控

(引自 B. Lewin，2004)

阻碍蛋白或使激活蛋白失活产生阻遏。

第二节 操纵子模型

1961 年法国科学家 M. F. Jacob 和 J. Monod 提出了一个控制细胞基因表达的模型称为**操纵子**(operon)，此模型的提出使基因概念又向前迈出了一大步。表明人们已认识到基因的功能并不是固定不变的，而是可以根据环境的变化进行调节。随之人们发现无论是真核生物还是原核生物，转录调节都是涉及编码蛋白的基因和 DNA 上的元件。这一发现获得了 1965 年诺贝尔生理学或医学奖。

操纵子是原核转录调控的主要形式，相关的基因排列成簇，由一个调节蛋白所控制，一开俱开，一闭俱闭，对环境条件的改变作出相应的反应。

操纵子主要可分为 3 大类型：一种是调节分解代谢的操纵子，它们都是属于诱导型，并同时受到 cAMP-CAP 的调节。分解代谢的底物常为小分子诱导物。另一种是调节合成代谢的操纵子，它们都属于阻遏型，由于是合成代谢，因此不受 cAMP-CAP 的影响。第 3 种类型是具有衰减子(如 *trp*、*his*、*phe*、*leu*、*thr* 和 *ilv*)的操纵子，这种类型的操纵子控制合成的最终产物为辅阻遏物。

操纵子(operon)是原核生物中受同一蛋白质调控的一个转录功能单位，由**启动子**(promoter)、**操纵基因**(operator)和**结构基因**(structural gene)组成。

一、乳糖操纵子

乳糖操纵子(*lac* operon，*lacO*)包含了乳糖代谢所需的 3 个结构基因 *lacZ*、*Y*、*A*，它们紧密连锁在一起，形成一个基因簇(cluster)，被乳糖诱导(图 5.2)。这些基因按照 *lacZYA* 的序列排列，由启动子 *lacP* 转录成多顺反子 mRNA。*lac* 操纵子中有 3 个调节元件：①在启动子的 −62 bp 附近有一个正调节元件，提供 CAP-cAMP 复合物结合的**激活物位点**(activator site，AS)。②在启动子的 −35～−6 bp 区域是 RNA 聚合酶的识别位点(−35 序列)和结合位点(−10 序列)。③在启动子下游邻接区含有的一段回文序列，它不编码蛋白质，仅供阻遏蛋白识别和结合，称为**操纵基因**(operator)。操纵基因仅是操纵子中的一个顺式负调节元件。位于操纵子上游的 *lacI* 基因编码阻遏蛋白，因 *lacI* 的本身启动子中没有调节元件，所以是组成型表达的。

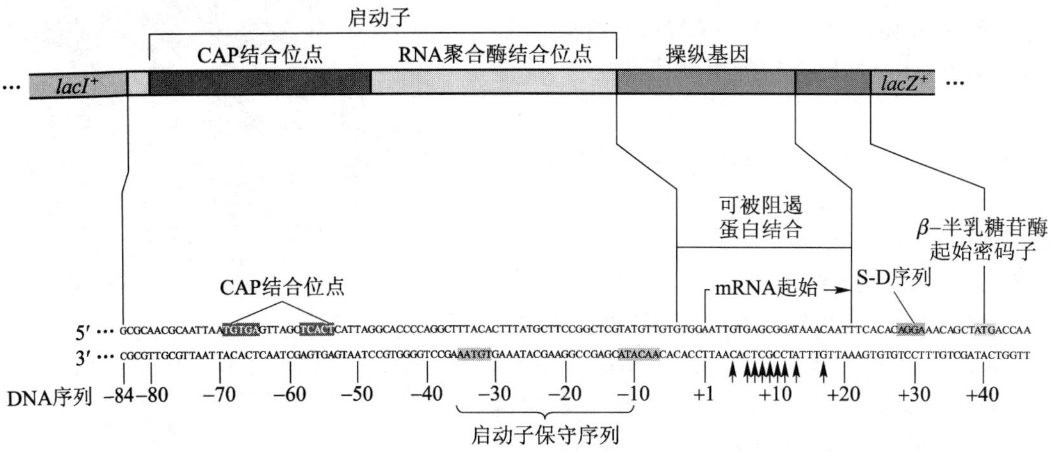

图 5.2 *E. coli* 乳糖操纵子中调控位点启动子和操纵基因的碱基序列，序列下面箭头表示已知的 $lacO^C$ 突变位点

(引自 P. J. Russell，1992)

阻遏蛋白识别并结合在操纵基因上，阻遏转录，*lac* 操纵子在有葡萄糖存在或没有乳糖的情况下是被阻遏的。乳糖的代谢产物**别乳糖**(allolactose)与阻遏蛋白结合，通过改变其 DNA 结合结构域的构象而使其失活(图 5.3)。

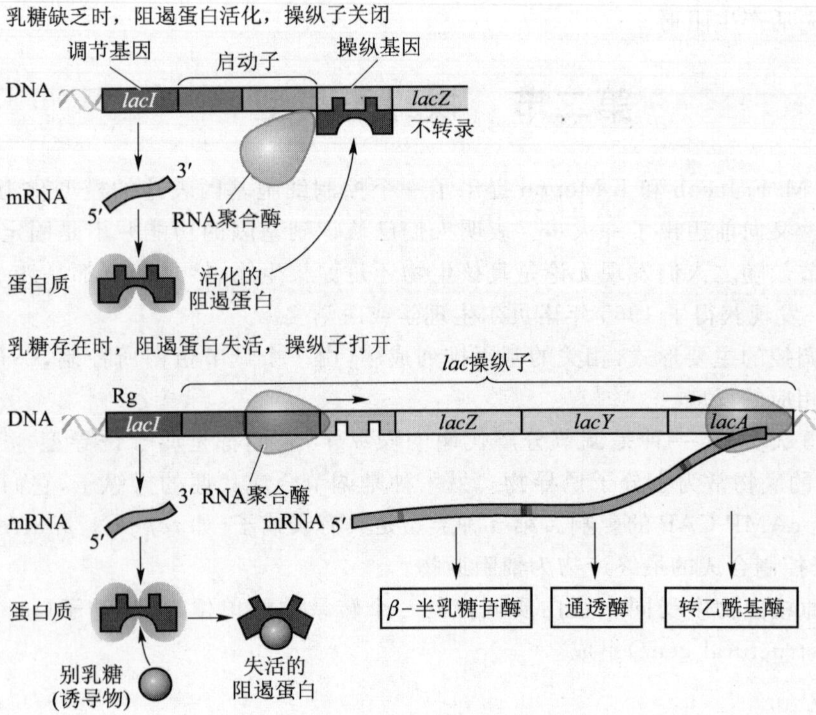

图 5.3 乳糖操纵子的调节

此阻遏物结合于操纵基因(*O*)区，阻止 RNA 聚合酶从邻近的结构基因移向启动子(*P*)。当乳糖存在时，乳糖和阻遏物结合并改变其构象，使阻遏物不能继续和 *O* 结合。这样 RNA 聚合酶便能转录 *lac Z*、*Y* 和 *A* 结构基因，产生 3 种酶(引自 http://sm.nwsuaf.edu.cn/mb/admin/upboad/files/wjl/htm/chapter10-2.filesl image100.jpg)

分解代谢物激活蛋白(catabolite activator protein，CGP)也称为 cAMP 受体蛋白(cAMP receptor protein，CRP)或代谢物基因激活蛋白(catabolite gene activator protein，CGP)，CAP 是个二聚体，每个单体可与一个分子的 cAMP 结合，形成复合体(图 5.4)并结合于和 RNA 聚合酶相邻的 CAP 结合位点。

CAP 是一种正调控因子。CAP-cAMP 复合物与启动子的相互作用促使 RNA 聚合酶和启动子的结合，促使转录有效进行。

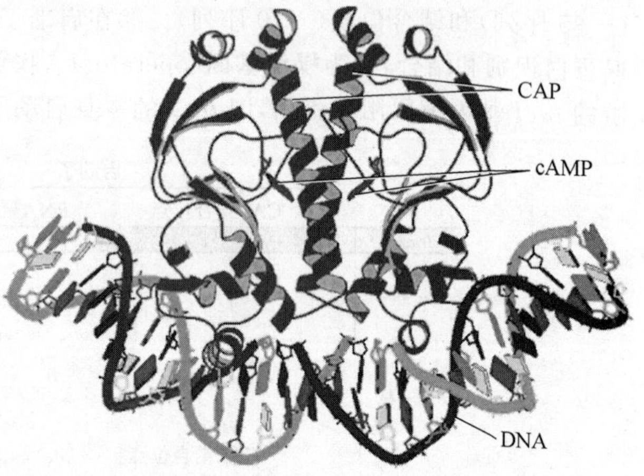

图 5.4 CAP-cAMP 复合物的三维结构模型

CAP 以二聚体的形式和两个分子的 cAMP 结合，形成复合体。当复合物与 DNA 结合时，使 DNA 弯曲，构象发生改变，增加了 DNA 对 RNA 聚合酶的亲和性(引自 G. Parkinson 等，1996)

CAP-cAMP 的活性依赖于细胞内的 cAMP 水平，后者与细胞内葡萄糖水平成反比。所以，*lac* 操纵子在乳糖存在且葡萄糖缺乏时才被激活。原则上 CAP 有两种方法来激活转录：①它可能直接和 RNA 聚合酶相互作用；②或者作用于 DNA，以某种方式改变 DNA 构象，从而帮助 RNA 聚合酶结合。其实 CAP 具有作用于 RNA 聚合酶和 DNA 的两方面功能。cAMP 是由**腺苷环化酶**(adenylate cyclase)催化合成的(图 5.5)，此反应是以 ATP 为底物，以磷酸二酯键将 3′—5′端相连接，产生了环状 AMP 结构，若编码腺苷环化酶的基因发生突变(cya^-)就会出现分解代谢的阻遏。CAP 这个调节蛋白是直接作用在靶操纵子上的。它是一个正调控因子，启动子上的转录起始需要它的存在。这种蛋白质只有在 cAMP 存在时才有活性。cAMP 作为一种小分子的诱导物，若 cAMP 的水平减少就会使这种蛋白质不能结合在控制区，从而阻止 RNA 聚合酶起始转录。因此在减少 cAMP 水平中，葡萄糖的作用是剥夺了一个操纵子表达时所需要的正调控因子。这就是**葡萄糖效**

应(glucose effect)或**葡萄糖抑制**(glucose repression)。所谓葡萄糖效应是指微生物在混合碳源的培养基上生长时,优先利用葡萄糖的现象,其实质是使糖分解代谢操纵子受阻遏蛋白的作用丧失其基因表达的能力。

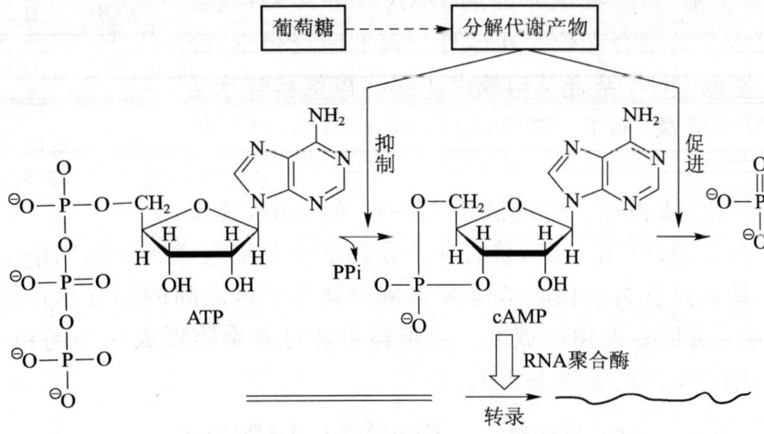

图 5.5　cAMP 调控转录的机制

葡萄糖效应的另一机制是葡萄糖可通过葡萄糖磷酸转移酶系统(PTS)(包括一系列负责在转移过程中从磷酸烯醇式丙酮酸向葡萄糖转移磷酸基团的蛋白质)转入细胞,并使得乳糖通透酶失活。乳糖的缺失使得 *lac* 阻遏物关闭操纵子。当葡萄糖缺失时,乳糖才可输入,随后使乳糖阻遏物失活,操纵子打开(图 5.6)。

二、阻遏蛋白的活性

可诱导的调控广泛存在于细菌中,在较低等的真核生物(如酵母)也有这种情况。*E. coli* 的乳糖操纵子提供了这种调控机制的典型范例。

在细菌中同时存在着诱导和阻遏的现象。诱导是细菌调节其分解底物供给生长的能力。阻遏是细菌调节其合成代谢产物的能力。小分子底物称为**诱导物**(inducer)。某些使阻遏蛋白具有活性或使活性蛋白失去活性的物质称**辅阻遏物**(corepressor)。

某些诱导物与自然的 β-半乳糖苷相似,但并不能被酶分解,比如**异丙基 β-硫代半乳糖苷**(isopropylthiogalactoside, IPTG)(图 5.7)。其半乳糖苷键中用硫代替了氧,失去了水解活性,但硫代半乳糖苷和同源的氧代化合物与酶位点的亲和力相同,IPTG 虽不为 β-半乳糖苷酶所识别,但它是 *lac* 基因簇十分有效的诱导物。能诱导酶的合成,但又不被分解的分子,称为**安慰诱导物**(gratuitous inducer)。由于乳糖虽可诱导酶的合成,并又随之分解,产生很多复杂的动力学问题,因此人们常用安慰诱导物来进行各种实验。

阻遏物有两个结合位点:一个是诱导物结合位点,另一个是操纵基因结合位点。当诱导物在相应位点结合时,它改变了阻遏蛋白的构象,干扰了另一位点的活性。这种类型的调控叫**变构调控**(allosteric control)。

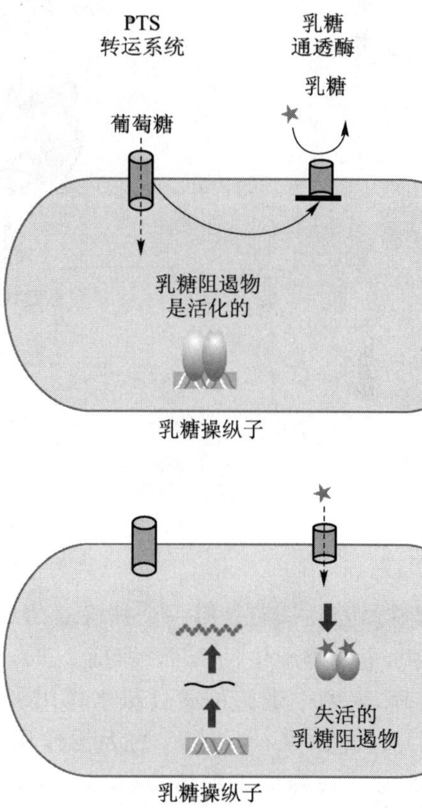

图 5.6　葡萄糖调控乳糖操纵子的表达

葡萄糖是通过 PTS 系统输入的,这导致乳糖通透酶失活。乳糖缺乏使乳糖阻遏物关闭操纵子。当葡萄糖缺乏时,乳糖能够进入,并使乳糖阻遏物失活,从而使操纵子打开
(引自 B. Lewin, 2004)

诱导完成一种**协同调控**(coordinate regulation),即所有的一组基因都一道表达或一道关闭。

lacI 突变分成 3 种类型:① $lacI^{-d}$:阻遏蛋白不能和 DNA 结合,且呈反式显性;② $lacI^{S}$:阻遏蛋白不可诱导

性突变，阻遏蛋白失去诱导物结合位点；③$lacI^{-}$属于功能缺失性隐性突变，阻遏蛋白不能形成寡聚物。$lacI^{-d}$突变成簇地位于 *lacI* 基因的最左端，结果导致阻遏蛋白不能和 DNA 结合，这意味着此区负责识别、结合操纵基因的 DNA 保守序列；这就证明了阻遏蛋白靠近 N 端的区域是 DNA 的结合部位。在体外分离的阻遏蛋白，经 X-衍射显示的三维结构表明，单体 N 端的 DNA 结合结构域由 1～59 位氨基酸残基构成，称为头段，包含两个 α-螺旋，形成**螺旋-转角-螺旋**（helix-turn-helix，HTH）**模体**（motif）。

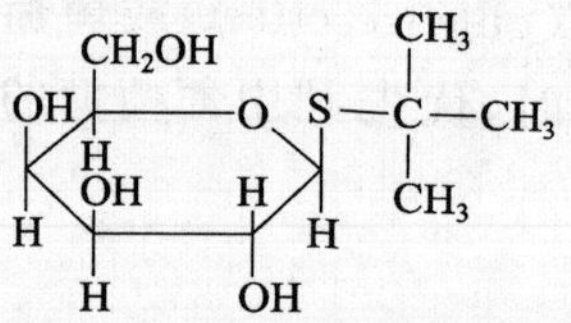

图 5.7 异丙基 β-硫代半乳糖苷（IPTG）的分子结构

该 HTH 经铰链区（hinge）与蛋白质主体相连。铰链区长 60～80 氨基酸，其余的 81～360 氨基酸组成核心区和寡聚物形成区（图 5.8），具有和诱导物结合及聚集成四聚体的能力，但不能与操纵基因相结合。两个阻遏蛋白的单体通过各自的核心结构域 2、寡聚物形成区之间的相互作用形成二聚体，二聚体的一端是 DNA 结合功能域，另一端是寡聚物形成区。二聚体再通过寡聚物形成区间的相互作用形成四聚体。四聚体中的两个二聚体分别结合不同的操纵基因上。

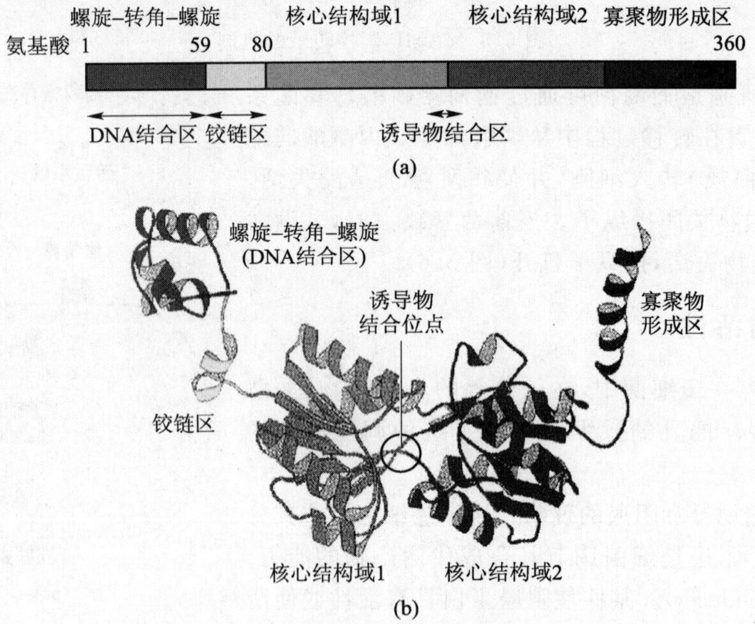

图 5.8 阻遏蛋白单体的结构域和执行的功能

(a) 阻遏蛋白单体结构的示意图 (b) 阻遏蛋白单体的三维结构

螺旋-转角-螺旋是第一个被确立的 DNA 结合模体。这种模体涉及 5 个 α 螺旋中的两个（螺旋 2、3），螺旋之间间隔有一个短的 β 转角，使两个螺旋可通过疏水作用装配起来。螺旋 2 使螺旋 3 稳定并暴露出来，与 DNA 的大沟作用，特异性地与碱基接触。因此，螺旋 3 被称为**识别螺旋**（recognition helix）（图 5.9）。上述的相互作用锚定了蛋白质中识别螺旋的位置并稳定了 DNA 的构象，从而调节不同蛋白质和其结合位点的亲和力。结合的过程通常不产生蛋白质和 DNA 结构的变化。

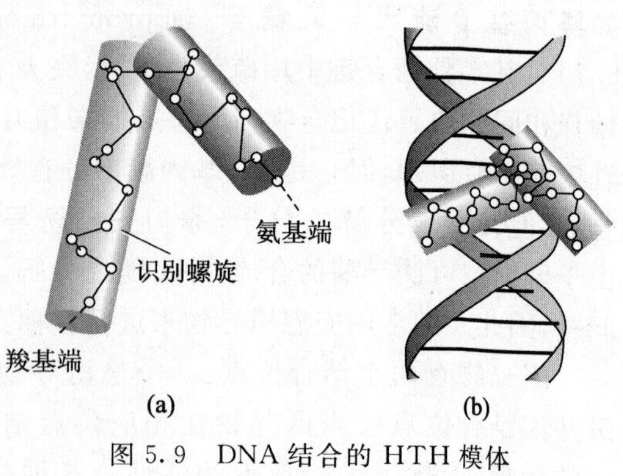

图 5.9 DNA 结合的 HTH 模体

(a) 空心的小环表示氨基酸中的碳。位于羧基端长一些的 α 螺旋是识别螺旋 (b) 识别螺旋位于 DNA 的大沟中，与碱基对接触（引自 B. Albert 等，2002）

大多数细菌的调节蛋白都是以二聚体的形式与双螺旋对称的 DNA 靶序列结合。例如，Lac 阻遏蛋白、Trp 阻遏蛋白、分解代谢激活蛋白（CAP）、λ 噬菌体阻遏蛋白（Cro）等（图 5.10）。而每一种具有这种模体的蛋白质通过各自特有的方式与 DNA 结合，有利于对 DNA 序列的识别。此外，这些蛋白质中的大部分，在 HTH 模体外侧也存在与 DNA 有联系的结构域，有利于增强与 DNA 的相互作用。HTH 蛋白的共同特点是结合 DNA 特异序列的蛋白质。它们是以对称的二聚体的形式与 DNA 序列结合（图 5.11），这些 DNA 序列是非常相似的对称排列的 2 个“半位点”（图 5.12）。这样的排列使每个蛋白质单体同时结合相同的一段 DNA 序列，以增加蛋白质结合的亲和力。

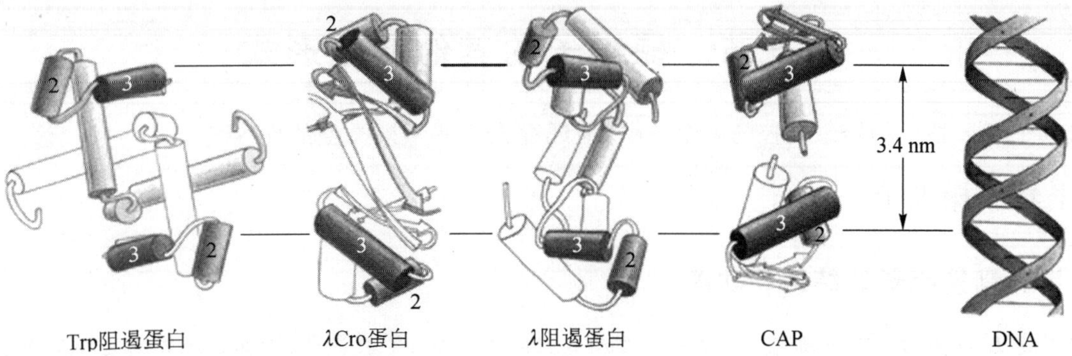

图 5.10　一些 HTH DNA 结合蛋白

所有的这些结合 DNA 的蛋白质都是以二聚体存在，两个拷贝的识别螺旋（螺旋 3）都被一个螺旋的 DNA（3.4 nm）精确地分隔开。螺旋 2 是 HTH 模体的第二个螺旋。λ 阻遏蛋白和 Cro 蛋白控制 λ 噬菌体中的基因表达，Trp 阻遏蛋白和 CAP 控制 *E. coli* 中一些操纵子的表达（引自 B. Alberts 等，2002）

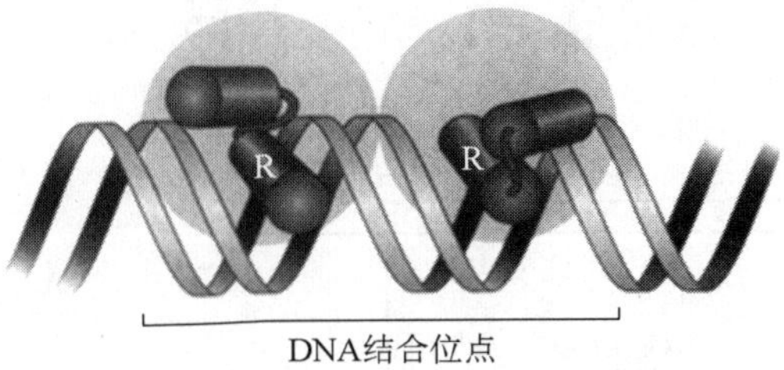

图 5.11　具有 HTH 结构的蛋白质以二聚体的形式结合 DNA

球形阴影表示的两个亚基，识别螺旋以 R 表示（引自 Waston 等，2005）

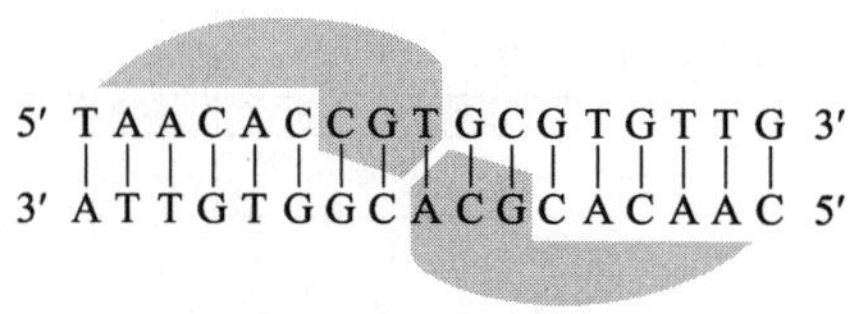

图 5.12　被 λ 噬菌体 Cro 蛋白所识别的特异 DNA 序列，用深色标记的核苷酸对称排列，使每半个 DNA 位点能被蛋白质单体以同样的方式识别

（引自 B. Alberts 等，2002）

操纵基因具有保守序列的对称性表明蛋白质也具有相应对称性。由此看来一个操纵基因应结合一个阻遏蛋白二聚体，那么为什么形成完整阻遏需要四聚体？这是由于在乳糖操纵子起始区中还有另外两个操纵基因位点。**原操纵基因**（original operator）*O1* 正好位于 *lac*Z 基因的起始区，它与阻遏蛋白亲和力最强。还有两个弱的操纵基因有时称为**假操纵基因**（pseudo-operator）位于 *O1* 的两侧，称为 *O2*、*O3*，它们分别位于转录起始点下游的 410 bp 处和起始点上游的 83 bp 处。当 *lac* 阻遏蛋白与 *O1* 结合时，会同时与另一个弱操纵基因结合，这使结合点之间的 DNA 形成一个环（图 5.13）。

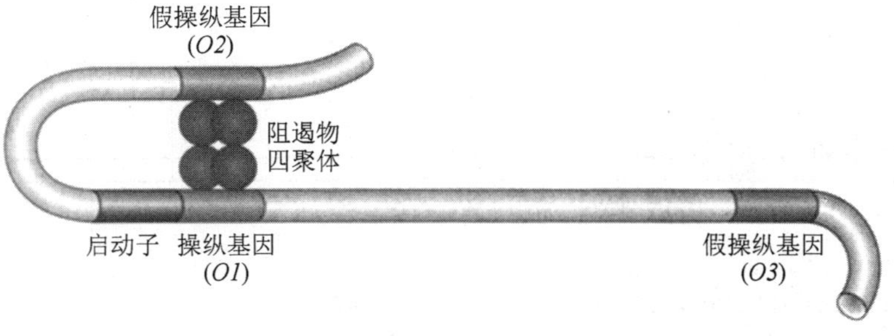

图 5.13　Lac 阻遏物四聚体结合在两个操纵基因上

图中所示 Lac 阻遏物结合在 *O1* 和 *O2* 之间形成环，Lac 阻遏物也可在 *O1* 和 *O3* 之间形成环（引自 Waston 等，2005）

lac 操纵子的表达水平在诱导和阻遏之间的实际差别是 10^3 倍。从这一角度来看，即使是缺乏诱导物，也存在本底水平的表达，约为诱导时表达水平的 0.1%左右。若阻遏蛋白存在较多，那么表达水平就下降，若阻遏蛋白存在较少，表达水平就上升。若每个细胞中阻遏蛋白要少于 10 个就不可能建立起严密的阻遏。若阻遏蛋白太多，诱导操纵子也变得较困难。

第三节 操纵子的其他调控形式

乳糖操纵子是原核生物转录调控的一个典型，但还存在一些不同类型的操纵子。

一、半乳糖操纵子

（一）半乳糖操纵子的结构和功能

半乳糖也是 *E. coli* 的一种碳源，它的分解要涉及 3 种酶的催化：半乳糖激酶（galactokinase，K）、半乳糖转移酶（galactose transferase，T）和半乳糖表面异构酶（glactose epimerase，E），它们催化的反应如图 5.14 所示。

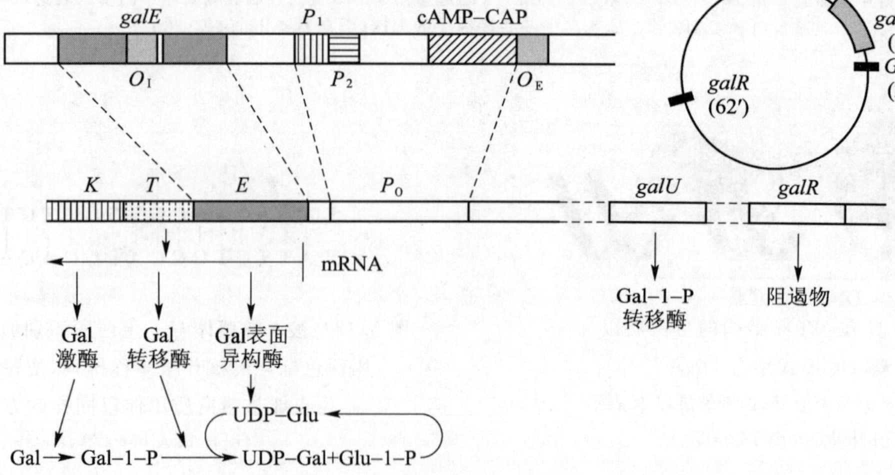

图 5.14 大肠杆菌 *gal* 操纵子的结构，在染色体上的分布及相关产物的功能

半乳糖操纵子（galactose operon，*galO*）结构特点是：①有两个启动子：P_1 和 P_2，当有活性的 CAP 存在时，P_1 启动，其−10 序列位于−12～−6 bp 处，称为$-10S_1$，其转录的起始点为+1。当 CAP 缺乏时 P_2 启动，从−5 bp 开始转录，其−10 序列位于−17～−11 bp 处，称为$-10S_2$。②*gal* 操纵子无−35 序列。③具有两个操纵基因 O_E 和 O_I，O_E 在上游，位于 CAP 位点之内，O_I 在基因 *gal* 内部；无论是 O_E 还是 O_I 离启动子都有一段距离，不直接邻接（图 5.15）。

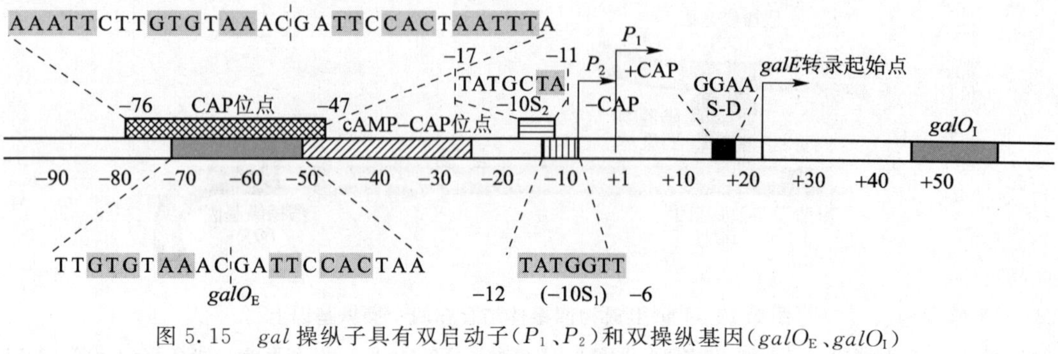

图 5.15 *gal* 操纵子具有双启动子（P_1、P_2）和双操纵基因（$galO_E$、$galO_I$）

(二) 半乳糖操纵子的调节

在没有葡萄糖而有半乳糖存在时，*galR*(位于 62′)编码的阻遏物失活，CAP 结合在 −47～−23 bp 区域，RNA 聚合酶结合在 $-10S_1$ 区，CAP 和 RNA 聚合酶直接相互作用，使 P_1 顺利转录；当无半乳糖时，GalR 结合在 $galO_E$ 上，$galO_E$ 具有回文序列可供 CAP 结合。它离启动子有一段距离，当 GalR 结合在 $galO_E$ 上时，不大可能像 *lac* 操纵子中 *lac* 阻遏物那样去阻碍 RNA 聚合酶的结合，它阻断 S_1 的转录可能有两种机制：或是影响到 cAMP-CAP 和 RNA 聚合酶的作用而阻断；或是通过干扰 cAMP-CAP 与 DNA 的相互作用来阻断。

在葡萄糖存在的情况下，cAMP-CAP 含量少，当 Gal 存在，而无 GalR 时，P_1 不能启动而 P_2 启动，RNA 聚合酶结合在 $-10S_2$ 序列上，$-10S_2$(TATGCTA)和 $-10S_1$(TATGGTT)序列相似，两者重叠了两个碱基(TA)。当从 S_2 开始转录时，仅转录 *galE*，另外的两个基因 *galT* 和 *galK* 不转录。由于半乳糖既可以作为碳源，同时 UDP-Gal 又是合成细胞壁的重要前体，通过长期的自然选择，使得无论葡萄糖是否存在，只要有半乳糖，*galE* 总可以得到转录(表 5.1)。

表 5.1　葡萄糖和半乳糖对 *gal* 操纵子的调节

条件		表达
有葡萄糖	有半乳糖	P_2 启动 S_2 开始转录 *gal E*，组成型表达
	无半乳糖	O_E 和 O_I 相互作用，成环，转录只进行 20 bp 便停止
无葡萄糖	有半乳糖	P_1 启动，3 个基因转录
	无半乳糖	P_1 不启动

在葡萄糖存在的情况下，若无半乳糖存在，GalR 可结合在 $galO_E$ 和 O_I 上，并相互作用形成环。S_2 位点阻遏作用和 S_1 的阻遏机制完全不同，在上述条件下，即使有 GalR 存在，P_2 仍不受阻遏开始转录(组成型)，但由于 O_I 上也有 GalR 的结合并且成环，故转录只进行 20 bp 便停止，这个过程如何发生尚不清楚。

cAMP-CAP 的存在可以激活 P_1，是正调控，而对 P_2 都是抑制，是负调控，其机制还没有搞清楚。

GalR 这个阻遏物对 P_1 和 P_2 两个启动子都是负调节，但在 cAMP-CAP 含量少时 P_2 仍可转录，其机制也不清楚。

P_1 与 RNA 聚合酶的亲和力远远大于 P_2 与 RNA 聚合酶的亲和力。这可以解释为什么在没有葡萄糖而有半乳糖存在时，P_1 转录，而 P_2 不转录。可能两者要竞争 RNA 聚合酶，而 RNA 聚合酶在细胞中数量是一定的，由于 P_1 的亲和力大大超过 P_2，所以 RNA 聚合酶几乎都结合到 P_1 上，P_2 由于得不到 RNA 聚合酶故不能启动。

二、阿拉伯糖操纵子

阿拉伯糖操纵子(*ara* operon，*araO*)是指令合成糖分解代谢所需酶系的操纵子，它具有正、负调节的功能。

(一) 阿拉伯糖操纵子的结构和功能

阿拉伯糖的代谢是由 *araB*、*araA* 和 *araD* 基因所编码的 3 种酶所催化的(图 5.16)。其特点是：①AraC 蛋白质是双功能的，单纯的 C 蛋白质结合于 $araO_1$(−100～−144 bp)，起到阻遏的作用；而 C 蛋白质可以和诱导物阿拉伯糖结合形成 C_{ind}蛋白质(ind 是 induction 的缩写)复合体，即诱导型的 C 蛋白质，该复合物结合于 *araI* 区(−40～−78 bp)使 RNA 聚合酶结合于 P_{BAD}位点(+140 bp)，转录 *B*、*A*、*D* 3 个基因。②C 蛋白质结合 $araO_1$ 时也反馈性地阻遏了其本身的表达。③C 蛋白质的两种状态(C_{ind}和 C_{rep})功能不同，结合的位点也不同。C_{ind}结合于 *araI*；C_{rep} 可结合于 $araO_1$ 和 $araO_2$。④*ara* 操纵子的 C 蛋白质还可以调节分散的基因 *araE* 和 *araF*，故此转录单位也称**调节子**(regulon)。所谓调节子是一组受共同调节基因所调控的位于染色体不同部位或不同染色体上的一组基因，所构成的调控系统。⑤*ara* 操纵子有两个启动子 P_c 和 P_{BAD}，可以双向转录。⑥P_c 和 $araO_1$ 重叠。

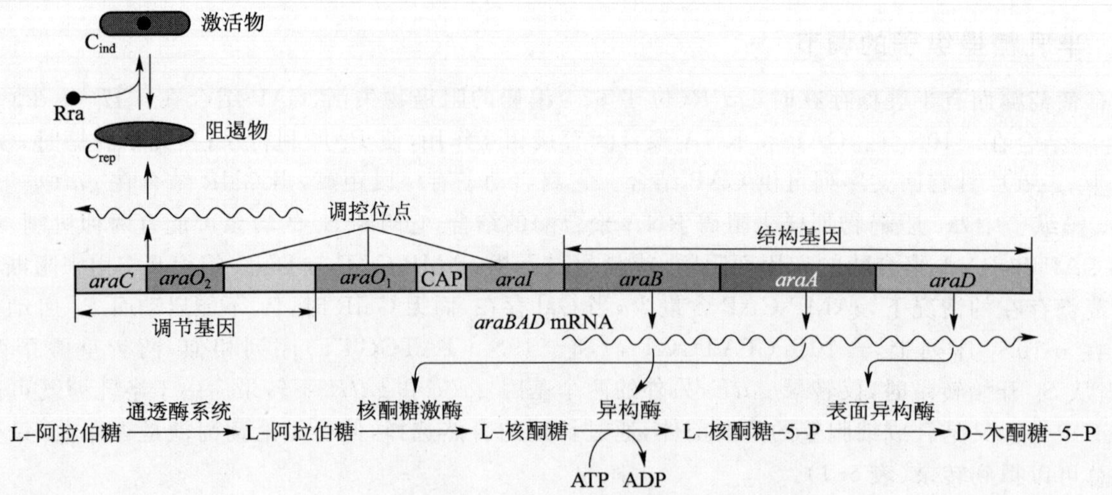

图 5.16 *ara* 操纵子的结构及其编码蛋白质的功能

(二) 阿拉伯糖操纵子的调控

当葡萄糖和阿拉伯糖都存在时，*araC* 本底转录，产生少量的 C 蛋白质，结合于 $araO_1$（−106～−144 bp)，使 RNA 聚合酶不能结合 $araP_C$，使 *araC* 的转录受到阻遏（表 5.2)。

表 5.2 *ara* 操纵子的调控

条件		表达
有阿拉伯糖	有葡萄糖，无 CAP	*araC* 本底转录→少量 C_{rep} 结合 O_1→阻止转录
	无葡萄糖，有 CAP	Ara＋C→C_{ind}→*araI*→$araP_{BAD}$ 的转录
无阿拉伯糖	C_{rep}	C_{rep} 过量→结合 $araO_1$ 阻遏 $araP_C$ 或结合 $araO_1$ 和 $araO_2$ 成环，阻遏 P_C 或 P_{BAD}

当有阿拉伯糖存在，而没有葡萄糖时，可作为糖源。此时阿拉伯糖和少量的 C 蛋白质结合形成了诱导型的 C 蛋白质（C_{ind}），它作为正调控因子结合于 *araI*，促进了 $araP_{BAD}$ 的转录，产生了 3 种酶，促使阿拉伯糖分解（图 5.17a)；当阿拉伯糖不存在或者用完了，过量的 C 蛋白质可以结合在 $araO_1$ 上，阻碍 RNA 聚合酶在此区域结合，关闭了操纵子；或者结合到 *araI* 和 $araO_2$ 上，彼此相互作用形成了环，阻遏了 P_{BAD} 和 P_C 的启动（图 5.17b)。

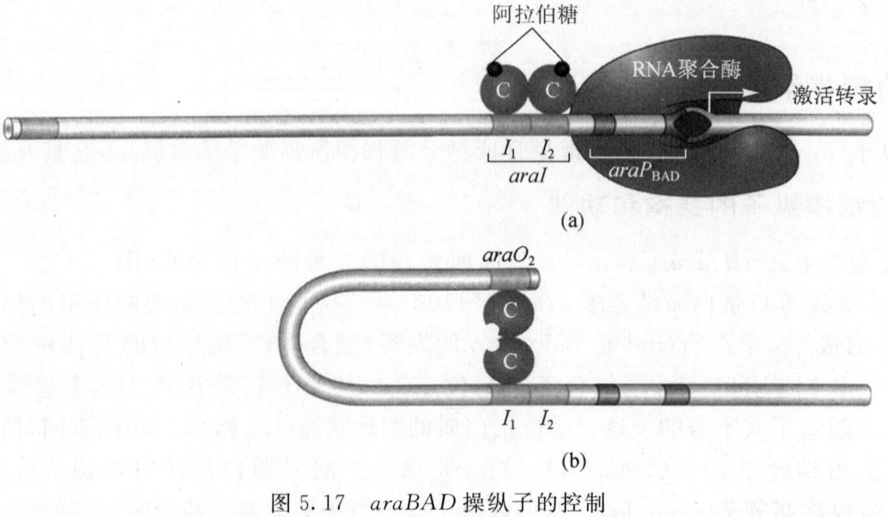

图 5.17 *araBAD* 操纵子的控制

(a) 在有阿拉伯糖时，阿拉伯糖与 AraC 结合，改变其构象，使它以二聚体的形式与 *araI* 结合，在启动子附近的 $araI_2$ 处就有一个 AraC 单体存在，它可激活转录 (b) 在无阿拉伯糖时，AraC 二聚体采用不同的构象与 $AraO_2$ 及 $araI_1$ 结合，$araI_2$ 处没有 AraC 单体存在，因此不能激活 $araP_{BAD}$ 启动子（引自 Waston 等，2005)

三、色氨酸操纵子

色氨酸操纵子(tryptophan operon,*trpO*)控制合成代谢,最终的产物是色氨酸。不难想象,只有在培养基中缺乏色氨酸时操纵子才能打开,而加入色氨酸时将促进色氨酸操纵子的关闭,也就是最终产物色氨酸将对转录起到阻遏作用,而不是诱导作用。正由于色氨酸操纵子是一个合成系统,不同于分解系统,因此一般不受葡萄糖效应的影响,所以在其操纵子中也就不存在 cAMP-CAP 位点。

色氨酸操纵子是合成代谢途径中最具有代表性的例子。M. F. Jacob 和 J. Monod 提出:在 *E. coli* 中由 5 个 *trp* 顺反子构成的基因簇形成了另一类型的操纵子,它不同于 *lac* 操纵子,色氨酸阻遏物只有和色氨酸结合才能具有活性,结合到操纵基因上,阻遏转录,这种类型的控制途径也是在酶活性的水平来进行调节的。这种调节称为**反馈抑制**(feedback inhibition)。在此代谢途径中的第一个酶(邻氨基苯甲酸合成酶)是由 *trpE* 和 *trpD* 基因编码的,它受到色氨酸本身的抑制。

(一) *trp* 操纵子的结构和功能

trp 操纵子(图 5.18)由 5 个结构基因 *trpE*、*trpD*、*trpC*、*trpB* 和 *trpA* 组成一个多顺反子的基因簇,在 5′ 端是启动子、操纵基因、前导序列和**衰减子**(attenuator)区域。其特点是:①阻遏物基因 *trpR*(89′)和结构基因(*trpEDCBA*)不紧密连锁。②操纵基因在启动子区域内。③启动子、操纵基因不直接和结构基因毗邻,中间有一段前导序列。④有衰减子结构。在一些合成代谢操纵子的前导区内,存在着类似终止子结构的一段 DNA 序列,称为衰减子,该序列可以辅助阻遏作用进行转录调控,1981 年 C. Yanofsky 提出衰减模型。

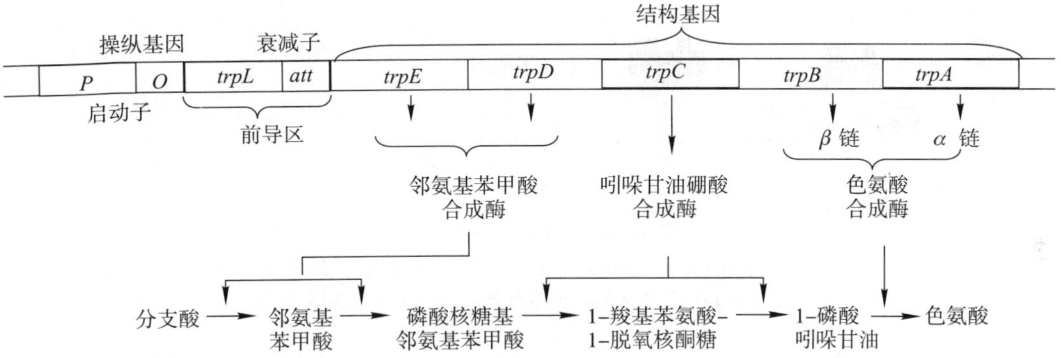

图 5.18 大肠杆菌色氨酸操纵子的结构及其编码产物所催化的色氨酸合成反应

(二) *trp* 操纵子的调节

和乳糖操纵子相同,无论是编码阻遏物的基因 *trpR* 发生突变,还是操纵基因发生突变,*trp* 操纵子都将出现组成型表达。TrpR 单独是不能与操纵基因结合的,只有与色氨酸结合后,构象发生改变成为具有活性的阻遏物才能与操纵基因结合,使 RNA 聚合酶不能和启动子结合而抑制了转录。色氨酸作为一种可与调节蛋白结合后而阻止转录的小分子化合物,称为**辅阻遏物**(corepressor)(图 5.19)。

trp 操纵子的阻遏物 TrpR 的阻遏能力较低,仅是 *lacI* 产物的 1/1 000,因此 *trp* 操纵子还必须依赖别的途径来进行调节,以免在已有一定浓度的色氨酸时,还继续合成色氨酸,这种调节途径正是下面要介绍的衰减作用。

操纵子虽然存在各种形式,但共同的特点是催化某一代谢过程的相关基因排列在一起,形成基因簇,受到同一个调控蛋白的控制。现在进一步要问,操纵子为何仅存在于原核生物中,在真核生物中至今都没有发现操纵子结构?可能由下列原因所致:①原核生物存在遗传物质的横向传递,相关基因以操纵子的形式连锁在一起,有利于相应功能得到完整的传递;真核生物是以完整的基因组进行纵向传递,故不需要操纵子这种调控形式。②原核生物结构简单,资源有限,必须对外部环境的变化作出短期调节,以节约能量。例如，在没有乳糖存在的情况下就关闭乳糖操纵子，使相关的基因都不表达。而真核生物结构复杂，资源丰富，其长期调节是受到内在程序化的控制，和外界环境的变化关系不大。③真核生物的基因组是分散在多条染色体上，而且每个基因由于外显子的不同会选择编码不同的蛋白质，相关基因难以连锁，操纵子的形式也难以实现基因的多种功能。

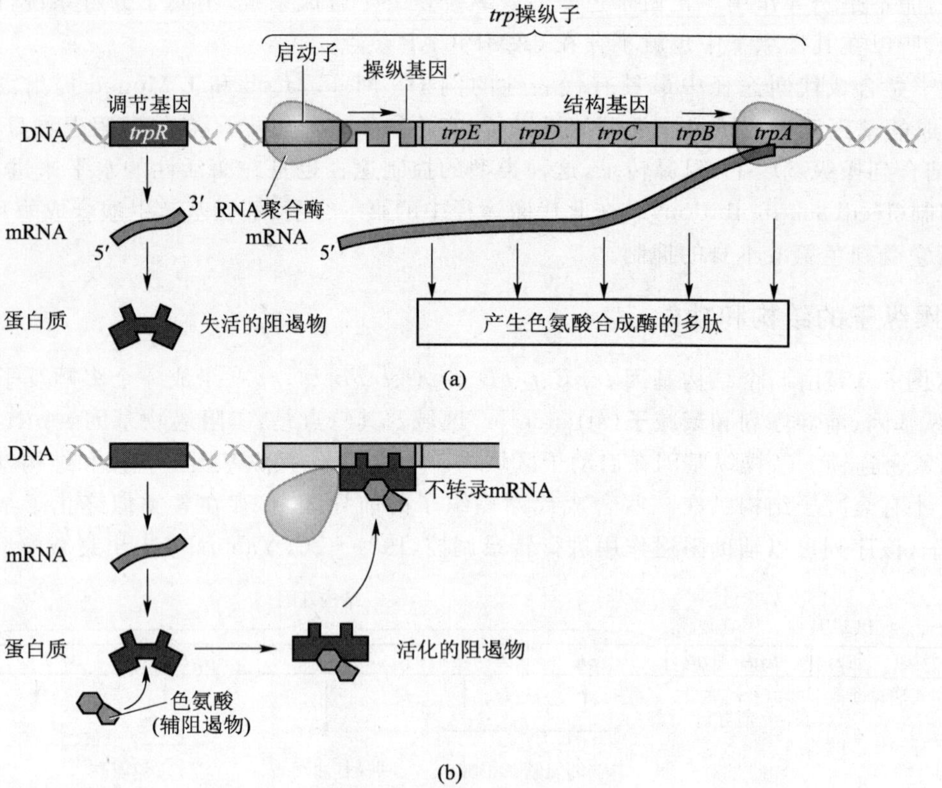

图 5.19 *trp* 操纵子的调节

(a) 细胞内缺乏色氨酸时，阻遏物无活性，操纵子打开，结构基因进行转录和翻译

(b) 当色氨酸合成后，阻遏物被色氨酸激活，可阻遏 *trp* 操纵子的转录

第四节 DNA 重排对转录起始的调控

在真核中通过 DNA 重排调节转录，产生不同产物的例子是免疫球蛋白及酵母交配型转换，而在原核生物中也有通过 DNA 交替的重排来调节转录，最有名的例子就 Mu 噬菌体的重排及沙门氏菌(*S. typhimrium*)的相转变。沙门氏菌的相(phase)是由于它的两种鞭毛蛋白 H1 和 H2 的交替表达，以此来逃脱宿主的免疫攻击。

一、沙门氏菌的相转变

在沙门氏菌的鞭毛合成中，通过启动子方向的改变来调节不同鞭毛蛋白的合成。细菌是通过摆动其鞭毛来运动的，许多沙门氏菌因它们具有两个非等位基因控制合成鞭毛蛋白(鞭毛蛋白的亚基)而出现两相性(diphasic)。同一菌落既可以表达为 H1 型[细菌处于 1 相(phase 1)]，也可以表达为 H2 型[细菌处于 2 相(phase 2)]。在细菌的分裂中有 1/1 000 的概率会出现由一相转变为另一相，称为**相转变**(phase variation)。

负责合成两种鞭毛的基因位于不同的染色体座位。图 5.20 表明鞭毛蛋白合成的循环调控。*h2* 基因是和另一个编码 *h1* 阻遏物基因 *rh1* 紧密连锁，这两个基因协同表达。处于 2 相时，在 *h2* 基因表达的同时，阻遏物基因也得到表达，且阻止了 *h1* 基因的合成；在 1 相时，*h2* 基因和 *rh1* 基因都不表达，这样 *h1* 基因就进行表达。

在这个控制途径中，细菌的"相"取决于 *h2-rh1* 转录单位是否有活性。这个转录单位的活性是由与它相邻接的一个 DNA 片段来控制的，此片段长 995 bp，两端是长 14 bp 的反向重复序列（IR_L 和 IR_R）。*h2* 的起始密码子在反向重复序列 IR_R 右侧 16 bp 处。

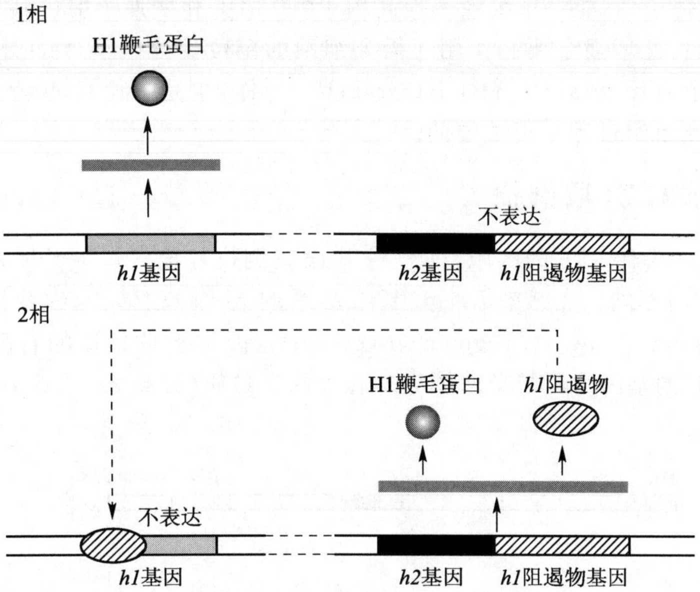

图 5.20 沙门氏菌通过 *h2* 转录单位的活性来决定鞭毛的"相"

含有 *hin* 基因的 DNA 片段在 IR_L（左反向重复序列）和 IR_R（右反向重复序列）之间，其产物 Hin（Hsegment inversion）蛋白（酶）通过反向重复序列之间的交互重组来介导整个片段的倒位。*hin* 基因突变会使倒位的频率降低为野生型的 10^{-4}。

hin 基因和 *h2-rh1* 转录单位各具有自己的上游启动子。这两个启动子及 *hin* 基因都位于倒位片段之中，但 *h2-rh1* 转录单位却在倒位片段的侧翼。这样倒位后，*hin* 基因和其启动子的相对位置没有改变，仍可以表达，而介导下一轮的倒位，而 *h2-rh1* 转录单位的启动子不仅已远离，而且方向和原来相反，因此得不到表达，出现了 1 相。经下一轮的倒位，*h2-rh1* 转录单位的启动子又恢复到原来的上游位置，可以正常转录，导致 2 相的表达（图 5.21）。

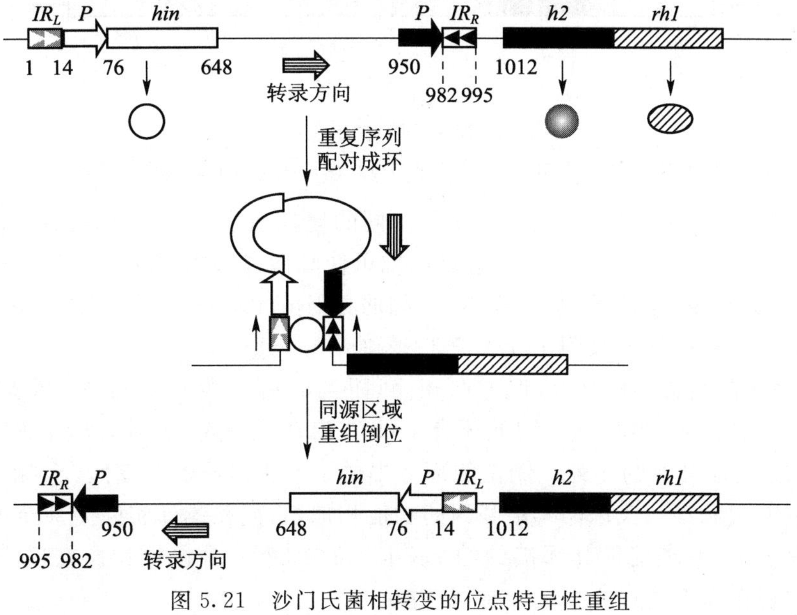

图 5.21 沙门氏菌相转变的位点特异性重组

Hin 酶可以催化反向重复序列之间的交换、重组，而导致倒位。当细胞的生长受到阻碍时，Hin 酶的表达就会增高，以便更换一种新的鞭毛抗原。

Hin 酶重组的过程需要一个 DNA 增强子。这个过程除了需要 *hix* 重组位点以，还需要一段序列。这段序列长仅 60 bp，但是一个增强子，它能将重组效率提高约 1 000 倍。和增强子促进转录一样，这段序列也能在离重组位点很远处行使功能。此增强子要起作用还需要细菌的**倒位促进因子**（factor for inversion stimulation，Fis）。Fis 和宿主整合因子（intergration host factor，IHF）一样，也是一个位点特异性的 DNA 弯曲蛋白质。Fis 与 Hin 酶相互作用对此重组过程是很重要的。

二、Mu 噬菌体的“G”片段倒位

在 Mu 噬菌体基因组右端有 3 kb 的区域，称为 G 片段或倒位片段（invertable segment），在不同的 Mu 噬菌体 DNA 中，这段序列方向不同。在感染 *E. coli* K12 品系的 Mu 噬菌体中，G 片段的方向称为 G(＋)，与此方向相反的 G 片段，称为 G(－)。*gin*(G segment inversion)基因位于 G 片段的右侧，是倒位反应所必需的，和 *hin* 基因同源。G 片段含有的基因编码与噬菌体吸附有关的蛋白质(图 5.22)。G 片段的方向控制着这些基因的表达，决定了宿主特异性。

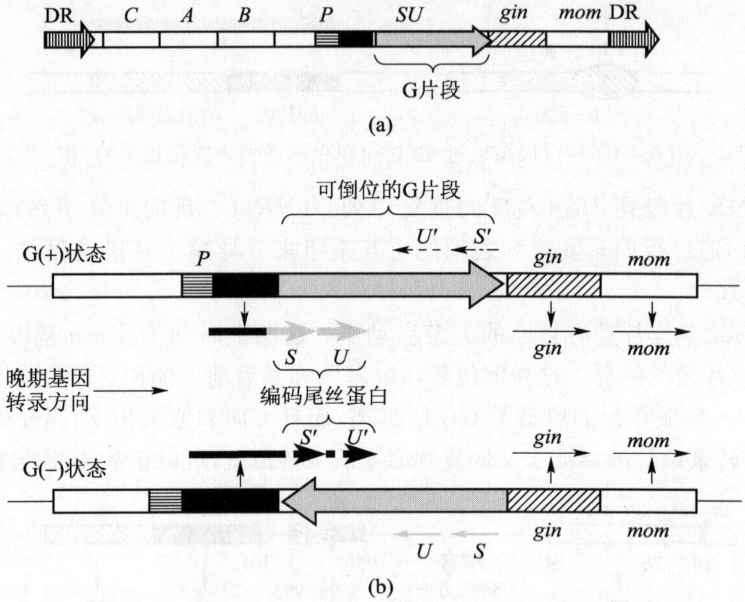

图 5.22 Mu 噬菌体的 G 片段倒位

(a) Mu 噬菌体的基因组 (b) Mu 噬菌体通过 G 片段倒位，能产生两组感染不同宿主的尾丝蛋白

图 5.22 表明 Mu 噬菌体 G 片段倒位能产生 4 种不同的尾丝蛋白。G(＋)方向时，*S* 和 *U* 基因表达，产物的相对分子质量分别为 56×10^3 和 21×10^3，这些蛋白质可使噬菌体吸附 *E. coli* K12 菌株，而不吸附 *E. coli* C 菌株。G(－)方向时，与此相反，基因 S' 和 U' 表达，产物的相对分子质量分别为 48×10^3 和 26×10^3，这些蛋白质使噬菌体吸附 *E. coli* C 菌株，而不吸附 *E. coli* K12 菌株。

这两类基因编码序列在两条互补链上，但方向相反，而且由 G 片段左侧的同一个启动子转录。两种方向的编码区都有 4 kb，而 G 片段本身仅 3 kb，因此还有 1 kb 与启动子相连，在 G 片段上游邻接的 *Sc* 区(S 的恒定区)，它是 S 和 S′蛋白质 N 端共有的序列。倒位的部分提供了 S 蛋白质的可变区(*Sv* 和 *Sv*′)。

Mu 噬菌体的 *gin* 基因和沙门氏菌的 *hin* 基因的功能相似，它们在体外实验中甚至可互相替代。在 *E. coli* 中也有一类基因，称为 *pin*。它能促使其邻接的约 7.8 kb 长的 DNA 片段倒位。在这个可倒置片段的两端有 29 bp 长的反向重复。现在尚不了解这个反应有何功能。

在体外亦可进行 Gin 蛋白质或 Hin 蛋白质介导的倒位反应，但还额外需要一个宿主编码的未知蛋白质及底物 DNA 必须具有超螺旋存在。另外，底物 DNA 上除重组位点外还要一段约 60 bp 的 DNA 序列，这个序列可位于底物分子上任何部位（除了十分靠近重组位点外）。此序列位置的任意性似乎与转录作用中的增强子类似，故有人称之为“重组增强子”。

第五节 RNA 聚合酶转录起始的调节

一、σ 因子的替代调控转录起始

细菌中在孢子形成时就需要变换 σ 因子。*E. coli* 虽无需经历如此戏剧性的变化，但它进入静止生长期时也要经过相当复杂的代谢变化。*E. coli* 一些特殊基因的转录也需要不同的 σ 因子来识别（表 5.3）。

表 5.3 *E. coli* 中不同的 σ 因子识别 DNA 上不同的调控元件

基因	σ 因子	功能	−35 序列	间隔/bp	−10 序列
σ^{70}	*rpoD*	普遍	TTGACA	16～18	TATAAT
σ^{32}	*rpoH*	热激	CCCTTGAA	13～15	CCCGATNT
σ^{54}	*rpoN*	氮饥饿	CTGGNA	6	TTGCA
σ^{28}	*fliA*	产生鞭毛	CTAAA	15	GCCGATAA

在枯草杆菌（*B. subtilis*）中 σ 因子广泛地用于转录起始的调节，现知道有 10 种不同的因子。有的存在于营养期细胞中，仅在噬菌体感染的特殊环境，或者从营养生长转变成孢子形成期发挥作用。

噬菌体早期基因的表达对于中期和晚期基因的转录是必需的。有 3 个调节基因叫 *28*，*33* 和 *34*，它们控制转录的程序。它们的功能如图 5.23 所示。调节的方式是一种级联调控。在级联调控中，宿主酶转录早期基因，这些基因的产物是转录中期基因所必需的。而两个中期基因编码的产物又是晚期转录所必需的。

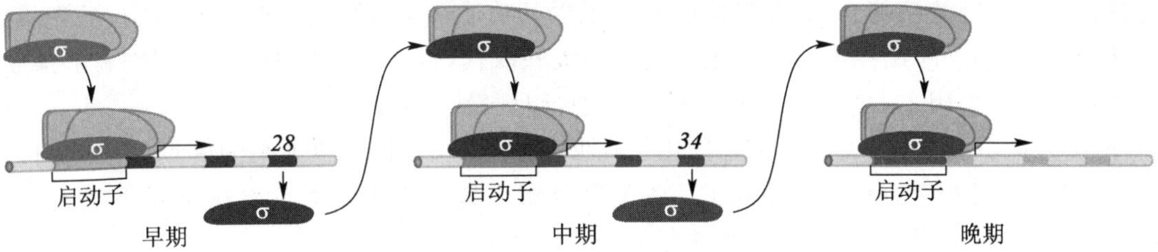

图 5.23 选择性 σ 因子控制噬菌体基因的时序表达

噬菌体 SPO1 依次使用 3 个 σ 因子调控其基因组的基因按所需的顺序表达（引自 Waston 等，2005）

σ 因子的相继取代具有双重的后果，每次 σ 亚基的改变使 RNA 聚合酶能够识别一组新的基因，而不再识别先前的基因。由于 σ 因子的转换使 RNA 聚合酶的活性全部发生了改变。可能所有的核心酶都是短暂地和不同的 σ 因子结合，但这种变化的程序是不可逆的。

二、修饰核心酶、替换 σ 亚基

噬菌体 T4 感染后，需要转录早期 mRNA，并合成一些蛋白质，用来关闭宿主 DNA 转录和复制，但是它自己尚来不及合成自己的 RNA 聚合酶，于是采用了节俭快速的策略，即利用宿主现成的 RNA 聚合酶，转录 T4 早期的启动子，合成噬菌体专一性蛋白质。这是由于 T4 早期启动子含有和细菌相似的 −10 和 −35 DNA 保守序列，因此这些启动子可被 *E. coli* RNA 聚合酶的 σ^{70} 亚基所识别，产生早期转录物，其中有的可用来修饰宿主 RNA 聚合酶。

转录中期和晚期基因时，T4 噬菌体采用修饰宿主 RNA 聚合酶的策略，使其不再能识别宿主的启动子，而专门识别噬菌体的一组中期和晚期启动子。

T4 噬菌体相继利用宿主的 RNA 聚合酶并对其修饰。修饰之一是紧密结合于 RNA 聚合酶 σ^{70} 亚基的**抗 σ 因子**(anti-sigma factor,AsiF)蛋白。这种相互作用是 T4 早期和中期转录之间转换的关键,它抑制了对宿主启动子和 T4 早期启动子的识别,而激活了 T4 中期的转录。T4 中期的转录的激活还需要一种 T4 转录激活因子——MotA 蛋白质。T4 噬菌体的中期启动子很特殊,没有 −30 保守序列,而存在一种位于启动子 −30 序列的中心的"Mot 框(Mot box)",它是供 MotA 蛋白质特异识别和结合的序列。两种 T4 修饰蛋白质的介入有效地掌控 RNA 聚合酶全酶的转录特异性。

另一种修饰涉及起转换作用的小分子蛋白质。在 T4 噬菌体的头部含有几种小分子的内部蛋白,在感染后不久,随着 T4 噬菌体的 DNA 一起注入细菌。其中的一种转换蛋白能将小分子的 **ADP-核糖**(adenosine diphosphate ribose,ADP-R)加到 α 亚基的精氨酸上,被 **ADP-核糖基化**(ADP-ribosylation)。这种修饰作用使 RNA 聚合酶全酶对其原先识别的启动子的亲和力减弱。这也表明 RNA 聚合酶的 α 亚基具有识别启动子的能力(第三章)。

噬菌体 T4 编码了 3 种 **ADP-核糖转移酶**(ADP-ribosyltransferases,ADPRT):Alt、ModA 和 ModB。这 3 种酶通过 ADP-核糖基化一套宿主蛋白而参与 T4 噬菌体复制周期的调节。RNA 聚合酶及宿主其他的蛋白质被 ADP-核糖基化指导了噬菌体最初的 mRNA 合成反应,逃脱了宿主的控制。相反,其他的细胞靶蛋白后来被修饰限制了噬菌体早期基因的转录,而参与了噬菌体中期和晚期基因的转录。

由于修饰后的 RNA 聚合酶只识别噬菌体的启动子,而不识别宿主的启动子,这样宿主的基因便得不到表达,细胞中有限的氨基酸也就专门供给噬菌体使用。同时由于噬菌体基因组中一些重要的基因成簇排列,使噬菌体按一定的顺序合成不同蛋白质,即建立合成的时序调节。例如,若在生活周期的早期就大量合成溶菌酶,则在子噬菌体形成前,细菌就裂解了;若在 DNA 复制前就合成头部蛋白并进行装配,则可能将刚注入的噬菌体 DNA 包装起来,而无法复制。

三、RNA 聚合酶的代换

T7 噬菌体是感染 *E. coli* 的烈性噬菌体,基因组长为 39 936 bp,共编码 55 个基因,已鉴别了其中 44 个基因的产物,已知 30 个基因的功能。T7 噬菌体的基因根据其功能聚集成簇,并按其功能执行的先后顺序排列。

T7 噬菌体在转录的时序调控中不是采用 σ 因子的级联取代,也不像 T4 噬菌体那样对核心酶进行修饰,而是根据自动的感染特点采用了 RNA 聚合酶的代换来进行时序转录的调控。

T7 基因组的基因分为 3 组(表 5.4):第Ⅰ组为早期转录基因,第Ⅱ组和Ⅲ组为晚期转录基因,在一些基因产物中,有干扰宿主基因表达的酶和噬菌体的 RNA 聚合酶。噬菌体的酶负责表达第Ⅱ组基因(主要与 DNA 合成功能有关)和第Ⅲ组基因(与装配成熟的噬菌体颗粒有关)。

表 5.4 T7 噬菌体的转录的时序调节

转录阶段	时间	聚合酶	转录组别	主要基因及功能
早期转录	前 6 min	*E. coli* RNA 聚合酶	转录物Ⅰ	10 个基因,其中 *0.3* 基因编码抑制宿主限制酶;*0.7* 基因编码蛋白激酶;可磷酸化宿主的 RNA 聚合酶;*1* 基因编码 T7 RNA 聚合酶
晚期转录	6~16 min	T7RNA 聚合酶	转录物Ⅱ	7 个基因,基因 *2* 编码抑制宿主 RNA;编码合成复制酶系的基因
	12 min 后	T7RNA 聚合酶	转录物Ⅲ	13 个基因,编码与噬菌体粒子结构与装配有关的基因

30℃时 T_7 噬菌体整个生活周期约为 25 min,但其 DNA 的注入很慢,约 10 min,而其他的噬菌体仅 1 min 即可完成。这也是一种调控的手段,因未注入宿主细胞中的 DNA 是不能转录的。在感染 6 min 后,*E. coli* 的 RNA 合成体系全部被 T4 的合成体系所取代。

在感染后的前 6 min,T7 噬菌体的 RNA 聚合酶尚未表达,因此仍使用了宿主 *E. coli* 的 RNA 聚合酶,转录的基因主要有 10 个（*0.3*、*0.4*、*0.5*、*0.6*、*0.65*、*0.7*、*1*、*1.1*、*1.2* 和 *1.3*），其中最为重要的是 5 个基因（*0.3*、*0.7*、*1*、*1.2* 和 *1.3*）。*0.3* 基因编码宿主限制酶的抑制蛋白，使 T7 噬菌体进入宿主免遭降解；*0.7* 基因编码一种蛋白激酶，能将 *E. coli* 的 RNA 聚合酶磷酸化，为抑制宿主 RNA 聚合酶做准备；*1* 基因编码 T7 RNA 聚合酶，相对分子质量为 98×10^3，是一条单链肽，它所识别的启动子是由 23 bp 组成的保守序列（−17～6 bp）。

晚期转录分为两组（Ⅱ和Ⅲ）。感染后 6～12 min 后 T7 噬菌体就利用自己的 RNA 聚合酶转录第Ⅱ组转录物。这一组约含 16 个基因（*1.3*、*1.4*、*1.5*、*1.6*、*1.7*、*1.8*、*2*、*2.5*、*2.8*、*3*、*3.5*、*3.8*、*4*、*5*、*5.5* 和*6*），其中对转录调控有关系的是 *2* 基因，其产物是 *E. coli* 聚合酶抑制剂。宿主的 RNA 聚合酶先受到 *0.7* 基因产物的磷酸化，再经抑制完全失去了作用，此时 T7 噬菌体已不再需要第Ⅰ组的转录物了，因此废除了宿主 RNA 聚合酶的功能，而将自己编码的 RNA 聚合酶取而代之。第Ⅱ组的基因多与 T7 噬菌体的复制酶系的合成及几种结构蛋白有关，但第Ⅱ组的启动子和复制的 *ΦOL* 启动子因其保守序列中分别有 2～7 个碱基发生了改变，所以是较弱的启动子，但由于其位置排在第Ⅲ组启动子的前面，所以先进入宿主得以转录，而不与第Ⅲ组的启动子竞争。

晚期转录的就是第Ⅲ组转录物，它排在最后，故在感染 12 min 后才得以表达。此组转录约含 15 个基因，它们主要编码头部蛋白、尾部蛋白及负责装配的一些蛋白质，这样使得 T7 噬菌体不至于过早地装配成粒子。这一组虽排在最后，但启动子的结构和保守序列完全一致，所以是极强的启动子，从而保证最后阶段结构蛋白的合成。

第六节 转录终止的调控

一、衰减作用

C. Yanofsky 于 1978 年分离了多顺反子 *trp* 操纵子的 mRNA，测序后发现在第一个基因（*trpE*）的前面 5′端有一个长 160 bp 的序列，称为前导序列（leader sequence）。当发生缺失突变时（缺失了一个 130～160 bp 的片段），产生的 mRNA 总是最高水平的，Yanofsky 称这个元件为**衰减子**（attenuator）（图 5.24），当色氨酸存在时，由于衰减子的作用导致了 mRNA 转录速率迅速下降。Yanofsky 对前导序列中 1～130 bp 的这段序列的作用提出了一个假设。衰减的共同特点是某些外部因素控制着衰减子的发夹形成。例如，发夹形成强终止子结构，它将阻止 RNA 聚合酶转录结构基因；若发夹形成弱终止子结构，RNA 聚合酶可以通读终止子，结构基因可以得到表达。转录开始于基因簇的左端，邻接的是操纵基因，TrpR 就结合于此。在操纵基因和编码区之间是前导序列。结构基因的转录部分终止于内部的终止子 *trp*t，它在编码区外，长 36 bp，后面间隔约 250 bp 还有一个 ρ 依赖性终止子 *trp*t′。现已证明了这个终止位点对于 *trp* 操纵子来说是不需要的。无论在 *E. coli* 还是在沙门氏菌中这种操纵子的本质都是相同的：①前导序列编码了 14 个氨基酸的前导肽；②衰减子（内部终止子）为结构基因的转录设了一道关卡，无论在体内还是在体外，RNA 聚合酶在此处终止都只产生 140 nt 的转录物。

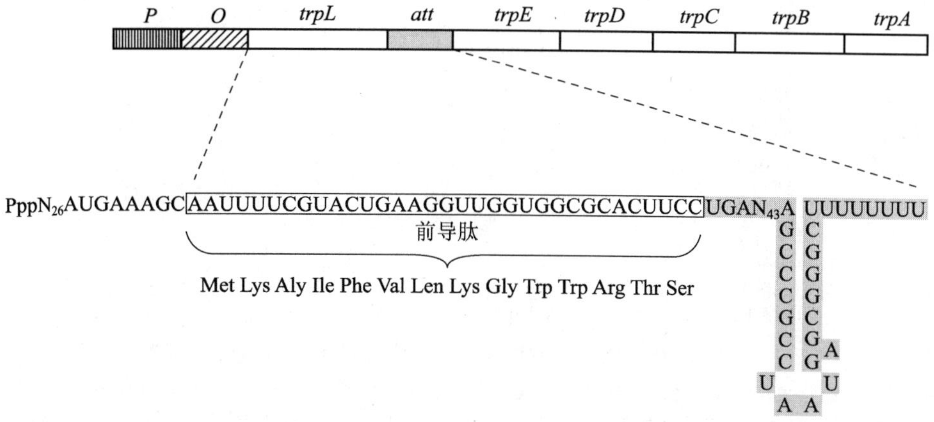

图 5.24 操纵子含有 5 个结构基因和一个控制区

控制区由启动子、操纵基因、前导序列和衰减子构成。前导区编码 14 个氨基酸，其中有两个是色氨酸

在衰减子上的终止对细胞内色氨酸的水平作出反应。当存在适量的色氨酸时，转录终止，而在缺乏色氨酸时，RNA 聚合酶可持续到达结构基因。

阻遏与衰减以相似的方式对色氨酸存在的水平作出反应，当色氨酸存在时，操纵基因被阻遏；但由于阻遏的能力很弱，使大部分的 RNA 聚合酶得以“逃脱”，继续向前，可是最终还是在衰减子处被拦了下来。当去除色氨酸时，RNA 聚合酶能自由地通过启动子，也不会过早被终止。

当色氨酸存在时终止是有效的，衰减子仅允许约 10% 的 RNA 聚合酶通过。在缺乏色氨酸时，衰减子允许所有的 RNA 聚合酶通过。前导序列说明了衰减机制。前导序列是否翻译成导肽呢？虽然在体内测不出产物，但可能由于其不稳定所致，但已经知道其核糖体结合位点是有功能的。

前导序列含有两个色氨酸残基的密码子，在 *E. coli* 蛋白质中色氨酸是属于稀有氨基酸，看来似乎不太一致。核糖体开始翻译导肽时，如果细胞处于色氨酸饥饿状态，核糖体到达色氨酸密码子时就停下来。**核糖体延宕**(ribosome stalling)影响了在衰减子处的终止。

衰减区转录出的 mRNA 含有 4 个配对区(图 5.25)，1 区和 2 区的碱基可以互补配对；3 区和 4 区的碱基也可以配对。3 区和 4 区配对产生的发夹，其末端存在 8 个 U 的寡聚 U 序列，这实质上是强终止信号。如果 1 区不和 2 区配对就会形成不同的结构。在这种情况下，游离的 2 区可以和 3 区配对，那么 4 区就失去了配对伙伴而保持单链状态，2 区和 3 区配对形成的茎环区是个弱终止子，RNA 聚合酶可越过此弱终止子继续转录。

图 5.26 表明核糖体所处的位置能决定衰减子不同二级结构的形成。衰减作用以这种方式在色氨酸充足时来终止转录。这一调控机制的关键是在前导序列中色氨酸密码子的位置。当色氨酸存在时，核糖体能合成前导肽，核糖体可以沿着前导序列的 mRNA 向前延伸，直到终止密码子 UGA 才停下，此 UGA 位于 1 区和 2 区之间，核糖体覆盖了 1 区和 2 区的部分区域，2 区余下的部分只能和 3 区的少数碱基配时，3 区余下的部分仍可以和 4 区配对形成强终止子结构而终止转录。在此情况下，RNA 聚合酶在衰减子上终止。当缺乏色氨酸时，核糖体进行到 1 区的色氨酸密码子时出现了暂停，1 区完全被核糖体所占据，无法与 2 区配对，这样在 4 区被转录前，2 区就和 3 区配对，使整个的 4 区保持单链状态，而不能形成强终止子发夹，RNA 聚合酶就能通读而持续转录。

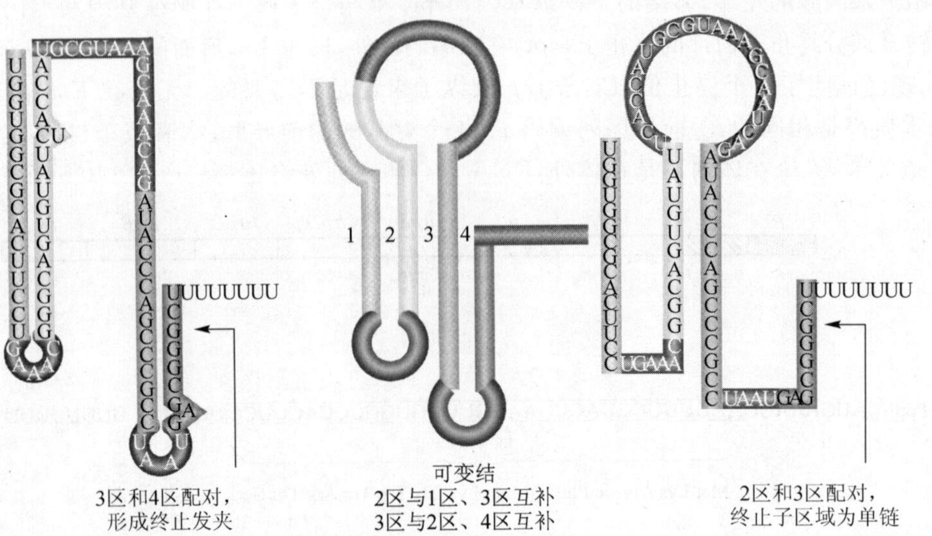

图 5.25 色氨酸前导区存在可变的碱基配对构象

图的中央表示可进行碱基配对的 4 个区域。1 区可与 2 区互补的同时，2 区与 3 区互补，3 区与 4 区互补。当 1 区与 2 区配对，3 区与 4 区配对时产生图左边的构象。当 2 区与 3 区配对，余下的 1 区、4 区不配对

(引自 B. Lewin，2008)

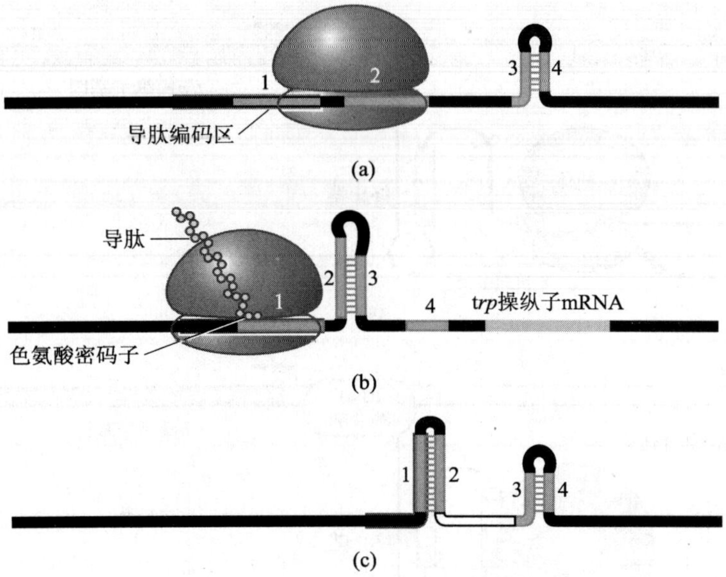

图 5.26 *trp* 衰减子上的转录终止

trp 操纵子 mRNA 在 *p* 衰减子的转录终止取决于细胞中色氨酸的含量。(a) 当色氨酸含量高时,3 区可与 4 区配对,形成强转录终止发夹结构 (b) 当色氨酸含量低时,核糖体停在色氨酸密码子附近,使 2 区可与 3 区配对,形成弱转录终止发夹结构 (c) 无蛋白质合成时,没有核糖体结合于导肽的起始密码子上,1 区与 2 区配对,阻止了 2 区与 3 区的配对,从而使 3 区与 4 区配对,形成强终止发夹结构,合成色氨酸相关的酶不表达(引自 Waston 等,2005)

衰减子控制转录的终止仅发生在原核生物的分解代谢操纵子中。核糖体延宕的位置决定了二级结构形成的方式,从而控制转录的终止,因此转录和翻译必须偶联。

衰减作为细菌操纵子中的一种调控机制至少存在于氨基酸合成代谢的 6 种操纵子中。由氨基酸水平来反馈调控蛋白质的合成,这对经济合理地合成酶可能是有利的。

二、蛋白质介导的 RNA 变构调控

细菌基因调控的经典机制涉及核糖体(转录衰减)或蛋白质因子的结合导致 mRNA 二级结构的可逆性改变。大肠杆菌的 *trp* 操纵子的转录衰减是利用转录的过程来决定细胞中色氨酸的水平。1992 年,C. Yanofsky 等发现在枯草杆菌(*B. subtilis*)中 *trp* 基因的表达是受到一个称为**色氨酸 RNA 结合衰减蛋白**(Trp RNA-binding attenuation protein,TRAP)的负调控。TRAP 也称为 MtrB 蛋白,含有 11 个相同的亚基组成一个对称的环状复合体,复合体的每个成员结合一个色氨酸和一个三核苷酸(GAG 或 UAG)。在芽孢杆菌中,色氨酸特异的 mRNA 分子包在 TRAP 分子上,就像轮胎上包着的防滑链一样。在色氨酸高浓度时,色氨酸和 TRAP 结合,并触发改变蛋白质的结构,允许复合体结合新生的 *trp* mRNA,RNA 绕着复合体形成圈状(图 5.27)。使抗终止子序列折叠而隐藏,结果转录被终止。当色氨酸浓度低时,蛋白质复合体便不能和新生的 mRNA 结合,衰减子的抗终止茎形成,使完整 mRNA 得以转录。

TRAP 可以调节芽孢杆菌 *trp* 操纵子基因的表达,同时 TRAP 又受到 $tRNA^{Trp}$ 的调控。在 2001 年 C. Yanofsky 和 A. Valbuzzi 在枯草杆菌中首先发现了一种抗 TRAP 蛋白质(anti-TRAP,AT)。当空载 $tRNA^{Trp}$ 结合在编码 AT 蛋白质的 mRNA 上时,可抑制 mRNA 中终止发夹的形成,而合成 AT 蛋白质。AT 蛋白质可与 TRAP 结合,使其失去活性,从而阻止 TRAP 结合 RNA,结果,mRNA 分子不形成强终止子结构,转录因而得以完成,从而合成制造色氨酸所需的蛋白质,结果不抑制 *trp* 操纵子基因的表达(图 5.28)。

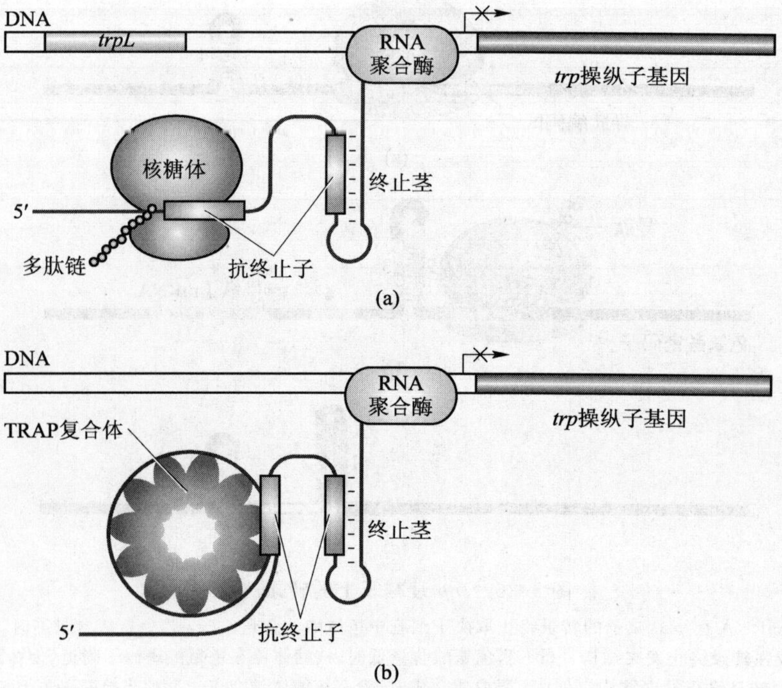

图 5.27 两种衰减机制的比较

(a) 大肠杆菌中的衰减调控 (b) 芽孢杆菌中蛋白质介导的衰减调控(引自 M. Mandal 和 R. R. Breaker，2004)

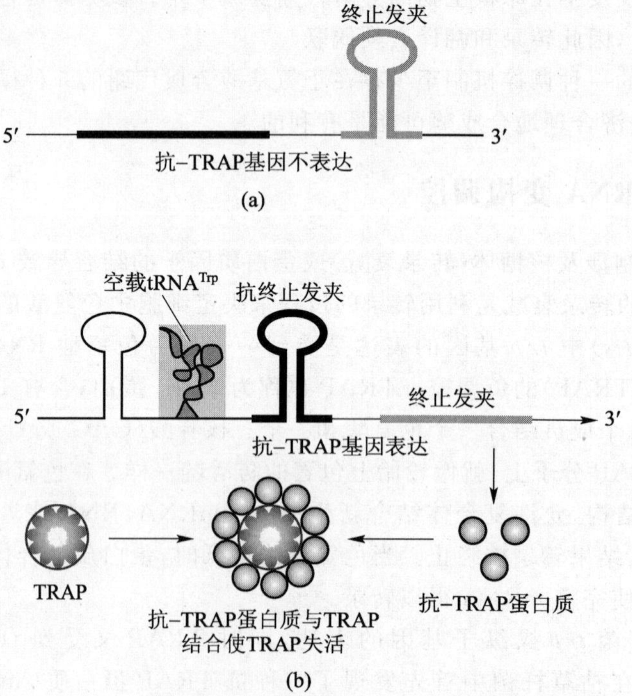

图 5.28 空载 $tRNA^{Trp}$ 对抗-TRAP 蛋白质合成的调控

(a) 色氨酸存在时，无空载 $tRNA^{Trp}$，抗-TRAP 基因的 mRNA 的前部形成终止发夹，使基因不表达

(b) 当缺乏色氨酸时，存在空载 $tRNA^{Trp}$，它和抗-TRAP 基因的 mRNA 结合形成抗终止发夹，基因表达，合成抗-TRAP 蛋白，并与 TRAP 蛋白质结合，使其失去活性

综上所述，枯草芽孢杆菌 *trp* 操纵子基因的表达同时受到色氨酸和 $tRNA^{Trp}$ 的调控。当色氨酸存在时，不需要继续合成，便通过色氨酸活化 TRAP，抑制 *trp* 操纵子基因的表达。当缺乏色氨酸时，存在空载 $tRNA^{Trp}$，

它可活化抗-TRAP 蛋白质，使 TRAP 失活，*trp* 操纵子基因又得到表达。

三、核开关

核开关(riboswitches)是 1999 年 R. Breaker 发现的一类通过结合小分子物质调控基因转录的 mRNA 元件。它位于特定的 mRNA 区域，可以不依赖任何蛋白质因子而直接结合小分子代谢物(配体)，继而发生构象重排，影响该 mRNA 的活动。核开关在特定细菌中参与调控包括维生素 B_{12} 和甲硫氨酸生物合成等在内的代谢途径。核开关的发现，尤其是它可以特异性紧密结合特定配体，精确调控生物基本代谢途径的特征，使人们开始关注它在基础理论研究和医学应用中的潜力。在真核生物中也存在核开关的调节方式。

(一) 代谢产物介导的转录调控

辫苷(queuosine)是 RNA 中发现的一种修饰核苷，负责合成辫苷的基因在其前导区存在一个核开关，它由**“适体”**(aptamer)和一个可变构象的茎环区组成。适体是能与有机化合物或蛋白质等配体特异而高效结合的 RNA 或 DNA 片段，其作用是调节辫苷合成基因的表达。这个 RNA 元件称为结合**前辫苷$_1$**(pre-queuosine$_1$，preQ$_1$)的核开关。芽孢杆菌中，结合核糖体开关的 preQ$_1$ 可诱导前导序列中提前终止这些基因下游区的表达。当辫苷缺乏时，合成辫苷的基因开始转录，聚合酶可在 U 丰富区暂停，形成一个**抗终止子**(antiterminator，AT)茎环结构，然后聚合酶可继续转录，直达终止位点。当辫苷存在时，辫苷和适体上的特定位点结合，形成**终止子**(terminator，T)结构(图 5.29)，使转录终止。

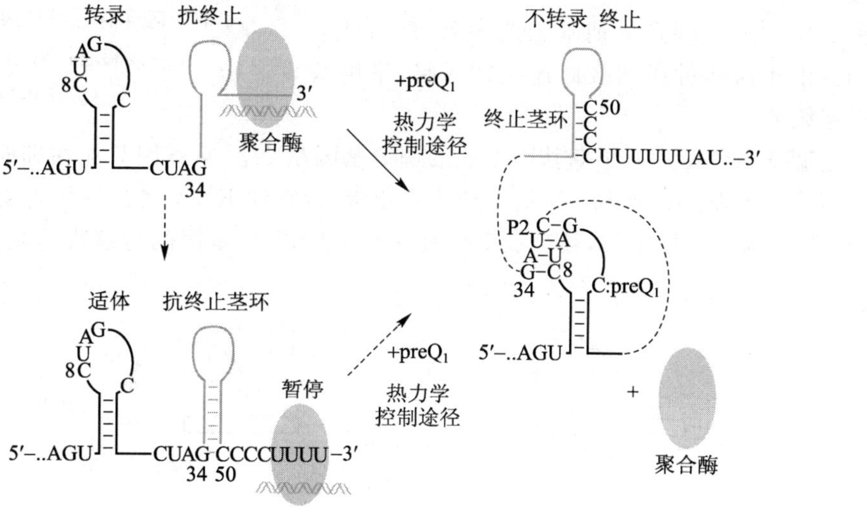

图 5.29　辫苷合成基因的前导区存在一个由“适体”和变构茎环区组成的核开关

当辫苷缺乏时，合成辫苷的基因开始转录，聚合酶可在 U 丰富区暂停，形成一个抗终止茎环结构；当细胞中辫苷的浓度达到一定水平时，preQ$_1$ 可和适体环结合，形成终止子结构，终止转录(引自 U. Rieder 等，2010)

(二) 核酶介导的转录调控

2004 年，R. R. Breaker 实验室又发现了一种特殊的核开关，它存在于枯草杆菌(*B. subtilis*)等至少 17 种革兰氏阳性菌中。*glmS* 基因 mRNA 的 5′UTR(5′untranslated region，非翻译区)是一种核酶，具有切割活性，其活性受到代谢产物葡糖胺-6-磷酸(glucosamine-6-phosphate，GlcN6P)的调节。

glmS 基因编码谷氨酰胺-果糖磷酸转氨酶，可利用果糖-6-磷酸(fructose-6-phosphate，Fru6P)和谷氨酰胺合成 GlcN6P，参与糖代谢和细胞壁的生物合成。

glmS mRNA 的编码区的前面含有 246 nt 的 5′非翻译区(5′UTR)。5′UTR 中存在一个保守序列，可形成

茎环结构，并具有催化自我剪切的活性，表明它是一种 RNA 核酶。研究发现，GlcN6P 可以特异性结合在 246 nt 的区域，并使之发生构象改变。在一定范围内，核酶活性随 GlcN6P 浓度的升高而增强，两者成线性相关。核酶活性依赖 Mg^{2+} 和 pH，生理条件下的 Mg^{2+} 和 pH 使之折叠成有催化活性的结构。*glmS* 核酶的功能是当 GlcN6P 浓度上升时活性增高，切断前导 mRNA，减少 *glmS* 基因的表达（图 5.30）。

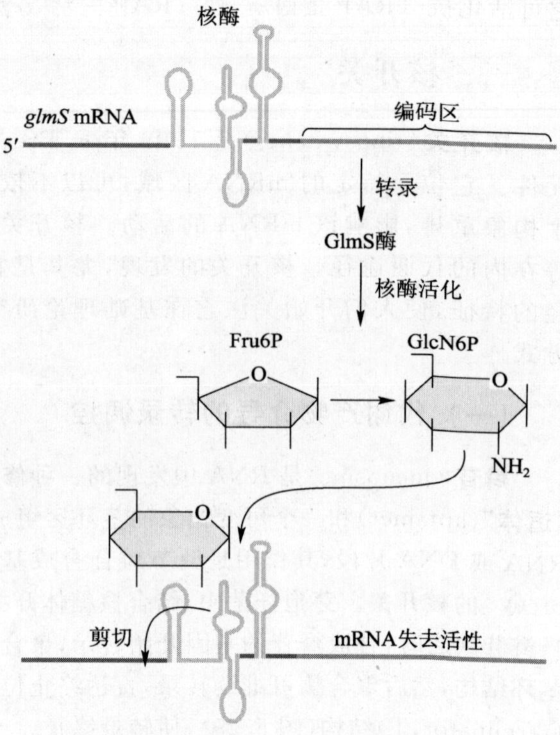

图 5.30 合成葡糖胺-6-磷酸的酶其 mRNA 的 5′非翻译区含有一段核酶，它被代谢产物所激活。核酶通过剪切使 mRNA 失活

（引自 B. Lewin，2008）

四、抗终止作用

抗终止是细菌操纵子和噬菌体裂解途径中时序调节的一种调控机制。图 5.31 表示抗终止作用控制聚合酶穿过终止子并通读后续基因的能力。

λ 噬菌体从早期基因表达转换到下一期基因表达采用了一个完全不同的控制机制——**抗终止作用**（antitermination）。早期基因是与下一期的基因相连接的，但两者之间有一个终止子位点。若终止作用在这个位点被消除的话，那么 RNA 聚合酶就可以通读的方式而进入另一基因。这样在抗终止作用中，相同的启动子可以继续被 RNA 聚合酶所识别。因此新的基因是通过 RNA 的延续，形成一个长的 RNA 链而得到表达的。在这种 RNA 中，5′端是早期基因的序列，3′端是下一期基因的序列。由于这两种序列彼此连接在一起，早期基因的表达必然是连续的。

控制从即时早期基因转变为迟早期基因表达的调节基因是 *N*。*N* 基因只能在即时早期转录，它的作用是维持早期基因的转录。*N* 基因的产物 pN 是一种抗终止蛋白，它使 RNA 聚合酶可通读 t_{L1} 和 t_{R1} 而进入两侧的迟早期区。由于 pN 是高度不稳定的，其半衰期仅有 5 min，所以 *N* 基因的持续表达是维持迟早期基因的转录所需要的。

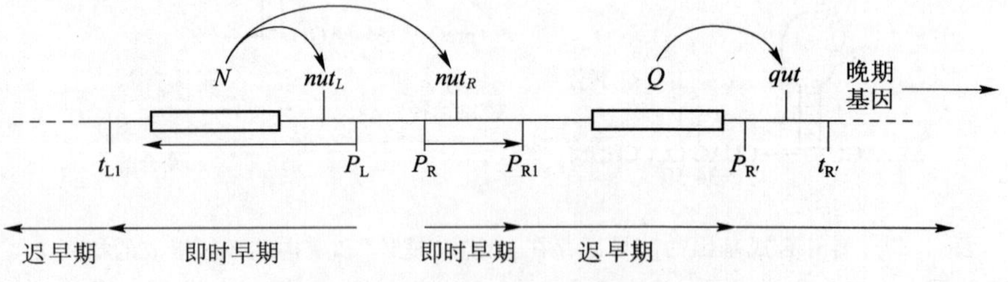

图 5.31 λ 噬菌体早期生长的抗终止调节

Q 基因的产物 pQ 是另一种抗终止蛋白，它可以特异地使 RNA 聚合酶起始晚期启动子 P_{R}，通读它和晚期基因之间的终止子，通过抗终止蛋白的不同特异性可以构成基因表达的级联调节。

pN 抗终止的活性是高度特异的，但抗终止这个事件本身并不取决于终止子 t_{L1} 和 t_{R1}；pN 作用的识别位点叫做 ***nut***（N-utilization），负责左向和右向抗终止位点分别是 nut_{L} 和 nut_{R}。通过 *nut* 突变作图发现 nut_{L} 位于 P_{L} 的起始点和 N 编码区的起始点之间；nut_{R} 位于 *cro* 基因末端和 t_{L1} 之间，这意味着两个 *nut* 位点离它们转录单位的相对距离是不同的。nut_{L} 离启动子比较近，nut_{R} 离其终止子比较近（图 5.31）。pN 识别 *nut* 位点时并与之结合，当聚合酶途经此处时，pN 和聚合酶相互作用，可使聚合酶变成“穿壁的幽灵”，对终止信号毫不理睬而持续穿过。这个反应涉及在依赖 ρ 因子的终止子上产生抗终止作用，但 pN 也能作用于**内部终止子**（intrinsic terminators)。

λ的 *nut* 位点含有两个序列元件，称为 *A* 盒(*boxA*)和 *B* 盒(*boxB*)(图 5.32)。*A* 盒在噬菌体和细菌的操纵子中对于抗终止是必需的。大肠杆菌的 *rrn*(rRNA)操纵子中也有存在和 *nus* 相同功能的元件。*rrn* 操纵中的前导区含有 *A* 盒序列。NusB-S10 二聚体能识别这些序列，当 RNA 聚合酶在通过 *A* 盒时二聚体与其结合，从而改变了聚合酶的特性，使其能通读转录单位中的 ρ 依赖型终止子。

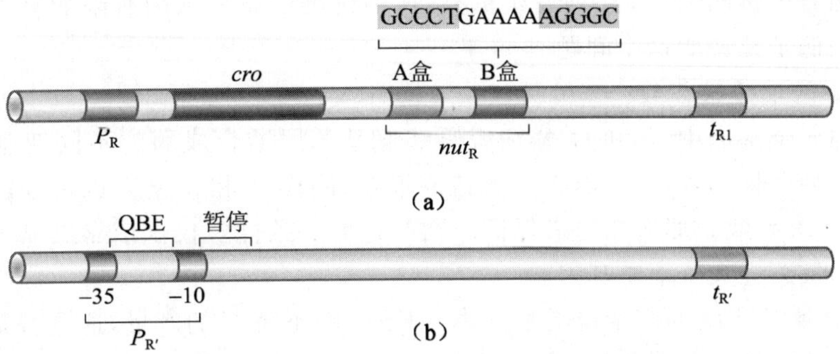

图 5.32 抗终止蛋白 N 和 Q 的识别位点和激活位点

(a) 早期的右向启动子 P_R 及其第一个终止子，t_{R1} *nut* 位点分为 A 盒(7 bp)和 B 盒两个区域，被 8 bp 的间隔区分开，B 盒的序列呈对称序列并在转录后形成茎环结构 (b) 启动子 $P_{R'}$，其序列为 pQ 功能所必需，此外还有 pQ 作用的终止子(引自 Waston 等，2005)

B 盒只存在于噬菌体基因组中。*B* 盒的序列发生突变就会消除 pN 产生的抗终止能力。和 pN 相互作用的蛋白质因子通过分离 *E. coli* 突变体而被鉴别出来。这些细菌的突变株不能被λ噬菌体成功感染，因λ噬菌体感染后仅限于早期基因的表达。这一系列的突变位点都位于 *rpoB* 基因中，表明 pN 就像 ρ 因子一样，是和核心酶的 β 亚基相作用的。

通过研究另一种阻止 pN 功能的 *E. coli* 突变体而鉴别出 Nus 因子：NusA、NusB、NusE 和 NusG。这些蛋白质形成了转录装置的一部分，却不能从 RNA 聚合酶中分离出来。NusA、NusB 和 NusG 的功能是和转录终止相关。NusE 是核糖体蛋白 S10，它在 30S 小亚基中的位置与在终止中的功能并无明显的关系。pN 与 RNA 聚合酶及 NusA、NusG、NusB 和核糖体蛋白 S10(NusE)形成紧密的复合物。它们可能通过控制延伸的动力学性质，如作为停顿抑制因子直接作用，也可能直接特异性地与终止装置作用，改变模板的结构。

当核心酶通过 *B* 盒位点时，pN 并不单独地与 DNA 或 *B* 盒结合，而是结合于转录复合体。pN 具有分开的结构域，可识别 *B* 盒 RNA 序列和 NusA 蛋白，在和转录复合体结合后，pN 仍保持和核心酶结合，实际上成为了一个附加的亚基，起到改变对终止子识别的作用。其实，有可能 pN 仍继续与 *B* 盒 RNA 序列和 RNA 聚合酶两者结合，维持 RNA 的环状结构；这样，*B* 盒 RNA 的作用可部分地将 pN 集聚在该区域内，从而有效地增加其局部浓度。

pQ 是噬菌体在感染晚期的抗终止蛋白。***qut***(Q-utilization)序列是 pQ 作用所需要的，它位于晚期转录单位的起始处。*qut* 的上游部分位于启动子中。下游部分位于转录区的起始处，这意味着 pQ 的作用涉及 DNA 的识别。

pQ 的基本作用是干扰停顿，一旦 pQ 作用在 RNA 聚合酶上，这个酶就明显地在所有位点减少停顿，包括在 ρ 依赖性终止位点和内部终止位点。所以 pQ 并不直接地作用于终止子本身，但它可以使酶急速地通过终止子。这样就消除了核心酶或附加因子产生终止的机会。

第七节 翻译的调控

翻译过程的几个主要的步骤——起始、延伸和终止都存在不同方式的调控，以达到某种产物的平衡，既满足细胞的需要，又不造成浪费。

一、翻译起始的调控

(一) 框重叠与翻译调控

框重叠(frame overlappihg)是指两个编码不同的基因利用同一段 DNA 序列的现象。在原核生物常常出现操纵子中相邻的基因有少量的 DNA 序列发生重叠,这不仅可以充分利用有限的碱基,而且有时可以起到调控的作用。下面举两个例子来说明这个问题。

1. 色氨酸操纵子中的重叠核苷酸

色氨酸操纵子中的 5 个基因中,*E* 和 *D* 分别编码邻氨基苯甲酸合成酶的不同亚基,组成四聚体。*E* 和 *D* 产物的量一定要保持一种严格的当量关系,否则就造成浪费;同样 *A* 和 *B* 基因也是分别编码色氨酸合成酶的 α 亚基和 β 亚基,产量也要求一致。那么如何来保证产物产量的一致性?仅仅依靠操纵子的调节还是不够的,因为往往上游基因表达的量总会大于下游基因。

人们发现当 *E* 发生突变时 *D* 的产量也随着下降,但不影响下游 *C* 的产量,这是否是极性效应所导致的呢?回答是否定的。因为在这种情况下即使是 ρ 因子也发生突变,*D* 的产量仍不能恢复。在上游基因发生无义突变时,有义密码子突变成了终止密码子,细胞中无对应的氨酰-tRNA,因此核糖体在此解离,紧跟其后的 ρ 因子可以沿着 mRNA 追上 RNA 聚合酶,从 DNA 上解离下停止了转录,因此上游基因的突变就会影响到下游基因的产量。若 ρ 因子的基因也发生突变就不会使 RNA 转录半途中止。但 ρ 因子发生突变,*D* 产量不能恢复,说明 *D* 产量的下降不是极性突变导致。那么影响到 *D* 产量的机制是什么呢?原来在 *E* 和 *D* 两个基因之间存在着翻译偶联效应。*trpE* 的终止密码子和 *trpD* 的起始密码子相互重叠。

…*trpE*-Thr-Phe-终止　　　　…*trpB*-Glu-Ile-终止

ACU UUC UGAUG GCU　　　　GAA AUC UGAUG GAA

Met-Ala-*trpD*…　　　　Met-Glu-*trpA*…

当 *trpE* 翻译终止时,核糖体尚未来得及解离,就已处于 *trpD* 的起始密码子上,使翻译偶联起来,这两个基因彼此协调,而与下游邻近的 *C* 基因就不存在这种翻译偶联的关系。*C* 基因是独自编码吲哚甘油磷酸合成酶,也无需和 *trpE*、*D* 基因保持严格的一致性。

trpB 和 *trpA* 也同样以这种偶联的关系来协调一致。

2. 半乳糖操纵子中的重叠核苷酸

E. coli 的 *gal* 操纵子中的 *E*、*T*、*K* 3 个基因中,*T* 与 *K* 以另一种形式的重叠来达到协调一致:

…*GalT*-Gly-Val-终止

GGA G TG TAA GAA ATG AGT

S-D------------------------ Met-Glu-*Gal* ***K***…

galT 基因的终止密码子位于 *galK* 基因的 S-D 序列与起始密码子之间,当 *galT* 翻译终止时,核糖体仍牢固地结合在 mRNA 上,继续翻译,使 *galT* 和 *galK* 的翻译保持一致。而在上游的 *galE* 基因却不和 *galT* 基因偶联,这是由于 UDP-Gal 既是碳源又是细胞壁的重要构筑材料,在无外源半乳糖时,可通过 *galE* 的产物(异构酶)的催化将自己的 UDP-Glu 转变为 UDP-Gal,因此 *GalE* 需要独立行动,所以无须和操纵子中另外两个基因偶联调节。

3. β-内酰胺酶操纵子中的重叠核苷酸

大肠杆菌的抗氨苄青霉素 C 的 β-内酰胺酶基因(*ampC*)操纵子与其他细菌的 *ampC* 操纵子结构不同,缺少调控基因 *ampR*,AmpC 酶的合成不是诱导型而是组成型。大肠杆菌 *ampC* 的启动子与延胡索酸还原酶(*frdABCD*)操纵子中的 *frdD* 基因有 10 个密码子重叠(图 5.33)。*frdABCD* 操纵子的转录终止子具有发夹结构，是 *ampC* 基因的衰减子，在这种衰减调控作用下，*ampC* 基因呈低水平表达。大肠杆菌 K12 菌株中的 *frd* 和 *ampC* 操纵子重叠，但在 C 菌株中没有重叠，相距约 1.1 kb。

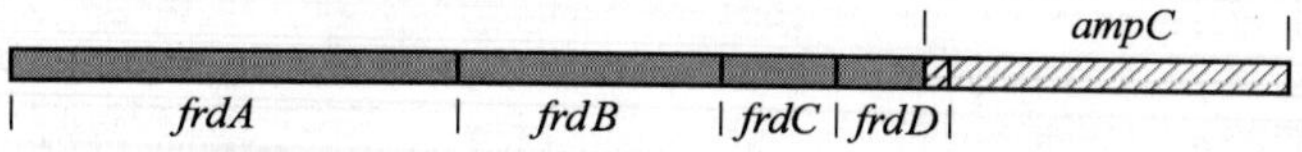

图 5.33　*E. coli* 中延胡索酸还原酶基因（*frdD*）与氨苄青霉素 C（*ampC*）基因的重叠

（二）γ-蛋白的自主调控

翻译起始的调节存在一种和转录调控类似的形式；无论编码区的起始位点是否对核糖体有利，调节分子直接或间接地决定翻译起始。这种调节分子可能是蛋白质，也可能是 RNA。

有一种蛋白质可以结合到 mRNA 的靶区域上阻止核糖体识别以达到阻遏的功能。图 5.34 表明这种机制的共同类型。在这种调控机制中，调节蛋白可以直接结合到含有 AUG 的起始密码子的序列上，阻断核糖体的结合。结合于 rRNA 的 γ-蛋白所建立的自主调控表明存在一种 γ-蛋白合成与 rRNA 合成连接的机制。图 5.34 表示 γ-蛋白操纵子转录的自主调控模型。假设 γ-蛋白与 rRNA 上的结合位点结合能力比在其 mRNA 上的强。只要有任何游离的可用 rRNA 存在，新合成的 γ-蛋白将与之缔合，装配成核糖体，mRNA 翻译将继续进行。一旦 rRNA 合成降低或停止，无 rRNA 可用时，游离的 γ-蛋白就开始积聚。然后它们有效地结合到自身的 mRMA 上，阻遏进一步的翻译。这种循环保证了每个 γ-蛋白操纵子以相同的方式对 rRNA 的水平作出应答：一旦 γ-蛋白相对过剩，蛋白质的合成就会停止。

自主调控在噬菌体中是一种常见的调控方式（表 5.5）。T4 噬菌体 *32* 基因的产物 p32 蛋白就是一个典型的例子。p32 蛋白在遗传重组、DNA 配对和复制中起举足轻重的作用，它的功能是凭借其结合单链 DNA 的能力来实现的。

表 5.5　结合 mRNA 起始区的蛋白质可以阻遏翻译

阻遏物	靶基因	作用位点包含
R17 外壳蛋白	R17 复制酶	包含核糖体结合位点的发夹回
T4 RegA	T4 早期 mRNAs	含有起始密码子的各种序列
T4 DNA 聚合酶	T4 DNA 聚合酶	S-D 序列
T4 p32	*32* 基因	单链 5′前导序列

图 5.35 表示 *32* 基因的调控模型，当在噬菌体感染的细胞中存在单链 DNA 时，它容纳了 p32 蛋白。但在缺乏单链 DNA 或者至少有过剩 p32 蛋白存在时，p32 蛋白就阻止其本身的 mRNA 的翻译。据推测，此作用是由 p32 蛋白直接结合在 mRNA 上阻断翻译的起始，结合位点有可能就在核糖体结合位点所在的 A-T 丰富区。

T4 噬菌体由 *regA* 基因编码的调节蛋白阻遏感染早期转录的各种基因的表达，这提供了一个普遍性的翻译调节的例子（表 5.5）。RegA 蛋白是通过与 30S 小亚基在 mRNA 起始位点上的竞争来阻断这些基因 mRNA 的翻译，其作用是直接地与一种阻遏蛋白的功能互相补充，而这种阻遏蛋白是可以与多种操纵子相结合的。

在真核细胞中也存在类似的自主调控。例如，装配大分子的亚基进行自我调节的微管蛋白。微管蛋白是形成微管的单体，其 mRNA 的产生受到游离的微管蛋白库的控制。当这个库达到一定浓度时，微管蛋白 mRNA 的进一步合成就受到阻碍。调节的靶位点是在编码区开始处的一个较短的序列，微管蛋白可能直接结合于 mRNA 上，或结合于新生肽存在的区域。无论哪一种模型都表明过量的微管蛋白可导致翻译受阻，这个反应的结果使微管蛋白的 mRNA 不稳定。

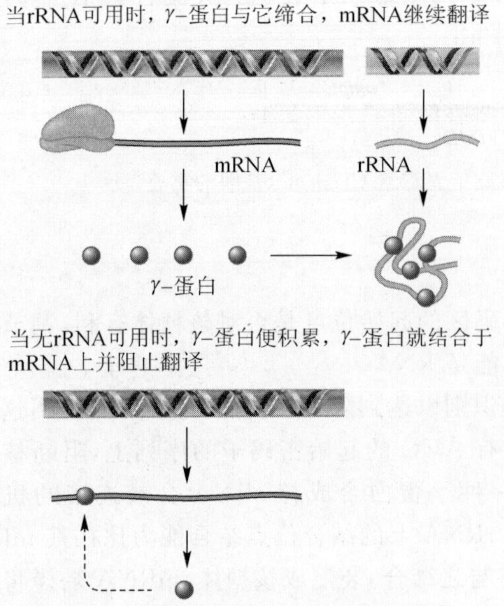

图 5.34 γ-蛋白操纵子的翻译是自主调节的，以应答 rRNA 的水平

（引自 B. Lewin，2008）

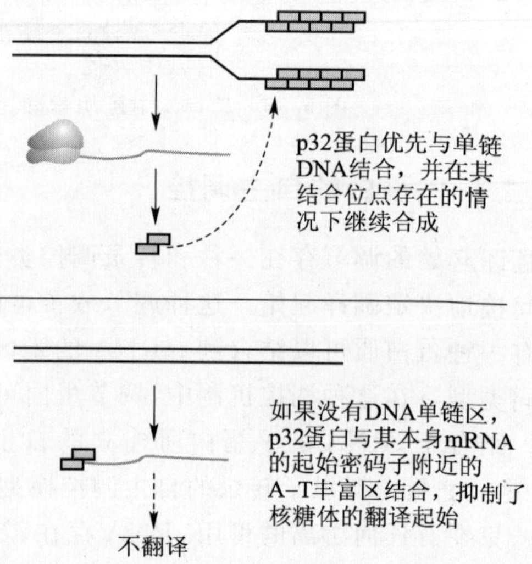

图 5.35 过量的 p32 蛋白与自身的 mRNA5′端翻译起始区结合，从而阻断了翻译的起始

（三）核糖体分子开关

核糖体分子开关（molecular switches on the ribosome）是指核糖体通过其构象的改变来调节翻译的开启和关闭的现象。核糖体是细胞内合成蛋白质的场所，也是天然抗生素的主要靶标。德国的 J. M. Harms（2008年）等发现，含硫多肽类抗生素的**硫链丝菌肽**（thiostrepton，Thio）和**微球菌素**（micrococcin，Micro）通过 L11 这一分子开关控制核糖体的翻译过程。

含硫多肽类抗生素的硫链丝菌肽能够作用于核糖体的 GTP 酶相关位点，同时结合核糖体中的 L11 蛋白和 rRNA。以往研究表明，Thio 和 Micro 通过该途径影响细菌的延伸因子 EF-G 的活性，但两者作用相反，Micro 可激活核糖体 GTP 酶活性，而 Thio 则抑制 GTP 酶活性。Harms 等采用 X 射线衍射技术，确定了 Thio、诺雪七肽（nosiheptide，Nosi）和 Micro 与耐辐射菌（*Deinococcus radiodurans*）的核糖体大亚基的结合位点及作用方式。核糖体蛋白 L11 和 23S rRNA 结合，使其螺旋结构形成裂隙。L11 的构象会发生变化，这种变化加宽裂隙，从而使延伸因子 EF-G 得以插入，促使 GTP 水解，为肽链合成过程中的移位反应提供能量。Thio 能够与 L11 和 23S rRNA 结合，阻止 L11 的构象改变，阻止了裂隙的形成，从而抑制了 EF-G 的作用。与此相反，Micro 与 L11 的结合能够促进其构象发生改变，使其与核糖体蛋白 L7 结合，介导 L7 与 EF-G 发生相互作用，促进 GTP 水解后焦磷酸的释放。由此可见，L11 通过构象变化控制核糖体中蛋白质合成过程。L11 结构相当保守，而且存在于所有生物体内，因此这种分子开关的作用可能广泛存在。

（四）二级结构和翻译的调控

衰减作用是原核生物利用 RNA 的二级结构来调控转录。利用相似的机制还可以对翻译进行调控，较典型的例子就是红色糖多孢菌（*Saccharopolyspora erythraea*）编码甲基化酶的抗红霉素基因（*ermE*），利用 mRNA 二级结构的改变来调控表达，以对环境中是否存在红霉素作出反应（图 5.36）。抗红霉素基因 mRNA 的前导序列中有 4 段 RNA 序列，就像衰减子一样，可以相互配对形成二级结构。当无红霉素存在时，核糖体顺利地翻译了前导肽，并从 mRNA 上释放下来，使得 1-2，3-4 相互配对，形成了二级结构。而其编码甲基化酶区域的 S-D 序列正好处在 3-4 区之间，位于二级结构中，无法在翻译起始中发挥作用，因此甲基化酶不能产生，此时的 mRNA 呈现的是关闭构象。当红霉素存在时，它能与核糖体大亚基的 23S rRNA 结合，抑制了前导肽的翻译，因此核糖体停留在 mRNA 的 1 区，使 2-3 得以相互配对形成发夹结构，这样甲基化酶的 S-D 序列就裸露出来可以和第二个核糖体结合，翻译出甲基化酶，使 23S rRNA 上的腺苷酸甲基化，结果红霉素就无法与其结合，从而达到抗红霉素的作用。

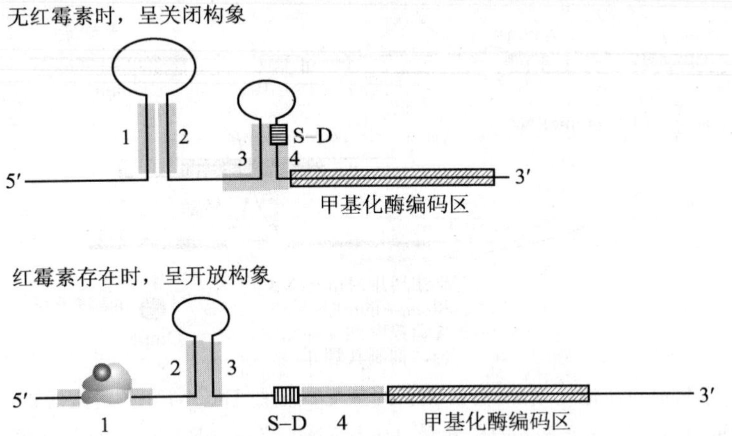

图 5.36　编码甲基化酶的抗红霉素基因的表达受到前导肽和 mRNA 二级结构的调控

（五）小 RNA 分子调节翻译

20 世纪 80 年代发现了反义 RNA，分子遗传学经过了 20 多年的发展陆续地发现很多种类的小分子 RNA 具有反式调节的作用，其分子机制可分为 3 种类型。

1. 形成双链区，阻止翻译的起始

小分子 RNA 和靶 mRNA 的 5′端结合，形成双链区，阻止了翻译的起始因子及核糖体小亚基与成熟 mRNA 结合，从而抑制了翻译。例如，1984 年 T. Mizuno 和 M. Inouye 在研究 *E. coli* 外膜蛋白时发现了**干扰 mRNA 的互补 RNA**（mRNA-interfering-complementary mRNA，micRNA）。在 *E. coli* 中有两种外膜蛋白 OmpC 和 OmpF，当渗透压增高时 OmpC 的产量增加，在渗透压减低时 OmpC 产量受到控制；与此相反，另一种膜蛋白 OmpF 在高渗透压条件下产量受控，而在低渗透压时其产量增加（图 5.37）。它们如何对渗透压的改变作出应答？*ompC* 和 *ompF* 两个基因编码了 OmpC 和 OmpF 两种外膜蛋白，这两个基因并不连锁，但却受到培养基渗透压的控制。它们的表达和渗透压改变有关。*EnvZ* 基因编码一种作为渗透压感受器的受体蛋白。当渗透压增加时，EnvZ 激活 *ompR* 的产物（一种正调节蛋白）。它可以激活 *ompF* 和调节蛋白 *micF* 两个基因转录，这两个基因相互连锁，但反向转录，调控区位于两个基因之间。*micF* 的产物是一条长 174 nt 的 RNA，称为 micRNA，一般称为**反义 RNA**（antisense RNA）。*micF* RNA 可以和 *ompF* mRNA 上包含核糖体结合位点的翻译起始区互补结合，形成双链区。*micF* RNA 通过和 *ompF* mRNA 的结合来作为一种调节物并阻止其翻译。当渗透压增加时会导致 micRNA 的合成，而关闭了 *ompF* mRNA 的翻译。同样的机制在真核生物中也存在。最经典的例子是秀丽隐杆线虫（*C. elegans*）中的微小 RNA *lin4* 和其靶基因 *lin14* 的 mRNA 形成双链区，抑制 *lin14* 基因的表达（第七章）。

2. 为核酸酶提供靶点

小分子 RNA 与靶 mRNA 结合形成双链区，此双链区为核酸酶提供了靶点（图 5.38）。从而破坏了靶 mRNA，使翻译失去了模板。在大肠杆菌中的例子是小反义调节因子 RyhB。RyhB 在大肠杆菌中调节 6 个编码与铁离子存储和利用相关蛋白的 mRNA。RyhB 可与靶 mRNA 进行碱基配对，形成双链区，为 RNAaseE 提供了作用底物，使靶 mRNA 被降解。在真核生物中 siRNA 所产生的转录后沉默就属于这种类型（第六章）。

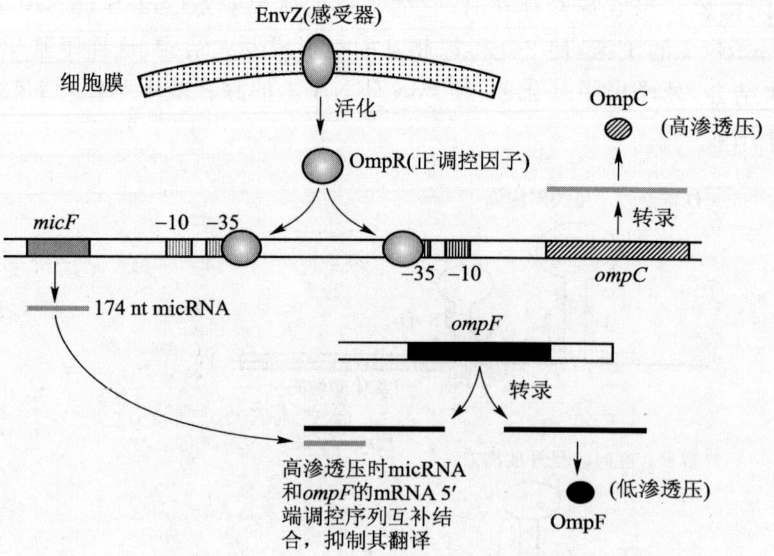

图 5.37 质量摩尔渗透压浓度增加，激活膜上的感受器蛋白 EnvZ，EnvZ 再激活正调控蛋白 OmpR，随之 OmpR 诱导 *micF* 和 *ompC* 转录，*micF* RNA 与 *ompF* RNA5′互补并阻止其翻译

3. 改变 mRNA 的二级结构

小分子 RNA 和靶 mRNA 结合，使其二级结构发生了改变，而失去了作为翻译模板的功能(图 5.39)。例如，细菌的调节因子 RNA 比较短，称为小 RNA(small RNAs 或 sRNA)[注意和核内小分子 RNA(snRNA)概念不同]。大肠杆菌至少含有 17 种不同的 sRNA，有一些 sRNA 是普遍的调节因子，可以影响许多靶基因。

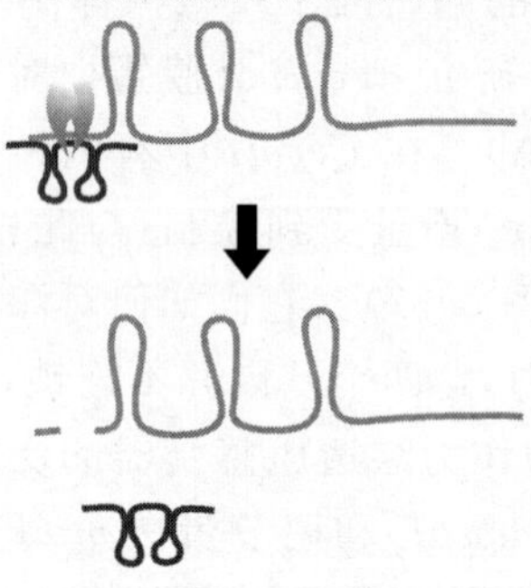

图 5.38 小分子 RNA 与靶 mRNA 形成双链区，产生了核酸酶作用靶点
(引自 B. Lewin，2004)

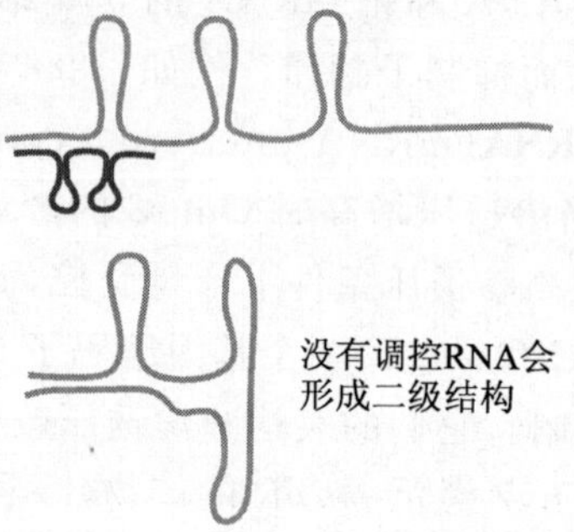

图 5.39 通过靶 mRNA 两个区域之间的配对形成二级结构
小分子 RNA 与靶 mRNA 的配对会阻止形成这种二级结构，在整个例子中靶 mRNA3′和 5′端配对的能力被小分子 RNA 破坏了(引自 B. Lewin，2004)

sRNA 对翻译的调节可以是负调控，也可以是正调控。细菌的氧化应激反应就是 sRNA 负调控的生动例子。细菌中 sRNA 可减轻氧化的强度。当细菌暴露于活性氧组分时，细菌会通过诱导抗氧化剂预防基因作出应答。过氧化氢会激活转录激活物 OxyR，OxyR 又可调控 *oxyS* 等几个基因。*oxyS* 不编码蛋白质，而编码一个调节 RNA 称为 OxyS，长 109 个核苷酸，可被过氧化氢高度诱导。OxyS 可与一系列 mRNA 结合和靶 RNA 互补配对。例如，OxyS 有两个分开的区域可和 *flhA* mRNA 结合(*flhA* 基因编码一种转录激活蛋白)，此互补区非常短，仅 7 个 nt，互补区之一在起始密码子 AUG 附近的 S-D 序列，而另一个却在上游超过 40 nt 处。OxyS 与 *flhA* mRNA 之间的碱基配对隐藏了核糖体结合位点(RBS)，从而阻止了 *flhA* mRNA 的翻译(图 5.40a，上)。

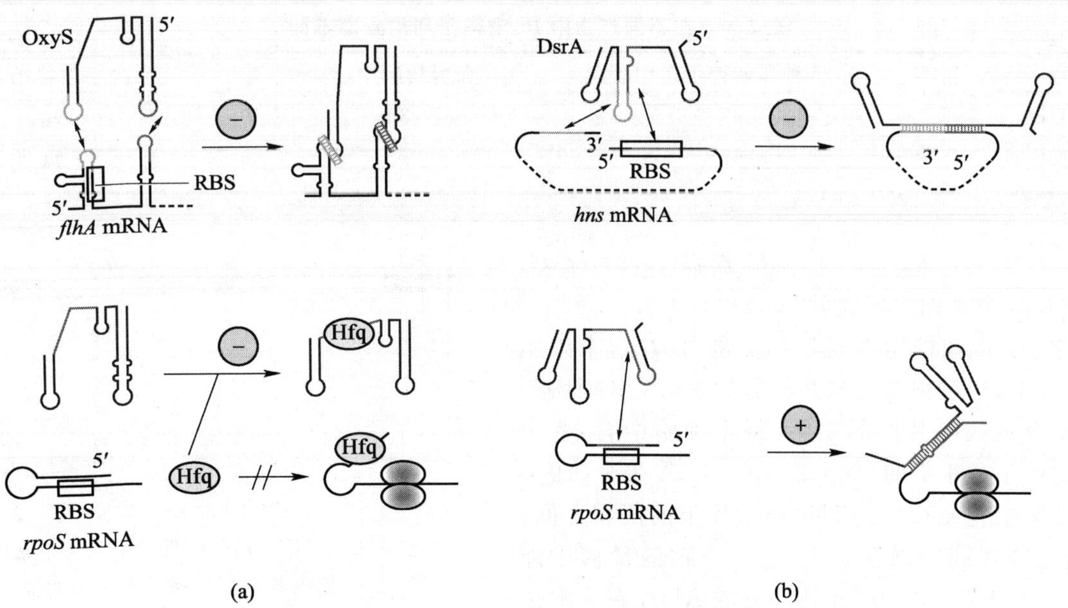

图 5.40 通过调节 RNA 调节靶 mRNA 的翻译

(a) OxyS mRNA 的负调控 (b) DsrA rmRNA 的负调控和正调控(引自 S. Altuvia 等,2000)

小分子调节 RNA 也能活化翻译。例如,大肠杆菌的 DsrA 调节 RpoS mRNA(图 5.40b)。DsrA 是一个 87 bp 的非编码 RNA(non-coding RNA,ncRNA),它可以同时抑制组蛋白样蛋白(H-NS)和促进 RpoS 蛋白质的翻译,进而提高被 H-NS 所抑制和被 RpoS 所激活的基因的表达。*rpoS* 基因编码 RNA 聚合酶中的 σ 因子。*rpoS* mRNA 的 5′端由于自我互补形成发夹结构而隐藏了核糖体结合位点(RBS)和翻译的起始密码子 AUG。DsrA 的 5′端序列可以和 *rpoS* 的 5′UTR 互补结合,从而抑制了 *rpoS* 二级结构的形成,使 *rpoS* 的 RBS 暴露出,促进翻译的进行。DsrA 通过类似的 RNA 间的互作机制来抑制组蛋白样拟核结构蛋白 RNA(histone-like nucleid structuring protein. RNA,*hns* RNA)的翻译。不同的是,这一互补结合发生在 *hns* mRNA 翻译区的 5′端和 3′端。

宿主因子 Q(host factor required for phage Qβ RNA replication,Hfq)是一种 RNA 分子伴侣蛋白,参与许多由 RNA 介导的功能调控。Hfq 通过形成六聚体环可与 OxyS 中富含 A、U 碱基的序列结合,也可与 *rpoS* mRNA 的 RBS 区结合,促进翻译。OxyS RNA 通过和 Hfq 结合,从而竞争性抑制 *rpoS* mRNA 的翻译(图 5.40a,下)。

在大肠杆菌中已发现了近 70 种的 sRNA 分子,细菌中的 sRNA 绝大多数都是通过与靶 mRNA 配对来影响 mRNA 的稳定性或翻译,从而对基因的表达进行调节。

二、稀有密码子调控翻译的延伸

在原核生物中,有时同一个操纵子中的基因其功能并不相关,那么它们的产量就不可能要求一致,但又同在一个操纵子中,如何来进行调节呢?除自我调控外还可以利用别的途径,如利用稀有密码子进行调控就是有效的方法之一。

所谓的稀有密码子是在一般的编码中利用频率很低的密码子。例如,在 25 种非调控蛋白中 Ile 的几种密码子的利用频率如表 5.6 所示,其中 AUA 利用频率仅有 1%,它就是一种稀有密码子。这就意味着在一般情况下,细菌中相应于 AUA 的 tRNA 比较少。

表 5.6 在不同产物中 Ile 密码子利用频率不同

密码子	在 25 种非调控蛋白中/%	在引物酶中/%	在 σ 因子中/%
AUU	37	36	26
AUC	62	32	74
AUA	1	32	0

现在再来看一下 *E. coli* 的 *rpsU* 操纵子，由 *rpsU*、*dnaG* 和 *rpoD* 3 个基因组成簇（图 5.41）。

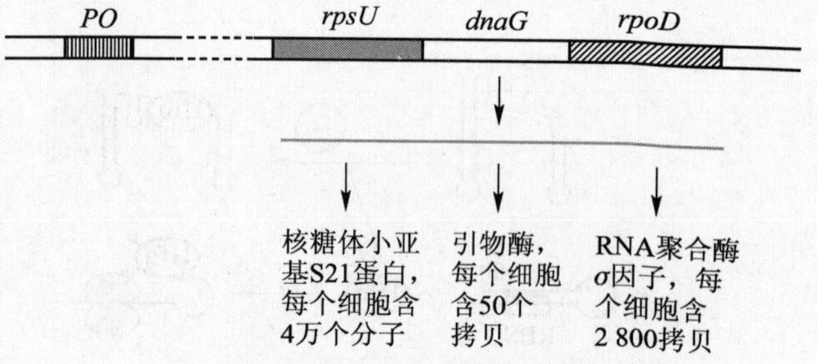

图 5.41 *rpsU* 操纵子中的 3 个基因编码的产物其拷贝数差异明显

rpsU 指令合成核糖体小亚基 S21 蛋白，在每个细胞中有 4 万个分子，产量很高。与其相邻的 *dnaG* 基因编码引物酶，催化合成冈崎片段的引物，每个细胞中含 50 个拷贝，相对的产量是很低的。*rpoD* 编码 RNA 聚合酶的 σ 亚基，每个细胞中有 2 800 个拷贝，产量界于前两者之间。这 3 个基因连锁在同一操纵子上，它们产物的量何以能差异如此之大？表 5.6 中表明编码 Ile 的 AUA 在一般情况下使用频率仅有 1%，而在 *dnaG* 基因中它占有的频率是 32%，几乎占了 1/3，但细胞中其相应的 tRNA 含量很少，不易获得，这样就延长了核糖体在 mRNA 上行经的时间，从而降低了翻译的速度。*rpoD* 基因正好与此相反，AUA 的分布频率为 0，即根本就不使用这个稀有密码子，所以合成 σ 亚基不受其影响，而使用最多的密码子 AUC 的 tRNA 也是细胞中含量最丰富的，正好可以满足其需要，因此其产量可以高达 2 800 个拷贝。

三、翻译的终止调控

(一) 严紧反应

当细菌发现它们自己生长在饥饿的条件下，缺乏维持蛋白质合成的氨基酸时，它们将大部分活性区域都关闭掉，这就称为严紧反应（strigent response），这是它们抵御不良条件，保存自己的一种机制。细菌通过仅仅维持最低量的活性来节约其资源，直到条件改善时，它们又恢复活动，所有代谢区域也都活跃起来。

严紧反应导致 rRNA 和 tRNA 合成大量减少，使 RNA 的总量下降到正常水平的 5%～10%。显然，核苷酸、糖类和肽类等的合成都随之减少。

严紧反应导致两种特殊核苷酸积聚：① ppGpp-四磷酸鸟苷（鸟苷 5′和 3′位点各附着两个磷酸）；②pppGpp-五磷酸鸟苷（鸟苷 5′-三磷酸-3′-二磷酸）。

人们最初发现细菌在氨基酸饥饿时，出现两种特殊的核苷酸，其电泳的迁移率和一般的核酸不同，感到很奇怪，就称之为“魔斑Ⅰ”和“魔斑Ⅱ”，后来发现“魔斑Ⅰ”是 ppGpp，“魔斑Ⅱ”是 pppGpp。

这些鸟苷是典型的小分子效应物，预期它们的功能是和靶蛋白结合并改变它们的活性，有时鸟苷被称为 (p)ppGpp。(p)ppGpp 的功能是调节细胞活性大分子的协调性。鸟苷的产生是由两种途径来控制的（图 5.42）。氨基酸的缺乏或氨酰-tRNA 合成酶的失活突变都足以引起严紧反应，表明严紧反应的触发器是位于核糖体 A 位点中的空载 tRNA。但当氨酰-tRNA 对一个特殊的密码子不能作出有效反应时，空载 tRNA 得以进入，当然这就阻断了核糖体的进程，而触发了一个**空转反应**（idling reaction）。

通过空转反应产生 (p)ppGpp 的有关成分已通过松弛型突变体[relaxed mutants (*rel*)]被鉴别出来，*rel* 突变能去除严紧反应。这样氨基酸的饥饿便不会导致合成 (p)ppGpp。松弛突变大部分基因位点位于 *relA* 基因中，这个基因编码一种蛋白质，称为**严紧因子**（stringent factor）。严紧因子和核糖体结合，虽然它的总量较低——每 200 核糖体低于 1 分子的严紧因子。因此似乎只有在核糖体少量存在时才能产生严紧反应。

从严紧反应中分离的核糖体在体外能合成(p)ppGpp。A 位点是通过一个空载 tRNA 对密码子的特异反应所提供的。从松弛突变体中提取的核糖体不能执行严紧反应,但若有严紧因子存在它们是能合成(p)ppGpp 的。

图 5.42 表示(p)ppGpp 的合成途径,严紧因子(RelA)是一种(p)ppGpp 合成酶,它可以催化 ATP 将焦磷酸加到另一个 GTP 或 GDP 的 3′位点。

当条件恢复到正常时,有一个称为 *spoT* 的基因,它编码一种酶,主要的作用是催化 ppGpp 迅速降解,其半衰期为 20 s 左右。因此(p)ppGpp 合成结束时,严紧反应很快就消除。*spoT* 突变会提高 ppGpp 的水平,并会慢慢增加。

RelA 用 GTP 作为底物的频率是较高的,所以 pppGpp 的产生是占优势的。但 pppGpp 可以通过各种酶转化为 ppGpp。通过 pppGpp 产生 ppGpp 是最通用的路线,而 ppGpp 通常就是严紧反应的效应物。

图 5.43 表明核糖体对空载 tRNA 进入的反应与正常蛋白质合成的比较。当 ET-Tu 将氨酰-tRNA 放在 A 位点时肽链随着核糖的移动而合成;但是当空载 tRNA 在 A 位点与密码子配对时,核糖体仍保持不动,并进行了空转反应。

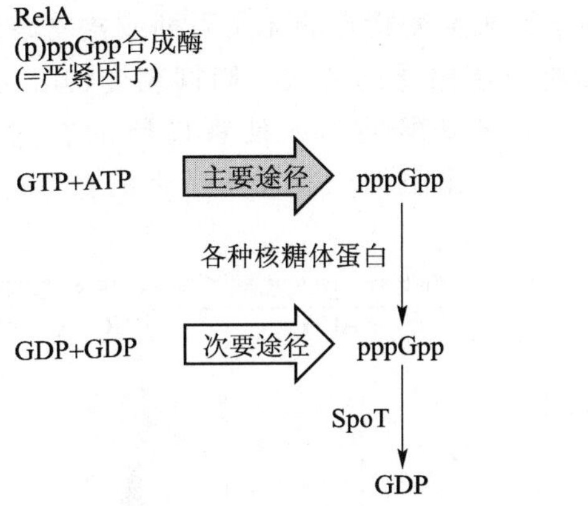

图 5.42 严紧因子催化 pppGpp 和 ppGpp 的合成 核糖体蛋白能使 pppGpp 去磷酸化而变成为 ppGpp(引自 B. Lewin,2004)

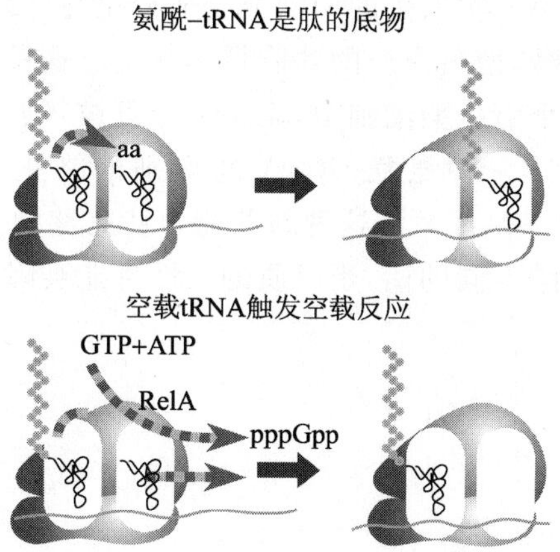

图 5.43 在正常的蛋白质合成中,在 A 位的氨酰-tRNA 是肽基转移酶转移多肽链的信号,核糖体随着 EF-G 的催化而移动;但在严紧的条件下,空载 tRNA 的存在可导致 RelA 合成(p)ppGpp,并排出 tRNA (引自 B. Lewin,2004)

RelA 酶其本身是没有活性的,在核糖体存在时它才有活性。它的活性是由核糖体在合成蛋白质中的状态所控制的。控制的特点是通过另一个位点的松弛突变而显示,此突变原来称为 *relC*,现在弄清楚它就是编码 50S 大亚基 L11 蛋白的 *rp1K* 基因。

L11 蛋白位于 A 位点和 P 位点的附近,它在此位置对合适的配对作出反应,空载 tRNA 是在 A 位。L11 蛋白或某些其他成分构象的改变可能激活 RelA 酶,这样空转反应就代替了肽酰-tRNA 的转位。

(p)ppGpp 合成的每条途径都触发空载 tRNA 从 A 位点释放出来,因此(p)ppGpp 的合成是一种对空载 tRNA 水平的持续反应。在饥饿条件下,当氨酰-tRNA 不能对 A 位点的密码子作出有效反应时,核糖体便停滞不前。空载 tRNA 的进入,触发了(p)ppGpp 分子的合成。并将空载 tRNA 排出,使 A 位重新空出来。核糖体是恢复多肽的合成,还是进行另一轮的空转反应,关键是取决于氨酰-tRNA 是否有效。

ppGpp 有什么作用呢?它是一系列反应的效应物,包括抑制转录(图 5.44)。许多反应已被报导,其中两个较为突出:①rRNA 操纵子的启动子其转录起始被严紧反应特异抑制。严紧调节的启动子发生突变能消除严紧控制,表明这种效应需要和特异启动子序列相互作用。②很多或大部分模板的转录延伸阶段被 ppGpp 缩短了,这是 RNA 聚合酶停顿的增加而引起的。这种效应反映出在细胞内加入 ppGpp 时转录效率普遍下降。现在尚不清楚这种抑制的特异性,若不同的操纵子之间这种抑制的变化很大,某些操纵子抑制作用更为显著的话，也是不足为奇的。

异常核苷酸在两种控制系统中都能发挥作用是很有趣的现象。这两种途径的抑制对细菌来说是特异的。在营养缺乏时，鸟苷触发了严紧反应；而在缺乏葡萄糖时，cAMP 触发碳源利用的转换。

（二）通读翻译

通读翻译（read-through translation）是指越过 mRNA 中正常的终止密码子而继续翻译的现象。除了终止密码子的突变以外，一般通读翻译是由阻抑 tRNA、移码和旁通所导致。

1. 阻抑 tRNA

阻抑 tRNA（suppressor tRNA）也称为校正 tRNA，是一种反义密码子发生突变的 tRNA，它能消除 mRNA 中有害的突变。

有些 tRNA 的突变体能阻抑基因突变，在 tRNA 校正系统中，第一次突变是发生在 mRNA 上，改变了某个密码子，使有义密码子变成了无义密码子，因而合成的产物是截短的或平截（trucation）的，一般都是没有功能的。而第二次发生的抑制突变或校正突变是改变 tRNA 上的反密码子，这样它仍可识别突变密码子，插入了一个氨基酸，使蛋白质的功能得到恢复。这种抑制称为依赖于原来突变特点的无义阻抑或错义阻抑。

在一个野生型细胞中，无义突变可被释放因子所识别而终止蛋白质的合成。**阻抑突变**（suppressor mutation）产生了一种氨酰-tRNA 能识别的终止密码子，通过一个氨基酸的插入使蛋白质的合成能持续下去（图 5.45）。翻译系统这种新的能力使完整的蛋白质得以合成。如果阻抑 tRNA 所携带的氨基酸和野生型蛋白质氨基酸不同的话，蛋白质的活性可能会降低。

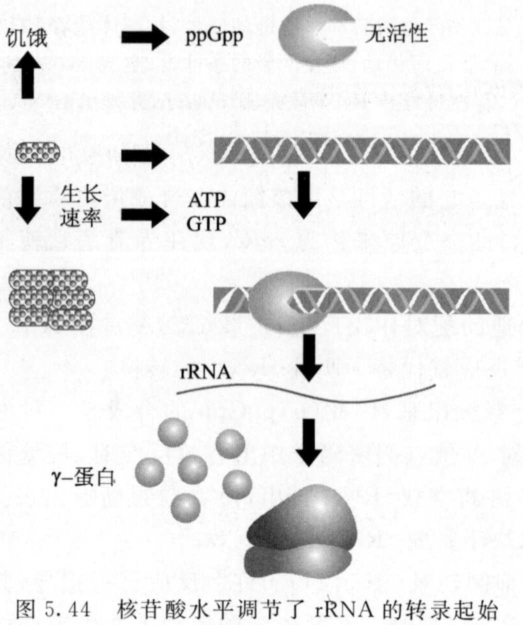

图 5.44 核苷酸水平调节了 rRNA 的转录起始

（引自 B. Lewin，2004）

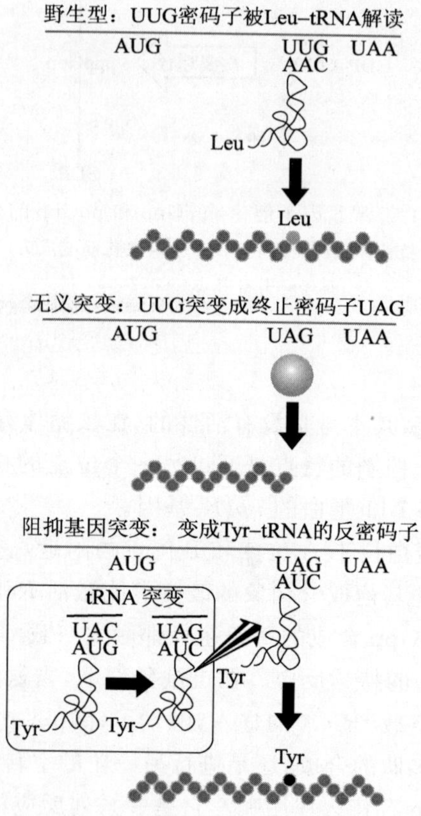

图 5.45 无义突变可被带有反密码子发生突变的 tRNA 所阻抑。这样抑制突变的密码子处插入了一个氨基酸，产生全长的蛋白质，原有密码子的 Leu 被 Tyr 所取代

（引自 B. Lewin，2004）

(1) 无义阻抑 通过阻抑 tRNA 识别无义突变位点，将某种氨基酸插入该位点，使得多肽链继续延伸而不中途停止，称为**无义阻抑**(nonsense suppressor)或无义校正(图 5.46)。无义阻抑是通过 3 个不同的途径来进行的：①tRNA 反密码子的突变；②副密码子或其他结构的改变；③tRNA 反密码子的化学修饰。

tRNA 反密码子的突变是阻抑基因的主要途径。根据阻抑基因的反密码子，无义阻抑分为 3 类，对应于 3 个终止密码子。表 5.7 表示几种研究得最多的阻抑基因。最容易研究的是琥珀突变(Am)阻抑基因。在大肠杆菌中至少有 6 种 tRNA 突变后可识别密码子 UAG，所有的 Am 阻抑 tRNA 都有反密码子 CUA，它是由各种野生型 tRNA 反密码子中单个碱基的改变而产生的。

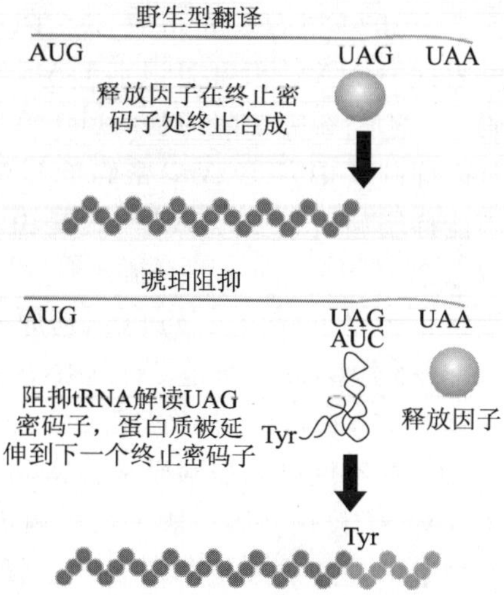

图 5.46 无义阻抑也能通读正常的终止密码子，合成的蛋白质比野生型的更长

(引自 B. Lewin，2004)

(2) 错义阻抑 带有正确氨基酸反密码子突变的 tRNA 与错义突变的密码子结合，使错义突变得到阻抑的效应称为**错义阻抑**(missense suppressor)或错义校正。同样错义阻抑也可通过不同的途径来进行的。

表 5.7 由反密码子突变而产生的无义阻抑基因

基因	tRNA	野生型		阻抑基因	
		识别的密码子	反密码子	反密码子	识别的密码子
supD(su1)	Ser	UCG	CGA	CUA	UAG
supE(su2)	Gln	CAG	CUG	CUA	UAG
supF(su3)	Tyr	UAC，UAU	GUA	CUA	UAG
supC(su4)	Tyr	UAC/UAU	GUA	UUA	UAA/UAG
supG(su5)	Lys	AAA/AAG	UUU	UUA	UAA/UAG
supU(su7)	Trp	UGG	CCA	UCA	UGA/UGG

错义突变(missense mutation)使得其编码的氨基酸变成另一种氨基酸，这种新的氨基酸取代了蛋白质中某位点上原来的残基可能使蛋白质失去功能(任何氨基酸的取代构成的错义突变，可以通过蛋白质活性的改变而被检测)。这种突变能通过插入原来的氨基酸或其他的氨基酸而被抑制。

图 5.47 表明错义阻抑基因能通过无义抑制相同的方法来起作用。即 $tRNA^{Gly}$ 反密码子发生突变，可以对已突变的密码子作出反应。错义阻抑涉及将原来的氨基酸改为另外的氨基酸。只要能完全恢复或部分恢复蛋白质活性，都称为错义阻抑。

另一种途径也可产生错义突变。即突变发生在 tRNA(或氨酰-tRNA 合成酶上)对氨基酸的识别与连接上。虽然这种 tRNA 的反密码子没有改变，但它所携带的氨基酸却不同了，这也可能导致错义阻抑。但这种类型的错义阻抑是很少的，因为不仅副密码子要发生突变，同时反密码子也要同时发生突变，使其能识别终止密码子方可达到阻抑。

阻抑突变具有以下的特点：①不是所有终止密码子的阻抑基因都能产生有功能的蛋白质，起到抑制或校正的作用，关键是要看氨基酸取代的情况。例如，由 Leu 的密码子 UUG 突变成 UAG 时，当阻抑基因所携带的氨基酸是 Tyr、Ser 或 Trp 都可起到阻抑的功能。若携带的氨基酸是带电荷的 Lys、Gln 和 Glu，则蛋白质是没有功能的。②校正的作用不可能是完全的。这是由两方面的因素决定的：一方面，校正的 tRNA 分子是有限的而且还要和释放因子竞争，这样使得无义突变位点并不能全部得到校正；另一方面，若是错义阻抑的话，由于氨基酸发生取代，使得蛋白质的活性有所降低。③反密码子中，3 个碱基中的任何一个都可能发生突变。例如，

表 5.7 中 *supD*、*supE* 和 *supF* 3 个阻抑基因反密码子的突变位点都不同。每种阻抑 tRNA 一般都只识别 UAG 终止密码子，而不再识别原来相应的密码子。④赭石突变阻抑基因(UUA)不仅可以抑制赭石密码子(UAA)，也可以抑制琥珀突变(Am)密码子 UAG。但反过来 Am 阻抑基因(CUA)就不能抑制赭石突变(UAA)，这是由于“摆动”缘故所造成。⑤当细胞中含有多个 tRNA 拷贝时，抑制才能发挥作用。⑥有的阻抑基因，不仅可以识别终止密码子，而且还可以识别原来的密码子。例如，UGA 的阻抑基因，有一种类型(*supU*)是 Trp tRNA 的突变体。野生型 tRNA^{Trp} 的反密码子是 CCA，它是识别密码子 UGG 的。阻抑 tRNA 具有突变的反密码子 UAC，它不仅可以识别原来的密码子 UGG，而且还可以识别终止密码子 UGA。⑦校正基因一般不会影响正常的终止，但有时也会使正常的终止受到阻抑而造成肽链的增长。这是由于：校正基因识别的终止密码子不一定和正常终止的密码子相同，有时正常终止位点有两个连续的终止密码子，而且结构不同，如 UAG-UAA；释放因子将和阻抑基因竞争与终止密码子的结合；阻抑基因的效率很低，通常为 1%～5%，所以常常不会抑制正常终止。

阻抑基因不仅对无义突变作出反应，有时对正常的终止密码子也能抑制，使正常的多肽链发生了延长，其功能可能也会发生改变，因此 UAA 阻抑基因的存在使细胞生长比正常的要慢得多。由于 UAA 终止密码子作用强，使用的频率比较高，因此另外两个无义密码子 UAG 和 UGA 的阻抑基因的影响要比赭石突变抑制来得小，而且赭石阻抑基因不仅抑制 UAA，还可以识别 UAG 终止密码子，所以其影响之大远比琥珀和乳白抑制要明显得多。

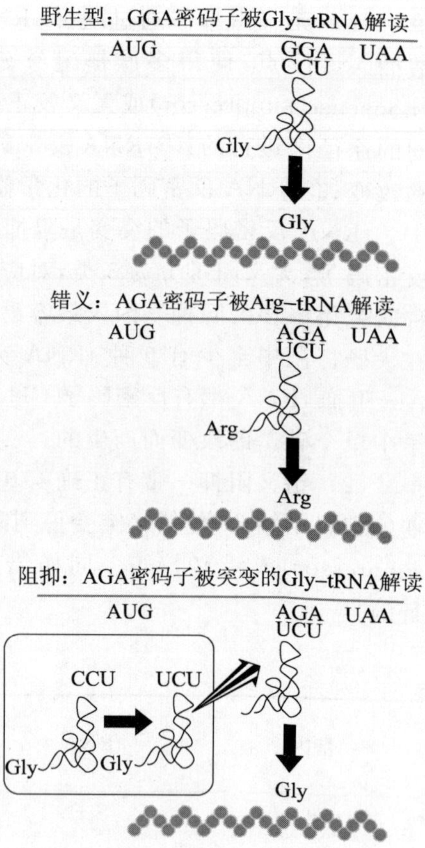

图 5.47 tRNA 的反密码子产生突变时，发生错义阻抑以应答错误的密码子。这种阻抑仅是由于野生型 tRNA 和阻抑 tRNA 两者对 AGA 都能作出应答

(引自 B. Lewin，2004)

2. 移框

当氨酰-tRNA 滑动一个碱基(向前＋1 位或向后－1 位)时，读框改变而产生**移码**(reading-frame displacement)即**移框**(frameshifting)(图 5.48)。这是一种**程序性移框**(programmed frameshifting)，是正常情况下的一种基因调控模式，它发生在特定位点，发生的概率比非程序性的错读概率(3×10^{5}/密码子)要高 100～1 000 倍。在编码区也并未增加或减少核苷酸，和移码突变的概念是不同的。**移框突变**(frameshift mutation)是基因编码区内缺少或增加的核苷酸数目不是 3 的倍数而造成读框的移动。

在以下两种情况下，移框与特异性 tRNA 有关：①一些突变的阻抑 tRNA 识别一种 4 个碱基的“密码子”，而不是通常的 3 个碱基。②特定的“滑动”序列允许一个 tRNA 在核糖体的 A 位向前或向后移动 1 个碱基。

特殊的 tRNA 作为基因外移框抑制因子(extragenic frameshift suppressor)也能产生移框。例如，在 mRNA 上一个 G 可能会被插入几个连续的 G 序列。移框突变抑制因子是在反密码子环上插入了一个额外碱基“C”的 tRNA^{Gly}，反密码子由原来的三联体序列“CCC”变为四联体“CCCC”。这种抑制 tRNA 可以识别一种 4 个碱基的“密码子”。另一些移框抑制因子可以识别多于一种 4 个碱基“密码子”。例如，细菌的 tRNA^{Lys} 抑制因子既可以识别“AAAA”又可以识别“AAAU”，而不是通常的密码子 AAA。还有一种抑制因子可以识别任何一种前 3 位碱基为“ACC”的 4 碱基密码子，第 4 位的碱基不影响识别。在这些例子中，这种加长的密码子中的第 4 位碱基并不符合通常的摆动规则。

特定的“滑动”序列产生的移框有两个特点：①具有一个保守的滑动序列，使氨酰-tRNA 与其配对，并向前(＋1)或向后(－1)移动一个碱基，而与另一个和终止密码子重叠的密码子配对，从而越过终止密码子进行通读。②在发生移框时，往往是因为相邻密码子需要一种稀有的氨酰-tRNA，或释放因子识别较慢的终止密码子，或是 mRNA 上一个可阻碍核糖体移动的假结，使核糖体在移框位点被延误。**RNA 假结**（RNA pseudoknot）是 RNA 中一种常见的三级结构元件。RNA 茎环结构上的序列与其他邻近部位的序列进行碱基配对，形成类似"打结"的形状。

在噬菌体和病毒中移框很常见。这样的事件可能会影响到蛋白质合成的终止或通读，这并非是偶然的突变，而是由 mRNA 固有的性质决定的。

例如，冠状病毒（SARS-CoV）基因组长 29～31 kb，属正链 RNA 病毒。基因组编码区依次排列，分别编码 5′帽状结构、复制酶（*rep*）基因、刺突糖蛋白（S）、包膜蛋白（E）、基质膜糖蛋白（M）、核衣壳蛋白（N）和 3′端 poly（A）尾巴。其中复制酶（*rep*）基因约占 2/3，由 ORF1a 和 ORF1b 两个开放读框组成，编码的 2 个多聚蛋白经裂解后形成 RNA 依赖的 RNA 聚合酶和解旋酶。在位于 ORF1a 和 ORF1b 交叠的假节结构的上游（13 392～13 398 nt）存在一个核糖体移码的滑动序列"UUUAAAC"，大多数核糖体移动到滑动序列时可以照常翻译，直至终止密码子，而有些核糖体则识别这段序列，使读框发生移位。假结的出现可暂停滑脱序列上游的翻译，增加下游读框的蛋白质表达，这样产生的多聚蛋白会自动催化成熟为木瓜蛋白酶样半胱氨酸蛋白酶（papain like cysteine proteinases，PLPpro）、胰凝乳蛋白（3clikeproteases，3CLpro）、RNA 聚合酶和 RNA 解旋酶等。

在反转录病毒（如 HIV）中，第一个基因的翻译被无义密码子终止。第二个基因处于不同的阅读框中，移框可以使其在第二个阅读框中翻译（在一些病毒中），从而避开终止密码子。

在哺乳动物抗酶蛋白 1（antizyme 1）的表达自主调控中存在"＋1"移框（见第七章）。在细菌中也存在"＋1"移框，如 *E. coli* 中释放因子 *RF2* 基因表达的自主调控。RF2 蛋白介导核糖体在 UGA 和 UAA 处终止蛋白质合成。RF2 蛋白是由两个重叠的可读框编码的，第一个仅编码 25 个氨基酸，其功能未知且很快被降解。"＋1"核糖体移框在 ORF1 的最后一个密码子处发生（图 5.49）。这个序列是"CUU-U"，结果产生全长的有功能的 RF2 蛋白。显然，ORF1 的终止密码子是 UGA，它提供给 RF2 蛋白识别，在切换位点低水平的 RF2 蛋白使翻译暂停，促成了"＋1"核糖体移框，从而增加了 RF2 蛋白的合成，同时完成了一个自主调控。在这种途径中，细胞中 RF2 蛋白的水平成为移框的信号。

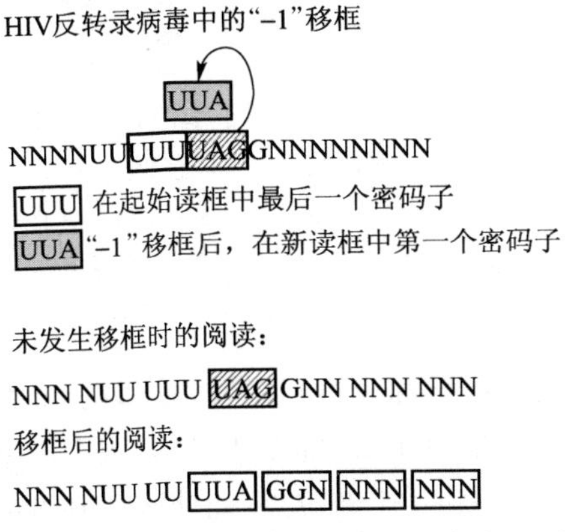

图 5.48 tRNA 滑动一个碱基后与密码子配对导致能阻抑终止的移框

其效率通常约为 5%

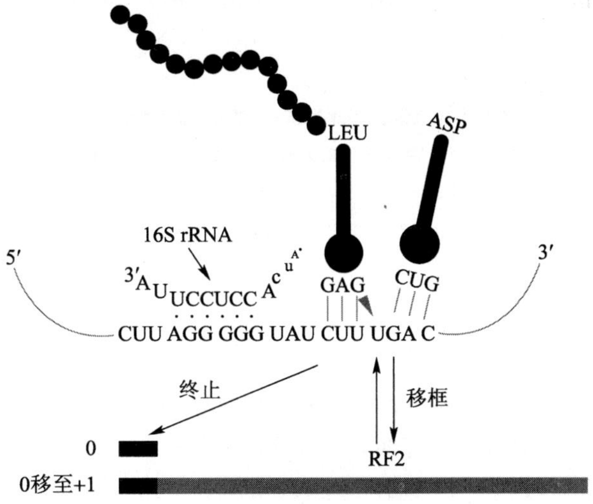

图 5.49 *E. coli* 中编码释放因子 *RF2* 基因的"＋1"移框表达调控

移框的信号是细胞中 RF2 蛋白的水平

E. coli 中也存在一些"－1"移框的例子，如 *dna*X 基因的两个多肽产物间建立了的固定比例，这两个多肽产物是 DNA 聚合酶Ⅲ的两个亚基 τ 和 γ。它们在全酶中的比例为 1∶1。在标准译框（standard recoding）

时，产生长的肽链，为 DNA 聚合酶Ⅲ的 τ 亚基，进行“－1”移框时产生短的肽链，为 DNA 聚合酶Ⅲ的 γ 亚基。其氨基酸序列前 2/3 与 τ 亚基相同。但在羧基端加了一些氨基酸。在 mRNA 移框信号的作用下，半数核糖体在滑动序列(slippery sequence)(A-AAA-AAG)产生“－1”移框(图 5.50)，编码序列的 2/3 为 ORF1，核糖体移框后在新的终止密码子 UGA 处终止合成。因 γ 亚基比 τ 亚基少两个蛋白质域(protein domains)，所以它们的生物学活性也不同。

酵母的反转录转座子 Ty 因子(第八章)是移框十分典型的例子。在 Ty 因子中，必须经过移框跳过 *tya* 的终止密码子 *tyb* 基因才会表达。图 5.51 表明了滑动序列引起移框的分子机制。7 核苷酸“CUUAGGC”中“CUU”常被 Leu-tRNA 所识别，而其中的“AGG”却又被 Arg-tRNA 所识别。但 Arg-tRNA 是十分稀有的，当这种稀有 tRNA 造成核糖体的延误时，Leu-tRNA 会从“CUU”密码子滑动到重叠的“UUA”密码子上。这就产生了移框。因为下一个三联体密码子“GGC”是被 Gly-tRNA 所识别，这时的 Leu-tRNA 已成为肽酰-tRNA 并携带新生肽链，所以滑动通常发生在 P 位点。

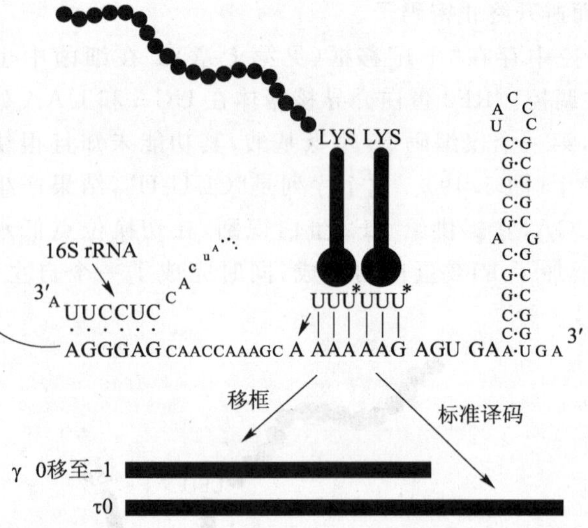

图 5.50 *E. coli* 中编码 DNA 聚合酶Ⅲ亚基的 *dnaX* 基因“－1”移框

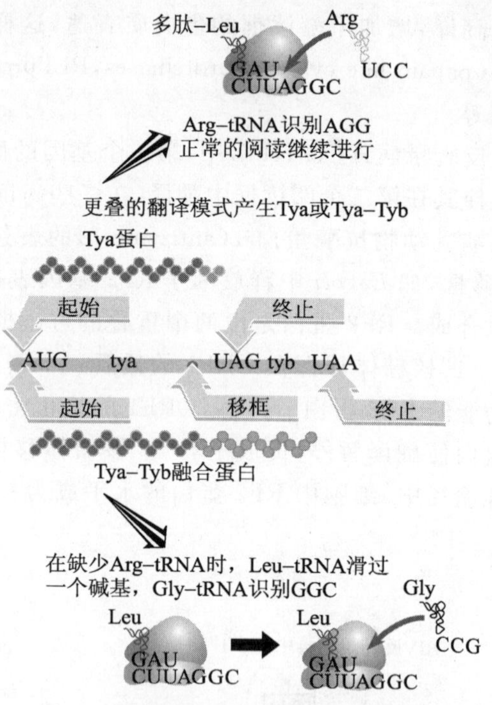

图 5.51 酵母 Ty 因子中的 *tyb* 基因的表达需要“＋1”移框

移框发生在一个 7 碱基序列上。这个序列有两个 Leu 密码子和随后的一个稀有 Arg 密码子(引自 B. Lewin，2004)

3. 旁通

旁通(bypassing)即**框内跳译**(frame hopping)，简称为跳码，指在蛋白质翻译过程中，核糖体在 mRNA 上跳过两个或更多的核苷酸进行翻译的过程(图 5.52)。1988 年，J. A. Gallant 发现在 T4 噬菌体 *60* 基因中产生框内跳译(图 5.53)。在旁通模式中，核糖体 P 位的占用可停止翻译。核糖体滑动到一个新位点，此处肽酰-tRNA 和一个新密码子在 P 位配对，重新合成蛋白质。

程序性核糖体旁通的实例发现不多，最为典型的例子是在解读 T4 噬菌体 *60* 基因的 mRNA 中，核糖体沿 mRNA 移动，越过第 46 位和 47 位之间 60 nt 的间隔，肽酰-tRNA 从第 46 个密码子 GGA“起飞”，“起飞”密码子位于茎环结构上，与终止密码子相邻。带有肽酰-tRNA 的核糖体复合体沿着 mRNA 移动，进行扫描，直接“着陆”于第 47 位密码子，使其纳入核糖体的 P 位点。当一个氨酰-tRNA 进入核糖体 A 位点时，翻译便重新开始。这个现象的发现，使人们意识到肽酰-tRNA 可能具有自由解离的功能。匹配的 GGA 密码子被第 62 位另一个匹配的密码子所取代，而越过了一个广阔的间隔区。

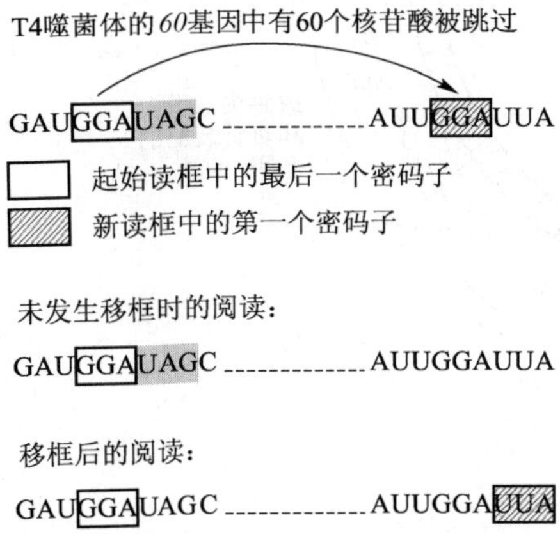

图 5.52 当核糖体沿着 mRNA 移动时，发生框内跳译即 P 位的肽酰-tRNA 从与其配对的密码子上释放出来，然后与另一个更后面的密码子配对

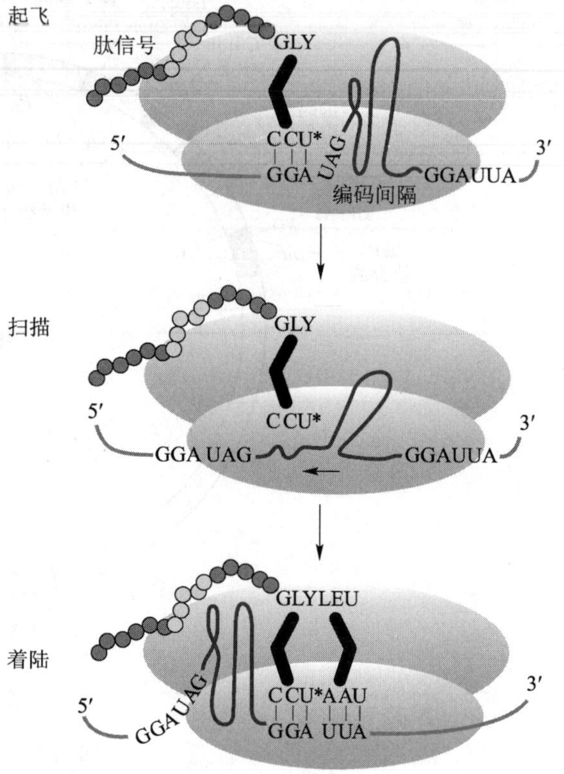

图 5.53 T4 噬菌体 *60* 基因中的旁通有效地越过密码子间隙区需要作为起飞和着陆位点的 GGA 密码子、一个终止密码子、一个茎环结构和一个新生的肽信号。在通用的模型中，肽酰-$tRNA_2^{Gly}$ 从起飞位点 GGA 上解离下来，沿着 mRNA 移动，越过译码中心进行扫描，重新与着陆位点的 GGA 配对（引自 A. J. Herr 等，1999）

旁通也需要核糖体在"起飞"时发生暂停，使位于 P 位点的肽酰-tRNA 不易位到 A 位，而逃避了终止反应，并可与 mRNA 解离。"起飞"密码子处的茎环结构可能起到降低终止效率的作用，产生延误，为肽酰-tRNA 的"起飞"提供了所需的时间。

第八节 λ噬菌体生活周期的调控

λ噬菌体的基因组长 48 502 bp，共约 50 个基因，其中 38 个基因较为重要。λ噬菌体基因组是线性的，其末端是已被切开的 *cos* 区。*cos* 区是由 12 nt 组成的回文序列，切开后形成组成单链的黏性末端，在序列上是互补的，所以当λ噬菌体感染 *E. coli* 后，切开的 *cos* 区能够配对，形成一个闭合的环形分子。

λ噬菌体基因组全部 DNA 序列已被确定，许多基因和基因产物及它们的功能都已被确定（图 5.54）。图显示沿 DNA 分子定位着一些重要的基因，和大多数噬菌体中的一样，这些基因以功能的相关性成簇排列。图中显示了头部基因簇、尾部基因簇及与复制、重组和裂解功能相关的基因簇。

λ噬菌体的生活史分成**裂解途径**（lytic pathway）和**溶源途径**（lysogenic pathway）两种途径（图 5.55）。这两个周期的调控是十分复杂和奇妙的，涉及很多的调控因子。

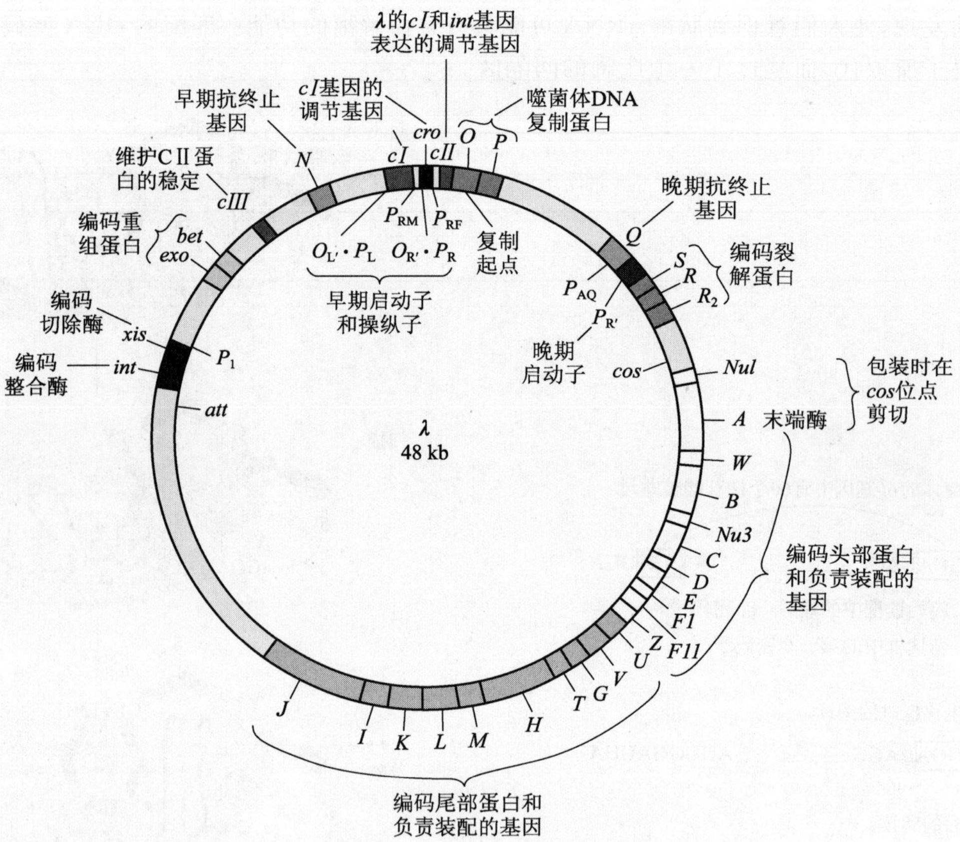

图 5.54 噬菌体 λ 的基因组图

显示一些主要的基因和调控元件(引自 P. J. Russell,1992)

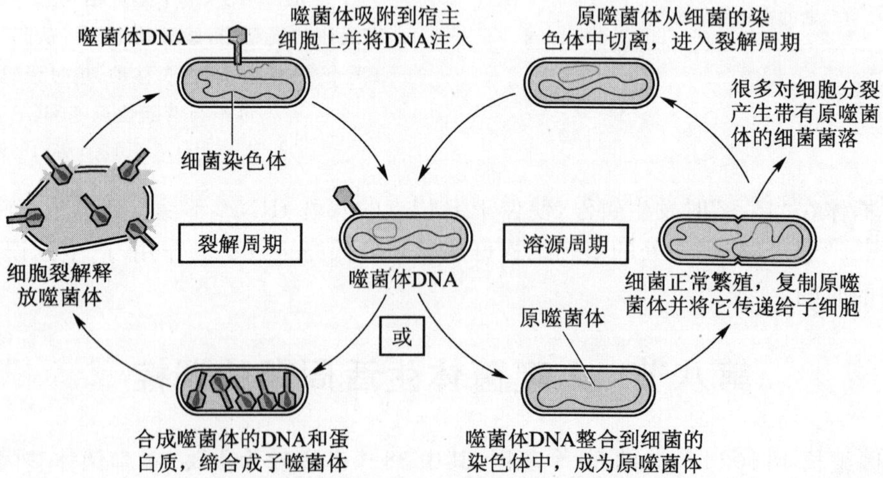

图 5.55 λ 噬菌体裂解周期和溶源周期

在裂解周期中,噬菌体感染细菌,独立进行复制和繁殖,裂解宿主细胞,释放子噬菌体,再去感染新的细胞;在溶源周期中,噬菌体感染细胞后,其环状 DNA 整合到宿主的基因组中,随着宿主基因组的复制而复制,不裂解宿主细胞(引自 N. Campbell 等,1999)

一、λ 噬菌体裂解周期的级联调节

λ 噬菌体基因组分为 3 个时期转录:①**即时早期基因**(immediate early gene),包括负调节基因 *cro* 和一个

早期抗终止基因 N；②**迟早期基因**(delayed early gene)，包括两个编码调控因子的基因 $c\,II$、$c\,III$；7 个重组基因（*bet*、*exo*、*xis*、*int* 等）；两个复制基因（O、P），一个晚期抗终止基因 Q；③**晚期基因**(late gene)包括 10 个头部基因（$A \sim E$），11 个尾部基因（U～J）和两个裂解基因（S、R）（图 5.56）。当 λ DNA 感染新的宿主细胞时，裂解和溶源途径并存。即时早期和迟早期基因都需要表达，然后就要分化了。若晚期基因得到表达，那么噬菌体就向裂解途径发育；若阻遏物 CⅠ蛋白合成被建立了，那么就要进入溶源途径。

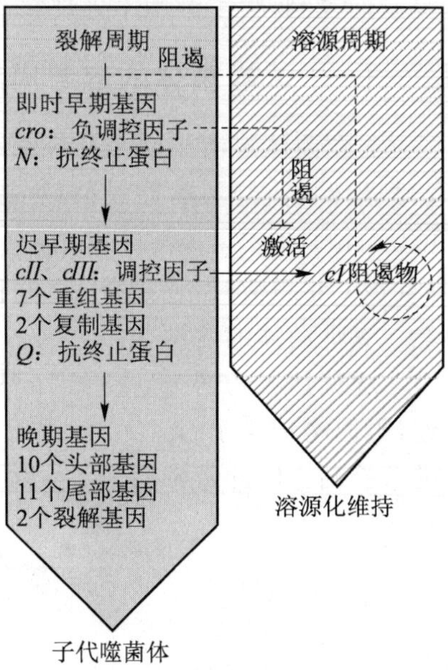

图 5.56 λ 噬菌体裂解级联与溶源线路的相互作用

λ 只有两个即时早期基因，*cro* 和 N，由宿主的 RNA 聚合酶转录。N 编码一种抗终止蛋白，它作用于 *nut*(Nutilization)位点，使即时早期转录不会在 t_{R1} 和 t_{L1} 处终止而进一步转录迟早期的一些基因。

Cro(control of repressor and other things)蛋白具有双重功能，它既可阻止 CⅠ蛋白的合成，又可以关闭早期基因的表达（在裂解周期的晚期不需要早期基因的产物）。

迟早期基因包括两个复制基因（裂解感染所需的）、7 个重组基因（有的和裂解感染中的重组有关，其中有两个是 λ DNA 整合到细菌染色体中所必需的）及 3 个调节基因（$c\,II$、$c\,III$ 和 Q）。它们有着相反的功能。

CⅡ和 CⅢ的复合物可启动 P_E，对于阻遏物 CⅠ的开始合成是必要的。而 Q 蛋白也是一个抗终止蛋白，它使宿主的 RNA 聚合酶不是在终止子 t_{R3} 处终止，而继续转录晚期基因。因此我们可以将晚期基因分为两类：有的是噬菌体进入溶源途径所必需的，而另一类是控制进入裂解途径的。

在调节基因中，有即时早期基因 N 与 *cro*。它们是由不同的模板转录的，N 向左，*cro* 向右，N 抗终止蛋白的存在使转录持续向前（穿过终止子）进入重组基因区；向右进入复制基因区（图 5.57）。晚期转录中转录裂解基因等，而头部和尾部蛋白基因 A、T 在线性 DNA 的右端。晚期基因是作为单个的转录单位表达的，从位于 Q 和 S 之间的启动子 $P_R{}'$ 开始，此启动子是连续使用的。但当 Q 蛋白缺乏时，晚期转录终止在 t_{R3} 位点，产生了长 194 nt 的转录物，称为 6S RNA。当 Q 蛋白存在时，它阻遏了 t_{R3} 的终止和 6S RNA 的表达，结果晚期基因得到表达。

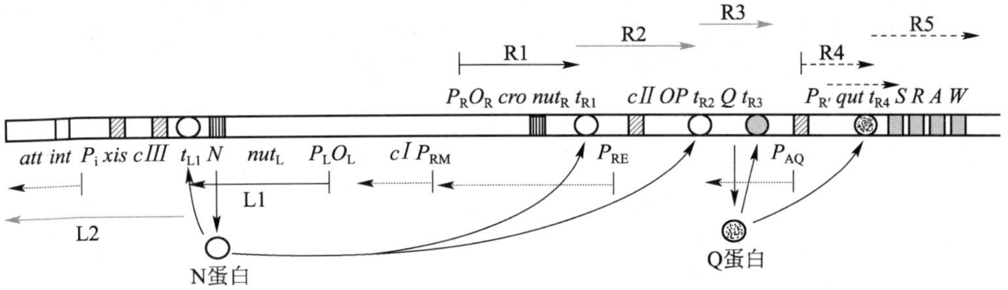

图 5.57 λ 噬菌体裂解周期的转录

L1、R1 为左、右两个方向的即时早期转录；L2、R2、R3 为左、右两个方向的迟早期转录；R4、R5 为晚期转录

晚期的抗终止作用与 N 蛋白的抗终止作用是相似的。Q 蛋白作用的 *qut*(Q-utilization)正好位于晚期启动子的下游，RNA 聚合酶经过此处时，Q 蛋白与其作用消除了终止。

晚期基因的转录并不在任何特殊位点终止，它转录所有的晚期基因，进入这些基因以外的区域。左边的迟早期转录与此相似，持续穿过重组基因区。每一方向的转录都有可能在 RNA 聚合酶闯入另一区域时而终止。

二、λ 噬菌体溶源周期的建立和维持

前面已经阐明 λ 噬菌体不仅有裂解周期，也存在溶源周期。当宿主细胞营养耗尽或**感染复数**(multiplicity of infection，MOI)过高时，λ 噬菌体的 DNA 整合到大肠杆菌的染色体中，呈原噬菌体状态，随着宿主 DNA 的

复制而复制，宿主细胞不再裂解。

（一）λ噬菌体的溶源周期的建立

λ噬菌体溶源周期涉及溶源周期的建立和维持。它们依赖两个不同的启动子（P_{RE}和P_{RM}）的启动和调节。λ噬菌体进入溶源周期时，首先要启动CⅠ蛋白的建立启动子P_{RE}，“RE”是阻遏物（repressor）和建立（establishment）的缩写。启动子P_{RE}也称为P_E，是转录因子CⅡ蛋白作用的3个λ启动子（P_{RE}、P_i、P_{AQ}）之一。当P_{RE}被CⅡ激活时，直接合成CⅠ阻遏物。CⅠ阻遏物结合到λ噬菌体的两个主要的早期启动子P_L和P_R上，建立λ噬菌体的溶源化。

噬菌体λ的两个启动子P_L和P_R位于*c Ⅰ*（clear plaque）基因的两侧。操纵基因O_L和O_R与P_L和P_R相连，阻遏物结合于O_L、O_R，阻遏RNA聚合酶起始转录（图5.58）。每个操纵基因的序列都和启动子重叠，以此进行控制。因此常常写为P_L/O_L和P_R/O_R操纵区。

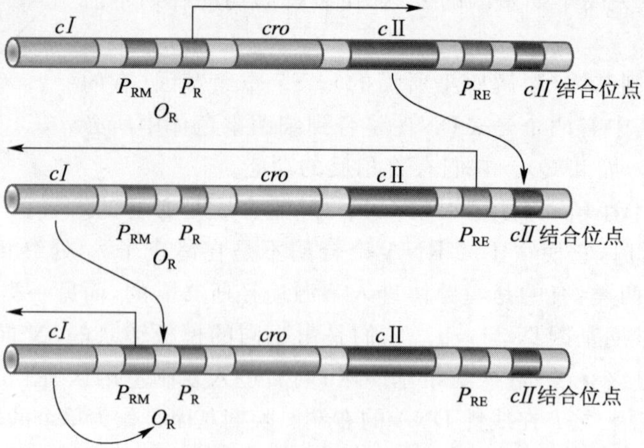

图5.58 λ噬菌体溶源途径的建立

当建立了溶源化时，*cI*基因从P_{RE}开始转录，当维持这一状态时，*cI*基因从P_{RM}开始转录。结合在O_{R1}和O_{R2}上的阻遏蛋白不但激活了P_{RM}，而且关闭了P_{RE}。注意，P_R不仅控制了裂解基因的表达，还控制了*c Ⅱ*基因的表达，因此它对溶源和裂解生长都是重要的。同样，P_L控制了很多裂解基因，也同时控制了协助建立溶源化的*c Ⅲ*基因（引自Waston等，2005）

1. CⅠ蛋白的结构和功能

*c Ⅰ*基因编码P_R和P_L的阻遏蛋白，起到建立和维持λ噬菌体溶源化的作用。*c Ⅰ*基因发生突变使噬菌体进入裂解循环。这个基因的名称就反映了感染产生的表型。

当细菌被噬菌体感染，进入裂解周期，细胞就被裂解，在平板上产生了一个小而清晰的圆形区域，叫做**噬菌斑**（plaque）。野生型噬菌体产生的噬菌斑是混浊的。这是因为噬菌斑中有些细胞建立了溶源化而不再裂解。*c Ⅰ*突变的作用是阻止溶源化，这样噬菌斑只含有裂解细胞，因此感染后只产生清晰的噬菌斑（clear plaque）。有3个基因（*c Ⅰ*、*c Ⅱ*、*c Ⅲ*）的名字和它们的表型有关。

CⅠ蛋白结合在O_R上不仅阻止了RNA聚合酶结合P_R，同时促进了RNA聚合酶结合到P_{RM}上。结合在O_R上的阻遏物是起正调节作用，这对CⅠ蛋白的维持是必要的。阻遏蛋白结合在O_R上阻碍了P_R的使用。这样*cro*和其他的右向早期基因也不能表达。由于阻遏物是*c Ⅰ*的产物，这样产生了CⅠ蛋白的自主调节循环。在此循环中，阻遏物的存在对它本身的持续合成是必需的。

这种控制循环的特点解释了溶源化的生物学性质。溶源现象是稳定的，由于控制循环使得只要阻遏物的水平达到一定的量，*c Ⅰ*基因就能持续表达。结果是O_L和O_R仍被阻遏物持续地占据着，使λ噬菌体不能进入裂解周期，维持了原噬菌体状态。

阻遏的存在解释了免疫的现象。所谓λ噬菌体的免疫是当λ噬菌体DNA进入已溶源化细胞时，细胞中原噬菌体合成的 CⅠ蛋白免疫性地结合在新进入的 λ 噬菌体的 O_L 和 O_R 上，这样就阻止了第二个噬菌体进入裂解周期。

CⅠ蛋白的亚基是一个相对分子质量为 27×10^3 的多肽，具有两个特殊的结构域（图 5.59）：①N 端功能区（1～92 氨基酸），提供了操纵基因结合区；②C 端功能区（132～236 氨基酸），负责形成二聚体。

这两个功能区由连接区（92～132 氨基酸）相连接。当阻遏物被蛋白酶切开时，两个功能区都能独立发挥功能。C 端片段能形成寡聚体，N 端片段能与操纵基因结合，但亲和力要比完整的阻遏物低。这样与 DNA 特异性结合的信息是在 N 端功能区，但通过 C 端功能区的附着可以增强与 DNA 的结合效率。

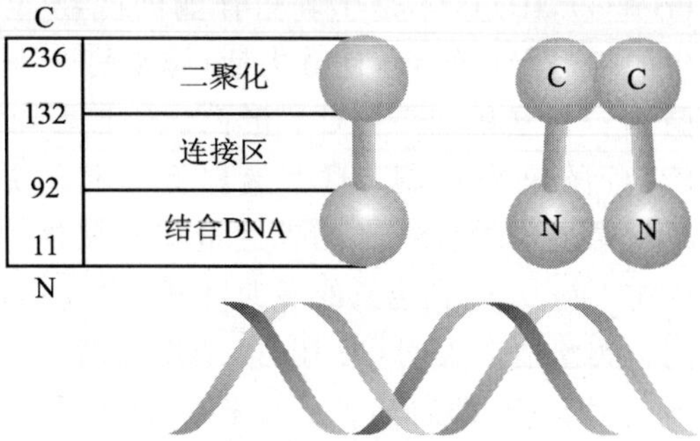

图 5.59 阻遏物的 N 端和 C 端形成分开的结构域

两个 CⅠ蛋白的 C 端结构域相互交联，形成二聚体；N 端结构域结合 DNA（引自 B. Lewin，2004）

溶源化的原噬菌体经诱导进入裂解周期是由于阻遏物的连接区在 111 到 113 氨基酸之间被切断所导致。完整的 CⅠ蛋白的 C 端功能区形成二聚体，当它结合到 DNA 上时，两个 N 端功能区同时与 DNA 接触。但被剪切的 CⅠ蛋白失去了 C 端，N 端不能形成二聚体，打乱了单体和二聚体之间的平衡，这样阻遏物就从 DNA 上解离下来，随着就进入了裂解周期。

在溶源化和裂解周期之间的平衡取决阻遏物的浓度，因此阻遏物的行为对阻遏作用的影响很大。λ 噬菌体的阻遏物仅以二聚体的形式和 DNA 结合，单体和双体之间的平衡取决于蛋白质的浓度。平衡的结果是 CⅠ蛋白在低浓度时以单体存在；在高浓度时是以二聚体存在。

2. 阻遏物与 DNA 的结合及调控机制

λ 噬菌体阻遏蛋白的 N 端的两个 α 螺旋区以**螺旋-转角-螺旋**（helix-turn-helix，HTH）的模式和 DNA 结合（图 5.8）。

在每个操纵基因中 λ 噬菌体的阻遏物结合其余两个区域时都具有协同效应。当 1 区存在二聚体时它增加了第二个二聚体和 2 区的亲和力。当 1 区和 2 区都被占据时，对 3 区并不起作用。在溶源化时，阻遏物通常都结合在操纵基因 1 区和 2 区，并不占据 3 区。若 1 区因突变而失活，那么阻遏蛋白就协同地结合于 2 区和 3 区。也就是说 2 区的结合可以帮助另一个二聚体结合到 3 区上。这种相互作用是直接地发生在阻遏物二聚体之间，而并不涉及 DNA 构象的改变。C 端结构域的功能不仅使两个阻遏物单体之间形成二聚体，还负责二聚物之间的协同作用（cooperative interaction）。每个二聚体的两个亚基都参与了这种协同作用，形成了四聚体。

协同结合的结果使阻遏物在生理浓度下增加了和操纵基因的亲和力。这样使低浓度的阻遏物也能占据操纵基因，因此阻遏物的释放就难于结合。在和代谢有关的操纵子中，如果阻遏物丧失了作用，那么将会产生一些不需要的酶，造成浪费。若在 λ 噬菌体的溶源周期中，阻遏物丧失了作用，那么将会导致 λ 噬菌体从原噬菌体状态进入裂解周期。

O_{R3} 和 RNA 聚合酶在 P_{RM} 上的结合位点重叠。若阻遏物的浓度大到足以占据 O_{R3} 的话，*c Ⅰ* 的转录将被阻断，导致阻遏蛋白浓度的减少。O_{R3} 又被空出来，由于 O_{R2} 仍被占据，所以自我调节的循环又可以重新开始。这一机制使阻遏物的浓度不至太高。因此阻遏物是一种自我调节蛋白，在低浓度时它的功能是正调控，而在高浓度时它的功能是负调控。

（二）溶源周期的维持

c Ⅰ 基因是由启动子 P_{RE} 转录的，后由启动子 P_{RM} 反馈调控[RM 意思是阻遏物的维持（repressor maintenance）]。CⅠ蛋白独立地结合于两个操纵基因上。结合在 O_L 上能阻止 RNA 聚合酶与 P_L 的结合，因此阻止了左向早期基因的转录表达。从而阻断了 *N* 基因的表达。这样在早期基因表达前裂解周期就已被阻断了。

图 5.60 是研究 CⅠ蛋白对维持启动子 P_{RM} 反馈调控的一个实验。在大肠杆菌细胞中导入两个质粒载体，

一个载体(pMR1)上插入乳糖操纵子的启动子和操纵基因(*lacOP*),在其下游插入λ噬菌体的*c* Ⅰ基因。在另一个质粒上,插入λ噬菌体CⅠ蛋白的维持启动子P_{RM},在其下游插入乳糖操纵子的结构基因*lacZ*。*lacZ*的产物是半乳糖苷酶,可使X-gal裂解,产生蓝色产物。实验时在细胞中加入安慰诱导物异丙基硫代半乳糖苷(IPTG),IPTG不是半乳糖苷酶的底物,但可和*lac* Ⅰ产生的阻遏蛋白结合,使其失活,结果打开*lacOP*,表达λ噬菌体*c* Ⅰ基因,产生CⅠ蛋白。CⅠ蛋白的表达量可由IPTG的量来控制。CⅠ蛋白又可打开启动子P_{RM},使*lacZ*表达,这样*lacZ*的表达量就间接地由IPTG的量来决定。*lacZ*的表达量的多少是可用X-gal的显色反应来检测。实验结果表明,当IPTG浓度高时,菌落为白色,表示不产生LacZ,即启动子P_{RM}未打开;当IPTG浓度低时,菌落反而出现深蓝色,表示产生LacZ,即启动子P_{RM}打开,能合成半乳糖苷酶。这就意味着当CⅠ蛋白浓度低时,维持启动子P_{RM}打开,合成更多的CⅠ蛋白,以维持溶源状态;当CⅠ蛋白浓度高时,维持启动子P_{RM}关闭,暂停合成CⅠ蛋白,以免造成浪费。从而形成了"自动化"的反馈调控。

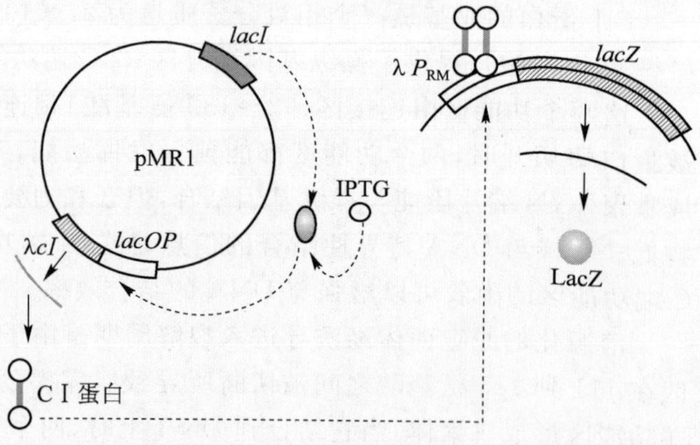

图5.60 CⅠ蛋白对维持启动子P_{RM}反馈调控的实验

科学家们进一步地研究了CⅠ蛋白反馈调控的分子机制。结果表明是由于CⅠ蛋白对λ噬菌体早期启动子中操纵基因的3个区域的亲和能力不同及维持启动子P_{RM}和早期启动子P_R的部分重叠所导致。

λ噬菌体每个操纵基因都含有3个阻遏物结合区(O_{R1}-O_{R2}-O_{R3}和O_{L1}-O_{L2}-O_{L3}),每个区都是由回文序列组成,适合二聚体的结合。每个区的序列相似,但不完全相同(图5.61)。这样既都可提供CⅠ蛋白识别和结合,但亲和力又不相同,为反馈调控创造了条件。在操纵基因中的每个结合区被3～7 bp的A-T丰富区所分隔,O_R位点含有O_{R1}-O_{R2}-O_{R3};O_L位点含有O_{L1}-O_{L2}-O_{L3}。两者的1区都紧靠着启动子的转录起始点,而2和3区离上游远一点。

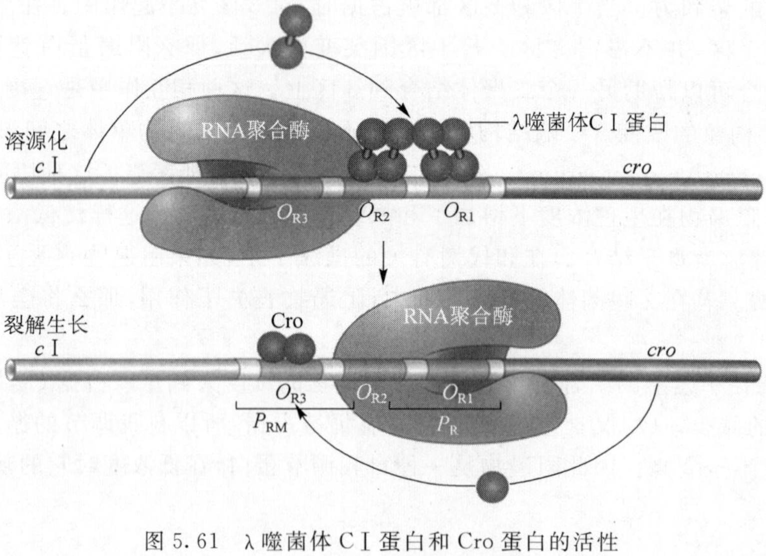

图5.61 λ噬菌体CⅠ蛋白和Cro蛋白的活性

CⅠ蛋白结合到O_{R1}和O_{R2}上,关闭了P_R启动子的转录。结合到O_{R2}上的CⅠ蛋白与P_{RM}上的RNA聚合酶接触,激活了*c* Ⅰ基因的表达。O_{R3}和O_{R2}重叠,结合在那里的Cro蛋白抑制了*c* Ⅰ基因的转录(引自Waston等,2005)

阻遏物二聚体对称地结合在每个回文序列上,每个二聚体的N端功能区都和相同的碱基位点相接触。因此单个的N端区和半个回文序列相结合(图5.12)。每个操纵基因的1区比其余的结合区具有更高的亲和性(约10倍)。当1区已被CⅠ蛋白结合时,由于协同效应使另一个CⅠ蛋白比较容易地和相邻的2区结合,因此

阻遏物总是首先和 O_{L1} 和 O_{R1} 结合。

从图 5.60 中我们可以看到 O_{L1} 和 O_{L2} 大致位于早期启动子 P_L 和 P_R 中 RNA 聚合酶结合位点的中心。O_{L1}-O_{L2} 和 O_{R1}-O_{R2} 如被占据，就完全阻塞了 RNA 聚合酶与 P_L 和 P_R 结合的空间位置，所以可阻遏裂解途径。

此外，由于协同效应是发生在结合于相邻两个区的 CⅠ蛋白之间，当 1 区和 2 区同时都被 CⅠ蛋白占据时，这种相互作用就不会扩大到 3 区，也就是说，在这种情况下，CⅠ蛋白浓度不高时较难结合于 3 区。这样不仅 O_{R3} 区空了出来，同时也给和 O_{R3} 重叠的 P_{RM} 留出了空间。在这种情况下，既然聚合酶不能结合于 P_L 和 P_R，就在细胞中造成了积累，正好 P_{RM} 空置着，集聚了一定量的聚合酶较容易地便结合于 P_{RM}，使 *c Ⅰ* 基因持续表达。

正因为 P_{RM} 的 RNA 聚合酶的结合位点正好是和 O_{R2} 相邻接，当 CⅠ蛋白浓度高时，不仅结合于 1 区和 2 区，也将 3 区占据，这样也就占据了 P_{RM} 的 RNA 聚合酶结合位点，使 P_{RM} 关闭（图 5.62）。这就解释了阻遏物如何自主调节它本身的合成。当两个二聚体结合在 O_{R1}-O_{R2} 时，在 O_{R2} 上的二聚体和 RNA 聚合酶相互作用（图 5.63）。这种作用是重要的。

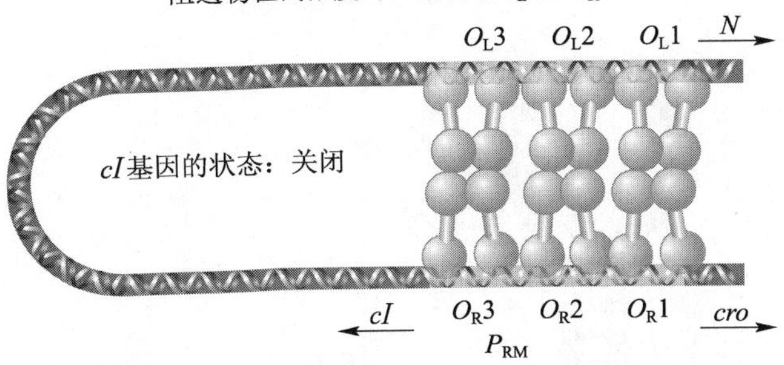

图 5.62　阻遏物在高浓度时，二聚体结合于 O_{L3} 和 O_{R3}，并相互作用，通过阻遏物形成多聚体，使 DNA 弯曲，O_{L3} 和 O_{R3} 彼此靠近（引自 B. Lewin，2008）

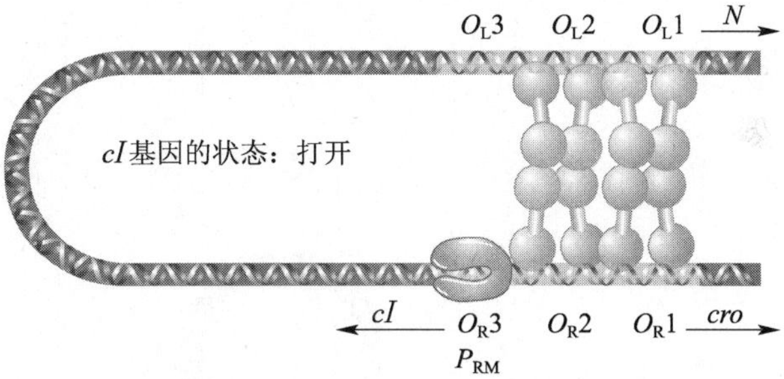

图 5.63　在溶源状态时，阻遏物结合 O_{L2} 上，O_{L2} 上的阻遏物相互作用 RNA 聚合酶结合于 P_{RM}（与 O_{R3} 重叠）并与结合于 O_{L2} 的阻遏物相互作用（引自 B. Lewin，2008）

在 λ 噬菌体早期右向启动子 O_R 和 *c Ⅰ* 基因维持启动子 P_{RM} 之间显示出一种微妙的关系。RNA 聚合酶的结合位点恰好与 O_{R2} 毗连。这使我们能够理解阻遏蛋白进行自主调控的分子机制。当两个阻遏物二聚体优先结合在 O_{R1}-O_{R2} 时，O_{R2} 处的阻遏物二聚体的 N 端结构域与 RNA 聚合酶发生作用。

三、和溶源化有关的调节

（一）整合酶的表达和调控

溶源周期的建立不仅需要 CⅠ蛋白的表达同时还需要其他的一些蛋白质。λ 噬菌体的整合蛋白就是其中重要的一种。进入溶源状态时游离的 λ 噬菌体 DNA 必须**整合**（intergrated）到宿主的 DNA 中。整合和切离反应作用位点是不同的，因此这两个反应所依赖的蛋白质也不完全相同。整合反应需要噬菌体 *int* 基因的产物和**宿主的**整合因子（integration host factor，IHF）。切离反应不仅需要 Int 和 IHF 蛋白，还需要噬菌体 *xis* 基因产物**切除酶**（excisionase）的参与，但 Int 和 Xis 所需要的量不同。整合和切离两个反应都需要 Int 和 IHF，而 Xis 在控制方向上起到重要的作用。它是切离所需要的，对整合起抑制作用。但是基因 *int* 和 *xis* 基因是紧密连锁的，而且它们的编码区还部分重叠。它们都可从 P_L 转录，或从 P_I 转录，那么将如何调控使得在整合时 λ 噬菌体仅合成 Int，而不合成 Xis？原来是 *int* 基因是由启动子 P_I 转录的，而 *xis* 通常是由 P_L 转录的。它们的调节十分微妙。当噬菌体从 P_L 转录时，因为 RNA 聚合酶经过 N 蛋白的修饰可以通过终止子 t_{L2}，这样 RNA 得以延伸，形成了核酸酶的靶位点 *sib*（site in the b）。它首先被 RNaseⅢ剪切，接着核酸外切酶从 3′-5′降解

mRNA，因此，这个位点是 *int* 基因下游的负调节位点，降解由下游向上游方向进行，故称其为**反向调节**（retro-regulation）。因此在进入裂解周期时，位点发生突变或者 RNase Ⅲ基因发生突变（*rnc*⁻），那么 P_L 转录的 mR-NA 也不被降解，且可翻译成 Int 蛋白。*sib* 离 *int* 基因座最近，约 200 bp，这个位点对于产生 Int 不是必需的。*sib* 位点的调节是转录后的顺式调节，*sib* 反向调节的基础是 *int* mRNA 3′端的茎环形态。

λ 原噬菌体从宿主的染色体上切离后，在 *int* 的下游 *sib* 区重新形成。这使 λ 产生的 Xis 比 Int 多，一种情况是防止重新整合，倾向裂解生长。当 CⅠ蛋白失活，N 蛋白对下游终止子进行抗终止，P_L 转录 *xis* 和 *int* 区，这个长的 mRNA 含有 *sib* 区。*sib* RNA 序列形成了一个茎环结构，它能被 RNase Ⅲ降解；也降解了 *int* mRNA（图 5.64）。这样只有少量的整合酶（Int）产生。*xis* mRNA 序列保持完整，所以可产生一定量的 Xis。

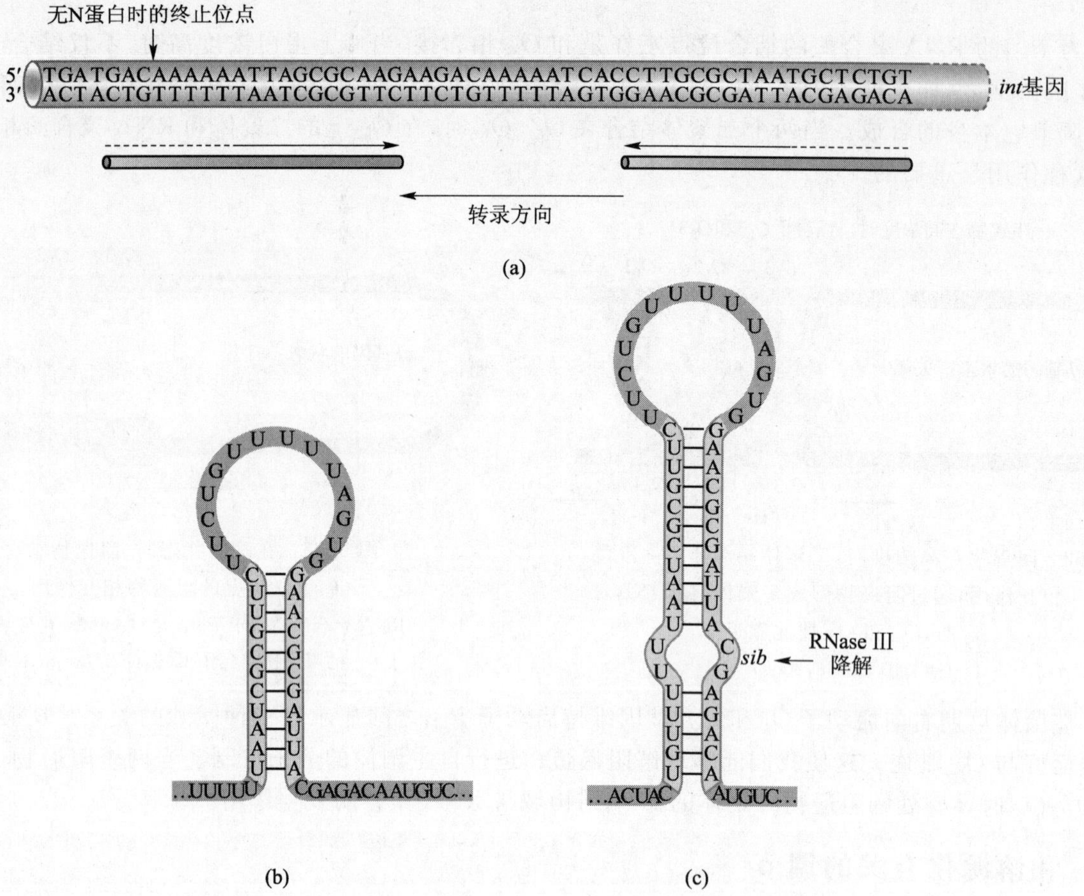

图 5.64 *int* 表达反向调节的 DNA 位点和转录 RNA 的功能结构

(a) 为 DNA 序列 (b) 和 (c) 中圆柱体表示 RNA 中形成发夹对称的序列。(b) 表示从 P_I 转录出的 RNA 形成的终止子，未被 N 蛋白抗终止，此结构可抵抗核酸酶的降解。(c) 表示在 N 蛋白抗终止的作用下从 P_L 转录出的 RNA 形成的延伸环，这一结构具有 RNase Ⅲ切割和核酸酶降解的靶位（引自 Waston 等，2005）

当噬菌体新感染大肠杆菌时，环状的 λ DNA 产生大量的 CⅡ和足够的 CⅠ，停止了从 P_L 转录。当 CⅡ蛋白启动 P_I 转录 *xis* 和 *int* 时，N 蛋白未能对 *int* 的终止子进行抗终止。这种茎环不含 *sib* 位点，所以不是 RNase Ⅲ的底物，从而可产生整合酶，并发生整合，但从 P_I 转录物中并不产生 Xis，这是因为 CⅡ蛋白启动的 P_I 转录物中，失去了 *xis* 的翻译起点，翻译时，会越过 *xis* 的编码区，仅翻译 *int*，产生整合酶，因此在溶源生长时不会产生切除酶。

（二）CⅡ蛋白的作用

当 λ 噬菌体基因组 DNA 进入新的宿主细胞时，RNA 聚合酶并不能转录 *C Ⅰ* 基因，因为没有 CⅡ蛋白结合

在 P_{RE} 上，而 P_R 和 P_L 此时也没有阻遏物的结合。因此 λ 噬菌体感染后首先转录的是 *N* 和 *cro* 基因，然后 N 蛋白使转录进一步延伸，当 *c* Ⅱ 和其他基因在右边被转录时，*c* Ⅲ 基因也在左边被转录。

c Ⅱ 和 *c* Ⅲ 基因共同促进 P_{RE} 的启动。如果它们发生突变的话，也会导致出现清晰的噬菌斑，意味着产生裂解。所不同的是突变不仅不能建立溶源，而且也不能维持溶源。而 *c* Ⅱ 和 *c* Ⅲ 的突变仅对建立溶源化有影响，而一旦建立，就可以通过 CⅠ 蛋白自我调节来维持，无需求助于 *c* Ⅱ 和 *c* Ⅲ 产物。这表明 *c* Ⅱ 和 *c* Ⅲ 是正调控基因。阻遏蛋白的两个合成系统中的一种是需要它们的产物。这个系统仅在 *c* Ⅰ 表达起始时才需要，以此弥补其自我调节不能从头合成的特点。

启动子 P_{RE} 在 *cro* 和 *c* Ⅱ 基因之间，只有在 CⅡ 蛋白存在时 P_{RE} 才能被 RNA 聚合酶所识别。阻遏物建立启动子 P_{RE} 是一个较弱的启动子，不仅其 −10 序列很弱，而且它又缺乏 −35 保守序列，在体外 P_{RE} 是不能被 RNA 聚合酶转录，因此它需要 CⅡ 蛋白的帮助。在 P_{RM} 转录物上的编码区能非常有效地翻译（相反，之前提到的 P_{RE} 转录物的翻译较弱）。事实上，从 P_{RE} 表达的阻遏蛋白是从 P_{RM} 表达的 7～8 倍。这反映了一个事实，P_{RE} 转录物有一个有效的核糖体结合位点，而 P_{RM} 的转录物没有核糖体结合位点且开始于 AUG 起始密码子。

CⅡ 蛋白有两个识别位点，它是由 4 条相同的链组成的两个二聚体，而每个二聚体中仅有一条肽链和启动子结合，结合位点（TTGCNNNNNNTTGC）带有两个重复序列（TTGC）。由于这两个重复序列是串联重复，而不是回文，因此蛋白质的亚基不是对称排列。这种短的四聚体重复序列 TTGC，发生突变就会阻止 CⅡ 蛋白的结合。这个四聚体的每个碱基与另一四聚体中的同源碱基相距 10 bp（一个螺旋），所以当 CⅡ 蛋白识别两个四聚体时，它位于双螺旋的同一个表面上。

从启动子 P_{RE} 的转录建立溶源化是以两种途径进行的：一种是直接作用，能转录 *c* Ⅰ 基因，产生阻遏蛋白；另一种是间接作用，转录以左向通过 *cro* 基因，RNA 的 5′端部分与 *cro* 的转录物（右向）相应部分是反义的，与 *cro* 的 RNA 互补结合，抑制其翻译。这样通过反义 RNA 的作用对 *cro* 的表达起到负调节的作用，而 Cro 蛋白又是裂解周期所必需的。结果是起到阻遏裂解周期，有利于溶源化周期的建立。

在 P_{RE} 转录物上的 *c* Ⅰ 编码区翻译的效率要比 P_{RM} 转录物高得多。这反映了 P_{RE} 转录物具有一种高效率的核糖体结合位点，而 P_{RM} 转录物没有核糖体结合位点，而是用 AUG 直接起始密码子来启动翻译的，所以翻译的效率较低。

P_{RE} 启动子有一个不太好的 −10 序列，而缺乏 −35 序列。这个启动子在体外不能由 RNA 聚合酶转录。但加入 CⅡ 蛋白时，就能转录。

在新感染中溶源化是如何建立的？CⅡ 蛋白的存在使 *c* Ⅰ 基因从 P_{RE} 转录，由这个转录物大量合成阻遏物，并立即结合于 O_L 和 O_R 上。

阻遏物的结合直接抑制了 P_L 和 P_R 的转录，关闭了噬菌体所有的早期基因（除 *c* Ⅰ 基因外）的表达。CⅡ 蛋白和 CⅢ 蛋白的合成也被迫停止。但阻遏物是不稳定的，很快被降解。因此 P_{RE} 不能长时期地被使用。通过“建立”这个途径合成阻遏物也被终止了。但现在已有阻遏物结合在 O_R 上，使 CⅠ 蛋白的合成由“建立”转换成“维持”途径，由启动子 P_{RM} 负责转录。虽然 P_{RM} 的功能是低水平的，但可以持续合成阻遏物。因此在打开维持循环的同时，开始关闭了高水平的“建立”循环，然后关闭了其他所有的功能。

λ 噬菌体感染时其 DNA 必须插入到宿主的基因组中。此插入是需要基因 *int*（insertion）的产物。这个基因是由启动子 P_I 转录的，它表达时也需要 CⅡ 蛋白。P_I 的序列与 P_{RE} 是同源的，也是一个弱启动子，它们都具有 CⅡ 蛋白的结合位点，所以都需要 CⅡ 蛋白帮助启动转录。

CⅡ 蛋白的第 3 个功能是发动启动子 $P_{anti\text{-}Q}$ 的转录，此启动子位于 *Q* 基因内。此转录物不翻译，是 *Q* 区域的反义 RNA，可以和 *Q* 基因的 RNA 互补结合，阻断 Q 蛋白的翻译，而 Q 蛋白又是裂解发育所必需的。这些调节基因对于抗裂解途径都是必要的。

（三）λ 噬菌体的反义调节

λ 噬菌体也具有反义的 mRNA 调节机制。一是 P_{RE} 启动子其转录方向与 *cro* 基因的转录方向相反，其 5′

端和 *cro* 基因的 mRNA 重叠，可进行反义抑制 *cro* 的表达；二是 P_{AQ}启动子转录一段长约 200 bp 的 RNA，不编码蛋白质，而和抗终止蛋白 Q 的 mRNA5′端互补，起到反义抑制的作用。

四、溶源周期和裂解周期的平衡

溶源周期和裂解周期关系十分密切，当噬菌体感染一个宿主时，两者之间的平衡决定了单个噬菌体的命运。CⅠ蛋白和 Cro 蛋白之间的对抗要么由建立自主的维持调控来打破僵局，要么关闭 CⅠ蛋白的合成进入晚期发育而告终。这两种不同的结局如何决定呢？这两个途径的前两个阶段是相同的，它涉及即时早期基因的表达并进入迟早期基因的表达。所不同的是 CⅠ蛋白或 Cro 究竟哪一个来占据两个操纵基因。当 P_L 和 P_R 被抑制时，早期基因的表达将受阻，当 CⅡ蛋白和 CⅢ蛋白缺乏时，CⅠ蛋白通过 P_{RE}的转录也将停止。关键的问题是在 P_{RE}停止转录后，P_{RM}是否接着激活而建立溶源化，还是 P_{RM}不转录，而是 P_Q 被激活，其产物使噬菌体进入裂解发育。在这个关键阶段，CⅠ蛋白和 Cro 蛋白都被合成。

建立溶源化的起始是 CⅠ蛋白结合 O_{L1} 和 O_{R1}。在此位点结合是很快的，然后通过协同效应阻遏物二聚体进一步结合于 O_{L2} 和 O_{R2}，这样就关闭 Cro 蛋白的合成，而开始了 P_{RM}的转录，维持 CⅠ蛋白的合成。

进入裂解周期的起始是 Cro 蛋白结合 O_{R3} 上，阻断了从 P_{RM}开始的维持溶源化的循环，然后 Cro 蛋白还必须结合于 O_{R1}、O_{R2} 及 O_{L1}、O_{L2}，阻断早期基因的表达。通过中断 CⅡ蛋白和 CⅢ蛋白的产生来抑制 P_{RE} 合成 CⅠ蛋白。当不稳定的 CⅡ蛋白和 CⅢ蛋白消失后，关闭了溶源化建立的发生。

在溶源化和裂解周期之间发生转换的关键是 CⅡ蛋白。若 CⅡ蛋白是有活性的，通过 P_{RE}启动子有效地合成阻遏物，结果 CⅠ蛋白占据操纵基因。若 CⅡ蛋白无活性，阻遏物 CⅠ蛋白不能合成，Cro 蛋白就结合于操纵基因上。通常 CⅡ蛋白的浓度决定了感染的后果。CⅡ蛋白稳定性增加的突变使溶源化的频率也增加。这种突变发生在 *CⅡ* 基因的本身或其他的基因上。CⅡ蛋白的不稳定性是由于它对宿主蛋白酶降解的易感性所产生的。它在细胞中的浓度受到 CⅢ蛋白的影响，也受到宿主功能的影响。

综上所述，调节网络的中心是 CⅠ蛋白阻遏物和 Cro 蛋白。它们形成一种开关，CⅠ蛋白维持溶源化状态，而 Cro 蛋白启动裂解周期。CⅡ蛋白是选择两种途径的“最终裁判”。当时期是正确的，CⅡ蛋白结合到噬菌体的 3 个启动子上，导致 CⅠ蛋白阻遏物和 DNA 整合酶表达及 Q 蛋白的抑制。Q 蛋白是裂解途径的一个关键蛋白，而且是 DNA 的切除酶。

（一）Cro 蛋白的功能

λ 噬菌体的溶源化的建立实际上是在裂解级联调控的早期进行的。现在我们面临着一个问题：噬菌体如何进入裂解周期？

cro 基因编码另一种阻遏蛋白。它负责阻止 CⅠ蛋白的合成。CⅠ蛋白的作用是关闭建立溶源化。*cro* 突变型通常是建立溶源化，而不进入裂解途径。这是由于失去了关闭 CⅠ蛋白表达的能力。

Cro 蛋白是一种小分子二聚体（每个亚基为 9×10^3），作用于免疫区，具有两种效能：①阻断维持循环中阻遏物的合成，即抑制启动子 P_{RM}转录；②也可抑制从 P_L 和 P_R 起始的早期基因的表达。这就意味着当噬菌体进入裂解途径时，Cro 负责抑制阻遏蛋白的合成及关闭早期基因的表达。

Cro 蛋白和 CⅠ蛋白在 HTH 区域的序列是相关的。因此它们能与相同的 DNA 序列结合。但亲和力不同。它们分别结合于操纵元件上的不同位点。

Cro 蛋白对 O_{R3} 的亲和力要大于对 O_{R2}或 O_{R1} 的亲和力，因此它首先结合于 O_{R3}，这就阻止了 RNA 聚合酶结合于 P_{RM}，这样 Cro 蛋白的第一个作用便是阻止溶源化的“维持”循环。然后 Cro 蛋白再结合于 O_{R2}或 O_{R1}，它对这两个位点亲和力是相似的，且没有协同效应。但在这两个位点中 Cro 蛋白只存在于其中一个位点就足以阻止 RNA 聚合酶利用启动子 P_R/P_L。依次停止了早期功能的产物。由于 CⅡ蛋白是不稳定的，P_{RE}的使用也被停止。Cro 蛋白使 CⅠ蛋白的产生受到阻断。

(二) 影响CⅡ蛋白含量的因素

影响CⅡ蛋白含量的因素也间接影响到溶源周期和裂解周期的平衡。归纳起来有以下的几种:①*cⅢ*基因的表达;②噬菌体的感染复数;③宿主某些基因的影响;④宿主的生存状态等。

1. *cⅢ*基因的表达

CⅡ蛋白是不稳定的,需要受到CⅢ蛋白的保护才能发挥其正常功能。实际上CⅢ蛋白不仅影响了CⅡ蛋白的水平,还能激活*cⅡ*基因的转录。CⅢ蛋白既是FtsH的底物,又是其抑制物。它是一个具有两性螺旋结构的低聚物,可作为FtsH的竞争性抑制物(competitive inhibitor),替代了CⅡ蛋白来作为底物,消耗了部分FtsH,使CⅡ蛋白能保持一定的量。

2. 噬菌体的感染复数

噬菌体两种生活途径的决定还和噬菌体的感染复数有关,即感染时噬菌体与细菌的比例。感染复数直接影响到细胞中CⅡ蛋白和CⅢ蛋白的浓度。

这是由于CⅡ蛋白的单体不仅不稳定,而且是没有活性的,只有以二聚体形式存在时才具有活性。当仅有1~2个噬菌体感染同一个细菌细胞时,产生的CⅡ蛋白很少,其水平不足以形成二聚体,此时λ噬菌体倾向于裂解周期;当感染复数提高时,CⅡ蛋白的浓度也随之增加,可以形成具有活性的CⅡ蛋白二聚体,结果有利于向溶源途径发育。

是溶源化还是裂解的一个重要的标准是活化的CⅡ蛋白的量。此数量是依赖于感染复数和其他蛋白质因子的作用。*cⅡ* mRNA的水平是由通过pN由CⅠ蛋白和Cro蛋白控制的,需要聚合酶越过t_{R1}转录*cⅡ*基因。

当感染复数高时,噬菌体将产生大量的CⅢ蛋白。CⅢ蛋白抑制了FtsH蛋白酶对CⅡ蛋白的降解。CⅡ蛋白的集聚促进了*cⅠ*和*int*基因的转录,使λ噬菌体整合到宿主染色体中,阻遏了启动子P_L和P_R,建立了溶源状态。

(三) 与溶源有关的宿主的基因

λ噬菌体的溶源化不仅涉及其本身编码的一些基因,同时和宿主的*hflA*、*himA*、*himD*和*racA*等基因的表达也密切相关。

1. *hfl*基因

*E. coli*的高频溶源化(high frequency lysogenization,*hfl*)基因对感染λ噬菌体基因组的定向是至关重要的。它编码一种FtsH(HflB)蛋白。它是一种完整的ATPase和蛋白酶,可降解CⅡ蛋白。因此细胞中如缺乏FtsH蛋白,CⅡ蛋白便比较稳定;反之,FtsH蛋白过度表达时可加速CⅡ蛋白的降解。在体外,纯化的FtsH蛋白可催化CⅡ蛋白依赖ATP的水解。而FtsH蛋白自身的活性是受到细胞生长的状态的控制,虽然现在尚不知道这种控制是如何实现的,但已知,在细胞生长良好时,FtsH蛋白活性高,CⅡ蛋白被有效地降解,因此阻遏物不能合成,噬菌体倾向于裂解生长;相反,当细胞营养耗尽时,FtsH蛋白活性低,CⅡ蛋白降解慢,因此阻遏物被积累,噬菌体倾向于溶源生长。这是由于细胞饥饿时,细胞大量的cAMP和CRP抑制了*hflA*的转录与活化。因此高水平的cAMP导致HflA蛋白酶活性降低,噬菌体倾向于溶源化。

2. *himA*基因

*E. coli*中的**宿主整合因子**(integration host factor,IHF)是一种重组酶,由*himA*和*himD*编码的两个亚基组成。主要是用于λ噬菌体的整合和精确切离。*him A*基因突变会抑制位点特异性重组,并且能被λ噬菌体*int*基因的突变所抑制,这说明IHF蛋白和Int蛋白之间存在着相互作用。

*cⅡ*表达的翻译也涉及宿主的HimA蛋白。*cⅡ* mRNA的有效翻译需要HimA蛋白。在*cⅡ* mRNA的5′端有一个潜在的茎环结构,起到保护mRNA的作用,但也将S-D序列隐蔽起来。HimA蛋白的存在使*cⅡ* mRNA的5′端的茎环结构解开,这样,核糖体就能利用隐蔽的S-D序列,并翻译*cⅡ* mRNA的起始密码子。

3. *racA* 基因

racA 是宿主编码重组酶系统中的一个基因，它编码一种多功能的酶，既可以剪切 DNA，也可水解蛋白质。若细胞处于溶源状态，当宿主中 RacA 蛋白被激活时，可以剪切 CⅠ蛋白，除去其 C 端的结构域，使 CⅠ蛋白失去二聚化和协同效应的功能，由于这两个功能对于阻遏物结合 O_{R1} 和 O_{R2} 是至关重要的，所以 RacA 蛋白使阻遏物失去功能，导致了 P_L 和 P_R 恢复转录，使噬菌体从溶源周期进入裂解周期。

习 题

1. 什么是操纵子模型？操纵子的建立有何意义？真核生物中为何没有操纵子结构？
2. 什么是正调控？什么是负调控？什么是诱导？什么是阻遏？
3. 简述乳糖操纵子中阻遏蛋白的结构和功能。
4. 什么是 CAP 结合位点？其存在有何意义？
5. 试述半乳糖操纵子的结构和特点。
6. 试述阿拉伯糖操纵子的结构和特点。
7. 色氨酸操纵子有什么特点？
8. 什么是衰减子？其有什么作用？
9. 衰减子存在于哪些操纵子中？真核生物有无类似的调控形式？为什么？
10. 举例说明在原核生物中采用 DNA 重排来调控转录起始的机制。
11. 什么是反义调控？在原核生物中存在哪些反义调控的例子？
12. 什么是核开关(riboswitches)？哪些因子可介导核开关的调控？它们的分子机制是什么？
13. 原核生物和噬菌体在翻译水平上采用哪些调控策略？
14. 原核生物和噬菌体中，小分子 RNA 调控翻译有几种类型？其分子机制是什么？试举例说明。
15. *E. coli* 外膜蛋白 OmpC 和 OmpF 对不同的渗透压如何进行调控？
16. 稀有密码子在调控中有什么作用？
17. 在原核生物和噬菌体中有哪些作用可产生翻译的通读？这些作用的分子机制是什么？
18. 试述移位(reading-frame displacement)或程序性移框(programmed frameshifting)及旁通(by-passing)或框内跳译(frame hopping)的分子机制。
19. 简述 λ 噬菌体早期转录、晚期转录及其调控。
20. λ 噬菌体启动子 P_M 和 P_E 各有什么功能，如何启动？
21. λ 噬菌体的 CⅡ蛋白和 CⅢ蛋白的功能是什么？
22. 试述 CⅠ蛋白的结构和功能。
23. 为什么 CⅠ蛋白在低浓度时可以活化 P_M 启动子，而在高浓度时可抑制 P_M 启动子？
24. 为什么紫外线照射可以诱导溶源化的 λ 噬菌体裂解？
25. 裂解途径或溶源途径是如何决定的？涉及哪些基因？它们的功能是什么？
26. λ 噬菌体左向转录已转录了 *int* 基因，为什么 *int* 基因本身还需要有自己的启动子？

第六章 真核生物的基因表达调控

- 染色体水平的调控
- 染色质水平的调控
- 转录水平的调控
- 转录后调控
- 翻译的调控
- 表观遗传

真核生物基因组比原核生物有了大幅度的增加，而且不再是环状或线状近于裸露的 DNA，而是以多条染色体的形式承载着来自双亲的遗传信息。真核细胞内被膜系统分隔成不同区域，如细胞核、线粒体、叶绿体和内质网等。大部分生物不仅由多细胞构成，而且具有组织和器官的分化。真核生物还存在着复杂的个体发育和分化，因此真核生物的基因表达调控要比原核生物复杂得多，精细得多，归纳起来有以下特点：①增加了染色体这一层次的调控，如染色体的扩增和减少、重排、组蛋白的化学修饰等；②内含子剪接提供了一种新的调控模式；③具有更多的调节位点、调控因子、模体及信号系统；④真核基因组无操纵子，但出现了增强子、同源异形盒和边界元件等远距离大范围的调控；⑤具有表观遗传的调控模式。

第一节 染色体水平的调控

真核生物和原核生物重要的区别之一就是具有染色体的结构，因此在基因表达的调控上多了染色体调控这样的一个大幅度调控的层次。染色体调控常见的有丢失、扩增和重排等类型。

一、染色体丢失

染色体丢失(chromosome elimination)是指有的生物在个体发育的早期，在体细胞中要丢失部分染色体，而在生殖细胞中保持全部的基因组，被丢失的染色体所携带的遗传信息可能对体细胞来说没有什么意义，但对生殖细胞的发育是不可缺少的。

例如，小麦瘿蚊(*Mayetiole destructor*)受精卵的细胞核分裂，而受精卵不分裂，形成**合胞体**(syncytium)。当核第 3 次分裂后，有两个核移向卵后端的一个特殊区域，称为**极质**(polar plasma)。在极质中的核保持了全套的染色体($2n=40$)，将来分化为生殖细胞。而在一般的细胞质中，丢失了 32 条染色体，只保留 8 条，将来分化为体细胞。若在细胞核移向极质前，用细尼龙丝在极质处进行结扎，不让核移入极质；或者用紫外线照射极质，结果所有的核中都只保留了 8 条染色体。极质中有很多核糖体样的颗粒，可以保护染色体不被削减，当紫外线照射后破坏了其功能，导致染色体丢失，最终不能发育为生殖细胞。

二、染色体扩增

染色体扩增(amplification)是指细胞内特定基因的拷贝数专一性大量增加的现象，其本质是**基因扩增**(gene amplification)。染色体的扩增可分为几种情况。

(一) 组织中整个染色体组都进行扩增

在果蝇和其他双翅目昆虫的幼虫唾腺和某些其他组织中，细胞核的染色体比普通染色体增长了 100～200 倍，体积增大了 1 000～2 000 倍。由于这些细胞十分特殊，在幼虫阶段 DNA 可复制 4～15 次，但细胞都不分裂，染色体丝平行排列，同源染色体对紧密联会，产生含多达 1 000 条染色单体的**巨大染色体**(giant chromosome)，又称为**多线染色体**(polytene chromosome)(图 6.1)。此外，哺乳动物肝细胞扩增为四倍体的现象也是典型的整个染色体组的扩增。

(二) 发育中的编程性扩增

1. 特定基因簇的染色体外扩增

特定基因簇的染色体扩增的最好实例来自两栖动物卵母细胞的 rRNA 合成。例如，非洲爪蟾(*Xenopus laevis*)的每条染色体上有约 450 拷贝 18S、5.8S 和 28S rDNA 的串联重复单位，它们成簇排列，形成**核仁组织区**(nucleolar organizer region，NOR)。在卵母细胞中 rDNA 串联重复单位被切下并环化，以滚环复制的形式进行扩增，使拷贝数扩大了 1 000 倍以上。为胚胎的发育提供大量的蛋白质合成装置，直到发育成蝌蚪阶段。

2. 特定基因的原位扩增

在黑腹果蝇的发育中，卵壳蛋白(chorion)基因类似于原核生物的成熟前复制而被扩增。卵壳蛋白是在多倍体的卵泡细胞中合成并被分泌的。昆虫的卵壳基因成簇排列，在黑腹果蝇中已鉴别出两组。在卵泡中其中一组基因位于 X 染色体上，在表达之前经 4 次重复，扩增了 16 倍；另一组基因在Ⅲ号染色体上，它们经 6 次重复，扩增了 64 倍。在这两组中，扩增区域延伸到卵壳基因另一侧约 4 550 kb。扩增最多的是在卵壳基因周围约 20 kb 的区域，产生一系列的**协同扩增子**(concentric amplicons)。这样通过在卵泡细胞中选择性扩增来满足在短期内对卵壳蛋白的大量需求(图 6.2)。

图 6.1 多线染色体由扩增后的多条染色单体组成

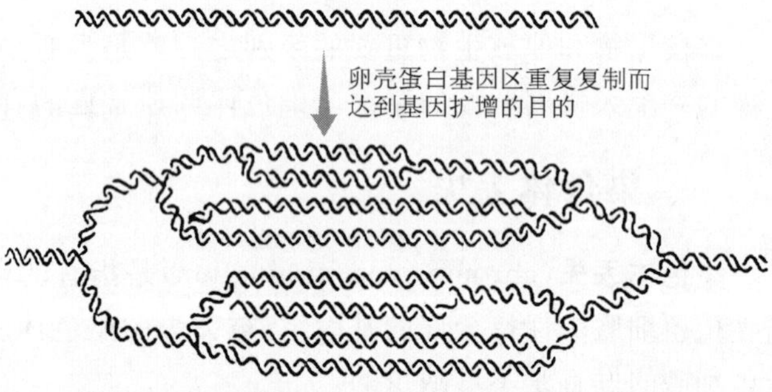

图 6.2 黑腹果蝇的卵壳蛋白基因在单个复制子中局部区域通过多次起始复制来完成扩增

(引自 A. J. F. Griffths 等，1993)

(三) 哺乳动物培养细胞中定向基因的应激性扩增

某些试剂可使那些对其产生抗性的基因大量扩增。当用药物处理培养的哺乳类细胞来抑制特定的酶时，抗性细胞可以被分离并大量生长。氨甲蝶呤(methotrexate)是二氢叶酸还原酶(DHFR)的竞争性抑制剂，可阻断叶酸盐的代谢。野生型细胞对氨甲蝶呤十分敏感，但在加入氨甲蝶呤后的培养细胞中可以分离到能耐受氨甲蝶呤的细胞。对这种抗性细胞的 DNA 进行分析，有些是在 *dhfr* 基因中发生了突变，突变体改变了活性，使其对氨甲喋呤产生抗性。在经过几轮筛选的高抗性细胞中，这个基因座可扩增上千倍。在这种高抗性的细胞染色体中，可以观察到扩增区域形成一延伸的染色体带称为**均匀染色区**(homogeneously staining region，HSR）或形成小的点状染色体，被称为**双微体**（double minute chromosome）。*dhfr* 基因长约 31 kb，但在染色体 HSR 中，重复单位的可变长度为 500～1 000 kb；在双微体中含有的 DNA 长度为 100～1 000 kb。这样类型的基因扩增现已发现 20 种以上。

dhfr 扩增也仅仅发生在两个等位基因中的一个。对氨甲喋呤抗性的增加是依靠这一基因座位扩增的程度来完成的。在抗氨甲喋呤细胞中，*dhfr* 基因数目的变化范围是 40～400 拷贝，拷贝数的多少取决于选择的程度和单个细胞系本身。抗氨甲喋呤细胞系（mtx^r，methotrexate resistance）分为稳定系和不稳定系两类，两者的差别如图 6.3 所示。在稳定系统中，扩增的基因得以保持，仍位于染色体上 *dhfr* 基因座上，而其等位基因仍保持正常的单拷贝。扩增的基因在染色体上形成一条增加的区域，用分带技术来处理（如 G 带）后，这一区域不显示任何染色体带，表明带间的某一区域经历了一种扩增（图 6.4）。

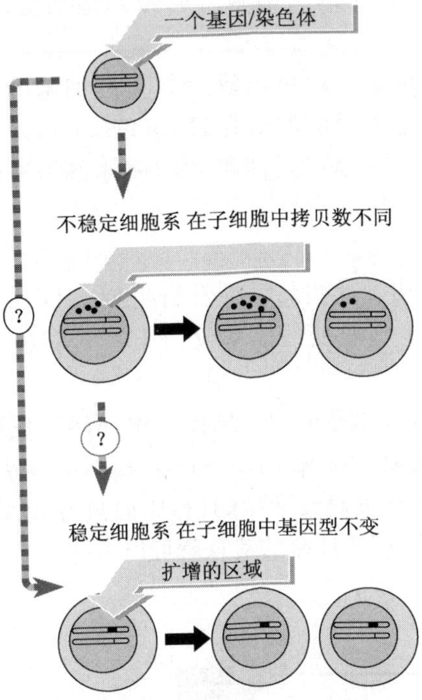

图 6.3 *dhfr* 基因能通过扩增而获得不稳定的染色体外拷贝（双微体）或稳定的染色体内拷贝。染色体外拷贝出现在早期（引自 B. Lewin，2004）

图 6.4 *dhfr* 扩增的拷贝在染色体中产生一个 HSR（引自 B. Lewin，2004）

在不稳定系统中，当选择压力消除时，扩增的基因至少会部分丢失。但未丢失的基因是以染色体外的双微体方式存在（图 6.5）。在典型的细胞系中，每个双微体带有 2～4 个 *dhfr* 基因。

双微体可以复制；但它们没有着丝粒，不能附着在有丝分裂的纺锤丝上，因此不能均等分离进入子细胞。虽然称它为“双微体”，实际上可看作为染色体外的微小染色体。

扩增的另一种情况表现在对**转氨甲酰酶**（transcarbamylase）抑制物的抗性。它是通过氨甲酰磷酸合成酶、天冬氨酸转甲酰酶和二氢乳清酸酶（carbamyl phosphate synthetase，aspartate transcarbamylase and dihydroorotase，CAD）基因的扩增来实现的。扩增的 *CAD* DNA 可在染色体中发现，被

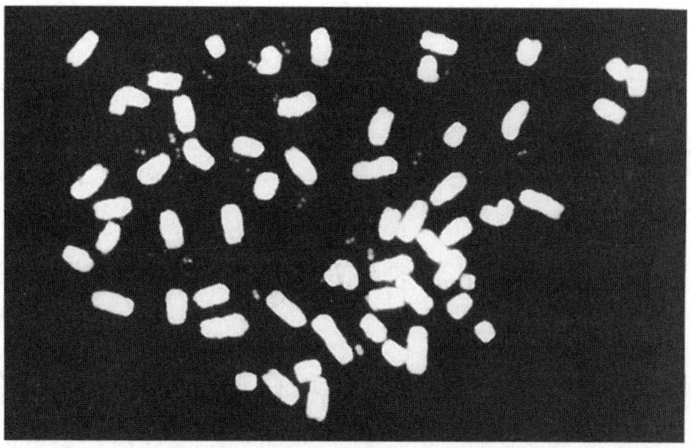

图 6.5 扩增的染色体外 *dhfr* 基因以双微体的方式存在 如图所见白色的小点（引自 B. Lewin，2004）

扩增的基因是以分散的形式分布在扩增区域，常涉及一条以上的染色体。

三、染色体重排

在原核生物中，可通过特殊类型的基因组重排(如倒位)进行调控。而在真核生物中，染色体的重排更为复杂，涉及很多蛋白质因子，并和转座密切相关。最典型的例子是酵母的交配型转换和免疫球蛋白基因的体细胞重组。

(一) 酵母交配型转换

很多真菌在有性生殖过程中都需要不同**交配型**(mating type，MAT)的菌株相互接合，才能产生二倍体的合子。细胞的交配型是由 *MAT* 基因座决定的。在此座位上带有 *MATa* 等位基因的细胞就叫做 a 型细胞；同样带有 *MATα* 等位基因的细胞就称为 α 型细胞。

在啤酒酵母中 a 交配型的菌株中可出现少数 α 型细胞，在 α 交配型的菌株中也可出现少数 a 型细胞的现象称为**交配型转换**(mating type switching)。不同交配型细胞之间的识别是由分泌的**信息素**(pheromones)决定的。α 细胞分泌 α 因子；a 细胞分泌 a 因子。α 因子是个 13 肽；a 因子是个 12 肽。这两种肽的前体都需要经过剪切，最后释放成熟的肽序列。

1. 酵母交配型转换的盒式模型

酵母具有转换交配型的能力，即从 a 型变成为 α 型，或从 α 型转变为 a 型。这些品系带有野生型 *HO* 基因并频繁地改变它们的交配型，而 *HO*⁻ 突变型品系具有稳定的交配型，其交配型改变的频率仅约 10^{-6}。转换的存在表明所有的细胞都含有 *MAT*a 和 *MATα* 型的潜在信息。

1977 年 J. B. Hicks 等对酵母交配型的转换提出了**盒式模型**(cassette model)(图 6.6)。该模型中，*MAT* 是**活性盒**(active cassette)，可以是 α 型，也可以是 a 型；两侧的 *HML* 和 *HMR* 是**沉默盒**(silent cassettes)，都不能表达，像是一个"贮藏盒"。通常 *HML* 带有 α 盒，而 *HMR* 带有 a 盒，所有的盒都带有编码交配型的信息，但只有 *MAT* 可以表达。当活性盒信息被沉默盒信息所取代时就发生了交配型转换，新"转进"活性盒的信息就可以表达。

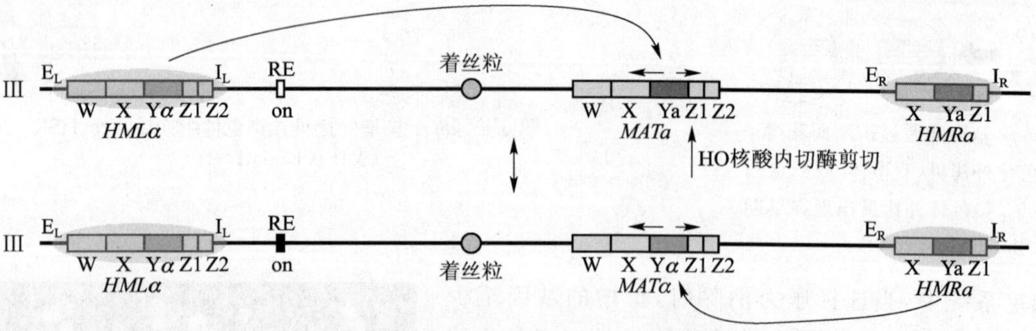

图 6.6 表示酵母(*S. cerevisiae*)Ⅲ号染色体上交配型基因座，*HML* 靠近染色体左侧，*MAT* 靠近染色体的中部，而 *HMR* 靠近染色体的右侧，E 和 I 是沉默蛋白结合的顺式作用位点，可使 *HML* 和 *HMR* 异染色质化而沉默。RE 是指重组增强子(recombination enhancer)，当它打开时，促进Ⅲ号染色体左半段的重组，使 *HML* 交配型顺利转换，W、X 和 Z 是 *HML*、*HMR* 和 *MAT* 之间相同的同源序列。Y 是指每个暗盒所编码的交配型信息

(引自 J. E. Haber，1998)

交配型转换是单向的，若 *MAT* 发生突变，当转换时它被取代掉而且永久消失，新转换进的拷贝并未发生突变。在 *HML* 和 *HMR* 上的拷贝也会发生突变，在这种情况下转换可将突变的等位基因导入 *MAT* 位点。但在 *HML* 或 *HMR* 仍保留着一份突变的拷贝，其实质属于复制型转座(第八章)，供体元件在受体位点产生了一个新的拷贝，而在原来的位置上仍保留着先前的拷贝。

交配型转换是一个直接的事件。在转换中仅有一个受体(*MAT*)，但有两个供体(*HML* 和 *HMR*)，转换通

常涉及 *MAT* 上的拷贝被 *HML* 或 *HMR* 上的拷贝所取代。80%～90%的转换，是 *MAT* 位点上的等位基因被另一个不同交配型等位基因所取代。通过细胞表型的决定显示了这些基因的作用。

缺失突变分析表明在各个 *HML* 和 *HMR* 的上游具有阻遏它们表达的区域，称为**沉默子**(silencer)，沉默子是真核细胞中可降低基因启动子转录活性的一段 DNA 顺式元件。与增强子作用相反。沉默盒左侧的称为 *E* 沉默子，右侧的称为 *I* 沉默子(图 6.6)。现已发现有 4 个**沉默信息调节基因**(silent information regulation gene，*SIR*)的产物可抑制 *HMR* 和 *HML* 的转录，这些基因中任何一个发生突变都会失去抑制作用。因 SIR 蛋白的突变体对基因的作用和端粒近端异染色质的效应相同，所以现认为 SIR 蛋白和组蛋白相互作用，参与异染色质的形成。SIR 蛋白可能是通过改变染色质的结构来阻止基因表达。

2. 交配型转换的分子机制

交配型的转换是由基因转变来完成的，即受体位点(*MAT*)被转变成供体型的序列(*HML* 和 *HMR*)。*MAT* 的突变可阻止交配型转换，鉴别出转换所需的位点，这个转换过程具有单向性的特点。

在 *MAT* 的 Y 右边界上鉴别一个突变位点，它对于转换是至关重要的。Y 右端的缺失并没有什么影响。但一旦缺失越过这个位点那么它们就不再发生转换。此突变位点位于边界附近，边界的性质就是通过和转换有关的一些点突变来界定的。Y-Z 的交界处是 DNA 改变的位点，它起始转换。

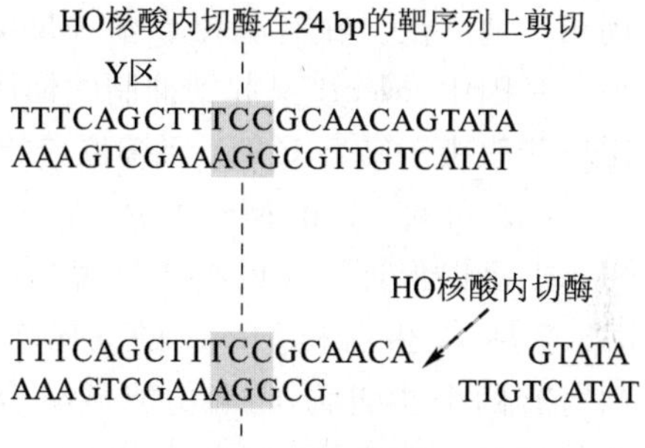

图 6.7　HO 内切核酸酶在 Y 区的近右侧交错剪切 *MAT*，产生 4 bp 单链突出的黏性末端

(引自 B. Lewin，2004)

HO 核酸内切酶在 Y-Z 的交界处剪切产生了 4 bp 的单链末端(图 6.7)。Y 区交界处周围的 24 bp 的全部序列或大部分序列对于体外剪切来说都是必要的。仅活性盒才被 HO 核酸内切酶识别剪切，而沉默盒对 HO 核酸内切酶都不敏感，这和沉默盒不表达的机制是相同的。正是这种不敏感才形成了交配型转换的单向性。

图 6.8 表明转换的分子机制，HO 核酸内切酶造成 DNA 双链断裂而重组，引发了盒替换。重组的起始需要 HO 核酸内切酶的切割。*MAT* 的游离端插入 *HML* 或 *HMR* 基因座且和 Z 区配对。*MAT* 的 Y 区被降解直到 Y 区左侧的同源区。*MAT* 的左、右两侧是可以和 *HML* 或 *HMR* 配对的。以 *HML* 或 *HMR* 的 Y 区为模板合成新的序列取代了 *MAT* 被降解的区域，配对座位再彼此分离。这意味着 *HML* 和 *HMR* 的作用就是作为供体基因座。

3. *MATa* 和 *MATα* 基因编码调节蛋白

α 细胞含有一套"α-特异性蛋白"，而 a 细胞含有一套"a-特异性蛋白"。α-特异性蛋白的基因仅在 α 细胞中转录，而同样 a-特异性蛋白的基因也只在 a 细胞中转录。交配型基因座位的产物控制一组特化基因的表达(图 6.9)。

MAT 座位的基本功能是调控外激素基因、受体基因及其他和交配有关基因的表达。每种类型的座位编码一些调节蛋白。*MATα* 编码两种调节蛋白：α1 和 α2。*MAT*a 只编码一种调节蛋白 a1。α 蛋白和 a 蛋白直接调控目的基因的转录；它们通过正调控或负调控起作用。在单倍体中它们独立起作用，在二倍体中协同作用。

在 α 单倍体细胞中，*MATα* 基因座的 α1 和 α2 两者反向转录，产生 α1 和 α2 蛋白，α1 激活 α 交配型特异基因群(*αsg*)转录；α2 结合于 *a* 交配型特异基因群(*asg*)的上游调节元件，阻遏这些基因的表达(图 6.9)。因此 *αsg* 只在 α 细胞中表达。它们包括 α-因子结构基因，a-因子的受体基因 *STE3*。

在 *a* 单倍体细胞中，*MATa* 座位中只有 *a1* 表达，a1 蛋白其功能不明，可能仅在二倍体细胞中起到阻遏单倍体特异基因群(*hsg*)的作用。*asg* 在 a 细胞中不受 α2 蛋白的阻遏，而呈组成型表达(图 6.9)。*asg* 包括 a-因子结构基因和编码 α-因子受体的 *STE2* 基因。这样 a 细胞能迅速产生识别 α 型所需的外激素。

hsg 包括 *HO* 基因(编码一种位点特异性核酸内切酶，为交配型转换起始所需)和 *RME*(阻遏减数分裂和孢子形成)基因等。它们在两种类型的单倍体中都是组成型表达。产生阻遏减数分裂和孢子形成的蛋白质，使单倍体细胞不能进行减数分裂及孢子形成。但在 a/α 二倍体中 *HO* 和 *RME* 基因等受到阻遏(图 6.9)。

在二倍体中，α2 蛋白仍可合成，其功能是：①阻遏 a-交配型特异基因群的表达；②和 a1 合作来共同阻遏 *α1* 及 *hsg* 的表达。α1 不能合成就无法启动 α-交配型特异基因群的表达。*hsg* 基因被阻遏就不能合成阻遏减数分裂和孢子形成的蛋白，使二倍体特异基因群得到表达，从而可以进行减数分裂及孢子形成。

一种称为**信息素和受体转录因子**(pheromore and receptor transcription，PRTF)的蛋白质也称为 Mcm1 蛋白，它对交配型是非特异的。Mcm1 结合在一些很短的 P-box 的共有序列上，故以前被称为 P 盒转录因子。因为 P-box 存在于很多基因中，所以 PRTF 在基因调节中的作用相当地广泛。在有些位点中，Mcm1 起激活作用，而在另一基因中，Mcm1 又起到抑制的作用。因此它的最终作用可能取决于结合 P-box 邻接位点的其他蛋白质。

asg 可能只由 Mcm1 激活，在 a 单倍体细胞中 Mcm1 足以保证 *asg* 的组成型表达。在 α 单倍体细胞中 *asg* 受到 α2 蛋白和 Mcm1 的共同作用而被抑制。α2 蛋白含有两个功能域，C 端功能域结合于含 32 bp 保守序列一端的短回文序列上，但这并不导致阻遏。N 端的功能区起到阻遏的作用并负责和 Mcm1 接触。Mcm1 的结合位点是在调节元件中心的 P-box 处，其实 α2 和 Mcm1 是协同结合在调节元件上。

αsg 的表达需要 α1 的激活，α1 是另一种小蛋白，长 175 氨基酸，*αsg* 转录的起始位点位于 UAS 元件中，此保守序列长 26 bp，可分为两部分，第一部分是 P-box 长 16 bp，是 Mcm1 结合处，相邻接的 10 bp 序列形成了 α1 的结合位点称 Q-box。这两种蛋白质都不能单独结合于它们的靶框(box)上，但可以共同同时结合于其上，此是蛋白质与蛋白质相互作用的结果(图 6.9)。在 a 单倍体细胞中，由于缺乏 α1 蛋白，所以 *αsg* 不能表达，Mcm1 也不能结合 P-box 使其激活。

α2 蛋白也可以和 a1 蛋白协作，这两个蛋白质的缔合共同识别一种不同的调节元件。此调节元件只有 α2 识别的回文序列。此序列和 *αsg* 的特异序列都不同，比较短。在二倍体细胞中 α2/a1 复合蛋白可以结合于此模体上阻遏 *hsg* 的表达。

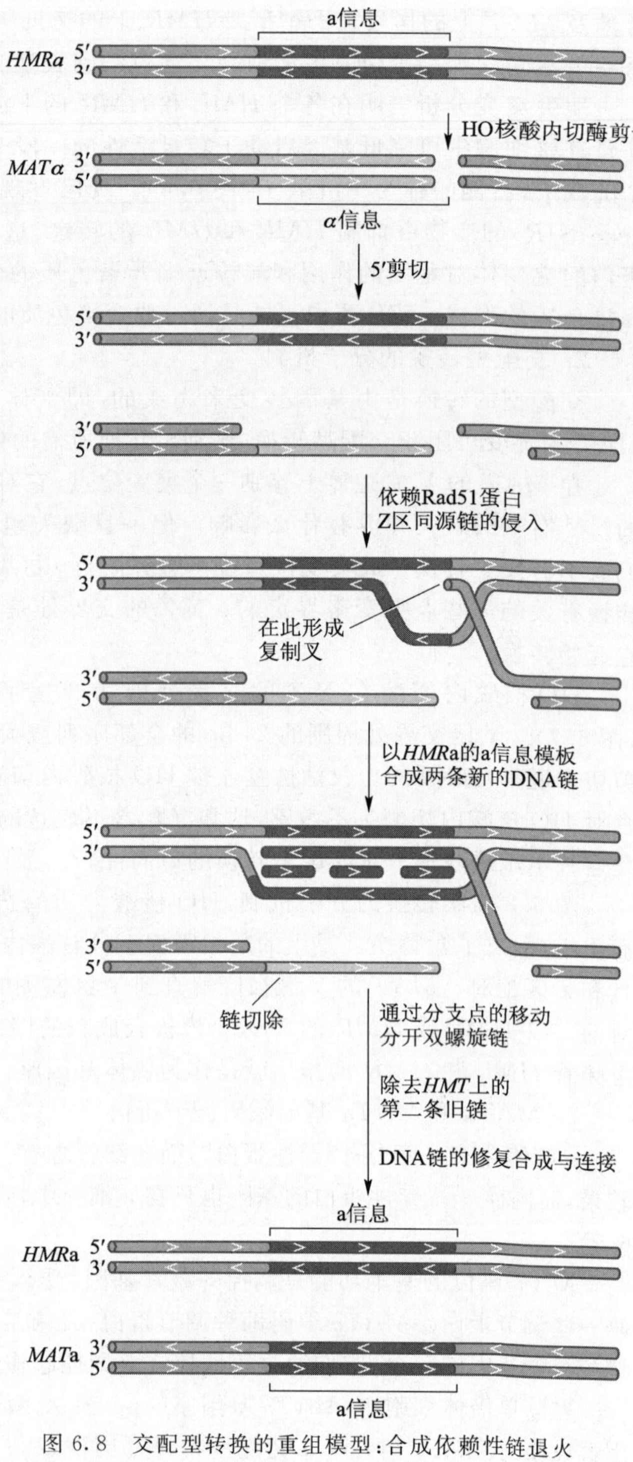

图 6.8 交配型转换的重组模型：合成依赖性链退火(synthesis-dependent strand annealing，SDSA)

图示位于 *MAT* 基因座的基因转变的步骤。*MAR* 和 *MAT* 区域以深色和浅色表示。当重组结束时，起初位于 *MAT* 区域的 α 信息被替换，即转变成为 *MAR* 区域的 a 信息(引自 Waston 等，2005)

从这些结果中我们可以看到每种细胞(a 或者 α 单倍体或 a/α 二倍体)的表型是由表达的 a 蛋白质和 α 蛋白质所决定的。一方面是单倍体和二倍体之间的区别，另一方面是 a 单倍体和 α 单倍体之间的区别。后者不仅涉及特有交配型相应基因的表达，而且还涉及类型转换的方向。

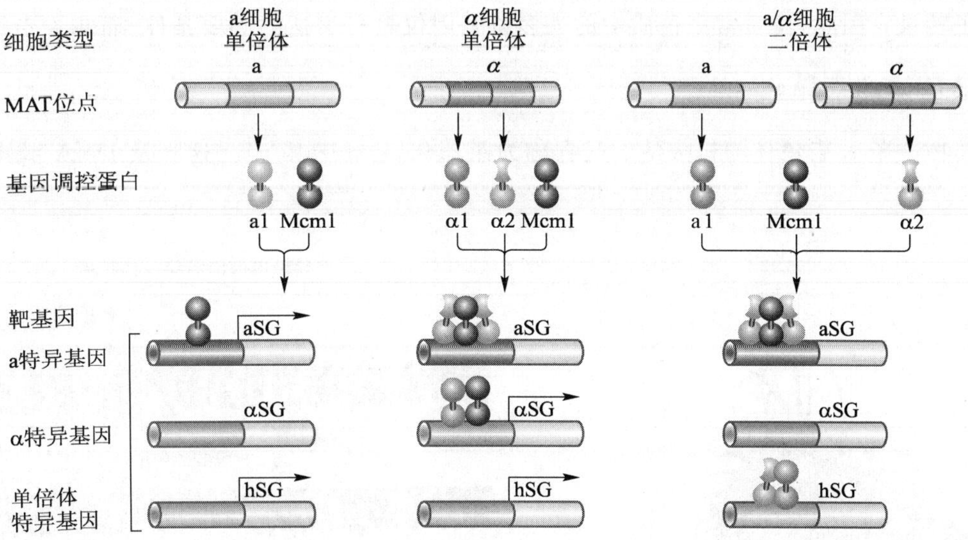

图 6.9　酵母细胞类型特异基因的控制

酵母细胞的单倍体交配型 a 细胞、α 细胞及二倍体 a/α 细胞 3 种类型是由它们所表达的特定基因来确定的。一种通用的调节因子（Mcm1）和 3 种类型细胞特异的调节因子（a1、α1、α2）共同调节 3 类靶基因。MAT 位点是基因组中的一个区域，它编码交配型调节因子（引自 Waston 等，2005）

（二）免疫球蛋白基因的体细胞重组

免疫球蛋白基因通过特殊的体细胞重组而具有多样性，以应答外来各种抗原侵入。这种重组的主要过程是由重组酶催化的剪切反应和非同源末端连接来完成的（第八章）。

第二节　染色质水平的调控

一、异染色质化

常染色质转变成异染色质的过程称为**异染色质化**（heterochromatinization）。例如，由于易位（translocation）而产生的位置效应及 X 染色体的莱昂化。

（一）花斑型位置效应与端粒沉默

花斑型位置效应（variegated type position effect）或称为**位置花斑效应**（PEV）指常染色质区内的显性基因易位到异染色质区后表达受到抑制，导致某些细胞中显性和隐性性状出现镶嵌斑驳的遗传现象。果蝇眼睛的色斑是位置效应多样性的一个例子：果蝇眼睛的某些区域没有颜色，而另一些区域则呈红色（图 6.10）。在此例中，*white* 基因被整合到异染色质附近，基因离异染色质越近，基因失活的概率越大。这说明失活作用散播到了异染色质外的不同距离。异染色质区内的基因是失活的，失活结构沿染色质纤丝扩展，但每个细胞的失活区长度不同，由此造成异染色质附近的基因出现花斑位置效应（图 6.11）。

端粒沉默（telomeric silencing）指插入在端粒附近的基因会出现位置效应。即一个正常有活性的基因由于其插入到异染色质区而不能表达。这是一种可遗传的、可逆的遗传现象。被插入在端粒附近的基因呈表观性沉默，产生花斑表型。在啤酒酵母的基因组中，常染色质约占 90%，其余约 10%为基因沉默区域，包括端粒区域、沉默盒（HML 和 HMR）和 rDNA 重复区域。酵母的端粒沉默效应与果蝇的花斑位置效应相似，基因易位到端粒附近后，该基因会表现出一种不同的活性阻遏，这是由于端粒引起的扩散效应所致（图 6.12）。

需要注意的是，活性基因存在于常染色质中，但在特定的生长发育时期和特定的组织中，也只是其中一小部分序列发生了转录。因此，位于常染色质中的大多数基因仅具有表达的必要条件，而非充分条件。

(二) X染色体的莱昂化

雌性哺乳动物一条X染色体随机失活的过程称为**莱昂化**(lyonization)。这涉及DNA的甲基化和组蛋白的去乙酰化。

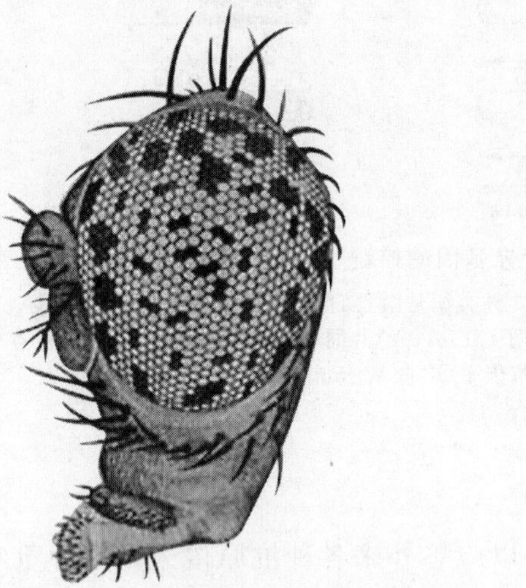

图6.10 当果蝇X染色体上的红眼基因 W^{+} 易位到异染色区时，也会出现红白相间的复眼

(引自A. J. F. Griffithset等，1999)

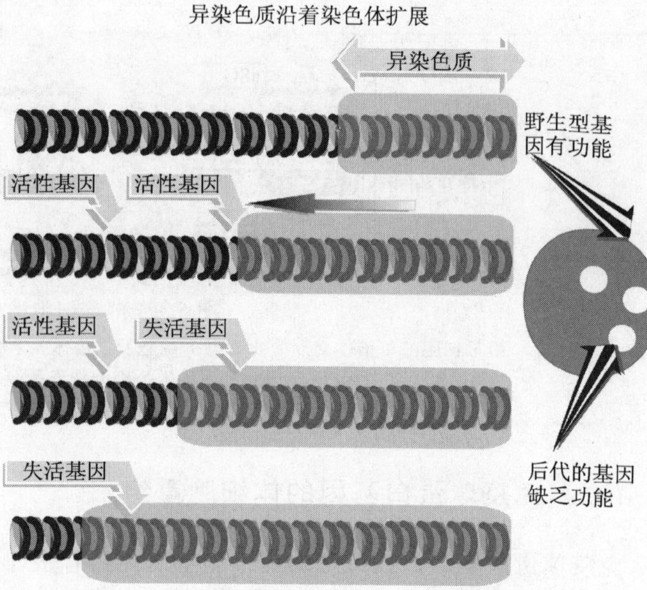

图6.11 异染色质向外扩展造成基因失活，基因与异染色质区的距离决定了它是否会失活

(引自B. Lewin，2004)

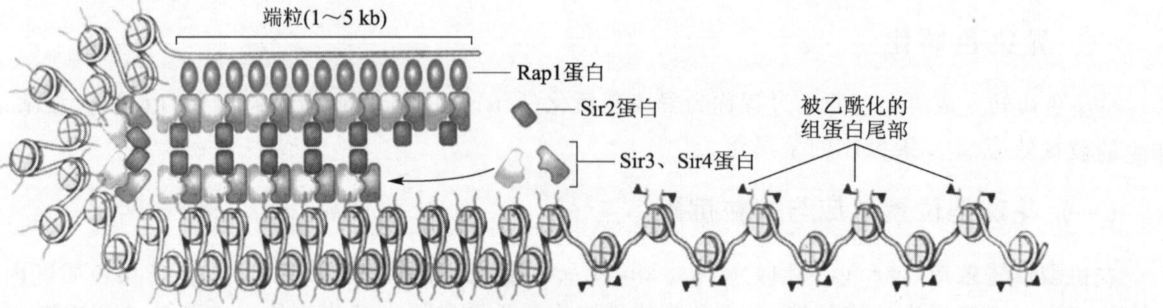

图6.12 酵母端粒中的沉默效应

Rap1蛋白募集Sir复合体。Sir2蛋白是该复合体的一部分，使邻近的核小体去乙酰化。未被乙酰化的尾部随后与Sir3蛋白及Sir4蛋白结合，募集更多的Sir复合体，从而允许其中的Sir2蛋白作用更远处的核小体，这就解释了由去乙酰化所造成的沉默效应的扩散(引自Waston等，2005)

二、DNase的敏感性和基因表达

当一个基因处于转录活性状态时，含有这个基因的染色质区域对DNase Ⅰ(一种核酸内切酶)降解的敏感性要比无转录活性区域高得多。这是由于此区域染色质的蛋白质结构变得松散，DNase Ⅰ易于接触到DNA的原因。

一个很好的研究系统是鸡的珠蛋白和卵清蛋白基因。在鸡胚红细胞的核中，珠蛋白基因对DNase Ⅰ的降解是敏感的，而编码卵清蛋白的基因是不表达的，它对DNase Ⅰ的降解是不敏感的。相反，在鸡输卵管的细胞核中，卵清蛋白基因对DNase Ⅰ的降解要比珠蛋白基因敏感得多。这是因为在输卵管细胞中仅卵清蛋白的基

因具有转录活性。

很多这类实验得出的结论几乎都是有转录活性的基因对 DNase Ⅰ 的敏感性增加。DNase Ⅰ 敏感区的范围随着基因序列的不同而变化，从基因周围几 kb 到两侧 20 kb 大小不等。仔细分析活性基因周围的 DNA 区域，表明有一个中心区域存在，称为**超敏感区域**（hypersensitive region）或**超敏感位点**（hypersensitive site），它对 DNase Ⅰ 是高敏感的。这些位点或区域将首先受到 DNase Ⅰ 的剪切。由于对 DNase Ⅰ 的敏感性反映了染色质中 DNA 的活性，我们将这些位点描述为染色质中特殊 DNA 暴露区域，一般在转录起始点附近，即 5′端启动子区域，少部分位于其他部位，如转录单元的下游。

超敏感位点建立于转录起始之前，转录的诱导物除去后，虽超敏感位点仍然存在，但转录却很快停止，说明超敏感位点的存在是转录起始的必要条件，但不是充分条件。

超敏感位点区域是低甲基化区；并可能有局部解链的存在，也无核小体结构，此区因 DNA 的裸露易和多种酶或特异的蛋白质结合，也就是说易于和反式作用因子结合。研究表明，SV40 微小染色体中有一个长约 120 nm 的核小体空缺区（Gap），这一空缺区正好对应于核酸酶敏感区，这说明对核酸酶敏感性的提高与核小体的消除是相关联的（图 6.13）。

染色质对 DNase Ⅰ 的敏感性与两种非组蛋白有关，那就是高迁移率族蛋白 HMG14 和 HMG17。活化染色质中每 10 个核小体就结合一个 HMG 分子。当从红细胞中提取出这两种蛋白质时，珠蛋白基因不再对 DNase Ⅰ 出现敏感，当将这两种蛋白质重新加入到此系统中，敏感性又可得到恢复。

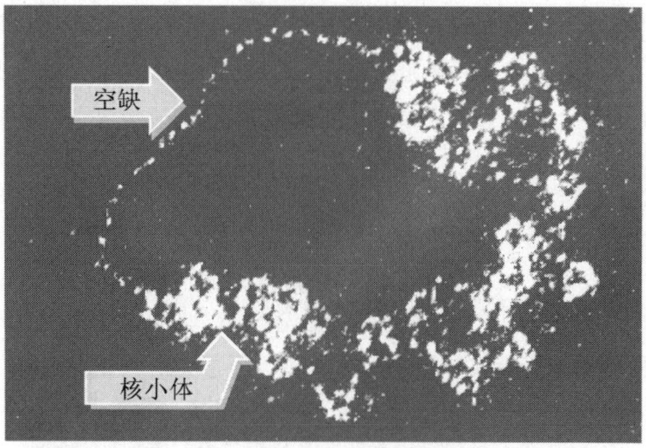

图 6.13　SV40 的微型染色体有核小体空缺区
（引自 B. Lewin，2004）

HMG 蛋白的 C 端含活性氨基酸，可与核小体核心组蛋白的碱性区域相结合。HMG 蛋白的 N 端 1/3 的区域氨基酸序列与 H1 和 H5 的 C 端十分相似。而 HMG 在核小体上位置与 H1 相近，HMG 和组蛋白相互作用。可以竞争性取代 H1 或 H5，核小体缺乏 H1 和 H5 将使染色质变得松散，成为具有转录活性的状态。

除 HMG 以外可能还有其他因素会影响到染色质的活性，当把上述两种 HMG 加到鸡脑细胞的染色质中，其中珠蛋白基因所在区域并不表现出对 DNase Ⅰ 的敏感性，表明红细胞和脑细胞还存在其他因子的差异，这些因子在盐抽提后仍留在染色质中，它们决定了红细胞珠蛋白基因区域在 HMG14 和 HMG17 存在时对 DNase Ⅰ 敏感。

三、组蛋白对基因表达的调节

真核的染色体是由 DNA 与**组蛋白**（histone proteins）及**非组蛋白**（nonhistone proteins，NHP）构成的复合物。激活染色体上的基因需要改变染色质的状态，使转录因子得以接近启动子。组蛋白的修饰与基因转录有密切关系，基因转录的某些活化因子可直接修饰组蛋白，如组蛋白的乙酰化；另一些转录的阻遏物则可以通过组蛋白的去乙酰化发挥作用。

（一）组蛋白对真核基因表达的作用

从进化的意义上说组蛋白是极端保守的，在各种真核生物中它们的氨基酸序列、结构和功能都十分相似。此外，在生物体细胞中 5 种不同类型的组蛋白都是以恒定的方式沿着 DNA 排列。显然组蛋白沿着 DNA 均匀分布所产生的系统不可能对成千上万个基因的表达进行特异调控。虽然如此，组蛋白仍可被修饰，如甲基化、乙酰化和磷酸化。若被组蛋白覆盖的基因将要表达，那么组蛋白必须要被修饰，使其和 DNA 的结合由紧密变松散，这样 DNA 链才能和 RNA 聚合酶或调节蛋白相互作用。因此组蛋白的作用本质上是真核基因调节的负调控因子，即它们是基因的抑制物。非活性的染色质要变成为活性的染色质其结构可能要发生改变，现有**占先**

模型(pre-emptive model)和**动态模型**(dynamic model)来解释 DNA 表达状态的改变。

1. 占先模型

如果在启动子上已形成了核小体,那么转录因子和 RNA 聚合酶是不能和启动子结合的;如果转录因子和 RNA 聚合酶在启动子上已建立了稳定的起始复合体,那么组蛋白将被排除在外(图 6.14)。决定的因素是转录因子和组蛋白谁先占据调控位点。DNA 复制时,组蛋白八聚体解离,转录因子乘机结合到调控位点上,一直持续到下一个复制周期,抑制了组蛋白和 DNA 的结合。例如,当染色质上 5S rRNA 基因处有组蛋白结合时转录因子 $TF_{Ⅲ}A$ 不能激活此基因。而 $TF_{Ⅲ}A$ 可与游离的 5S rRNA 基因结合,再加入组蛋白不能使此基因失活。含腺病毒启动子的质粒能被 $TF_{Ⅱ}D$ 结合,再被 RNA 聚合酶Ⅱ转录,如先加入组蛋白,则不起始转录。如先加入 $TF_{Ⅱ}D$ 再形成的染色质,其模板仍能转录。

2. 动态模型

研究表明,从特异 DNA 序列置换核小体中的组蛋白时需输入能量。染色质的转录依赖于那些通过水解 ATP 提供能量的蛋白质因子。一些转录因子结合 DNA 时可裂解核小体,或建立一个可产生核小体定位结合位点的边界(图 6.15)。例如,果蝇 *Hsp70* 启动子上的核小体在体外实行重建,GAGA(果蝇细胞核结合蛋白)转录因子与启动子中 4 个富含$(CT)_n$ 位点结合,破坏了核小体,形成一超敏感位点,而且导致邻接的核小体重排,这样它们就优先插入到随机位点。核小体打开的过程是需要水解 ATP 的耗能过程。

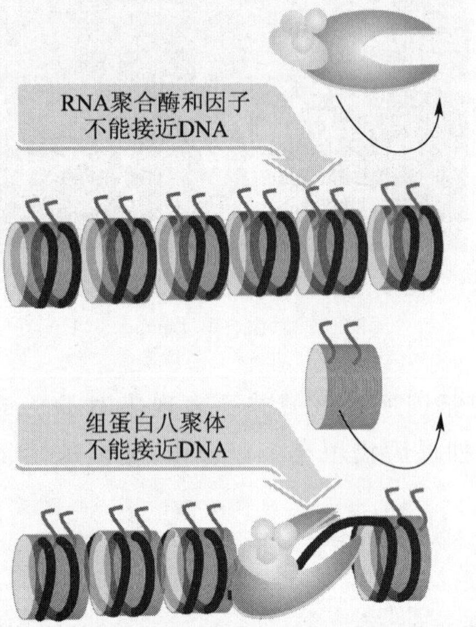

图 6.14 如果核小体在启动子处形成,转录因子(和 RNA 聚合酶)就不能结合;如果转录因子(和 RNA 聚合酶)结合于启动子,建立一个用于起始的复合体,组蛋白就被排斥

(引自 B. Lewin,2004)

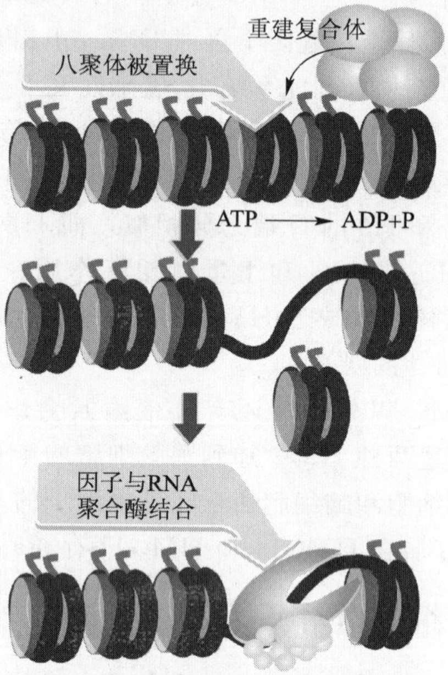

图 6.15 染色质转录的动态模型依赖于一些因子,它使用 ATP 水解所提供的能量,取代特定 DNA 序列上的核小体

(引自 B. Lewin,2004)

(二) 组蛋白修饰

组蛋白被修饰的位点集中在组蛋白的 N 端尾部,可能的修饰包括乙酰化、甲基化和磷酸化。赖氨酸的游离氨基基团可发生乙酰化和甲基化,精氨酸的氨基基团可发生甲基化,丝氨酸和苏氨酸的羟基基团可发生磷酸化。组蛋白 H3 和 H4 的主要修饰位点如图 6.16 所示。

这些修饰改变了组蛋白的电荷,可直接影响到核小体的结构,或者可以产生非组蛋白的结合位点,从而改变染色质的属性。一般而言,乙酰化与活性染色质有关,而甲基化同失活染色质有关。

核小体组蛋白可以发生多种翻译后的共价修饰，如乙酰化、甲基化、磷酸化和泛素化等，这些共价修饰与真核基因的表达密切相关，是表观遗传学所涉及的重要内容之一。2000年美国的 C. D. Allis 等提出了**组蛋白密码假说**（histone code hypothesis）。所谓组蛋白密码是指一条或几条组蛋白尾巴的修饰及其组合。这些密码可以被含有特定结构域[如 bromodomain（BrD）和 chromodomain（CD）]的蛋白质解读。这些蛋白质又招募其效应蛋白质，如通用转录因子、RNA 聚合酶等，从而启动下游生物学功能，如染色质凝集、DNA 修复、转录激活或抑制。现以组蛋白的乙酰化为例来说明组蛋白翻译后修饰的调节功能。

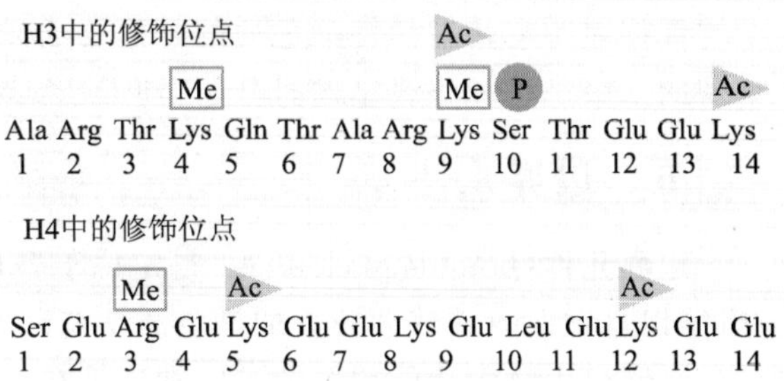

图 6.16　组蛋白 H3 和 H4 的 N 端尾部的一些位点能被乙酰化、甲基化和磷酸化

（引自 B. Lewin，2004）

组蛋白的乙酰化和基因表达的状态相关。所有的核心组蛋白都是被乙酰化的。组蛋白的乙酰化好像是扩大了活性基因的功能区，乙酰化的染色质对 DNase Ⅰ 是敏感的。去乙酰化和基因失活有关。组蛋白 H4 的去乙酰化是雌性哺乳动物一条 X 染色体失活的主要原因之一，表明去乙酰化是染色质凝聚和失活的前提。

能使组蛋白乙酰化的酶是**组蛋白乙酰化转移酶**（histone acetytransferases，HAT），使组蛋白去乙酰化的酶是**组蛋白去乙酰化酶**（histone deacetylases，HDAC）。HAT 有两组，一组为 A 组，和转录有关；另一组是 B 组，和核小体装配有关。具有 HAT 活性的辅激活因子如**非去阻抑通用调节蛋白 5**（general control nonderepressive protein 5，GCN5）是酵母中的一种转录因子；**p300/CBP 缔合因子**（p300/CBP-associated factor，PCAF）是真核细胞内一种重要的组蛋白乙酰转移酶，它主要通过催化组蛋白 H3 的乙酰化，促进特定基因的转录，参与细胞内多种生物学过程。其中 p300 蛋白是辅激活蛋白家族的成员，或和增强子结合蛋白或和参与基础转录机制的蛋白质相结合，从而激活基因的转录；碳水化合物结合蛋白（carbohydrate-binding protein，CBP）是糖类结合蛋白。

去乙酰化可阻遏基因的活性。在酵母中 *SIN3* 和 *Rpd3* 的突变将阻遏基因转变。SIN3 和 Rpd3 与 DNA-结合蛋白 Ume6 形成复合物，而此复合物阻遏由 Ume6 结合的 *URS1*（上游阻遏序列）元件的启动子转录。Rpd3 具有 HDAC 活性。阻遏复合体含有 3 个成分：DNA 结合亚基、辅阻遏物和组蛋白的去乙酰化酶。

四、非组蛋白的调节功能

非组蛋白（nonhistone proteins）是染色质中除组蛋白以外的蛋白质的统称。虽然含量很少，但表现出极端的不均一性，相对分子质量为 $10\times10^3 \sim 15\times10^3$，这类蛋白质在染色质结构组成及基因调控中发挥着重要的作用。非组蛋白主要包括与 DNA 和组蛋白的代谢、复制、重组和转录调控等密切相关的各种酶类（如 RNA 聚合酶、蛋白质磷酸化酶和拓扑异构酶等）。它们还包括形成染色质高级结构的支架蛋白和**高迁移率族蛋白**（high mobility group，HMG），其中两种高丰富度、相对分子质量小（30×10^3）的 HMG14/17 家族可聚集于活化的染色质上，这一现象表明它们可能有助于染色质高级结构的解聚（图 6.17）。HMG 蛋白的另一个重要作用是使 DNA 成环，这种构象和 DNA 多种活性有关，如转录时在其相邻的不同位点上将结合调节因子（如 SRY 因子和增强体）。

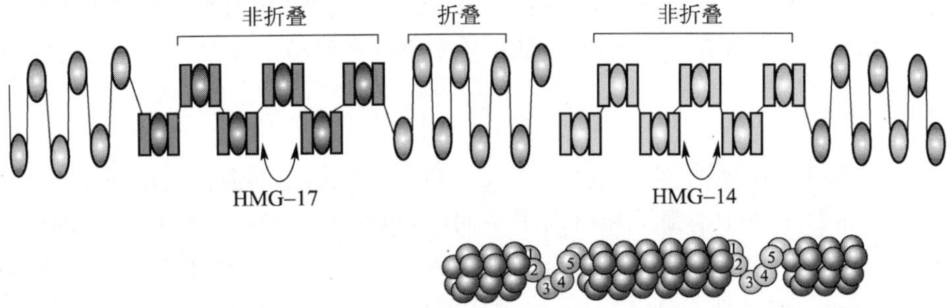

图 6.17　HMG14/17 家族可聚集于活化的染色质上，它们可能有助于染色质高级结构的解聚

证据表明有转录活性染色质的外形要比无转录活性染色质要松散得多。这是由于核小体中 DNA 的高度紧密的二级结构和三级结构打开了，使 DNA 易于接近调节蛋白和 RNA 聚合酶。

五、边界元件

边界元件(boundary element)是定位于染色质结构区边缘部位的 DNA 序列，含有对核酸酶高度敏感的位点，能以自主的方式建立独立的染色质功能区域。

在原核生物中功能相关的基因常连锁在一起，共用一个启动子，以操纵子的模式由阻遏蛋白来调控，合成多顺反子 mRNA。在真核生物中，形成基因簇的常是一个基因家族的成员，每个基因都有自己的启动子，基因间有很长的间隔区(spacer)存在，不可能像原核生物那样，以操纵子的模式进行调控，而是以边界元件来调节基因簇中各个基因的启动子。现已鉴别出的边界元件有核基质附着区、绝缘子和基因座控制区。

(一) 核基质附着区

1986 年 P. N. Cockcrill 和 W. T. Garrard 首先提出**核基质附着区**(matrix attachment regions，MAR)的概念。MAR 亦称为**核骨架附着区**(scaffold attachment regions，SAR)。是与核基质特异结合的 DNA 序列，长为 300～1 000 bp，属于非编码序列，富含 75%的 AT 。MAR 位于 DNA 上各转录单位的交界处，是 DNA 在核基质或染色体支架上的附着点。MAR 独立地存在于非编码区，位于功能转录框架附近。邻接 MAR 的往往是一些转录顺式调控元件，如启动子和增强子等。MAR 通过与核基质的结合，它能使染色质形成独立的环状结构(图 6.18)，大小范围变化很大，为 1～300 kb。每个环既是一个转录单位，也是一个复制单位和染色体包装单位。

MAR 中常存在拓扑异构酶Ⅱ的识别位点。因此 MAR 可能承担多种功能，不但提供核基质的结合位点，也提供一些相关 DNA 发生拓扑结构变化的位点，使 MAR 发生解旋而将负超螺旋引入 DNA，促进转录因子与启动子的结合，而对转录的起始具正调控作用。在特定的发育时期的特异组织中，只有一部分 MAR 分子紧密结合在核基质上。这些 MAR 一般位于该组织中特异表达的基因侧翼。因此，MAR 对基因在不同发育阶段正确有序的表达可能起正调控作用。

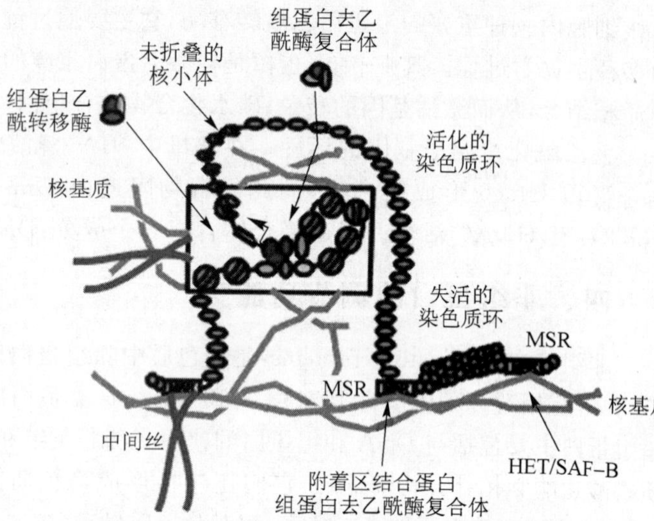

图 6.18 MAR 结合于核基质上，形成环状结构
HET/SAF-B 中的 HET 为"Hsp27 ERE-TATA binding protein"的缩写，SAF-B 为"scaffold attachment factor B"的缩写

MAR 广泛地存在于从酵母到人类的所有真核生物基因组中。作为一个顺式调控元件，MAR 与经典的增强子不同。它不能增强内源基因的表达，但对整合到宿主细胞染色体上的外源基因却表现出明显的转录增强作用。特定组织或细胞的核基质上具有特定的序列可和相应的 MAR 结合形成环，使增强子和启动子在蛋白质的介导下接近，发挥增强子的功能。而在另一些细胞中，因其核基质上序列并不相同，该 MAR 结合后，可能使增强子和启动子分隔在两个区域内，使增强子不能和启动子接近，从而不能表达相应的基因。

(二) 绝缘子

在染色质中，存在一些 DNA 序列，它可以从 DNA 一侧到另一侧阻断激活效应或失活效应，这些元件被称为**绝缘子**(insulators)。绝缘子位于增强子和启动子中间时，可以抵消增强子对启动子的作用，使增强子只能作用于专一的启动子(图 6.19)；相反，当一个基因位于异染色质附近时，绝缘子在活性基因和异染色质之间作为一个屏障，防止异染色质化的延伸而使基因失活(屏障效应)。通过这种阻断效应和失活效应，两个绝缘子可在它们之间的区域确定一个染色质功能区域。

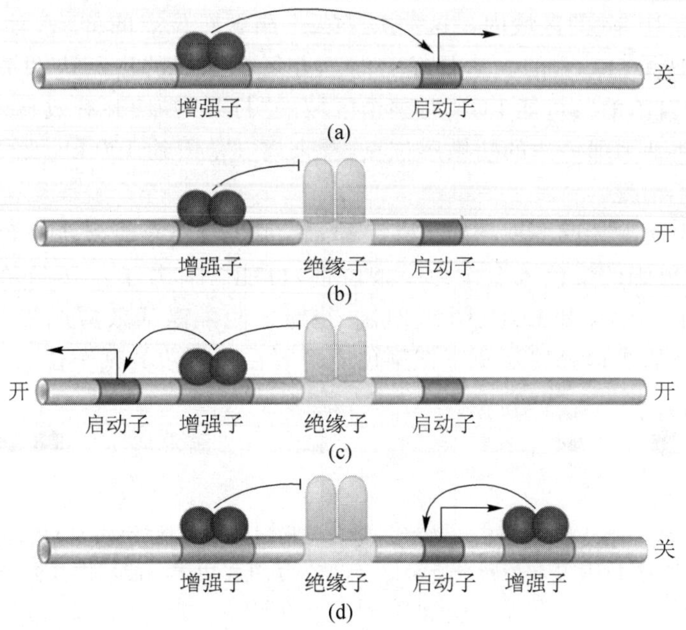

图 6.19　绝缘子阻断增强子的活性

(a) 启动子被活化因子结合的增强子所激活　(b) 一个绝缘子位于增强子和启动子之间。当绝缘子被相应的蛋白质结合后，被增强子激活的启动子又被阻断　(c) 和 (d) 表明，无论是增强子上的活化物，还是启动子都因绝缘子的作用而失去活性。在 (c) 中，活化物能激活附近的另一个启动子，在 (d) 中，起初的启动子能被位于下游的另一个增强子所激活（引自 Waston 等，2005）

（三）座位控制区

基因座控制区（locus control region，LCR）是调控一群相邻基因表达的边界序列，如哺乳动物 β 珠蛋白基因簇的 LCR（图 6.20），对基因簇中所有的基因在发育过程中正确有序地表达起调控作用。它是由位于基因簇 5′端的多个 DNA 酶高度敏感位点组成的。

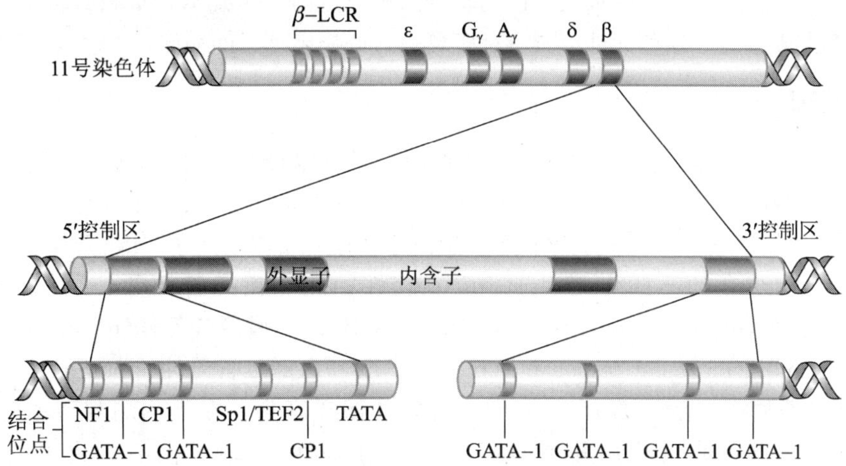

图 6.20　人类 β 珠蛋白基因家族的 LCR 调节

β 珠蛋白基因家族的成员分别在不同的发育阶段进行表达。LCR 位于 β 珠蛋白基因簇的 5′端，作为总开关调控整个的基因簇，而基因簇的每个成员都有自己的上、下游调控元件（引自 B. E. Staveley 等，1994）

LCR 异位驱动基因高水平表达可能通过两种途径："开放的"活性染色质结构域的建立，和直接的基因激活。具有转录活性的染色质结构域的开放构象使它们更容易被 DNase Ⅰ 所作用。在人类 α 珠蛋白基因簇中，DNase Ⅰ 高敏感位点，即 LCR 座位定位于基因簇上游 60 kb 处；而在人类 β 珠蛋白基因簇中，LCR 座位位于基因簇上游 50～60 kb 的一个 10 kb 的区域内。这些 DNase Ⅰ 高敏感位点的 DNA 序列和增强子相似。

LCR 对基因簇中每个珠蛋白基因的表达是必需的。但每个基因的进一步调节是由它们自己特有调控来进行的。这些调控有的是"自治的"：可能 LCR 对整个区域的"打开"并使其有效转录是必需的。此功能区从一个 MAR 的 5′端延伸到相邻基因那一边的超敏感位点，看来离 β 基因约 100 kb，此 MAR 限定在此功能域的 5′端和 3′端由什么来限定尚不清楚。

如果我们将不同系统中所发现的各种结构放在一起，就可以较全面地了解染色体功能域所存在的一些特点。一个染色体功能域（在果蝇的染色体上作为一条斑带）可能含有若干个转录单元，以及一系列控制元件。这些控制元件包括了绝缘子、MAR 和 LCR（图 6.21）。绝缘子阻隔激活效应或阻遏效应的传递；LCR 可远距离作用于功能域内所有基因的表达；MAR 负责把染色质附着在核周边的某个位点。

图 6.21 功能域可能具有 3 类位点：绝缘子阻止结构域间的扩散效应；MAR 将功能域附着在核基质上；LCR 是起始转录所需位点；增强子可作用于功能域内多个启动子

（引自 B. Lewin，2004）

第三节 转录水平的调控

转录水平的调控是基因表达过程中最重要的第一步，由于蛋白质-蛋白质、蛋白质-DNA 之间的相互作用，以及一些复杂大分子复合物的形成导致真核生物转录水平的调控是一个多级的复杂过程。

一、顺式作用元件

虽然真核生物基因转录最重要的顺式元件也是启动子，但结构特点和原核生物启动子有很大的差异（第三章）。此外真核生物基因转录的顺式元件还具备以下特点：①真核生物启动子不能直接被 RNA 聚合酶识别结合，需通过蛋白质因子的介导（第三章）；②具有 3 种类型的启动子，转录不同的 RNA 分子。第Ⅲ类启动子中还具有下游启动子；③启动子元件类型多，这些元件都为不同的转录因子及蛋白质识别结合来调节转录；④具有远上游控制元件，如增强子，减弱子和沉默子等。这些元件都具有远距离顺式调控启动子的功能，原核生物没有这些调控元件。

二、反式作用因子

在真核生物转录调控中，根据靶位点的特点，反式作用因子可以分为 3 类：①通用反式作用因子，在一般细胞中普遍存在，主要识别一些启动子的核心启动成分 TATA 框，如 TBP；上游启动子成分 CAAT 框，如 CTF/NF-1；GC 框如 SP1；识别八聚体核苷酸 ct-1 等；②特殊组织与细胞中的反式作用因子，如淋巴细胞中的 Oct-2；③与应答元件（response elements）相结合的反式作用因子。应答元件如**热休克应答元件**（heat shock response element，HSE）、**糖皮质激素应答元件**（glucocorticoid response element，GRE）、**金属应答元件**（metal response element，MRE）、**肿瘤诱导剂应答元件**（tumorgenic agent response element，TRE）和**血清应答元件**（serum response element，SRE）。

应答元件是启动子或增强子的上游元件，它们含有短的保守序列。在不同的基因中应答元件的序列密切相关，但并不一定相同，离起始点的距离并不固定，一般离上游小于 200 bp，有的也可以位于启动子或增强子中。

反式作用因子通过以下不同的途经发挥调控作用：①蛋白质和 DNA 相互作用；②蛋白质和配体结合；③蛋白质之间的相互作用及蛋白质的修饰。

（一）蛋白质直接和 DNA 结合

反式调节蛋白常以**模体**（motif）的形式识别和结合 DNA 顺式调节元件。这些模体中通常包含着一个侵入

大沟的 α-螺旋，但是在另一些家族中，一个 β 带结构或环状结构代替了 α-螺旋的作用。相互作用涉及互补表面，可能改变 DNA 的构象。在原核生物的反式调节因子中虽然也是以模体的形式作用于顺式调节元件，但类型较少，多为 HTH。下面着重介绍在真核生物中常见的 4 种蛋白质模体。

1. 同源异形结构域

在果蝇早期胚胎发育中决定体节的一些基因如 *bicoid* 编码的蛋白质称为**同源异形蛋白**（homeotic proteins），该蛋白质含有相似的 DNA 结合功能域，此模体称为**同源异形结构域**（homeodomains，HD）或**同源异形盒**（homeotic box）。HD 是一种编码 60 氨基酸的序列，长 180 bp，几乎存在于所有真核生物中，它的名字是来源于最初在果蝇中鉴别出的**同源异形座位**（homeotic loci）。它存在于很多控制果蝇早期发育基因中，在高等生物中也发现了相关模体。HD 的 C 端区域和螺旋-转角-螺旋（HTH）模体同源（图 6.22），但也有几点不同：①HD 的 C 端由 3 个 α-螺旋构成，螺旋 3 结合于大沟，长 17 氨基酸；而 HTH 是由 5 个 α-螺旋构成，识别螺旋 3 长仅 9 个氨基酸；②HTH 以二聚体形式与 DNA 结合，靶序列是回文结构；而 HD 以单体（如酵母的 Matα2 蛋白）或异二聚体形式与 DNA 结合（图 6.23），靶序列不是回文结构；③HD N 端的臂位于小沟，而 HTH 螺旋 1 的末端与 DNA 的背面接触。

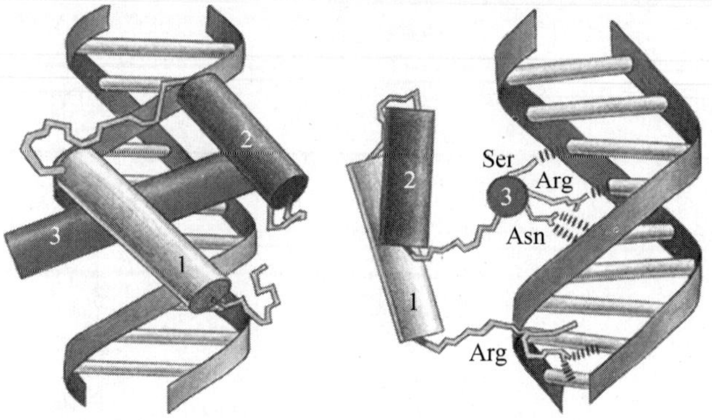

图 6.22 同源异形功能域与特异 DNA 序列的结合

（a）HD 折叠成 3 个 α 螺旋，通过疏水作用紧密地结合在一起（b）螺旋 2 和 3 很像 HTH。螺旋 3 是识别螺旋，与 DNA 的大沟接触（引自 B. Alberts 等，2002）

有时一个 HD 和一个 HTH 模体通过一个弯曲的多肽共价连接而构成了 POU（*pit-1*、*oct-1*、*oct-2* 和线虫 *unc-86* 基因）功能域（图 6.24）。它由 70 到 75 个氨基酸构成，位于许多真核转录因子的同源盒结构域（Homeobox）的上游，参与介导蛋白质-蛋白质间的作用。这组哺乳动物基因的调节蛋白的典型例子是调节生长因子、免疫球蛋白及一些和发育有关蛋白质的模体，如 Oct-1 蛋白。

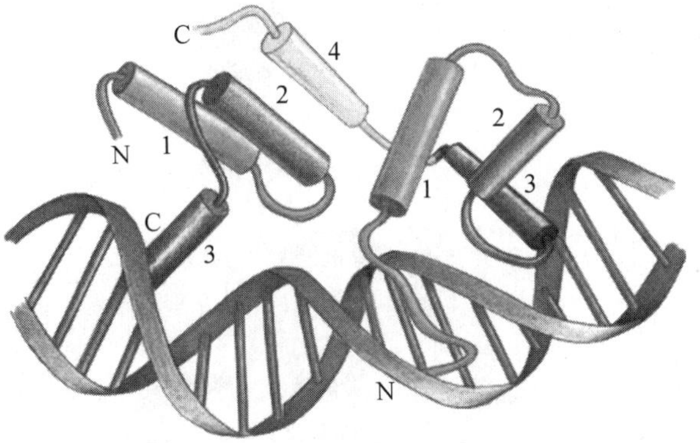

图 6.23 异二聚体组成的两个同源异形域蛋白结合于它的 DNA 识别位点

如酵母的交配型 α2 蛋白（右侧）具有螺旋 4，而交配型 a1 蛋白（左侧）缺乏螺旋 4，形成了异二聚体。而这段 DNA 序列是由这两种蛋白质识别的（引自 B. Alberts 等，2002）

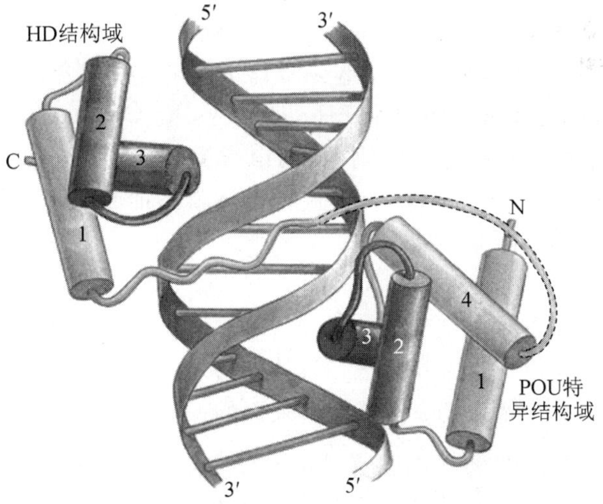

图 6.24 两种 DNA 结合功能域通过一个弯曲的多肽共价连接，形成 POU 功能域

（引自 B. Alberts 等，2002）

2. 锌指结构

锌指（zinc finger）这个名称来源于它的结构，它由一小组保守的氨基酸和锌离子结合，在蛋白质中形成了

相对独立的功能域，像多根手指伸向 DNA 的大沟。两种类型的 DNA 结合蛋白具有这种结构，一类是锌指蛋白，另一类是甾类受体。典型的锌指蛋白有一组锌指（图 6.25），单个锌指的保守序列是：Cys-X_{2-4}-Cys-X_3-Phe-X_5-Leu-X_2-His-X_2-His，这类锌指被称为 Cys_2/His_2 指（Ⅰ型锌指）。锌处于保守的 Cys_2 和 His_2 残基所形成的四面体结构中。锌指带有 23 个左右氨基酸残基，“指”间通常由 7～8 个氨基酸残基连接。

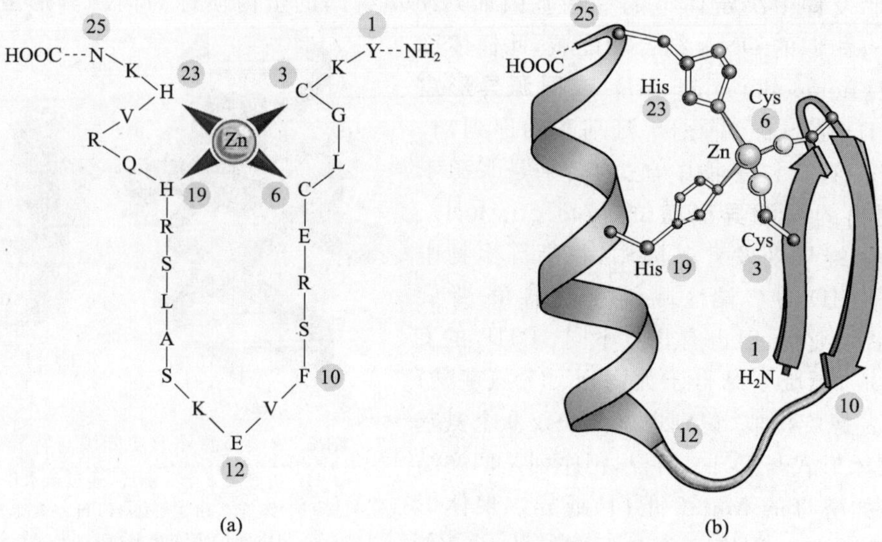

图 6.25 一种类型的锌指蛋白

这些蛋白质属于锌指的 Cys-Cys-His-His 家族。这种锌指是从蛙的一种未知功能的蛋白质中获得。(a) 锌指的氨基酸序列 (b) 由一个反向平行的 β 折叠（氨基酸 1～10）后接着一个 α 螺旋（氨基酸 12～24）构成。和锌连接的 4 个氨基酸（Cys 3，Cys 6，His 19 和 His 23）牢固地将 β 折叠和 α 螺旋的末端连接起来（引自 B. Alberts 等，2002）

有些甾类激素受体是转录因子，而甾类受体的 DNA 结合域也是一类锌指结构，它有 Cys 残基但没有 His 残基，即甾类受体（和另外一些蛋白质）具有另一种锌指，这类锌指被称为 Cys_2/Cys_2 型锌指（Ⅱ型锌指）。Cys_2/Cys_2 型锌指的 DNA 结合位点是短的回文序列，这类锌指结构的保守序列为：Cys-X_2-Cys-X_{1-3}-Cy_3-X_2-Cys。

两类锌指是有差别的，用甾类受体做实验。表明经突变，将后两个 Cys 变成 His 的话，这种受体就不能激活靶基因，因此这两类锌指是不能互相转变的。

3. 亮氨酸拉链

亮氨酸拉链（leucine zipper）是一种富含亮氨酸的肽链形成的二聚体模体。它本身形成二聚体同时还可以识别特殊的 DNA 序列。

一个亲水的 α 螺旋在其表面的一侧有疏水碱基（包括亮氨酸），另一侧表面带有电荷。两条肽链通过疏水界面上的亮氨酸形成二聚体。在一条肽链上两个亮氨酸残基之间相隔 7 个氨基酸，这样使它们在 α 螺旋中排列成一条直线（图 6.26）。亮氨酸拉链的侧翼是 DNA 结合功能区，含有很多的 Lys 和 Arg。二聚体的形成对于 DNA 的结合是必要的。很多原癌基因，如 *c-jun* 和 *c-fos* 都编码亮氨酸拉链蛋白，它们本身相互作用，形成**同二聚体**（homodimers）。C-Jun 蛋白和 C-Fos 蛋白结合形成的**异二聚体**（heterodimers）比它们的同二聚体更为牢固。Myc、C/EBP（结合 CAAT box 和 SV40

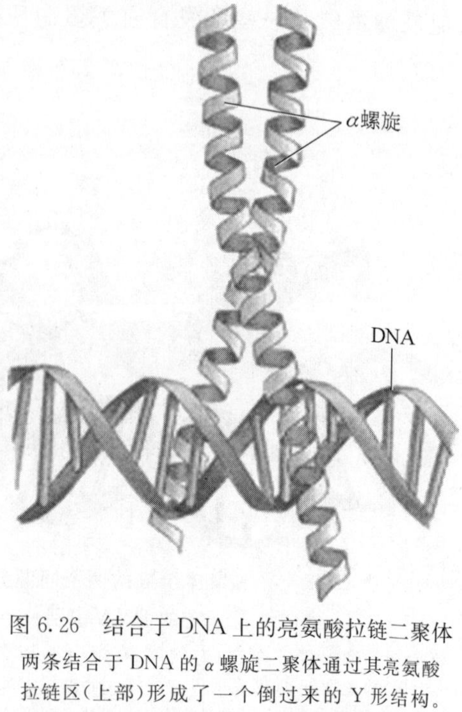

图 6.26 结合于 DNA 上的亮氨酸拉链二聚体

两条结合于 DNA 的 α 螺旋二聚体通过其亮氨酸拉链区（上部）形成了一个倒过来的 Y 形结构。Y 的每个臂由一条单个的 α 螺旋构成，结合于特异 DNA 的大沟中，每一个 α 螺旋结合半个对称的 DNA 结构（引自 B. Alberts 等，2002）

核心增强子的一种因子）和 AP1 蛋白（异二聚体，结合于 SV40 的增强子）等都具有亮氨酸拉链结构。过去认为二聚体之间亮氨酸与亮氨酸是交错连接，像“拉链”一样，而现在认为亮氨酸与亮氨酸是相对连接的。

4. 螺旋-环-螺旋

螺旋-环-螺旋（helix-loop-helix，HLH）蛋白模体的共同特点是：两条肽链都含有两个 α 螺旋，链长为 40～50 氨基酸，每个螺旋长为 15～16 氨基酸。两个 α 螺旋之间由很长的连接环相连，两条链上的连接环长度不等，一般为 12～28 氨基酸。α 螺旋的一侧为疏水氨基酸，两条链依赖疏水氨基酸的相互作用形成同二聚体或异二聚体（图 6.27）。

HLH 模体与 DNA 结合于碱性区，此区长为 15 个氨基酸，其中有 6 个保守的氨基酸残基为碱性。在 HLH 中带有碱性区的肽链称为**碱性 HLH 蛋白**（bHLH protein）。bHLH 蛋白又分为两类。A 类是可以广泛表达的蛋白质，包括哺乳动物的 E12/E47（可和免疫球蛋白基因增强子元件结合）和果蝇 *da*（daughterless，性别控制的总开关基因）的产物；B 类是组织特异性表达的蛋白质，包括哺乳动物的 MyoD（肌浆蛋白 myogen 基因的转录因子）和果蝇的 AC-S（achaete-scute 无刚毛基因的产物），这种 bHLH 蛋白可能是一种转录调控蛋白，大部分以异二聚体形式存在。有些 bHLH 蛋白没有碱性区，这类蛋白质可和 bHLH 形成二聚体，但这种二聚体不能专一地结合 DNA。

（二）蛋白质之间的相互作用

反式作用因子的另一种调控的形式是以蛋白质与蛋白质之间的相互作用，酵母半乳糖代谢中 GAL80 和 GAL4 的相互作用就是很好的例子。酵母半乳糖代谢调控和原核生物 *gal* 操纵子中的调控形式是完全不同的：①被调节的基因绝大部分都是位于不同的染色体上，不连锁；②起负调节作用的 GAL80 蛋白不直接和 DNA 结合，而是通过和作为转录激活因子的 GAL4 蛋白结合，占据其功能域来阻遏转录的；③作为正调节因子不仅需要半乳糖作为诱导物，还需要 GAL4 蛋白作为转录因子，它不是像原核生物中的正调节蛋白一样仅和操纵子中的操纵基因结合，使整个基因簇得以转录，而是分别和各个被调节基因上游元件 UAS 结合，促进转录；④酵母半乳糖代谢相关基因，如 GAL1 没有起负调控作用的操纵基因，但在其启动子上游有起负调控作用的 Mig1 位点。在此位点通过 Tup1 蛋白和 Mig1 蛋白装配成募集复合物。Tup1 蛋白募集去乙酰化酶，使核小体去乙酰化而出现转录抑制（图 6.28）。

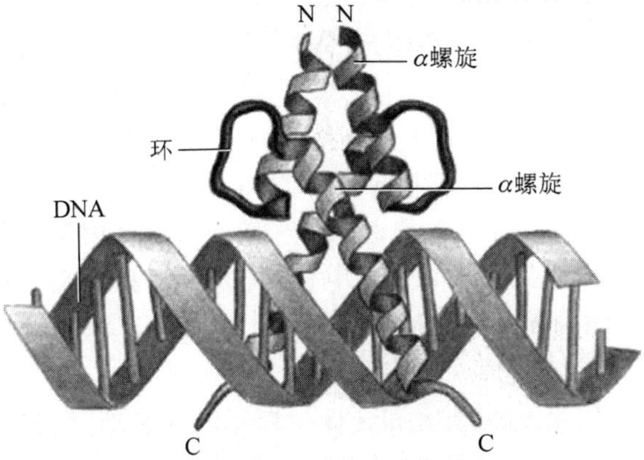

图 6.27 HLH 二聚体与 DNA 结合

两个单体以 4 个螺旋的形式“捆”在一起；每个单体的 2 个 α 螺旋由一个柔韧的蛋白质环连接。特异的 DNA 序列由两个氨基端的 α 螺旋识别结合（引自 B. Alberts 等，2002）

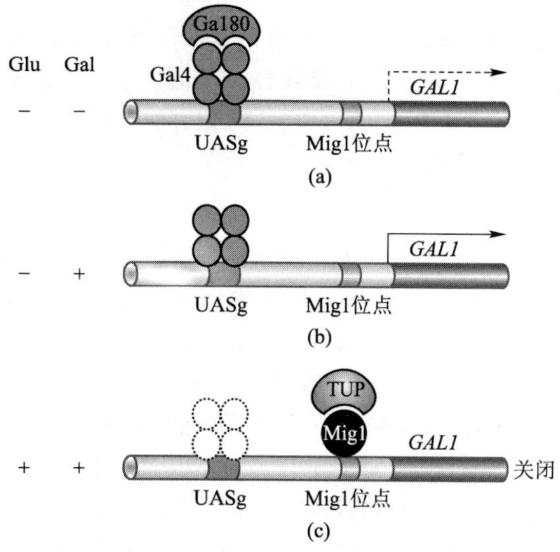

图 6.28 酵母激活物 Gal4 由 Gal80 蛋白调节

（a）当 Glu 和 Gal 都不存在时，虽有 Gal4 结合于 UASg 位点，但 Gal80 蛋白阻抑了 Gal4 的活性，使 *GAL1* 基因不能转录 （b）当半乳糖存在时，使 Gal80 的构象发生改变，而被释放，Gal4 恢复了激活功能，*GAL1* 基因得以表达 （c）当 Glu 和 Gal 都存在时，Mig1 位点被转录阻遏物 Mig1 蛋白所结合。通过募集 Tup1 抑制复合体，Mig1 抑制 *GAL1* 基因的表达。Tup1 募集去乙酰化酶，使核小体去乙酰化而出现转录抑制

GAL4 蛋白既具有 DNA 结合功能域，又具有转录活功能域。它以二聚体的形式结合于被调节基因上游特殊序列 UAS_g 上。UAS_g 的作用类似于高等真核生物的增强子。这段 UAS 区域中包含了 4 个 GAL4 蛋白结合位点，每个 GAL4 蛋白结合位点都是一段以 A∶T 碱基对为中心的不完全回文序列。若 4 个位点都和 GAL4 蛋白结合的话，表达达到最高水平。

GAL4 的结构是利用**结构域交换**(domain-swapping)实验获得的。其 768～881 氨基酸区域为转录激活功能区，可以和转录因子相结合。这个区域中的 851～881 区域又可特异地和 GAL80 蛋白相结合。当半乳糖缺乏时，GAL80 蛋白就在此区域和 GAL4 蛋白相结合，占据了其转录激活功能区，使其无法和转录因子结合，虽然此时的 GAL4 仍可和 UAS_g 结合，但失去了转录激活能力，因此 *gal* 基因不转录；当半乳糖存在时它可以和 GAL80 蛋白结合，可能使其构象发生改变，从 GAL4 蛋白上解离下来，这样 GAL4 蛋白又可以和转录因子相结合，恢复了转录活性的功能(图 6.28)。

三、真核基因表达的时空性及对环境因素的应答

多细胞真核生物基因组中成千上万的基因在正常情况下总是以可控的方式进行表达的。这种调控具有时空性。在发育过程中，基因表达的时空性表现得尤为突出。

(一) 真核基因表达的时序调控

在多细胞生物中，随着发育的进程，各种基因会按一定的时间顺序进行表达。有一组基因在控制着这种表达的时序，称为**时序基因**(temporal gene)。1993 年，R. C. Lee 等在线虫(*C. elegan*)中发现了第一个在胚胎发育后期进行时序调控的基因 *lin-4*。时序基因中的某些突变可以改变细胞谱系的发育过程，使它们比正常个体提早或推迟进行。1995 年，A. Sehgal 和 J. Price 发现果蝇昼夜节律突变基因，称为**无时序基因**(*timeless*，*tim*)。它和果蝇中编码控制生物钟的**节律性蛋白**(period，Per)基因 *per* 的表达方式很相似。*tim* 基因的突变会改变果蝇昼夜节律行为的周期长度。最重要的是，缺乏 *tim* 基因的果蝇其细胞核内没有 Per 蛋白质；同样，缺乏 *per* 基因的细胞核内也没有 Tim 蛋白质。

2000 年，B. J. Reinhart 等在线虫中发现了第二个异时性开关基因 *let-7*，并将这些长度约为 22 个核苷酸的小分子 RNA 称为**时序小 RNA**(small temporal RNAs，stRNA)。时序小 RNA 是微 RNA(miRNA)家族的成员。

在高等生物的发育中，珠蛋白基因家族成员的差异表达是一个基因表达时间调控的好例子。人类的 α 珠蛋白基因簇和 β 珠蛋白基因簇分布不同。α 珠蛋白基因簇位于 16 号染色体的一段长 28 kb 的区域，β 珠蛋白基因簇位于 11 号染色体的一般长 45 kb 的区域。每个基因簇中的基因都源于相同的原始基因，所以它们组成了一个小的多基因家族。在进化的过程中，随着时间的推移，这些基因簇中的基因由于随机突变而产生歧化，各自编码略有不同的多肽。其中一些基因由于移码突变或无义突变而失去表达的能力，这些基因被称为**假基因**(pseudogenes)，图 6.29 中用希腊字母 ψ 表示。

α 和 β 珠蛋白基因簇的典型特征之一是其成员基因可在发育过程的不同时间得以表达。位于基因簇一端的某些基因只在胚胎时期表达，位于中间的某些基因只在胎儿时期表达，位于基因簇另一端的某些基因则只在出生后才表达(图 6.29)。这种基因簇中基因从一端到另一端逐步活化的现象，表明在人体发育过程中需要产生略有不同的血红蛋白。胚胎、胎儿与成人有不同的氧需求，不同的循环系统，也处于不同的物理环境，因此这些珠蛋白的基因表达的时间开关显然是适应这种变化的结果。

这种时序调控和基因簇上游的 LCR 有关。在胚胎期，LCR 作用 ε、两个 γ 和 β 珠蛋白基因的启动子，促进转录；在胎儿期 LCR 作用两个 γ 和 β 珠蛋白基因的启动子；在成人期，LCR 作用 δ 和 β 珠蛋白基因的启动子(图 6.29)。但具体的调控机制尚不清楚。

(二) 真核基因表达的空间调控

编码植物微管蛋白的基因可作为基因表达的空间调控的例子。微管蛋白的作用是组成细胞内的微管系统，共有两种微管多肽：α 亚基与 β 亚基，两者都可组成一个二聚体结构。这些二聚体可以平行排列的方式组

成直径 24 nm 的中空圆柱状微管结构。

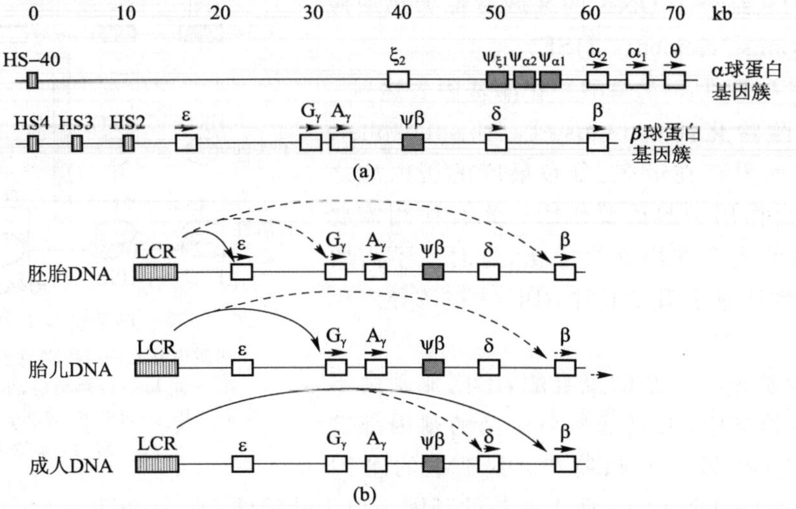

图 6.29 人类 α 和 β 珠蛋白基因簇的结构和 LCR 对 β 珠蛋白基因簇的调控

(a) 人类 α 和 β 珠蛋白基因簇的结构。LCR 位于基因簇上游 DNA 酶 Ⅰ 的高敏感位点(HS-40 等)。箭头表示基因的转录方向。θ 珠蛋白基因的功能尚不确定。它未被掺入到血红蛋白分子中 (b) LCR 对 β 珠蛋白基因簇的调控。实线表示 LCR 作用于所示基因上的强增强子效应,导致高水平表达;虚线表示相对弱的效应(引自 T. Strachan,等,2004)

微管蛋白的 α 亚基与 β 亚基由不同的基因编码。通常,在基因组中每种微管蛋白可由几种不同的基因所编码。例如,在拟南芥(*Arabidopsis thaliana*)的基因组中有 6 种 α 微管蛋白基因和 9 种 β 微管蛋白基因。研究发现,这些基因都只在特定的空间中才得以表达。例如,*TUA 1* 基因编码的是一种 α 微管蛋白亚基,它主要在花粉粒中表达。该基因在发育中的花粉囊中也有一些表达,但极少或不在叶片、茎或根细胞中表达。相反,*TUB 1* 基因,它编码一种 β 微管蛋白亚基,则只在靠近根尖的根细胞中才表达。另一种 β 微管蛋白亚基的编码基因 *TUB 8*,通常只在植物的维管组织中表达。这些微管蛋白编码基因的空间特异性表达说明拟南芥的不同部位需要不同的微管系统。

(三) 环境对基因表达的影响

真核基因表达可以被环境因素如热或光所诱导,也可以被激素和生长因子等信号分子所调节。激素诱导的基因表达是通过激素与蛋白质的互作而介导的。一些激素受体可以直接作为转录因子结合于 DNA 区域,从而调控基因的活性;另一些激素受体通过信号转导的方式间接调控基因的转录。

2007 年英国的 E. Tauber 等发现果蝇野生欧洲种群由于进化,*tim* 基因产生了变异,变异种群比野生种群能更好地适应环境的变化。他们发现 *tim* 基因能使果蝇对外部日照和温度作出应答而进入类似于冬眠的生长停止状态。F. Sandrelli 等发现这种应答是 *tim* 基因产物与相关蛋白相互作用的结果。

1. 温度对基因表达的影响

当生物经过高温的刺激后,它们可通过合成一系列蛋白质的反应来稳定细胞的内部环境。这些蛋白质称为**热激蛋白**(heat-shock proteins,HSP)。HSP 是细胞或生物体受到热胁迫后新合成的一类遗传上高度保守的蛋白质,在原核生物和真核生物中普遍存在,它们之间的同源性达到 40%~50%,这一点也反映了两类生物在系统发育上的关系。已发现许多热激蛋白家族的成员都具有蛋白伴侣(chaperones)的活性。热激蛋白最早在果蝇体内发现,它们在热激或其他条件的刺激下大量表达,以对抗环境中的不利因素并保护机体本身。

hsp 的表达调控是在转录水平上进行的,即热激诱导了这些蛋白编码基因的转录(图 6.30)。在果蝇中,有一种热激蛋白 HSP70,它由定位于常染色体上的两个基因簇之间的一组基因编码。在这两个靠近的基因簇之间,有 5~6 个 *hsp70* 基因的拷贝。当温度超过 33℃时(相当于在夏天环境中),这些基因均可转录形成 RNA,然后经过加工和翻译形成 HSP70 多肽。*Hsp70* 基因的这种热诱导需要一种称为**热激转录因子**(heat-shock transcription factor,HSTF)的帮助。HSTF 是一种多肽,存在于果蝇细胞核中。当果蝇经过热激之后,HSTF 被磷酸化。磷酸

化的 HSTF 可特异性结合于 *hsp70* 基因的上游区域，促进 RNA 聚合酶Ⅱ与 DNA 的结合，从而刺激 *hsp70* 基因的转录。磷酸化 HSTF 结合于 DNA 的区域被称为**热激应答元件**(heat-shock response elements，HSE)。

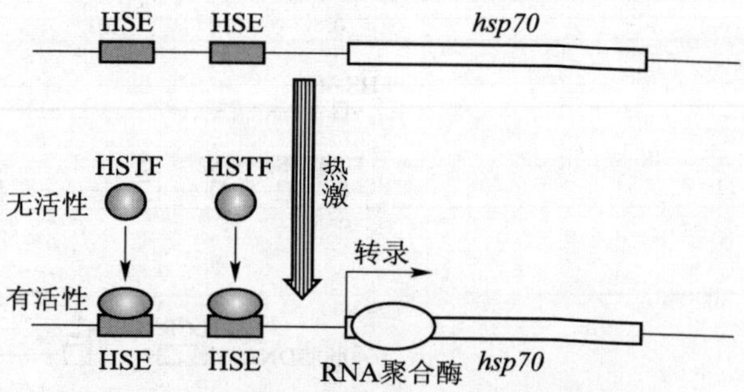

图 6.30 热激诱导果蝇 *hsp 70* 基因的转录
热激应答元件(HSE)位于转录起始位点上游的 40～90 bp。经热激后，游离状态无活性的热激转录因子(HSTF)结合于 HSE，成为有活性的，启动 *hsp70* 基因转录

2. 光调控植物的核酮糖 1,5 二磷酸羧化酶基因表达

核酮糖-1,5-二磷酸羧化酶(ribulose-1,5-bisphosphate carboxylase，RBC)是自然界存在最多、分布最广的蛋白质之一，它在绿色植物的光合作用中起重要作用。光合作用需要依赖阳光，如果没有光能，光合作用就会中止，这时就不需要 RBC 的作用，因此当植物暴露于阳光下时 RBC 才被诱导产生也就可以理解了。

RBC 是包含有大亚基和小亚基的复合酶，不同亚基由不同的基因编码。在一些植物中，大亚基和小亚基的基因都定位于叶绿体的 DNA 上；在另一些植物中，小亚基的基因(*rbcS*)定位于细胞核 DNA(nDNA)上，而大亚基的基因定位于叶绿体 DNA(chDNA)上。*rbcS* 呈多基因家族存在，其表达具有明显的组织特异性，在叶片中表达量很高，而在根中几乎检测不到。*rbcS* 基因对光照有明显的应答反应，当植物暴露于阳光下时转录可明显增加。

目前对 *rbcS* 基因的光诱导过程尚不完全了解。在这一过程中，光能被细胞中的光敏色素(phytochroine)蛋白吸收，另一种称为发色团(chromophore)的分子可以与光敏色素蛋白结合。发色团吸收光能后可以引起光敏色素蛋白的构象改变，从而引发其他蛋白质的改变。其中有一种蛋白质可以与 *rbcS* 基因转录起始点上游的**光调节元件**(light regulatory element)结合，从而激活该基因的转录。这一调控过程快速而强烈，可以在植物暴露于光线时迅速产生足量的 *rbcS* mRNA。相似的过程也发生于大亚基的产生。因此，光线诱导了这一光合作用中关键酶的产生。

3. 信号分子对基因表达的调节

在多细胞真核生物中，一些细胞可以通过分泌激素作为信号转导给另一些细胞。激素可通过循环系统到达全身，作用于它的靶细胞，引发一系列可调节的基因表达事件。在动物体内存在两类激素，一类是固醇类激素，另一类是肽类激素。固醇类激素是衍生于胆固醇的一类小分子脂溶性物质，由细胞膜进入细胞内。例如，雌性激素和黄体酮与雌性个体的生殖功能密切相关；睾丸激素是与雄性个体分化，与行为有关的激素；肾上腺皮质激素与血糖浓度的调节有关。一旦这些激素进入细胞内，它们可以和激素受体分子结合，受体分子与激素的复合物可以进入细胞核中，作为转录因子调节特定基因的表达。

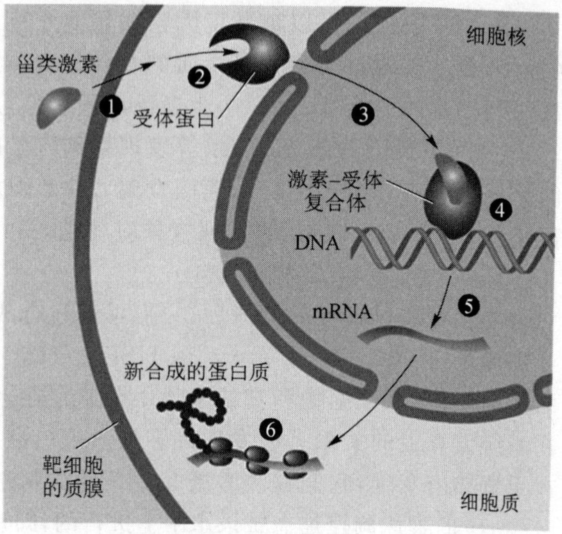

图 6.31 糖皮质激素和受体结合来活化靶基因
①甾类激素进入靶细胞 ②和受体蛋白结合 ③形成复合体 ④复合体结合到靶基因上游调控序列上 ⑤激活靶基因进行转录 ⑥成熟的 mRNA 通过核膜孔，进入胞质，并进行翻译，合成新的蛋白质

肽类激素，如胰岛素，可以调节血糖浓度；泌乳刺激素可作用于雌性哺乳动物的乳房中的靶组织。由于肽类激素一般相对分子质量较大，难以自由通过细胞膜，它们所传递的信号需要通过细胞膜结合受体蛋白(membrane-bound receptor proteins)转移到胞内。这种信号转移方式称为**信号转导**(membrane-bound receptor proteins)，即当激素分子结合于细胞表面的受体蛋白时，可引起受体蛋白的构型变化(如磷酸化)，进而引起胞内其他蛋白质的改变。通过这一系列的变化，激素信号从胞外转移到了胞内和细胞核内，最后影响到特定基因的表达。

甾类受体蛋白等并不直接与 DNA 接触，而先和配体结合被活化。当甾类激素等配体进入细胞后，在细胞质中与受体结合，结合后受体构象发生改变，形成二聚体，成为活化状态，然后进入细胞核。受体识别特殊的保守序列 GRE,并与之结合,从而活化了其下游的启动子,使糖皮质激素调节基因开始转录(图 6.31),诱导产生各种相应的蛋白质。

第四节 转录后调控

原核生物的转录和翻译是偶连的,mRNA 几乎不经过加工就直接进行翻译,而真核生物转录后要经过一系列复杂的加工(第三章),加工的本身也是一种基因表达的调控,它可以使同一个基因在不同组织中合成不同的产物。另一个转录后调控的环节是转录后沉默,涉及微 RNA 家族。

一、转录后加工

绝大多数的真核基因都带有内含子,内含子从转录产物中去除后才可能使基因得以正确表达,mRNA 的剪接过程是在**剪接体**(spliceosome)中完成的。

(一) 内含子的选择性剪接

有些断裂基因转录产生的 RNA 可进行**选择性剪接**(alternative splicing),即单个 RNA 产物由于改变了剪接连接处而产生了不同的 RNA 产物。在某些情况下,基因表达的最后产物由初级转录物决定,因为初级转录物使用了不同的 5′端或 3′端;另一些情况下,单个初级转录产物可经选择性剪接,产生不同外显子的组合。最终的结果是,同一个基因可编码产生功能不同的蛋白质。

1. 不同启动子或 5′端的选择

有的基因具有两个启动子,每一启动子都有它自己的组织调控元件,那么两个长度不同的转录物将会产生组织特异性 mRNA 和蛋白质产物。例如,小鼠的唾腺、肝和胰都能合成 α-淀粉酶,但在 3 个组织中 α-淀粉酶的浓度不同。小鼠的 3 号染色体上有两个连锁的 α-淀粉酶基因 *amy-1* 和 *amy-2*,*amy-1* 在唾腺和肝中表达,*amy-2* 却在胰中表达(图 6.32)。在唾腺中产生的 α-淀粉酶的浓度是肝中的 100 倍。这是由于在不同的组织中使用了 *amy* 基因 5′端的 2 个不同启动子。在唾腺中使用的启动子 P_S 较强,转录活性比肝中使用的启动子 P_L 高 30 多倍,但在唾腺细胞中 *amy* 的 mRNA 浓度要比肝中的高 100 倍,表明转录活性可能还受到其他调控因素的影响。

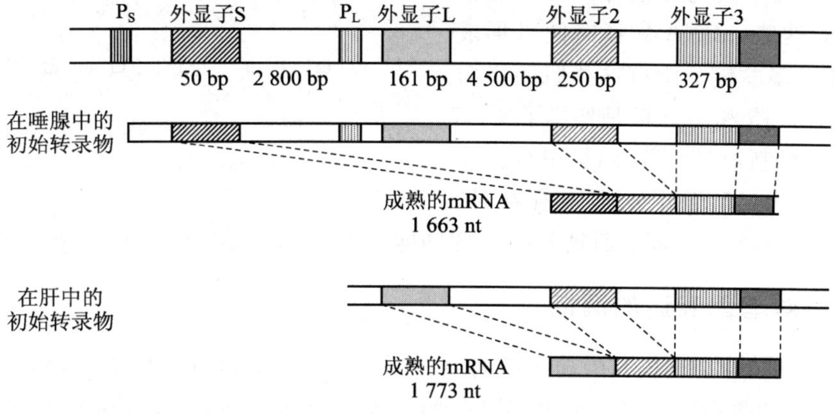

图 6.32 小鼠 α-淀粉酶(*amy*)基因利用不同启动子产生两个不同的 mRNA

鸡的肌球蛋白(myosin)轻链基因在心脏和砂囊中转录后产生的成熟 mRNA 不同,前者为 LC1(light chain),后者为 LC3,它们具有相同的 3′编码区,但 5′编码区却不同,这也是源于它们转录的起始点不同。

2. 3′端的选择

同样的一个基因在不同组织中由于 3′端加尾位点的选择不同可产生不同的 mRNA,而形成不同的产物。例如,大鼠甲状腺中合成的降钙素(calcitonin)和脑下垂体合成的神经肽(neuropeptide),都是由同一个基因编码的,由于 3′端加尾位点的选择不同,使其 mRNA 的 3′端的编码区不同,导致最终合成的产物也完全不同(图 6.33)。

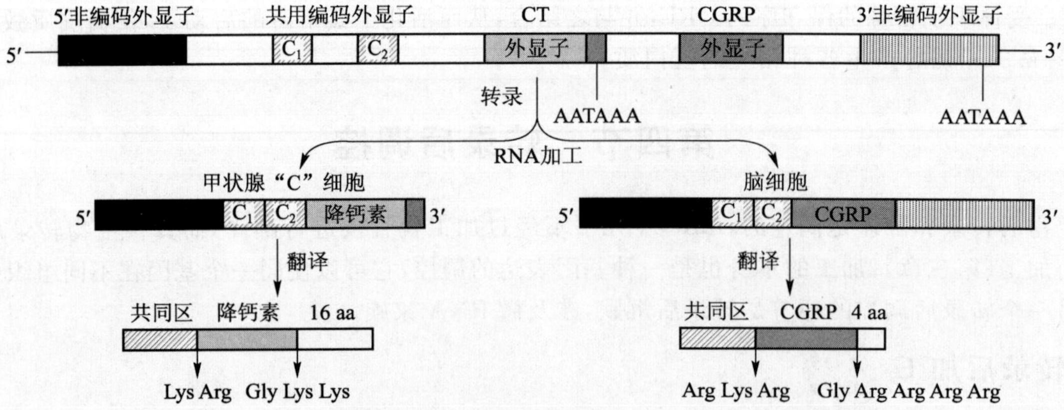

图 6.33　大鼠降钙素基因有两个 3′端加尾位点和不同的剪接模式

3. RNA 的选择性剪接

带有多个内含子的基因可以给 RNA 的剪接带来复杂的问题。这些内含子可以被分别去除，或连同其中的外显子一道被去除，这将取决于作用于 RNA 的剪接机制。这样，这套剪接机制就有可能通过去除部分外显子而修饰 RNA 的编码序列。这种对 RNA 的不同剪接机制显然有利于遗传信息（或基因组）的经济利用，因此这种**选择性剪接**（alternate splicing）可使一个基因编码多个不同的多肽。

选择性剪接的一个例子是**肌钙蛋白 T**（troponin T）基因的表达，它编码的产物是脊椎动物骨骼肌中的一种蛋白质。大鼠的肌钙蛋白基因在不同发育阶段及不同横纹肌种类中由于不同的选择性剪接内含子，结果产生了不同的肌钙蛋白 T。这种蛋白质的大小为 150～250 个氨基酸残基。在小鼠中，肌钙蛋白 T 的基因超过 16 kb，其中包含了 18 个外显子（图 6.34）。该基因的转录产物可以通过不同的剪接方式而获得数量众多的一组 mRNA，这些 mRNA 翻译时便可形成许多不同的肌钙蛋白 T 多肽链。所有这些肌钙蛋白 T 都含有外显子 1～3、9～15 和 18。但是外显子 4～8 是否存在则取决于剪接机制，它们可以随机组合。另一种变化位于外显子 16 和 17，当外显子 16 存在时，外显子 17 则被切除，反之亦然。不同的肌钙蛋白 T 的功能可能有一些细微的差别，以适应肌细胞功能的变化。

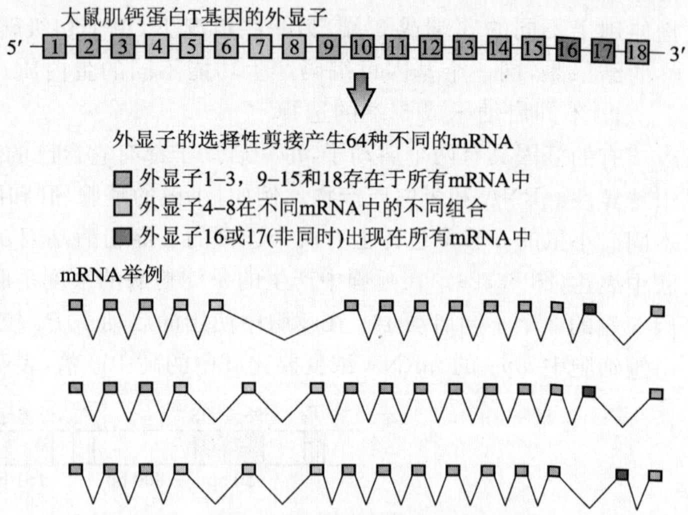

图 6.34　肌钙蛋白 T 基因的选择性剪接

图仅显示 65 个不同成熟 mRNA 中的 3 个（引自 S. Simmons，2010）

（二）RNA 编辑对基因表达的调控

RNA 编辑（RNA editing）是真核基因转录后的一种加工。通过编辑可以校正一些基因（如 *cox Ⅱ* 基因）转录物，使其能合成有功能的蛋白质。通过编辑还可以加入或去除某些基因（如 *apo-B* 基因）的起始密码子和终止密码子，使其在不同的组织中表达不同。此外，编辑可以扩充某些遗传信息，如锥虫 *cox Ⅲ* mARNA 的长度编辑后增加了 55%（见第三章）。

二、转录后沉默

（一）反义 RNA 调控

在原核生物反义 RNA 发现以后（见第五章），人们开始注意真核生物中反义 RNA 的存在及功能。

1984 年 J. P. Adelman 等发现大鼠的**促性腺激素释放激素**(gonadotropin releasing hormone,GnRH)的基因两条链都能转录,首次在真核生物中发现了反义 RNA;1986 年 P. J. Green 等发现来自骨髓细胞瘤病毒的癌基因 *myc* 3 个外显子中的第 1、2 两个外显子之间有部分互补。在有的细胞中,当失去外显子 1 时,*myc* 基因过量表达,推测外显子 1 可能通过互补来抑制 *myc* 的表达。

(二) RNA 干扰的调控

近年来的研究表明,一些小分子双链 RNA 通过特异性结合互补链,促使 mRNA 降解,从而特异地抑制体内特定基因的表达导致细胞表现出特定的基因缺失表型,引发**转录后沉默**(post-transcriptional gene silencing,PTGS),称为 RNA **干扰**(RNA interference,RNAi)。RNAi 有可能作为一种简单而有效的敲除基因的工具。

1996 年 R. A. Jorgensen 等将色素基因插在一个强启动子后,导入矮牵牛中,试图加深花朵的紫色,结果花朵的紫色不仅没有加深,相反多数的花产生了花斑甚至变成白色。Jorgensen 等认为这可能由于导入的基因和其相似的内源基因同时都被抑制所致。因此将这种现象称为**协同抑制**(cosuppression)。后来发现在其他许多植物中,甚至在真菌中也有类似的现象。尽管对于部分植物来说,转基因引发的基因沉默可能是因为基因特异的甲基化所致,这被称为**转录阶段基因沉默**(transcriptional gene silencing,TGS),但在部分植物中基因沉默是在转录后发生的。在转录后基因沉默实验中,同源基因的转录物曾有出现,但很快在胞浆中被降解。

转基因会引发 PTGS,然而一些病毒也可诱发基因沉默。一旦被引发,PTGS 由一种可扩散的反式作用分子介导。这首先在脉孢菌中得到证实:基因沉默可以在异核体的细胞核之间传递。后来发现在植物中,将转基因导致基因沉默的植物嫁接到另一没有基因沉默的植物中,同样可以导致 PTGS。在线虫和果蝇的实验中,人们终于发现导致植物中的 PTGS 的反式作用因子是双链 RNA。1995 年 S. Guo 和 K. J. Kemphues 尝试用反义 RNA 去阻断 *par-1* 基因的表达以探讨该基因的功能,结果反义 RNA 的确能够阻断 *par-1* 基因的表达,但是奇怪的是,注入正义链 RNA 作为对照时,也同样阻断了基因的表达。1998 年 A. Z. Fire 和 C. C. Mello 首次证实,正义 RNA 抑制基因表达的现象及过去的反义 RNA 技术对基因表达的阻断都是由于体外转录所获的 RNA 中污染了微量双链 RNA 而引起。当他们将体外转录得到的单链 RNA 纯化后注射线虫(*C. elegans*)时发现,基因抑制效应变得十分微弱,而经过纯化的双链 RNA 注入线虫消化道中不仅可以阻断整个线虫的同源基因表达,还会导致其第一代子代的同源基因沉默。他们将这一现象称为 RNA 干扰。

RNAi 为何能引发基因沉默?1999 年 A. J. Hamilton 和 D. C. Baulcombe 首先在发生协同抑制的植物中鉴别出了一些大约 25 个碱基大小的 RNA,这些 RNA 在没有发生基因沉默的植物中是不存在的,这些 RNA 分别与沉默基因的正义和反义链互补。这成为揭示 RNAi 秘密的第一条关键线索。同年 T. Tuschl 等报道在哺乳动物中也存在 RNAi,只是导入的 RNA 是**小分子干扰 RNA**(siRNA);2000 年,P. D. Zamore 和同事发现注入果蝇细胞的 dsRNA 被切割为 21～23 bp 的 RNA 片段,他们同时发现:与 dsRNA 同源的内源基因的 mRNA,只在和 dsRNA 对应的部位被切割成为 21～23 核苷酸长的片段。2001 年 E. Berstein 等提出只有 22 核苷酸才能特异性地阻断 RNA,同时他们还发现了体内一个分解 dsRNA 为 siRNA 的**切酶**(dicer)。RNA 干扰可能在基因表达调控和基因剔除上中发挥重要作用。2002 年,科学家研究了酵母和四膜虫两种生物体的 RNAi 现象,他们发现 RNAi 对染色体的形状有着极大的控制作用。RNAi 能永久性关闭或删除一部分 DNA,而不只是简单地使 DNA 暂时沉默。2004 年,K. Tomoko 和同事们发现一种小分子 dsRNA 能够作用于神经基因的表达,并且能在转录水平上直接诱导神经干细胞向神经细胞分化,这种 RNA 在基因转录水平上直接参与调控,它被命名为**小分子调节 RNA**(small modulatory RNA,smRNA)。

进一步研究表明 siRNA 一般是在体内通过剪切双链 RNA 而直接产生的,或通过转基因及病毒感染而产生。在某些生物中可通过一种 RNA 依赖性的 RNA 聚合酶来扩增。siRNA 组成 **RNA-诱导沉默复合体**(RNA-induced silencing complex,RISC),并寻靶于内源性同源 mRNA 加以剪切。RNA 干扰的分子机制尚不清楚,有假说认为 RNAi 分为起始和效应两步。在起始阶段,加入的 dsRNA 被切割为 21～23 核苷酸长的

siRNA 片段，又被称为**引导 RNA**（guide RNA）。证据表明，切酶是 RNaseⅢ家族中识别特异双链 RNA 的一员，能以一种 ATP 依赖的方式逐步切割由外源导入或者由转基因、病毒感染等各种方式引入的双链 RNA，将 RNA 降解为 19～21 bp 的小 RNA（siRNA），每个片断的 3′端都有 2 个碱基突出（图 6.35）。

在效应阶段 siRNA 在细胞内 RNA 解旋酶的作用下解链成正义链和反义链，随后由反义 siRNA 再与体内一些酶（包括内切酶、外切酶和解旋酶等）结合形成 RNA 诱导沉默复合体（RISC）。激活 RISC 需要一个 ATP 依赖的将 siRNA 解链的过程（图 6.36）。RISC 被认为是核酸酶的效应分子，具有核酸酶的功能。激活的 RISC 通过碱基配对与内源性基因表达的 mRNA 的同源区进行特异性结合，切割位点即是与 siRNA 中反义链互补结合的两端。被切割后的断裂 mRNA 随即降解，从而诱发宿主细胞针对这些 mRNA 的降解反应。siRNA 不仅能引导 RISC 切割同源单链 mRNA，而且可作为引物与靶 RNA 结合，并在**依赖 RNA 的 RNA 聚合酶**（rna-dependent RNA polymerase，RDRP）作用下合成更多新的 dsRNA，新合成的 dsRNA 再由内切酶切割产生大量的次级 siRNA，从而使 RNAi 的作用进一步放大，最终将靶 mRNA 完全降解。

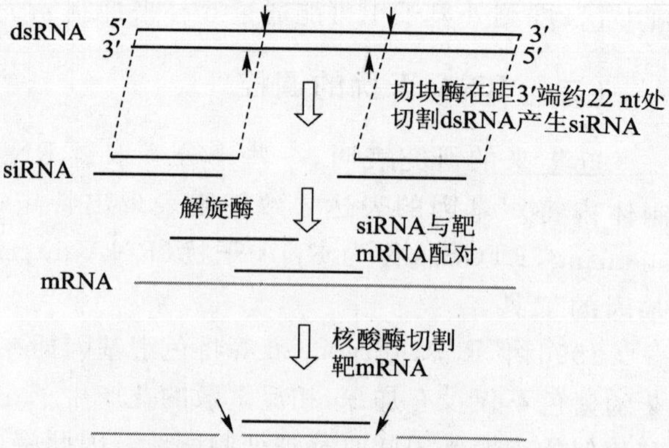

图 6.35 切酶将外源双链 RNA 切成 22 nt 的 siRNA，siRNA 的负链和内源靶 mRNA 互补结合，在 siRNA 的引导下，靶 mRNA 被核酸酶剪切，发生 RNA 干扰

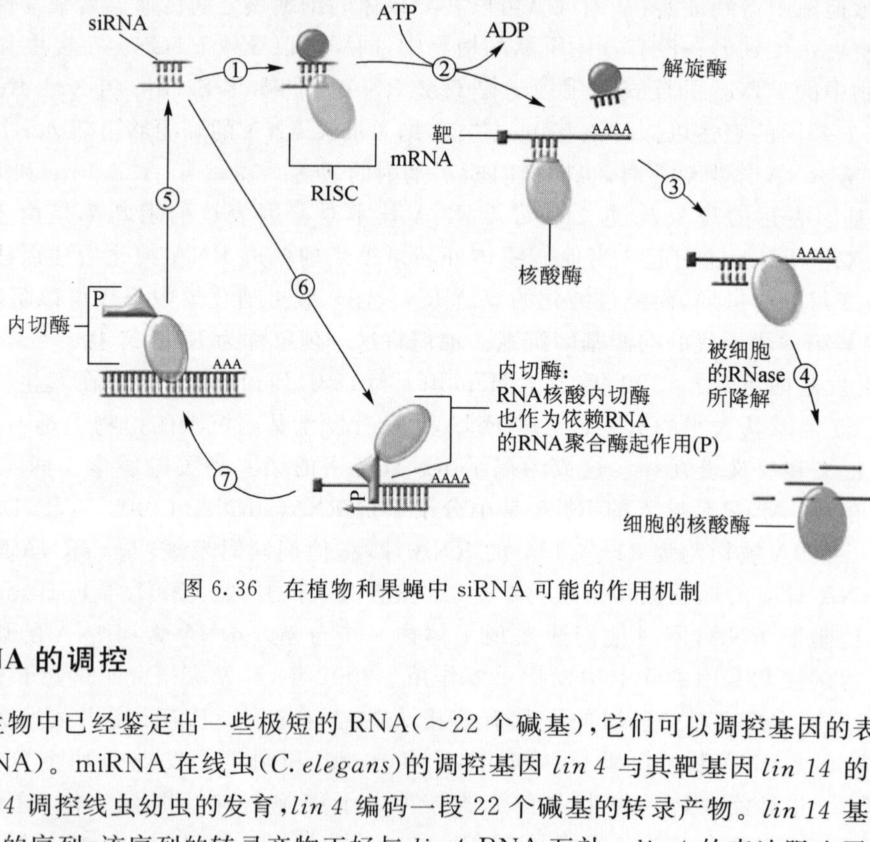

图 6.36 在植物和果蝇中 siRNA 可能的作用机制

（三）微 RNA 的调控

在许多真核生物中已经鉴定出一些极短的 RNA（～22 个碱基），它们可以调控基因的表达，被称为**微 RNA**（microRNA，miRNA）。miRNA 在线虫（*C. elegans*）的调控基因 *lin 4* 与其靶基因 *lin 14* 的效应研究中首次被发现。靶基因 *lin14* 调控线虫幼虫的发育，*lin 4* 编码一段 22 个碱基的转录产物。*lin 14* 基因非翻译区有一个重复 7 次的 10 bp 的序列，该序列的转录产物正好与 *lin 4* RNA 互补。*lin 4* 的表达阻止了 *lin 14* 转录后的表达过程，其作用机制可能是两个 RNA 的互补配对导致了 mRNA 的降解（图 6.37）。显然，在进化的过程中，利用小分子 RNA 调控基因表达和 RNAi 有共通之处。

在线虫基因组中已经发现了约 55 个编码 21～24 个碱基长度的 miRNA 的基因，高等动物（如哺乳动物）和植物（如水稻和拟南芥）中也发现了 miRNA 的存在，说明 miRNA 的调控机制具有普遍性。线虫与哺乳动物的许多 miRNA 具有同源性，拟南芥的 16 种 miRNA 中有 8 种与水稻 miRNA 是完全同源的，说明该调控机制具有保守性。

miRNA 和 siRNA 是相似的，但也有区别。归纳起来有以下几点：①来源不同：miRNA 是内源性的，而 siRNA 是外源性的，通过转染进入生物体内；②结构不同：miRNA 是单链 RNA，而 siRNA 是双链 RNA；③加工不同：内切酶对 miRNA 是不对称加工，仅剪切前体 miRNA 的一个侧臂，其他部分降解；而 siRNA 是切下前体双链 RNA 的两侧臂；④作用位置不同：miRNA 主要作用于靶基因 3′UTR 区，而 siRNA 可作用于 mRNA 的任何部位；⑤作用机制不同：miRNA 的作用是抑制靶基因的翻译，也可以导致靶基因降解，即在转录后和翻译水平起作用，而 siRNA 只能导致靶基因的降解，即为转录后调控；⑥作用时间不同：miRNA 主要在发育过程中起作用，调节内源基因表达，而 siRNA 不参与生物生长调节，原始作用是抑制转座子活性和病毒感染。

（四）piRNA 的调控

2006 年美国 G. Hannon 及 T. Tuschl 两个课题组首先在小鼠睾丸中发现了一种非编码小分子 RNA，长度为 26～31 nt，因能与 Argonaute（AGO）蛋白家族中的 Piwi 亚家族蛋白结合而发挥作用，故称为 piRNA（Piwi-interacting RNA），同年 Haifan Lin（林海帆）等揭示了果蝇中 piRNA 的特征及在基因调控中的重要作用。其主要功能是使转座子保持沉默状态，以防止基因组中转座子的转座，维持基因组的稳定性。

Piwi 亚家族蛋白是一类表观遗传的调控因子，能与 PcG 蛋白[多梳蛋白（polycomb group，PcG）参与同源异形基因 Hox 的沉默等]共同结合于基因组的 PcG 应答元件上，使同源异形基因沉默，推测与 Piwi 亚家族蛋白相关的 piRNA 表观遗传的调控中也起一定的作用。在果蝇中的研究发现，piRNA 可能涉及源于母体的表观遗传效应。在表观遗传过程中，piRNA 是生殖细胞内 DNA 甲基化的特异性决定子。

piRNA 形成的机制尚不清楚，但已建立几种不同的模型。其中“piRNA-生物发生模型”（图 6.38）提出：通过 Piwi 亚家族蛋白与小分子 RNA 结合来寻靶转座子和反转录元件的转录物。剪切转录物产生新 piRNA 的 5′端。进一步进行 3′端加工可能需要另一种 Piwi 亚家族蛋白，如果蝇的 AGO3，产生新的 piRNA，其 3′端有 10 nt 是和起初的 piRNA 相同。

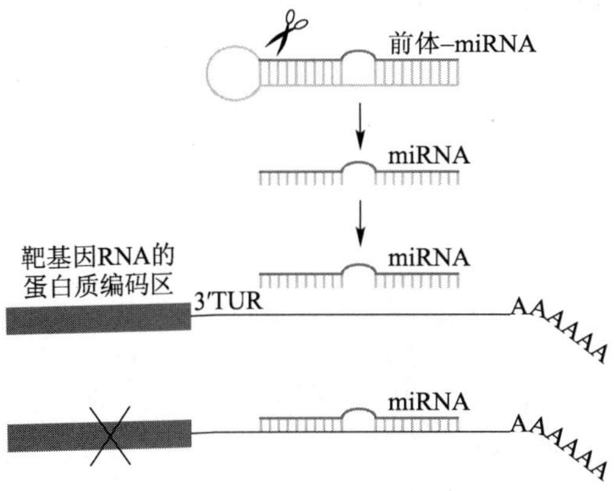

图 6.37 显示了一种使基因沉默的 *lin4* 微 RNA（miRNA）

这是从发夹形前体 miRNA 切出来形成一个成熟的 miRNA，然后结合到靶基因 *lin14* 的 3′非翻译区（3′UTR）关闭其活性

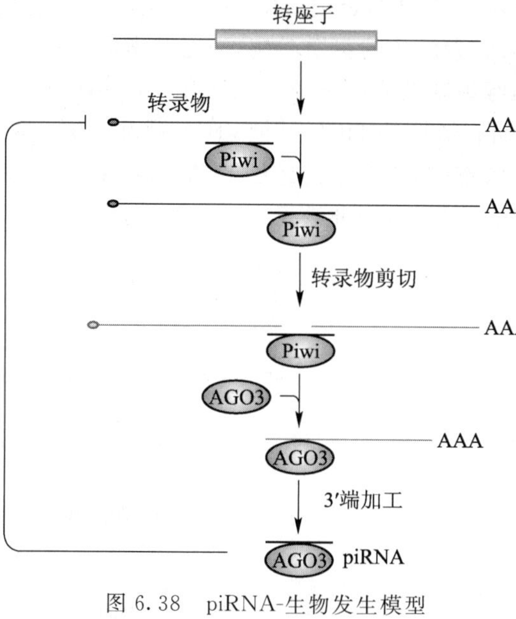

图 6.38 piRNA-生物发生模型

（引自 E. J. Chapman 等，2007）

三、mRNA 的细胞内定位

某些 mRNA 具有特定的细胞内定位，使其蛋白质能在特定区域合成并发挥功能。在果蝇的早期胚中，这种现象十分明显。分泌蛋白和定位于细胞器的蛋白质是依赖信号肽、导肽和核定位信号进行转运的。而进行细胞内定位的 mRNA 是依赖其 3′UTR 内的定位信号和特定的蛋白质结合进行定位。mRNA 的定位信号是一类保守的 DNA 序列或短的重复序列；另一种类型是特定的茎环结构。不是所有的 mRNA 都是均匀分布在整个细胞质中，有的 mRNA 是定位到专一的亚细胞部位。例如，果蝇卵母细胞和合胞体中 *bcd* 和 *nos* mRNA 通过其 3′UTR 的一个特异微管结合序列定位于早期胚的两端。另外，一些 mRNA 的定位与细胞骨架相关，如核转录因子 c-Myc 等。*c-myc* mRNA 的 3′UTR 能够将其转录物定位于核周胞质并与细胞骨架相连。经缺失突变实验表明，其 3′UTR 中第 194～280 位 86 nt 的 RNA 序列具有定位信号的功能。若将此片段插入到 β-珠蛋白编码序列后再转染细胞，嵌合体转录物也能定位于核周胞质及与细胞骨架相连的多核糖体上。86 nt 片段中发现有一个保守序列“AUUUA”，经突变实验分析表明，该保守序列为 *c-myc* mRNA 定位所必需，并推测该 AUUUA 序列是 *c-myc* 3′UTR 定位信号的重要组成部分。

第五节 翻译的调控

真核生物的 mRNA 与原核的 mRNA 不同，5′端具有帽结构，3′端具有 poly(A)尾巴，没有 SD 序列，而有 Kozak 序列。由于这些差异使真核生物的翻译调控比原核生物更为复杂。

一、翻译的起始调节

兔网织红细胞和大多数生物的网织红细胞一样是没有细胞核的，因此没有 DNA，而 mRNA 也早已加工好，所以蛋白质的合成调节只能依赖于翻译水平，很多基因表达水平的资料就是从研究网织红细胞中获得的。血红素对珠蛋白合成的调控就是一例，这种调节是通过对翻译起始复合物的形成来控制的。

依赖 cAMP 的蛋白激酶(R_2C_2)是由调节亚基 R_2 和催化亚基 C_2 构成，当它和 cAMP 结合则释放出自由的 C 亚基，成为活化的蛋白激酶，而血红素的存在对这一步反应是抑制的。游离的 C 亚基可催化无活性的**血红素控制的翻译阻遏物**(hemin-controlled translational repressor，HCR)，又称为 eIF-2 激酶，其磷酸化成有活性的 HCR，而有活性的 HCR 又使 eIF-2 磷酸化失去活性，而血红素抑制这一系列反应就可使 eIF-2 不被磷酸化，保持活性状态，和细胞中的起始 tRNA 及 **eIF-2 激发蛋白**(eIF-2-stimulating protein，ESP)形成翻译起始复合物，开始合成珠蛋白，因此缺乏血红素时，珠蛋白也不能合成(图 6.39)。

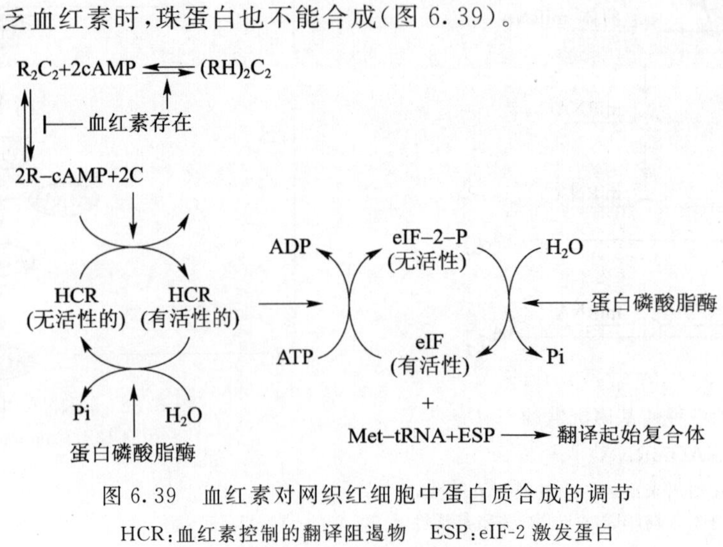

图 6.39 血红素对网织红细胞中蛋白质合成的调节

HCR：血红素控制的翻译阻遏物 ESP：eIF-2 激发蛋白

图例：激活———▸，抑制——|

mRNA 的降解是基因表达过程中的另一个控制点，长周期的 mRNA 可以支持长时间的多肽合成，而短周期的 mRNA 则只能支持短时间的多肽合成。

被快速降解的 mRNA 需要不断通过新的转录来补充，否则它编码的多肽将停止合成。这种多肽合成的终止可以作为表达调控的一种方式，因为一旦一种多肽已经发挥了它的功能，它就可能不再有用，而它的持续合成就会变得有害。这种情况下，mRNA 的快速降解就成为防止这些多肽合成的有效方式。

mRNA 的降解开始于 poly(A)缩短或不依赖脱腺苷化的内切酶剪切。在细胞质中所有的 RNA 都要受到**降解控制**(degradation control)。研究表明，mRNA 寿命可被多种因子所影响，如 poly(A)的长度、3′UTR 的结构及细胞的生理状态等。通常核糖体中的 rRNA 和 tRNA 是很稳定的，而 mRNA 分子的稳定性很不一致，有的 mRNA 的寿命可延续好几个月，有的只有几分钟。我们在某些类型的细胞中加入调节物可使某些特殊蛋白的合成增加。这可能涉及相关基因转录速率的增加，也可能涉及 mRNA 稳定性的增加。

mRNA 降解速率的不同表现出和各 mRNA 结构特点有关。特别是 mRNA 的选择性降解在很大程度上是由于核酸酶和 mRNA 内部结构相互作用的结果。

3′UTR 中的顺式作用元件与调控蛋白结合可以调控 poly(A)缩短或内切酶剪切，从而影响 mRNA 的稳定性。在很多短寿命的 mRNA 3′UTR 中存在富含 AU 元件(AU-rich element，ARE)。ARE 长 50～150 bp，一般包含一个或几个拷贝的“AUUUA”或者“UUAAUUUAU”。多种短寿命 mRNA 在其 3′UTR 都具有 AUUUA 序列的多次重复。将这段序列插入其他更为稳定的 mRNA 的 3′UTR，可导致这些 mRNA 变得不稳定。

ARE 引起 mRNA 降解的机制可能是在 ARE 上存在“**富含 AU 去稳定模体**(AU-rich destabilizing motif，ADM)”，ADM 可以使 mRNA 的 poly(A)快速缩短至 20～40 个(A)，从而加速 mRNA 的降解；ADM 也可与 mRNA 降解因子结合从而促进 mRNA 的降解。这些不稳定的 mRNA 多编码调控蛋白，如生长因子及其受体、细胞因子等。半衰期长的基因其 mRNA 3′UTR 含有另一种元件，可使 mRNA 保持稳定。例如，**运铁蛋白受体**(transferrin receptor，TFR)mRNA 的 3′UTR 内的**铁离子应答元件**(iron-responsive element，IRE)，含有一个茎环结构。**铁离子调节蛋白**(ironregulatory protein，IRP)与 IRE 茎环结构的结合取决于细胞内铁的浓度。当细胞内铁浓度高时，IRP 与铁结合形成铁硫簇，与 mRNA 的亲和力降低，暴露了 TFR 3′UTR 内潜在的内源性核酸酶的剪切位点，使其易受核酸酶攻击，降低了 mRNA 的稳定性。在铁浓度低时，IRE 可与 IRP 结合，保护此剪切位点阻止 mRNA 降解，从而可以合成更多的运铁蛋白受体而提高铁离子的利用率。

二、硒代半胱氨酸的插入

硒代半胱氨酸这种氨基酸与半胱氨酸类似，以硒代替了硫，是**含硒蛋白**(selenoproteins)或硒酶(selenoenzymes)的几种基因产物的不同功能所需要的。硒代半胱氨酸是翻译后加工的产物，掺入前由丝氨酸修饰产生，然后与其对应的 tRNA 结合。硒代半胱氨酸由通常为终止密码子的 UGA 编码。在编码硒蛋白的 mRNA 中，称为**硒代半胱氨酸插入顺序**(selenocysteine insertion sequence，SECIS)的二级结构使蛋白质合成装置翻译这种密码子。在细菌中，在 mRNA 编码区有 SECIS；而在真核生物中，在 3′UTR 发现了 SECIS(图 6.40)。

在细菌中，紧跟在 UGA 密码子下游编码框内一个茎环结构的形成是将 UGA 解读为硒半胱氨酸的必要条件。在真核生物中 SECIS 的作用方式与细菌中的茎环结构相似，SECIS 元件也呈茎环样结构，其中有 3 个保守的短核苷酸序列：①位于 SECIS 茎环顶部的 AAA 序列；②位于 SECIS 5′端侧茎臂上突出的 AUGA 序列；③位于 SECIS 3′端侧茎臂上突出的 UG 序列(图 6.41)。在大鼠三碘甲状腺原氨酸(T3)5′端脱碘酶(5′DI)mRNA 的编码区中，三联密码子 UGA 位于近中间的位置(382～384 位)。如果把该 mRNA 的 3′UTR 去掉，则其翻译产物不含硒代半胱氨酸并且完全失去了活性。可见在 5′端脱碘酶 mRNA 中，其 3′UTR 能正确指导将硒代半胱氨酸掺入硒代蛋白质分子中。

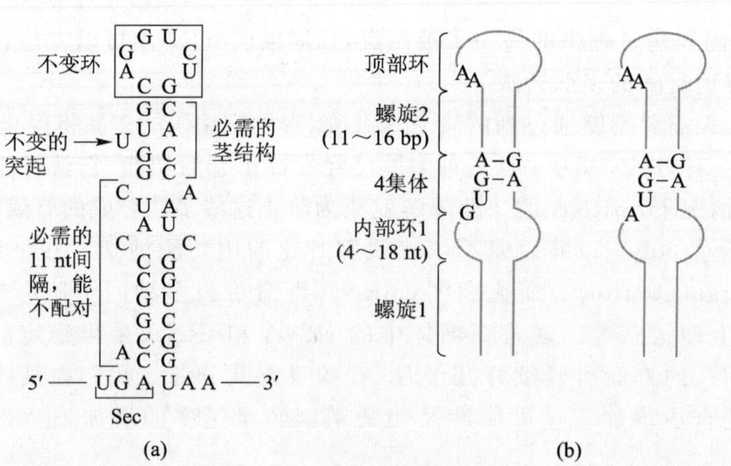

图 6.40 硒代半胱氨酸的插入

(a) 大肠杆菌中的 SECIS 包括顶端微茎-环结构的不变环，它参与翻译延伸因子的结合。茎上不配对的 U 相当保守。上部茎-环结构与 UGA 密码子之间的碱基形成配对，间隔必须在 11 nt 左右，碱基若不能形成配对时，通读性将降低(引自 K. E. Sandman，2000) (b) 真核生物中两种类型的 SECIS 元件，第二种类型的 SECIS 元件较为普遍。SECIS 元件是一个含硒蛋白质 mRNA 的 3′UTR 中的茎环结构。它与 SECIS 结合蛋白(SECIS binding protein，SBP2)结合，使终止密码 UGA 被读成硒半胱氨酸(引自 K. Taskov 等，2005)

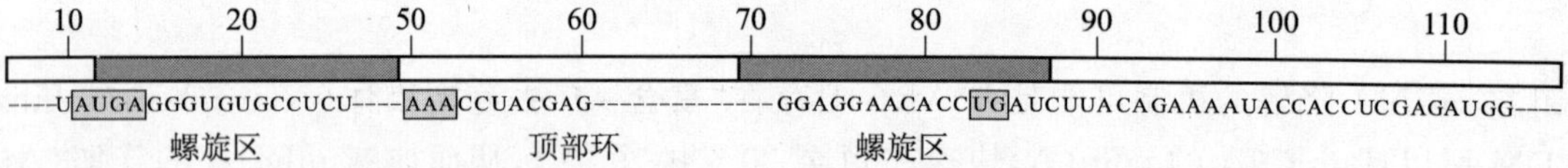

图 6.41 SECIS 元件一级结构中的保守序列

三、mRNA 的结构和翻译的效率

5′m7G 帽结构是否存在和是否易于接近 eIF-4F 的程度对翻译效率有着明显的影响。起始密码子 AUG 的位置和其侧翼的序列对翻译的效率也有影响，这些因素主要是通过与调控蛋白、核糖体、RNA 等的亲和性改变影响到起始复合物的形成，以致影响到翻译的效率。

5′UTR 的长度也会影响到翻译的效率和起始的精确性，当此区长度为 17～80 nt 时，体外翻译效率与其长度变成正比，此区高级结构和高 GC 含量对翻译的起始都有妨碍。

5′UTR 的二级结构影响到调控蛋白质与帽结构的接近，阻碍 40S 前起始复合体的装配和在 mRNA 上的扫描，起负调控的作用。但若二级结构位于 AUG 的近下游(最佳距离为 14 nt)，将会使移动的 40S 亚基停靠在 AUG 位点，增强起始反应。真核生物的系列翻译起始因子可使二级结构解链，使翻译复合体顺利通过原二级结构区，继续其肽链的延伸，而不会起阻碍作用。在这种情况下二级结构又起到了正调控的作用。

mRNA 3′端的 poly(A)不仅和 mRNA 穿越核膜的能力有关，而且影响到 mRNA 的稳定性和翻译效率。以组蛋白 mRNA 为例，它缺乏 poly(A)，其寿命也极短暂。有 ploy(A)的 mRNA 其翻译效率明显高于无 poly(A)的 mRNA，poly(A)长度和翻译效率有关。有人将 poly(A)比做翻译的计数器，随着翻译次数的增加，poly(A)在逐步缩短，也就是说 poly(A)越长 mRNA 作为模板使用的半衰期越长。poly(A)对翻译的促进作用是需要 poly(A)结合蛋白(PABP)的存在，PAPB 结合 poly(A)最短的长度为 12 nt，当 poly(A)缺乏 PAPB 的结合时，mRNA 3′端的裸露易招致降解。PAPB 迁移到 AU 序列时，导致 poly(A)的暴露促进了mRNA 的降解。

mRNA 的稳定性还受到细胞内一些化学因子如激素的影响。在蟾蜍(*Xenopus laevis*)中，卵黄蛋白原基因的转录可被雌性激素激活，而且雌性激素可以增强已经转录的卵黄蛋白原 mRNA 的稳定性。这些研究表明，对 mRNA 的降解调控也是整个表达调控中的一环。

四、选择性翻译

在原核生物中常通过操纵子来控制合成的相关蛋白质浓度比，而在真核生物中不存在操纵子，所以就要采用别的方式，选择性翻译就是其中一例，如 α 和 β 珠蛋白的合成。众所周知珠蛋白是由两条 α 链和两条 β 链组成的。但在二倍体细胞中却有 4 个 α-珠蛋白基因和 2 个 β-珠蛋白基因，如果它们相同水平转录和翻译的话，它们产物之间的浓度比应是 $\alpha:\beta=2:1$，而实际上是 1∶1，那么是怎样使它们的产物达到平衡呢？人们进行了以下的体外实验，在无细胞系统中加入等量的 α mRNA 和 β mRNA 及少量的起始因子，结果合成的 α-珠蛋白仅占 3%，说明 β-mRNA 和起始因子的亲和性远大于 α-mRNA。当加入过量的起始因子时 α-珠蛋白和 β-珠蛋白之比为1.4∶1，接近 1∶1，表明在翻译水平上存在的差异是和翻译起始因子的亲和性有关，这是由于 mRNA 本身的二级结构和高级结构所致。

五、3′UTR 对翻译的调控

在某些 mRNA 3′UTR 可以抑制翻译。调控的形式是某些基因 mRNA 3′UTR 内的负调控元件与阻遏物结合，抑制翻译。例如，线虫(*C. elegan*)的 *fem*-3 mRNA 中的同向重复序列及果蝇 *hunchback* mRNA 中 32 bp 的 Nanos 应答元件(nanos response element，NRE)都可介导翻译沉默的现象。但也有一些真核生物mRNA 3′UTR 具有激活翻译的正调控作用。例如，线粒体 ATP 合成酶 β 亚基的 mRNA 3′UTR 内含有150 bp 高度保守的富含 AU 的序列，这段保守序列和内部核糖体进入位点(internal ribosome entry site，IRES)的作用方式相似，起到**翻译增强活性**(translation-enhancing activity，TEA)的作用。所谓的 IRES 就是 Kozak 序列(真核生物的 mRNA 没有 SD 序列)，它可供核糖体识别，并与其邻接的起始密码子结合。研究表明，这段保守序列的 TEA 作用与其在 mRNA 中的位置无关，无论将它插在报告基因的 5′端或 3′端都可显著增加报告基因的表达量。

六、移框

在原核生物的翻译调控中存在着移框，这种移框常和 tRNA 有关(第五章)，而在真核生物中也存在翻译的移框调控，但与原核生物不同的是这种调节要依赖于特定的蛋白质。例如，在哺乳动物中鸟氨酸脱羧酶抗酶(ornithine decarboxylase antizyme，OAZ)的“＋1”移框的翻译调控依赖一定浓度的抗酶。

鸟氨酸脱羧酶抗酶简称为**抗酶**(antizyme)，是第一个被确定具有抑制鸟氨酸脱羧酶(ODC)活性的负调控蛋白。OAZ 可以连接到 ODC 蛋白上，抑制其催化活性，并促使 26S 蛋白酶降解 ODC。抗酶的生物合成可被高浓度的多胺(polyamine)所诱导。而 ODC 又是催化多胺生物合成的关键酶，这样形成了一个反馈调控环。多胺通过诱导 OAZ 蛋白的生成，又反过来抑制多胺在细胞内的浓度，使细胞在一个稳定的多胺水平中进行正常生长分化。

OAZ 转录物具有 ORF1 和 ORF2 两个可读框。OAZ 蛋白其实是一个由短的非保守的 ORF1 产物和高度保守的 ORF2 产物的嵌合物。在大鼠中克隆了抗酶基因，结果显示了抗酶蛋白 ORF2 中不含有翻译的起始密码子，取而代之的是和上游 ORF1 部分重叠，在 ORF1 的 3′端终止密码子处，通常序列为 UGCUCC UGA UUGCC(196～208)。在终止密码子的左侧为“UCC-U”，使 OAZ 可在重叠处进行“＋1”移框方式翻译，结果产生了完全功能的抗酶蛋白。在抗酶 mRNA 上的翻译移框是抗酶调节环的一个关键组分，它充当了传感器的作用。

当细胞内多胺浓度较低时，核糖体移至 ORF1 的 3′端终止密码子 UGA 处，翻译终止，仅合成含 68 个氨基酸残基的多肽链，没有结合 ODC 酶的活性。当细胞内多胺浓度较高时，核糖体移动到 ORF1 的 3′端终止密码子处时，发生向前“＋1”移框，核糖体跃过了一个碱基“U”，而结合“GAU”上，以 ORF 2 为模板继续进行翻译。合成含 228 个氨基酸残基的具有完全功能的完整抗酶(图 6.42)。

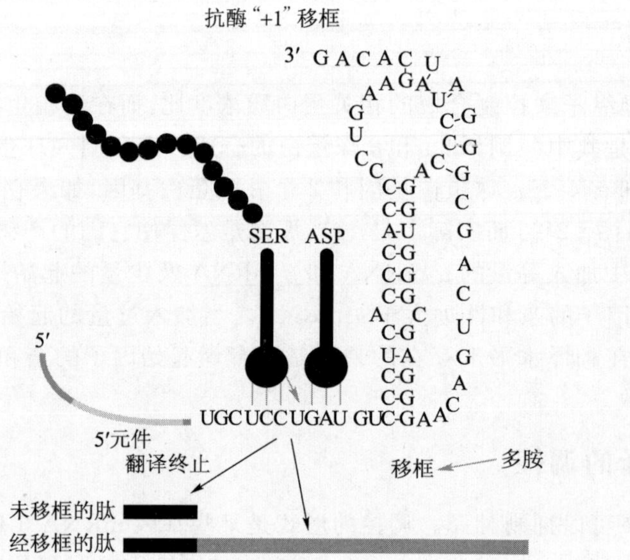

图 6.42 在哺乳动物抗酶表达的自主调控中存在"+1"移框的现象

七、翻译的自我调节

在真核生物中也存蛋白质合成的自我调节。例如，微管蛋白是构成纺锤体的主要成分；而秋水仙碱和长春花碱都能抑制微管蛋白的多聚化，从而使细胞中游离的微管蛋白浓度增加。若在组织培养细胞中加入秋水仙碱或长春花碱则会使微管蛋白的 mRNA 消失，如果用微量注射器将微管蛋白注入哺乳动物细胞中，那么就会抑制微管蛋白的进一步合成。可能过量的微管蛋白结合于核糖体的新生蛋白质上或结合于 mRNA 上，阻止翻译，导致 mRNA 的降解所致。

第六节 表观遗传

在过去的一个世纪中遗传学家们所观察到的真核生物基因表达的调控大多是转录调节，但有的现象还不能完全解释，**表观遗传**(epigenetic inheritance)就是其中之一。表观遗传是指在 DNA 序列没有发生变异的情况下，基因表达的可遗传的改变。它主要通过对 DNA 或组蛋白的共价修饰(如 DNA 甲基化、组蛋白乙酰化)，**同源依赖性的基因沉默**(homology-dependent gene silencing，HDGS)(即一个基因被另一个与其同源的基因所抑制)等引起类似显性遗传等机制而产生的。

一、DNA 甲基化与亲本印记

如本章第一节所述，DNA 甲基化是控制转录的因素之一，甲基化是启动子活性调控方式之一，启动子附近的碱基甲基化可阻止转录的发生。在哺乳动物中，DNA 甲基化模式在原肠胚形成之前就已建立。在配子形成之前一直保持非甲基化，在形成后生殖细胞才发生从头合成甲基化。在合子中甲基化的水平较高，而在卵裂期则发生广泛的去甲基化作用。

DNA 甲基化是控制转录的因素之一，甲基化是启动子活性调控方式之一，启动子附近的碱基甲基化可阻止转录的发生。在哺乳动物的 30 亿个碱基对，大约 40% 是 G-C 碱基对，它们当中的 2%～7% 都被甲基修饰成为 5-甲基胞嘧啶。多数甲基化的胞嘧啶在 DNA 中形成了以下结构特征：$\begin{matrix} 5'\,{}^{m}C\ p\ G\ 3' \\ 3'\ G\ p\ C^{m}\ 5' \end{matrix}$。

其中^{m}C 表示 5-甲基胞嘧啶，C 和 G 中间的 p 代表相邻核苷酸之间的磷酸二酯键。该结构通常只需要写出一条链，即^{m}CpG。甲基化的 CpG 二核苷酸可以使用对化学修饰敏感的限制性内切酶来检测。例如，*Hpa* Ⅱ可以识别和剪切 CCGG 序列；但第二个 C 被甲基化后，*Hpa* Ⅱ就不能剪切该序列。这样，甲基化和未甲基化的 DNA 在该酶处理之后会形成不同的限制性酶切片段。

在脊椎动物细胞中，胞嘧啶残基甲基化通常发生在 5′-CG-3′核苷酸模体中，而在植物细胞中 5′-CG-3′和 5′-CNG-3′这两种模体都可被甲基化。

在真核基因组中存在着 CpG 岛（或称为 HTF 岛），它位于基因的 5′区内。这些区域是非甲基化的，通常为 1～2 kb 大小，含有大量的 CpG 模体。在一些实例中，CpG 富集区从启动子上游开始，一直向下游延伸进入转录区。通常情况下哺乳动物 DNA（如 γ-球蛋白）中 CpG 二联体的密度是大约 1/100 bp，但在 CpG 富集岛中，其密度＞10/100 bp。例如，人类的腺嘌呤磷酸核糖转移酶基因（adenine phosphoribosyltransferase，APRT）的 CpG 岛位于启动子上游约 100 bp 直至该基因的约 400 bp 处。

所有组成型表达的持家基因都有 CpG 岛，它们占 CpG 岛总数的一半左右，另一半 CpG 岛位于组织调控基因的启动子中。有 CpG 岛的未甲基化的启动子是转录所必需的，但并非是启动转录活性的充分条件。CpG 岛的人工甲基化将抑制转录活性也证明了这一点。一系列的证据表明在**非甲基化或甲基化不足**（hypomethylation）和转录活性之间存在着相关性。在转基因实验中被转化的基因在进入细胞前如已被甲基化则不能表达；甲基化阻断性药物如 5-氮嘧啶核苷对基因表达有诱导作用；这些都可以说明 DNA 的甲基化可以抑制基因的表达。

CpG 岛的甲基化可影响转录，甲基化能通过多种方式影响转录。首先，由于识别位点中的胞嘧啶被甲基化，使转录因子不能与其结合。其次，特异性识别甲基化 DNA 的蛋白质的结合，竞争性地抑制了转录因子的结合，从而阻断了转录。目前已有两种这种性质的**甲基化 CpG 结合蛋白**（methyl-CpG-binding protein）被分离出来。最后，它能够通过影响核小体的构象，或影响核小体与其他染色质蛋白质相互作用而改变染色质的结构（图 6.43）。

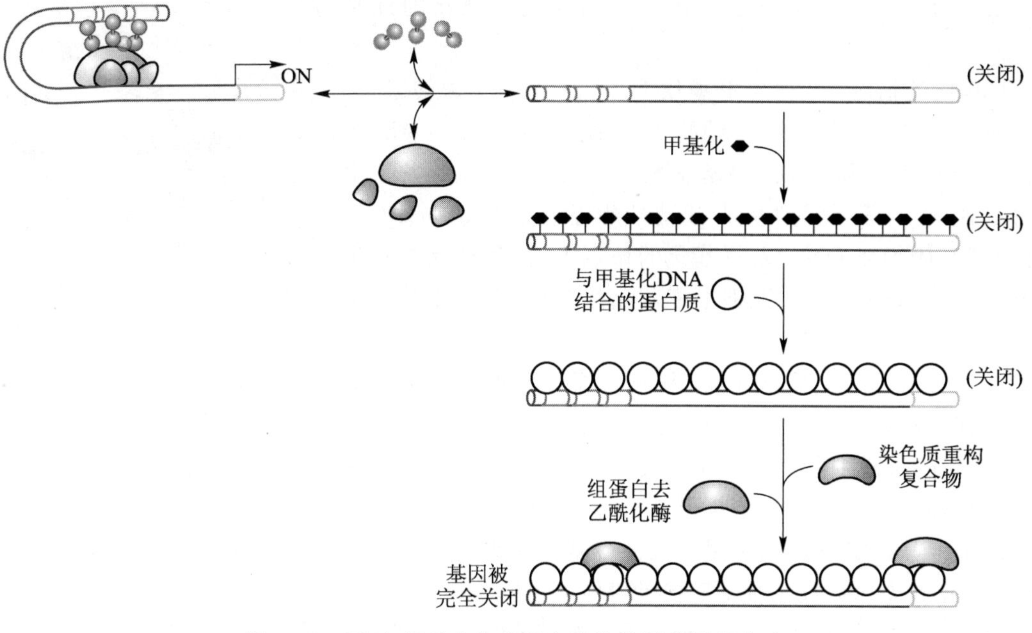

图 6.43 DNA 甲基化与组蛋白修饰关闭基因的表达

顶部图显示未修饰状态，当激活物和转录装置存在时，哺乳动物基因可以在表达状态和非表达状态之间转换。在这种状态下，表达并不是被完全关闭，而是具有渗漏（leaky）性。通常这并不是最好的状态，有时基因必须完全被关闭，偶尔被永久性关闭。这是通过 DNA 的甲基化和局部核小体的修饰来实现的。因此当某基因不表达时，DNA 甲基转移酶可接近并甲基化启动子序列、基因自身和上游激活物结合位点序列内部的胞嘧啶。甲基被加到嘧啶环的 5′位置上，生成 5′-甲基胞嘧啶。有的情况下，这种修饰能破坏转录装置及激活物与基因的结合，但甲基胞嘧啶修饰也可以结合其他可以识别含甲基胞嘧啶的 DNA 蛋白质。这些蛋白质进而可以募集某些复合物，后者可以重新改造和修饰局部的核小体，从而完全关闭基因的表达（引自 Waston 等，2005）

一个有趣的现象是在哺乳动物基因组中许多甲基化的胞嘧啶处于转座子中。例如，长的和短的分散序列(LINEs 和 SINEs)。DNA 的甲基化可以抑制植物和细菌的转座子，在脊椎动物中甲基化可能也有相同的作用。与之吻合，重组反转录病毒转入小鼠的基因组后常常由于超甲基化作用而保持沉默。有趣的是，由可移动遗传因子引起的染色体重排及突变的发生率在哺乳动物中非常低而在 DNA 不发生甲基化的果蝇中却非常高。

亲本印记(parental imprinting)也称基因组印记(genomic imprinting)或遗传印记(genetic imprinting)，是指来源于父母本的一对等位基因表达不同。目前主要在显花植物和哺乳动物中发现了亲本印记现象。

1984 年，J. McGrath、D. Solter 和 M. A. Surani 等通过小鼠的核转移实验，首次描述了印记现象。实验表明仅含有母源基因组(孤雌生殖)或者仅包含父源基因组(雄核发育)的胚胎在发育过程中常常表现异常并且在出生前就已死亡。

1991 年，T. M. DeChiara 等在小鼠中通过基因敲除实验发现了第一个内源性印记基因，胰岛素样生长因子Ⅱ(*IGF-Ⅱ*)。若被敲除的等位基因源于父本则动物表现为侏儒，而敲除来自母本的等位基因则无特殊表型异常。这一实验是分子遗传学发展中的一个里程碑，它为人们打开了亲本印记调节机制的这扇大门。

目前在人类和小鼠中已鉴别出 20 多种印迹基因。这些基因的甲基化标记均发生于亲本生殖细胞系。大多数人类的印迹基因集中在 3 个基因簇中，在每个基因簇上都存在着能顺式调节印迹基因的亲本特异性表达的位点，称为**印记盒**(imprinting box)，这些位点表现出亲本特异性的甲基化作用和去甲基化作用。亲本的 *IGF-Ⅱ* 等位基因在早期胚中被差异甲基化，在成体形成配子时仍保留原甲基化的模式(图 6.44)。然而，来源于一个性别的甲基化基因，在其发育为另一个性别的后代过程中可以脱甲基化。所以，甲基化标记可以在每一代根据个体的性别进行重新设定。这种基因在不同性别中差异甲基化的事实表明，在细胞中存在一些控制甲基化的性别特异性因子。

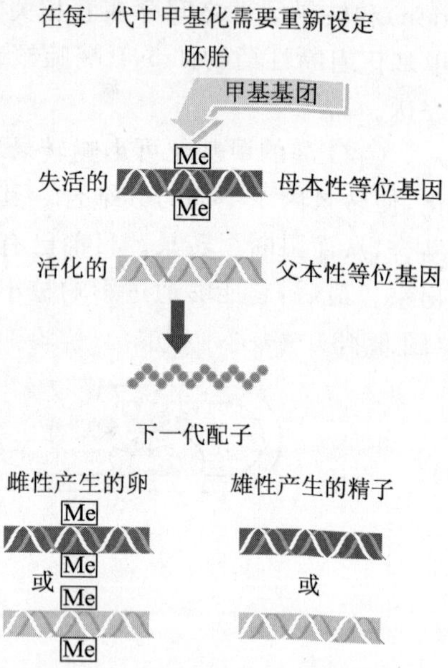

图 6.44 印记的典型模式是被甲基化的基因座是失活的

如果母本的等位基因是甲基化的，则父本的等位基因必须是活化的才能使细胞生存。当配子形成时，甲基化的模式将重新设定，这样所有精子都属父本型，而所有卵母细胞都属母本型(引自 B. Lewin，2004)

在 DNA 甲基化的情况下，一个甲基化 DNA 序列不能被转录，而未甲基化序列可被转录。甲基化状态由 3 种酶来控制，甲基化酶(methylase)把甲基基团加在胞嘧啶的 5 位上，去甲基化酶(demethylase)则去除甲基基团。甲基化酶有两种，一种称为“从头开始的甲基化酶”(*de novo* methylase)，负责把甲基基团加在 DNA 未甲基化的位点上；一种称为维持甲基化酶(maintenance methylase)，负责识别半甲基化的靶位点，并将其变成全甲基化位点。

甲基基团大部分在 CG 二联体中，这种短回文序列的两条链上的胞嘧啶残基都甲基化了，称为全甲基化(fully methylated)位点。当 DNA 经过一次复制后，每条新的双链中各有一条甲基化链和一条未甲基化链，称为半甲基化(hemimethylated)位点。甲基化位点能否遗传下去，关键在于该二联体能否恢复到全甲基化状态。此时需要维持甲基化酶识别并加上甲基而完成全甲基化，即维持甲基化酶保证了 DNA 的甲基化状态可以在 DNA 复制后遗传下去。

H19 是在鼠胚胎中转录最丰富的一种基因。*H19* 的产物不是蛋白质而是沉降系数为 28S 的 RNA 颗粒。*H19* 基因位于 7 号染色体上，其距类胰岛素生长因子-2 基因(insulin-like growth factor-2，*Igf2*)约 10 kb。这两个基因的印记效应是相反的，在母本的染色体中只表达 *H19*，在父本的染色体中只表达 *Igf2*，*H19* 和 *Igf2* 共同使用下游的一个增强子(图 6.45)。在父本的染色体上，由于 *H19* 的启动子处于甲基化状态，所以 *H19* 不表达，但母本的染色体上 *Igf2* 的启动子并未发生甲基化，也同样受到抑制，这是由于在 *H19* 基因上游 2 kb 处存在一个几千个碱基的**印记控制区**(imprinting control，ICR)或称分化的甲基化结构域(differentially methylated domain，DMD)。该区域能与一种 CTCF(CCCTC-binding factor)蛋白结合，在母本的染色体上，CTCF 蛋

白与ICR结合，从而抑制了下游的增强子对 *Igf2* 的激活作用，使 *Igf2* 不表达，但在父本的染色体，ICR处于甲基化状态，不与CTCF结合，所以 *Igf2* 的表达不受影响。遗传印记中DNA甲基化在启动子区起了直接抑制基因转录的作用，而在印记控制区起到了间接的调控作用。来自双亲的同源染色体或等位基因存在着功能上的差异，所以正常的胚胎发育需要分别来自雌性和雄性双亲的一套染色体。

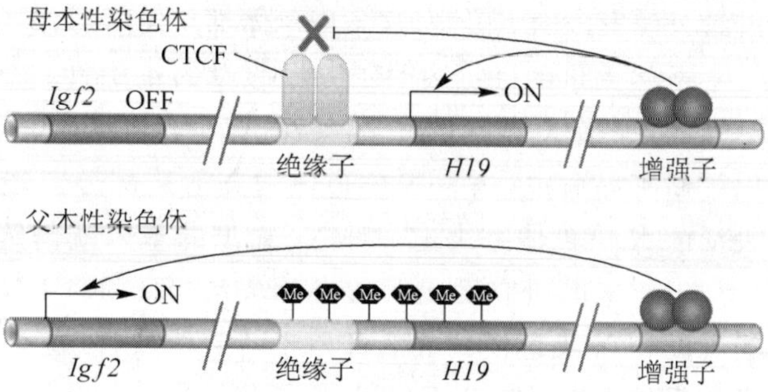

图 6.45 亲本印记

哺乳动物的 *Igf2* 和 *H19* 两个基因是由印记控制的。在特定的细胞中，仅有母本性染色体上的 *H19* 基因表达，而 *Igf2* 仅在父本性染色体上时才表达。绝缘子的甲基化状态决定了绝缘子结合蛋白(CTCF)是否可以结合，进而阻断 *H19* 基因被下游增强子激活（引自 Waston 等，2005）

一个人类亲本印记例子是两种脑功能障碍性综合征。一种是普拉德-威利综合征(Prader-Willi syndrome，PWS)，病症包括肌肉张力减退、食欲旺盛、肥胖症等。另一种脑功能障碍性综合征——安格尔曼综合征(Angelman syndrome，AS)，又称为快乐木偶综合征，症状是共济失调、异常的快乐表情、语言能力缺乏等。20世纪80年代研究人员发现两种综合征的症状虽截然不同，但令人惊奇的是，两者都是由于15 q11.2-q 12区的基因缺失所致。进一步研究发现PWS和AS分别是因父本和母本等位基因缺失所致，属于亲本印记的现象。

二、X染色体的剂量补偿

剂量补偿(dosage compensation)是指在性染色体为X-Y型的动物中，X染色体上的基因活性会发生改变，使两种性别中X-连锁基因表达的剂量达到平衡。XX/XY或XX/XO性别决定系统的生物需要面对X-连锁基因在不同性别个体中的平衡表达问题，即如果不同性别个体的X-连锁基因以相同水平表达的话，XX个体的X-连锁基因表达水平将是XY/XO个体的两倍。这些生物就是通过剂量补偿作用而避免出现这种情况。但不同的生物的解决方式不同。在哺乳动物中是随机地失活雌性个体的两条X染色体之一，这样雌性个体(XX)与雄性个体(XY)一样都只有一条有活性的X染色体。在果蝇中，雌性个体(XX)中的两条X染色体都具有活性；但雄性个体(XY)中的X染色体具有更高的活性，从而使其表达水平达到了雌性个体两条X染色体的总水平。在线虫(*C. elegans*)中，XX个体是雌雄同体的，而XO个体是雄性个体。XX个体中的两条X染色体的基因活性都被部分抑制，而XO个体中的X染色体有正常活性；这样XX个体中X-连锁基因的表达水平与XO个体一致(图6.46)。

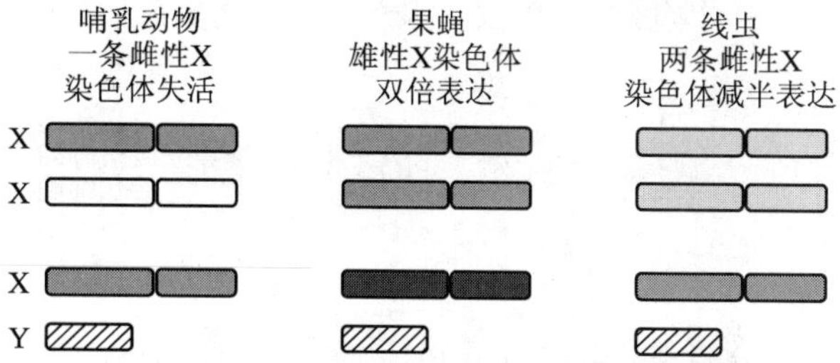

图 6.46 不同的生物采用不同的剂量补偿策略以使在两性之间X连锁基因表达的剂量达到平衡

这三种不同的剂量补偿机制，失活(inactivation)、超活化(hyperactivation)、低活化(hypoactivation)都有一个共同的特征：许多不同的基因由于位于同一条染色体上而被共同调节。这种整条染色体的调节优先于这些基因表达的其他调控机制。那么是什么因素主导了这种全局性的调控呢？最近的一些研究表明一些因子可以特异性结合于X染色体，从而改变了它的转录活性。

(一) 哺乳动物X染色体的失活

1961年M. Lyon提出了**莱昂假说**(Lyon hypothesis)解释了巴氏小体(第一章)的来源。她提出巴氏小体是一个失活(或大部分失活)的X染色体。其主要论点如下：①巴尔小体是一个失活的X染色体，失活的过程就称为**莱昂化**(lyonization)；②在哺乳动物中，雌性个体细胞中的两个X染色体中有一个X染色体在受精后的第16 d(受精卵增殖到5 000～6 000，植入子宫壁时)失活；③两条X染色体中哪一条失活是随机的；④X染色体失活后，在细胞继续分裂形成的克隆中，这条染色体都是失活的；⑤生殖细胞形成时失活的X染色体可得到恢复(图6.47)。

虽然大量的证据表明了莱昂假设的正确性，但仍存在一些质疑。例如，既然女人只有一条X染色体是有活性的，那么XXX和XO的女性也只有一条X染色体有活性，那么为什么会出现异常呢？1974年Lyon又提出了新莱昂假说，认为X染色体的失活是部分片段的失活，这就能很好地解释以上的矛盾。现在已经查明在失活的X染色体上决定一种Xg血型的基因就仍然保持着活性。

近年来的研究发现X染色体失活可能和①DNA甲基化；②组蛋白的乙酰化；③染色体的失活中心有关。哺乳动物X染色体的失活开始于特定位点，该位点称为**X失活中心**(X inactivation center，XIC)，然后再向两个相反的方向扩展直至染色体的两个末端。有趣的是，并非所有位于失活的X染色体上的基因都是沉默的。有一个仍然保持转录活性的基因是*XIST*(意为X失活特异性转录产物，*X inactive specific transcript*)，该基因位于XIC内部(图6.48)。人类*XIST*基因的编码产物是一个17 kb的转录产物，但它没有明显的可读框，也就是说*XIST*基因似乎不编码任何蛋白质；该转录产物(RNA)就是17 kb的RNA。在经过多聚腺苷化后，这条RNA停留在细胞核内，并特异性结合于失活的X染色体上。

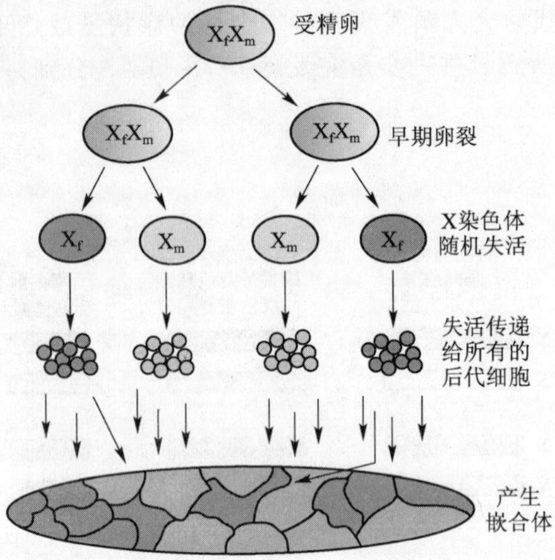

图6.47 雌性哺乳动物在早期的胚胎卵裂中，除一条X染色体外，所有的X染色体选择性地随机失活，不同的组织在不同的时间X染色体失活，在特定的体细胞中失活的X染色体在其所有子代细胞中都保持失活

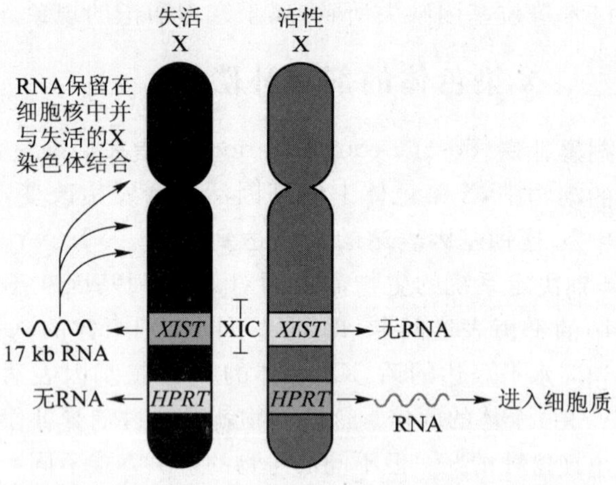

图6.48 人类女性X染色体上*XIST*基因的表达与活性X染色体上*HPRT*基因表达的比较。*HPRT*基因编码次黄嘌呤磷酸核糖转移酶，它在嘌呤代谢中发挥作用

(引自S. Simmons，2010)

在小鼠中也发现了人类的*XIST*同源基因，在胚胎发育早期，雌性小鼠的两条X染色体上的该基因都能低水平地转录产生RNA。该转录产物不稳定，定位于编码它们的DNA附近。而随着发育的进程，其中一个*XIST*的转录产物可以变得稳定并将该*XIST*基因所在的X染色体包裹起来；而另一个*XIST*基因的转录产物则被降解，接下来后一个*XIST*基因的启动子核苷酸被甲基化，从而转录受到抑制。这样，在雌性小鼠中，带有可一直转录的*XIST*基因的那条X染色体被*XIST* RNA包裹起来并被失活；而另一条X染色体则不被*XIST* RNA包裹并保持活性。两条X染色体的选择过程似乎是一个随机的过程。虽然这一包裹过程的机制尚不清楚，但其结果是明显的：被包裹的X染色体上的大多数基因被抑制，该X染色体成为失活的染色体。但2009年T. Magnuson1等发现XIST的作用不是启动X染色体的失活，而是维持X染色体失活状态。

(二) 果蝇X染色体的超活化

果蝇的X染色体的剂量补偿机制需要至少5种MSL蛋白质的参与。这些基因的失活变异可导致雄性特异性致死(male-specific lethality)。带有这些变异基因的雄性一般在幼虫的发育晚期或成蛹的早期死亡。这些相关基因也因此被称为雄性特异致死(male-specific lethal,*msl*)基因。利用抗体为探针的定位技术发现，这些基因的蛋白质产物特异性的结合于雄性果蝇X染色体上(图6.49)。其中一个基因被称为*mle*(*maleless*)基因,它与DNA和RNA解旋酶的编码基因有同源性。因此,该基因的产物可以把雄性果蝇X染色体的DNA解开,从而使它具有更高的转录活性。

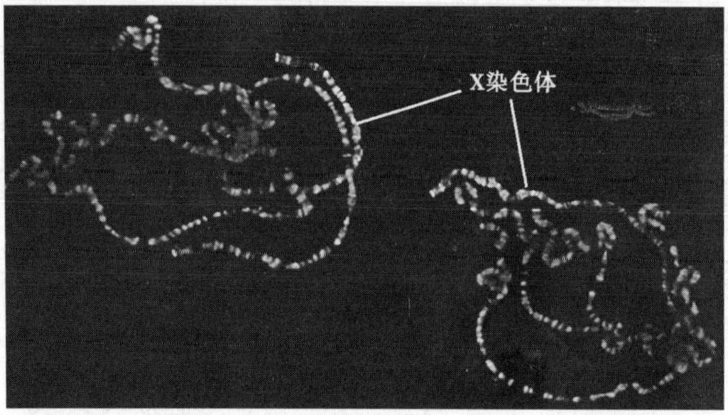

图6.49 雄性果蝇X染色体与*mle*基因表达产物的结合，导致前者具有更高的转录活性

(引自S. Simmons,2010)

这5种MSL蛋白可能组成了一个复合体,结合于雄性果蝇仅有的一条X染色体上。最近的研究表明,MSL蛋白复合体还包含了一些特定的RNA。有两种不同的RNA:*roX1*和*roX2*(RNA on the Xchromosome)可以在X染色体上与MSL蛋白结合。这两条RNA均由X-连锁基因转录而来,且都需要经过剪接和多聚腺苷化;不过这些RNA无足够长的开放可读框,可能无法翻译形成蛋白质。因此,这些*roX* RNA与哺乳动物中的*Xist* RNA一样,本身可能就是基因的功能性终产物。有趣的是,*roX*基因的表达依赖于*msl*基因的正常表达。此外,*Sxl*基因是果蝇剂量补偿机制及性别决定机制的主要调节基因,它在雌性果蝇中可正常表达。一旦*Sxl*基因正常表达,*roX*基因的表达就被关闭。这样,*roX* RNA只产生于雄性果蝇中。

(三) 线虫X染色体的减量活化

线虫的剂量补偿机制是通过部分抑制雌雄同体(XX)的体细胞中X-连锁基因的转录活性而实现的,这一机制的细节目前还不清楚。与果蝇MSL蛋白相似,参与这一机制的基因表达产物(蛋白质)可以特异性结合于X染色体;不同于果蝇MSL蛋白的是:线虫的有关蛋白质的结合过程只发生于细胞内有两条X染色体的情况下,雄性(XO)线虫的单一X染色体未发现这种结合过程,XX及XO个体的常染色体也不发生这种结合过程。因此,线虫的剂量补偿机制似乎与果蝇的机制相反:蛋白质复合体结合于X染色体导致X染色体转录活性的部分抑制。

三、副突变

副突变(paramutation)是具有同一基因座的两个等位基因之间的相互作用,它导致其中一个等位基因发生一个可遗传的变化。副突变是R. B. Brink于1956年在研究玉米控制色素形成的*R*基因座位时发现的。在玉米中*B-I*基因控制色素的形成,在这个基因座上有一对等位基因,其中*B-I*基因编码合成花青素的酶,其无效等位基因*b*不合成这种色素,它对于*B-I*基因是隐性的。另一个等位基因*B'*仅能产生少量花青素,但具有特殊的致副突变作用。当纯合的*B-I*与*B'*杂交时,产生的杂合子仅有少量的花青素,和*B'*纯合体难以区别。这样看来似乎*B-I*对于*B'*基因是隐性的。如果这个解释是正确的话,那么此杂合体(*B-I*/*B'*)植物自交应能产生纯合的*B-I*植物,但实际上只产生浅色的后代;将杂合体和纯合的紫色亲本(*B-I*/*B-I*)进行回交,所产生的后代应半数为深色(*B-I*/*B-I*),半数为浅色(*B'*/*B'*),但实际产生的全部后代都为浅色。表明无论是自交还是回交其结果都不符合孟德尔定律(图6.50)。R. B. Brink的解释是:由于*B-I*等位基因产生了副突变,即由于致副突变的等位基因*B'*的存在使*B-I*等位基因不可逆地失去了活性成为"*B'*"基因,F_2代的表型便成为相同的类型。为了和原来的*B'*基因相区别,经副突变而产生的*B'*基因就用"*B'* *"来表示。玉米的副突变并非是一个特例,后来陆续在其他生物体中也发现了这种现象。人们不免要问,*B'*基因如何使*B-I*等位基因失去活性?经典遗传学是无法回答这个问题的。科学家们就一直期待能在分子水平上解释这个奇妙的现象。

2006年美国科学家V. L. Chandler和M. Stam提出副突变是一种依赖等位基因的表观遗传信息的转移,

由于一个等位基因被另一个等位基因可遗传的沉默所致。副突变是由串联重复序列所介导，反式地建立和维持可遗传的**转录后沉默**(post-transcriptional gene silencing，PTGS)。通过精确的重组作图现已经鉴定出 *B-I* 转录起始位点上游约 100 kb 处，有一段 6 kb 的区域，此区域中存在一个长 853 bp 7 次重复的**单一串联重复序列**(unique tandem repeats)，此序列是激活 *B-I* 增强子及副突变所必需的，也是基因组中唯一的序列。在 *B-I* 和 *B′* 基因中，串联重复序列被差异甲基化(图 6.51)。对核酸酶(DNaseI)来说，*B-I* 基因比 *B′* 基因更为敏感。

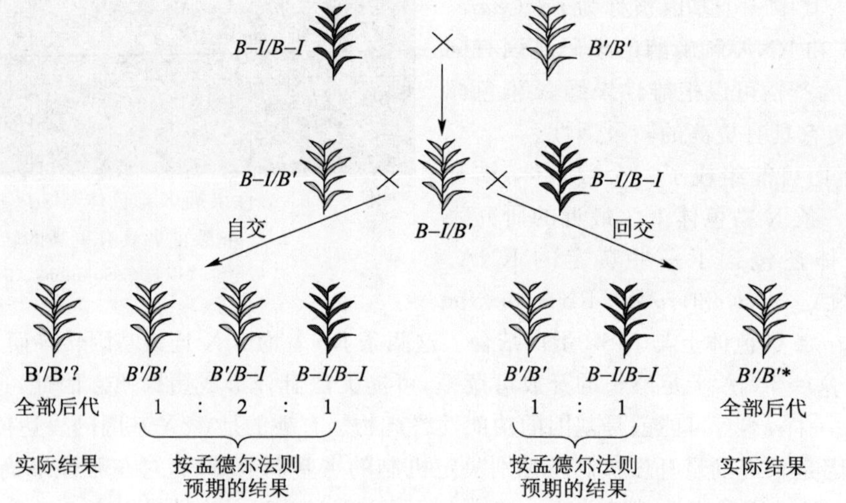

图 6.50 *B-I*/*B′*的玉米自交应产生纯合的 *B-I* 植物，但实际上只产生一种含少量花青素的植株，结果是不符合孟德尔定律

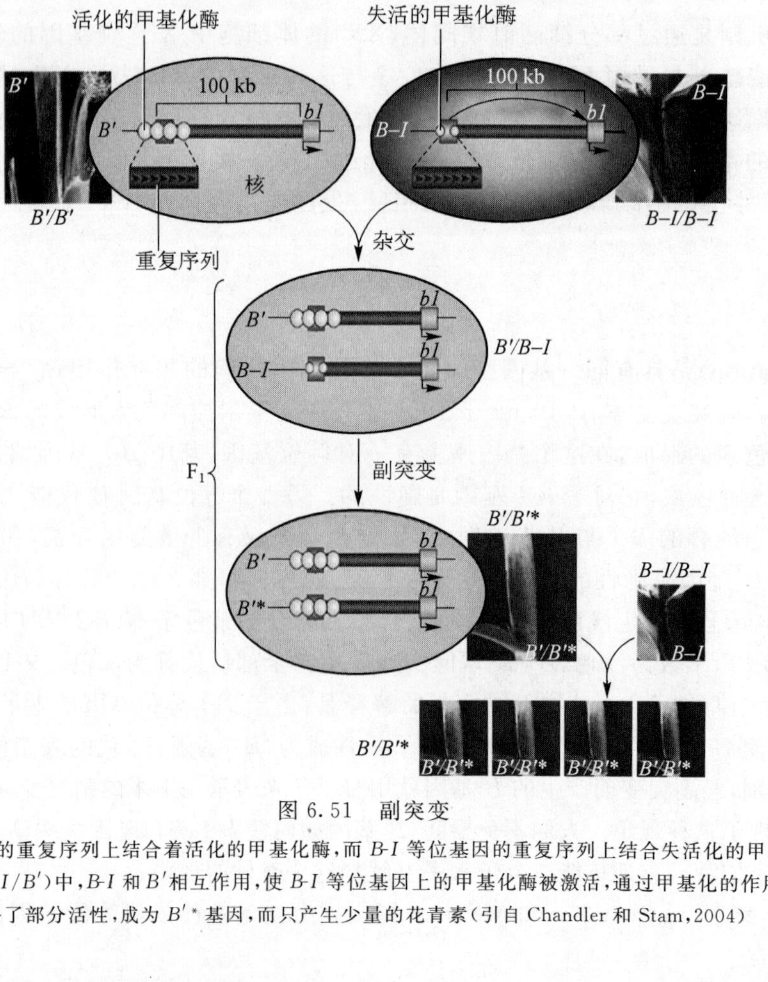

图 6.51 副突变

*B′*等位基因的重复序列上结合着活化的甲基化酶，而 *B-I* 等位基因的重复序列上结合失活化的甲基化酶。在杂合体(*B-I*/*B′*)中，*B-I* 和 *B′*相互作用，使 *B-I* 等位基因上的甲基化酶被激活，通过甲基化的作用 *B-I* 失去了部分活性，成为 *B′** 基因，而只产生少量的花青素(引自 Chandler 和 Stam，2004)

2006 年法国科学家在研究小鼠的 Kit^+ 基因时发现野生型 Kit^+ 与突变体(Kit^-)(身体出现白斑)杂交之后,产生的杂合体(Kit^+/Kit^-)表型是正常的。但杂合子互交产生的后代中,按一定比例产生的纯合体(Kit^+/Kit^+)后代的尾巴意外地出现了白斑。检查其野生型等位基因 Kit^+ 的 DNA 结构都是正常的。进一步研究表明,由精子释放的 RNA 和 miRNA 介导了这种表观遗传。

习 题

1. 真核生物的基因调控有什么特点?
2. 为什么真核生物中没有发现操纵子这一调控形式?
3. 真核生物的基因簇也是连锁在一起的,它和原核生物的操纵子有何不同?
4. 什么是 DNA 扩增? 在真核生物中 DNA 扩增有几种形式?
5. 异染色质化的本质是什么? 怎样用实验来证实?
6. 什么是 DNA 重排? 试举例说明真核生物中 DNA 重排对基因表达的调控作用。
7. 真核生物在选择性加工时有几种调控途径?
8. 真核生物基因通过内含子选择性剪接可产生多个 mRNA,和原核生物中的重叠基因有何不同?
9. 什么是转录后沉默? 有哪些不同的途径? siRNA、miRNA 和 piRNA 有何区别? 转录后沉默有何实用价值?
10. 组蛋白和非组蛋白在真核生物基因表达调节中各起什么作用?
11. 什么是 DNase 敏感位点、超敏感位点,这和染色质结构有什么关系?
12. 真核生物的顺式调节元件和原核生物的有何不同? 为什么在真核生物中存在远上游调控元件?
13. 现在已知的区域调控元件有哪些? 它们的特点是什么? 区域调控元件也是可控制一个基因簇的表达,它和原核生物的操纵子有何不同?
14. 真核生物的反式调节因子和 DNA 的结合有何特点? 以 GAL4 为例说明真核生物的转录调控的特点。
15. 莱昂化的机制是什么?
16. 什么是表观遗传学? 哪些调控属于表观遗传学?
17. 什么是亲本印记? 试举例说明。
18. 什么是副突变? 其分子机制是什么?

第七章
DNA 损伤、修复与基因突变

- DNA 损伤起源和类型
- DNA 损伤的修复机制
- 基因突变

DNA **损伤**(DNA damage)是指由细胞内的代谢产物或环境中的辐射或化学药物等引起的 DNA 结构的改变,包括 DNA 的扭曲、断裂和点突变。

由于环境因素和细胞内正常的代谢过程,每天每个细胞将有 10^3～10^6 个 DNA 分子受到损伤。人类基因组约 60 亿个碱基(30 亿碱基对)中,仅 0.000 165%会发生损伤。重要的基因,如肿瘤抑制基因(tumor suppressor genes)若发生未修复的损伤就能阻止细胞执行其正常功能,从而增加了肿瘤形成的危险性。

大多数 DNA 损伤影响到 DNA 双螺旋的一级结构,那就是碱基本身被化学修饰。这些修饰,通过引入非正常的化学键,或不适合双螺旋结构的庞大加合物而打乱 DNA 分子有规律的双螺旋结构。DNA 和蛋白质及 RNA 不同,通常缺乏三级结构,所以损伤和干扰一般不发生在三级结构上。但 DNA 有超螺旋,在真核生物中,DNA 分子四周包被着组蛋白。而这两种超结构都容易受到 DNA 损伤的影响。

化学修饰和复制后的碱基错配都会引起碱基的转换,结果产生点突变。DNA 结构的改变会干扰 DNA 的正常复制和转录;而点突变会改变遗传信息,使后代的表型产生异常。DNA 结构的改变不论发生在 DNA 原有的母链上还是新合成的子链上,只要进行原位修复即可。而碱基的错配,必须辨明 DNA 的母链和子链,然后以母链为模板校正子链上的差错才能达到修复的目的。

小的 DNA 损伤通常可通过 DNA 的修复加以纠正,而程度广泛的损伤可引起细胞的凋亡。

在人类细胞和真核细胞中,DNA 一般存在于细胞核和线粒体中,核 DNA(nDNA)在细胞周期的非复制阶段是以染色质的形式存在,在细胞分裂时,被凝缩为染色体;当 nDNA 上的信息需要表达时,相应的染色体区域被解开,使位于这个区域的基因能得以表达,然后这个区域再恢复成静止的凝缩状态。线粒体 DNA(mtDNA)在细胞中具有多个拷贝,它也和很多的蛋白质紧密地结合在一起,形成复杂的复合物,称为类核(nucleoid)。在线粒体中,活性氧类(reactive oxygen species,ROS)或自由基(free radicals),ATP 经氧化磷酸化作用产生的产物建立了一个具有高度氧化特性的环境,可损伤 mtDNA。在真核生物中一种关键性的酶,即**超氧化物歧化酶**(superoxide dismutase)可以抵御这种氧化作用,这种酶存在于真核细胞的线粒体和胞质中。

细胞暴露于电离辐射、紫外光或化学物质时容易引起多个位点的严重损伤和双链断裂。而且这些因素也能损伤其他的生物大分子,如蛋白质、糖、酯及 RNA。损伤的积累,特别是双链断裂或加合物堵塞复制叉是 **DNA 损伤全面应答**(lobal response to DNA damage)的刺激信号。对损伤的全面应答能起到保护细胞和触发多重途径的大分子修复的作用,或对损伤采取绕过(lesion bypass)或容忍的方式,或使受损细胞凋亡来保护整个机体。全面应答的共同特点是诱导多个基因、阻断细胞周期和抑制细胞分裂。

DNA 损伤后,激活了**细胞周期的限制点**(cell cycle checkpoint)。限制点的激活阻止了细胞周期,并持续到细胞分裂之前,为细胞修复 DNA 损伤提供时间。这些限制点位于 G_1/S 及 G_2/M 分界处。在 S 期的内部也存在限制点。限制点的激活是受毛细血管扩张性共济失调症突变蛋白(Ataxia Telangiectasia-mutated,ATM)和 ATM-Rad-3 相关蛋白(ATM-Rad3-related,ATR)两种主要的激酶控制。ATM 对双链断裂和染色体结构破坏作出应答；ATR 主要是对复制叉停顿作出应答。在信号转导级联中这些激酶磷酸化下游的靶蛋白，最终导致细胞周期被阻抑。一类限制点调节物，包括乳房癌关联蛋白 1（breast-cancer-associated protein 1，BRCA1），DNA 损伤限制点调节蛋白 1（mediator of DNA damage checkpoint protein 1，MDC1）和 p53 结合蛋白 1（p53-binding protein 1，53BP1）已被鉴别出。这些蛋白质对限制点活化信号传递到下游是必需的。

p53 蛋白是 ATM 和 ATR 的重要下游靶蛋白，DNA 损伤时，p53 可诱导凋亡。在 G_1/S 限制点，p53 可抑制 CDK2/cyclin E 复合体的功能，p21 在 G_2/M 限制点可抑制 CDK1/cyclin B 复合体的功能。

DNA **修复**（DNA repair）是指所有的细胞识别 DNA 损伤并将其恢复为正常 DNA 分子的过程。所有的细胞都具有特定的 DNA 修复酶系统，以确保遗传信息的正常传递，编码这些酶的基因突变，可能影响修复过程，并引起基因组一连串的不可修复的突变而导致细胞癌变。

DNA 损伤改变了双螺旋的三维空间结构，细胞可发觉这种改变。一旦损伤被定位，特殊的 DNA 修复分子结合或接近损伤位点，诱导其他的分子结合并形成复合物来实施修复。参与修复的分子和被调动的修复机制取决于损伤的类型和细胞所处的细胞周期的阶段。

并非所有的 DNA 损伤都能完全修复，如果细胞能够耐受这些损伤便能继续生存。但这些未能完全修复而存留下来的损伤具有潜在的危害，如引发细胞的癌变和衰老等。如果细胞不具备修复功能，也就难以生存。对不同的 DNA 损伤，细胞具有不同的修复功能。

细胞**衰老**（senescence）是一个不可逆的过程，在这个阶段中细胞不再分裂。细胞的衰老可以看成是一种有用的选择，从而避免凋亡。人体中的大多数细胞先是衰老，经历不可挽回的 DNA 损伤之后，走向凋亡。凋亡作为“最后一招”，起着防止细胞癌变而危害机体的作用。因此，细胞衰老和凋亡是机体防止肿瘤发生的一种保护性措施。

基因突变（gene mutation）是指基因在分子水平上的改变，常见的是涉及单个碱基取代的**点突变**（point mutation）。

DNA 损伤和突变是 DNA 中两类主要的错误，两者之间既密切相关，也有明显的差别。DNA 损伤在复制或修复时常导致 DNA 发生碱基转换，从而改变遗传信息，所以 DNA 损伤是造成突变的主要起因。有些因素既可引起 DNA 的损伤，也可导致突变。例如，X 射线，既可使染色体发生断裂，也可使基因发生突变。很多基因的化学诱变剂同时也会造成 DNA 损伤。

DNA 损伤和突变也具有本质上的不同。损伤是 DNA 的物理结构的改变，如单链或双链断裂等。DNA 损伤是可以通过酶来识别和修复，未损伤的互补 DNA 链或同源染色体都可以为修复提供模版。如果一个细胞保留了 DNA 损伤，则相关的基因不能转录，蛋白质的合成也将中断。复制也会被阻断，最终可能导致细胞的死亡。

与 DNA 损伤相比，突变是 DNA 序列的改变。突变一般不会被酶识别，一旦 DNA 链中存在碱基的改变将不能被修复。在细胞水平上看，突变导致蛋白质结构和功能的改变。在细胞分裂时，突变也将被复制。在细胞的群体中，突变细胞的频率将会根据突变对细胞存活及增殖所起的效应而增加或减少。

在不分裂或慢分裂细胞中，DNA 损伤可看作是一种特殊问题，未修复的损伤将会趋向于积累。此外，在迅速分裂的细胞中，将不会因阻断复制杀死细胞，而是倾向于错误复制，产生突变。很多突变其效应不是中性的，而是对细胞的存活不利。这样，在一个细胞群体中，包括含有复制细胞的组织，突变细胞将倾向于丢失。然而，在组织中，有些突变会促进细胞的分裂，使细胞“永存”，似乎对细胞“有利”，但对整个生物体是不利的，这是由于这种突变的细胞可发生癌变。因此在频繁分裂的细胞中，由于 DNA 损伤产生了突变，所以易引发癌变。相比之下，DNA 损伤在分裂慢的细胞中易引发**老化**（aging）。

第一节 DNA 损伤起源和类型

根据 DNA 损伤的起源可将损伤分为**内源性损伤**（endogenous damage）和**外源性损伤**（exogenous damage）两大类。内源性损伤，如受到由正常的代谢副产品（spontaneous mutation）产生的活性氧的攻击，特别是氧化脱氨（oxidative deamination）的作用。外源性损伤，是由环境中存在的一些因素所引起。

一、内源性损伤

内源性损伤包括碱基的水解、碱基的氧化、碱基的烷化和巨大加合物的形成(bulky adduct formation)等。内源性 DNA 损伤的共同特点是最终将导致碱基对的转换而发生基因突变。引起 DNA 物理结构变化的情况并不多。

(一) 碱基的水解

碱基的水解(hydrolysis of bases)这类化学损伤最为常见的是脱嘌呤、脱嘧啶和脱氨基作用。

1. 脱嘌呤和脱嘧啶

在**脱嘌呤**(depurination)和**脱嘧啶**(depyrimidination)时,脱氧核糖和嘌呤或嘧啶之间的糖苷键断裂,碱基从 DNA 磷酸-核糖骨架上被切下来(图 7.1)。

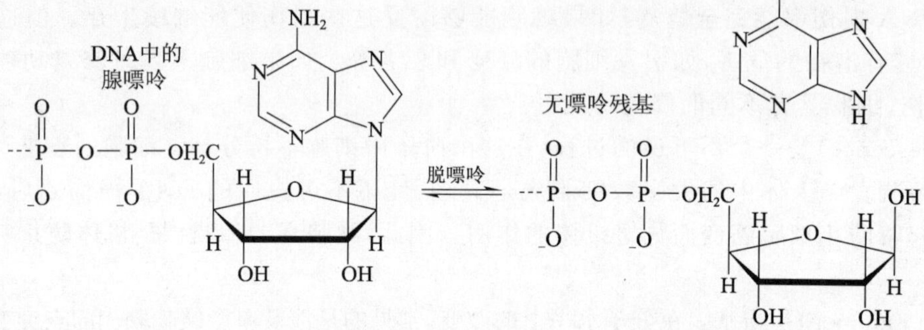

图 7.1　脱嘌呤作用去除了 DNA 中的碱基,将阻碍复制和转录

在哺乳动物基因组中,由于脱嘌呤和脱嘧啶作用,每天每个细胞约失去 10^4 个嘌呤残基和 200 个嘧啶残基。在培养的哺乳动物细胞增殖期有数以千计的嘌呤通过脱嘌呤作用而失去了,若这种损伤得不到修复的话,在 DNA 复制时,就没有碱基与之特异地互补配对,而是随机地插入一个碱基,这样很可能产生一个与原来不同的碱基对,结果导致突变。

2. 脱氨基

脱氨基(deamination)作用是在一个碱基上除掉氨基。例如,在胞嘧啶上有一个易受影响的氨基,脱去这个氨基后产生了尿嘧啶(图 7.2a)。在 DNA 中“U”并不是一个正常的碱基,修复系统就要除去大部分由 C 脱氨而产生的 U,使序列中发生的突变减少到最低程度。然而,如果 U 不被修复的话,在 DNA 复制中它将和 A 配对,结果使原来的 C:G 对转变成 T:A 对时,产生了碱基转换。后面我们将要谈到亚硝酸的脱氨作用是另一个脱氨引起突变的例子。

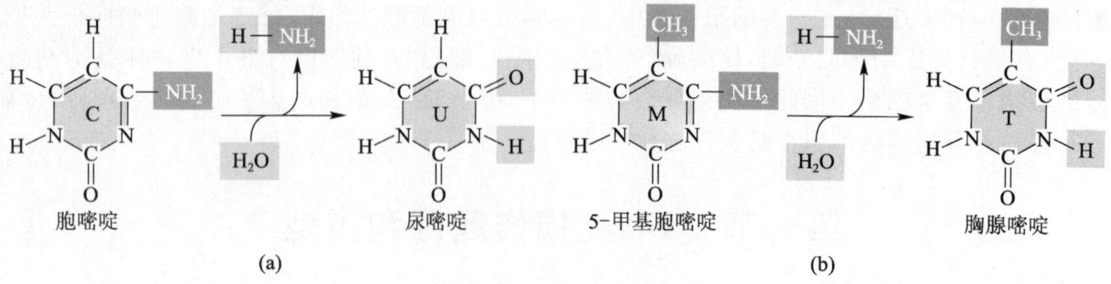

图 7.2　脱氨作用

(a) 胞嘧啶脱氨产生尿嘧啶　(b) ^{5m}C 脱氨产生胸腺嘧啶

原核生物和真核生物的 DNA 含有相对少量的修饰碱基——5-甲基胞嘧啶(^{5m}C)。^{5m}C 去除一个氨基后产

生了胸腺嘧啶(图 7.2b)。由于 T 是 DNA 中正常的碱基,所以没有一种修复机制能觉察和校正这种突变。基因组中^{5m}C 的位点常常是**突变热点**(mutational hot spots),即在此位点发生突变的频率要比别处高得多。

(二) 氧化损伤

细胞中有活性的氧化剂,如过氧化物原子团(O_2^-)、过氧化氢(H_2O_2)和羟基(—OH)等需氧代谢的副产物,它们可导致 DNA 的**氧化损伤**(oxidatively damaged),导致突变和人类的疾病,胸苷氧化后产生胸苷乙二醇,鸟苷氧化后产生 8-氧-7,8 二氢脱氧鸟嘌呤、8-氧鸟嘌呤(8-*O*-G)或"GO"(图 7.3)。GO 可和 A 错配,导致 G 替换为 T(图 7.4a)。

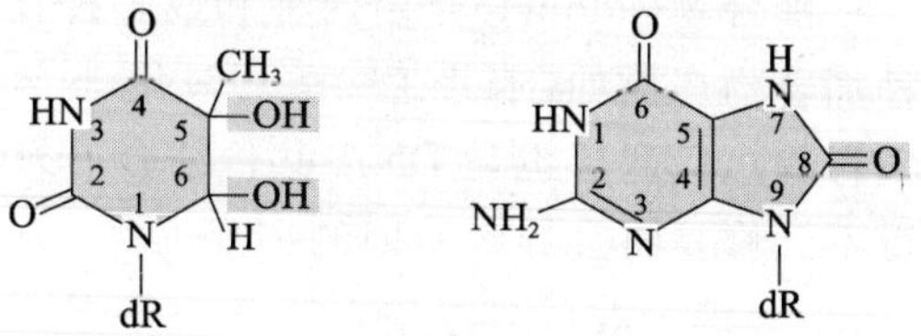

图 7.3 氧化作用产生的损伤碱基

dR=脱氧核糖(引自 A. J. F. Griffiths 等,1999)

(三) 碱基的烷化

碱基的烷化(alkylation)通常是甲基化(methylation),如形成 1-甲基鸟嘌呤、7-甲基鸟嘌呤(*N*-7-methylguanine)和 6-*O*-甲基鸟嘌呤(6-*O*-methylguanine)(图 7.5)。碱基的烷化可导致碱基的转换,产生点突变。环境中的一些烷化剂也会引起碱基的烷化。

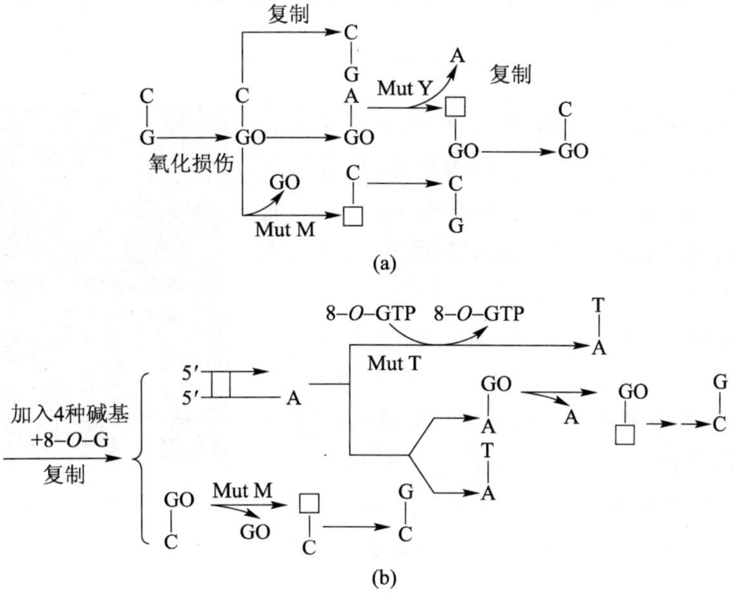

图 7.4 氧化作用损伤(a)及 8-氧鸟嘌呤(8-*O*-G)GO 修复系统(b)

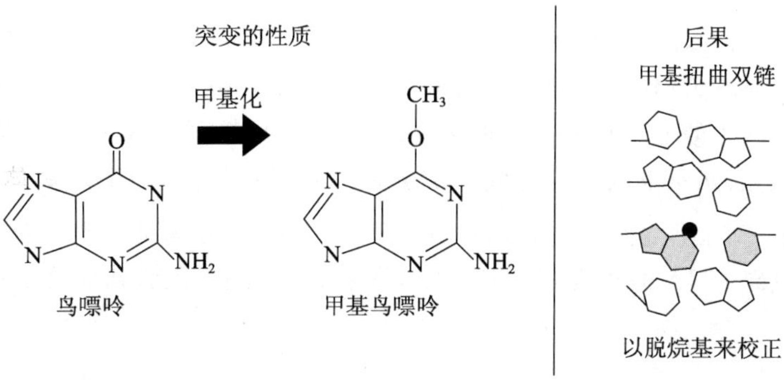

图 7.5 碱基的甲基化可扭曲双螺旋并导致复制时的错配

(引自 B. Lewin,2004)

(四) 加合物的形成

加合物(adduct)是由两种和或多种物质化合而成的化合物。DNA 中一些结构上经修饰的核苷酸也是一种加合物。例如,苯并芘二醇环氧化-脱氧鸟苷加合物(benzo[a]pyrene diol epoxide-dG adduct)。外源性的化学毒物经代谢后也与 DNA 共价结合,形成 DNA 加合物。DNA 上加合物的存在阻遏了正常的复制和转录,如得不到修复将会导致基因的突变。

二、外源性损伤

外源性损伤常由环境中的物理因子、化学因子和生物因子所引起。常见的环境因子有以下几种:①电离辐射(ionizing radiation)。例如,放射线或宇宙线(cosmic rays)引起 DNA 链的断裂。②热破坏(thermal disruption)。当提高温度时,可增加脱嘌呤(DNA 骨架上嘌呤碱基的丢失)的速率和单链断裂。例如,在生长于 85～250 ℃热温泉里的嗜热菌(thermophilic bacteria)中可出现水解脱嘌呤的现象。在这些物种中虽然脱嘌呤的速率如此之高(300 个嘌呤/每个基因组·每代),但通过正常的修复机制也可被修复,可能这是对环境的适应所致。③工业化学物质(如氯乙烯和过氧化氢);环境化学物(如烟中的多环烃、煤烟和沥青产生的各种 DNA 加合物,被氧化的碱基,被烷基化的磷酸三酯)等。④黄曲霉素(AFB1)结合产生的化学附加物。⑤病毒感染能够引起宿主细胞的 DNA 损伤应答。下面着重介绍放射线、紫外线和化学诱变剂这几种因素所引起的 DNA 损伤。

(一) 放射线

电磁波谱中比可见光的波长要短一些的部分(即少于 1 μm)构成非离子射线和离子射线,前者如紫外线,后者包括 X 射线、γ 射线及宇宙射线。沿着每个高能射线的轨迹能发现一串离子,它们可启动很多的化学反应,其中包括突变。电离射线可诱导基因突变和染色体的断裂(图 7.6)。

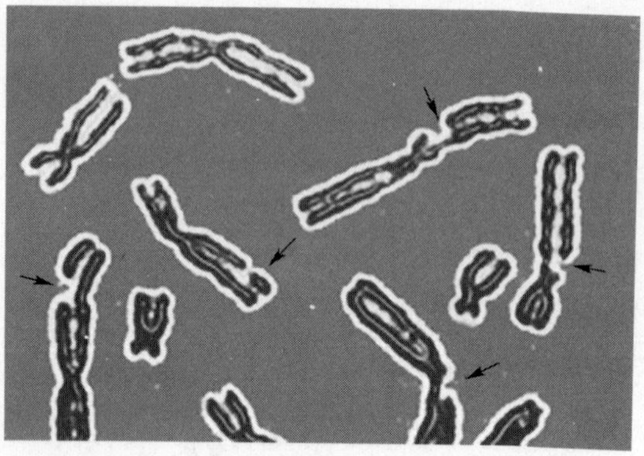

图 7.6 DNA 损伤导致染色体断裂

双链断裂(double-strand break,DSB)对细胞来说是十分严重的损伤。因这种损伤可导致基因组的重排(genome rearrangements),所以对细胞而言这也是最致命的。DNA 单链的损伤在组蛋白的保护下,或许可以逃过更进一步的损害与化学物质的攻击,而 DNA 双链断裂的结果使得 DNA 末端直接裸露,这种情况若没有及时修复,其后果之一是停止细胞的生长与分裂,或者是启动细胞凋亡,无论如何都是驱使细胞走向毁灭。

(二) 紫外线

紫外线(ultraviolet light rays,UV)是非电离化的,但紫外线是常用的诱变剂。UV 能引起突变,这是因为 DNA 中的嘌呤和嘧啶吸收光能力很强,特别是对波长为 254～260 nm 的 UV。这种波长的 UV 能通过 DNA 光化学变化初步诱导基因突变,使 DNA 合成延伸衰减。UV 对 DNA 的作用之一是在同一条链中在两个相邻的嘧啶分子之间或在双螺旋的两条链的嘧啶之间形成异常的化学链,形成**嘧啶二聚体**(pyrimidine dimer,PD)。大部分是在 DNA 的两个相邻的 T 之间被诱导形成共价链,产生了胸腺嘧啶二聚体(图 7.7),常以$\widehat{TT}$表示。若嘧啶二聚体未能修复,将阻碍 DNA 的正常复制和转录,导致突变发生,在哺乳动物中可诱发皮肤癌。

(三) 化学诱变剂

1. 碱基类似物

(1) 5-溴尿嘧啶 **5-溴尿嘧啶**(5-bromouracil,5-BU)和 T 很相似,仅在第 5 个碳原子上由溴(Br)取代了 T

的甲基，5-BU 有两种异构体，一种是酮式，另一种是烯醇式，它们可分别与 A 及 G 配对，这样在 DNA 复制中一旦掺入 5-BU 就会引起碱基的转换而产生突变(图 7.8，图 7.9)。

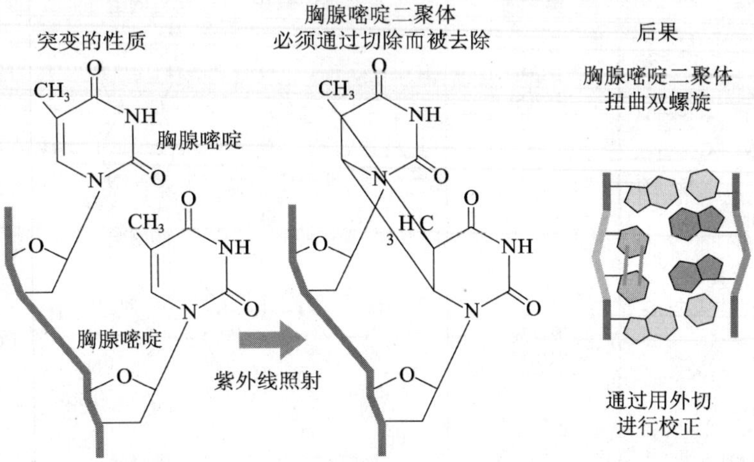

图 7.7　紫外线照射导致两个相邻的胸腺嘧啶之间形成二聚体

它阻断复制和转录(引自 B. Lewin，2004)

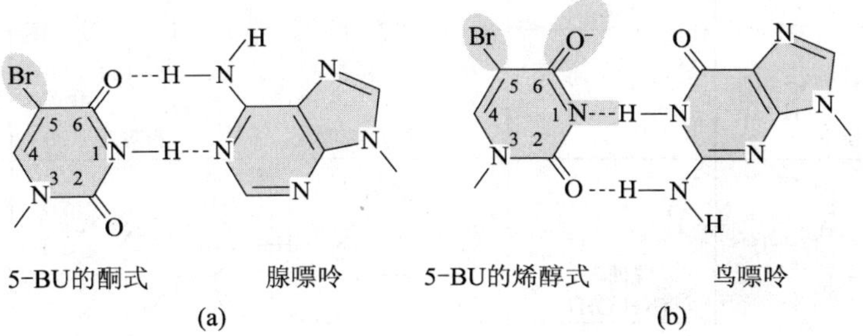

图 7.8　5-BU 的酮式和烯醇式及与 A(a)和 G(b)配对

(引自 A. J. F. Griffiths 等，1999)

(2) 2-氨基嘌呤　**2-氨基嘌呤**(2-aminopurine，2-AP)也是碱基的类似物，它也有两种异构体，一种是正常状态，另一种是稀有状态，以亚胺的形式存在。它们可分别与 DNA 中正常的 T 和 C 配对结合(图 7.10)。DNA 复制过程中当 2-AP 掺入时，由于其异构体的变换而导致 A∶T→C∶G 或 G∶C→A∶T，其机制与 5-BU 相似。

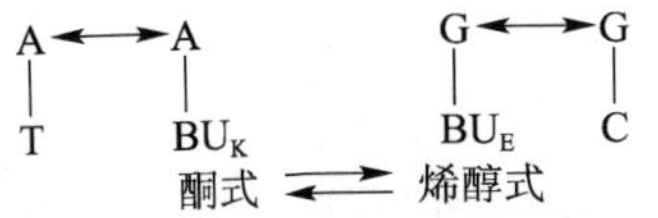

图 7.9　BU 的酮式和烯醇式

分别与 A、G 配对

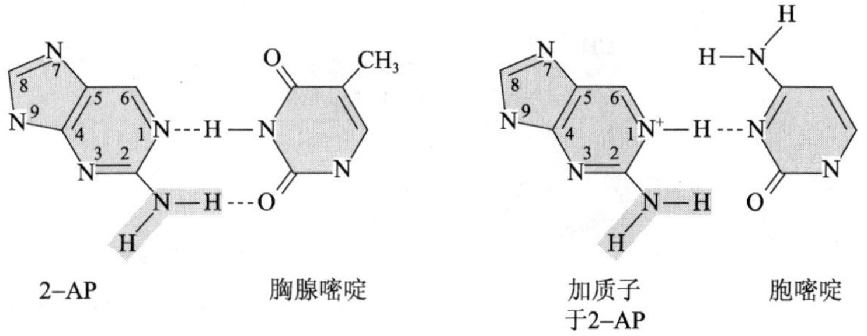

图 7.10　2-AP 的两种异构体的形式及其与 T 和 C 的结合

(引自 A. J. F. Griffiths 等，1999)

2. 碱基的修饰剂

有的诱变剂并不是掺入到 DNA 中，而是通过直接地修饰碱基的化学结构，改变其性质而导致诱变，如亚硝酸、羟胺和烷化剂等(图 7.11)。碱基的修饰剂的作用最终将导致基因组中碱基的转换,产生点突变。

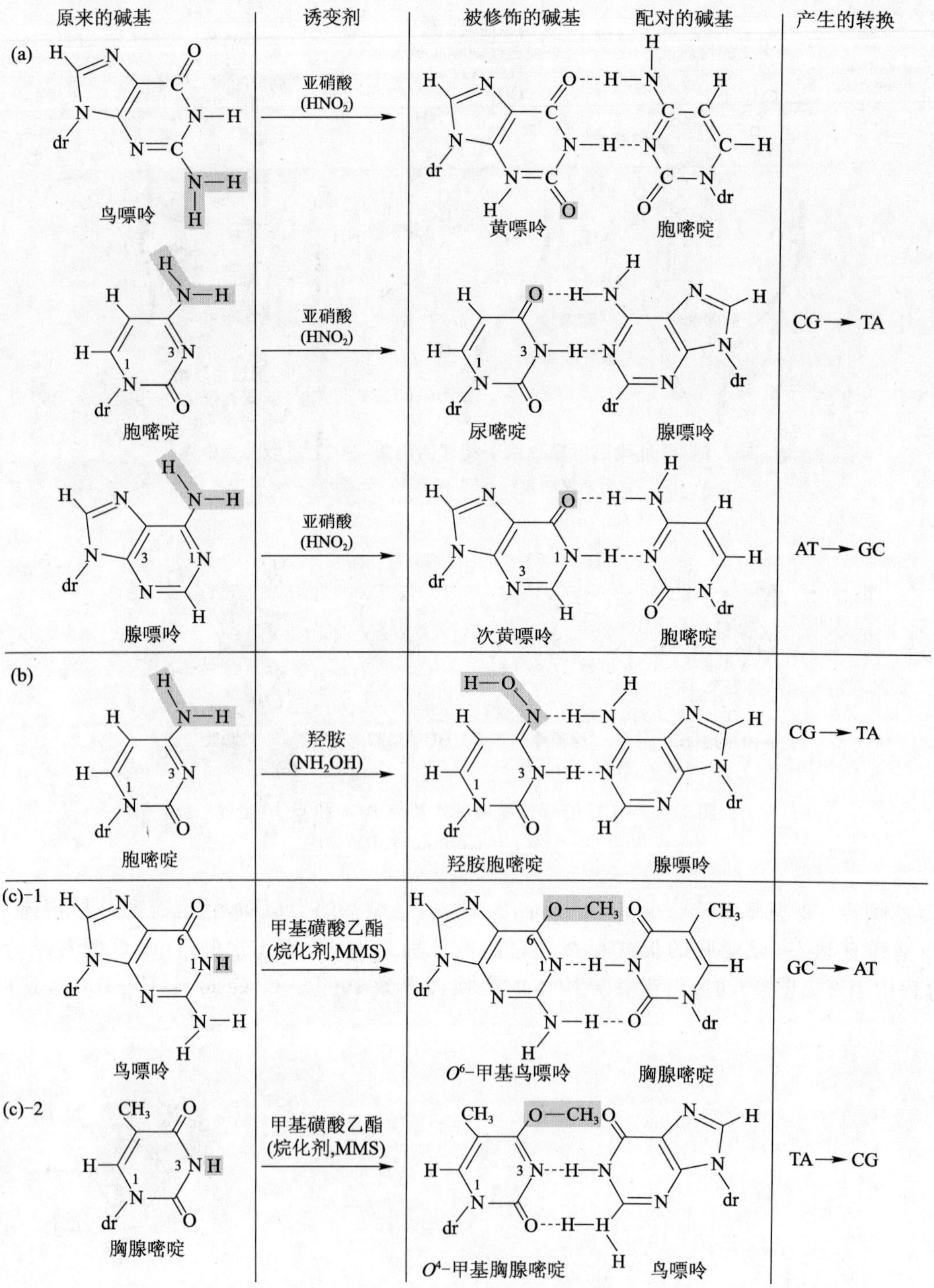

图 7.11 3 种碱基修饰剂的作用

(a) 亚硝酸修饰鸟嘌呤、胞嘧啶和腺嘌呤。胞嘧啶和腺嘌呤的修饰引起了配对的改变;而鸟嘌呤被修饰并未引起配对的改变 (b) 羟胺仅作用于胞嘧啶 (c) MMS 是一种烷化剂,烷化鸟嘧啶和胸腺嘧啶

(引自 P. J. Russell,1992)

(1) 亚硝酸 **亚硝酸**(nitrous acid,NA)具有氧化脱氨的作用,可使 G 第 2 个碳原子上的氨脱去,产生黄嘌呤(xanthine,x),次黄嘌呤(H)仍和 C 配对,故不产生转换突变。但 C 和 A 脱氨后分别产生 U 和次黄嘌呤

H,产生了转换(图 7.12-a,7.12-b),使 C:G 转换成 A:T,A:T 转换成 G:C。

(2) 羟胺 另一种碱基修饰剂是羟胺(HA),它只特异地和胞嘧啶起反应,在第 4 个 C 原子上加上-OH,产生 4-OH-C,此产物可以和 A 配对(图 7.13),使 C:G 转换成 T:A。

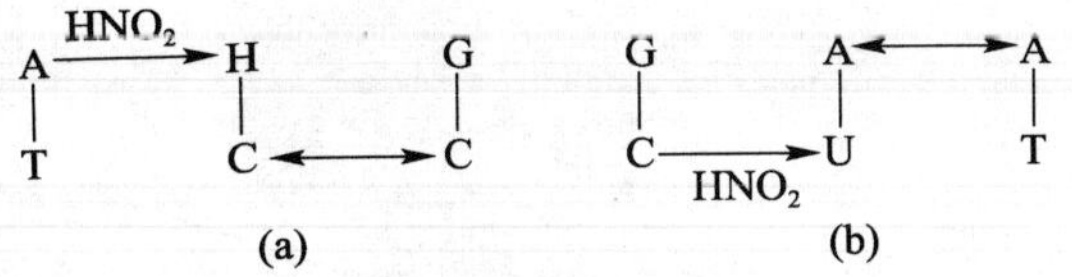

图 7.12 亚硝酸的氧化脱氨的作用

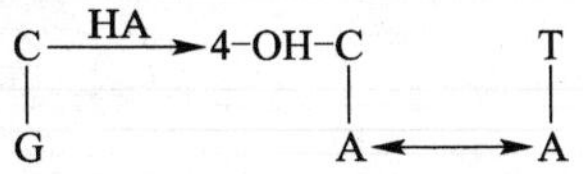

图 7.13 羟胺的修饰作用

(3) 烷化剂 如甲基磺酸乙酯(EMS)、氮芥(NM)、甲基磺酸甲酯(MMS)和亚硝基胍(NG)等都属于烷化剂,它们的作用是使碱基烷基化,EMS 使 G 的第 6 位烷化,使 T 的第 4 位烷化,结果产生的 *O*-6-E-G 和 *O*-4-E-T 分别和 T、G 配对,导致原来的 G:C 转换成 A:T;T:A 转换成 C:G(图 7.14)。

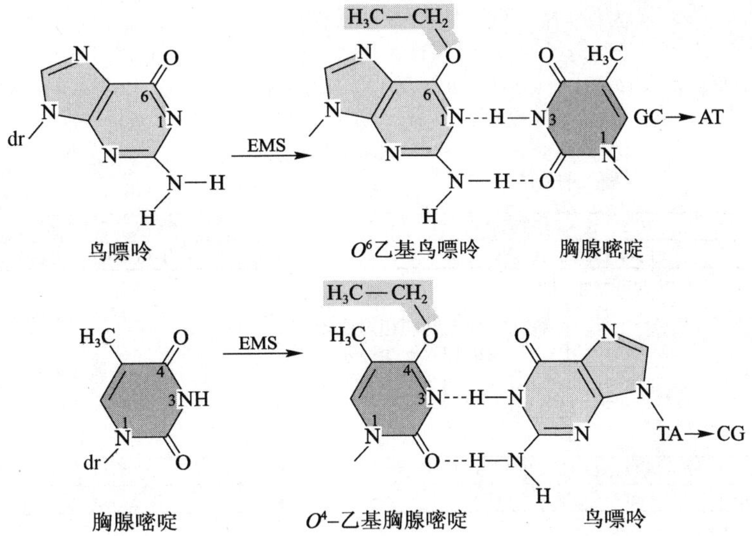

图 7.14 烷化诱导特定的碱基错配

鸟嘌呤 *O*-6 位置和胸腺嘧啶 *O*-4 位置的烷化都能导致鸟嘌呤及胸腺嘧啶的错配。在细菌中已进行了大量的分析,主要的突变是 G:C 转换成 A:T,表明大部分相关突变是鸟嘌呤 *O*-6 位烷化

(引自 A. J. F. Griffiths 等,1999)

3. DNA 插入剂

插入突变剂(intercalating mutagens)包括原黄素(proflavin)、吖啶橙(acridine orange)及 ICR 的复合物(图 7.15)等,它们的化学结构都是扁平的分子,易于在 DNA 复制时插入到 DNA 双螺旋双链或单链的两个相邻的碱基之间,起到插入诱变的作用。若插入剂插在 DNA 模板链两个相邻碱基中,合成时新合成链必须要有一个碱基插在插入剂相对的位置上,以填补空缺,这个碱基不存在配对的问题,所以是随机插入的。新合成链上一旦插入了一个碱基,那么下一轮复制必然会增加一个碱基(图 7.16a)。如果在合成新链时插入了一个分子的插入剂取代了相应的碱基,而在下一轮合成前此插入剂又丢失的话,那么下一轮复制将减少一个碱基(图 7.16b),这样使新合成链增加或减少了一个碱基,引起了移框突变。

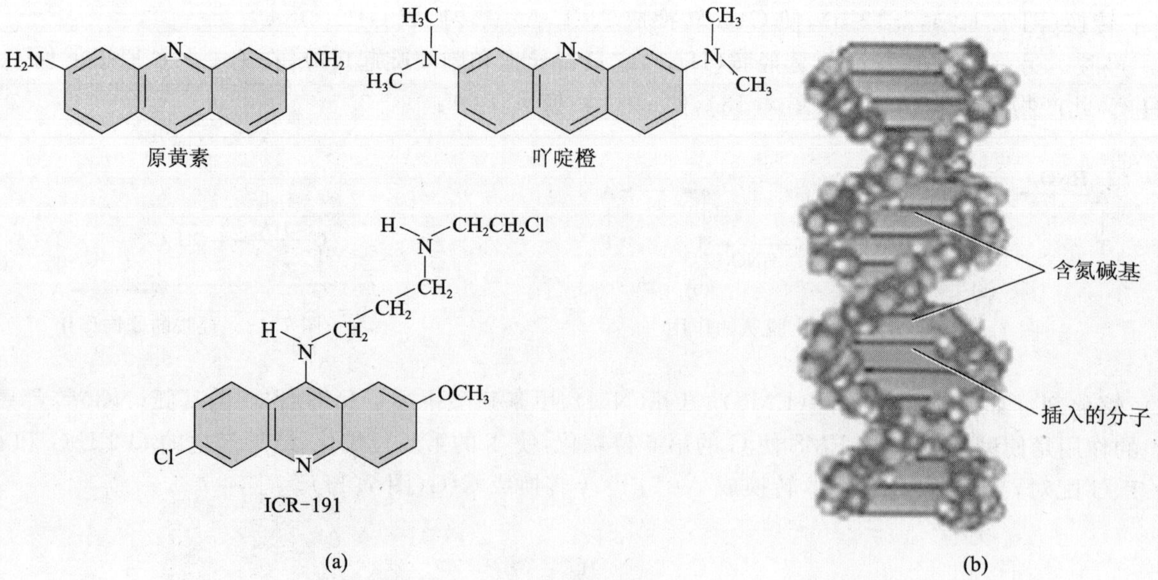

图 7.15 插入突变剂

(a) 普通插入剂原黄素、吖啶橙和 ICR-191 (b) 一个插入剂分子滑入堆积在 DNA 分子中间的两个碱基之间，可能导致单个碱基对的插入或缺失(引自 A. J. F. Griffiths 等,1999)

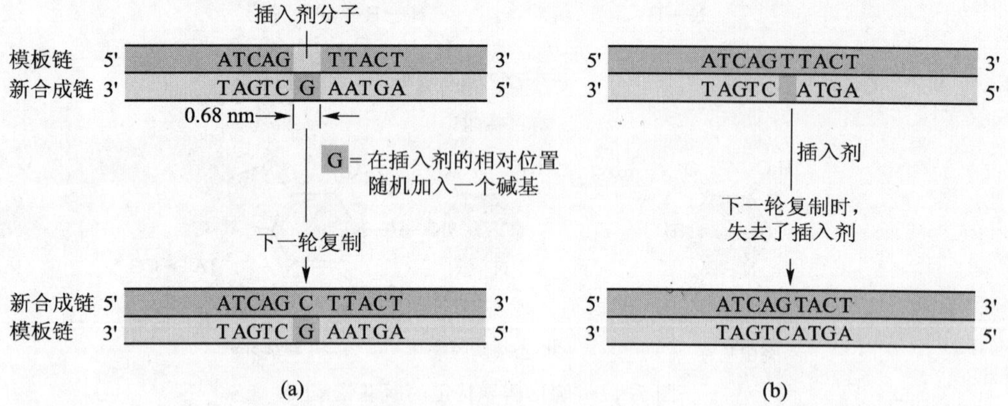

图 7.16 插入剂可能给复制后的链(a) 增加一对碱基或(b) 减少一对碱基，导致移框突变

(引自 A. J. F. Griffiths 等,1999)

第二节 DNA 损伤的修复机制

既然存在着各种内源性和外源性的 DNA 损伤，细胞将如何应对？一种是消极的容忍，其结果是细胞的基因组受到一定程度破坏，使细胞无法维持正常生命活动而死亡，这是不符合生物的适应和进化规律的；另一种是积极的修复，以确保基因组的完整和正常，不仅可指令生命活动的正常运行，而且可不断地传递给子细胞。实际上无论是简单的原核生物，还是复杂的真核生物都具有不同的 DNA 修复机制，这是长期进化的结果。

原核生物和真核生物对于 DNA 损伤都有很多的修复系统，所有这些系统都是用酶来进行修复。其中有的系统是直接改变 DNA 损伤，而另一些则是先切除损伤，产生单链的裂缺，然后再合成新的 DNA，将裂缺修补好。我们可以将不同修复途经分为以下几类。

一、直接修复

直接修复(direct repair)这是一种较简单的不需要模板的修复方式，一般都能使 DNA 恢复原貌。直接修复机制是特异地针对那些不涉及磷酸二酯键断裂的损伤类型。

(一) 光复活

光复活反应是最早发现的由 UV 诱发的胸腺嘧啶二聚体的修复方式，这种修复系统叫做**光复活**(photoreactivation)或**光修复**(light repair)。修复是由细菌中的 DNA **光裂合酶**(photolyase)完成，光裂合酶由 *phr* 基因编码，能特异性识别 UV 诱发的胸腺嘧啶二聚体，并与其结合，这步反应不需要光；结合后当受 300～500 nm 波长的蓝光和紫外光照射，光裂合酶能被光子所激活，将二聚体分解为两个正常的嘧啶单体，DNA 恢复正常结构(图 7.17)。后来发现类似的修复酶广泛存在于动植物中，人体细胞中也有发现。光裂合酶的功能是沿着双螺旋"清扫道路"，寻找由胸腺嘧啶二聚体产生的凸出部分。由于胸腺嘧啶二聚体很少，所以光裂合酶显得非常有效。若有 4～6 个胸腺嘧啶二聚体就难以奏效。

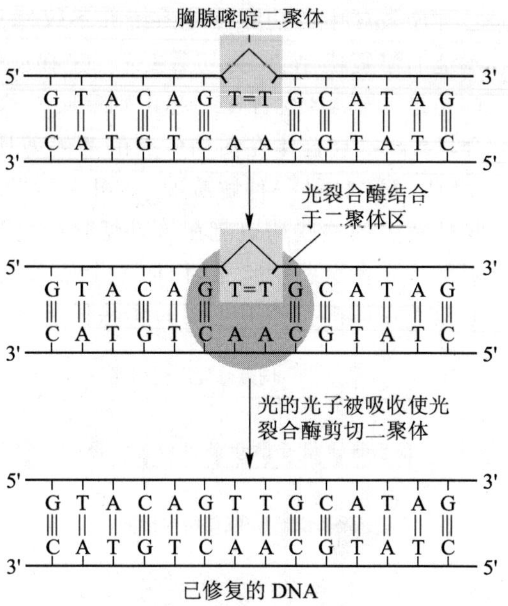

图 7.17 通过光复活修复胸腺嘧啶二聚体
(引自 P. J. Russell, 1992)

(二) 烷基转移

另一种直接修复的损伤类型是鸟嘌呤的甲基化，这种修复是依赖 O^6 **甲基鸟嘌呤甲基转移酶**(O^6-methylguanine-DNA methyltransferase, MGMT)或称**烷基转移酶**(alkyltransferases)。这是一种和直接修复损伤有关的酶，它们可以切除掉 NG 和 EMS 加在鸟苷的 *O*-6 位置上的烷基(常为甲基)。这种酶还可以将 *O*-6 上的甲基转移到蛋白质的半胱氨酸残基上而修复损伤的 DNA。这是一种昂贵的过程，因每一个 MGMT 分子仅能用一次，当转移后，酶就失去了活性，即是化学计量的(stoichiometric)，而不是催化的(catalytic)。因此这种修复系统在烷基水平足够高时是能达到饱和的。这个酶的修复能力并不很强，但在低剂量烷化剂作用下能诱导出此酶的修复活性。

在细菌中与 MGMT 相当的是 Ogt。细菌对甲基化试剂的一般应答称为**适应反应**(adaptive response)，它赋予细菌一种对烷基化试剂持续作用的抗性，通过上调烷基化修复酶来实现的。

二、切除修复

在细胞内复杂的 DNA 修复机制中，根据 DNA 损伤的程度可以分为两种类型，一种是**单链损伤**(single strand damage)，另一种是 DNA **双链断裂**(double-strand break, DSB)。DNA 单链断裂是单链损伤中常见的损伤，如果仅是一个磷酸二酯键的断裂可由 DNA 连接酶直接修复。DNA 连接酶在各类生物的各种细胞中都普遍存在，修复反应容易进行。

大部分的单链损伤需要切除修复来解决。当双螺旋的两条链中仅一条链有损伤时，另一条链可用作模板来指导损伤链的修复。为了修复两条配对的 DNA 分子中一条链上的损伤，有很多的切除修复机制来去除损伤的核苷酸，并用与未损伤 DNA 链互补的正常核苷酸来取而代之。这种修复过程称为**切除修复**(excision-repair)。

(一) 一般切除修复

一般切除修复是生物体普遍采用的修复途径。这种修复的特点是：①损伤仅涉及一条 DNA 链上的个别碱基，但损伤明显，易于识别；②一般需要切开磷酸二酯键，而无需剪切糖苷键；③修复的过程比较简单、快速。

一般切除修复常指的是 Uvr(Uv/repair)系统参与的修复。它也可修复 UV 诱发的胸腺嘧啶二聚体。由于这种修复过程并不依赖于光的存在故又称为**暗修复**(dark repair)。

切除修复机制是 1964 年由 P. Howard-Flander, R. P. BOYCE 及 R. Setlow, W. Carrier 两个研究组同时发

现的。他们分离到某些对 UV 敏感的 *E. coli* 突变株，经 UV 照射后，它们在暗处具有比正常情况高得多的诱发突变率。这些突变体是 *uvr*(Uv/repair)A^- 突变体。*uvr* A^- 突变体只有在光照时才能修复二聚体，表明它们缺乏暗修复系统。因此野生型的生物在暗处能修复二聚体，野生型的结构以 $uvrA^+$ 来表示。

E. coli 中的切除修复系统并不仅修复嘧啶二聚体，也能修复 DNA 双螺旋的其他损伤。图 7.18 表示这个系统的修复机制为"先切后补"。嘧啶二聚体这个双螺旋的结构变形可被 Uvr 系统所识别，如图 7.19 所示。首先是 UvrAB 组合在一起识别嘧啶二聚体和其他大的损伤；然后 UvrA 解离（需 ATP）而 UvrC 和 UvrB 结合，UvrBC 复合体在损伤位点的两侧剪切，在损伤位点 5′端相距 7 nt，3′端相距 3～4 nt 处剪切，该过程也需 ATP。UvrD 是一种解旋酶，它可以帮助 DNA 解旋，让两个缺口间的单链片段（包含损伤位点）释放出来。大肠杆菌中的一些酶也能在体外切除嘧啶二聚体，包括具有 5′→3′外切酶活性的 DNA 聚合酶Ⅰ和单链特异的外切酶Ⅶ。在这些切除中，任何一个相关基因发生突变 *E. coli* 都会失去切除嘧啶二聚体的能力。DNA 聚合酶Ⅰ似乎在体内担任最主要的切除任务。

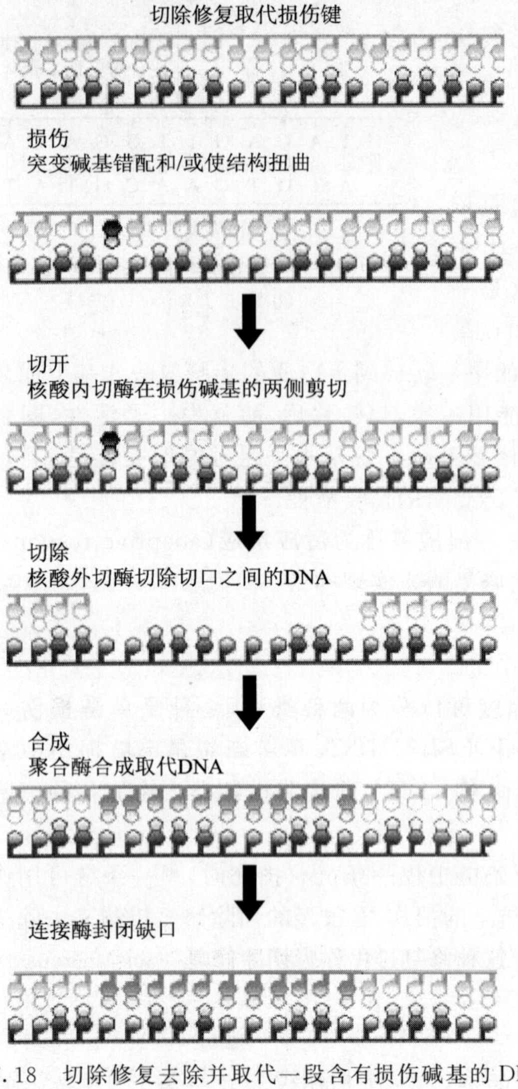

图 7.18　切除修复去除并取代一段含有损伤碱基的 DNA
（引自 B. Lewin，2004）

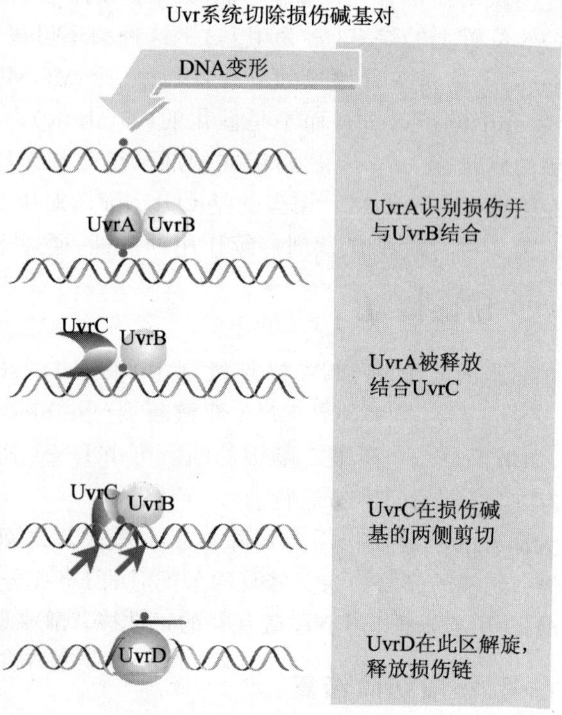

图 7.19　Uvr 系统作用的各个阶段，UvrAB 识别损伤，UvrBC 剪切 DNA，UvrD 使标记区解旋
（引自 B. Lewin，2004）

被切除的 DNA 片段平均为 12 nt，这种模型称为**短补丁修复**(short-patch repair)，在这个修复合成中涉及的酶可能也是 DNA 聚合酶Ⅰ。

短补丁修复可解决 99%的切除修复,剩余下的 1%和 DNA 延伸取代有关,长度可达 1 500 nt 左右,甚至可延伸到 9 kb 以上,即**长补丁修复**(long-patch repair)。这种模型也需要 *uvr* 基因和 DNA 聚合酶Ⅰ。

长补丁修复系统可切除很多类型的损伤,包括 UV 产生的产物、黄曲霉素(AFB1)结合产生的化学附加物及苯并嘧啶的环氢化物等引起的损伤。

(二) 特殊切除修复

有些损伤太细微以致产生的变形小到不能被 UvrABC 系统所识别,因此还需要其他的切除修复途径。

1. 碱基的切除修复

碱基的切除修复是在修复中通过剪切糖苷键来去除错配碱基的一种途径。这些错配碱基若不及时修复,经过 DNA 的复制,就会使遗传信息发生改变而产生点突变。

由于氧化、烷基化、水解或脱氨而引起单个碱基的损伤,损伤的碱基通过 **DNA 糖基酶**(DNA glycosylase)来切除,故称为**碱基的切除修复**(base excision repair,BER)。DNA 糖基酶并不能剪切磷酸二酯键,但可以剪切 AP 位点上的 *N*-糖苷键使链断裂。释放出改变了的碱基,产生一个无嘌呤(apurinic)和无嘧啶(apyrimidinic)位点,即 **AP 位点**(AP site)。这样经过 AP 内切酶切割磷酸二酯键,再由 DNA 聚合酶Ⅰ的外切酶活性和 5′-3′的合成活性进行修复,最后由连接酶封闭裂缺(nick),完成修复(图 7.20)。

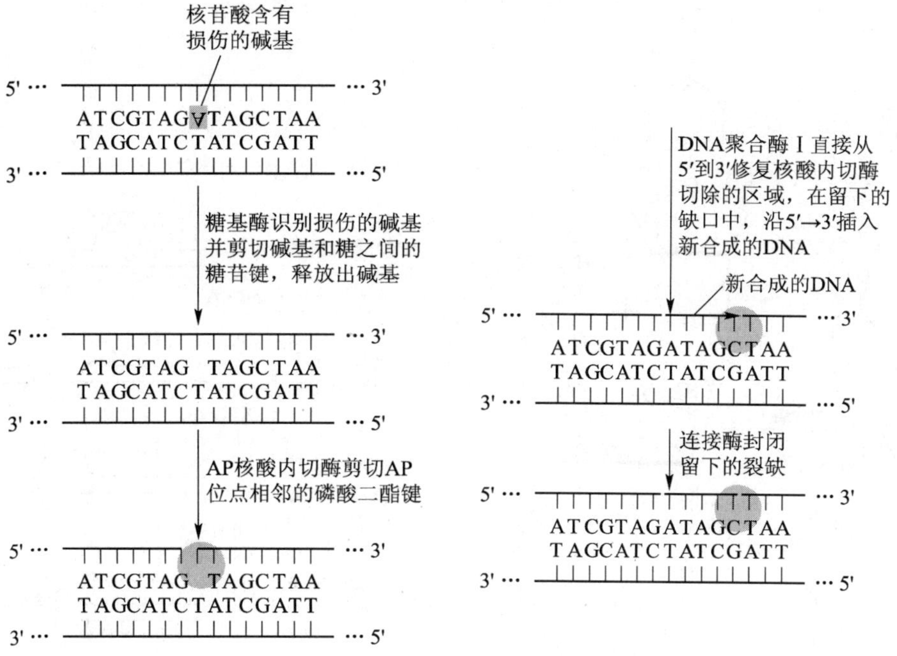

图 7.20 损伤碱基的切除修复涉及糖基酶的作用

该酶可识别损伤的碱基并将其切除,AP 内切酶切开 AP 位点相邻的磷酸二酯键,产生的单链缺口由 DNA 聚合酶Ⅰ和连接酶来填补(引自 P. J. Russell,1992)

DNA 糖基酶有很多种,其中之一是尿苷-DNA 糖基酶,它可从 DNA 上切除尿嘧啶(图 7.21)。C 因自发脱氨基而产生 U,若不修复可能导致 C→U 的转换。实际上在 DNA 中只有 A∶T 配对而没有 A∶U 配对,这是由于偶尔掺入的 U 可被识别和切除的原因。若 U 是 DNA 中的正常成分,那么这种修复就不需要了。

还有一种糖基酶可识别和切除由 A 脱氨而产生的次黄嘌呤(H);另一些糖基酶可切除被烷化的碱基(例如$^{3-m}$A、$^{3-m}$G 和$^{7-m}$G)、开环嘌呤、氧化损伤的碱基及在某些生物中的 UV 光化二聚体;一些新的糖基酶仍不断被发现。

2. 核苷酸切除修复

核苷酸切除修复(nucleotide excision repair,NER)可识别庞大的双链扭曲损伤,如嘧啶二聚体和6,4光生产物(6,4 photoproducts)。

NER分为DNA损伤的识别和切除两步进行。对于不同的情况NER可分为**全基因组修复**(global genome repair,GGR)和**转录偶联修复**(transcription-coupled repair,TCR)两种途径。这两种途径在开始部分有所不同:GGR作用于DNA的非转录区,TCR作用于活性转录区。一旦启动后两者所利用的酶相同。如果损伤发生在转录DNA的非模板链,也进行GGR,这需通过对DNA损伤具有特殊亲合识别能力的XPC/hHR23B复合物来启动修复。

XPC/hHR23B复合物的形成是NER损伤识别的起始阶段。如果损伤发生在转录活性基因模板链上,则进行TCR。TCR是由RNA聚合酶在转录过程遇到核苷酸损伤,因无法识别而停滞时所激活的修复机制。RNA聚合酶的停滞可作为一种信号,立即募集NER相关的修复蛋白XPG(XP,xeroderma pigmentosum,着色性干皮病)、CSA、CSB(CS,Cockayne syndrome,凯恩综合征)和TFⅡH。XPG的作用是切除损坏的DNA链,CSA和CSB可能使停滞的RNA聚合酶Ⅱ解离,以允许有足够的空间,供给其他蛋白质结合以进行NER。CSB参与了DNA的修复(图7.22)。TFⅡH是转录因子的亚基,可使RNA聚合酶Ⅱ的构象发生改变,将形成钳形结构的DNA分子释放出来。但TFⅡH不能识别RNA聚合酶Ⅱ,它需要CSB和XPG蛋白的引导。

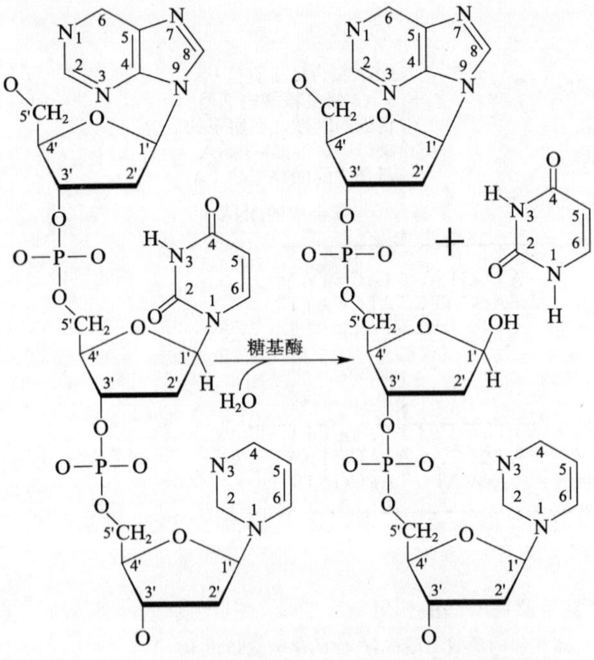

图7.21 糖基酶通过剪切脱氧核糖和碱基之间的键而去除DNA上的碱基

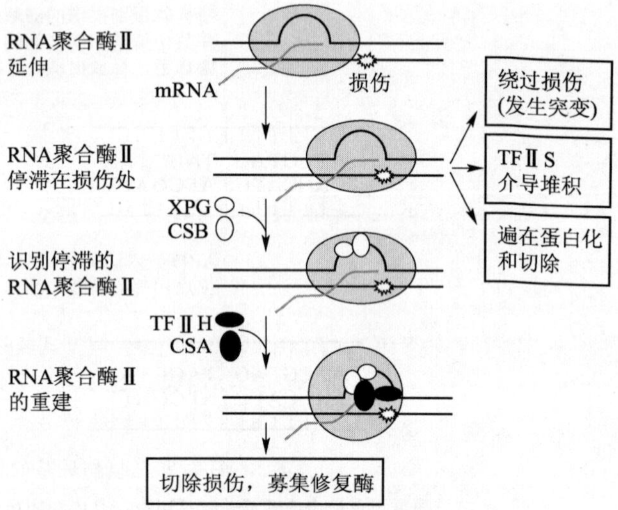

图7.22 转录偶联修复的机制

TCR修复比GGR迅速且效率也较高,GGR需漫长地等待。但也正因如此,TCR所修复的范围仅局限于能够转录RNA的DNA序列。TCR修复也解释了患有凯恩综合征(Cockayne syndrome,一种罕见的常染色体隐性遗传病,患者对紫外线异常敏感,并伴有神经系统和发育异常,该病可分为两个亚群:CSA与CSB)的婴儿是因为在出生后不断积累转录上的缺陷,导致了细胞的死亡,造成了患者神经元的退化。

TCR也是人类的一个极其重要的修复途径。有一种罕见的遗传病叫着色性干皮病就是一种切除修复酶的缺陷,患者的暴露部位易发生色素沉着,皮肤萎缩,角化过度和癌变,大部分患者在30岁前可能死于皮肤癌。由此可见TCR途径的作用是如何重要。

3. GO 系统修复

mutM 和 *mutY* 基因产生的两种糖基酶共同作用，可阻止突变产生的 8-氧-7，8-二氢脱氧鸟嘌呤（8-*O*-G）或胸苷乙二醇（GO）（图 7.4），这些糖基酶形成了 GO 系统。当 GO 丢失时，DNA 中会因自发氧化作用造成损伤，切除 GO 损伤的是由 *mutM* 基因编码的一种糖基酶。如果在复制时产生了氧化损伤形成 GO，经复制，C 仍和 G 配对，而 GO 和 A 配对。若得不到修复就导致 C：G 转换为 A：T，但 *mutY* 编码的糖基酶 MutY 可切除错配的 A，经过复制恢复为 GO：C（图 7.4）。如果在复制的底物中掺入了 8-*O*-G，一种情况是它可能和模板链上的 A 配对，但细胞中有一种糖基酶 MutT，它起到 dUTPase 酶的作用，使 8-*O*-GTP 转换为 8-*O*-GMP；这样它就不能作为 DNA 合成的底物了。即使如此，还是有部分 GO 逃过了 MutT 酶的“监视”，仍然掺入到 DNA 中和 A 结合，糖基酶 MutY 可以将错配的 A 切除，通过复制反而产生了 C：G。使原来的 A：T 转换为 C：G。另一种情况是 GO 掺入到模板中，和 C 配对，当糖基酶切除 GO 后可排除产生 A：T 的危险，仍保持 C：G 配对（图 7.23）。

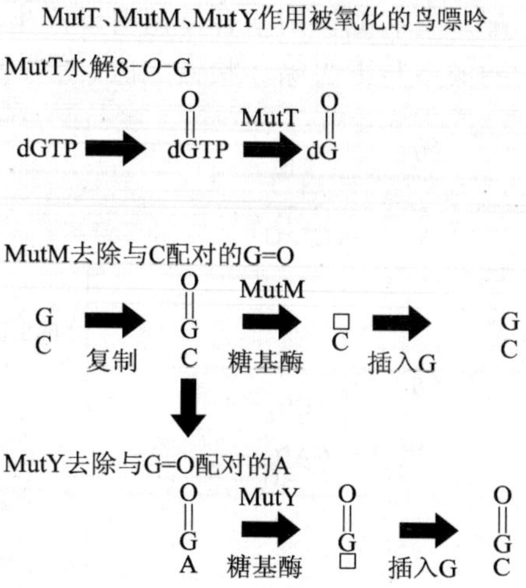

图 7.23 含有氧化鸟嘌呤的碱基对能被优先去除，使突变减少到最小

（引自 B. Lewin，2004）

三、复制后修复

复制后修复（post-replication repair）在非复制时期对 DNA 损伤区域的修复。通常这类修复发生在细胞周期的 G_1 期或 G_2 期，包括对 DNA 的错配修复、单链的损伤修复和双链的断裂修复。

假设需设计一个可以修复复制错误的酶，那么这个酶应当是什么样的呢？看来至少它要具备以下 3 个功能：①识别错配的碱基对；②对错配的一对碱基要能准确区别哪一个是错的，哪一个是对的；③切除错误的碱基，并进行修复合成。

以上第二点最为重要，除非它能区分错误和正确的碱基，否则错配修复系统就无法决定切除哪一个碱基。例如，$^{5-m}$C 脱氨变成 T，有一个特殊的系统要将此修复成正常的序列。脱氨的结果使得 C：G 转换为 G：T 错配，这个系统必须将 G：T 修复成 G：C，而不是 A：T。

（一）错配修复

有些修复途径能够识别 DNA 复制中出现的错配，这种系统叫做复制后**错配修复**（mismatch repair，MMR）系统。MMR 主要是校正 DNA 在复制和重组过程发生的错配（但未损伤）。

VSP 系统（very short patch repair system）是不能胜任这项工作的，损伤修复系统中的 MutL 和 MutS 也不能解决问题，它们只从错配的 G：T 和 C：T 中切除 T，其他的如 MutY 可以切除错配的 C：A 中切除 A。这些系统的功能都是直接地从错配碱基对中切除其中一个特定的碱基。MutY 是一种腺嘌呤糖基酶，它可以产生一个 AP 位点来进行切除修复，同样不能确定哪一个是错误的碱基。

在 *E. coli* 复制中发生错配时，是可以区分原来的模板链和新合成链，因为 DNA 复制后只有在亲本链上带有甲基，新合成的链尚在等待着甲基化。因此两条链的甲基化状态是不不同的，这就给复制差错的校正系统提供了一个标志。

dam 基因编码了一个甲基化酶，它的靶位点是 GATC 上的 A，使 A 成为$^{6-M}$A，这个半甲基化位点是被用来作为复制中母链的标志，同样用于与复制相关的修复系统。图 7.24 表示可能的复制后错配修复模型，MutS 能识别错配位点，MutL 能作用新合成的链，UvrD 是解旋酶可使错配区双链打开，然后 SSB 结合在单链上防止复性（图中未显示），MutH 作为核酸外切酶将含有错配碱基的新链片段切除掉，再由 DNA 聚合酶 I 进行修补，最后由连接酶将裂缺封闭好。这样就完成了复制后错配修复。

在高等真核生物中也存在 MutS/MutL 的同源物 MSH（MutS homolog）蛋白 MLH/PMS。它们的类型多,作用也不同。有的用于简单的错配修复,有的用于在短的重复序列(如微卫星)区修复复制滑动而产生的错配。它们能识别结合复制滑动产生的突出于 DNA 双链的单链环,在核酸外切酶、解旋酶、DNA 聚合酶和连接酶的参与下去除环状错配区(图 7.25)。

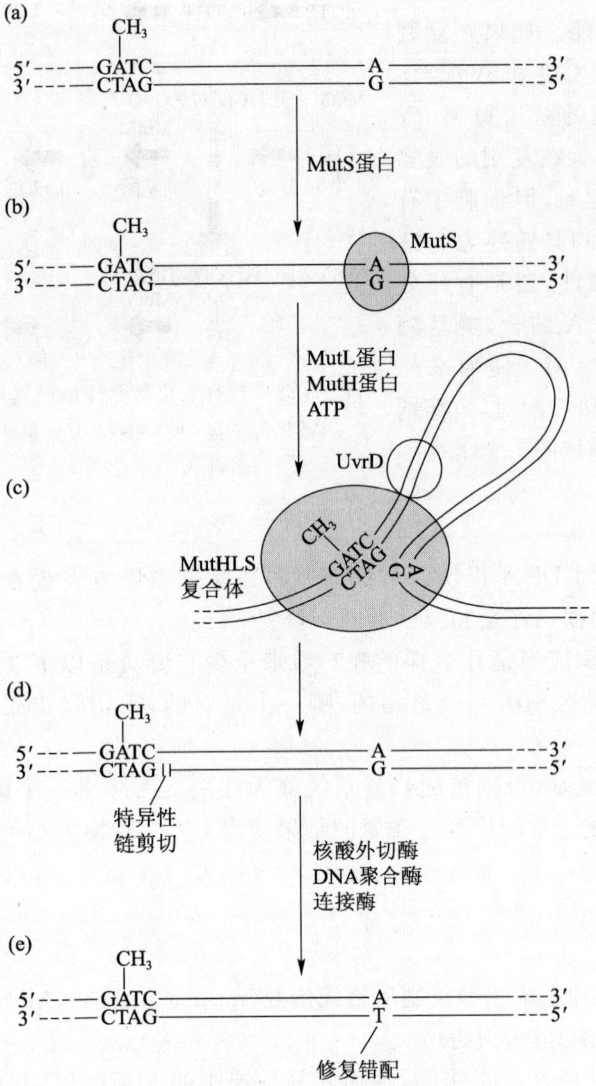

图 7.24 *E. coli* 复制中的错配修复

(a) 甲基化酶,作用于 GATC 上的 A,这个半甲基化位点是被用来作为复制中母链的标志 (b) MutS 识别错配碱基,并移位到 GATC 位点 (c) MutL 蛋白、MutH 蛋白和 ATP 的加入,形成 MutHLS 复合体 (d) MutH 在 GATC 位点剪切未甲基化的单链 (e) 核酸外切酶切除从 GATC 位点到错配位点之间的单链。DNA 聚合酶 Ⅰ 以母链为模板合成 DNA 进行修复,由连接酶封闭裂缺

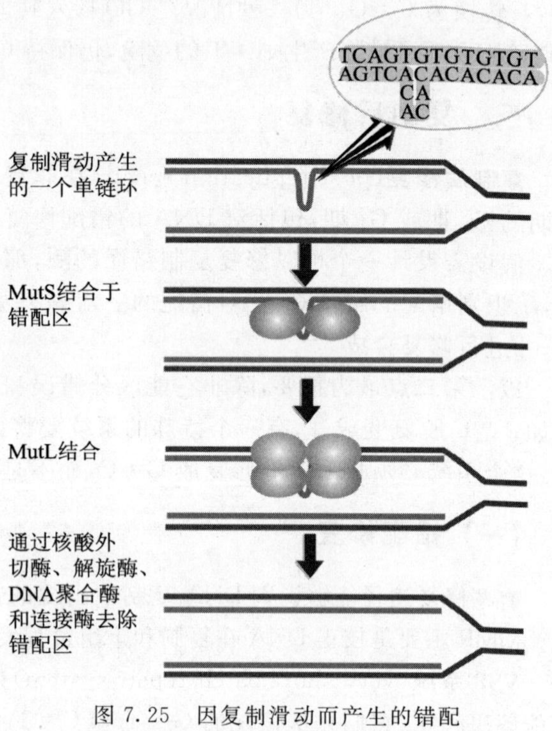

图 7.25 因复制滑动而产生的错配 MutS/MutL 系统启动修复

(引自 B. Lewin,2004)

(二) 重组修复

重组修复(recombination-repair)系统是在 DNA 复制时模板链上含有损伤的碱基,导致新合成链上产生裂缺而进行重组的修复系统,也属于复制后修复。

若 DNA 上的一条链含有结构变形,如嘧啶二聚体,当 DNA 复制时嘧啶二聚体就使损伤位点失去作模板的作用，复制就跳越过这一位点。DNA 聚合酶可能继续前进或者在嘧啶二聚体附近再重新开始合成。这样在新合成的链上留下了一个裂缺，使两个子链的性质不同。一条子链的亲代链上含有损伤，新合成的相应位点上有一个裂缺。另一条子链的亲代链是完好的，没有损伤，新合成的互补链也是正常的，恢复系统就利用了这条正常的子链。

新合成链因损伤产生的裂缺由另一条正常亲本链上的同源片段通过重组来填补，随着单链交换（single strand exchange）受体的双链中有一条是有损伤的亲本链，另一条经重组后变成为野生型的新合成链；而供体双链有一条是正常的新合成链和一条带有裂缺的母链，这个裂缺可通过一般的修复系统（DNA 聚合酶Ⅰ）来修复，最终产生正常的双链。这样损伤就限制在原来的链上，不至影响到新合成的 DNA（图 7.26）。

在一个具有切除修复缺陷的 *E. coli* 中，*recA* 基因的突变使其失去所有的修复能力，人们试图在双突变体（uvr^- $recA^-$）的细胞中进行复制产生一段 DNA 片段，预期其长度是在两个胸腺嘌呤二聚体之间。实验结果表明根本得不到复制的 DNA，这是由于细胞缺乏了 *recA* 的功能，妨碍了复制而致死。它解释了为什么双突变体（uvr^- $recA^-$）的基因组中不能容忍超过 1～2 个胸腺嘌呤二聚体，而野生型细胞允许存在多达 50 个。

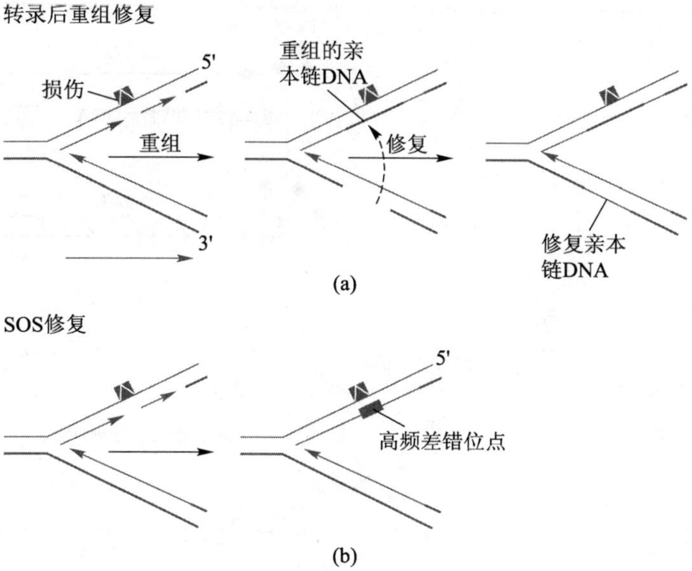

图 7.26 (a)重组修复和(b)SOS 修复
(引自 A. J. F. Griffiths 等，1999)

RecA 蛋白的功能是促使 DNA 链之间的交换。在 DNA 重组和涉及重组修复的单链交换中 RecA 都起着重要的作用，它还涉及易错修复。

双突变体（uvr^- $recA^-$）的特点表明 RecA 参与两种 Rec 途径，将单个基因突变体的表型和双突变体进行比较，来测定两者的相关功能是部分相同还是不同。如果这些基因是在相同的途径中，那么双突变体的表型将和单个突变体的表型相同。如果这些基因是在不同的途径中，那么双突变体应影响到两种途径而不是一种，因此影响的表型应比单个突变体的要多。通过这种方法发现，Rec 途径和 *recBC* 基因有关，另一个途径涉及 *recF*。

recBC 这两个基因编码核酸外切酶 γ 的两个亚基，它们的活性受到此途径的其他成分的限制。RecF 蛋白的功能尚不清楚，其他的 *rec* 座位也都通过影响到重组和重组修复的突变而被鉴别出来。

Uvr 系统是负责切除大量的 $\widehat{TT}$，而 Rec 系统是负责清除那些未被切除的二聚体。这些遗漏的二聚体虽数量不多，但常常是致命的。

（三）SOS 修复系统

SOS **应答**（SOS response）这个术语是用于 *E. coli* 中描述基因表达的改变及其他细菌对于广泛的 DNA 损伤的应答。J. Weigle 等曾用紫外线照射 λ 噬菌体然后再去感染细菌，而细菌又分为两组，一组是事先也用 UV 照射过，另一组是没有照射过，结果前一组中 λ 噬菌体的存活率反而高于后一组。以上的现象称为 **UV-复活**（UV-reactivation），也叫做 W-复活（Weigle 的第一个字母），现称为 SOS 应答。

原核生物 SOS 应答系统受 LexA 和 RecA 两种关键蛋白质调控。LexA 同二聚体是一种转录抑制物，已知 LexA 调节 48 个基因的转录，其中包括 *recA*、*lexA*、*uvrA*、*uvrB*、*umuC*、*umuD* 和 *himA*，它们被称为**损伤可诱导基因**（damage inducible，*din*）。这些基因都具有 **SOS 盒**（SOS box）。SOS 盒是在启动子附近长 20 nt 的回文保守序列，而 LexA 可识别结合 SOS 盒。这个特点导致 LexA 可结合于不同基因的启动子上，产生 SOS 应答。在不同基因座上的 SOS 盒也是不同的，但都有 8 bp 的保守序列。像其他的操纵位点一样，SOS 盒和启动子有重叠。在 LexA 座位属于自我阻遏物，其启动子附近有两个相邻的 SOS 盒。

SOS 应答和其他修复途径不同。其他修复途径的酶系是已存在于细胞中的，而 SOS 修复的酶系统是经损伤诱导才产生的。激活 SOS 应答的共同信号是 DNA 的单链区，单链区是因复制延宕或双链断裂后，经解旋酶的作用而形成。LexA 是一种相对稳定的小分子蛋白质（22×10^3），是很多操纵子的阻遏物。在起始阶段，RecA 蛋白结合于 ssDNA，ATP 水解驱动反应，产生 RecA ssDNA 纤丝。RecA-ssDNA 激活 LexA 潜在的蛋白酶活性，使 LexA 裂解而失去了阻遏活性，并且同时诱导了 LexA 所阻遏的操纵子，使 SOS 基因得以转录（图 7.27）。RecA 也触发细胞中其他靶物质的剪切。RecA 激活后也剪切 UmuD 蛋白产生 UmuD′，UmuD′可激活 $UmuD_2C$ 复合体，结合到损伤位点的单链区，然后合成一段 DNA 来置换损伤的部分。激活信号和 RecA 的相互作用是很快的，SOS 应答在产生损伤的几分钟内就发生了。

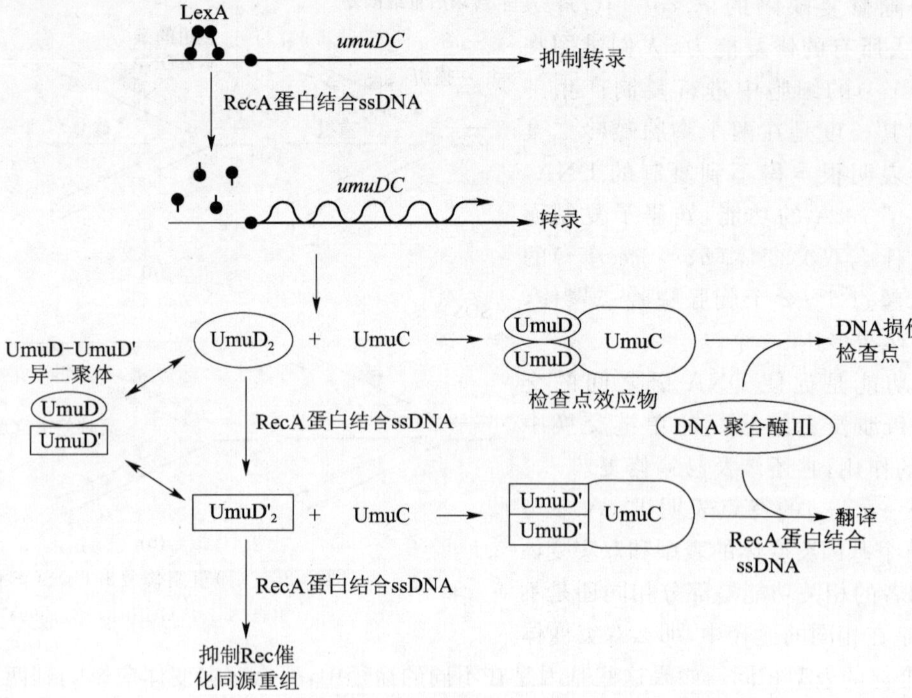

图 7.27 $UmuD_2$ 和 $UmuD'_2$ 表达和激活的调节

在 SOS 应答的诱导下，阻遏物 LexA 被 RecA 剪切，从而激活了 *umuDC*，产生了 $UmuD_2$ 和 UmuC 蛋白。此 $UmuD_2C$ 复合体结合在 DNA 损伤处，在 RecA 纤丝存在时，将 $UmuD_2$ 加工成 $UmuD'_2$，并抑制 Rec 催化同源重组（引自 A. E. Ferentz 等，2001）

从逻辑上讲，这些损伤修复基因在 SOS 应答开始即被诱导。**易错跨损伤聚合酶**（error prone translesion polymerases），如 $UmuD'_2C$（也称 DNA 聚合酶Ⅴ）作为最后的一种手段，一旦启用 DNA 聚合酶Ⅴ或通过重组使 DNA 损伤被修复或绕过，细胞中单链 DNA 的数量会减少，随着 RecA 纤丝数量的减少，剪切 LexA 同二聚体的活性也降低，然后 LexA 结合于启动子附近的 SOS 盒上，重新阻抑 SOS 基因群。

SOS 修复是细菌 DNA 受到严重损伤、处于危急状态时所诱导的一种 DNA 修复方式。修复结果只是能由 SOS 修复酶类修补损伤所产生的裂缺，以减少细胞的死亡，但随着修复也带来了较多错误，使细胞有较高的突变率，又称为**易错修复**（error-prone repair）。SOS 的作用不限于 UV 导致的损伤，不同种类的 DNA 损伤也能使此系统活化。

人们推测在真核细胞中也存在这种系统。当细胞遭到大损伤时，会被诱导产生一种应答来阻止细胞死亡。例如，采用**跨损伤合成**（translesion synthesis），这是一种对 DNA 损伤的容忍，即允许穿过 DNA 损伤位点（如胸腺嘧啶二聚体或 AP 位点）进行 DNA 复制，这种复制将常规的 DNA 聚合酶换成一种专门跨损伤聚合酶（如 DNA 聚合酶Ⅴ），这种酶具有大量的活性部位，能在损伤的区域插入碱基。这种聚合酶的转换是通过进行性因子增殖细胞核抗原（PCNA）（第二章）介导的。跨损伤合成的聚合酶与常规的聚合酶相比，其合成的忠实性较低(高度倾向插入错误的碱基)。然而,它在特殊类型损伤的相对位置能很有效地插入正常的碱基。例如,聚合酶 η 能绕过 UV 照射所产生的损伤位点,但聚合酶 ζ 可诱发这些位点发生突变。从细胞的前景出发,在跨损伤合成时,冒突变危险比采用更为激烈的修复机制要好一些,否则可能会导致染色体的畸变或细胞的死亡。

(四) 双链断裂的修复

双链断裂对细胞的危害很大,幸好真核生物细胞已进化出数套途径,用来修复 DNA 双股断裂的产生,这些途径是同源重组、非同源性末端连接和微同源末端连接。

1. 同源重组修复

同源重组修复(homologous recombination repair,HRR)是利用真核生物二倍体细胞内每一条染色体都具有一条同源染色体的特性。在同源重组(double-strand breaks recombination,DSB)模型中,若一条染色体上的 DNA 发生双股断裂,则另一条染色体上对应的 DNA 序列即可当作修复的模板来恢复成断裂前的序列(图 7.28)。HRR 需要相同或相似的序列用于作为断裂修复的模板。在修复过程中,酶的作用和在减数分裂时促成染色体

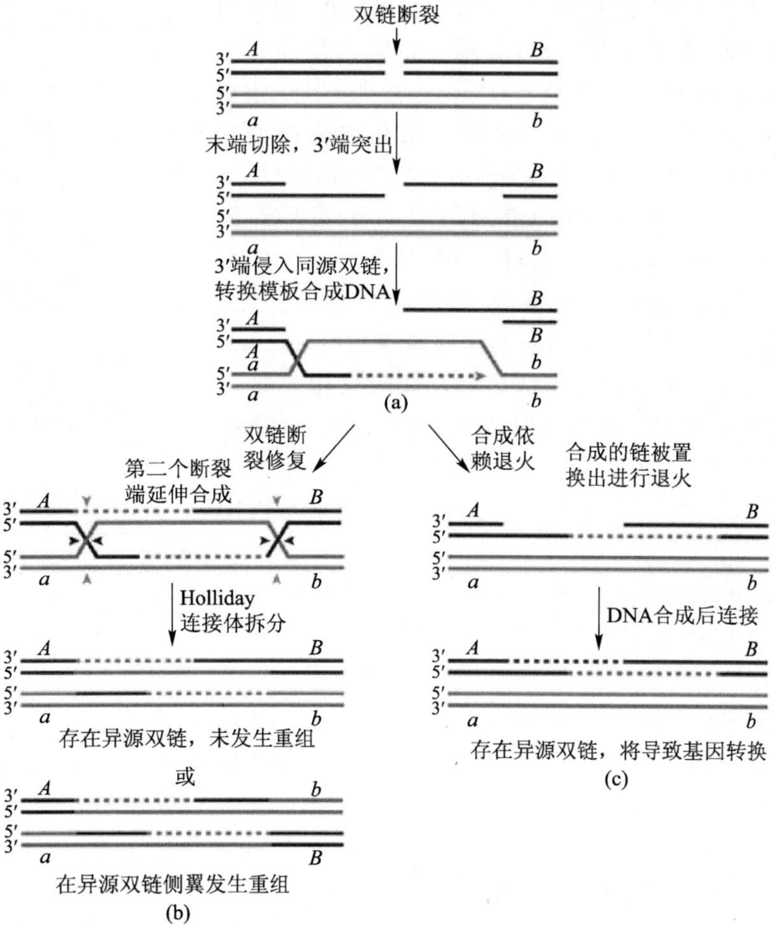

图 7.28 双链断裂重组模型

(a) DSB 的切除所产生的单链 DNA(ssDNA)的 3′端突出(overhang)侵入同源双链序列中而启动,然后侵入端继续延伸。下一步又有两种途径:一是 DSBR,另一种是 SDSA(c) (b) 在单链侵入和延伸后,第二个 DSB 端也相继合成,形成带有两个 Holliday 连接体(Holliday junction,HJ)的中间体。在 DNA 裂缺被封闭后,拆分 HJ。这有两种模式:一种拆分(黑色箭头表示)的结果是不发生基因重组,但会产生异源双链区;另一种拆分(在一个 HJ 处为灰色箭头,在另一个 HJ 处为黑色箭头表示)的结果是不仅产生异源双链区,而且在此区的侧翼还会发生基因重组 (c) 在第二个断裂段延伸之前,还有另一种选择,可通过链的置换进行 SDSA。即已延伸的 3′端被置换出,与第二个断裂端的 5′端连接,然后第二个断裂段再开始合成、连接,修复断裂。这种途径不会产生重组,但会出现基因转变(引自 Dik C van Gent 等,2001)

交换的作用相同。这种途径允许损伤的染色体用一条姐妹染色单体或同源染色体作为模板。

在减数分裂过程中，由Spo11蛋白催化形成断裂双链，RecA蛋白系列结合于断裂的DNA末端形成DNA-蛋白质细丝，能够催化同源配对，使单链DNA末端入侵其同源区段，Rad51和Dmc1蛋白（两个RecA的同源蛋白）在这一过程中起重要作用。但是科学家对入侵后的同源重组过程则了解得比较少。

2. 非同源末端连接

非同源末端连接（non-homologous end joining，NHEJ）是修复与复制相关断裂的主要途径，这种断裂大部分是被电离辐射所诱导。NHEJ修复机制与前面的HRR最大的差异是NHEJ完全不需要任何模板的帮助。NHEJ修复蛋白可以直接将双股裂断的末端彼此拉近，再由DNA连接酶的作用，将断裂的双链重新连接。与HRR相比，NHEJ的机制既简单又无需DNA模板。但NHEJ会导致核苷酸的丢失，产生较多的错误。在高等真核生物中，编码序列所占比例很小，丢失的核苷酸位于非编码区的概率很高，这样导致基因突变的可能性就比较小。因此基因组越复杂、包含越多垃圾DNA（junk DNA）的生物体，NHEJ的活性比HRR更为活跃。基因组越简单，尤其是单细胞生物，NHEJ很有可能会破坏基因组序列的完整性，反而不适合。

在NHEJ中，一种特异的DNA连接酶——DNA连接酶Ⅳ，和辅因子XRCC4可直接连接两个断裂端。参与NHEJ修复的蛋白质还有有ATM（ataxia-telangiectasia mutated）、NBS1及γ-H2AX。首先NBS1蛋白会将ATM蛋白招募到DNA断裂处，然后共同解开被蛋白质缠绕的DNA，暴露出DNA的断裂点，使参与修复DNA的另一些蛋白质也能与断裂处接触，并发挥作用。ATM及NBS1蛋白的另一作用是确保XRCC4能到达DNA断裂处进行修补。首先与DNA断裂处结合的是ATM蛋白，直到XRCC4蛋白到达时，才置换出ATM蛋白。

为了指导精确地修复，NHEJ依赖微同源的**短同源序列**（short homologous sequences），位于DNA断裂端单链尾部。如果突出端是可配对的，修复通常是精确的。NHEJ在修复时也可导致突变。在断裂位点失去损伤的碱基可导致缺失，而连接不匹配的末端可导致复制后错配。NHEJ在细胞的DNA复制前特别重要，因没有模板来提供同源重组。

在脊椎动物免疫系统中，B细胞免疫球蛋白的V(D)J重组和T细胞受体重组时，也是需要NHRJ来连接编码端。

3. 微同源介导末端连接

微同源介导末端连接（microhomology-mediated end joining，MMEJ）是修复DNA双链断裂的一种途径。MMEJ不同于其他的修复机制，是在连接前以5～25个碱基的微同源序列与断裂链连接，用Ku蛋白和DNA依赖的蛋白激酶（DNA-dependent protein kinase，DNA-PK）的修复机制。Ku蛋白是一种保守的DNA结合蛋白，能与DNA末端及DNA损伤导致的双链DNA断裂结合。在酵母中通过Mre11复合物的作用介导末端连接（图7.29）。MMEJ发生在细胞周期的S期，它是通过连接断裂端，切除不能互补的突出核苷酸区域，填补丢失的碱基。当断裂发生在5～25同源的互补碱基对时，两条链被识别并作为微同源配对的基础。一旦连接，任何多余的碱基和链上错配的碱基都会被切除，而丢失的核苷酸被插入。这种途径是建立在与断裂位点的上、下游微同源的基础上。MMEJ连接DNA链无须检查链的一致性，由于切除了不能互补配对的核苷酸片断而导致缺失。MMEJ是一种易错修复的方法，可引起缺失突变而导致细胞癌变。在大多数情况下，细胞在难以获得NHEJ或不适合使用NHEJ时才不得已而采用MMEJ途径。

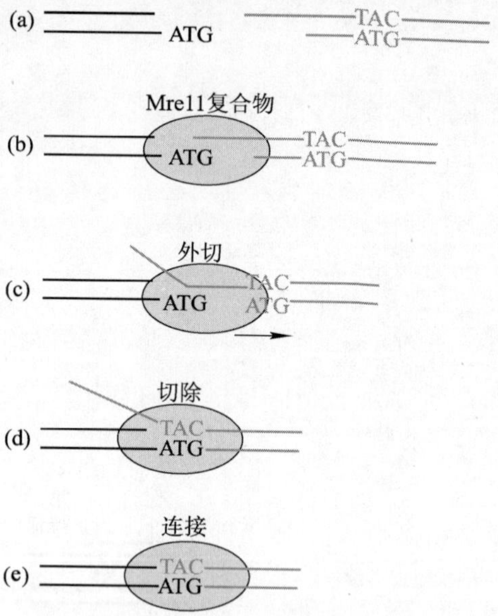

图7.29 酵母中的复合物微同源介导末端连接模型

(a) 产生DNA断裂端，在单链突出端含有“ATG”序列（粗线），在断裂的另一端的双链区（细线）也存在“ATG”序列 (b) Mre11复合物同时结合两个断裂端，5′突出端不能配对，Mre11复合物的核酸外切酶活性作用断裂端（图右侧） (c) 切除少量核苷酸后，突出端仍不能与另一端配对，于是，Mre11复合物就进一步外切 (d) 直到将非突出端链上的ATG降解掉（右侧细线下端），露出其互补链上的“TAC”序列，产生了黏性末端，此时停止外切 (e) 左侧断裂端上的ATG与其互补结合，再通过连接酶封闭切口（nick），修整上部的链，将多余的核苷酸切除还需要别的酶

第三节 基 因 突 变

突变涵盖遗传物质的改变和这一改变的过程两层意思。一个因基因突变而带有新表型的生物称为**突变体**(mutant)。广义地来说,突变指的是一个细胞或生物的基因型所发生的任何突然的可遗传的改变。基因突变不同于 DNA 的损伤,但损伤的结果又常导致基因的突变。除回复突变和抑制(suppressor)效应的存在外,基因突变是不能修复的,而是能导致表型变异并稳定遗传,这和损伤完全不同。

对于一个多细胞生物来说,如果突变仅发生在体细胞中,那么这种突变是不会传递给后代的。这种类型的突变称为**体细胞突变**(somatic mutation)。但若突变发生在生殖细胞中,那么这种突变就能通过配子传递给下一代,这种突变称为**种系突变**(germ-line mutations)。

如果突变发生于某个基因的特定位点,则称为**点突变**(point mutation),点突变包括一碱基对发生了置换和碱基的插入或删除。现在,"突变"一词常用来专指点突变。

一、基因突变的类型

根据突变的性质可分为 3 种类型:

- 突变
  - 点突变,碱基替换
    - 转换 Py 与 Py,Pu 与 Pu 之间变换,多见
    - 颠换 Py 与 Pu 之间变换,少见
  - 移码突变——
    - 插入 1～2 个碱基
    - 丢失 1～2 个碱基
  - 缺失突变—— 缺失大片段 DNA(十几到几千个碱基)

有了以上这些背景,我们现在就可以介绍有关基因突变的一些术语。

碱基对取代突变(base-pair substitution mutation)是指在基因中一个碱基对被另一个碱基对所取代。**转换**(transition)是碱基替换中的一种类型,是指嘌呤与嘌呤之间,或嘧啶与嘧啶之间的替换。例如,G∶C 被替换成 A∶T。**颠换**(transversion mutation)是碱基替换中的另一种类型,是指嘌呤与嘧啶之间的替换。例如,A∶T 被替换成了 T∶A 或 C∶G。

根据突变表型和野生型相比较将点突变分成两类:一类是**正向突变**(forward mutation),其突变方向是从野生型突变成突变型;另一种是**回复突变**(reverse mutation),其突变方向是从突变型突变成野生型。回复突变可使突变基因产生的无功能或有部分功能的多肽恢复部分功能或完全功能。当 DNA 碱基对发生改变,使其 mRNA 中相应的有义密码子得到恢复,可以编码某种特殊的氨基酸,这个改变的密码子可以是原来野生型的相应密码子或者是其他氨基酸的密码子。

突变的作用还可以通过其他位点的突变而得到减弱或校正,这便是前面已介绍过的**抑制突变**(suppressor mutation)(第四章)。

碱基置换突变(base substitution mutation)是指在基因中一个碱基对被另一个碱基对所取代,如 Tyr 的 DNA 密码子中 C∶G 变成 A∶T。

根据突变后密码子的含义将突变分为无义突变、同义突变和错义突变 3 种类型(表 7.1)。

表 7.1 点突变的类型(以 Tyr 的密码子为例)

	无义突变	同义突变	错义突变
DNA→	TAC→TAA,TAG	TAC→TAT	TAC→TCC
↓	↓ ↓ ↓	↓ ↓	↓ ↓
RNA→	UAC UAA UAG	UAC UAU	UAC UCC
↓	↓ ↓ ↓	↓ ↓	↓ ↓
肽链→	Tyr Och Amb	Tyr Tyr	Tyr Ser

错义突变(missense mutation)是指改变密码子含义的碱基替换,导致编码的多肽链中某一个氨基酸残基被另一种氨基酸所取代(表7.1)。如果新的氨基酸具有与原来的氨基酸同样的化学性质,这个错义突变是保守(conservative)的。如果原来的氨基酸被具有不同化学性质的氨基酸所取代,错义突变是非保守(nonconservative)的。例如,AAG突变为GAG,编码的氨基酸由亮氨酸变成谷氨酸。错义突变的影响取决于它是保守还是非保守的,还取决于被替换的残基在多肽链功能中的重要程度。保守的替换一般是中性的,除非突变发生在一个关键的残基(如酶的活性位点),而非保守的替换一般会破坏多肽链的结构和/或改变多肽链的性质,从而产生突变的表型。有些错义突变的影响十分微妙,可能只在一定的环境条件下(如高温)表现出来。

无义突变(nonsense mutation)是将有意义的密码子改变成无义密码子(终止密码子)的碱基替换(表7.1)。翻译时在相应的位点会导致提前终止,而产生一条不完整的多肽链,通常是没有功能的。无义突变效应的严重性取决于突变位点在编码区的位置。5′端的无义突变导致产生很不完整的多肽链,引起多肽链功能的丧失。3′端无义突变可能对编码多肽链的结构影响不大,但可能影响mRNA的稳定性。在真核基因中的无义突变偶尔会在剪切中引起外显子跳跃。

根据突变产生的无义密码子类型可分成**琥珀突变**(amber mutation)(突变为终止密码子UAG),**乳白突变**(opal mutation)(突变为终止密码子UGA)和**赭石突变**(ochre mutation)(突变为终止密码子UAA)。

导致获得原先没有的功能的突变称为**功能获得突变**(gain-of-function mutation)。相反,导致丢失原有功能的基因突变称为**功能失去突变**(loss-of-function mutation)。使一对杂合等位基因成为纯合状态的突变称为**杂合性丢失**(loss of heterozygosity,LOH)突变。可检测其表型改变的突变称为**可见突变**(visible mutation)。相反,不能检测到其表型改变的突变称为**不可见突变**(invisible mutation)。

渗漏突变(leaky mutation)指某基因发生突变后其产物仍具有原来的功能,但活性比野生型弱,也称为**亚效等位基因**(hypomorph)。

中性突变(neutral mutation)基因序列中密码子的改变并没有改变产物的功能,即不影响生物适应性的突变和不影响生物表型效应的突变。中性突变在群体中可产生多态性。

沉默突变(silent mutation)是中性突变中的一种特殊情况。不影响密码子含义的碱基替换,因而对多肽链结构没有影响,实际上就是同义突变(表7.1)。沉默突变的发生是由于遗传密码的简并性。例如,ATT突变为ATC,两者都编码异亮氨酸。

移框突变(frameshift mutation)是由于基因中增加或减少碱基(改变的碱基数不是3或3的倍数)所致。一较短的$3n+1$个核苷酸的插入与缺失,使阅读框发生变化,大部分阅读框有读框外(out-of-frame)的终止密码子,所以移框突变往往造成蛋白质合成的提前终止,产生不完整的多肽链。即使不提前终止,但由于肽链的一级结构发生了很大的改变,所以产生的蛋白质常是无功能的。移框突变的效应取决于它的位置,位于5′端突变的后果要比3′端突变更为严重。

非移框**插入/缺失突变**(indel mutation)(indel是“insertion”和“delete”前缀的组合表示插入或缺失的统称)是指较短的$3n$个核苷酸的插入与缺失。这类突变不破坏可读框,往往是可以容忍的,但蛋白质一级结构的改变也可能影响或丧失其原有的功能。

通读突变(readthrough mutation)是将终止密码子转变成有义密码子,造成通读,使多肽链延长。例如,TAG(终止密码子)突变为CAG(谷氨酰胺)。通读突变可能影响多肽链的性质和mRNA的稳定性。一般情况下,多肽链不会延长太多,因为在天然的终止密码子的下游有不定位置的终止密码子存在。

突变的作用还可以通过其他位点的突变而得到减少或校正,这便是前面已讨论过的**抑制突变**(suppressor mutation)。

二、突变的原因

自然发生的突变是**自发突变**(spontaneous mutation)。一些物理的或化学的**诱变剂**(mutagen)都能增加这种自发突变的频率,但不改变突变的方向。而诱变剂处理所诱发的突变称为**诱发突变**(induced mutation),这两种突变之间并没有本质的区别。无论是自发突变还是诱发突变，除复制差错以外，多是 DNA 损伤未能修复所致。

自发突变是在自然中发生的，不存在人类的干扰。长期以来遗传学家们认为自发突变是由环境中固有的诱变剂所产生的，如放射线和化学物质，但证据表明并非如此。自发突变可能由很多因素中的一种所引起，包括 DNA 复制中的错误、DNA 自发的化学改变。自发突变也可能由于转座因子的移动而引起。

人们对突变的发生进行定量时常使用两种不同的术语：**突变率**(mutation rate)和**突变频率**(mutation frequency)。突变率是指在单位时间内(如一代)，在细胞或微生物群体中，某种突变发生的概率；突变频率是指在一个细胞群体或个体中，某种突变发生的数目，即每 10 万个生物中发生突变的数目，或每百万个配子中突变的数目。有时，突变频率和突变率可变通使用。

在果蝇中自发突变率为 10^{-4}～10^{-5}/每代每个基因，在人类中为 10^{-4}～4×10^{-6}/每代每个基因，而细菌是 10^{-5}～10^{-7}/每代每个基因。自发突变频率受到生物遗传特征的影响，如在雄性和雌性果蝇中相同的性状其突变频率不同，不同的性状可具有不同的突变频率(表 7.2)。

表 7.2 各种生物特殊座位的自发突变频率

生物	性状	突变频率(每 10 万个配子中)	生物	性状	突变频率(每 10 万个配子中)
T2 噬菌体	快速溶菌 $r^+\to r^-$	7	小鼠	$a^+\to$非鼠色	0.97
E. coli	宿主范围 $h^+\to h^-$	0.001		$b^+\to$褐色	0.39
	ste^{-r}	0.000 04		$c^+\to$白化	1.02
	T_1^{-r}	0.003		$d^+\to$淡化	1.25
	$leu^-\to leu^+$	0.000 07		$In^+\to$浅黑色	0.80
	$arg^-\to arg^+$	0.000 4		回复突变	0.27
	$trp^-\to trp^+$	0.006	中国仓鼠	氮鸟嘌呤抗性	0.001 5
	$ara^+\to ara^-$	0.2		$glu^-\to glu^+$	0.014
沙门氏菌	$his^+\to his^-$	0.2	人类	软骨发育不全	0.6～1.3
	$trp^-\to trp^+$	0.005		先天性无虹膜	0.3～0.5
肺炎双球菌	$pen^s\to pen^r$	0.01		萎缩性肌强直	0.8～1.1
脉孢菌	$ade^-\to ade^+$	0.000 8～0.029		结节性(脑)硬化	0.4～1
	$ino^-\to ino^+$	0.001～0.010		亨廷顿舞蹈症	0.5
	一个 *ino* 基因，*JH*5202	1.5		神经纤维病	5～10
黑腹果蝇	$y^+\to$黄色	12		肠多发性息肉	1.3
	$bw^+\to$褐色	3		成骨不全	0.7～1.3
	$e^+\to$檀色	2		佩格尔氏核异常	
	$ey^+\to$无眼	6		视网膜母细胞瘤	0.5～1.2
玉米	$Wx\to wx^-$	0.00			
	$Sh\to sh^-$	0.12			
	$C\to c$	0.23			
	甜 $Su\to su^-$	0.24			
	紫 $Pr\to pr^-$	1.10			
	$I\to i$	110.26			
	$R^r\to r^r$	49.20			

(引自 P. J. Russell，1992)

(一) DNA复制错误

1. 碱基错配

在复制中有10^{-3}的概率可能发生**碱基错配**(base mismatch),经DNA聚合酶的校正作用实际的错配率为10^{-8}～10^{-10},但毕竟仍有错配的存在而造成遗传信息的改变。

在DNA复制时可能产生碱基的错配,如A∶C配对。当带有A∶C错配的DNA重新复制时,一条子链双螺旋在错配的位置上形成G∶C,而另一条子链的双螺旋在相应位点将形成A∶T。这样就产生了碱基对的转换。

原核DNA聚合酶都具有3′→5′的外切酶活性,可对复制中错误掺入的碱基进行校正,使得DNA复制中实际的差错率大大减少。在真核生物中DNA聚合酶δ也具有3′→5′外切酶活性。在介绍原核DNA聚合酶结构时已说明DNA聚合酶3′→5′外切酶功能是ε亚基承担的,若编码这个亚基的基因发生突变,那么就失去校正的功能,引发点突变。

2. 互变异构移位

由于碱基本身存在着**互变异构体**(tautomers),所以也能形成错误的碱基对。当碱基以它常见的形式出现时就可能和错误的碱基形成配对。J. D. Watson和F. H. C. Crick就曾指出,DNA的碱基结构并不是静态不变的,在嘌呤或嘧啶中的氢原子可以从一个位置移到另一个位置上,如从氨基基团转移到位于环上的氮。这种现象称为**互变异构移位**(tautomeric shifts)。这种互变异构移位很少发生,但它在DNA代谢中十分重要,因为它可能导致碱基配对的改变。我们在第一章详细阐述的DNA结构是一种最常见的稳定结构,其中的腺嘌呤总和胸腺嘧啶配对,而鸟嘌呤总和胞嘧啶配对。胸腺嘧啶和鸟嘌呤较为稳定的酮型结构可能因互变异构移位而变为烯醇式结构;而腺嘌呤和胞嘧啶较为稳定的胺基型结构也可能因互变异构移位而变为亚胺基型结构。这些碱基只能在很短的时间内处于这些较不稳定的结构形式,但是如果它们处于这种不稳定构型时正好DNA复制到此处或正好被加入到新生的DNA链中,就会产生一个突变。在这种很少见但又不稳定的烯醇型或亚氨基型情况下,可以形成腺嘌呤与胞嘧啶的配对或鸟嘌呤与胸腺嘧啶的配对(图7.30)。

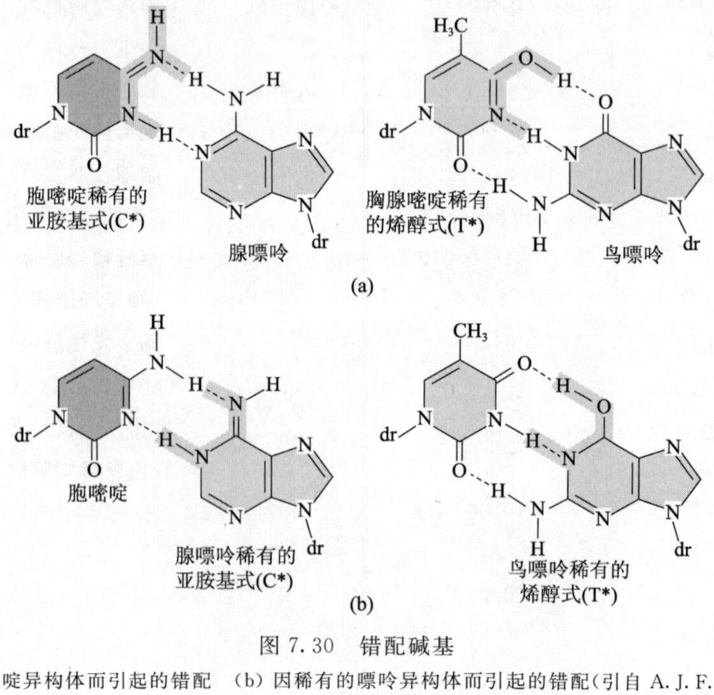

图7.30 错配碱基

(a) 因稀有的嘧啶异构体而引起的错配 (b) 因稀有的嘌呤异构体而引起的错配(引自A. J. F. Griffiths,1999)

这些错配发生后,在随后的复制过程中就会出现错配碱基对的分离,从而导致A∶T置换G∶C或G∶C置换A∶T的情况(图7.31)。如果没有DNA聚合酶校正活性的话,那么互变异构移位所产生的突变要比实际发生的多得多。

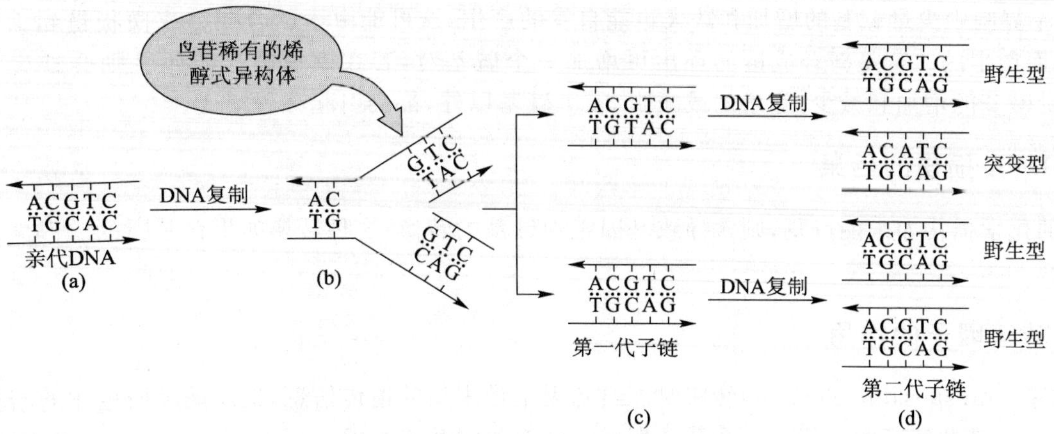

图 7.31 DNA 的碱基通过互变异构移位而突变

(a) 图中的例子是鸟嘌呤经过互变异构移位，在复制时，产生其稀有的烯醇式(G^*) (b) 它以烯醇式与胸腺嘧啶配对 (c)和(d) 在下一次复制中鸟嘌呤变回较稳定的酮式。在(b)中，胸腺嘧啶与鸟嘌呤的烯醇式配对。而在随后的复制中[(c)和(d)]，胸腺嘧啶直接与腺嘌呤配对。最终的结果是，G：C 突变为 A：T。如果一个鸟嘌呤经过了互变异构移位，在配对时，从普通的酮式形成了稀有的烯醇式(图中，它作为一个三磷酸核苷，而不是作为模板链)，它将和模板链上的胸腺嘧啶配对，而导致 A：T 突变为 G：C(引自 A. J. F. Griffiths，1999)

3. 复制滑动

复制滑动(replication slippage)或称复制跳格：在极短的重复序列区域，新合成的子链与其模板链间发生重排，于是 DNA 聚合酶向后滑动并产生多余的重复单位。子链中的这些重复单位突出而形成单链环，它们能被 MutSL 的同源物修复(图 7.32)。

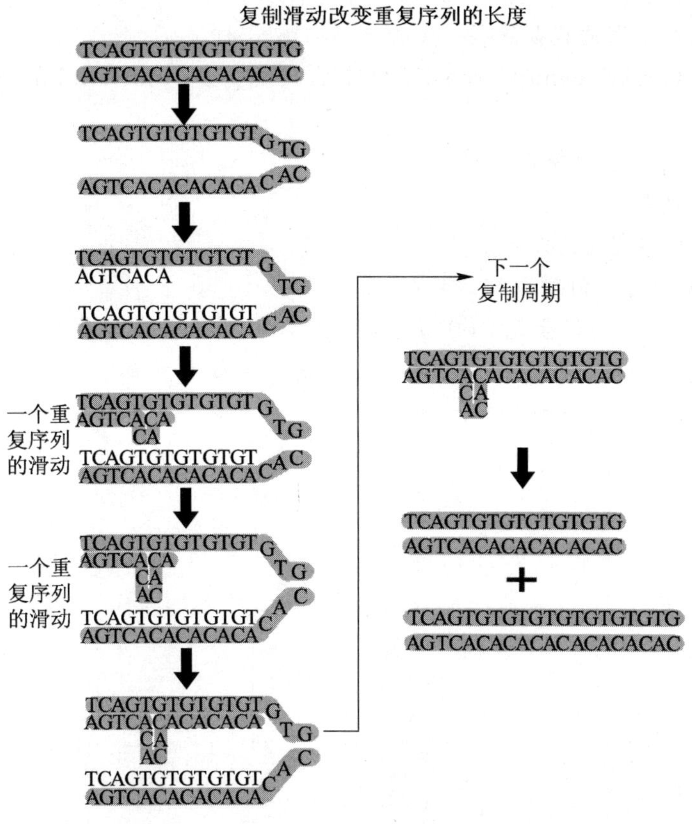

图 7.32 当子链滑回一个重复序列单位，与模板链配对时，发生复制滑动

每个滑动事件会使子链增加一个重复单位，增加的重复单位作为单链环向外伸出。在下一周期中，子链经复制产生了一个重复单位增加了的双链 DNA(引自 B. Lewin，2004)

在DNA复制中少量碱基的增加和缺失也能自发的产生，这可能由于新合成链或模板链错误地环出[跳格(slipping)]而产生的。若是新合成链的环出可增加一个碱基对，若在模板链上的环出则会缺失一个碱基对。DNA中少量碱基的增加和减少，除增加或减少 $3n$ 个碱基以外，都会引起移码突变。

(二) DNA损伤的后果

DNA的化学损伤如未能修复，则常导致基因组中碱基的转换，这种转换如果在基因的编码区，就会引起基因的点突变。

(三) 转座因子的作用

转座因子(transposable element)转座时能给基因组带来新的遗传信息，也能诱发染色体的断裂，缺失和倒位(第九章)。在某些情况中又能像一个开关那样启动或关闭某些基因。

习 题

1. 什么是DNA损伤？有哪几种类型？
2. DNA损伤修复有哪些途径？
3. DNA损伤与细胞周期的限制点(cell cycle checkpoint)有何关联？
4. 什么是切除修复？修复的机制是怎样的？
5. 一般的切除修复分为几种类型？
6. 试述AP核酸内切酶的修复途径。
7. 全基因组修复(global genome repair)和转录偶联修复(transcription-coupled repair)有何相同和差异？
8. 双链断裂是通过哪些途径修复的？
9. 试述重组修复的机制。
10. SOS修复是怎样发现的？
11. 突变和DNA损伤有何联系和差异？
12. 在一所医院中出生的新生儿94 075个，其中有10个人患软骨发育不全(是一种自发显性突变)。在这10个患儿中有两人其一个亲本也是患者。问软骨发育不全的突变率是多少？

第八章 重组与转座

- 重组机制
- 同源重组和酶
- 非同源重组
- 转座重组和转座因子
- 非同源末端连接

重组(recombination)是已经存在的遗传物质产生新的组合过程。分子间或染色体间重组通过真核染色体减数分裂时独立分配和自由组合,而分子内或染色体内重组是酶促反应的过程,通过 DNA 的剪切和连接产生新的重排。重组的概念也有广义和狭义之分,广义的重组包括由于独立分配和染色体交换等在后代中出现重组合的过程。而狭义的重组仅仅是指 DNA 的交换或重排而产生的重组。

重组和突变是产生遗传变异的主要两大因素,但两者的分子机制截然不同:重组是已经存在的遗传信息发生重排,而突变是改变基因组中的碱基。但两者在分子机制上又是相互影响的。有的重组如转座会导致 DNA 的倒位、缺失和基因的失活,被描述成突变。相反,在修复 DNA 损伤(可导致突变或致死)时也常需要重组的过程。

根据同源序列的长短、重组蛋白的类型和分子机制,分子内重组可分为同源重组和非同源重组两大类。在同源重组和非同源重组中都可分为 3 种类型(图 8.1)。

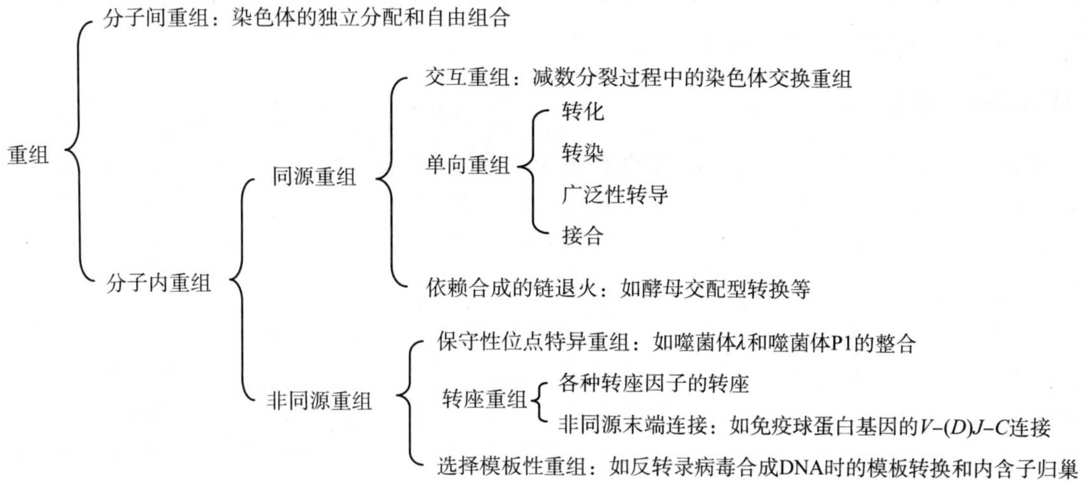

图 8.1 重组的类型

第一节 重组机制

重组是如此重要,那么重组理论毫无疑问也是十分重要的。由于在 20 世纪 60 年代之前虽然 DNA 双螺旋模型已经建立,但分子遗传还处在孕育之中,对复杂的 DNA 重组机制尚不能从分子水平加以诠释。在此前科学家们已经发现与 DNA 重组紧密相关的一些现象:①基因转变;②极化子现象;③基因转变往往伴随着两侧基因重组这一现象。任何一个合理的重组模型都必须能圆满地解释这些现象。

同源重组模型

同源重组(homologous recombination)或**普遍性重组**(generalized recombination)涉及大片段同源 DNA 序列之间的交换。在真核生物减数分裂过程中发生的这种重组是一种**交互重组**(reciprocal recombination)的类型;在细菌的转化、转染、广泛性转导和接合中所产生的重组是一种**单向重组**(unidirectional recombination),即仅受体发生重组,供体并未发生改变。催化这一过程的蛋白质(如大肠杆菌中的 RecA)不是序列专一性的,而是同源依赖的。

第 3 种类型的同源重组是**依赖合成的链退火**(synthesis-dependent strand annealing,SDSA),这是一种不伴有交换的基因转变过程,与一般的同源重组主要的区别在于发生在特定的区域,且不产生交换的产物。酵母交配型转换就属于这种类型。

(一) 基因转变与模板选择模型

早在 1930 年德国的 H. Winkler 首先发现了真菌在减数分裂过程中不规则分离的现象,产生的子囊孢子正常的分离方式是 4∶4,但也出现了少数的 5∶3、3∶5 或 6∶2、2∶6 或 3∶1、1∶3 异常分离。他将这种异常分离解释为同源染色体联会时,一个基因使相对位置上的基因发生相应的变化所致,因而称为**基因转变**(gene conversion)。后来,科学家们相继在其他真菌中都发现了类似的现象,并发现基因转变往往伴随着两侧基因重组这一现象。这样一来人们认识到基因转变与 DNA 重组密切相关。因此 1948 年,A. D. Hershey 提出了**模板选择学说**(copy choice),认为复制时新合成的染色单体各以一个单体模板进行复制,在复制过程中相应交换模板,从而造成重组。当时,DNA 双螺旋模型尚未问世,人们对 DNA 复制的机制仍一无所知,而模板选择模型能够很好地解释基因转变的现象,因此当时受到科学界的推崇。

1953 年,J. D. Watson 和 F. H. C. Crick 的 DNA 双螺旋模型的诞生。同年他们又提出了 DNA 半保留复制模型,1958 年 M. Meselson 和 F. W. Stahl 用同位素标记实验证实了 DNA 的半保留复制。这一划时代的成就促使人们对 DNA 重组的模板选择学说重新认识,发现这一假说属于全保留复制,这在理论上就违背了 DNA 半保留复制的基本原理,所以不能成立。

(二) Holliday 模型

1964 年英国学者 R. Holliday 提出了著名的 **Holliday 模型**(Holliday model)(图 8.2),很好地解释了 DNA 的重组和真菌中发现的基因转变的现象。在 20 世纪 70 年代 H. Potter 和 D. Dressler 在噬菌体中拍摄到的“十”字形结构的 DNA 电镜照片(图 8.3),为 Holliday 模型提供了一个有力的证据。Holliday 模型解释了以下的几种现象:①基因转变。在交换的过程中产生了异源双链和错配,由于不同的校正而产生了不同的异常比例。在发生基因转变的异源双链区的侧翼常会出现基因的重组。②极化效应。1960 年 P. Lissouba 和G. Rizet 用粪盘菌(*Ascobolus immersus*)作为研究材料,发现在同一基因内部的各个突变位点的转变频率常从基因的一端向另一端递减,具有这种现象的一段 DNA 称为**极化子**(polaron),这一现象称为**极化子效应**(polaron effect)。一个极化子相当于一个基因。在发生重组时 DNA 的异源双链部分并不是完全随机形成的,而是在染色体的某一特定部位开始形成,并且越靠近这个部位基因转换的频率越高。这是由于交换产生的错配只发生在异源双链 DNA 区,而这一区域正是位于 Holliday 结构的断裂点和分支点之间,即分支点移动的区域(图 8.2)。

(三) 双链断裂重组模型

Holliday 模型虽然很好地解释了重组与基因转变及极化子效应的关系,而且又有电镜照片为证,的确是一个很好的重组模型,但两条同源双链 DNA 分子的相应位置同时断裂,似乎难以使人置信。针对这个问题科学家们又相继提出了一系列的重组模型,其中比较广为接受的是双链断裂重组模型(model of double-strand breaks recombination)(图 7.28)。这个模型是在 1983 年由 J. W. Szostak 提出的。该模型认为不是两条同源双链 DNA 分子的相应位置同时断裂，而是一条染色体的双链断裂(double-strand break，DSB)，断裂是由内切酶水解磷酸二酯键的结果。DNA 断裂之后由核酸外切酶扩大缺口。接着是断裂链的游离 3′端插入到具有完整双链的同源染色体中，形成 D-环结构。在 DNA 聚合酶的作用下，断裂两条链分别以完整链为模板开始合成。最后再通过断裂重接过程完成重组。这种双链断裂发生的可能性要比 Holliday 模型中两条同源双链 DNA 分子的相应位置同时断裂要更为可信。而且这个模型也同样很好地解释了重组与基因转变及极化子效应的关系。

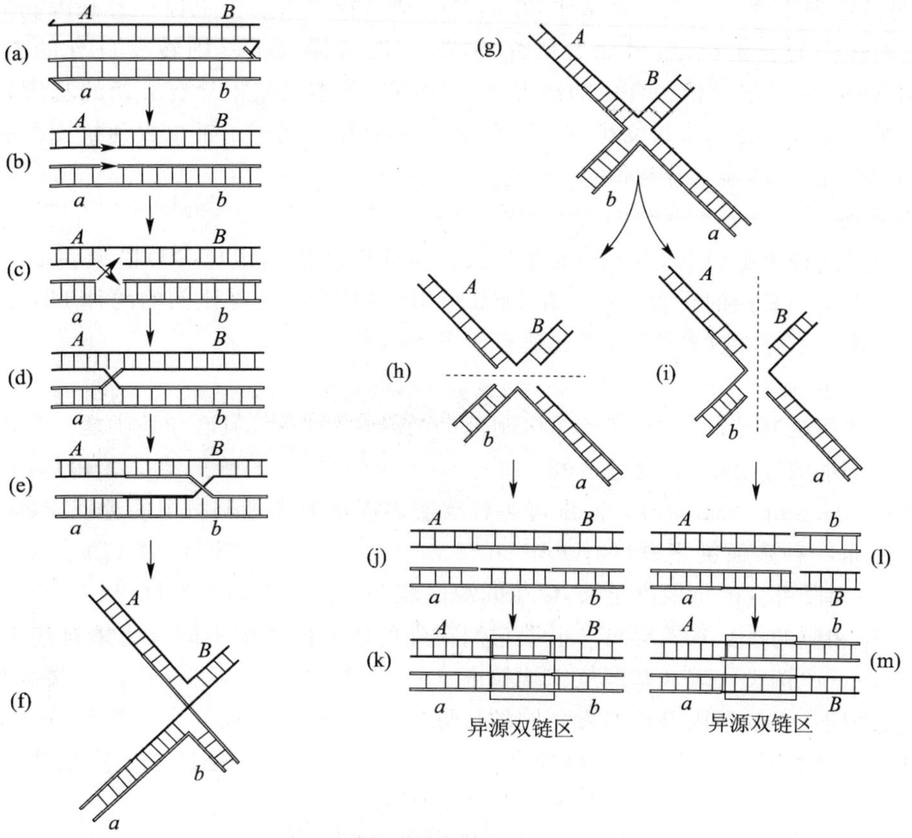

图 8.2 DNA 重组的 Holliday 模型

(a) 两条同源的双链 DNA 分子联会 (b) 每条 DNA 双链中有一条单链断裂，形成切口(nick) (c) 单链侵入(invades) (d) 单链取代 (e) 分支迁移 (f) 形成 Holliday 连接体 (g) 分子的下端 180°旋转 (h)，(i) Holliday 连接体两种拆分的模式 (j) Holliday 连接体拆分的产物之一 (k) 中部形成异源双链，侧翼基因未发生重组 (l) Holliday 连接体拆分的产物之二 (m) 中部形成异源双链，在异源双链区的两侧出现重组 $A-b$ 和 $a-B$

(引自 H. Potter 和 D. Dressler，1976)

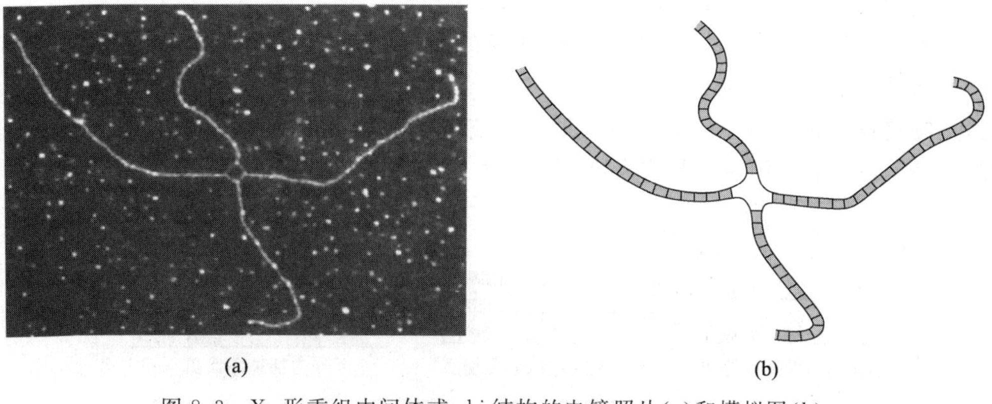

图 8.3 X-形重组中间体或 chi 结构的电镜照片(a)和模拟图(b)

(引自 S. Simmons，2010)

双链断裂模型所描述的同源重组的过程也是一种 DNA 损伤的修复过程。它由两种途径所介导，即双链断裂修复和依赖合成的链退火。

(四) 依赖合成的链退火

基因转变是指遗传信息从一个分子向其同源分子单向传递的过程，使受体序列部分或者全部被供体序列所替代，而供体本身的序列不变。不仅在真菌中，在高等的动植物及人类中也存在着基因转变现象。人们最初是用模型来解释基因转变的发生机制，但随着研究的深入，逐渐提出了基因转变自身的机制模型。1983 年 W. T. Orr，和 J. W. Szostak 提出了依赖合成的链退火(SDSA)，其本质是不伴有交换的基因转变。此模型很好地解释了不伴有交换的基因转变。酵母交配型转换就是一个很好的例子。锥虫表面抗原的转换的分子机制尚不完全清楚，但和酵母交配型转换十分相似。

1. 酵母交配型转换

酵母交配型的转换这种重组(第六章)有表面上似乎和双链断裂重组(DSB)模型相似，实际上是不同的。关键是交配型转换从未发现交换的重组产物。在 DSB 重组模型中，产生等比例的两种 Holliday 中间型解离产物。而在交配型的转换中不存在这种产物，因此适合于 SDSA 模型(图 6.8)。

2. 锥虫表面抗原的转换

锥虫表面抗原的转换机制是复杂的，其分子机制至今尚未全部弄清，但已知其中之一是由基因转变所致。

非洲锥虫是一种寄生的原生动物，通过舌蝇(*Glossina*)(或称采采蝇)传播感染人和其他哺乳动物，导致人和哺乳动物的昏睡病(sleeping sickness)。锥虫可通过改变表面抗原来逃避宿主的免疫应答。

锥虫的表面抗原是一种**表面糖蛋白**(variable surface glycoprotein，VSG)，由 450～480 个氨基酸组成；N 端有信号肽，其后是一大段可变的抗原决定簇，C 端同源区域为一段短的疏水性尾巴。

每个 VSG 由一个相应的 *vsg* 基因编码。根据它们在染色体上位置的不同分为**端粒基因**(telomeric gene)和**内部基因**(internal gene)两类。端粒基因位于端粒内 5～15 kb 之间。内部基因位于端粒以外的区域，通常距端粒大于 50 kb。结构相近的基因能够引发相同的抗原应答，这些基因被称为**等基因**(isogene)。

每一锥虫都携带整个类群全部的 *vsg* 基因信息。因此 VSG 的多样性是通过表达预先存在的不同基因来实现的。

布氏锥虫(*Trypanosoma brucei*)每代 VSG 的转换率为 10^{-4}～10^{-6}。宿主对旧的 VSG 虽能产生免疫应答，但不能识别新的 VSG。在宿主体内，一个锥虫至少能够制造 100 种序列完全不同的 VSG。宿主产生的抗体只能识别其中一种而不能识别其他 VSG。

多样性的 VSG 是由锥虫基因组编码的。锥虫有约 20 条大染色体和 100 条 50～100 kb 微型染色体(mini-chromosome)。大染色体上除了其他基因以外还编码近 1 000 个拷贝的 *vsg*，它们以一种长的串联重复的排列形式存在于长染色体的近端部，这些基因都处于沉默状态。

微型染色体仅编码 *vsg* 基因。在微型染色体的端粒处约有 200 个拷贝的 *vsg* 也是处于沉默状态，另外有 30～40 个 *vsg* 位于表达位点(expression site，ES)。表达位点虽有多个，但在一定时期只有一个被激活。被激活的拷贝被称为**表达连锁拷贝**(expression-linked copy，ELC)。这样，*vsg* 拷贝就处于 3 种不同状态：①无活性的端粒基因拷贝；②内部基因拷贝；③活化的端粒基因拷贝(图 8.4)。3 者中仅激活的端粒基因拷贝可进行表达。

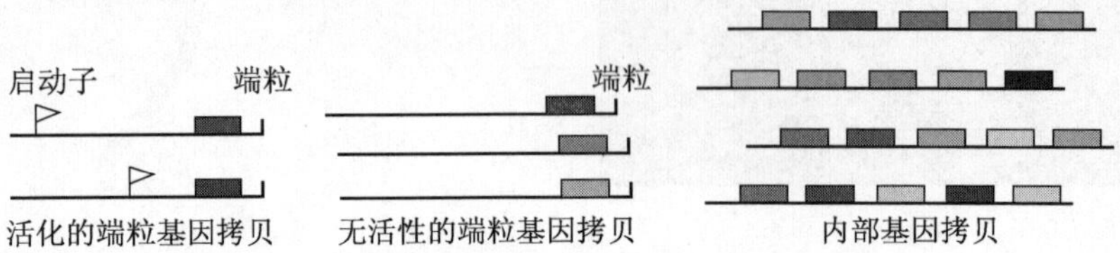

图 8.4 锥虫基因组中 *vsg* 基因分布的 3 种类型

无活性的 *vsg* 基因拷贝能通过 3 种不同的机制转变成激活的端粒基因拷贝：①原位激活(*in situ* activation)；

②端粒交换(telomere exchange);③基因转变(gene conversion)(图 8.5)。原位激活是通过一种转录调控,关闭活化的表达位点并启动另一个表达位点。原位激活在感染早期处于支配地位,并显示了一种"预程序化"。

VSG 转换的另一些机制涉及无活性的端粒基因拷贝与激活的端粒基因拷贝之间的交换或沉默表达位点和活化表达位点之间的端粒交换,导致了原沉默基因的表达和表达基因的沉默。

VSG 转换的第 3 个机制涉及 *vsg* 重复转座到活性表达位点(图 8.6)。通过原位分子杂交发现,*vsg* 基本拷贝激活时在表达位点上产生了个新拷贝,而在原来的位置上仍保留了一个失活状态的拷贝,表明 *vsg* 转换的机制之一是复制型转座,类似于酵母交配型转换。

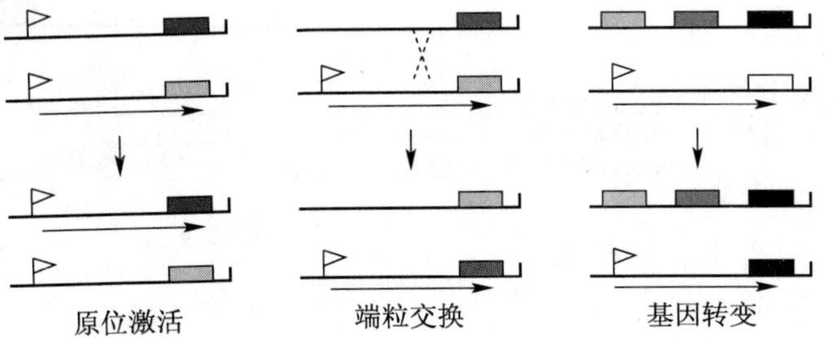

图 8.5　无活性的 *vsg* 基因拷贝能通过 3 种不同的机制转变成激活的端粒基因拷贝

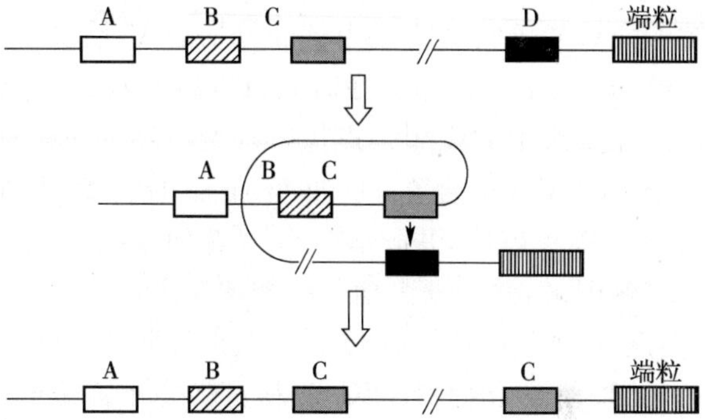

图 8.6　锥虫 VSG 通过复制性转座从沉默的基拷贝转座到活性的表达位点

A、B、C 为沉默的基拷贝,黑色框表示活性表达位点,位于端粒的附近

非洲锥虫的基因组测序表明很少的 *vsg*(约 7%)是有完整功能的。绝大多数 *vsg* 基因是有移位错误(shift errors)或在读框内含有终止密码子。这些假基因经过可通过异位重组(ectopic recombination)产生表达的嵌合基因,这些嵌合基因的形成也导致了新 VSG 分子的形成,这给非洲锥虫提供了巨大的潜在多样性。

第二节　同源重组和酶

DNA 分子之间的交换仅涉及 DNA 分子重组机制和限制区域的这一部分,而不是整个染色体。但分子事件的一般程序是相同的:①由断裂分子产生的单链与非姊妹染色单体的双链相互作用;②配对区的延伸;③外切酶解离配对的双链。现在已经知道以上每一步都需要酶的催化。

在细菌中用于重组的酶已通过 rec^- 突变而被鉴别出来。rec^- 突变体的表型特征是不能进行重组。现发现了多个重组系统,鉴别出 10～20 个基因座(表 8.1)。

表 8.1　大肠杆菌中涉及产生重组 DNA 的重组基因

系　统	功　能
RecBCD 系统	具有核酸外切酶、解旋酶和 ATPase 活性。在 *chi* 位点产生单链 3′游离末端
RecB、RecC、RecD	RecBCD 是 ATP 依赖的核酸外切酶和解旋酶(核酸外切酶 V),它与双链断裂口结合,解开 DNA 并导入裂口,其倾向性位点称为 chi(参见重组热点)。RecBCD 酶产生 RecA 可以作用的底物
RceA	具有蛋白酶活性;在单链 DNA 和 ATP 存在的条件下,RecA 能启动 DNA 单链和与之互补的双链分子进行碱基配对
RceG	具有解旋酶活性,可解离 Holliday 连接
RuvAB 系统	具有解离 Holliday 连接的活性
RuvA	可识别 Holliday 连接的结构
RuvB	是一种 ATPase,它可发动迁移反应
RuvC	具有核酸内切酶活性,可特异识别 Holliday 分支,它在体外可解离这个连接体,解离重组中间体

已发现了一种产生合适末端的机制，它是重组热点存在的结果。这些位点是在 λ 噬菌体突变体中发现的，称为“十”字形(*chi*)，它由于单个碱基对的改变产生了刺激重组的位点。这一位点是由 8 个碱基组成的非对称序列：$\begin{matrix}5'\text{GCTGGTGG }3'\\3'\text{CGACCACC }5'\end{matrix}$。这个 *chi* 序列在自然的 *E. coli* DNA 中每隔 5～10 kb 就存在一个拷贝。但野生型 λDNA 无此序列，而其他遗传因子中也无此序列，表明它不是重组所必需的。

chi 序列促进了其邻近区域相距 10 kb 的范围发生重组。*chi* 位点能被双链断裂所激活，断裂在其右侧几 kb 的地方。这种方向的依赖性表明重组的装置就必须和 DNA 的断裂端相连接，然后才能沿着一个方向在双链上移动。

chi 位点是 *recBCD* 编码的一种酶的靶序列。RecBCD 复合体有几种活性：①是一种强的核酸外切酶，可降解 DNA，初始它被鉴定为核酸外切酶 V；②具有解旋酶活性，在单链结合蛋白(SSB)存在时它可以解开双链；③具有 ATPase 活性。在重组中的作用是提供带有游离端的单链区。

当 RecBCD 结合在 DNA*chi* 位点的右侧时，它沿着 DNA 移动，使 DNA 解旋，并降解带有 3′端的单链。当到达 *chi* 位点时它停顿下来，并切开上面的一条单链 DNA，切点在 *chi*3′端离 *chi* 位点 4～6 bp 处。*chi* 位点的识别导致 RecD 亚基的解离或失活，结果使复合物 RecBC 失去了核酸外切酶的活性，但继续发挥其解旋酶的作用(图 8.7)。

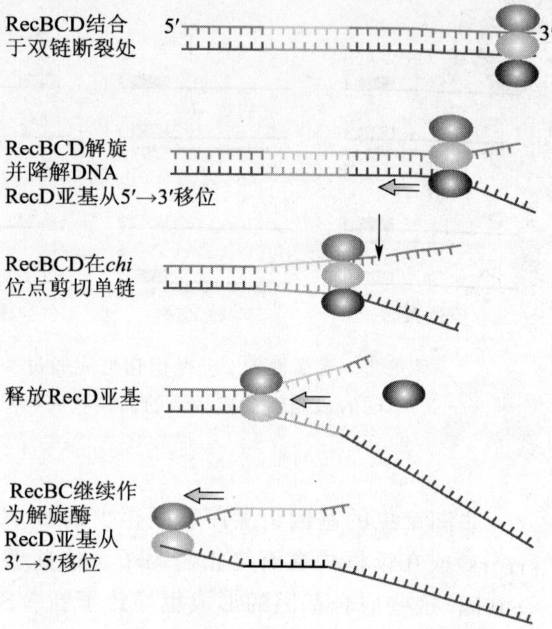

图 8.7 RecBCD 核酸酶从一侧向 *chi* 序列移动，当它前进时降解 DNA；在 *chi* 位点，它充当核酸内切酶进行剪切，释放 RecD 后它仅有解旋酶的活性

(引自 B. Lewin，2004)

RecBCD 介导的解旋和剪切可产生 3′游离末端，用来起始异源双链连接的形成。当 RceBCD 在 *chi* 位点剪切时 RceA 酶能使带有 3′端的单链释放出来，并利用它和同源双链序列起反应，从而产生连接的分子。RceA 有两个完全不同的活性(图 8.8)：①在 SOS 反应中它具有蛋白酶活性；②能启动 DNA 单链和与之互补的双链分子进行碱基配对。RecA 的后一种活性需要单链 DNA 和 ATP；RecA 的活性与体内重组之间的相关性尚不十分清楚，但和几种类型的重组机制的反应有关。

RecA 操作 DNA 的活性之一能使单链 DNA 取代双链分子中同源的链，此反应称为**单链取代**(single-strand uptake)或**单链同化**(single-strand assimilation)。这种取代反应能发生在各种形状的 DNA 分子之间，但一般要具备 3 个条件：①其中一个 DNA 分子需要有一个单链区域；②其中一个 DNA 分子必须要有一个游离的 3′端；③此单链区域和 3′端必须和另一个 DNA 分子有互补区。

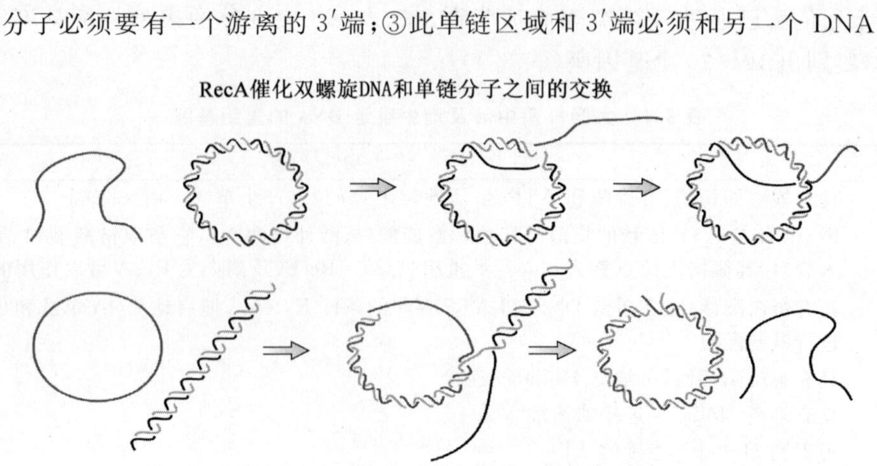

图 8.8 在一条反应链存在游离端时，RecA 就可促进单链入侵到双链 DNA 中

(引自 B. Lewin，2004)

在 *E. coli* 中 *ruvA*、*ruvB* 和 *ruvC* 基因编码的蛋白质也和重组有关。*ruvA* 和 *ruvB* 的产物可促进异源双链结构的形成。RuvA 可识别 Holliday 连接结构；RuvB 是一种 ATPase，它可发动迁移反应。图 8.9 表示复合体的功能。RuvA 结合在交换点上的所有 4 条链上。RuvB 是六聚体，它围绕在交换点上游的每一条 DNA 双链的周围。此 RuvAB 复合体能导致分支点以每秒 10～20 bp 的速率迁移。RecG 解旋酶也具有相似的活性。RuvAB 解旋酶在反应时能将 RecA 从 DNA 中置换出来。RuvAB 和 RecG 都具有解离 Holliday 连接的活性，使重组得以完成。若两者发生突变，那么 *E. coli* 则完全失去了重组的活性。

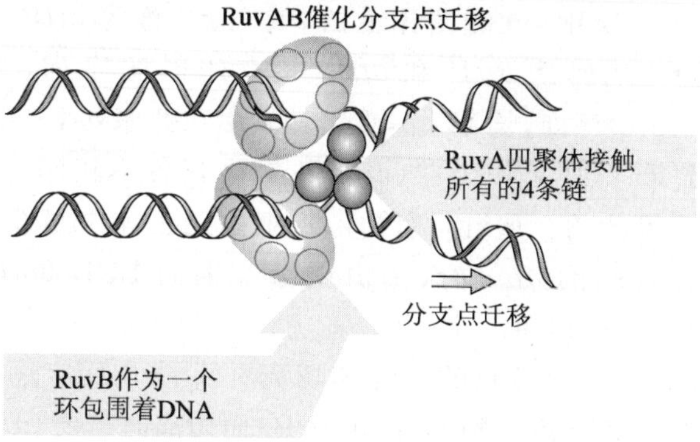

图 8.9 RuvAB 是一个不对称的复合体，它促进 Holliday 连接体的迁移
（引自 B. Lewin，2004）

ruvC 编码一种核酸内切酶，可特异识别 Holliday 分支结构，它在体外可解离这个连接体，解离重组中间体。一个共同的四核苷酸序列为 RuvC 提供了解离 Holliday 连接的热点，此序列是对称的，这样可以直接决定在哪一对链上产生缺刻，从而决定了补丁重组的形成（并非全部重组）或剪接重组（在两个侧翼标记间重组）。

RecA 的同源蛋白在原核生物中普遍存在，在真核生物中也发现了相关的蛋白质。在酵母中（*S. cerevisiae*）*DMC1* 和 *rad51* 两个基因所编码的蛋白质和 RecA 相关。这些基因的突变会导致产生相似表型；突变体聚积双链断裂，且不能形成联会复合体（SC）。这些现象增强了一种观点：DNA 双链之间的交换和 SC 的形成有关，而且提出了染色体联会可能和细菌的同化反应相关，但在真核生物中 RecA 的同源蛋白并不形成“细丝”，因此在真核生物中的反应机制可能和原核不同。

第三节 非同源重组

非同源性重组（nonhomologous recombination）是指不依赖同源 DNA 序列的重组，按照重组的分子机制，非同源性重组可分为保守性位点特异性重组、转座重组和模板选择性重组 3 种类型。转座重组又含有转座和非同源末端连接两种类型，由于内容较多，后面将以独立的节加以介绍。

一、保守性位点特异性重组

保守性位点特异性重组（conservative site-specific recombination，CSSR）的特点是重组发生在特异位点，此位点含有短的同源序列，供位点特异性重组酶识别；重组过程涉及蛋白催化的交错切割。CSSR 能产生 3 种不同类型的 DNA 重排：①位点特异整合和切离。例如，λ 噬菌体在 *att* 位点整合到 *E. coli* 的基因组中，形成原噬菌体；原噬菌体也可从 *E. coli* 的基因组中切离出来。②既能整合和切离，又能发生倒位。例如，噬菌体 P1 依赖重组酶 Cre 识别和剪切特异序列 *loxP*，可进行整合和切离，也可发生倒位。③特定片段仅发生倒位，而不发生整合和切离。例如，沙门氏菌鞭毛的相变位中 *H2* 基因和 *rh1* 基因上游一段 995 bp 序列的倒位及 Mu 噬菌体中 G 片段的倒位同样也涉及短的重复序列，Hin 蛋白和 Gin 蛋白的催化及交错切割，也属此类（第五章）。

（一）λ 噬菌体在 *aat* 位点的整合

位点特异性重组最典型的例子是 λ 噬菌体对 *E. coli* 的整合。在裂解周期，λDNA 是以环状分子独立存在于细菌的细胞质中；在溶源化状态时，λDNA 是整合在细菌的染色体中的，称为原噬菌体。通过位点特异性重组这两种状态是可以相互转变的。

进入溶原状态时游离的 λDNA 整合到宿主的 DNA 中；从溶源周期进入裂解周期时，原噬菌体 DNA 又从宿主的染色体中切离出来(图 8.10)。

λ 噬菌体的整合和切离是在特异位点即**附着位点**(attatchment sites,*att*)通过重组完成的。在细菌染色体上的特异位点称 att^{λ},若这个座位发生突变就会失去功能而抑制 λ 噬菌体的整合。细菌的 att^{λ} 位点称为 ***attB***,其序列的成分是 BOB′,在噬菌体上的 *att* 位点,称为 ***attP***,含有 POP′。"O"序列是 *attB* 和 *attP* 共有的同源序列,被称为核心(core)序列,长 15 bp,重组就发生在此序列上。两侧序列 B、B′和 P、P′是作为臂(arms);臂序列各不相同。由于 λDNA 是环状的。重组时它插入到细菌染色体中呈线状。原噬菌体两端的 *att* 位点是由重组产生的 BOP′(*attL*)和 POB′(*attR*)构成的。

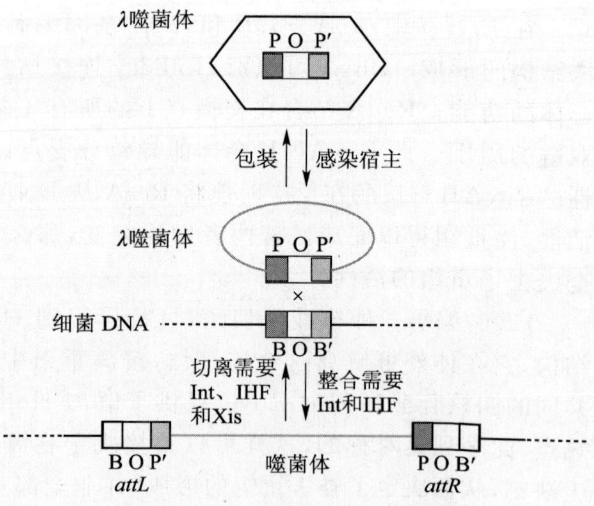

图 8.10 λ 噬菌体的整合和切离

在 *att* 位点的整合和切离并不涉及反应序列的同源部分。整合需识别 *attP* 和 *attB*;而切离时需要 *attL* 和 *attR*(图 8.11)。

虽然这种重组事件是可逆的,但不同的条件决定了反应的方向。这在噬菌体生活周期中是一个重要的特点。噬菌体一旦整合进入溶源周期不会立即被切离,反之亦然。

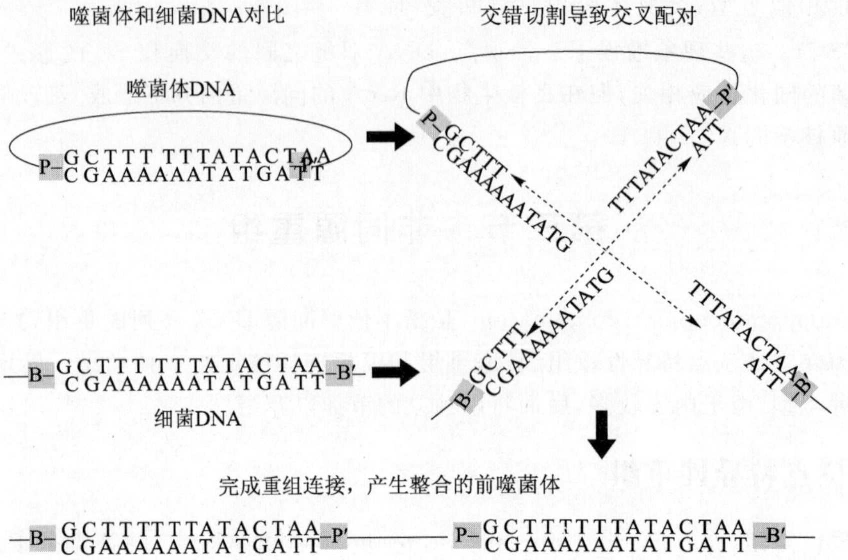

图 8.11 在 *attP* 和 *attB* 共有的核心序列中产生交错剪切,导致"十"字形重接,产生交互的重组连接

(引自 B. Lewin,2004)

整合和切离反应作用位点是不同的,因此这两个反应所依赖的蛋白质也不完全相同。整合(*attB*×*attP*)反应需要噬菌体 *int* 基因的产物和**宿主的整合因子**(integration host factor,IHF)。切离(*attL*×*attR*)反应需要噬菌体 *xis* 基因的产物及 Int 和 IHF 蛋白的参与。两个反应都需要 Int 和 IHF,而 Xis 在控制方向上起到重要的作用,它是切离所需要的,对整合起抑制作用。

IHF 是由 *E. coli* 编码的相对分子质量为 20×10^{3} 的蛋白质,含两个不同的亚基,分别由基因 *himA* 和 *himD* 编码。IHF 不参与细菌的同源重组,*him* 基因的突变就会阻断 λ 噬菌体的保守性位点特异性重组,也能被 *int* 突变所抑制,表明 IHF 和 Int 可相互作用。保守性位点特异性重组是能通过 Int 和 IHF 在体外来完成,它涉及精确的断裂和重接而不需要任何 DNA 合成。*attP* 的功能需要一个 240 bp 序列,而 *attB* 仅需 23 bp 的片段(−11～+11)就具有功能。在核心区中有 7 bp 是交错剪切的序列。*attB* 和 *attP* 的大小就表明它们在重组中所起的作用是不同的,*attP* 提供了附加的信息,以区别于 *attB*。

λ 噬菌体位点特异地整合到大肠杆菌染色体中时，*attP* 和 *attB* 都在整合酶的作用下交错剪切，产生了3′-P和5′-OH。反应看上去像是互补的单链末端发生退火。但实际上和重组修复的机制（第七章）相同，每条双链上的对应链在相同的位点被切开，各自的游离3′端互换，分支点沿着同源区移动7 bp的距离，然后酶切开分支结构进行解离，再经过连接酶封堵缺口即完成了反应。

很多位点特异性重组复合体都是调节反应所需的，所以当病毒进入溶原状态时整合先进行；当原噬菌体进入裂解周期时，先进行切离，通过 Int 和 Xis 量的控制进行相应的反应（第五章）。

（二）噬菌体 P1 的整合

位点特异性重组酶的另一个例子是一种称为 Cre 的重组酶，它是由 *E. coli* 噬菌体 P1 中的一个基因所编码的。Cre 识别序列称为 *loxP*，长度为34 bp，含有中心不对称的核心序列。在两个 *loxP* 位点之间重组时仍保留了 *loxP* 序列，因为参与重组的位点是完全相同的，因此，重组反应是可逆的。某些位点特异性重组酶倾向催化两个分子结合在一起，形成一个**共合体**（cointegrant），即将两个**复制子**（replicon）通过共价连接形成一个大的复制子。相反，另一些位点特异性重组酶，包括 Cre 则倾向催化一个共合体解离成两个分离的分子。某些位点特异性重组酶将相似的而不是相同的重组位点结合在一起；在这些情况下，重组不能保存识别位点，所以反应是不可逆的。Cre 也可催化两个 *loxP* 位点之间序列的倒位（图 8.12）。

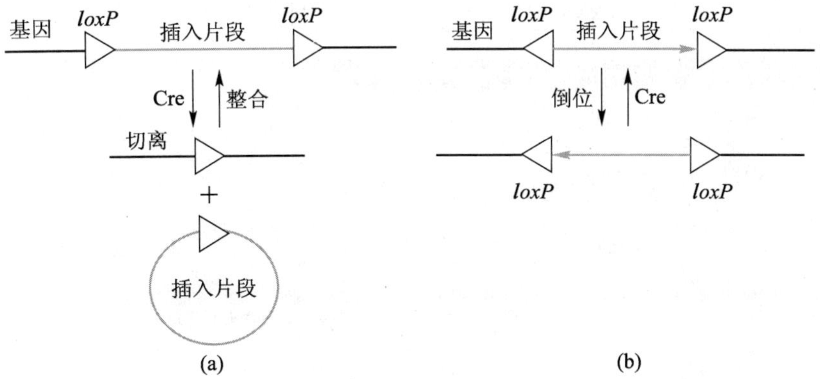

图 8.12　(a) Cre 整合酶可催化两个 *loxP* 之间的序列切离　(b) 也可催化两个 *loxP* 位点之间序列的倒位

（三）整合子

噬菌体 P1 的整合是整合子的作用。1989 年 F. H. Cameron 等继质粒和转座因子后发现了可能是一种可转移抗生素抗性基因的遗传元件。1989 年 H. W. Stokes 等分析了这种可移动元件的结构特点，确认其是一种新的移动性遗传元件，并建议将其命名为“DNA **整合因子**”（DNA integration elements），简称为**整合子**（integron）。它是由一段高度保守的编码整合酶的核心序列和编码一段可捕获抗性基因的识别区构成的。通过整合酶的作用它可整合到转座子5′或3′端的保守序列中，利用转座子两端的插入元件在不同的遗传载体和菌种间传播扩散，并通过位点特异性重组持续捕获不同抗药性基因，导致抗药性基因群集，产生严重的多重抗药性（图 8.13a）。整合子捕获的元件称为**盒式元件**（cassettes elements）。在上述整合子中，盒式元件是一个环形的抗生素抗性编码区，位于整合子识别区（*att*）的侧翼。因为特异位点重组酶能整合盒式元件，整合子重组酶通常被称为整合酶。

盒式元件包括一个保守的重组酶（*intl*）基因和一个带有抗磺胺抗生素基因（*sul1*）的编码区。Int1 整合酶催化整合子中 *attl* 序列和盒中的同源序列 *attC*（亦称为59-base元件）间的重组。所有的 *attC* 区都是相似的，但没有两个相同的。

图 8.13a 显示整合子是如何通过 *attI* 和 *attC* 序列之间的特异位点重组而捕获一个盒式元件。通常，抗生素抗性盒含有编码蛋白质区，但缺少所需转录的启动子序列。它们只能通过由相邻启动子的通读而转录。整

合子在 *attI* 位点上游的位置提供了所需的启动子 P_{ant}，所以当一个盒式元件被捕获时，编码序列能够表达。有 40 多个不同的无启动子盒式元件已被鉴定出来，其编码的蛋白质为抗生素抗体包括 β-内酰胺、氨基糖苷、氯霉素、甲氧苄氨嘧啶和链丝菌素。

一旦一个盒式元件在适当的位置(图 8.13b)，利用它的 *attC* 与 *attI* 之间的重组，新的盒式元件(盒 2)能被整合子再次捕获，立刻整合到盒 1 相邻的 *attI* 位点，由启动子 P_{ant}启动转录，产生 mRNA。图 8.13c 中，第 3 个盒式元件被加到整合子中，从 P_{ant}启动子开始转录的 mRNA 变得更长了。当有更多的盒式元件时，它们都能由 P_{ant} 转录，但是位于下游的编码序列通常转录得较少，因为在它们得到延伸之前，转录被终止的概率较大。这种约束能有效限制转录的盒式元件的数量，但是已发现有的整合子有多到 10 个抗生素抗性的盒式元件。

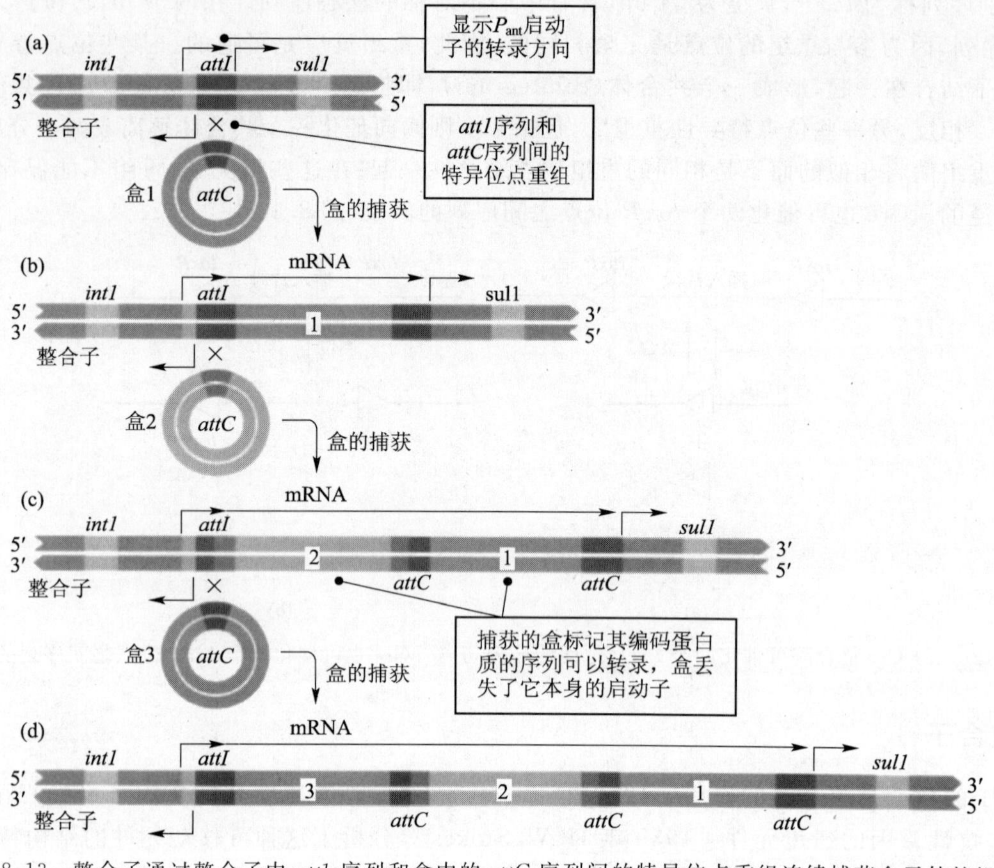

图 8.13 整合子通过整合子中 *attI* 序列和盒中的 *attC* 序列间的特异位点重组连续捕获盒元件的机制

(引自 D. L. Hartl 等，2006)

Int1 整合酶也能催化盒式元件捕获的逆向反应，即盒式元件的解离和释放，但水平较低。这种反应通常利用两个 *attC* 位点。在两个相邻 *attC* 位点之间的特异位点的重组释放出一个环形的、含有一个无启动子编码序列的盒式元件。盒式元件不能复制，因为它缺少复制起始点，但是捕获反应是十分高效的，盒式元件通常在同一细胞中通过相同的整合子或不同的整合子被捕获(图 8.14)。

虽然整合子本身不能够移动，但它们存在于转座子、接合质粒、非接合的质粒及细菌染色体中，因此整合子是属于可移动的 DNA 元件。在抗生素抗性的进化中尤其重要，因为它们能捕获抗生素抗性盒式元件，因此，不仅可使编码抗生素抗性的序列转录，而且可使它们具有可移动性。

沙门氏菌(*Salmonella*)的相转变和 Mu 噬菌体 G 片段的移位都属于位点特异性重组。沙门氏菌的 *hin* 基因长 995 bp，它和 Mu 噬菌体的 G 片段的相应基因 *gin* 同源性很强，功能也能在互补实验中互相替代。P1 噬菌体中决定 C 片段倒位的 *cin* 基因也和 *him*、*gin* 同源。转座子 Tn3 的 tnp^R 基因产物和 Hin 也有一定的同源性。Mu 噬菌体 G 片段两端 34 bp 的反向重复序列和 Him 片段的 IRL 和 IRR 也是高度同源的。倒位的机制是 IRL 和 IRR 互相配对，形成一个环，Hin 蛋白介导它们重组、切离及重组方式与 Tn3 共合体解离相似。

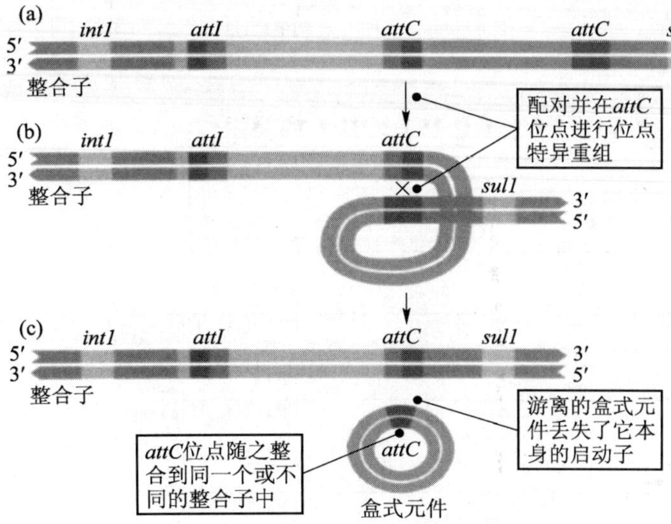

图 8.14　盒式元件通过两个 *attC* 位点之间的位点特异重组从整合子中切离的机制

（引自 D. L. Hartl 等，2006）

二、模板选择性重组

模板选择性重组(copy choice recombination)是指在 DNA 合成时因模板转换而产生了重组。这种重组的类型常伴随着反转录的过程，因此多在反转录病毒中存在。例如，反转录病毒在复制过程中，经过两次跳跃反应，两端形成了**长末端重复序列**(long terminal repeats，LTR)。

反转录病毒在感染前其基因组的两端并没有 LTR(图 8.15)，是在感染后形成的。在形成 LTR 的过程中，经过两次跳跃反应，在 DNA 合成时因模板转换而产生了重组。这种重组的类型称为**拷贝选择**(copy choice)。

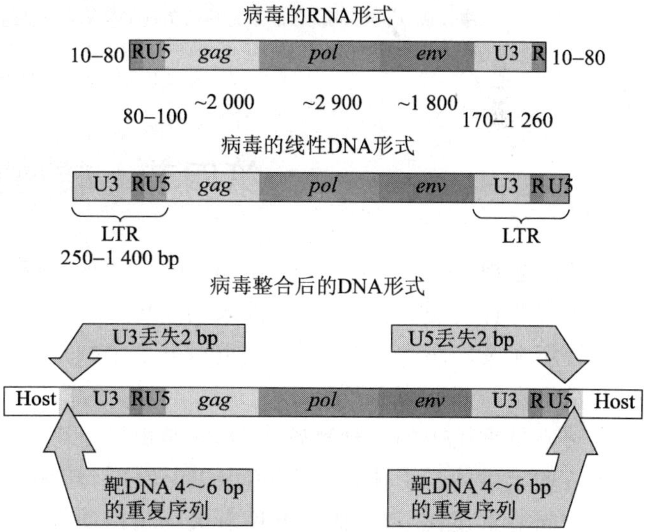

图 8.15　反转录病毒 RNA 末端为同向重复序列，游离的线性 DNA 末端为长末端重复序列(LTR)，原病毒末端的 LTR 各短了 2 bp

（引自 B. Lewin，2004）

两次跳跃模型提出：病毒携带的 tRNA 作为引物引发合成负链 DNA。反转录病毒编码的反转录酶的 RNaseH 功能域剪切 RNA 链，产生两部分短链(图 8.16c 框内上部实线线条)，未切**多嘌呤区**(polypurine tract，PPT)富含嘌呤，而在 PPT 和 U3 的连接处进行精确剪切。PPTRNA 的 3′端作为合成正链 DNA 的引物。然后再在 PPT 与正链 DNA U3 的连接处进行精确剪切，并切除 PPT 引物。两种情况，剪切精确发生在连接处首先是因为 U3 的碱基很少，随后还要用于整合。正如图中框中所示，一个反义寡聚脱氧核苷酸(oligodeoxynucleotide，ODN)与 PPT 互补能产生一个 RNA-DNA 杂合双链，这个结构可以模拟被反转录酶识别，在反转录之前，导致病毒 RNA 在 PPT 和 U3 连接处被提前剪切。最有效的 ODN 的设计应含有一个可与 PPT 完全互补的反义链和一个部分与 PPT 互补的**过客链**(passenger strand)(图 8.16)。

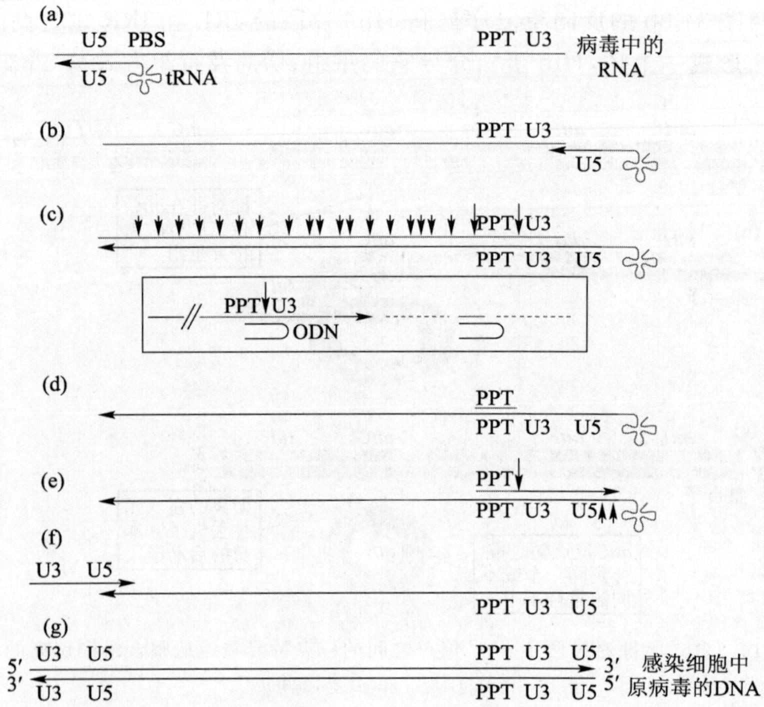

图 8.16 反转录病毒两端形成 LTR 结构的两次跳跃模型

(a) 在感染前其基因组的反转录病毒携带的 tRNA 结合到反转录病毒正链 RNA 的引物结合序列(PBS)位点,引发合成负链 DNA(黑色) (b) 酶到达模板的末端,产生含强终止的负链 DNA。RNA5′端被降解,新合成的单链 DNA 的 R 区跳跃到另一反转录病毒的 RNA 的 3′端进行配对 (c) PPT 的两端被精确剪切,RNA 被 RNaseH 降解 (d) 残余的 PPT 作为引物合成含强终止的正链 DNA (e) 在 PPT 与正链 DNA U3 的连接处进行精确剪切,并切除 PPT 引物 (f) 正链 DNA 进行第二次跳跃,转移到负链 DNA 的另一端,与 3′端的 U5 配对 (g) 正链 DNA 继续合成,直到末端,合成完整的正链 DNA。负链 DNA 以正链 DNA 为模板继续合成,直至末端,合成了完整的负链 DNA,此时两端形成了 LTR(引自 W. E. Johnson,2007)。图中垂直的箭头表示病毒 RNA 被 RNaseH 剪切,短箭头表示病毒 RNA 在负链合成时非特异性消解;长箭头所指位点表示 RNA/DNA 双链被高度特异性剪切的 PPT

第四节 转座重组和转座因子

转座重组(transposition recombination)的机制依赖 DNA 的交错剪切和复制,但不依赖于同源序列。转座重组含有两种类型:转座和非同源末端连接。

转座涉及转座酶,解离酶识别重组分子中的短特异序列。转座的过程中会形成共合体。两个转座因子之间的重组会引起缺失和倒位。

转座是重组中的一种特殊类型,它是由转座因子产生的特殊行为。转座和其他类型的重组不同,转座因子是不依赖于供体和受体位点序列间的同源性。转座因子的共同特点是:①两端有反向重复序列;②转座后靶位点形成同向重复;③都编码与转座有关的蛋白质;④可以在基因组中移动。

转座子可以作为基因组中的一种"便携式同源区"(portable region of homology)发挥重组的功能。转座子在基因组中的移动可导致基因的沉默,DNA 的缺失、插入、倒位和易位。

可移动的遗传因子可分为 3 类:①转座因子;②**附加体**(episome),如噬菌体 λ;③盒式元件,如锥虫的可变表面糖蛋白盒,酵母的交配型盒(第七章)及整合子。转座因子是其中最为复杂的一类。

转座(transposition)是一种特殊类型的重组,通常指特定的遗传因子从宿主 DNA 的一个位点移动到另一个新位点。这些可移动的遗传因子称为**转座因子**(transposable element)、**转座子**(transposon)或**跳跃基因**(jumping gene)。它们可直接以 DNA 的形式或以 RNA 为介导进行转座。转座时能给基因组带来新的遗传信息，也能诱发突变。在某些情况中又能像一个开关那样启动或关闭某些基因。现在一些转座因子已被改建为转基因的载体。转座子的发现，证明了基因组并不是一个静态的集合，而是一个不断在改变自身构成的动态有机体。

一、转座因子的发现

1950 年 B. McClintock 首先在玉米中发现并描述了转座因子。打破了传统遗传学上关于基因在染色体上固定排列及同源染色体交换的观念，揭示了基因的可移动性。

1938 年 M. M. Rhoades 分析了来自于一种籽粒呈紫色的纯种自花授粉的玉米，但它在后代的籽粒表现出一种修饰性孟德尔分离比，即紫色：斑点：无色＝12：3：1 的比例。在经典遗传学中这种比例是属于基因互作中的显性上位，当时的 Rhoades 很自然地从基因互作这个角度来分析这个奇特的现象。他假设色素和斑点是两个不连锁的基因控制的，即 A_1 基因（位于玉米的 3 号染色体上）控制玉米籽粒产生色素，突变呈隐性基因 a_1 时则不产生色素。*Dt*（*Dotted*）基因位于玉米 9 号染色体上，控制产生色素斑点，突变成隐性基因 *dt* 时不产生斑点。$A_1/A_1;dt/dt$ 品系的表型是纯紫色无斑点，其基因型为 $A_1/A_1;dt/dt$，只有发生双突变后才会产生了 $A_1/a_1\ Dt/dt$ 的植物（其表型仍然是纯紫色无斑点），自交后才能产生了 12：3：1 的比例的后代（图 8.17）。但按理说 $a_1a_1Dt\_$ 基因型中 a_1 为隐性，并不能合成色素，即产生的斑点不应有色，但根据分离比（3/16）只有这种基因型才符合，那是什么因素导致产生紫色斑点？Rhoades 认为可能是在体细胞中产生了 $a_1 \rightarrow A_1$ 的回复突变，而且具有极高的回复突变频率。他将这种回复突变率很高的等位基因称为**不稳定突变等位基因**（unstable mutant allele）。这是一个十分大胆的假设，因为按传统的观念基因的回复频率是很低的。接着 Rhoades 设计了一个很巧妙的实验来证实他的推断（图 8.18）。因为花药是单倍体，基因型和表型是一致的。Rhoades 根据这个原理在基因型为 $a_1/a_1Dt/\_$ 的无性系花斑植株的花中找到相应的有色花药。他推测，这些花药所含的花粉粒可能是回复突变型，携带产生色素的基因（A_1）。而他用这些花粉与 a_1a_1 的植株测交，结果有的后代完全是有颜色的。表明在亲本中每个斑点实际是回复突变的结果。因此 a_1 基因就是第一个称为不稳定突变等位基因的例子。然而这种等位基因的不稳定性是依赖于不连锁的 *Dt* 基因的存在。一旦发生了回复突变，它们就变得稳定了。除掉 *Dt* 基因的品系仍然保持 A_1 性状。毫无疑问，也许 a_1 表型是一个缺陷型的转座因子插入所引起的，转座因子本身是不能移动的，而是受到 *Dt* 基因的诱导而转移，*Dt* 基因是可以移动的，使 a_1 回复成 A_1。在缺乏 *Dt* 时 A_1 等位基因是不能移动的。

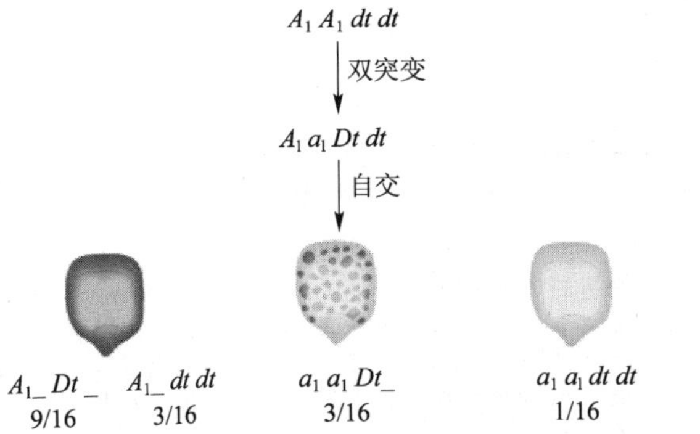

图 8.17 Rhoades 对玉米中斑点表型的遗传学解释

基因 A_1 控制色素形成，基因 *Dt* 控制产生斑点，并使 a_l 回复突变成 A_l。基因型 $A_1/a_1;Dt/dt$ 是因 $A_1 \rightarrow a_1$ 和 $dt \rightarrow Dt$. 双突变而产生的。通过自交，获得了 12：3：1 分离比的 3 种表型的后代

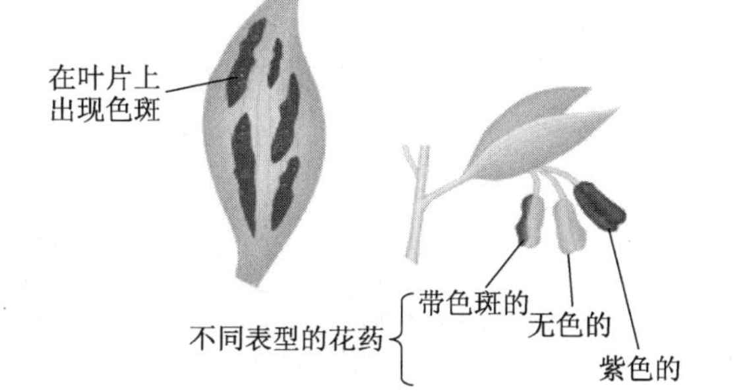

图 8.18 Rhoades 将基因型 $a_la_lDt\_$ 的玉米发芽，检测它们是否带有产生色素斑的基因

（引自 A. J. F. Griffiths 等，1999）

虽然 Rhoades 发现了不稳定基因，而且这种不稳定性是由调控元件 *Dt* 所引起，但真正发现调节因子的是 McClintock。她在 1940—1950 年第一个观察了玉米中转座因子。根据她的大量遗传学实验和观察，她描述了大量的调控元件(controlling elements)，这些调控元件在玉米中具有修饰和抑制的活性。她研究的性状之一是玉米胚乳上的色素。当时已知很多基因共同控制红色花青素的合成，使玉米胚乳呈紫色。这些基因中任何一对基因发生突变都会影响色素的合成，使胚乳呈白色。McClintock 研究了玉米胚乳的紫色、白色及白色背景上带有紫色斑点这些表型的相互关系。她根据自己的遗传学和细胞学研究推断“花斑”这种表型并不是由常规的突变产生的，而是由于一种控制因子的存在所导致的。我们现在知道这就是转座因子。

她对胚乳的花斑是这样解释的：若玉米带有野生型 *C* 基因，则胚乳呈紫色，*C* 基因的突变阻断了紫色素的合成，那么胚乳呈白色。在胚乳发育的过程中，突变发生回复导致斑点的产生。回复突变发生在早期发育阶段，紫斑就比较大。McClintock 推测原来的 *C* 突变(无色素)是由一个“可移动的控制因子”引起的，称**解离因子**(dissociator，*Ds*)。它可以插入到 *C* 基因中(图 8.19)。我们现在知道这是发生了转座。另一个可移动的控制因子是**激活因子**(activator，*Ac*)，它的存在可激活 *Ds* 转座，进入 *C* 基因或其他基因，也能使 *Ds* 从基因中转出，使突变基因产生“回复突变”，这就是 *Ac*-*Ds* 系统。

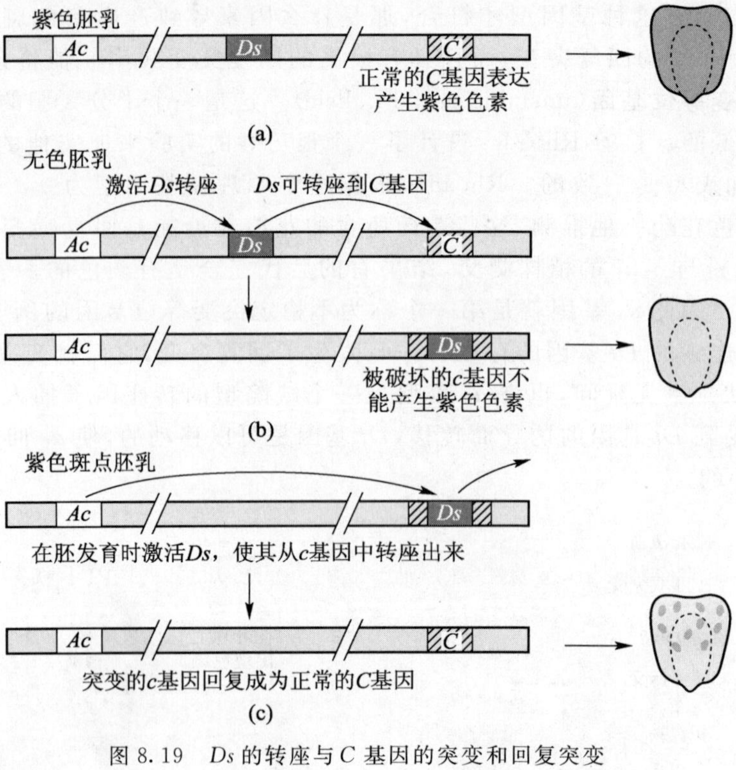

图 8.19 *Ds* 的转座与 *C* 基因的突变和回复突变

(a) 当玉米 9 号染色体上的 *Ds* 未转座时控制色素的基因 *C* 基因正常表达，胚乳呈紫色 (b) 当 *Ds* 在激活因子 *Ac* 的作用下发生转座，插入到 *C* 基因中，使 *C* 基因失活，不能产生紫色色素，胚乳呈淡黄色 (c) 当 *Ds* 在激活因子 *Ac* 的作用下发生转座，离开 *c* 基因，使 *c* 基因恢复了原有的功能，产生紫色色素，就会形成紫色的斑点。*Ds* 离开 *C* 基因越早色斑也就越大

McClintock 还发现 *Ds* 存在于玉米 9 号染色体的一条臂上(带有结节)，*Ds* 可导致染色体断裂，而在表型上出现拟显性，使同源染色体上的隐性基因(*c*、*sh*、*bz* 和 *wx*)得到表达(图 8.20)。

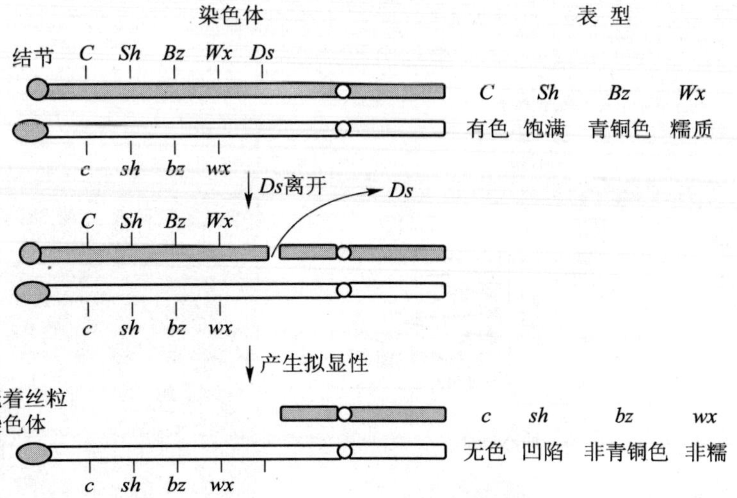

图 8.20 解离因子(*Ds*)在激活因子(*Ac*)的作用下，离开插入位点，使原插入处的染色体断裂，产生无着丝粒染色体片段，该片段丢失后，出现拟显性，即同源染色体上的隐性基因得到表达

二、原核生物中的转座因子的发现

1969 年 J. A. Sharo 用 *E. coli* 半乳糖操纵子突变进行分析，才发现原核生物中也存在转座因子。后发现细菌转座因子除了在转座中起作用的基因以外还携带能对抗生素产生抗性的基因。虽早在 1951 年 McClintock 就在玉米中发现了转座因子，但由于人们受到基因在染色体上有序排列的传统观念的桎梏而难以接受"跳跃基因"这一新的概念，所以直到 1967 年 Shapiro 才在 *E. coli* 中发现了转座因子。

Shapiro 在半乳糖操纵子中发现了一种极性突变。*gal* 操纵子有 3 个基因：*gal K*、*T*、*E*，它们编码 3 种酶催化半乳糖的分解代谢。其中间产物 Gal-1-p 是有害的，因此 $galT^-$ 在含半乳糖的培养基上因使 Gal-1-p 积累而难以成活。那么在此培养基上能生长的各种突变型，应是 $galT^-$ 的回复突变及突变体 $galK^-$ $galT^-$（不会产生 Gal-1-p），但意外的发现 $galE^-$ $galT^-$ 也能生存，按理说这种突变型可使 Gal-1-p 积累是不可能存活的，但却居然生长良好，其原因何在。经进一步研究发现 $galE^-$ 是极性突变，由于它的突变使远离操纵位点的 *galK* 活性大大下降，因而细胞中不会积累 Gal-1-p。

以上的这种极性突变又和一般的极性突变不同，它有以下的特点：①能回复突变，表明不可能属于缺失或移码突变；②用诱变剂对其处理并不能提高回复突变率，因此推测可能不是点突变。既排除了点突变、缺失和移码突变，那么还有什么样的作用能引起极性突变呢？此时人们已知道了 F 因子和 λ 噬菌体的整合功能，因此他们推测 $galE^-$ 的突变可能也是部分 DNA 的插入（突变）和切离（回复突变）所致。接着他们设计了一系列实验来证实这一推测。

（一）密度梯度离心实验

Shapiro 等分别进行了密度梯度离心实验，结果表明 $dgal^m$ 有可能具有小片断 DNA 的插入（图 8.21）。

（二）分子杂交实验

将 $dgal^m$λ 噬菌体和 $dgal^+$λ 噬菌体进行分子杂交，若 $dgal^m$λ 噬菌体有额外片段那么在电镜下可以观察到它们的存在和所处的位置。实验结果在杂交链上出现了一个额外的茎环结构，长 800 nt（图 8.22；图 8.23）这就是插入序列 1，或称为 IS1（insertion sequence 1）。

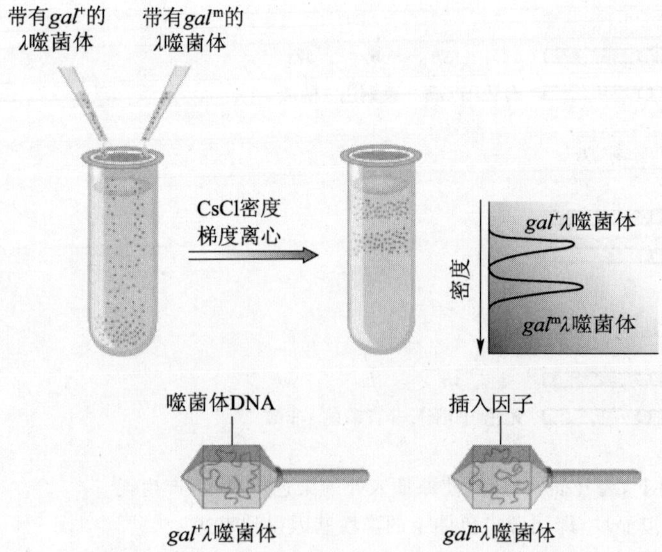

图 8.21 将含有 gal^+ 和 gal^m(上述极性突变)λ 噬菌体分别分离出，同时加入到离心管中进行 CsCl 密度梯度离心，结果出现了两条带

(引自 A. J. F. Griffiths 等，1999)

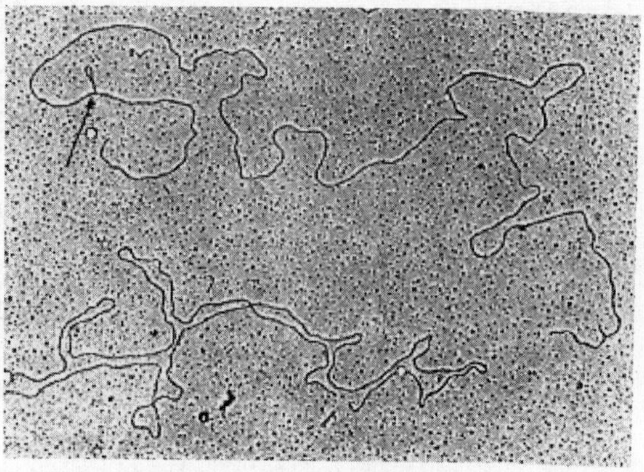

图 8.22 $\lambda dgal^+/\lambda dgal^m$ 杂合双链 DNA 的电镜照片

出现了棒糖状结构(引自 A. J. F. Griffiths 等，1999)

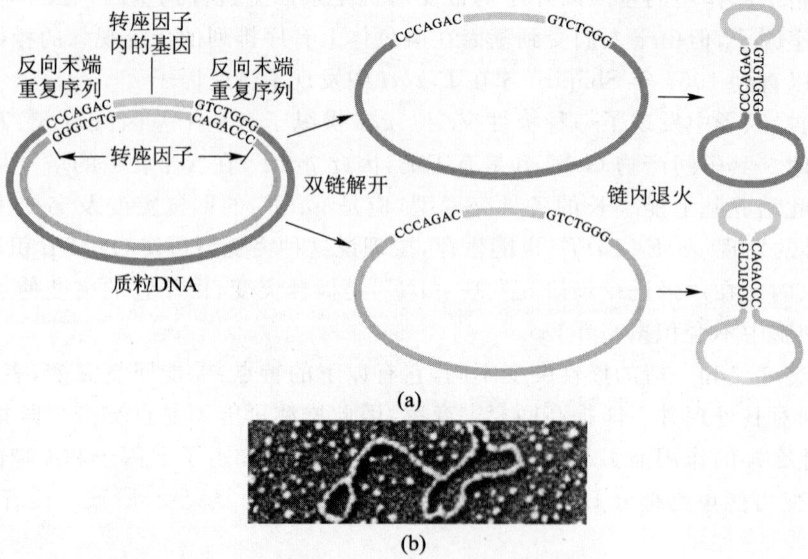

图 8.23 转座子中含有反向重复序列

(a) 含有 IS 的双链 DNA 经变性后产生两条单链，单链经复性产生茎环结构，茎的部分是由 IS 两端的反向重复序列互补结合而形成的 (b) 那么经变性和复性后，在电镜下可以观察到茎环结构的存在

(引自 R. F. Weaver 等，1999)

三、转座因子的类型

根据转座过程中的介导物的不同转座因子基本分为两类(表 8.2)。一类称为**Ⅰ型转座因子**(Ⅰ class of transposable element)，也称为**反转录转座子**(retrotransposon)或**逆转座子**(retroposon)。它们是用通过 RNA 分子介导，用 RNA 聚合酶、核酸内切酶、反转录酶催化转座；另一类称为**Ⅱ型转座因子**(Ⅱ class of transposable element)，或**转座子**(transposon)。它们是通过 DNA 介导用转座酶和 DNA 聚合酶催化转座。这两类转座子广泛存在于很多物种中，但在真核生物中反转录转座子占优势，在细菌中转座子占优势。

表 8.2　不同类型转座因子的转座机制和主要的结构特点

类别	转座机制	结构特点	转座因子(例)	生物
Ⅰ型转座因子	由 RNA 介导转座			真核生物
1. 病毒超家族	整合转座	有 LTR,编码反转录酶和整合酶	*Ty*	酵母
			copia,*gypsy*	果蝇
2. 多聚腺苷酸反转录转座子		无 LTR,3′端带有聚腺苷酸序列		
(1) LINE	靶序列引发反转录	编码反转录酶/核酸内切酶	L1	人类
			E,*G*,*I*,*HeTA*,*TART*	果蝇
(2) 非病毒超家族	靶序列引发反转录	不编码转座酶	SINES,*Alu* 家族	人类
			B1,B2,ID,B4	小鼠
Ⅱ型转座因子	由 DNA 介导转座			
1. 简单转座子	切割-粘贴(非复制型)	两端为 IR,编码转座酶	IS 和类插入序列	细菌
			Ac/*Ds*	玉米
			P,*mariner*,*hobo*,*minos*	果蝇
			Tc1 elements	线虫
			睡美人	鲑鱼
2. 复杂转座子	复制-重组(复制型)	两端为 IR,编码转座酶、解离酶和抗性标记	TnA 等	细菌
3. 复合转座子	切割-粘贴(非复制型)	两端为 IS,编码转座酶和抗性标记	Tn*5*,Tn*9*,Tn*10* 等	细菌

(一) Ⅰ型转座因子

反转录转座子普遍存在于真核生物中,但在细菌中也有发现。它们在结构和复制上与反转录病毒(retrovirus)类似,只是没有衣壳基因(*env*)和独立感染的形式,它们通过转录合成 mRNA,再反转录合成 cDNA 整合到基因组的靶序列中完成转座。反转录转座子又可分为**病毒超家族**(vira superfamily)和**多聚腺苷反转录转座子**(poly-A retrotransposon)两种类型。后者又可分为**长散在核元件**(long interspersed nuclear element, LINE)和**非病毒超家族**(nonviral suberfamily)两种类型。

1. 病毒超家族

病毒超家族这类反转录转座子两端具有调节表达作用的**长末端重复序列**(long terminal repeats, LTR),这些 LTR 最初是在反转录病毒中发现的。在 LTR 中有很强的启动子、增强子及 mRNA3′端的加尾信号(图 8.24)。LTR 的存在是这个家族成员的特点。这类反转录转座子编码反转录酶或整合酶,能自主地进行转录,其转座的机制同反转录病毒相似,但不能像反转录病毒那样以独立感染的方式进行传播,如酵母中的 *Ty* 因子和果蝇中的 *copia*。

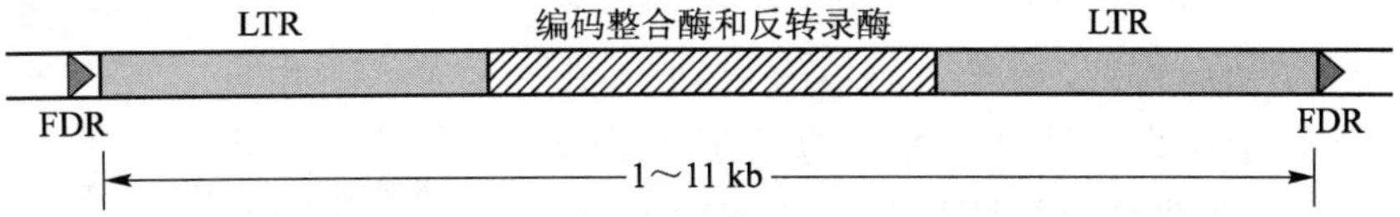

图 8.24　病毒超家族的反转录转座子的结构和反转录病毒相似,仅不编码衣壳蛋白,两端具有 LTR,在其两侧有侧翼同向重复序列(FDR)

2. 多聚腺苷反转录转座子

多聚腺苷反转录转座子的特点是两端没有 LTR,而 3′端都有 poly(A)尾。根据是否编码转座酶又分为

LINE 和非病毒超家族两类。

LINE 两端没有 LTR 结构，但含有 5′UTR 和 3′UTR（非翻译区），3′端带有多聚腺苷酸序列的 A-T 碱基对。中央区含有不同的可读框（图 8.25）。它们最初是在哺乳动物中发现的，但现在知道它们分布的范围广泛，包括真菌中也有发现。在哺乳动物中一般是 LINE1 家族，也称为 L1。LINE2 家族发现较晚。L1 与反转录病毒相似，编码反转录酶和核酸内切酶及其他一些蛋白质。但其启动子不是 LRT。LINE 全长约 6.5 kb，含有 ORF1 和 ORF2 两个可读框，ORF1 编码一种 RNA 结合蛋白；ORF2 编码具有反转录酶和核酸内切酶活性的蛋白质。在人类中约有 10 000 个拷贝的 LINE，但其中有绝大多数拷贝的 5′UTR 有缺失，因而失去了转座能力，不能自主地进行转座，而依赖细胞内已有的酶系统进行转座。

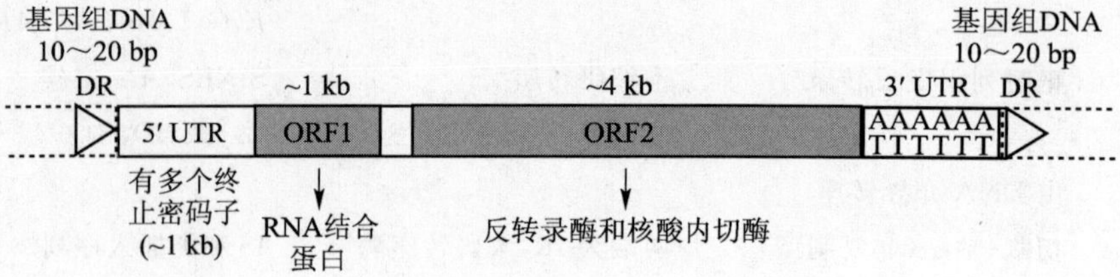

图 8.25 LINE 的代表 L1 的结构

全长 6 kb，两端没有 LTR，而具有 10～20 bp 的侧翼同向重复序列（FDR），中央区含有两个基因：ORF1 编码 RNA 结合酶，ORF2 编码反转录酶（*rvt*）、核酸内切酶（*en*）和个半胱氨酸丰富功能区（cysteine-rich domain，C-rich）；5′UTR 含有内部启动子；3′UTR 含有加尾信号和 poly(A)序列

LINE 这类反转录转座子家族的转座机制是用**靶序列引发反转录**（target primed reverse transcription，TPRT）转座的模式。LINE 元件两端没有 LTR，但其 ORF2 编码反转录酶和核酸内切酶。靶序列的剪切不依赖转酯反应，而由核酸内切酶来完成。转座的过程如图 8.26 所示。①靶序列的第一次剪切。由核酸内切酶在靶位点（富含 AT，常为保守序列 TTAAAA）的 A 和 T 之间切开一个切口。②转录产物 RNA 和靶序列的结合。被剪切的链解离，其 3′端游离的单链 TTTT 与 RNA 分子其 3′端的 poly(A)序列互补结合，使 LINE 元件成为合成 cDNA 的模板。而 TTTT 的 3′-OH 为反转录提供了引物。③靶序列的第二次剪切。第二条链的剪切发生在第一个切口下游 7～20 nt 处，产生的 3′-OH 作为引物，引发 L1cDNA 第二条链的合成。④两条 cDNA 链的延伸填补了 L1 两端的缺口，形成了靶位点重复序列（TSD）。有些内含子**归巢**（intron homing）也称**移动内含子**（mobile intron）及已**加工假基因**（processed pseudogene）都是通过相同的机制产生的，所不同的是这种假基因来源的 RNA 分子是由 RNA 聚合酶Ⅱ转录合成的，其启动子是位于基因 5′端的上游启动子，转录的产物中不含启动子，因此反转录产生的 cDNA 分子上游没有启动子，由此形成的假基因也不能转录而失去活性。非病毒超家族的成员没有 LTR 结构，3′端带有**多聚腺苷酸序列**的 A-T 碱基对，但不编码转座酶或整合酶，所以不能自主地进行转座，而在细胞内已有的酶系统作用下进行转座。这一家族的最典型的例子是**短散在重复元件**（short interspersed repetitive elements，SINES）。人类中的 ***Alu* 家族**（*Alu* family）是基因组中最常见的短散在 DNA 重复序列。因具有限制性酶 *Alu* Ⅰ识别位点而得名。它广泛分布在非重复 DNA 序列中。在二倍体基因组中约有 30 万个拷贝（相当

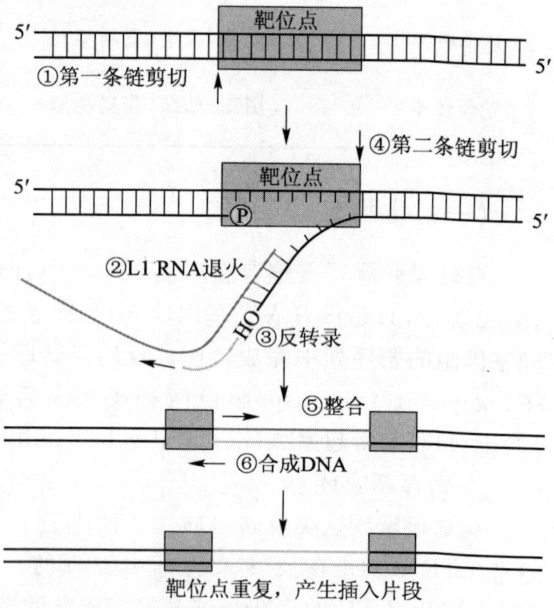

图 8.26 被靶序列引发的反转录（TPRT）

根据来自家蚕（*Bombyx mori*）的 R2 元件的体外研究。TPRT 分为以下几步：①靶位点通过反转座子核酸内切酶（EN）对第一条 DNA 链的剪切；②反转座子 RNA 在切口处退火。③用反转座子的反转录酶从游离的 3′-OH 进行反转录。④第二条链的剪切；⑤整合到双链断裂处；⑥切除 RNA 并完成 DNA 的合成（引自 E. M. Ostertag 等，2001）

于每 6 kb 就有一个)。单个 *Alu* 序列分散分布,几乎每个基因的附近都有 *Alu* 序列的存在,因此 *Alu* 序列也可作为人类 DNA 的特异标志。每个 *Alu* 序列约含 300 bp,由两个 130 bp 序列串联重复组成(*Alu* 左序列和 *Alu* 右序列),在二聚体的右半个中部有 31 bp 无关的序列插入在里面(图 8.27)。这个插入序列来自 7SL RNA(是信号识别蛋白 SRP 的一个成分)。7SL RNA 长 300 nt,其 5′端的 90 bp 和 *Alu* 序列左端同源,其中央的 160 bp 和 Alu 并不同源,而 3′端的 40 bp 和 *Alu* 右端同源。编码 7SL RNA 的基因由 RNA 聚合酶Ⅲ转录,因此非活性的 *Alu* 序列可能是这些基因(或者相关基因)产生的。

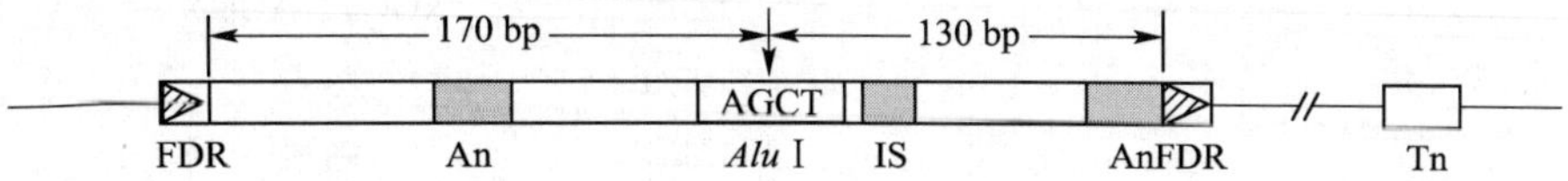

图 8.27 人类 *Alu* 序列的结构

每个 *Alu* 家族的成员间同源性为 87%。在小鼠中 *Alu* 相关序列称为 *B*1 家族(约 5 万个),也存在于大鼠和其他哺乳动物中。但在啮类动物中 *Alu* 相关序列为一个 130 bp 左右的单体。*Alu* 家族成员的结构和反转录转座子类似,两端都是短的同向重复,3′端具有 poly(A)尾,内部没有内含子,家族中不同成员间的序列长度不相同。此外,由于它们来源于 RNA 聚合酶Ⅲ的转录产物,所以某些成员可能携带下游启动子。正是由于 *Alu* 序列具有反转录转座子的特征,可由 RNA 聚合酶转录成 RNA 分子,再经反转录酶的作用形成 cDNA,然后重新插入基因组,使其广泛散布于整个基因组(图 8.27)。这个过程和 LINE 中 L_1 的转座机制相似(图 8.25)。非病毒超家族存在于很多物种中,如果蝇中的 *jockey* 重复序列。

(二) Ⅱ型转座因子

转座子是直接以 DNA 形式在基因组中移动的遗传因子。广泛分布于原核生物、真核生物及质粒的 DNA 中。转座子可编码转座酶,其两端具有供转座酶识别和剪切的**反向重复序列**(inverted repeat,IR)。转座子按照结构可分为**简单转座子**(simple transposon)(即插入序列和类插入序列)、**复杂转座子**(complex transposon)(即 TnA 家族)和**复合转座子**(composite transposon)3 类。按照转座的机制可分为复制型和非复制型两类。

1. 简单转座子

插入序列(insertion sequence,IS)是基因组中可移动遗传因子家族中较短的成员,它可以整合到宿主非同源位点上,若 IS 插入到某基因内,通常这个基因就会失活。人们正是通过它们的插入而引起的基因突变来发现的。正常的细菌基因组和质粒都含有 IS。不同的 IS 其序列为 800～2 000 bp,其两端有序列相同的反向重复序列(10～40 bp)(图 8.28),因此如果质粒上有 IS,那么经变性和复性后,在电镜下可以观察到茎环结构的存在(图 8.23)。

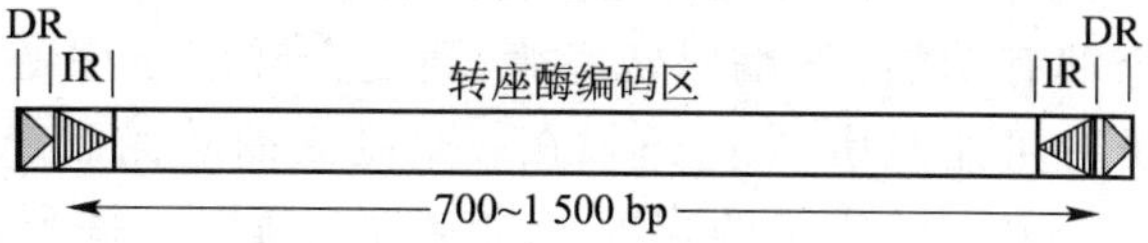

图 8.28 插入序列(IS)的结构

DR 是两侧翼的同向重复序列,由宿主的靶序列插入 IS 后修复而形成。IR 是 IS 本身两端的反向重复序列,可被转座酶识别和剪切

IR 不同于**侧翼同向重复序列**(flanking direct repeat,FDR),FDR 是宿主靶序列重复而产生,故又称为**靶位点重复序列**(target site duplication,TSD)。IR 是 IS 本身的成分。在一个物种中 IS 的每个家族是以数字来表示,如 IS*1*,IS*10* 等。IS 编码一种转座酶催化转座。转座酶的量可以调节并初步决定转座率。

类插入序列的结构和 IS 完全相同,但是作为复合转座子侧翼的组件,而不独立存在(表 8.3)。

表 8.3 简单转座子的结构和功能

	DR/bp	IR/bp	中心区域/bp	靶的选择	拷贝数
插入序列:					
IS*1*	9	23	768	随机	5～8

续表

	DR/bp	IR/bp	中心区域/bp	靶的选择	拷贝数
IS*2*	5	41	1 327	热点	5(在F因子上为1)
IS*4*	11～13	18	1 428	$AAN_{20}TTT$	1或2
IS*5*	4	16	1 195	热点	丰富
类插入序列:					
IS*10R*	9	22	1 329	NGCTNAGCN	
IS*50R*	9	9	1 531	热点	
IS*903*	9	18	1 057	随机	

2. 复杂转座子

转座子(Tn)是较长的转座因子,也称为复杂转座子,大小为2 500～21 000 bp。它和IS的区别就在于其中心区不仅编码转座所需的转座酶,通常还编码一个**抗药性基因**(drug resistance gene)或其他的标记基因,如TnA(图8.29)。

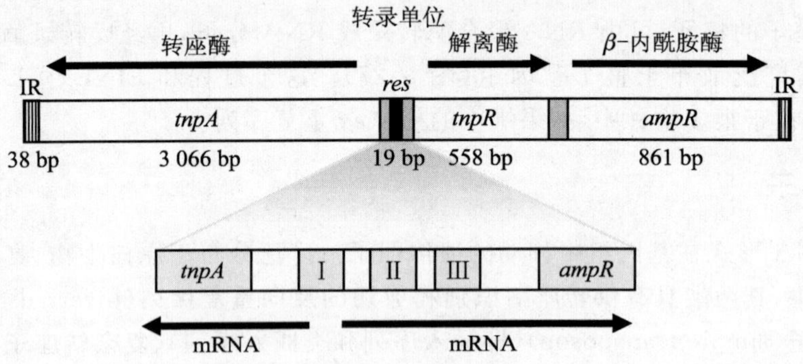

图8.29 TnA的结构与转录

3. 复合转座子

另一种类型的转座子称为复合转座子,在其两端由IS元件构成其两"臂"。其中的一个IS有功能或两个都有功能,IS编码转座酶,而复合转座子中心区编码抗药性基因或其他的选择标记(表8.4)。复合转座子有可能是由两个IS插在一个基因的两侧而产生的。一个IS组件可转座其本身,也能转移整个的转座子。一个复合转座子两端的IS组件如相同时,每个都能产生转座,如Tn*9*。若不同时,它们之间的功能可能有差异。转座可能依赖于其中的一个组件,如Tn*10*(图8.30)、Tn*5*(图8.31)。复合转座子可能由两个独立的IS和一个中心区连接演化而来。当一个IS识别并转座到其附近的受体位点时,可能会产生这种情况。如果这两个IS比较起来有一个具有选择优势,那么这种优势可被固定下来,使得其在复合转座子中承担转座的功能。

表8.4 复合转座子的结构和功能

转座因子	长度/bp	遗传标记	末端组件	方向	两组件的关系	组件的功能
Tn*903*	3 100	kan^R	IS*903*	反向	相同	两者皆有功能
Tn*9*	2 500	cam^R	IS*1*	正向	推测相同	预计有功能
Tn*10*	9 300	tet^R	IS*10R*			有功能
			IS*10L*	反向	有2.5%的差异	无功能
Tn*5*	5 700	kan^R	IS*50R*			有功能
			IS*50L*	反向	1 bp的改变	无功能

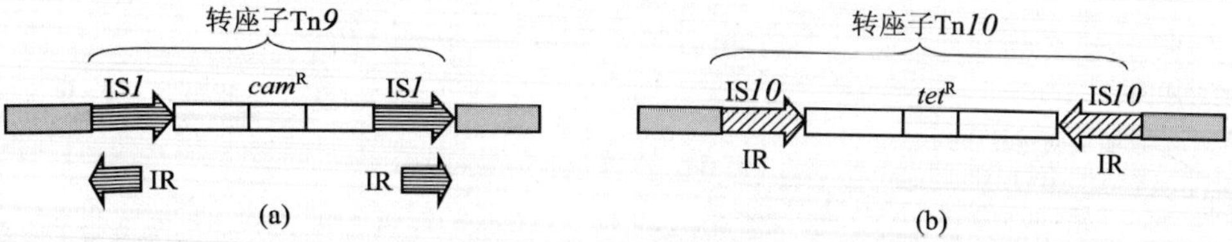

图 8.30 两种不同的转座子含有不同的 IR 区域和不同的抗性基因

(a) Tn*9* 含有一个短的 IR 区。因两个 IS*1* 元件以相同的方向排列，每个元件都有一个都有一个 IR 序列

(b) Tn*10* 含有一个长的 IR 区。两个 IS 成分方向相反

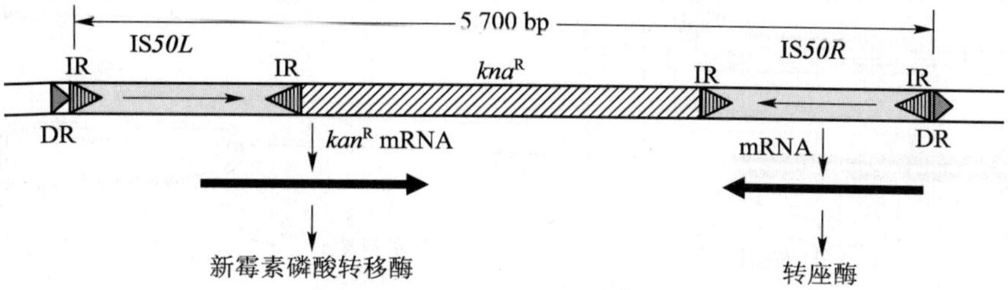

图 8.31 复合转座子 Tn*5* 的结构

两侧翼有靶序列形成的同向重复(DR)，两端由类插入序列 IS*50L* 和 IS*50R* 反向排列构成。IS*50R* 编码转座酶，Tn*5* 编码卡那霉素抗性基因，即新霉素磷酸转移酶基因

四、转座的分子机制

不同的转座因子转座机制是不同的，总的可以分成为两类，一类是由 DNA 介导的，无须通过反转录；另一类是由 RNA 介导的，必须通过反转录。前者又可分为两类：**剪切-粘贴转座**(cut-and-paste transposition)和**复制型转座**(replicative transposition)；前者属非复制型转座又称为简单转座(simple transposition)或直接转座(direct transposition)或**保守转座**(conservative transposition)。

(一) DNA 介导的转座

1. 剪切-粘贴转座

剪切-粘贴转座即为**非复制型转座**(non-replicative transposition)，其重组过程包括转座子从 DNA 上原来位置的切除及将这个切下的转座子整合到新的 DNA 位点。此过程可分为以下的 6 个步骤(图 8.32)：①转座子合成转座酶。②转座酶的亚基识别并结合于转座子两端特定的反向重复序列(IR)上，使转座子的两端聚集在一起形成**转座体**(transpososome)或**联合复合体**(synaptic complex)。其功能是确保转座子移动所需的 DNA 断裂和重接能在转座子的两端同步发生，并能保护转座子的游离端，使其免受细胞中酶的作用。③切离转座子。转座酶在 IR 上交错剪切，然后再由其他蛋白质第二次剪切，切下转座子。关于第二次剪切的机制尚未阐明。④靶 DNA 序列的剪切。由切下的转座子的 3′-OH 亲核进攻靶序列，通过**转酯作用**(transesterification)交错切开受体位点的靶序列，已切下的转座子插入到切开的靶序列中，以其游离的 3′-OH 和靶序列切口的 5′-P 相连接。⑤**靶位点重复序列**(target site duplication，TSD)的形成。转座子和靶序列连接后两端各留下了一个缺口由 DNA 聚合酶 I 修补，最后留下的切口(nick)由连接酶封闭。结果形成了同向重复，或称侧翼同向重复序列(FDR)，即靶位点重复序列，其长度是由靶序列的两个切点之间的距离决定的。一般为 2～20 bp。除靶序列引发反转录之外，其他类型的机制有些步骤与上述机制相同，如玉米的 *Ac-Ds* 因子的转座机制就属于这一类。

2. 复制型转座

转座子的 DNA 经复制产生一份新拷贝，并插入到另一受体位点，原来的位置上仍保留着一份转座子拷贝。这种转座方式称为**复制型转座**(replicative transposition)(图 8.33)。

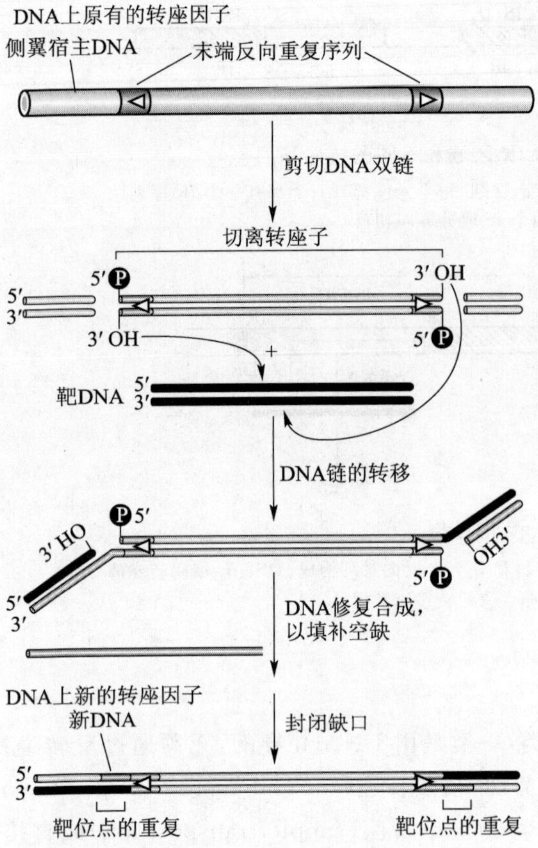

图 8.32 剪切-粘贴转座机制

图示一个转座子从宿主 DNA 原有位置上转移到新的 DNA 靶位点。靶 DNA 断裂位点的黏性末端在新的位置上产生短的同向重复序列。转座子切下后,原来的座位上留下了双链断裂,此断裂可通过非同源末端连接或同源重组的方式被修复

(引自 Waston 等,2005)

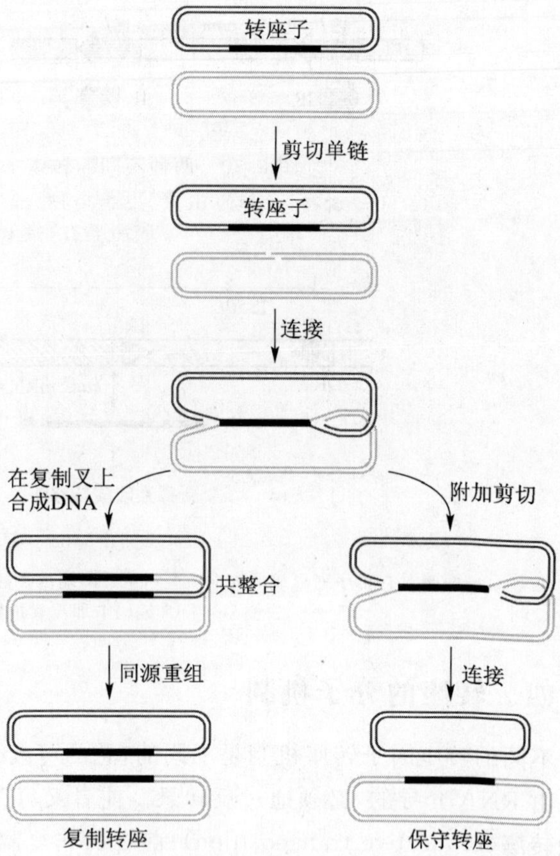

图 8.33 复制型转座和保守型转座的模型

(引自 T. A. Brown,2002)

1979 年由 J. A. Shapiro 提出的 TnA 家族转座的一种模式。转座因子在转座期间先复制一份拷贝,而后拷贝转座到新的位置,在原先的位置上仍然保留原来的转座因子。复制转座有**转座酶**(transposase)和**解离酶**(resolvase)的参与。然后由解离酶催化两个转座子拷贝间进行拆分,从而产生两个分离的 DNA 分子,每个均带有一个拷贝转座子。复制型转座模型提出转座开始是形成**单链转移复合体**(strand transfer complex)也称为**交换复合体**(crossover complex)或**夏皮罗复合体**(Shapiro complex),即供体和靶的单链连接,这样转座子的两个末端分别与靶及供体单链相连接。连接转移复合体产生了一个交换形成的结构在双链转座子处结合在一起,这个交换结构(即共同中间体)决定了转座方式的命运。交换结构的每个交错末端含有一个单链区。这个区域是个假的复制叉,它提供了 DNA 合成的模板。若复制继续,那么它的延伸将经过转座子,将它的链分开,在其末端终止复制,然后由连接酶封闭缺口,这个结构变成了**共合体**(cointegrant)。在转座子与复制子之间的连接处有 DR,复制可能由宿主编码的酶来完成。

原核生物的简单转座子、复杂转座子和复合转座子的转座机制都属于此类。

复制型转座和剪切-粘贴转座之间主要的差别在于:①剪切-粘贴转座无须复制;②剪切-粘贴转座的转座子经两次剪切,完全从 DNA 上切离下来,而复制型转座只经过一次剪切,虽产生游离的 3′-OH,但转座子未脱离 DNA。

(二) RNA介导的转座

反转录转座子的转座都是由RNA介导的，其中又分为整合转座和靶序列引发反转录转座两种类型。

1. 整合转座

整合转座(integrative transposition)是一类LTR反转录转座子即病毒超家族的转座方式(图8.34)。整合转座的聚体步骤是：①基因组中的反转录转座子的病毒超家族(或反转录病毒)转录起始于左侧LTR中的启动子，在RNA聚合酶的作用下，越过整个的整合转座子，合成全长的RNA；②然后在依赖反转录酶合成游离于宿主基因组之外的cDNA分子；③由反转录转座子编码的整合酶交错剪切两端的LTR；④整合酶交错剪切靶DNA序列；⑤整合酶催化3′端短缺的反转录转座子与切开的靶序列5′端连接，进行单链转移；⑥由DNA聚合酶Ⅰ修补缺口，连接酶封闭最后留下的切口，产生DR。

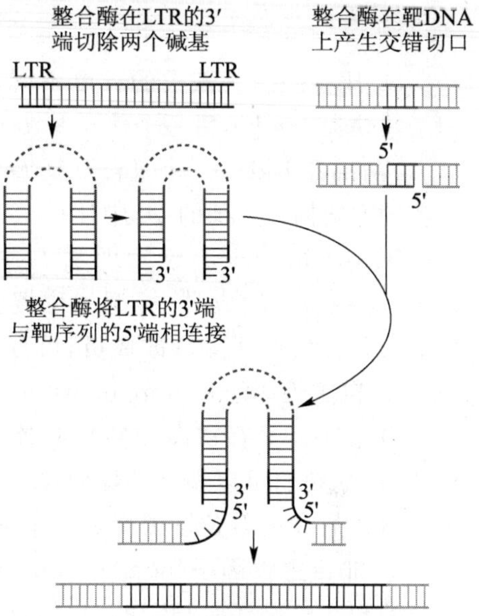

图8.34 整合酶是整合反应中唯一需要的酶，整合过程中，每个LTR丢失两个碱基后转座子插入到DNA靶位点4 bp的重复序列中(引自B. Lewin，2008)

反转录转座子整合过程和剪切-粘贴转座形似，所不同之处在于：①在转座前通过转录和反转录形成cDNA，这样转座因子成为游离状态而无须从DNA上切下；②其整合过程和λ噬菌体在*att*位点整合到大肠杆菌基因组十分相似，只需要整合酶，而剪切-粘贴转座的过程需要转座酶和切离酶。

2. 靶序列引发反转录的转座

靶序列引发反转录(target primed reverse transcription，TPRT)的转座是多聚腺苷酸反转录转座子即LINE1和非病毒超家族的转座方式。首先是细胞内RNA聚合酶对整合因子的转录(图8.26)。尽管启动子在5′UTR内，它仍能指导RNA合成起始于转座因子序列的第一个核苷酸。新合成的RNA被转运到细胞质中，ORF1负责合成RNA结合蛋白，ORF2负责合成具有反转录酶和核酸内切酶活性的蛋白质，这些蛋白质与编码它们的RNA相结合。转座因子以这种方式促进了自身的转座，而不为其他竞争因子提供蛋白质。

五、真核生物的转座因子

(一) 玉米中控制因子家族

以DNA介导转移的转座因子并不限于细菌中，在很多真核生物中也存在。例如，果蝇中的*P*因子、*copia*和*mariner*元件，植物中的调控元件(controlling elements)。实际上玉米中调控元件的一般结构和细菌中的转座子是相同的，其两端具有反向重复序列(IR)，中央区编码转座酶。*Ac*因子的两端DNA序列和*Ds*因子的完全相同，只不过*Ac*因子的中央区编码了转座酶，而*Ds*因子的中央区发生了缺失。因此*Ds*因子本身不能转座，必须有完整转座因子*Ac*的存在方能转座，这是由于*Ac*因子为*Ds*因子提供了转座酶。由于转座酶是反式作用的，因此*Ac*因子不论存在于基因组的任何位置都能激活*Ds*因子，使其转座。由于*Ac*因子提供了能识别、剪切其两端IR的转座酶，所以属于自主转座子。*Ac*因子和*Spm*因子是最有特色的家族。在植物基因组中每个家族有不同的成员，根据*Ac*/*Ds*家族的自主和非自主成员的分析，已掌握了很多成员的信息。

在*Ds*-*Ac*系统中，大部分自主因子*Ac*的长度由含5个外显子的单个基因组成，其产物是转座酶，它的末端有11 bp的IR和8 bp的DR，DR是由靶位点重复而成。

各种*Ds*因子的长度和序列都不相同(表8.5)，但和*Ac*相关。其末端同样有11 bp的IR。

表 8.5 玉米转座因子的结构

因子	拷贝/基因组	长度/bp	mRNA/b	蛋白质产物	IR/bp	靶(DR)
Ac	~9	4 563	3 500	1	11	8
Mul	>10	1 367	?	4?	213	9
Spm(*En*)	?	8 287	2 400	1(+2?)	13	3

Ds 比 *Ac* 短,其缺失的长度不同,一个极端的例子是 *Ds*9 因子仅缺失 194 bp,另一个例子是 *Ds*6 因子长仅有 2 kb,相当于 *Ac* 两端各 1 kb。一个复合重复 *Ds* 因子它有一个 *Ds*6 序列以各种方向插在其他的 *Ds* 中(图 8.35)。

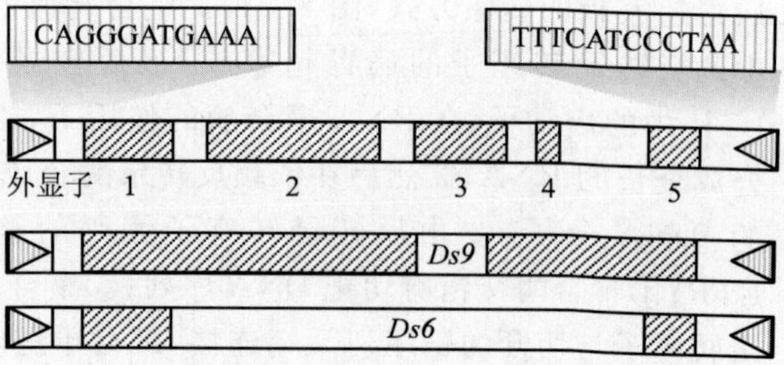

图 8.35 *Ac* 元件有 5 个外显子,编码转座酶;*Ds* 元件存在内部缺失

B. McClintock 不仅发现了 *Ds*-*Ac* 系统,还发现了其他系统,这些因子的成员、类型和位置在玉米各品系中都是特异的。每个转座子家族的成员,可分为两类。

1. **自主性因子**(autonomous elements)

自主性因子有切离和转座的能力。由于自主性因子的持续活性,它们可以插入到任何位点而产生一个不稳定的或"可突变"(mutable)等位基因。自主性因子本身的丢失就使可变的等位基因变成稳定的等位基因。

2. **非自主性因子**(nonautonomous elements)

非自主性因子是稳定的,它们自己并不能转座或自发地改变条件,当同一家族中的不稳定成员存在于基因组中时,不论这自主性因子位于何处都能使非自主性因子变得不稳定。当通过一个自主性因子反式互补时,非自主性因子所显示出的一般活性程度是和自主性因子有关,包括转座到新位点的能力。非自主性因子是来自于失去了反式作用功能的自主性因子,这种功能是转座所必需的。

控制因子家族是通过自主性因子与非自主性因子的相互作用来划定的。一个家族由单个类型的自主性因子组成,这些因子由各种非自主性因子相伴随。一个非自主性因子根据它被什么自主性因子反式激活就将它划归到这种自主性因子的相关家族。在玉米中主要的控制因子家族如图 8.36 所示。

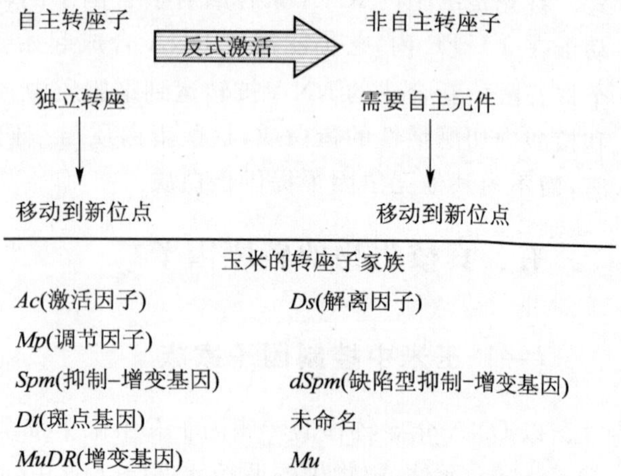

图 8.36 玉米的转座子家族

每个调节元件都分为自主元件和非自主元件两类成员。自主元件是完整的转座子;非自主元件是缺陷型转座子。每对自主元件和非自主元件可分成 4 个以上的家族

Ac/*Ds* 是通过非复制机制发生转座,克隆分析表明 *Ac*/*Ds* 转座总是发生在供体复制之后。此和细菌的转座因子 Tn*10* 的转座行为相似。受体位点常在供体所在的同一条染色体上,而且靠得很近。

由自主性因子变成为非自主性因子经历了各种改变,这些改变有的是遗传的(如缺失、突变),另一些是表观遗传的(epigenetic)。表观遗传是指某些表型的改变并非是 DNA 序列发生了改变,而是由于 DNA 受到化学修饰所致。

主要的变化当然是自主性因子变成非自主性因子,但进一步改变可能发生在非自主性因子中。顺式作用的缺陷可能使非自主性因子不受自主性因子的影响。这样一个非自主性因子可能成为永远稳定的,它变得不再为转座子所激活。

自主性因子经受了"相的改变"(changes of phase),其特点是产生可遗传的改变,但这些改变是不稳定的。即在植物发育中,这些因子以可逆失活的形式在有活性和失活之间产生一种循环。此"相"可影响转座的时间和频率。

在 *Ac* 和 *Mu* 型自主性因子中"相"的改变是由于 DNA 甲基化产生的。具有活性和失活的控制因子对限

制性酶的易感性表明这些因子的失活是在其靶序列位点被甲基化了。每个因子具有各种靶位点，我们还不知道这些靶位点的控制作用。人们希望搞清楚是什么在控制该元件的甲基化和去甲基化。

可能存在着转座的自我调节控制，和细菌转座子所显示的免疫作用相类似。在基因组中 *Ac* 因子数量的增加会减少转座频率。*Ac* 因子可能编码转座的抑制物；具有转座功能的某些蛋白质可能带有这种活性。

（二）果蝇中的 P 因子

在某些果蝇品系中杂种繁育遇到困难，将这种品系的两个果蝇进行杂交产生的二倍体是“杂种不育”的品系。它们含有一系列缺陷，包括突变、染色体畸变、减数分裂的异常分离和不育，这些相应的缺陷称为**“杂种不育”**(hybrid dysgenesis)。

在果蝇中已鉴别出两个系统与杂种不育有关。在第一个系统中，果蝇分成为 I(inducer)型雄果蝇和 R(reactive)型雌果蝇，它们杂交看来会降低生育力，但反交并不如此。第二个系统的果蝇分成为 P(父本贡献的，paternal contributing)型和 M(母本贡献的，matenal contributing)型。图 8.37 表示 M(♂)×P(♀)后代不育，但反交 P(♂)×M(♀)后代可育。

杂种不育的根源是配子的遗传结构。涉及 P-M 系统的杂交中，F_1 代具有正常的体细胞组织，在生殖细胞迅速开始分裂时，它们的性腺并不能发育。

在 P 型雄果蝇和 M 型雌果蝇杂交中，雄果蝇的任何一条染色体甚至染色体中的各区域都能导致不育。这表明 P 型雄果蝇具有大量的 P 因子，这个因子存在于很多不同的染色体位置上。这些位置在 P 品系的个体之间也是不同的。而在 M 型雌果蝇的染色体上都没有这种 P 因子。

通过对杂种不育果蝇的 *w* 突变体的 DNA 作图发现，不育是 P 因子的存在所导致的。所有的突变体(产生白眼表型)都是由于 *w* 基因座插入了 DNA 片段。这个插入序列被称为 P **因子**(P element)，P 因子的插入形成了一种可转座系统。各个 P 因子长度不同，但序列同源。图 8.38 表示 P 因子的结构和转录。初始转录本存在 2.5 kb

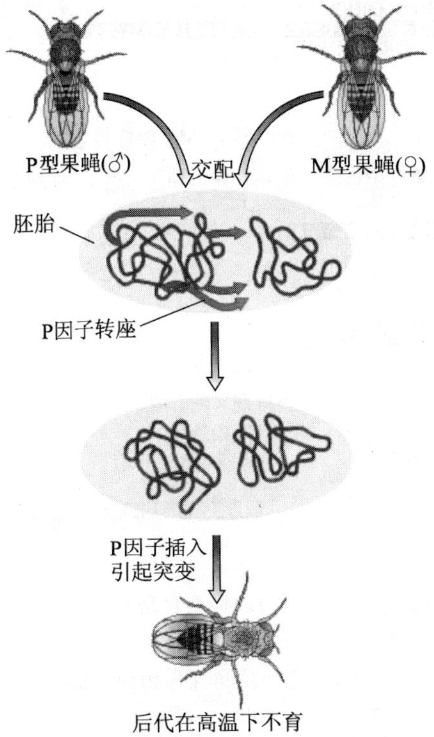

图 8.37 M(♂)×P(♀)后代不育，但反交 P(♂)×M(♀)后代可育

(引自 A. J. F. Griffiths 等，1999)

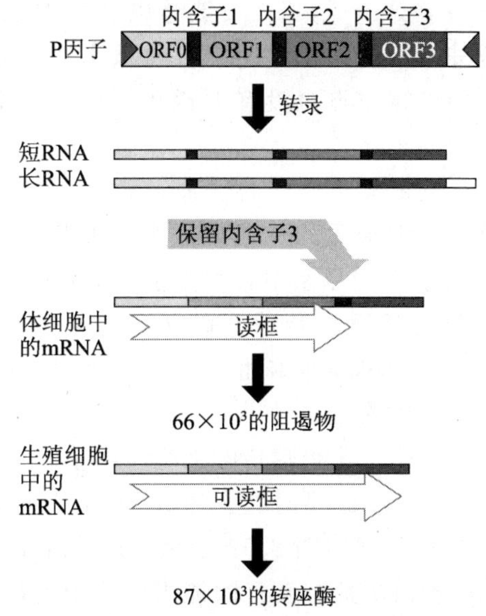

图 8.38 P 因子具有 4 个外显子

前 3 个经剪接，一起在体细胞中表达；而所有的 4 个经剪接，一起在生殖细胞中表达(引自 B. Lewin，2004)

和 3.0 kb 两种不同的长度，差别在于有的缺失了终止密码子。在不同的组织中 P 因子可以产生两种蛋白质。

所有的 P 因子末端都具有 31 bp 的反向重复。而且使靶序列产生 8 bp 的 DR。长的 P 因子长约 2.9 kb，有 4 个可读框。短的 P 因子经常出现，其内部发生了缺失。在某些较短的 P 因子中至少失去了产生转座酶的能力，但可以被完整 P 因子编码的酶反式激活。

一个 P 品系果蝇带有 30～50 个拷贝的 P 因子，其中约 1/3 具有完整的结构。M 品系中失去了这种因子。在一个 P 品系中，这些因子是作为基因组中没有作用的成分。但当 P 型雄果蝇和 M 型雌果蝇杂交时它们被激活转座。

在 P-M 杂种不育果蝇的染色体中，P 因子插入到很多新的位点。典型的杂种不育果蝇染色体在热点发生断裂，所谓热点是对 P 因子敏感位点。P 因子对 M 染色体的平均转座率约是每代一次。

P 因子的激活是组织特异性的：它仅发生在生殖细胞中。但 P 因子在体细胞和生殖细胞中都转录，组织特异性是表现在以特殊方式发生变化：①在体细胞中，第 3 个内含子不被剪切掉，而其中含有终止密码子，翻译时到此终止，产生了相对分子质量为 66×10^3 的蛋白质，这种蛋白质是转座子活性的阻遏物。②在生殖系统中，3 个都被剪切掉，4 个可读框全部拼接在一起形成 mRNA，它翻译产生一个相对分子质量为 87×10^3 的蛋白质。这种蛋白质是转座酶。

两种实验证实了第 3 个内含子的剪接对转座是必要的。首先，若使其剪切信号发生定点突变，再将 P 因子导入果蝇则不能进行转座；其次，若第 3 个内含子缺失，那么 P 因子在体细胞中也和在生殖细胞中一样可发生转座。

无论何时 ORF3 被拼接成可读框，P 因子就变成为有活性的。这是一个关键的调控作用，通常它仅发生在生殖细胞中。

是什么负责组织的特异拼接呢？体细胞中含有一种蛋白质，它结合在第 3 个内含子上，阻止这个内含子的剪接。在生殖细胞中缺乏这个蛋白质，因此可以剪接第 3 个内含子产生编码转座酶的 mRNA。

P 因子的转座需 150 bp 左右的末端 DNA。转座酶结合在 10 bp 的序列上，这序列和 31 bp 的 IR 邻接。通过一种 Tn*10* 式的非复制型“切割和粘贴”机制发生转座。（它以两种方式产生杂种不育：转座因子在新位置的插入可导致突变；在供体位点留下的断裂具有不利的影响。）有趣的是一定比例的供体 DNA 缺口可被同源序列所修复。若同源序列有一个 P 因子，那么可能是以含有 P 因子的供体位点为模板进行修复而产生的。若同源序列中无 P 因子，那么修复后的供体位点也没有 P 因子，这样表明修复时产生了一个精确的删除。

杂种不育依赖于杂交的性别定向，表明细胞质和 P 因子同样重要。细胞质的贡献被描述为**细胞型**(cytotyope)；在含有 P 因子果蝇品系中有 P 细胞型，而缺少 P 因子果蝇品系中有 M 细胞型。杂种不育仅发生含有 P 因子的染色体进入 M 细胞型时，即雄性亲本有 P 因子，而雌性亲本却没有 P 因子的情况。

细胞型表明一个可遗传的细胞质因子。当母体为 P 细胞型，父本为 M 细胞型时，它们的杂交后代是可育的。

细胞型的作用如图 8.39 所示。取决于相对分子质量为 66×10^3 蛋白质抑制转座的能力。这个蛋白质是卵中母体因子产生的。在 P 品系中必须要有足够的蛋白质来抑制转座的发生。含有 P 因子的雌果蝇与无论是否带有 P 因子的雄果蝇杂交，由于 P 细胞型的存在抑制了转座酶的合成或激活。但当雌果蝇为 M 型时，在卵中无阻遏物，这样导致了来自雄果蝇中的 P 因子使生殖细胞中转座酶活化。P 细胞型能对多代后代发挥作用，表明

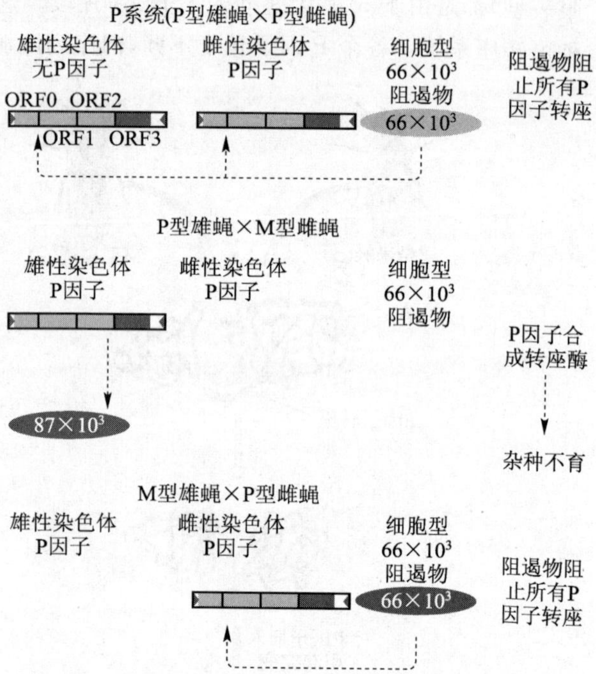

图 8.39 果蝇的杂种不育是由基因组中 P 因子和细胞型中相对分子质量为 66×10^3 的阻遏物之间的相互作用而决定的

（引自 B. Lewin，2004）

卵中必须要有足够的阻遏蛋白，而且也要相当稳定，通过成体传递到下一代的卵中。

30 年前在野外捕到的果蝇几乎都是 M 品系，而最近 10 年捕到的几乎都是 P 品系。这是否意味着在最近几年 P 因子家族侵入到果蝇的群体中了呢？P 因子当它导入到一个新的群体之中便已高度侵入了；侵入因子可能起源于另一物种。由于杂种不育减少了品种间的杂交，是新种形成途径的一个步骤。

推测杂种不育系统是在某些地区通过转座产生的，另一些因子可能在其他地区产生另一些不育系统。两个不同区域的果蝇是属于不同的不育系统，若杂交而将产生杂种不育。这种杂种不育群体将出现隔离，进一步的隔离可能还会发生，多个杂种不育系统将导致它们之间不能交配而形成新种。

目前只在黑腹果蝇（*D. melanogaster*）和一种称为“猩猩蝇”的南美果蝇（*D. willistoni*）中发现了自主性 P 因子，至于非自主性 P 因子，虽然其具有反向末端重复序列（ITR），但转座酶基因被破坏。最近 A. Salkar 等研究发现，在冈比亚按蚊（*Anopheles gambiae*）中至少有 6 个不同的 P 因子，在斯氏按蚊（*Anopheles stephensi*）、四斑按蚊（*A. quadrimaculatus*）和白跗按蚊（*A. albirnanus*）中也发现了类似于冈比亚按蚊中的 P 因子。进一步分析发现，在冈比亚按蚊中，至少有两个 P 因子是完整的，且具有潜在的功能。进化分析也表明按蚊中的这些 P 因子是来自于不同的进化支。由此看来，除在果蝇属昆虫中有广泛分布外，P 因子很可能存在于果蝇以外的很多昆虫中，但其是否像果蝇中的 P 因子那样可作为高效的转座载体还需深入研究。

（三）昆虫和脊椎动物中的其他转座因子

近年来科学家们已在动物中发现了多种转座因子（表 8.6），它们的共同特点是两端都具有反向重复序列，中心区域都编码转座酶。这些转座因子其中有的已成功开发为转基因的载体。例如，2005 年 T. Xu（许田）等成功改造了来源于飞蛾的 *PB* 因子并将其应用于哺乳动物。PB 可在人类和小鼠细胞株中高效导入基因并稳定表达，为体细胞遗传学研究和基因表达提供了一个高效、便捷的新系统。“睡美人”转座子也被改造为真核生物基因转移载体。因为这些载体具有以下特点，所以比病毒载体更适用：①“睡美人”转座系统结构简单，便于操作；②携带的外源基因的长度限制较小；③两端无 LTR，不会影响到受体细胞中其他基因的表达；④减少了致癌的潜在危险，因此“睡美人”转座子在基因治疗、功能基因研究和基因捕获技术等方面均有广泛的应用前景。

表 8.6 昆虫和脊椎动物中的其他转座因子

转座因子	来源	长/kb	DR/bp	IR/bp	中心区域/kb	编码
PB 因子（*PB* element）	粉纹夜蛾（*Trichoplusia*）	2.5		13	2.1	转座酶
水手因子（*mariner* element）	毛里求斯果（*Drosophila* maurintiana）	1.3		28	1.2	转座酶
迈诺斯因子（Minos element）	海地果蝇（*D. hydei*）	1.8		255		转座酶
hobo 因子（*hobo* element）	黑腹果蝇	3	8	12	96 bp+1 983 bp	转座酶
“睡美人”（*sleeping beauty*，*SB*）	鲑鱼	1.6		250		转座酶

六、真核生物的反转录转座子

反转录转座子（retrotransposon）又称为反转录子或反转录子，由 RNA 介导转座的转座子，仅发生在真核生物中，又称**逆转座子**（retroposon），它是由反转录病毒以其 RNA 基因组的 DNA 拷贝插入到宿主细胞的染色体中而产生的。有些生物的转座子和它们组织中的反转录病毒的前病毒有关。例如，酵母中的 Ty 和果蝇的 copia。它们的范围从可以自由感染宿主细胞的反转录病毒本身到利用 RNA 转录的序列，但有些序列本身并不能转座。它们和其他类型的转座子相同，具有转座子的重要特征：在插入位点的靶 DNA 上产生同向重复。但在基因组中难以检测到有活性的转座子，转座事件的足迹是在其侧翼分布的重复序列中发现了同向的靶重复。这些序列的特点有时可以表明一个 RNA 序列作为 DNA 基因组序列的祖先。

(一) 酵母的 Ty 因子

Ty 因子(Ty element)是由分散的 DNA 重复序列家族组成,在不同品系的酵母中它们所处的位点不同。"Ty"是"transponson yeast"(酵母转座子)的缩写。在转座的过程中产生了一个特征性的足迹:在已插入的 Ty 因子两侧存在 5 bp 的靶 DNA 同向重复序列,Ty 的转座频率要比细菌转座因子低,为 $10^{-7}\sim10^{-8}$。在单个 Ty 因子之间可能有歧化。大部分 Ty 因子可分为两类:Ty*1* 和 Ty*917*。它们的一般结构相同,每个 Ty 因子长 6.3 kb,两端有 330 bp 的同向重复,称为"δ"(图 8.40)。各种类型中的每个 Ty 因子都有一定的差异,包括酵母基因组中约有 30 个拷贝的 Ty*1* 和 6 个拷贝的 Ty*917*,另外有约 100 个拷贝的独立"δ","δ"序列也显示出异质性。一个 Ty 因子的两个重复序列似乎相同或者密切相关,和 Ty 因子连接的"δ"比单独存在的"δ"要保守得多。这表明对重复序列的识别可能与转座有关。

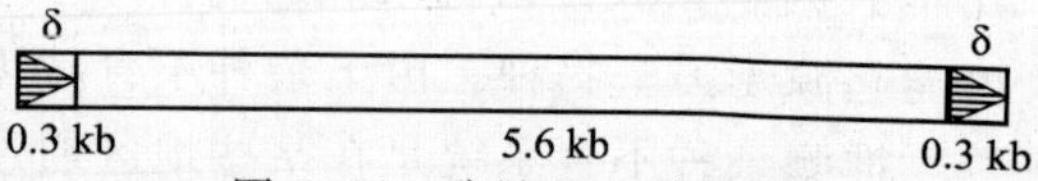

图 8.40 酵母 *Ty1* 的结构

Ty 因子可被转录成两种带有 poly(A)$^+$ 的 RNA,其含量占单倍体酵母细胞总 mRNA 的 5%以上。这两种 RNA 的转录都是由左边"δ"因子内的启动子起始,一个在 5 kb 之后终止;另一个在 5.7 kb 之后终止,位于右端的 δ 序列内(图 8.41)。

Ty 序列有两个可读框,以相同方向表达,但读框不同,有 13 氨基酸的重叠。*tyA* 的序列编码一种 DNA 结合蛋白。*tyB* 序列含有的区域与反转录病毒的逆转酶、蛋白酶及整合酶序列具有同源性。

tyA 和 *tyB* 的组成和功能与反转录病毒的 *gag* 和 *po*1 相似。*tyA* 和 *tyB* 在两种可读框中表达。TyA 蛋白由 *tyA* 读框编码,在其末端终止。但 *tyB* 读框仅表达成为连接蛋白的一部分。通过特殊的移框通读了终止密码,将 *tyA* 区域和 *tyB* 区域融合在一起。这和反转录病毒中 *gag-pol* 的翻译相似。

Ty 因子提供了一个较小的同源区。此同源区也就是由宿主系统介导的重组事件的靶子。这种重组常导致染色体的损伤。当重组发生在同一条染色体上的两个 Ty 因子之间时,会导致缺失或倒位;当重组发生在不同染色体上的 Ty 因子之间时会导致更为剧烈的改变。

Ty 因子之间的重组看来是突然发生的,当检测到一个 Ty 因子时,发现另一个的可能性就大大增加。基因的转变发生在不同座位的 Ty 因子中,结果是一个因子被另一个因子所取代。

Ty 因子通过"δ"序列之间的同源重组可以切离(图 8.42)。染色体上存在大量单独的"δ"因子可能就是切离后留下的"脚印"。切离这一特点可能和 Ty 插入所引起突变的回复有联系;回复的途径可能取决于左侧的"δ"序列。

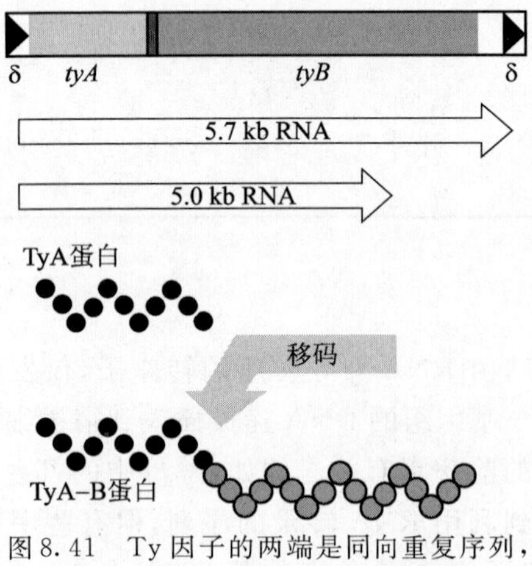

图 8.41 Ty 因子的两端是同向重复序列,Ty 因子转录成两个重叠的 RNA 它们具有两种可读框,与反转录病毒的 *gag* 和 *pol* 基因相关(引自 B. Lewin,2004)

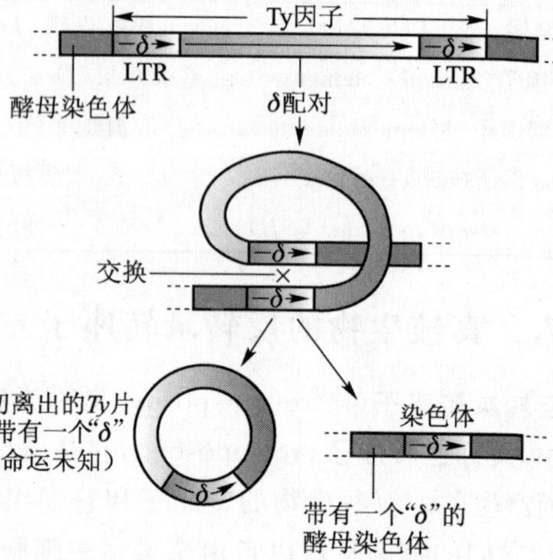

图 8.42 Ty 因子通过反向重复元件"δ"之间的同源重组而被切离,在原来的 Ty 插入位点留下了一个"δ"元件

(引自 P. J. Russell,1992)

一个独特的观点认为两个"δ"因子具有相同的序列。在"δ"因子中的一端存在一个有活性的启动子，在另一端存在有活性的终止子。相似的特点也在其他的转座因子中被发现，包括反转录病毒。

Ty 因子是典型的反转录转座子，由 RNA 介导转座。证实此结论的实验是改变 Ty 一端的"δ"元件的序列为标记，并将内含子插入到一个 Ty 序列中，在 Ty 序列的 5′端插入半乳糖启动子来启动 Ty 因子的转录，然后导入到酵母细胞中。半乳糖启动子可以被诱导，它可以通过加半乳糖来打开。启动子的诱导有两种作用：一是可促进被标 Ty 因子的转座；二是可观察启动子的活性对 Ty 因子在酵母染色体上转座频率的影响。转座的结果使酵母的基因组中存在多个拷贝的转座子，但它们都没有内含子(图 8.43)，而且两端"δ"的序列都是被改变的。我们知道只有一种途径可以切除内含子，那就是 RNA 的拼接。此外，原来仅改变了 Ty 一端的"δ"序列，而转座后两端的"δ"序列都被改变，与反转录病毒两端 LTR 的形成相似。这表明 Ty 的转座机制和反转录病毒是相同的。即 Ty 因子被转录成 RNA 并被拼接装置所识别。被剪接的 RNA 被一种转录酶所识别，以其为模板合成了双链 DNA 拷贝。

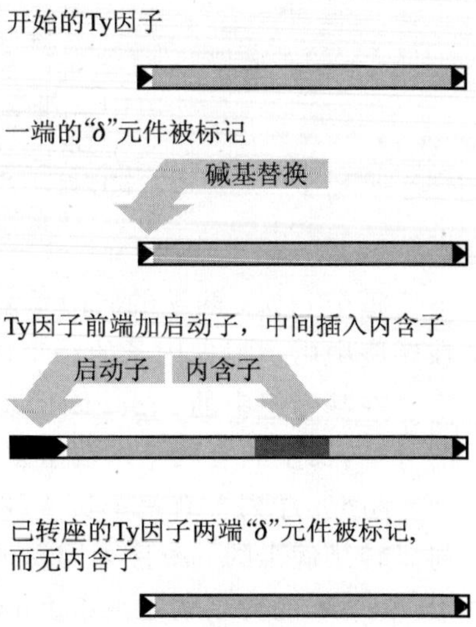

图 8.43　一个独特的 Ty 因子，用基因工程使其加入一个内含子，而转座产生的拷贝却失去了内含子这些拷贝具有相同的末端重复序列(δ)，它们是由原先 Ty 因子的一个末端产生的(引自 B. Lewin，2004)

Ty 因子与反转录病毒有 4 点相似：①Ty 因子两端的"δ"序列的形成和反转录病毒两端 LTR 的形成相似。②转座是由 Ty 因子内的基因控制的，这就意味着 Ty 因子的产物能反式作用于其他的 Ty 因子(实际是作用于它们的 RNAs)。③虽然 Ty 因子不产生感染颗粒，但在经诱导发生转座的细胞中存在着 Ty **病毒样颗粒**(virus-like particles，VLP)。它们含有全长的 RNA、双链 DNA、具反转录酶活性的产物及带有整合酶活性的 *TyB* 的产物。*TyA* 的产物像 *gag* 产物一样被剪切成 VLP 的核心蛋白。这表明 Ty 转座子和反转录病毒十分相似。它们不同之处在于 Ty 因子没有 *env* 基因，因此不能包装它的基因组。④仅有某些 Ty 因子在任何酵母基因组中都有活性；大部分没有转座能力，这和惰性的内源性前病毒相似。由于这些无活性的 Ty 因子保留了"δ"重复序列，这些序列在对活性 Ty 因子的产物作出反应过程中提供了转座的靶序列。

(二) 果蝇中的反转录转座子

1. *copia* 因子

copia **因子**(*copia* element)是最为特殊的反转录的家族。它的名称反映了存在大量密切相关的编码高丰度 mRNA 的序列。*copia* 家族是作为各种其他类型因子的一个范例，这些因子并不相关，但结构和行为相似。

copia 因子的多拷贝取决于果蝇的品系。一般为 20～60 拷贝。这个家族数量巨大，分布广泛。在不同品系的果蝇中它们所在的位置不同。这种差异是在长期进化中形成的。比较一下近代产生歧化的品系(超过 40 年以上)，它们在实验室中繁殖的结果，使少数的变异得到了恢复，而且拷贝数也增加了 2～3 倍。增加的因子存在于新的位点。在合适的培养条件下它们以未知的方式暂时性地增加转座频率，其范围在每基因组 10^{-3}～10^{-4}。

copia 因子长约 5 kb，末端带有 276 bp 的同向重复(图 8.44)。同向重复序列本身的两端又存反向重复。在插入位点产生一个 5 bp 的同向重复序列。在 *copia* 家族中的各成员之间的差异很小，一般小于 5%；变异体常含有小的缺失。虽然个别成员显示出很大的差异，但这些特点与其他 *copia* 一类家族都是共同的。

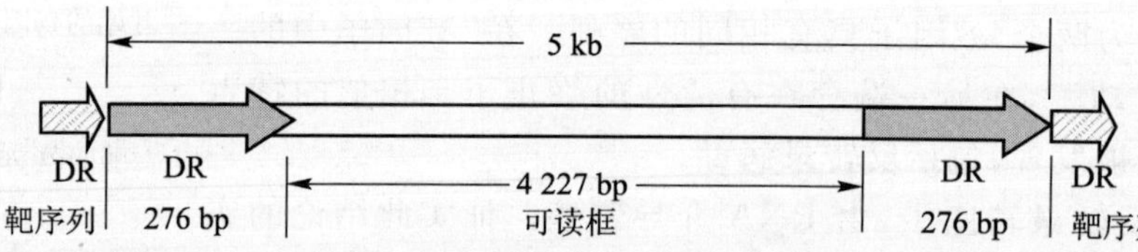

图 8.44 果蝇 *copia* 因子的结构

每个 *copia* 两端的同向重复序列都是相同的，这意味着在相关的过程中它们可能相互作用，或者两者都是在转座中由一祖先因子的一个同向重复序列产生的。这与 Ty 因子相似，表明与反转录病毒的有关。

在基因组中的 *copia* 因子总是完整的，单拷贝的末端重复序列未检测到。有时发现 *copia* 因子形成了环状的分子，长型的有两个末端重复，而短型的只有一个。含有 *copia* RNA 的颗粒备受关注。

copia 序列含有一个长 4 227 bp 的可读框，可读框的一部分与反转录病毒的 *gag* 和 *pol* 序列同源，但没有与反转录病毒的 *env* 序列同源的部分，表明 *copia* 和 Ty 一样不能产生病毒样颗粒。

copia 的转录物是高丰度 poly(A)＋mRNA，它有两种形式，一种是完整长度的转录本，另一种是部分长度的转录本，两者有相同的 5′端，这是由于在一个末端重复序列的中部起始转录所致。不同蛋白质的产生可能涉及 RNA 的拼接及多肽的剪切。

虽然现在还缺乏 *copia* 产生转座的直接证据，但 *copia* 有很多与反转录病毒结构相似之处，看来 *copia* 可能有一个与反转录病毒相关的起源。现只知道它可以转座，还很难说明它具有多少反转录病毒的功能，也没有证据表明它们有感染能力。

2. 吉卜赛因子(*gypsy* element)

吉卜赛因子比 *copia* 因子要大一些，不仅含有 *gag* 和 *pol* 基因，还含有一个与 *env* 相似的基因(图 8.45)。*copia* 和 *gypsy* 在果蝇细胞中都能形成病毒样颗粒，但仅有含 *gypsy* RNA 的颗粒才能穿过细胞膜。这可能由于此颗粒含有 *gypsy* 的 *env* 基因产物，因此 *gypsy* 因子看来是一个真正的反转录病毒。在果蝇中还存在其他很多反转录病毒样的转座子，但它们的活性很低。

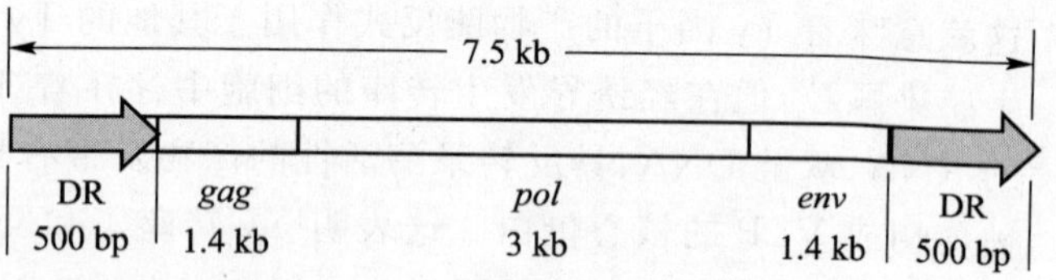

图 8.45 果蝇 *gypsy* 因子的结构

七、转座的遗传效应

转座因子能给基因组带来新的遗传信息，也能诱发突变。同时还能导致 DNA 的重排。从这个角度来说，基因组并不是一个静态的集合，而是一个不断在改变自身构成的动态有机体。转座因子其遗传效应可归纳为以下几点。

(一) 诱发突变

当一个转座因子插入到结构基因中时，破坏了原有的基因结构，使其沉默。例如，玉米中 *Ds* 基因插入到色素基因 *C* 中时，使其失去功能而不能合成相应的色素。当 *Ds* 基因进一步转座到别处时，*C* 基因又恢复了原有的功能。在这种情况下，转座因子又能像一个开关那样启动或关闭某些基因。基因打靶或敲除技术也正是应用了转座因子的插入可使靶基因沉默这一原理。

(二) 导致 DNA 重排

转座因子不仅能破坏基因或阻断它们的调节，而且还能导致 DNA 的重排，包括缺失、倒位和易位等。由于转座因子之间能进行同源重组。当转座因子经转座产生一个新拷贝时，这两个拷贝成为潜在的重组底物。转座因子也就成为一种**“便携式同源区”**(portable region of homology)。重组的结果取决于两个转座因子相互间的排列方向。若排列方向相同则会产生**缺失**(deletion)(图 8.46a)；若排列方向相反则会产生**倒位**

(inversion)(图 8.46b)。

当中间夹着一段短 DNA 序列的两个转座因子(如 IS)发生转座时,可像复合转座子那样,插入到一个新的位点,同时也使那个短片段 DNA 发生易位(在不同的两条染色体上)或移位(在同一条染色体上)。

(三) 诱发染色体断裂

当发生非复制型转座时,转座子从原来的供体位点离开转移到一个新的受体位点时,宿主必须对原供体位点加以修复,如果未能修复就会导致染色体的断裂。例如,在玉米中解离因子(*Ds*)在激活因子(*Ac*)的作用下,离开插入位点,使原插入处的染色体断裂,产生无着丝粒染色体片段,该片段丢失后,出现拟显性(图 8.20)等。

(四) 使抗性基因转移

复合转座子和 TnA 家族的转座因子除编码转座酶以外,还编码抗生素的抗性基因。这些转座因子的转移也将抗性基因带到了受体位点。

(五) 激活癌基因

反转录病毒也是一种由 RNA 介导的转座因子。即使是基因组中不含有病毒癌基因的慢性致癌病毒,通过在宿主染色体上的转座,一旦移动到原癌基因的邻近区域,也会导致原癌基因的激活。

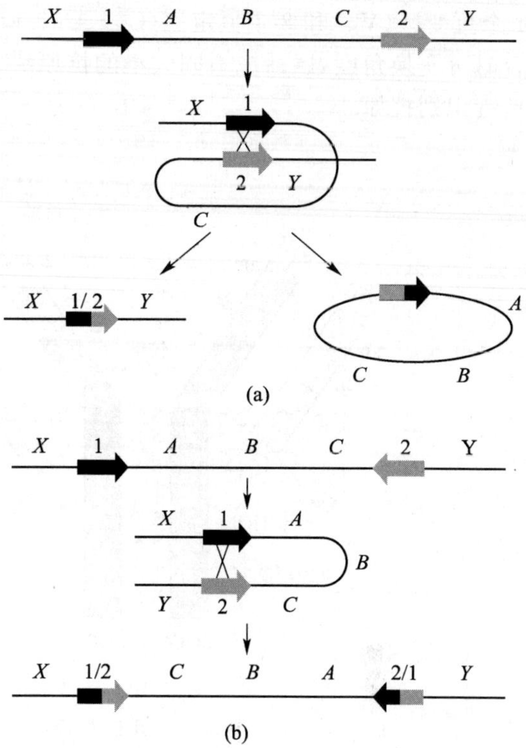

图 8.46 重组发生在同一条染色体的两个转座因子(或两个重复序列)之间

(a) 如果这两个转座因子排列的方向相同,重组的结果会导致缺失并产生一个含有缺失区的环形分子 (b) 如果这两个转座因子排列的方向相反,重组的结果会导致这两个转座因子之间的区域倒位

第五节 非同源末端连接

非同源末端连接(non-homologous DNA end-joining,NHEJ),以前称为特殊重组(special recombination)。在哺乳动物的体细胞中,免疫球蛋白成熟的 *V-J-C* 区的 DNA 重排、类别转换都是以这种方式进行重组的。另外在 DNA 双链断裂的修复中,也涉及这种重组(第七章)。这种重组的分子机制涉及很特殊的蛋白质因子,如重组激活蛋白(RAG)、连接酶Ⅳ等,但重组的结果会导致核苷酸序列较多的改变。这种重组的分子机制也涉及转酯反应,和细菌转座子的解离酶催化的反应相似。

现在人们已经知道免疫球蛋白多样性的主要原因之一是免疫球蛋白基因的**体细胞重组**(somatic recombination)。在浆细胞成熟的过程中,染色体发生了重排,不同的 *V* 基因片段和 *C* 基因片段组合,产生一条 DNA。

一、免疫球蛋白基因及其重排

(一) 免疫球蛋白的编码基因

免疫球蛋白由两条重链(heavy chain)和两条轻链(light chaim)由二硫键连接构成了“Y”型的对称结构。每条肽链由位于 N 端的**可变区**(variable region,V)区和位于 C 端的**恒定区**(constant region,C)两部分组成。轻链由 213~214 个氨基酸组成,仅含有 1 个可变区(V_L)和 1 个恒定区(C_L);重链由 446 氨基酸组成。重链有

1 个可变区(V_H)和 3 个恒定区(C_H1、C_H2 和 C_H3),在 C_H1 和 C_H2 区之间有一**铰连区**(hinge),当抗体和抗原结合时可变换角度,以适应不同大小的抗原决定簇(图 8.47)。V 区是由轻链和重链的可变区联结而形成,此区负责识别抗原。

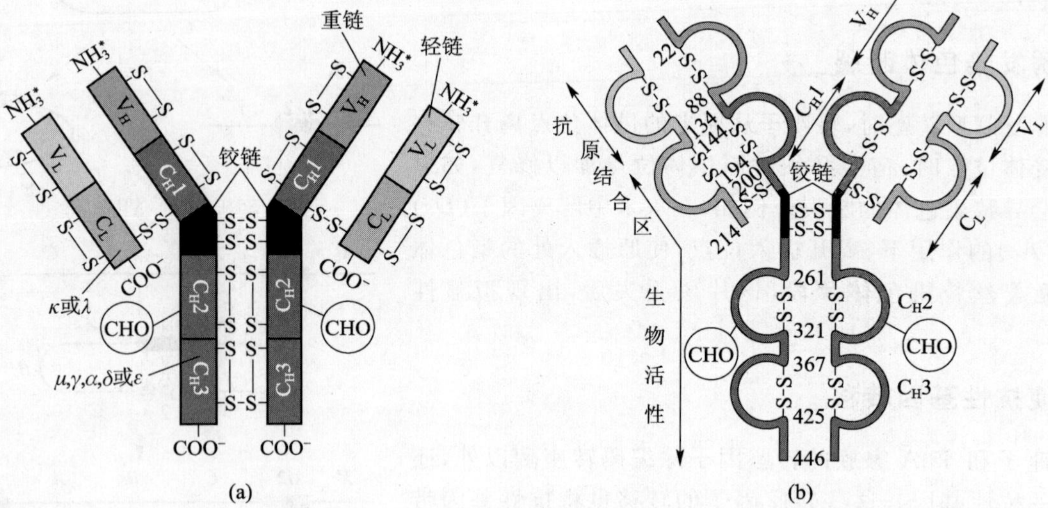

图 8.47 重链和轻链组合在一起,产生具有数个独立结构域的免疫球蛋白

(a) 免疫球蛋白的重链和轻链结合成"Y"型的分子 (b) 显示免疫球蛋白重链和轻链的长度(引自 S. Simmons,2003)

免疫球蛋白的重链是由 *V*、*D*、*J* 和 *C* 基因片段编码;轻链是由 *V*、*J* 和 *C* 基因片段编码。这里所说的"基因"是指编码免疫球蛋白多肽链的不连续部分的 DNA 序列。人类中编码重链的单个基因由 *V*、*D*、*J* 和 *C* 4 个独立的部分组成。有很多基因编码 V 区,而只有少数几个基因编码 C 区。*V* 基因编码可变区,*C* 基因编码稳定区,它们都作为一种独立表达的单位。小鼠的重链组成与人类相似,但小鼠有较多的 V_H 基因片段和较少的 *D* 片段、*J* 片段,而其 *C* 基因片段的数量和结构与人类的只有较少的差别。V_H 基因簇的 3′端的成员和第一个 *D* 基因片段之间被一个 20 kb 的片段隔开。*D* 基因片段散布在 50 kb 左右的区域内,其后是 *J* 片段基因簇。接下来超过 220 kb 的序列都是 C_H 基因片段,其中有 9 个功能基因和两个假基因。

Ig 轻链有 λ 和 κ 两个家族,人类的 λ 基因座约有 6 个 C_λ 基因片段,每个前面都有一个 *J* 片段。小鼠 λ 基因座的多样性要比人类的少,小鼠只有两个 V_λ 基因片段,每个连接两个 *J-C* 区。共有 4 个 C_λ 基因片段,其中一个无活性。可能在过去某个时期,小鼠生殖细胞中 V_λ 基因片段曾经发生严重的缺失(图 8.48)。

(二) 免疫球蛋白基因的体细胞重组

体细胞重组是发生在前 B 淋巴细胞中。大量不同的 *V* 基因负责各种 Ig 差异的主要部分。当 B 细胞发育时,一个特殊的 $L\text{-}V_\kappa$ 片段和其中一个 J_κ 连接,再和 C_κ 连接,如 $L\text{-}V_{\kappa2}$ 和 $J_{\kappa3}$ 连接,然后转录,切除内含子,成为成熟的 mRNA,它由 $L\text{-}V_{\kappa2}J_{\kappa3}C_\kappa$ 组成,翻译后进行分泌,前导肽被切除,此时 B 细胞中产生了 Ig 的 κ 轻链(图 8.49)。

Ig 重链基因也是由 V_H、J_H 和 C_H 片段编码的。但比轻链还多了个 *D*(diversity)基因片段,它们位于 V_H 和 J_H 片段之间(图 8.50)。在小鼠的胚系中 $L\text{-}V_H$ 串联排列,然后是一组 12 个 *D* 片段,接着是 4 个 J_H 片段。恒定区基因是由一组基因组成,在小鼠中,依次为 μ、δ、γ_3、γ_1、γ_{2b}、γ_{2a}、ε、α 8 个基因。分别编码重链 IgM、IgD、IgG、IgE 和 IgA 的恒定区,当与 L 链基因重排时,抗体的多样性除了 *V*、*D*、*J*、*C* 基因的不同连接外,还依赖于 *L* 链和 *H* 链的连接。

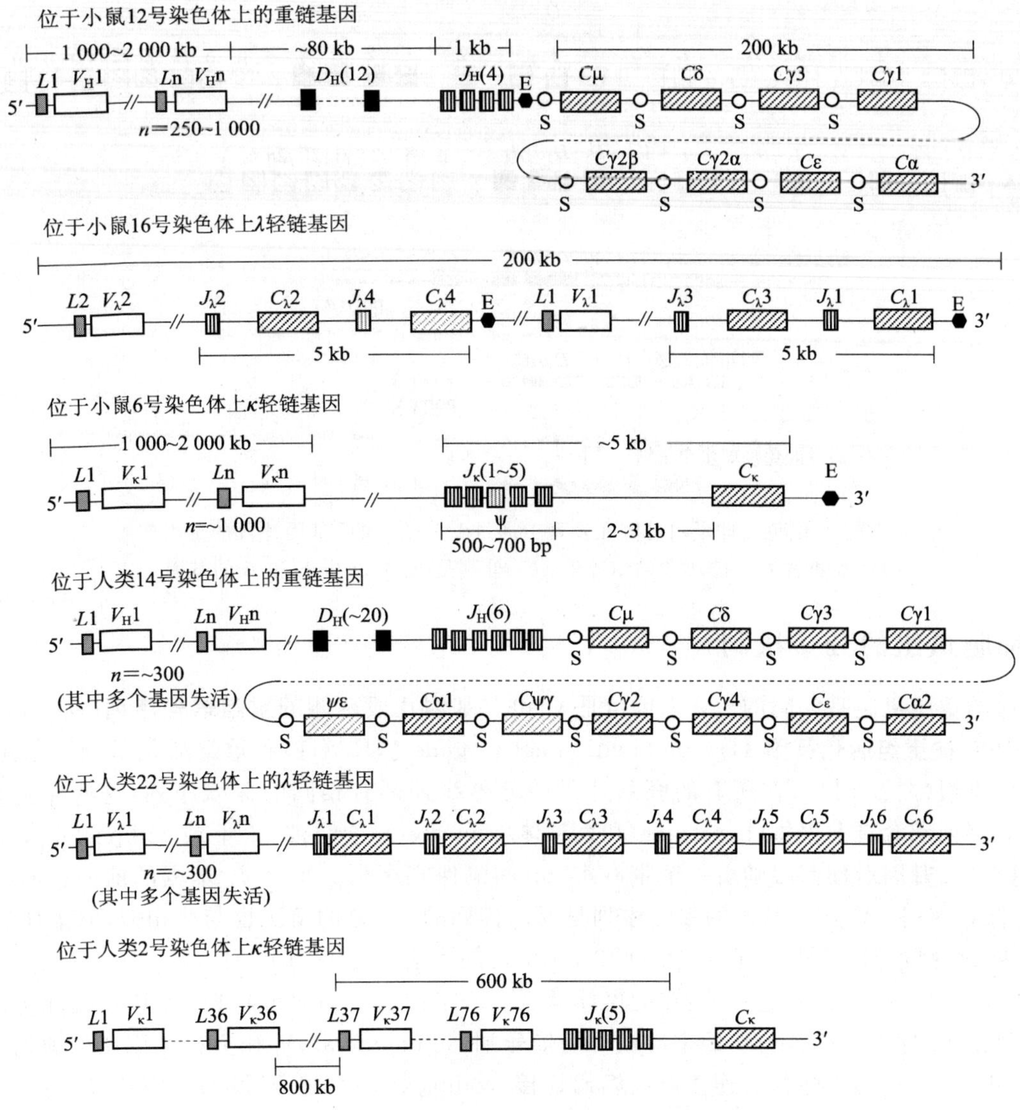

图 8.48 小鼠和人类免疫球蛋白基因家族的组成

图中的 ψ 为没有活性的假基因

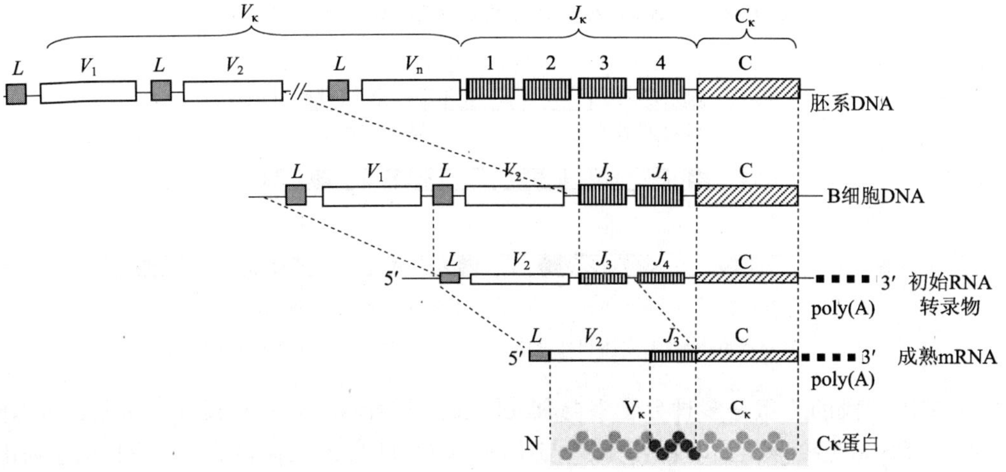

图 8.49 小鼠免疫球蛋白轻链的 DNA 通过 V、J、C 的重排产生体细胞重组

图中未画无活性的 J_{Ψ}

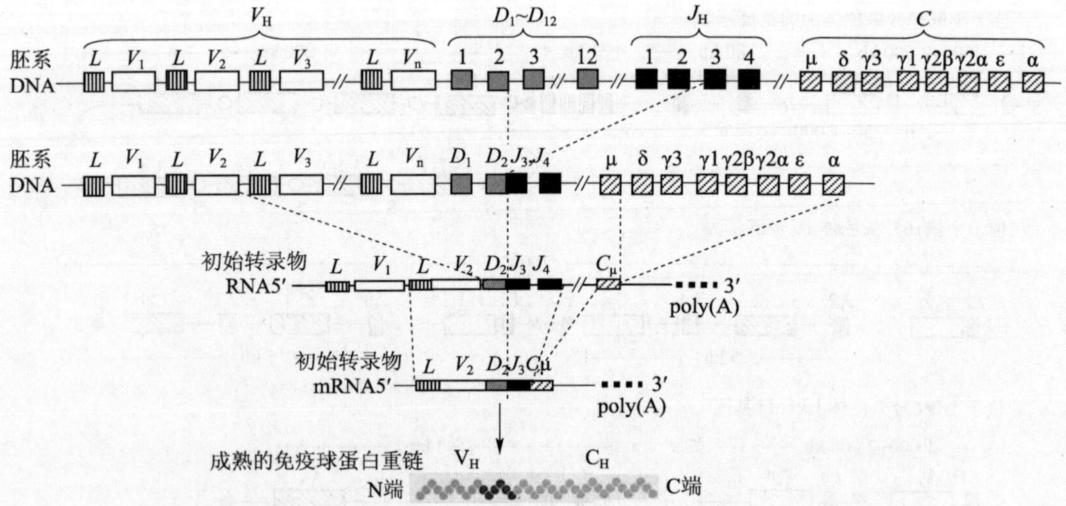

图 8.50 小鼠免疫球蛋白基因在发育中通过 V、D、J 和 C 基因片段的重组产生 DNA 重链的重排，$C\mu$、$C\delta$、$C\gamma$、$C\varepsilon$、$C\alpha$ 分别是 IgM、D、G、E 和 A 的基因

二、体细胞重组的分子机制

轻链和重链的重组机制是相同的。V-J 重组是 V 和 J 基因片段两侧的**重组信号序列**(recombination signal sequence，RSS)被**重组活化基因 1**(recombination active gene 1，RAG1)和重组活化基因 2(RAG2)的产物识别并催化它们重组(图 8.51)。在所有的胚系片段的分界线处都有相同的保守序列，这些序列参与连接反应。每一个保守序列都含有**七聚体**(heptamer)和**九聚体**(nonamer)，中间被 12 bp 或 23 bp 的间隔序列所分开。在 κ 座位上，每个 V_κ 基因后面都跟随着一个带有 12 bp 间隔保守序列。每个 J_κ 基因的前面也有一个带有 23 bp 间隔序列的保守序列。V 和 J 基因的保守序列是反向排列的。λ 链的情况也与此相似，但排列的序列相反。在 H 链中 V_H 和 D 之间有两个保守序列，在 D 和 J-C_H 之间也有两个保守序列，以 D 区为对称中心，方向相反，对称排列。断裂和重接是分开进行的：在七聚体靠近编码单位的一端双链断裂，将 V 基因和 J-C 基因之间的完整片段释放出来，这个片段被剪切的末端被称为**信号端**(signal ends)；V 和 J-C 基因座的剪切末端称为**编码端**(coding ends)。两个编码端共价连接形成**编码连接**(coding joint)，将 V 和 J 基因片段连接起来；如果两个信号端也相连接，那么这个被切下来的片段也会形成环状分子。

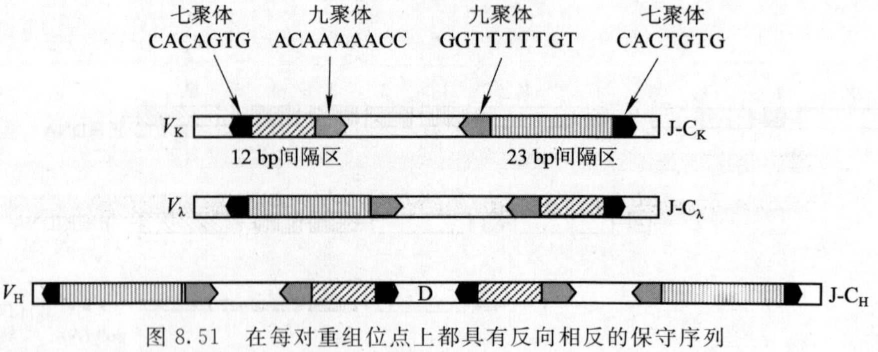

图 8.51 在每对重组位点上都具有反向相反的保守序列
在每对成员中，在七聚体和九聚体之间存在 12 bp 或 23 bp 的间隔序列

体内 $V(D)J$ 基因片段的重组是多种分子参与催化的复杂过程(图 8.52)，其分子机制已基本阐明。RAG1 蛋白能识别 RSS。RSS 是免疫球蛋白基因位于 V 与 J、V 与 D、D 与 J 之间的保守序列，该序列由回文七聚体和九聚体及夹在其间的 12/23 bp 间隔序列所组成，其功能是为体细胞重组提供信号。RAG1 蛋白和 RSS 结合后在与 RAG2 及其辅助 DNA 结合蛋白 HMG1 或 HMG2 蛋白装配成复合体，RSS 九聚体提供起始识别位点，

七聚体提供剪切位点。复合体在每个信号端切开 DNA 单链，产生游离的 3′-OH，编码端的每个 3′-OH 亲核进攻互补链的磷酸二酯键，进行转酯反应，产生发夹结构。在信号端产生 DNA 的断裂平端。转酯反应和细菌转座子的**解离酶**(resolvase)催化的拓扑异构酶样反应(topoisomerase-like reaction)相似。RAG1 和细菌的**转化酶**(invertase)(通过相似的反应能催化特异 DNA 片段的倒位)具有同源性。在体外，RAG1 蛋白能通过转座反应将含有信号端的供体片段插入到另一个无关的靶基因中，此提示编码 RAG1 蛋白的基因可能起源于原始转座子。

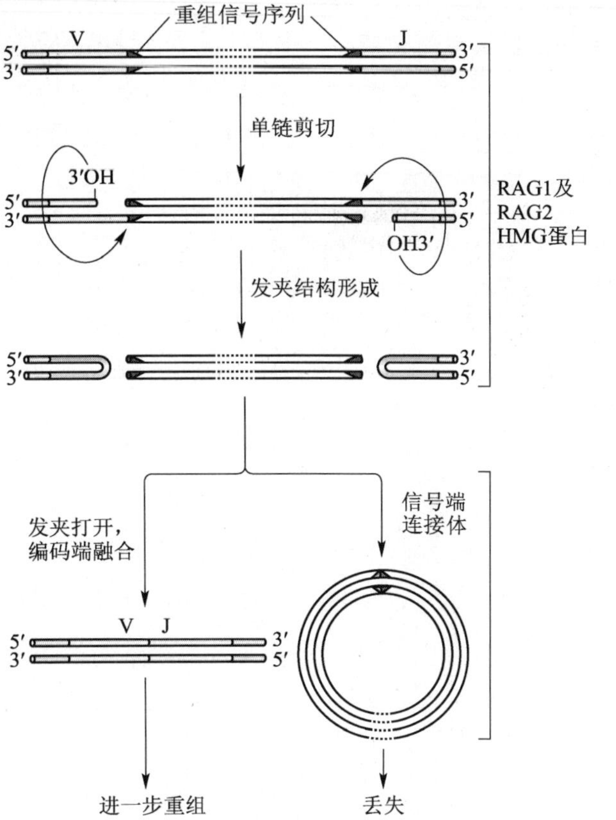

图 8.52　$V(D)J$ 重组途径

发生断裂的机制类似于转座子的切除机制。重组酶(RAG1、RAG2 和 HMG 蛋白)催化信号端单链断裂后产生游离的 3′-OH，3′-OH 开始攻击互补链，形成发夹结构。随之，发夹结构水解，并将 V 区和 J 区连接起来，形成编码端连接体，携带重组信号序列的两个末端也连接成信号端连接体，前者可继续进行重组，后者则被丢弃

(引自 Waston 等，2005)

习　题

1. 重组有几种重要的形式？它们的特点是什么？
2. 为什么模板选择性模型不能被接受？
3. 什么是 Holliday 模型？为什么这种模型能被广泛接受？
4. 细菌中 RecBCD 酶系在重组中起什么作用？各有哪些活性？
5. 细菌中 RuvABC 酶系有何功能？
6. 什么是位点特异性重组？这种重组涉及哪些蛋白质？它们的功能是什么？
7. 位点特异性重组也需要短的同源顺序，与同源重组有何不同？
8. 倒位重组有几种类型？

9. 转座因子可分为几种类型？它们的结构特点是什么？它们的转座机制有何不同？
10. 转座的结果可能产生哪些遗传效应？
11. 什么是 *Ds-Ac* 因子？有何功能？
12. 什么是整合子(integron)？其整合的机制是什么？
13. 在果蝇杂种不育品系中，为什么 P×M 不育，而 P×P 和 M×P 可育？
14. 反转录病毒整合到宿主后两端的 LTR 是怎样形成的？
15. 什么是内含子归巢？
16. 转座因子有何应用价值？试举例说明。

第九章 发育的遗传基础

- 高等生物的细胞核是否有全能性
- 生殖细胞和体细胞
- 位置信息的建立
- 利用位置信息建立细胞命运
- 图式形成的其他方面
- 在脊椎动物和昆虫中的图式形成的平行性
- 动物的性别决定和分化
- 胚胎干细胞

在所有高等生物中，生命开始于一个单个的细胞，那就是受精卵。受精卵经多次分裂，形成由各种组织系统组成的生物体。一个受精卵变成一个成体的过程似乎十分神秘，发育遗传学的目的就是要解开这个谜。

无论是动物还是植物的细胞核都含有全部的遗传信息(除核外遗传物质以外)。细胞的分化和个体的发育其实质是基因表达调控差异的体现。

多细胞生物的发育不仅涉及细胞类型的分化，而且涉及特定细胞精确的空间组成。

除了少数例外，发育中生物体的细胞保留相同的基因组。发育主要是通过基因表达的调节来控制的。发育过程是由内源和外源因子控制的。在大多数生物中，分化的第一个影响因素是卵细胞中蛋白质分布的不均一性。进一步的分化是通过细胞间及细胞与环境间的相互作用来完成。分化反映了不同蛋白质系列的形成。

在基因组中有编码生物体整个发育过程的潜在计划。亲代的一些基本特点可以十分忠实地传递给后代。如何按照潜在计划的**图式形成**(pattern formation)可靠执行发育程序，构建复杂的形态呢？这个问题是发育遗传学主要目标之一，也就是要在分子水平上，采用遗传学、胚胎学及分子生物学的方法来探索这种图式形成。

在动物中有3种不同的图式形成：一种是完全程序化的(镶嵌式)，另一种是非程序化的(调节式)，第三种是半程序化的。在早期发育中胞质决定和细胞之间相互作用的相对优势在动物界中是不同的。通常，胞质决定出现在大多数无脊椎动物胚胎，呈现镶嵌式图式形成，而细胞之间相互作用是在脊椎动物发育中，呈现调节式图式形成。

发育过程由内源和外源两种信号控制的。在大多数动物和植物中，发育过程由卵细胞中内源性生化不对称性所起始。当卵细胞分裂时特定的分子进入不同的细胞，因此由胚胎的不同位置所产生的细胞就不再是等同的了。这样的分子称为**胞质决定子**(cytoplasmic determinants)，它是母体基因组在卵细胞中所处特定位置的产物。因此是母体基因型决定了胚胎早期发育的表型，这个现象称为**母体效应**(maternal effect)。这种类型是以秀丽隐杆线虫(*C. elegans*)为代表，这种线虫从合子到具有959个细胞的成体整个的过程都井然有序，每个细胞的命运都早已确定，它们将在特定的时间分裂和迁移，并分化为特定的组织。

非程序化发育类型其细胞的命运具有一定的随机性。哺乳动物提供了一个有调节发育的极端例子，其卵细胞没有内在的不对称性，在最初的几次分裂中，胚泡中的任何细胞都可以被分离，并发育成完整的胚胎。最早的分化是将滋养外胚层从内细胞团中分离出来(简而言之，它们将发育成胚外膜和胚胎)。这个决定看来是完全随机的，每个细胞的命运取决于它的位置，是在胚的表面还是在胚泡中。

半程序化类型属于前两者之间，如果蝇的**器官芽**(imaginal disk)也称为芽盘(图 9.1)，是幼虫体内含有的许多未分化的细胞小团，细胞里具有大量的细胞核和游离的核糖体，若将它分离出再移植到同龄幼虫体中，不论移植在何处它都发育成某个特定的组织，表明它明显地受到了程序性安排。

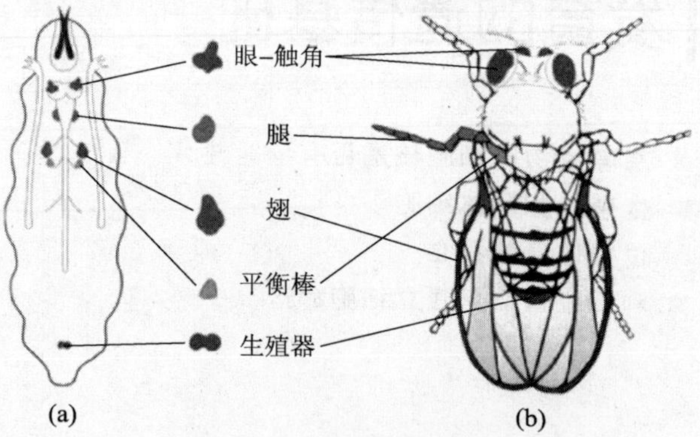

图 9.1 果蝇幼虫(a)的一些器官芽在成虫中(b)发育成各种相应的器官

在发育过程中不同的细胞有着各自特殊的命运(fates)，也就是能**分化**(differentiation)成特殊类型的细胞。确定这种特殊命运的作用就叫做**决定**(determination)，这是个渐进的过程。对于哺乳动物来说一个细胞并不直接地从未分化的细胞即**全能性**(totipotent)细胞向某个特殊方向分化。在受精卵分裂的过程中，"决定"是在每个细胞系中产生更加精确的子细胞的命运。在这些"命运决定"中，有一些是由分裂细胞自己产生的；而另一些是由相邻细胞输入的一些信号物质来确定的。

经典胚胎学是从形态学的角度来描述，而现在则着重从分子水平来探讨发育和分化的实质。其中心的问题是：①细胞分化是由什么触发？②一个个体各种细胞所含的基因组都是相同的，为什么会分化为不同类型的细胞？③分化是否可逆？这些问题汇集到一点就是基因表达的调控和分化发育的关系。

第一节 高等生物的细胞核是否有全能性

一个受精卵是有全能性的：它可以产生各种类型的细胞。在发育的哪个阶段细胞的全能性受到了限制呢？回答这个问题的实验方法就是在各个阶段观察一个细胞或细胞核是否具有发育成一个完整个体的能力。多年来这个问题一直引起人们的关注，经多次实验的失败大部分学者认为高等生物的细胞核是没有全能性的，也就是分化是一个不可逆的过程。另一部分学者则认为高等生物细胞核应具有全能性，分化是可逆的，只是人们尚未找到适当的实验方法而已。1997 年英国的 I. Wilmut 等首次进行应用体细胞的克隆技术成功地克隆了一头小绵羊——"多莉"(Dolly)，震动了整个的世界。从此，上述争论的问题终于有了明确的答案。这个答案来之不易，前人的多项实验的结果为今天的突破积累了很多的理论基础和经验，他们功劳也不应被遗忘。

在人类中的同卵双生子或同卵多胞胎表明人类的遗传信息在受精卵的前几次分裂时是精确的，忠实的。但已知早期胚胎的发育最初是受到母体基因型的控制。此后分裂的胚细胞中，核产生了什么变化呢？它们仍保持着全能性吗？

很多高等生物都能产生新的器官和组织。例如，海盘车(*Asteroidea*)丢失了"臂"或尾巴后都能再生一个。人类的肝受到损伤后也能修复。但这种现象只限于某些组织，在自然界中尚未发现动物的单个体细胞能产生一个完整的生物体。

一、植物细胞核的全能性

植物能从一个体细胞长成一株完整的植株，但在自然界中并未发现这种现象。然而至少表明有的植物在人类的操纵下其细胞保持着全能性。例如，1958 年 F. C. Steward 等用细胞培养的方法证明了这一点。他将已分化的胡萝卜(*Daucus carota*)的根细胞经培养长成了一株完整的植株。用这种方法，他通过单株植物的体细胞而获得了大量相同的植株后代，这种再生的方法现在就称为**克隆**(cloning)，其实"cloning"一词是来自植物的"扦插"(cuttings)，进行营养繁殖。

多细胞生物的单个细胞能在培养条件下生长，而且可像微生物那样的被处理和分析。也可诱导突变，然后通过选择培养基来筛选突变细胞。这些突变细胞能经激素的作用，分化成成熟的植物。用培养的方法可简化和加速植物的繁殖。有些已分化的植物细胞可培养成植株，证明了植物的细胞核具有全能性。那么动物细胞有相似的全能性吗？

二、两栖动物的核移植

1950 年 R. Briggs 和 T. King 在研究细胞发育中潜力的变化时建立一种两栖动物的核移植技术。他们用一根很细的玻璃毛细管插到受精的蛙卵中，将细胞核吸出，产生了去核蛙卵。Briggs 和 King 从分化的细胞中分离核然后将其注入无核卵中。他们发现一个去核的卵获得一个体细胞的核时可以分裂，而且还发现从蛙的**囊胚**(blastula)细胞中分离的核是保持着全能性：即将从囊胚细胞中分离出的核注入去核卵中不仅可以正常分裂，而且还能发育成蛙。

然而，同样的实验如果是从**原肠胚**(gastrula)阶段(胚胎发育的一个阶段，在囊胚期后，已初步形成 3 个胚层)分离核再移植到去核蛙卵中，结果移核卵就不能正常发育。这些实验表明在囊胚期后，蛙体细胞核具有一定水平上的发育障碍。至少是在核移植实验中是这样的。但 J. Gurdon 用非洲爪蟾(*Xenopus laevis*)进行实验出现了完全不同的结果。他从爪蟾高度分化的蝌蚪肠细胞中分离了核，然后移入未受精卵中，这个未受精卵本身的核已用 UV 照射，使其破坏了。结果约有 2%的卵发育成正常的蛙，而且带有蝌蚪肠细胞的遗传标记。表明在脊椎动物中高度分化阶段细胞依然保持着全能性。

三、克隆羊的诞生

1996 年 7 月一头名叫“多莉”的小绵羊在苏格兰的爱丁堡诞生了，“多莉”的诞生在生命科学中是又一次划时代的重大突破。

I. Wilmut 等用一头母羊乳腺的细胞核移植到另一头母羊的去核卵细胞中，经体外培养后，再移植到假孕母羊的子宫内发育而成(图 9.2)。实验一共移植了 247 个卵，“多莉”是其中唯一成功的一头，可见难度是很大的。科学家们以他们最喜欢的乡村歌手“Dolly Parton”的名字来命名这头小羊。

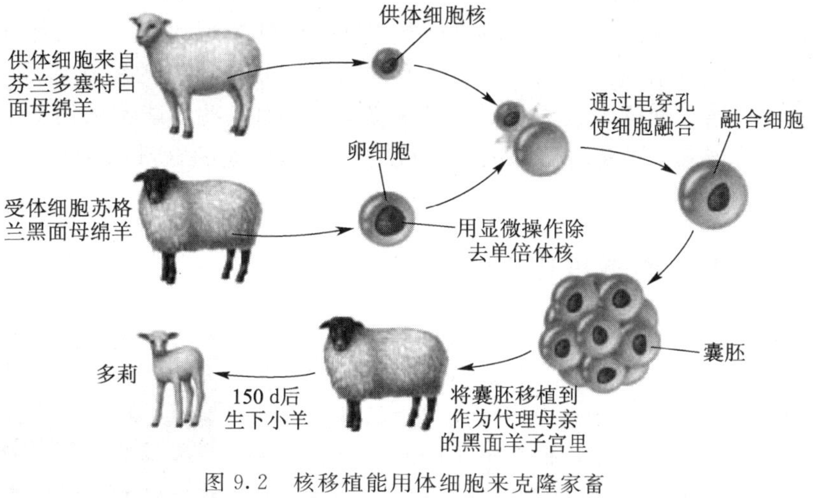

图 9.2 核移植能用体细胞来克隆家畜

图中表明多莉羊产生的过程。即从白面母绵羊的乳腺中分离的细胞和黑面母羊的去核卵融合，经培养产生早期胚，然后移植到代理母亲的子宫内发育，共移植了 277 个融合细胞，而只成功地产生了一头小羊“多莉”

I. Wilmut 在进行核移植前，先将这些乳腺细胞在低血清培养液中培养(血清浓度由 100%降低到 0.5%，由于血清中含有细胞周期所需的各种蛋白质因子，当浓度降低时可以抑制细胞周期的运转，使其停留在 G_0 期。而未受精的卵细胞也处于 G_0 期，这样可使受体和供体之间的时相保持一致。细胞处在 G_0 期时，很多基因都处于关闭状态，这就有利于体细胞的核移植入卵细胞质后，重新启动基因的表达，即**再程序化**(reprogramming)，从而驱动整个发育过程。这是本实验的技术要点之一。

另外绵羊的受精卵在第4次卵裂前核基因仍不表达，细胞分裂等活动主要是依赖于卵细胞质中储存的由母体产生的mRNA，移入的核不须立即发挥作用，这样给核基因的表达留有了充分的时间。以便产生有关的转录因子和调控蛋白，进入核中启动和调节核基因的表达。而小鼠和大鼠受精卵中核基因打开较早，在第一、二次分裂就开始启动，这样就要求移入的核立即进入角色，因而难度较大。克隆羊的成功有着极重要的意义：①在理论上充分证明了动物的细胞核有着全能性，发育是可逆的，从而结束了几十年来的争论；②建立了高等哺乳动物体细胞克隆的方法，为抢救濒临灭绝的珍稀动物、大量繁殖优良品种及治疗性胚胎干细胞克隆奠定了基础；③引发了人们对克隆人这一敏感问题的广泛注意。

端粒的缩短、基因的印记和雌性哺乳动物X染色体的失活在正常受精过程中可得到恢复，而在体细胞克隆中是不能恢复的，其机制尚不清楚，这些问题给体细胞克隆带来了障碍，只有克服这些难题体细胞克隆才能得到进一步发展。

第二节 生殖细胞和体细胞

在动物的发育中，早期发育决定是生殖细胞和体细胞的分离。一旦发生分离就不能回复了。生殖细胞可产生配子，配子总是为下一代提供遗传物质。体细胞在发育的过程中经过了遗传调节或化学修饰，体细胞是不能产生配子的。

在产生生殖细胞的过程中胚胎采用了**细胞骨架**(cytoskeleton)不对称的机制在胚胎细胞中来定位生殖细胞。细胞骨架支撑了细胞并决定了细胞外形。在讨论生殖细胞和体细胞分离之前我们先要了解两个名词：细胞骨架和**细胞的不对称性**(cellular asymmetries)。

一、细胞骨架

由高度组织结构的纤丝：**微管**(microtubules)[由微管蛋白(tubulin)构成]、**中间丝**(intermediate filaments)[由波形蛋白(vimentin)等构成]、微丝(microfilaments)[由肌动蛋白(actin)构成]组成的网状物。每种纤丝都由一组特殊的蛋白质亚基构成。这些蛋白质亚基启动纤丝的装配和解离。这些纤丝通过不同蛋白质彼此交错连接形成高度有序的网状结构。细胞骨架的一系列功能和我们讨论的图式形成有关：控制细胞中有丝分裂平面，控制细胞的外形，指导细胞中分子和细胞器的移动。所有这些功能都依赖于细胞骨架二级结构。肌动蛋白和微管蛋白组成的微丝和微管聚合体对图式形成的作用是较大的，所以我们要集中介绍这两种细胞骨架因子。

二、细胞骨架纤丝内在的不对称性

微丝和微管的极性对于其作为细胞内的通道是至关重要的。其他分子沿着这些通道移上移下，发挥它们在细胞中的作用。微丝和微管是线形的多聚体，其极性就像DNA链从3′到5′一样，尽管分子的基础和DNA不同(图9.3)。此外，细胞骨架因子的极性是在细胞中形成的。在大部分细胞的中央附近所有微管的“负”的末端都聚在一起，这个位置就称为**微管组织中心**(microtubule organizing center，MTOC)(图9.4)。所有微管的“正”的末端都在细胞的外围。蛋白质水解ATP释放能量用于推动分子(如激酶)沿着微管朝“正”的方向移动，将运载物(如囊泡)从细胞的中心运送到外围。激酶球状头部直接和微管的纤丝结合。激酶蛋白的尾部附着在囊泡上(图9.5)。运载物可以是单个的分子、细胞器或是亚细胞的粒子。它们从细胞的一个部位移动到另一个部位。就像城市复杂交叉的街道使得从一个出发点可以到任意的位置。

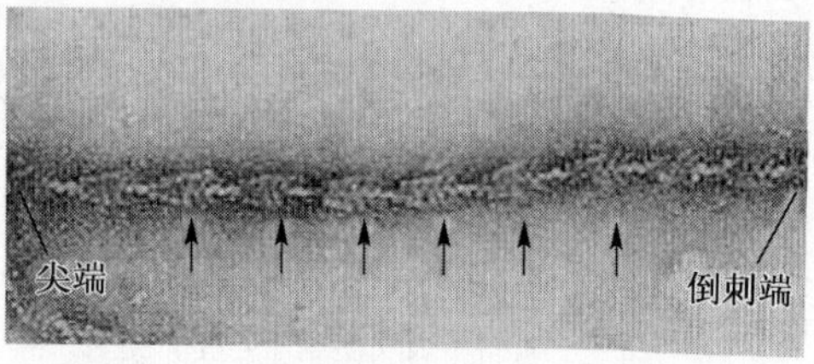

图9.3 肌动蛋白微丝中的亚单位多聚体
(引自A. J. F. Griffiths等，1999)

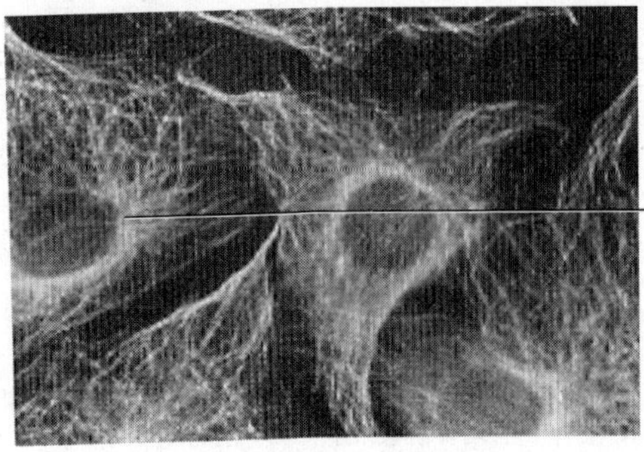

图 9.4　一种动物纤维原细胞间期中微管蛋白分布的荧光显微照片
（引自 A. J. F. Griffiths 等，1999）

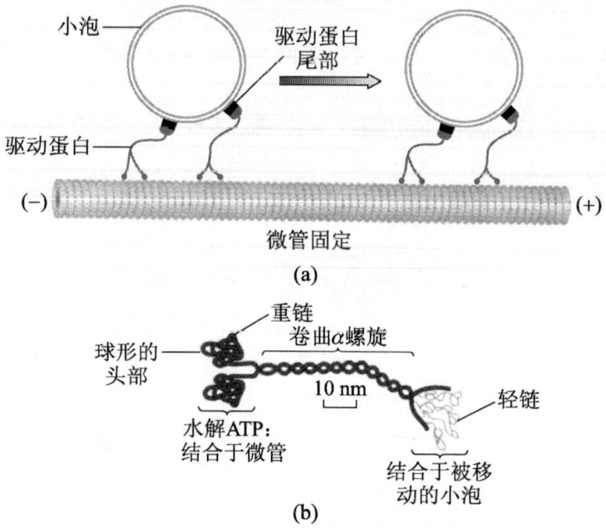

图 9.5　小泡沿着微管移动
（a）表示驱动蛋白如何附着到细胞的小泡上，通过驱动蛋白头部的“驱动”功能域将小泡从微管的负极移动到正极　（b）表示驱动蛋白分子的结构与功能（引自 A. J. F. Griffiths 等，1999）

三、生殖系的定位决定

在很多的生物中一些可见的粒子不对称地分布在细胞中，卵裂后具有这些颗粒的细胞将形成生殖细胞。这些颗粒在线虫中称为**P 颗粒**（P granules），在果蝇中称为**极粒**（polar granules），在蛙中称为**类核周体**（nuage）（为线粒体、高尔基体和内质网等膜性细胞器聚集的场所），通过转运载体携带着生殖细胞决定子——调节物附着在细胞骨架通道上送到适当的地方。在线虫和果蝇中，实验证据表明生殖系决定于细胞骨架。线虫合子早期的细胞分裂，是细胞骨架不对称性形成生殖系的很好的例子。线虫是很好实验体系，可以在显微镜下观察到动物细胞分裂的图式。可建立生物发育的系统树，使线虫的各种体细胞的来龙去脉一目了然。线虫的卵细胞受精后产生的合子称为 P_0 细胞，P_0 细胞是一个长形的不对称的椭圆形细胞，第一次分裂垂直于前后轴，产生两个子细胞，前面的细胞较大，称为 AB 细胞，后面的细胞较小，称为 P_1 细胞。第一次分裂产生的两个子细胞是很重要的，它意味着子细胞已进入了分化的特殊角色。AB 细胞的后代分化为大部分皮肤细胞和神经系统中的大部分神经原细胞。而大部分的肌细胞，整个的消化系统和生殖细胞都是由 P_1 细胞形成的。用荧光标记的特殊细胞质颗粒——P 颗粒将生殖系的“命运”从 P_0 细胞到 P_1、P_2 直至 P_4 联系起来（图 9.6）。这些颗粒在第一次分裂时合并在一起进入 P_1 细胞，P_1 细胞分裂时也是不对称的，P 颗粒再进入 P_2 细胞，同样在以后的分裂中再进入 P_3、P_4 细胞。只有 P_x 细胞分化为线虫的生殖系统，其他的细胞分化为体细胞。P 颗粒的不对称分布是依赖微丝的作用。当用**细胞松弛素**（cytochalasin）来处理 P_0 细胞的右侧，阻断肌动蛋白聚合成微丝时，P 颗粒在 P_0 细胞的两个子细胞中分布是对称的。当肌动蛋白被破坏时，命运决定就变得不规则，细胞便不能正常发育分化，结果导致胚胎的早期死亡。

有关发育过程的很多知识是通过果蝇的遗传分析而获得的。果蝇的发育周期如图 9.7 所示，包括卵、幼虫、蛹和成虫阶段。早期发育包括一系列的细胞分裂、迁移和包被成**胚囊**（gastrula）。在受精约 24 h 后，第一阶段是由卵孵化成幼虫，约有 10^4 个细胞。每个幼虫的阶段称为“龄”（instar），幼虫要通过蜕皮才能进入下一阶段。3 龄幼虫进一步蜕化成蛹。再通过一个复杂的变态过程羽化为约含 10^6 个细胞的成虫，野生品系的果蝇在 25℃条件下需要 10～12 d 完成发育周期。

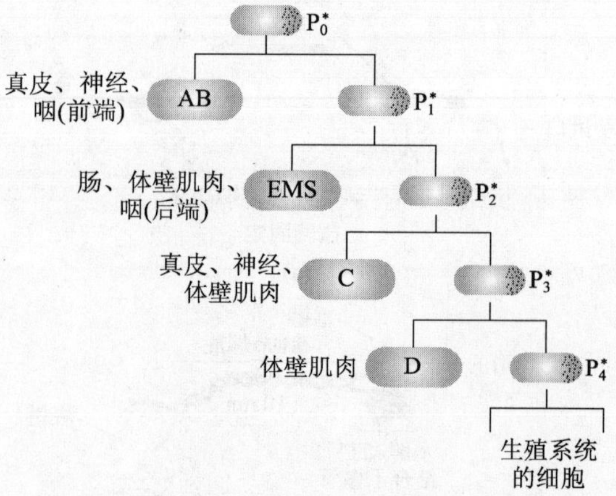

图 9.6 秀丽隐杆线虫(*C. elegans*)的早期发育,显示早期细胞分裂的谱系

各种类型的成熟细胞来自早期细胞分裂产生的子细胞。整个的生殖系统是来自于 P_4 细胞。用星号表示的 P 细胞其早期分裂是不对称的,每个较后的子细胞都继承了 P 颗粒,而在线虫中,P 颗粒决定了细胞发育成生殖系统,用字母(如 AB,EMS)表示的是子细胞的名称(引自 A. J. F. Griffiths 等,1999)

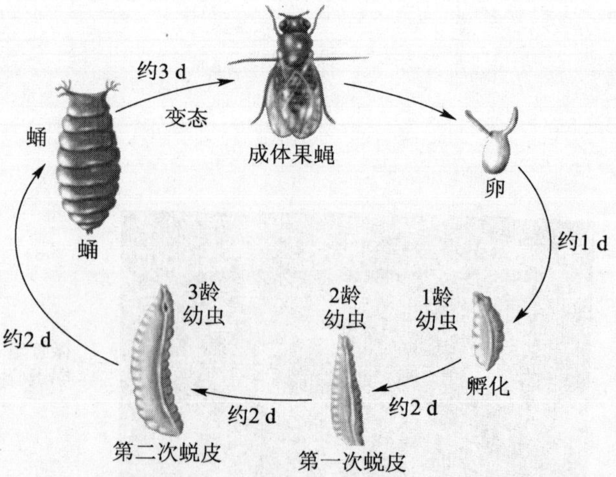

图 9.7 黑腹果蝇(*Drosophila melanogaster*)的发育周期

这是在 25℃条件下的发育阶段(引自 D. L. Hartl 等,2006)

果蝇在早期胚胎发生中,开始的 13 次有丝分裂是核分裂,细胞质并不随之分裂。前 9 次分裂核都在共同的胞质中,产生一簇细胞核,直到细胞形成前许多核仍存在一个共同的胞质中,此结构称为**合胞体**(synsytium)。在第 7 次分裂时,大部分核向胚的四周移动,有 10 个细胞核移动到后端的极质,形成**极细胞**(pole cells);第 9 次分裂后,在卵的周边形成约含有 6 000 个细胞核的**合胞体囊胚层**(syncytial blastoderrn)。在受精后 150～195 min 通过膜的合成将各细胞核分隔开实现囊胚层的细胞化(cellularization)。和其他动物的囊胚相同,通过细胞化形成的囊胚层是一个中空球形外周的一层细胞。然后再进行 4 次分裂,形成体细胞。而极细胞经历了两次附加的分裂,再通过内陷并入胚胎,以后发育成生殖细胞(图 9.8)。

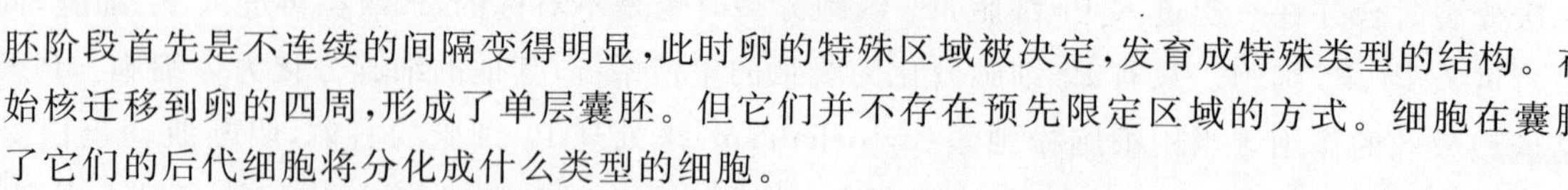

图 9.8 黑腹果蝇的早期发育,从受精卵到囊胚阶段

(a) 受精卵中有一个细胞核 (b) 在合胞体中同步进行有丝分裂,形成多个核 (c) 细胞核向胚的四周迁移;有的细胞核迁移到后端的极质,形成极细胞,以后发育成生殖细胞 (d) 合胞体在细胞核的四周形成膜,产生了细胞囊胚层(引自 B. Alberts 等,2002)

在囊胚阶段首先是不连续的间隔变得明显,此时卵的特殊区域被决定,发育成特殊类型的结构。在这个过程的一开始核迁移到卵的四周,形成了单层囊胚。但它们并不存在预先限定区域的方式。细胞在囊胚的所在位置决定了它们的后代细胞将分化成什么类型的细胞。

受精卵后端有一部分称为**极质**。当这些极细胞形成时,它们包含了许多**极粒**(pole granules),这些极粒是含有大量碱性蛋白质和 RNA 的纤维颗粒,其中也含有生殖细胞决定因子。这些颗粒中的一种特殊成分是由线粒体释放的 RNA。然而这种线粒体 RNA 自身很可能并不是细胞决定因子,真正的决定因子是来自母方的基因 *oskar* 或者是在 *oskar* 的作用下被配置于卵的后极。极粒因附着于微管的一端而使得其定位于卵母细胞的后极。当核进入极质后,极粒围绕在核周围,这样产生了**极细胞**。极细胞可分化为生殖细胞,它是胚胎的单核细胞,也是唯一能发育成果蝇生殖系统的细胞。

C. elegans 看来是靠肌动蛋白的微丝形成极质结构,P 颗粒附着于其上,基于微管蛋白的微管提供了不对

称性。在不同的情况下，细胞骨架系统产生的不对称性是生殖系决定的一种进化。

果蝇卵最初的不对称性出现在的卵母细胞中。一个单一的前体经过 4 次连续的有丝分裂产生由**胞质桥**(cytoplasmic bridge)相互连接的 16 个细胞(图 9.9)。其中只有位于胞囊后端的一个细胞发育成卵母细胞，其余 15 个细胞则形成**滋养细胞**(nurse cell)(图 9.9)(图 9.10)。细胞质物质，包括母体基因产生的一些蛋白质和 RNA 通过胞质桥从滋养细胞转移到卵母细胞；这些物质的积累使卵具有相当大的体积。细胞质的联系发生在卵母细胞的一端，此端就形成了卵的前端。在母本中表达的基因对早期发育是很重要的。

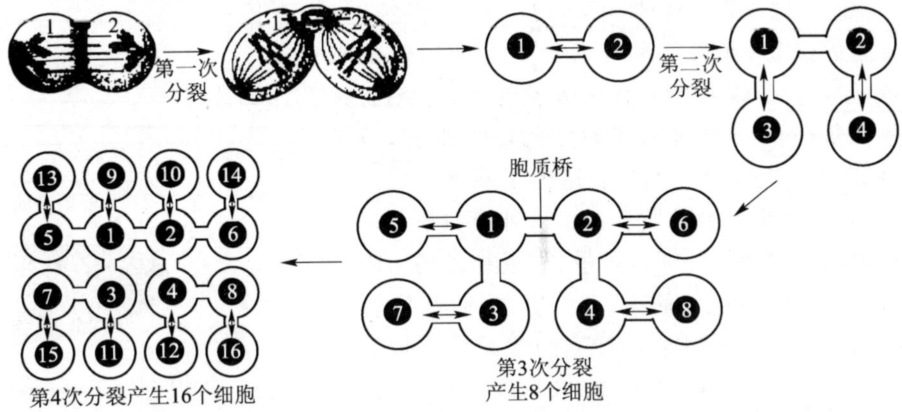

图 9.9　果蝇卵泡形成的过程

起源于卵巢一端的生殖干细胞经过 4 次分裂形成由胞质桥相互连接的 16 个细胞。其中只有位于胞囊后端的一个细胞发育成卵母细胞，其余 15 个细胞则形成滋养细胞

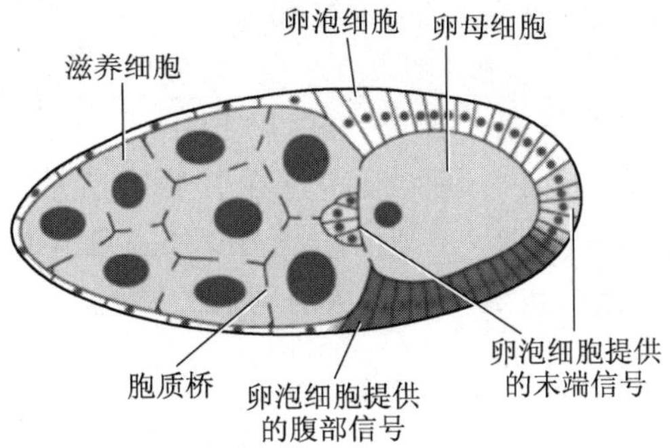

图 9.10　来自于一个生殖细胞的卵母细胞经过 4 个阶段分裂成 16 个细胞，彼此之间保留了一个胞质桥保持相互的交流，这 16 个细胞中的一个成为卵母细胞，而另一些则成为滋养细胞，它产生很多卵母细胞所需要的成分，这些成分通过胞质桥进入卵母细胞。这些细胞部分围绕着卵母细胞，它们是末端信号和腹部信号的来源

(引自 B. Alberts 等，2002)

第三节　位置信息的建立

在果蝇发育开始时，沿着卵的前后轴和背腹轴建立了**浓度梯度**(gradient)。卵的前端发育为成虫的头部，后端则发育成尾部。背侧在上方，而腹侧在下面。浓度梯度由蛋白质或 RNA 分子组成，这些分子在胞质中的分布有很大差异。在受精后不久，就很快地建立了与负责前后轴方向发育有关的浓度梯度，稍后建立与背腹轴发育有关的浓度梯度。简而言之，前后轴系统决定幼虫中体节定位的有关信息，而背腹轴系统调控组织的分化(即不同胚胎组织的特异性分化，包括中胚层、神经外胚层和背部外胚层)。

一、细胞骨架的对称性和果蝇的前后轴

果蝇生殖系统的建立是通过定位决定因子锚定在微管上，而前后轴(AP)的决定也同样是如此。沿着果蝇合胞体前后轴通过两种转录因子(BCD 和 HB-M 蛋白)的浓度梯度开始建立位置信息。BCD 蛋白是由 *bicoid*(*bcd*)基因编码的，在早期胚中它的浓度梯度曲线是很陡的。HB-M 蛋白质是由 *hunchback*(*hb*)基因编码的，但它的浓度梯度曲线是较平缓的(图 9.11)。两者曲线的最高点在胚的前极。这两种蛋白质的梯度稍有不同，这取决于蛋白质定位与扩散：两种 mRNA 的定位转录，一种是通过合胞体前极的微管，而另一种是通过合胞体后极的微管。BCD 梯度的形成是很直截了当。这种 *bcd* 的 mRNA 在卵子发生时附着在微管负极的一端进入发育中的卵母细胞，位于前部(图 9.12a)。BCD 蛋白的翻译开始于合胞体早期核分裂的中途。蛋白质在合胞体共同的胞质中扩散。由于这种蛋白质是一种转录因子，它含有核中的定位信号。通过扩散，靠近翻译场所附近(前部)的 BCD 蛋白的浓度要比远处的高；这个差异使 BCD 蛋白梯度曲线是很陡的(图 9.11)。HB-M 蛋白梯度的起源是比较复杂的，它是由转录后调节产生的。这种 *hb-z*(表 9.1)的 mRNA 来源于母体，在卵子发生时包装进入发育的卵母细胞，并均一地分布在卵母细胞和合胞体中。但 *hb-z* mRNA 的翻译可被 *nanos*(*nos*)(表 9.1)基因编码 NOS 蛋白(翻译抑制蛋白)所阻断。和 *bcd* mRNA 相同，*nos* mRNA 是来源于母体的。但和 *bcd* mRNA 相比 *nos* mRNA 通过和微管的正极相结合，是位于后极(图 9.12c)。当发育到合胞体阶段的中途 *nos* mRNA 开始转录。NOS 蛋白以 BCD 蛋白相反的梯度进行扩散分布。NOS 蛋白梯度的最高点在胚胎前后轴的后极，最低点在前后轴的中部(图 9.12d)。NOS 蛋白具有特异的抑制 *hb-z* mRNA 翻译的能力。通过这种能力 NOS 蛋白作为翻译抑制物从后到前产生的梯度，使被抑制的 HB-M 蛋白也随之呈现从前到后的梯度。

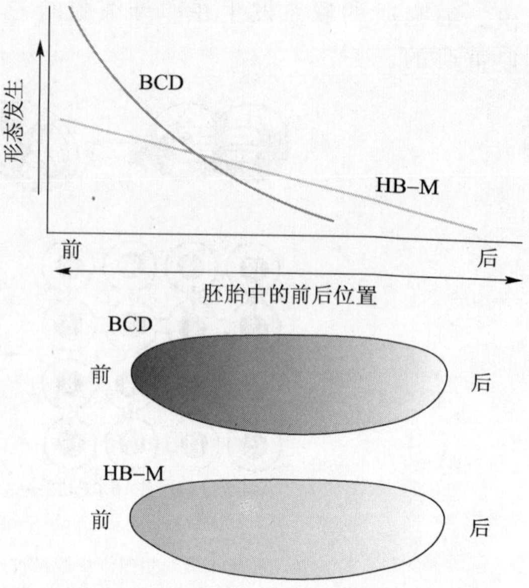

图 9.11 BCD 和 HB-M 蛋白的梯度

BCD 的梯度是陡峭的，HB-M 蛋白的梯度是平缓的。在果蝇胚的后半部检测不到 BCD 蛋白，但可检测到 HB-M 蛋白(引自 A. J. F. Griffiths 等，1999)

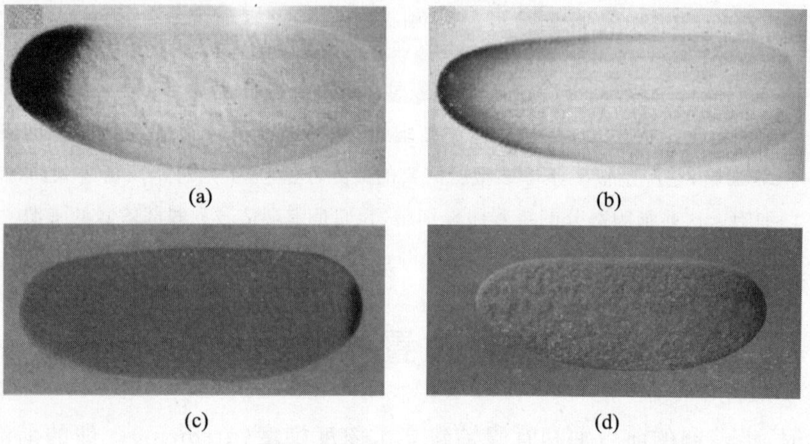

图 9.12 显微照片表明果蝇胚胎前后轴的定位决定

(a) 通过 RNA 原位分子杂交将 *bcd* mRNA 定位于胚胎的前部 (b) 通过抗体染色，显示出 BCD 蛋白形成的梯度，最高的浓度在胚胎的前部 (c) 同样 *nos*mRNA 定位在胚胎的后部 (d)NOS 蛋白梯度的最高点在胚的后部(引自 A. J. F. Griffiths 等，1999)

卵母细胞和合胞体中 *bcd* 和 *nos*(表 9.1)mRNAs 如何定位于微管相反的两端？答案是在 mRNA 3′UTR 中有一个特异微管结合序列，执行定位的功能。

表 9.1　果蝇前后轴图式形成中所涉及的部分基因

基因符号	基因名称	蛋白质功能	在发育中的作用
hb-z	驼背-合子基因(*hunchback-zygotic*)	转录因子-锌指蛋白	裂缺基因
Kr	*Krüppel*	转录因子-锌指蛋白	裂缺基因
kni	*knirps*	转录因子-固醇类受体蛋白	裂缺基因
eve	偶数-遗漏(*even-skipped*)	转录因子-同源异形域蛋白	配对-规则基因
ftz	*fushi tarazu*	转录因子-同源异形域蛋白	配对-规则基因
opa	奇数配对(*odd-paired*)	转录因子-锌指蛋白	配对-规则基因
prd	配对(*paired*)	转录因子-PHOX 蛋白	配对-规则基因
en	呈锯齿状(*engrailed*)	转录因子-同源异形域蛋白	体节极性基因
ci	前臂中断(*cubitus-interruptus*)	转录因子-锌指蛋白	体节极性基因
wg	无翅的(*wingless*)	WG 信号蛋白	体节极性基因
hh	刺猬(*hedgehog*)	HH 信号蛋白	体节极性基因
fu	融合的(*fused*)	细胞质丝/苏氨酸激酶	体节极性基因
ptc	斑纹基因(*patched*)	跨膜蛋白	体节极性基因
arm	犰狳基因(*armadillo*)	细胞-细胞连接蛋白	体节极性基因
lab	唇基因(*labial*)	转录因子-同源异形域蛋白	体节特征基因
Dfd	不成形基因(*Deformed*)	转录因子-同源异形域蛋白	体节特征基因
Antp	触角足基因(*Anatennapedia*)	转录因子-同源异形域蛋白	体节特征基因
Ubx	双胸基因(*Ultrabithorax*)	转录因子-同源异形域蛋白	体节特征基因
nos	*nanos*	成形素	翻译抑制基因

这种 *bcd* mRNA 3′UTR 定位序列是通过一种能与微管末端结合的蛋白质附着于微管上。相比之下，*nos* mRNA 3′UTR 的定位序列是可以结合其他的蛋白质，也能结合微管的正端。(其实 *nos* mRNA 锚定在合胞体的后端是有很多中间步骤的，*nos* mRNA 的 3′UTR 定位序列锚定在极粒分子上，极粒依次锚定在微管的正极)。我们如何来证明这种 mRNA 3′UTR 定位序列在什么位置呢？其中有的是通过置换(swapping)实验来决定的。例如，将带有 5′UTR 和蛋白质编码区的正常 *nos* mRNA 与正常的 *bcd* mRNA 的 3′UTR 连接起来，插入到果蝇基因组中产生一个转基因合胞体。融合的 *nos-bcd* mRNA 将定位在卵母细胞的前端。这样导致形成了 NOS 的双梯度：一个是从前到后(由转基因的 mRNA 产生的)，另一个是从后到前(由正常的 *nos* 基因的 mRNA 产生的)。实验结果产生了一种很不寻常的两端呈镜像对称的胚胎。这种双腹部胚胎的产生是由于 NOS 蛋白已存在于胚胎中，并抑制了 *hb-m* mRNA(它也抑制了 *bcd* mRNA，尽管它没经过野生型动物中的正常的剪切)(图 9.13)。

二、细胞信号和果蝇的背腹轴

以果蝇为例，决定因子是细胞内的 mRNA 或大分子聚集物，这些决定因子进入卵母细胞。在很多情况下，在**发育场**(developing field)(发育潜能相等的一群细胞形成个体蓝图的一个特殊区域。发育场中的细胞对不

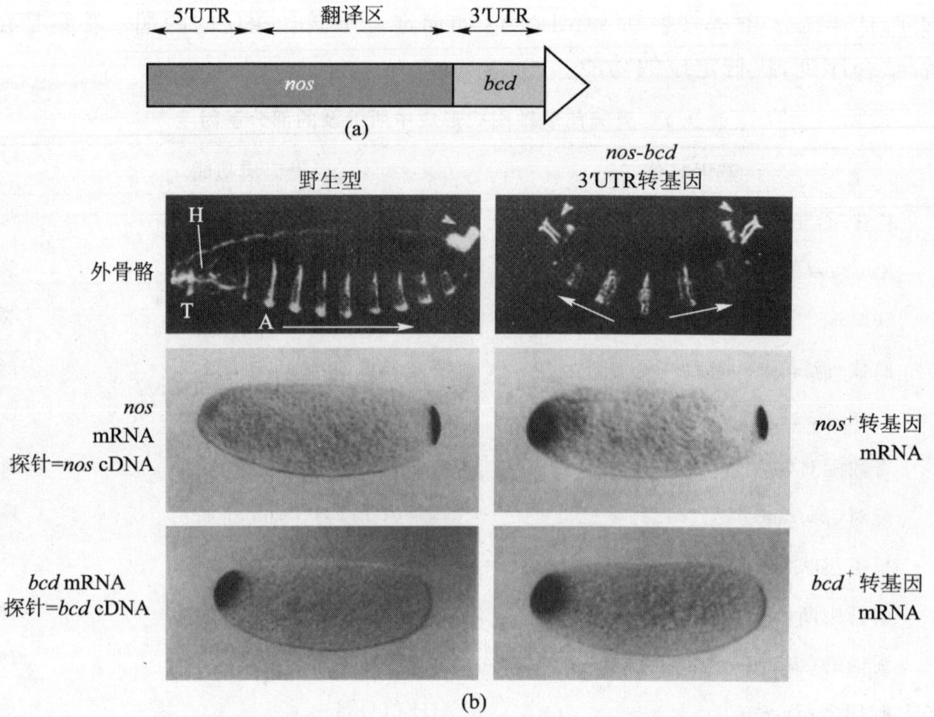

图 9.13 用 *bcd* mRNA 的 3′UTR 置换 *nos* mRNA 3′UTR 实验结果产生了一种很不寻常的两端呈镜像对称的胚胎

(a) *nos-bcd* 3′UTR 转基因的结构 (b) 转基因对胚胎发育的作用(引自 A. J. F. Griffiths 等,1999)

同浓度的形态发生素产生不同的反应)。发育场中位置信息必须依赖细胞局部区域分泌的蛋白质,这些分泌蛋白扩散到细胞外空间形成不同浓度梯度的配体。这些配体通过受体信号诱导系统以浓度依赖的方式来激活靶细胞。一个例子是果蝇胚胎中背腹轴(D-V)的建立。D-V 位置信号的近距离效应是在沿着 D-V 轴的细胞中产生 DL 蛋白活性梯度。DL 蛋白是由 *dl*(*dorsal*)基因编码的转录因子。它以两种形式存在:①位于核中的激活转录因子;②位于胞质中的失活蛋白。在胞质中 DL 蛋白和 *cact*(*cactus*)基因编码的 CACT 蛋白结合成复合体。活化的 DL 蛋白的浓度取决于背腹轴细胞的位置。*dl* mRNA 和 DL 蛋白的分布在卵母细胞中及非常早期的胚胎中是均一的,但在合胞体阶段 DL 蛋白出现了活性梯度。在胚胎腹部的中间是活性的高位点(图 9.14)。DL 蛋白活性梯度是如何产生位置信息的?关键的事件是在卵母细胞中发生的,通过卵母细胞本身和周围的体细胞(滤泡细胞)之间的相互作用,在卵母细胞腹侧的滤泡细胞形成复合体,并分泌一些蛋白质,这些蛋白质导致产生一个分泌的 SPZ 配体[由(*spaetzle*,*spz*)基因编码]。滤泡细胞也产生卵壳蛋白,滤泡细胞内侧的边界是卵黄膜。SPZ 配体是临时性结合在卵黄膜中,直到合胞体阶段将近结束时它们被释放。活化的 SPZ 配体(在腹部的中间浓度最高)再结合到由 *Toll* 基因编码的 TOLL 跨膜受体上,该受体均一地结合在卵母细胞的质膜上。SPZ-TOLL 复合体以浓度依赖的方式来引发信号转导途径,导致 DL-CACT 复合体的磷酸化,使其成为有活性的 DL 蛋白和细胞质 CACT 蛋白(图 9.15)。DL 和 CACT 的磷酸化导致它们构象的改变,使复合体解离。游离的被磷酸化的 DL 蛋白能迁移进入细胞核中,作为转录因子来激活那些建立腹部命运所需的基因。

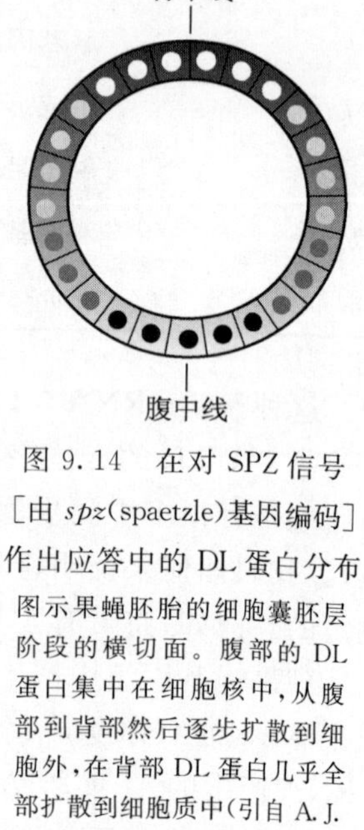

图 9.14 在对 SPZ 信号[由 *spz*(spaetzle)基因编码]作出应答中的 DL 蛋白分布

图示果蝇胚胎的细胞囊胚层阶段的横切面。腹部的 DL 蛋白集中在细胞核中,从腹部到背部然后逐步扩散到细胞外,在背部 DL 蛋白几乎全部扩散到细胞质中(引自 A. J. F. Griffiths 等,1999)

三、两种类型的位置信号

现在用两个普通的例子来说明 mRNA 在细胞中的定位(图 9.16)。一是转录因子 mRNA 的定位,二是位置信息信号分子的定位。

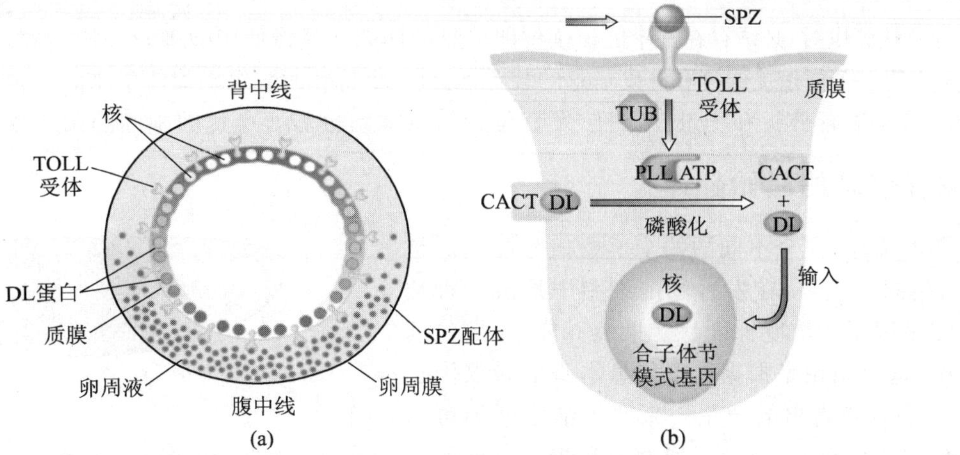

图 9.15 在果蝇早期胚中位置信息建立了背腹轴核梯度和 DL 蛋白(*dorsal* 的产物)的胞质定位

(a) SPZ 配体和 TOLL 受体结合 (b) 通过 TUB 和 PLL 两种蛋白激活单个的转导级联,使 DL 磷酸化,并从 CACT 中释放出,然后移入核,在核中它作为 D-V 主要基因的转录因子(引自 A. J. F. Griffiths 等,1999)

注:CACT(*cactus* 仙人掌基因)

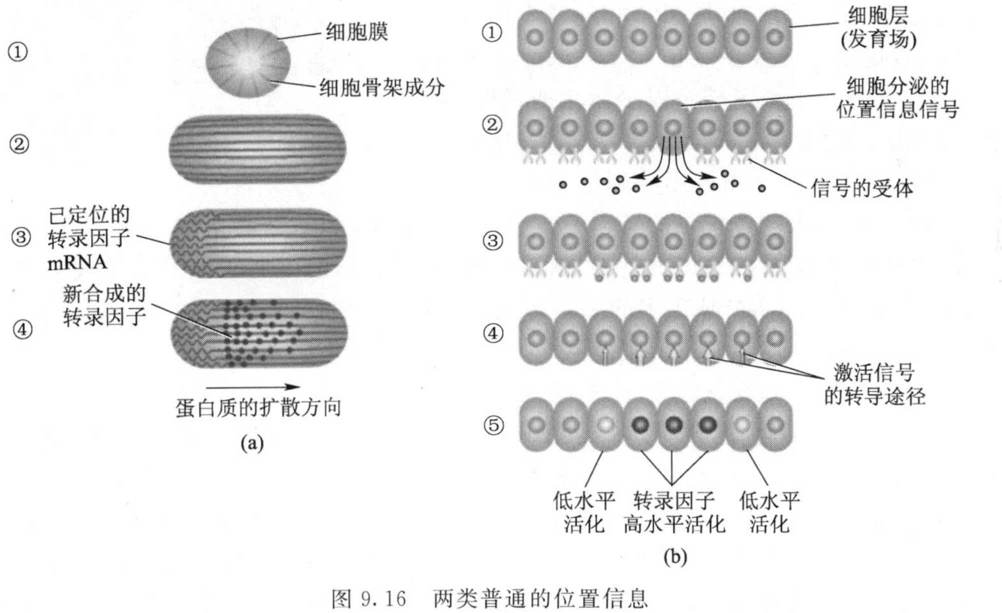

图 9.16 两类普通的位置信息

(a) 细胞骨架系统提供编码位置信息的转录因子的 mRNA 定位。锚 mRNA 的翻译导致新合成的转录因子的扩散,形成了转录因子的梯度,浓度的高点在 mRNA 附近 (b) 位置信息信号分子的分泌(引自 A. J. F. Griffiths 等,1999)

(一) 细胞中 RNA 的定位

这种类型的位置信息仅可用于单个受精卵初始的发育场中。在特殊情况下,如在果蝇的早期胚中,它用于形成位置信息的梯度,此时的胚还是单细胞的合胞体。它更多的用于后代细胞中定位决定因子的不对称分布途径。

(二) 细胞外分子浓度梯度的形成

这类位置信息可用于多细胞发育场。因浓度梯度是细胞外的,所以不受单个细胞分界的限制。现在我们已经知道关于激活受体的分泌蛋白配体的浓度梯度形成的一系列细节和信号转导系统，逐步来执行发育**形态发生素**(morphogen)的特性及产生浓度依赖性的形式决定。

第四节 利用位置信息建立细胞命运

当位置信息被提供时，必须存在一个能识读位置信息的体系。就像使用地理学分析一样，有经度和纬度还是不够的。我们还需要一个能接受经度和纬度信息的装置，通过一个特殊的装置来识读星座的位置或通过接受器对由无线电塔发射的信号进行分析和测量。同样，发育位置信息体系也需要通过细胞内的因子来识读被输送的信号。

一、位置信息的起始翻译

按照早期的描述，完全不同的两个位置信号能同时被诱导，而导致相同的结果：在发育场的细胞中形成一种或多种特殊的转录因子的浓度梯度。在果蝇 mRNA 定位前后轴的例子中，这个结论是根据位置信息本身的转录因子(BCD 和 HB-M)直接得出的推论。来源于细胞外的可播散的因子作为位置信息，要求一系列的中间步骤。典型的例子是分泌蛋白配体的梯度，这些配体以浓度依赖的方式和跨膜受体结合。这些结合物按受体活化水平激活信号转导途径。最后信号转导途径又以一定比例激活靶细胞中的关键转录因子。在果蝇背腹轴中 SPZ 的资料表明这些是正确的。SPZ 细胞外的梯度导致了 DL 转录因子的活化。产生的位置信息导致形成了转录因子活化的梯度，我们将很自然地预期这些接收器是基因的调节元件(增强子和静息子)，这些基因产生的产物可影响到细胞的特殊命运。由前后轴和背腹轴转录因子转录的基因是在合子中表达的基因，统称为**轴节基因**(cardinal genes)。即在应答中表达母系提供位置信息的基因。例如，前后轴的轴节基因(通过背腹轴开始分成为 3 个结构域，贯穿了 DL 转录因子活性梯度，然后再分成很多的亚结构域通过对前后轴的描述来予以鉴别)。在考虑到前后轴之前我们必须回顾一下果蝇的胚胎学。在合胞体阶段之后，所有的体细胞核都迁移到卵的四周。几小时后第一次出现了体节的形态学发生。在发育的 10 h 末，胚胎从前到后已分成 14 个体节：3 个头节、3 个胸节和 8 个腹节(图 9.17)。此时每一个体节都发育成具有独立解剖结构，反映了其形态特点和生物学功能。在 12 h 末器官发生了。在 15 h 幼虫的外骨骼开始形成。在外骨骼上附有特殊的毛和其他的外部结构。在开始受精后，仅 24 h 幼虫就从卵壳中羽化出来(图 9.7)。注意棘状物、毛和其他的感官结构在幼虫外骨骼上按前后轴的排列，赋予每一个体节明显的特征。现在我们再回到前后轴的主基因上。前后轴的主基因也称为**裂缺基因**(Gap genes)。由于这些基因的突变体幼虫缺失了一系列体节。在正常的分节图式上产生了一个裂缺[两个基因(*Krüppel*)的表型突变体(图 9.18)]。有 4 个 Gap 基因和身体主要体节形成有关，其他的和头部及尾部结构有关，BCD 和身体主要体节形成有关。BCD 或 HB-M 蛋白或两者结合于裂缺基因启动子的增强子元件上，从而调节它们的转录。例如，*Krüppel*(*Kr*)基因的转录受到高水平 BCD 转录因子的抑制，而被低水平 BCD 和 HB-M 转录因子所激活。与其相对照的是 *knirps*(*kni*)基因受到任何 BCD 蛋白的抑制和低水平表达的 HB-M 转录因子的激活。这些增强子和启动子使 *kni* 基因的表达区域排在 *Kr* 基因的后面(图 9.19)。有的启动子对前后轴位置信息系统中转录因子的浓度敏感的程度是不同的。具有这类启动子的裂缺基因可在各种不同的结构域中表达。这些结构域以后成为不同的发育场。那就是不同结构域中的细胞将忠实于不同的前后轴领域。结构域对不同区域所承担的义务出现了，因为每一个裂缺基因都编码不同的转录因子，因此它们具有调节不同组的

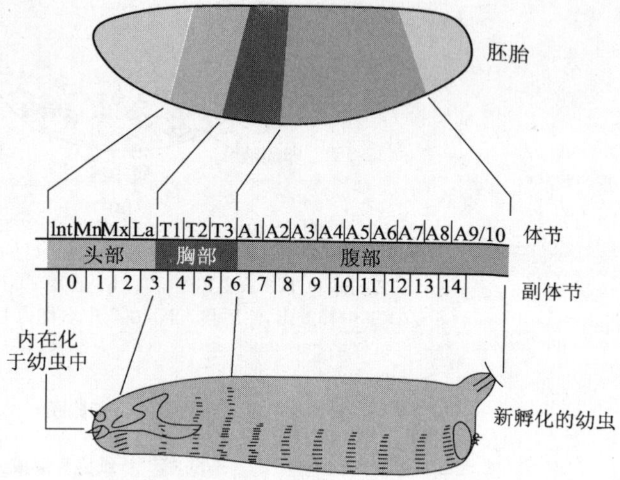

图 9.17 果蝇幼虫和囊胚具有的相应体节
(引自 B. Alberts 等，2002)

下游靶基因的能力。这些靶基因对建立前后轴体节的命运是必要的。

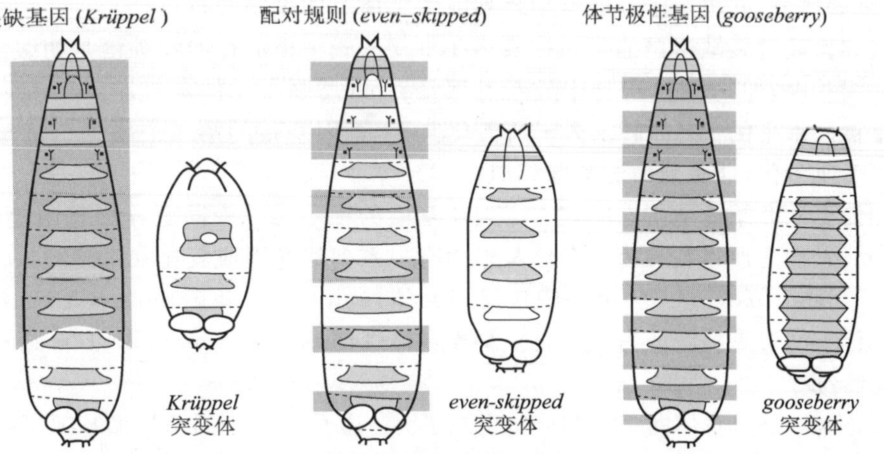

图 9.18　果蝇 3 种合子基因(裂缺、配对规则和体节极性基因)突变体的幼虫表型

(引自 B. Alberts 等,2002)

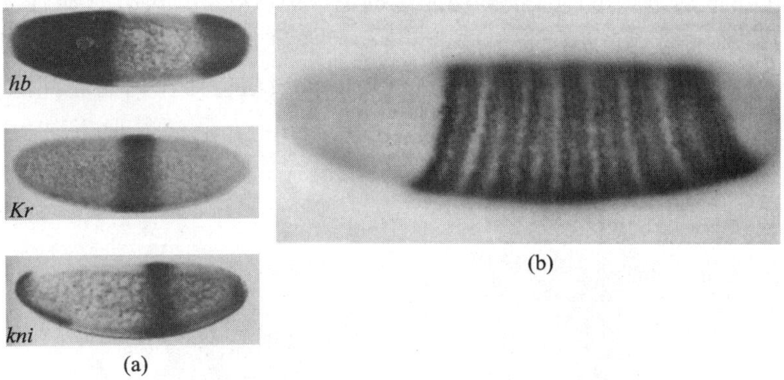

图 9.19　果蝇早期胚中裂缺和配对规则基因的表达模式

(a) 裂缺基因:*hb-z*、*Kr*、*kni* 在早期囊胚中表达的模式　(b) 配对规则基因 *ftz*(蓝色)和 *eve*(棕色)在晚期囊胚中的表达模式(引自 A. J. F. Griffiths 等,1999)

二、精确实行命运的分配

裂缺基因的表达图式是把前后轴分成一段一段的结构域。但裂缺基因的表达对于分配前后轴的命运显得太粗放,但这是必要的。进而在裂缺基因表达的末期正好和合胞体开始变成多细胞的胚胎的时间相一致。每个细胞的细胞质都含有特定浓度的一种或两种邻接的裂缺基因所编码的蛋白质。本质上进一步的决定是受裂缺蛋白所驱动。在前后轴发育图式中裂缺基因的下游开始分工。两个分支中的每一个对于图式的精确性是有益的。一个分支是控制体节数目的正确性,另一分支是决定每一个体节具有正确的形态特征(在幼虫不同的体节上棘状物和毛是不同的)。两个分支的表达就意味着裂缺基因编码的转录因子调节着两套不同的靶基因。首先来简要地介绍一下体节数的形成,图 9.18 表示体节数不同类型的突变表型。裂缺基因激活一套次级前后轴基因,称为**配对规则基因**(pair-rule genes),它是以 7 条斑纹的重复图式存在(图 9.19)。使胚胎分成明显的体节,这组基因的突变体在每隔一个体节就缺失了一部分。所累积的体节可能是偶数的,也可能是奇数的。配对规则基因这一组有 8 个基因。这是一系列不同的配对规则基因,它们都产生条斑的图式。此外,在配对规则基因中又可分为几个层次,这些基因中有的称为**初级配对**(primarily pair-rule)基因,它们直接受裂缺基因的调节。但其他的基因是被初级配对基因编码的蛋白质所激活,这些蛋白质也是转录因子。配对规则基因共同作用(它们的蛋白质在特定的细胞中表达)来调节**体节极性**(segment-polarity)基因的转录,体节极性基因表达成

14条斑纹的图式。转录因子调节的层次扩大到从位置信息体系到体节极性基因表达。体节极性基因的产物使得产生14个重复的体节，并决定沿着前后轴排列的各个体节的细胞的特点。

初级配对基因如何通过裂缺蛋白的不对称表达在重复图式中被活化的？关键是初级配对基因的调节因子相当复杂。对于初级基因，如 *eve*（*even-skipped*）基因，隔开的增强子元件调节各 *eve* 基因条带。*eve* 基因条带的第一个增强子是被高水平的HB-Z转录因子所活化。*eve* 基因条带的第二个增强子是被低水平的HB-Z、高水平的KR转录因子所活化，这和前面的情况相似。

下一步让我们简要地介绍体节特点的建立。裂缺基因的靶子是一簇**同源异形基因复合体**（homeotic gene complex，HOM-C）。它们之所以被称为复合体是因为有一系列的基因成簇排在DNA上。果蝇有两个**同源异形基因簇**（homeotic gene clusters）。一个是**触角足复合体**（antennapedia complex，ANT-C），此复合体主要是负责头部和前胸部体节的形态特征。另一个是**双胸复合体**（bithorax complex，BX-C），此复合体是负责后胸部和腹部体节的形态特征。

同源异形（homeosis）是指身体的一个部分转变成了另一部分。由于同源异形基因突变引起了身体部分的形态的转变有3个例子：①丢失功能型的双胸一类的突变，那是由于整个的第3胸节（T3）转变成了第二胸节（T2），使果蝇长了两对翅膀，而不是正常的一对翅膀（图9.20）。②获得功能型的 *Tab* 显性突变（图9.21），成体的部分第二胸节变成了第6腹节（A6）；③获得功能型的 *Antp*（*Antennapedia*）显性突变。触角变成了腿（图9.22）。注意以上3种突变体节的数目都没有改变，而只是改变了体节的形态特征。通过同源异形突变，我们了解了体节的特征是怎样建立的。各种裂缺蛋白表达的功能域激活有序排列的靶同源异形基因。这些同源异形基因编码的这类转录因子称为**同源异形蛋白**（homeotic proteins）。同源异形蛋白和同源异形基因的调节元件以特殊的模式相互作用，如同源异形基因相互排斥的表达模式。这些同源异形蛋白也调节下游的负责每一个体节不同区域特殊功能和表型特征的靶基因。

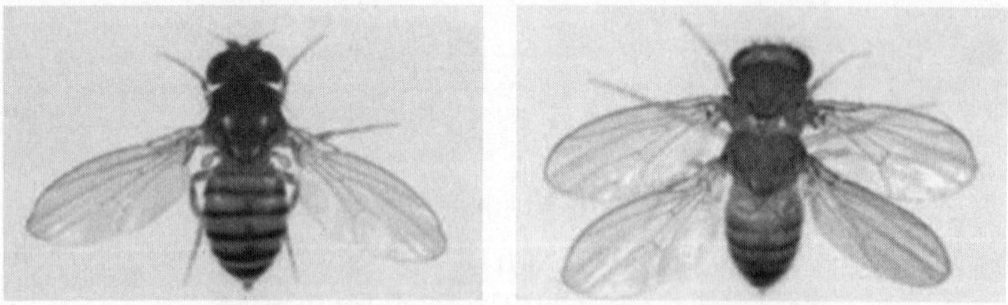

(a) (b)

图9.20 果蝇第3胸节同源异形转化为第二胸节

(a) 正常果蝇，野生型果蝇各有一个第二胸节和第3胸节 (b) 双胸复合体，同源异形转化果蝇，第3胸节同源异形转化为第二胸节（引自P. J. Russell，1992）

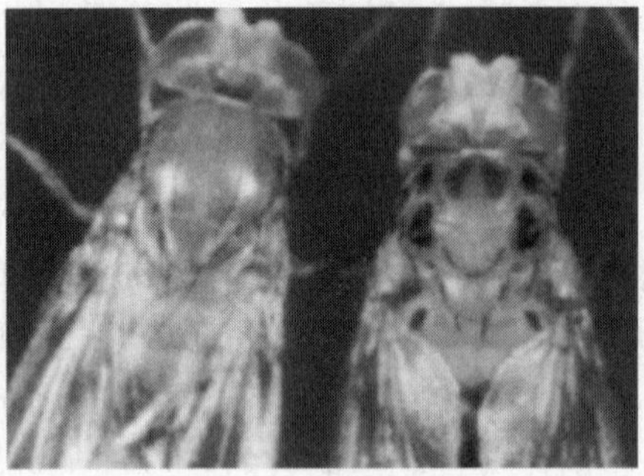

(a) (b)

图9.21 *Tab* 突变

(a) 野生型雄果蝇 (b) *Tab*/+杂合突变体雄蝇，其胸节（黑色组织）变成了后部腹节的背部（引自A. J. F. Griffiths等，1999）

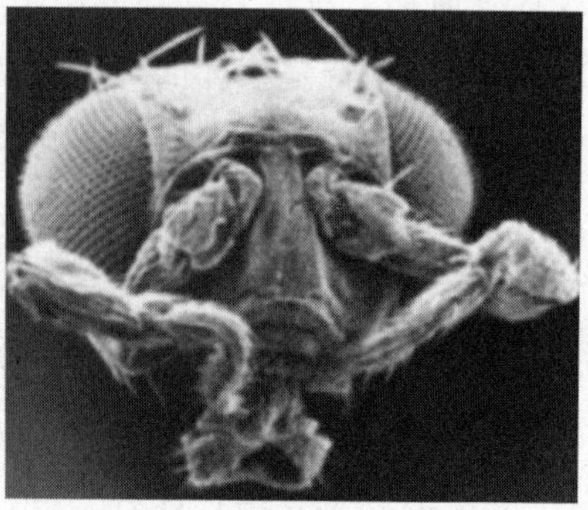

图9.22 *Antp* 同源异形突变

（引自Nelson和Cox，2000）

三、级联调节

如前所述，果蝇胚胎前后轴的发育图式是通过连续触发调节而实现的。位置信息沿着前后轴建立了转录因子不同浓度。可调节的靶基因更精细地执行胚胎发育，以控制体节的数目和形态（图 9.23）。

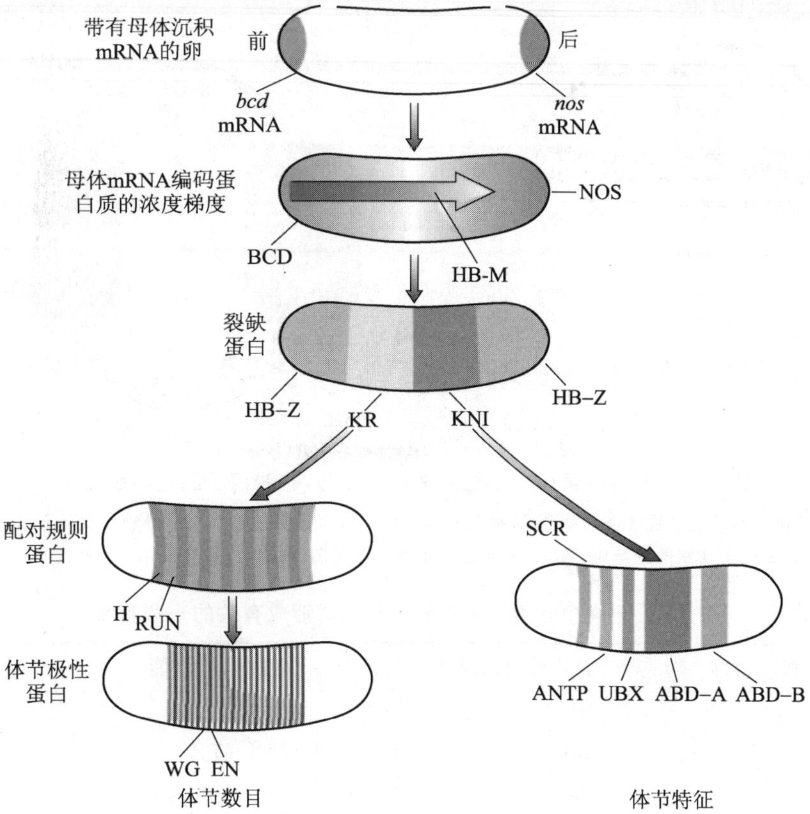

图 9.23　果蝇早期胚中的分级级联调控激活形成果蝇前-后体节模式的元件

来自母体的 *bcd* 和 *nos* mRNA 被分别定位在前后端。在胚胎发生的早期，这些 mRNA 被翻译，产生一个陡峭的 BCD 转录因子前-后轴浓度梯度。NOS 的前-后轴浓度梯度抑制了 *hb-m* mRNA 的翻译，因此使 HB-M 转录因子产生了平缓的前-后轴浓度梯度（以箭头表示）。裂缺基因是前后轴最重要的基因群，它们在胚胎的不同部位被激活，对 BCD 和 HB-M 两种蛋白质的前-后梯度作出应答。（位于较后部的 HB-Z 表达带产生某些内部的器官，而不是体节）。正确的体节数目是由斑马纹图式中配对规则基因的产物所决定，而配对规则基因是应答裂缺基因编码的转录因子而被激活。然后，几个活化的配对规则蛋白激活分节极性基因群，使得在每个体节中产生更精致的结构。体节的特征是由同源异形基因群决定的。它们直接受到裂缺基因群编码的转录因子所调控（引自 A. J. Griffiths 等，1999）

第五节　图式形成的其他方面

在前一节里我们已描述了启动发育命运的原理，为了保证图式完整还必须要有其他的机制，这一节我们将介绍这些机制。

一、存储细胞命运的记忆系统

在生物体的一生中图式决定常需要在一个细胞系中维持下去。这个要求是由前后轴图式体系建立起来的体节极性基因和同源异形基因表达图式。这种维持是通过细胞内或细胞间正反馈来实现的（图 9.24）。在一些组织中，**同源异形结构域**（homeodomains，HD）蛋白的正反馈环，是 DH 蛋白与其靶基因中的增强子元件结合促进 DH 蛋白表达，来保证 DH 蛋白连续产生。另一种途径是细胞间的相互作用。例如，在体节极性基因中，邻近细胞表达 WG 和 EN 蛋白。EN 蛋白是一种转录因子，在相同的细胞中可激活 HH（表 9.2）。HH 是一种分泌蛋白，在 WG 细胞中它作为一种信号分子诱导一种受体介导信号转导级联，包括 *wg*（*wingless*）基因的表达及更多的 WG 蛋白表达。WG 同样是一种分泌蛋白，它可激活 *en*（*engrailed*）基因在邻近细胞中表达，诱导更多的 EN 蛋白在该细胞中表达。

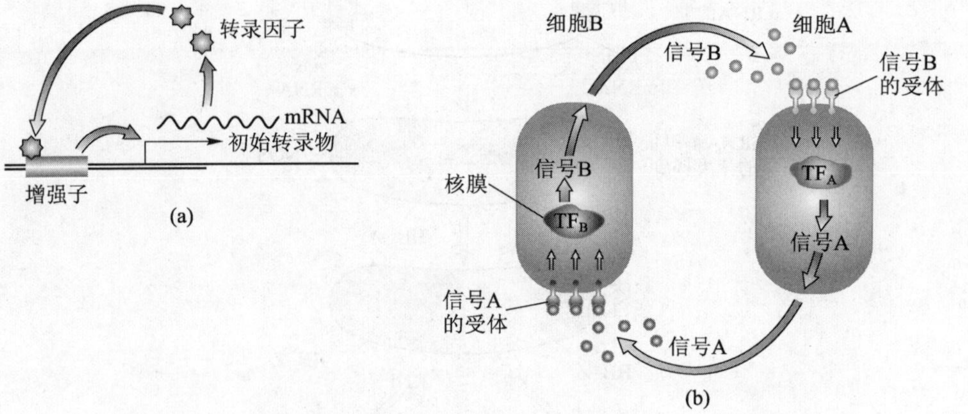

图 9.24 维持转录因子活性的两类反馈环，这些因子决定细胞命运

(a) 转录因子和它本身基因的增强子结合，维持其转录 (b) 每个邻接细胞发出信号激活受体和信号转导途径。转录因子在别的细胞中表达。在细胞之间形成正反馈环（引自 A. J. Griffiths 等，1999）

表 9.2 果蝇中在进化上保守的与图式形成有关的一些基因

果蝇基因符号	基因名称	哺乳动物的基因	蛋白质的功能	在早期发育中的作用
dl	*dorsal*	NF_kB	DL 转录因子	背腹轴转录因子
cact	*cactus*	I_kB	在胞质中与 DL 结合	调节 DL 表达
spz	*spaetzle*	IL-1	SPZ 配体信号	产生背腹轴位置信息
Tl	*Toll*	IL-1 受体	SPZ 配体的受体	调节 DL 表达
snk	*snake*	Many	丝氨酸蛋白酶	激活 SPZ 蛋白
dpp	*decapentaplegic*	BMP2，BMP4	DPP 配体信号	背部外胚层的主基因
sax	*saxophone*	BRK	DPP 配体的受体，丝/苏氨酸激酶	控制背部外胚层图式形成
tkv	*thick veins*			
pnt	*punt*			
sog	*short gustrulation*	Chordin	SOG 配体信号	控制外胚层图式
spi	*spitz*	TGF-α	SPI 配体信号	腹部外胚层刺激调节基因
en	*engrailed*	En1，En2	同源异形域蛋白	体节极性基因
hh	*hedgehog*	Sonic Hedgehog	HH 配体信号	体节极性基因
wg	*wingless*	Wnt1，Wnt2 等	WG 配体信号	体节极性基因
arm	*armadillo*	β-Catenin	WG 信号转导物	体节极性基因

二、通过定向决定确保命运定位

对于一个发育场来说，最终发育成熟，形成有功能的器官或组织，细胞必须以一定的数量和合适的位置有序地分布在命运域中。细胞间的相互作用保证了它们的正确定位。典型的例子是秀丽隐杆线虫（*C. elegans*）阴门前体细胞（vulva precursor cells，VPC）的发育（图 9.25）。在细胞的相互作用中，有两种类型，一类是一个细胞能诱导一群细胞**发育定型**（developmental commitment），另一类是一个细胞能阻止其邻近细胞按计划

发育。人们通过研究阴门的发育,发现线虫的真皮(线虫身体的外壁)中有些细胞有潜在的构建阴门的能力。这是一群未完全分化细胞,它们可能具有分化为相同类型细胞的潜能,称为**等值群**(equivalence group)。给细胞定位不同作用的关键是另一个单细胞,称为**锚细胞**(anchor cell)。锚细胞位于等值群的上方(图 9.25a),锚细胞分泌一种多肽配体可和存在于等值群中所有细胞表面的**酪氨酸激酶受体**(receptor tyrosine kinase,RTK)结合,只有接收到很高水平的这种信号(来自等值群最近的锚细胞)的细胞可激活信号转导途径,以足够高的水平激活这些细胞而分化为一级阴门细胞所必需的转录因子(图 9.25b)。锚细胞通过**诱导互作**(inductive interaction)使一些细胞变成为一级阴门细胞。命运已决定的一级阴门细胞用不同的旁分泌将信号送到与它直接邻接的等值群细胞,抑制这些细胞,使它们不能识读来自锚细胞的信号,从而不再分化为一级阴门细胞。这个**横向抑制**(lateral inhibition)的过程导致了邻接细胞发育成次级阴门细胞。等值群中余下的细胞发育成三级细胞,即阴门周围的表皮。对于等值群发育成的这 3 种细胞中的每一种来说都有一个被激活的转录因子的特殊集群,它们决定了细胞的 3 种状态(一级、次级和三级)。这样通过旁分泌传递一系列的细胞间信号,使一群等值细胞能发育成为所需的 3 种类型的细胞。

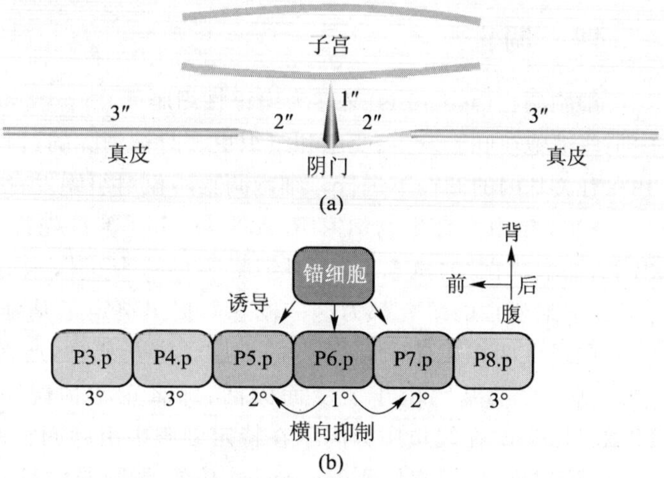

图 9.25 秀丽隐杆线虫(*C. elegans*)由等值群通过细胞的互作产生阴门

(a) 等值群细胞的后代发育成一级阴门细胞(1°),位于阴门的左右,发育成次级阴门细胞(2°)位于阴门的前后,发育成三级阴门细胞(3°)即为阴门两侧的表皮(引自 A. J. Griffiths 等,1999) (b) 发育晚期,锚细胞发送信号,激活酪氨酸激酶信号转导级联受体。靠近锚细胞的等值群细胞接受到很强的信号并成为初级阴门细胞(1°)。然后,这些细胞从侧翼向邻接细胞发出抑制信号,使它们不能也变成为初级阴门细胞,而分化为次级阴门细胞(2°)

三、发育的途径是"塞子"和"模块"的排列

很多的发育途径是在模式生物(线虫、果蝇和小鼠)中研究发现的。有少数例子是有关基因产物参与图式形成,仅对一个发育的结果作出贡献。相反一段途径以不同的方式组成会产生不同的结果。一旦一种方法使某些发育问题获得了突破,那么这种方法似乎就可以解决很多其他的问题。这可能被认为和发育的分子机制有关。一般的进化观点认为一个新结构的出现是通过原有结构的修饰和适应,而不是完全新建立的。

典型的例子是一部分途径其调节信号有不同的输入端,有时输出端也是不同的(图 9.26)。*dpp* (decapentaplegic)基因可作为不同输入的一个例子,它是通过 DL 转录因子在胚胎的背腹轴形成时被调节的,然而在内脏的中胚叶发育时它被 UBX 转录因子所调节。在维持正确的体节极性基因表达和细胞命运中,关于不同的输出如正反馈环的 EN-HH 成分激活邻接细胞中的 WG。果蝇成虫的翅膀在幼虫发育时,EN-HH 成分在细胞中表达,并在相邻接的细胞中激活不同的分泌信号蛋白——DPP。不同输出的另一个例子是 DPP 信号转导途径导致在背腹轴途径中翅膀和内脏中胚层发育时不同转录因子的完全活化。的确,很多高等真核基因中构成复杂的共同的调节因子对很多不同的组织特异性输入作出反应是必要的。

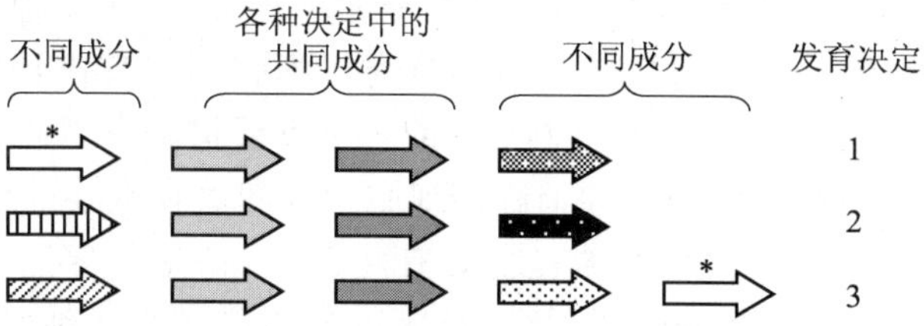

图 9.26 不同的发育决定是用混合的和途径成分的匹配组合而构成的

每种不同图案的箭头表示不同的成分,在不同发育阶段的不同细胞系中或相同的细胞系中,这些途径一道加入到不同的组合中来完成不同的发育决定。这些决定过程的一些成分是共同的;而另一些成分是独特的。星号标记的一些成分也有可能用于多种决定过程,但在两个过程中所作用的位置不同

四、凋亡

细胞凋亡(apoptosis)又称为**编程性细胞死亡**(programmed cell death,PCD),是指在多细胞真核生物发育过程中某些细胞在胚胎发生、变态和组织更替时被消除的过程。特定的内源和外源信号可诱导细胞凋亡途径的启动,并在有关基因的调控下进行。细胞凋亡不仅对组织发育而且对免疫防御和癌细胞去除都是至关重要的。

1965 年由发育生物学家 R. A. Lockshin 等首先提出"程序性细胞死亡"一词,1972 年 J. F. Kerr 等首次提出了"细胞凋亡"的概念,宣告对细胞凋亡的真正探索的开始,在此之前,关于胚胎发育生物学、免疫系统的研究,肝细胞死亡的研究都为这一概念的提出奠定了基础。

在线虫两性成体中有 12%的细胞预定要死亡,通常这是受到一种"自杀"性程序的指令。如果在这个系统中控制凋亡的基因由于突变而失活,那么正常情况下预定要死亡的细胞将会幸免。1986 年 H. M. Ellis 和 H. R. Horvitz 在线虫中分离了在特定细胞中引起凋亡的基因。

细胞凋亡与细胞坏死(necrosis)不同,细胞凋亡是一个主动过程,是个体发育中的一个预定的,并受到严格程序控制的正常调控。它并不是在病理条件下,自体损伤的一种现象,而是为了更好地适应生存环境而主动争取的一种死亡过程。例如,蝌蚪变成蛙的变态过程中,尾部的消失伴随大量细胞死亡,高等哺乳类动物指间蹼的消失、颚融合、视网膜发育及免疫系统的正常发育都会出现细胞凋亡现象。在这一过程中,细胞变得更加紧缩,与周围的细胞脱离,膜上形成小泡,染色质凝集,DNA 被裂解。最终,死亡的细胞成为膜包被着 DNA 碎片的形式,无内容物外溢,因此不引起周围的炎症反应,并被周围的细胞所吞噬。

凋亡引起的 DNA 降解是一种内源性核酸内切酶,在核小体连接部位切断染色体 DNA,产生 180~200 bp 的整倍数不同长度的 DNA 片段,在琼脂糖凝胶电泳中就呈现特异的梯状图谱(图 9.27),而坏死组织的 DNA 却呈弥漫的连续图谱。坏死是细胞受到强的理化因子或生物因素作用引起细胞无序变化的死亡过程。表现为细胞胀大,细胞膜破裂,内容物外溢,核变化较慢,DNA 降解不充分等。细胞凋亡"apoptosis"这个词来源于希腊文"απόπτωσιζ",表示细胞像秋天的树叶一样凋落的死亡方式。

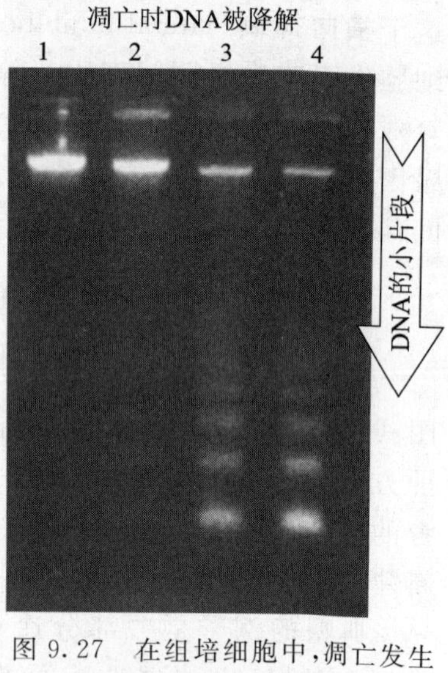

图 9.27 在组培细胞中,凋亡发生 2 h 后,DNA 片段化情况
(引自 B. Lewin,2004)

凋亡过程的紊乱可能与许多疾病的发生有直接或间接的关系。例如,肿瘤、自身免疫性疾病等。凋亡是多基因严格控制的过程。这些基因在种属之间非常保守,如 Bcl-2 家族、caspase 家族、癌基因如 *c-myc*、抑癌基因 *P53* 等,细胞凋亡可被多种刺激启动,包括失去必需的生长因子、糖皮质激素的作用、γ 射线的照射和特定受体的激活等。这些都涉及一类分子对细胞的攻击。免疫系统使用另一种方式引发细胞凋亡,用毒性淋巴细胞(T_C)攻击靶细胞。肿瘤抑制因子 p53 能启动细胞凋亡,是抑制癌症的一个重要措施。因此,细胞凋亡不仅对组织发育,而且在免疫防御和消除癌细胞中都起着很重要的作用。

细胞凋亡的途径主要有两条:一条是外部途径,即**死亡受体途径**(death-receptor pathway),此途径通过胞外信号激活细胞内的负责凋亡的酶——**胱天蛋白酶**(caspase);另一条是内部途径,即**线粒体途径**(mitochondrial pathway),此途径是通过线粒体释放胱天蛋白酶激活因子,激活**胱天蛋白酶**。这些活化的**胱天蛋白酶**可将细胞内的重要蛋白质降解,引起细胞凋亡(图 9.28)。胱天蛋白酶分为两类:一类为执行者(executioner)或效应者(effector),如 caspase-3、6、7,它们可直接降解胞内的结构蛋白和功能蛋白,引起凋亡,但不能通过自催化(autocatalytic)或自剪接的方式激活;另一类为启动者(initiator),如 caspase-8、9,接受信号后,能通过自剪接而激活,然后引起 caspase 级联反应,如 caspase-8 可依次激活 caspase-3、6、7。

在正常细胞中 caspase 是以未活化的酶原(enzymogen)的形式存在,酶原的氨基端有一段被称为"**前域**"(prodomain)的序列。酶原活化时不但要将前域切除,并且要将剩余部分剪切成大、小两个亚基,分别称为 P20

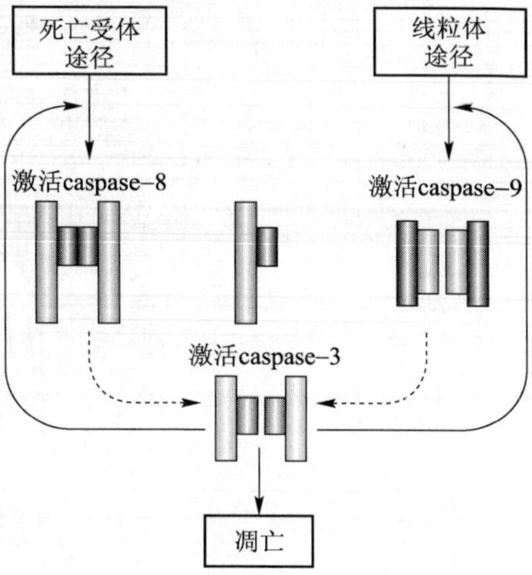

图 9.28　细胞凋亡的两条主要途径

和 P10，活性酶就是由大亚基和小亚基组成异源二聚体，再由两个二聚体形成有活性的四聚体$(P20/P10)_2$。当诱导死亡信号复合体(DISC)形成后使其单体首先二聚化，二聚化激活了 caspase 的二次自我剪切(图 9.29)。

Fas 受体(Fas receptor，FasR)和 **Fas 配体**(Fas ligand，FasL)是一对膜蛋白，它们的相互作用是启动哺乳动物细胞凋亡的重要途径。Fas 是一种跨膜蛋白，又称为 APO-1/CD95，属于**肿瘤坏死因子**(tumor necrosis factor，TNF)家族，是由 325 个氨基酸组成的受体分子，分布于胸腺细胞，激活的 T 和 B 淋巴细胞，巨噬细胞，肝、脾、肺、心、脑、肠、睾丸和卵巢细胞等。它与 FasL 结合可以启动凋亡信号的转导引起细胞凋亡。它的活化首先 Fas 三聚体化，然后配体 FasL 和其结合，使 Fas 三聚体装配成更大的集合体，在细胞膜上形成凋亡诱导复合物，Fas 三聚化使胞内的**死亡结构域**(death domain，DD)构象改变，然后与 **Fas 缔合蛋白**(fas-associated death domain，FADD)的 DD 区结合。FADD 是死亡信号转录中的一个连接蛋白，其 C 端 DD 结构域负责和 Fas 分子胞内段上的 DD 结构域结合，其 N 端为**死亡效应区**(death effector domain，DED)能与无活性的胱天蛋白酶 8(caspase-8)酶原结合，聚合多个 caspase-8 的分子，形成**诱导死亡信号复合体**(death-inducing signaling complex，DISC)，caspase-8 分子逐步由单体酶原转成有活性的双链蛋白，进而激活**胱天蛋白酶激活的核酸酶**(caspase-activated DNase，CAD)，CAD 能剪切核小体的连接区，形成 180～200 bp 整数倍的 DNA 片段。通常 CAD 存在于胞质中，并且与抑制因子 ICAD/DFF-45 蛋白结合，不能进入细胞核。经 caspase 活化后可以降解 ICAD/DFF-45，释放出 CAD，使其进入细胞核降解 DNA。引起随后的级联反应，最终导致细胞凋亡。

TNF 诱导的细胞凋亡途径与此类似。TNF 与一个称为 **TNF-R1 缔合死亡结构域**(TNF-R1-associated death domain，TRADD)的蛋白质结合，TRADD 又与 FADD 蛋白结合。Fas 受体也结合 FADD。在任一情况下，FADD 激活 caspase-8，触发凋亡(图 9.29a)。

凋亡的内部途径是线粒体途径。细胞应激反应或凋亡信号能引起线粒体细胞色素 *c*(Cyt *c*)释放，作为凋亡诱导因子，细胞色素 *c* 能与**凋亡蛋白酶激活因子 1**(apoptotic protease activating factor-1，Apaf-1)、caspase-9 前体和 ATP/dATP 形成**凋亡体**(apoptosome)，然后募集并激活 caspase-3，进而引发 caspases 级联反应，导致细胞凋亡(图 9.29b)。

Cyt *c* 是通过**线粒体通透性转换通道**(mitochondrial permeability transition pore，MPTP)或 Bcl-2 家族成员形成的线粒体跨膜通道释放到细胞质中的。释放出的 Cyt *c* 和 ATP 作为复合物因子与胞液中 Apaf-1 结合，通过 ATP 分解提供能量，诱导 Apaf-1 自身多聚化，形成至少由 8 个亚单位组成的 Apaf-1 多聚物，并暴露 Apaf-1 N 端的胱天蛋白酶募集域(caspase recruitment domain，CARD)与 caspase-9 结构域中 CARD 相互作用，并募集 caspase-9 到多聚物上，形成 Cyt *c*-Apaf-1，caspase-9 高相对分子质量的复合物，即凋亡体。Caspase-9 被募集形成凋亡体后，它会通过改变构象自我激活，并激活其下游的 caspase-3 和 caspase-7，产生一系列级联激活反应，最后对核内底物进行剪切使细胞凋亡。

随 Cyt *c* 释放的蛋白质还有第二个来源于线粒体的胱天蛋白酶激活因子(second mitochondria-derived activator of caspase，Smac)、**凋亡诱导因子**(apoptosis inducing factor，AIF)和**核酸内切酶 G**(Endo G)。Smac 能通过 N 端的几个氨基酸与**凋亡抑制蛋白**(inhibitors of apoptosis，IAP)的杆状病毒 IAP 重复序列(baculovirus IAP repeat，BIR)结构域结合，从而解除 IAP 对 caspase 的抑制；AIF 则引起核固缩和染色质断裂；Endo G 可以使 DNA 片段化。可见即使在 caspase 不参与的情况下，由线粒体途径仍可引起细胞凋亡。

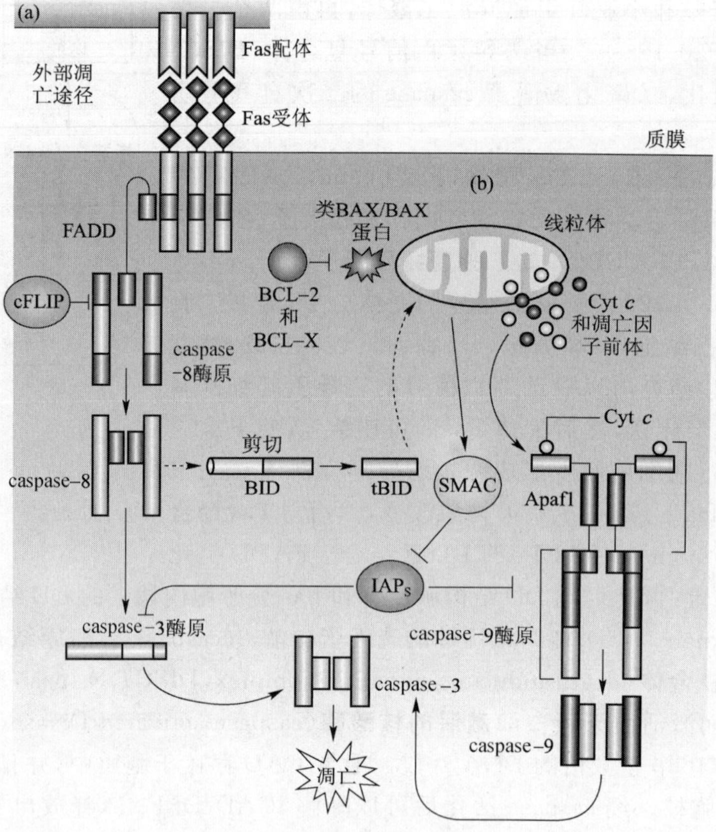

图 9.29 细胞凋亡的两条途径

(a) Fas 受体和 FasLJ 结合形成诱导死亡复合体，再结合并激活连接蛋白 FADD，FADD 募集胱天蛋白酶（caspase-8）前体分子并使其成为具有活性的效应者 (b)不同的信号触发线粒体中细胞色素 c（Cyt *c*）释放到胞液中。Cyt *c*、Apaf-1 及 caspase-9 结合形成三聚体形式的凋亡体，并诱导 caspase-9 通过改变构象自我激活，并激活其下游的 caspase-3，caspase-7，产生一系列级联激活反应，最后对核内底物进行剪切使细胞凋亡。注 cFLIP：细胞型 Fas 相关死亡结构域蛋白样白介素-1β 转换酶抑制蛋白[cellular caspase-8（FLICE）-like inhibitory protein]；BCL-2：B 细胞淋巴瘤/白血病-2（B cell lymphoma/leukmia-2；BCL-2：B 细胞淋巴瘤/白血病-2 样蛋白 1（Bcl-2-like 1）；SMAC：来源于线粒体的 caspase 次级激活物（second mitochondria-derived activator of caspase）；IAP 凋亡抑制因子（inhibitor of apoptosis）

正常情况下 Cyt *c* 是一个定位于线粒体膜间隙（intermembrane space，IMS）内的水溶性蛋白质，稳定地结合于线粒体内膜，不能通过外膜。Cyt *c* 通过线粒体 MPTP 或 Bcl-2 家族成员调控的线粒体外膜渗透性（mitochondrial outer membrane permeability，MOMP）而释放到细胞质中。Bcl-2 家族蛋白可以影响 MPTP 通道开放及其Cyt *c*、**凋亡起始因子**（apoptosis Initiating factor，AIP）的释放，还可以改变线粒体外膜的通透性。

Bcl-2 家族的促凋亡成员 Bax/Bak 可造成线粒体外膜中断，而不影响线粒体内膜或基质的功能，从而改变 MOMP；其他信号如 Ca^{2+} 等可触发线粒体内膜上的小孔道开放，水分子进入线粒体基质使之膨胀，导致线粒体外膜破裂，这个反应也叫做线粒体通透性转变（mitochondrial permeability transition，MPT ），也能改变 MOMP。线粒体外膜 MOMP 改变后，线粒体膜间蛋白质如 Cyt *c* 和 SMAC 释放出来。

MPTP 主要由位于内膜的**腺嘌呤核苷酸易位因子**（adenine nucleotide translocator，ANT）和位于外膜的电压依赖性阴离子通道（voltage dependent anion channel，VDAC）等蛋白质所组成，MPTP 开放会引起线粒体跨膜电位下降和 Cyt *c* 释放。Bcl-2 家族蛋白对于 MPTP 的开放和关闭起关键的调节作用，Bcl-2 家族成员之一的促凋亡蛋白 Bax 等可以通过与 ANT 或 VDAC 的结合介导 MPTP 开放，而抗凋亡类蛋白如 Bcl-2、Bcl-xL 等则可通过与 Bax 竞争性地与 ANT 结合，或者直接阻止 Bax 与 ANT、VDAC 的结合来发挥其抗凋亡效应。

凋亡的外部途径和内部途径之间是有联系的，如在肝细胞中，Fas 受体介导的凋亡不能达到很高的水平。此时要借助线粒体途径胱天蛋白酶的效应。依靠 caspase-8 将胞质内的 Bid[BCL-2 互作功能域（BCL-2 interacting domain)]切开，释放具有活性的C端结构域，即截短的Bid分子(truncated Bid，t-Bid)，然后t-Bid转位到线粒体膜上，破坏其外膜通透性而导致Cyt *c*释放，使凋亡信号放大。

Bid是Bcl-2家族的重要一员。该家族的一些成员对细胞凋亡是必需的，另一些则对凋亡有阻碍作用。Bcl-2在许多细胞中抑制凋亡，其C端有一个膜锚定物，在线粒体、细胞核和ER的外膜中被发现。Bcl-2阻碍Cyt *c*的释放，表明它以某种方式阻碍Bid的活动。

第六节　在脊椎动物和昆虫中的图式形成的平行性

果蝇的发育原理为什么具有普遍性意义？早先在果蝇中进行的遗传学分析在大多数其他生物中并不适用，但在近几年中，重组DNA技术提供了研究果蝇发育的新方法。也有一些很有意义的结果是通过研究小鼠的早期发育而获得的。十分惊人的情况是哺乳动物中称为**同源异形盒**(homeotic box)基因簇(称为Hox复合体)与昆虫的ANT-C和BX-C同源异形基因簇(homeotic gene clusters)之间的相似性(图9.30)。现在已共同称为**同源异形基因复合体**(homeotic gene complex，HOM-C)。ANT-C和BX-C的基因簇在果蝇3号染色体上彼此离得很远，在比较原始的昆虫[如面粉甲虫(*Tribolium castaneum*)]中只有1个基因簇。这表明在昆虫中典型的情况是只有一个同源异形基因簇——HOM-C。而且HOM-C的基因在染色体上的排列是有序的，这和它们表达的空间图式是共线性的：在复合体的左端转录胚胎的前部，沿着染色体向右排列的基因是转录胚胎后部的。我们还不知道为什么昆虫的基因簇的排列和次序与胚胎的空间排列是共线性的，但不论这种特点的作用如何，成簇排列和共线性在哺乳动物中*Hox*基因簇的等值基因(图9.31a)也是如此。

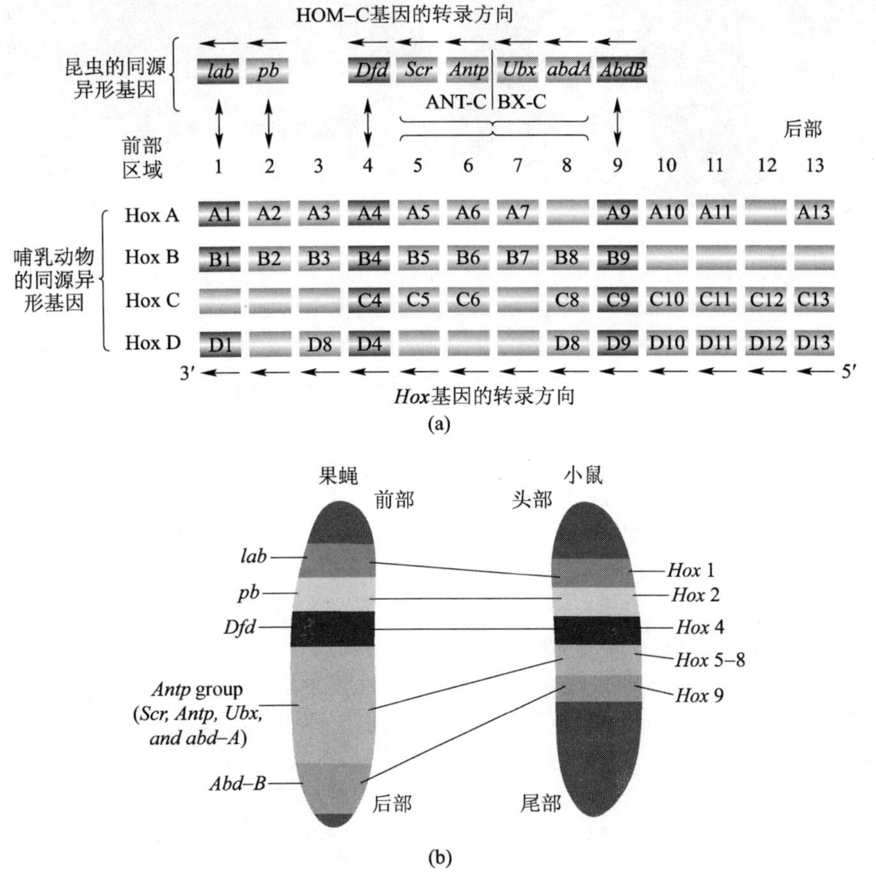

图9.30　昆虫和哺乳动物同源异形基因结构和功能的比较

(a)*HOM-C*和*Hox*基因簇结构的比较。*HOM-C*基因在基因簇的顶端。4组平行进化同源基因*Hox*基因簇分别在不同的染色体上。相同的颜色表示结构和功能彼此相关的基因　(b)*HOM-C*和*Hox*基因在果蝇和小鼠胚中表达的区域。这些区域的排列顺序是相同的(引自A. J Griffiths等，1999)

在果蝇和哺乳动物之间主要的差异是在昆虫的基因组中只有一个 *HOM-C* 基因簇，而在哺乳动物中有 4 个基因簇，每个都在不同的染色体上。这 4 个基因簇是**旁系同源基因**(paralogous gene)，也称为种内同源基因，即在进化过程中，同一生物体中起源于同一祖先基因重复的那些基因。仿佛整个的基因簇在脊椎动物进化中产生了一式 4 份。每个 *Hox* 基因簇左端的一些基因不仅彼此之间非常相似，而且和昆虫的 *HOM-C* 基因簇之一的左端基因也是相似的。在这些基因簇中都存在着相似的相关性。

在每一个 *Hox* 基因簇中从左向右出现了一种有序的排列和表达，令人惊异的是这和昆虫的 *HOM-C* 基因非常相似。基因簇结构和表达图式的相似性通过突变体的表型更加加强了。体外的诱发突变技术在小鼠中可以有效敲除基因。很多 *Hox* 基因已被敲除。纯合的敲除小鼠的表型和 *HOM-C* 突变纯合果蝇的表型显示了明显的平行性。例如，*Hoxc-8* 基因的敲除小鼠引起了第一腰椎的肋骨(L1)伸长，而正常情况下此椎骨是没有肋骨的(图 9.31)。这样 L1 椎骨同源异形转化为更前一点的椎骨的体节特征。即 *Hoxc-8*$^{-}$ 导致了椎骨发育的命运向前移动了。很清楚，看来 *Hox* 基因控制体节发育的命运的方式和 *HOX-C* 基因十分相似。例如，果蝇缺失了 *Ubx* 基因也会使体节发育的命运向前移动，使 T3 和 A1 转变成了 T2。果蝇、小鼠和人类这样完全不同的生物具有相似的基因排列。这是由于脊椎动物和昆虫 *Hox* 和 *HOM-C* 基因是 600 百万年前的同源异形盒基因簇后代。还有很多基因进化和功能保守的例子，但完整的途径还未被发现。果蝇的 DL 和哺乳动物的 NF B 转录因子的活化途径本质上也是完全保守的(图 9.32)。果蝇蛋白在 DL 活化途径中的任何一步与哺乳动物的 NFκ B(其氨基酸序列和 DL 十分相似)活化途径是相同的。当然，看来进化和功能的保守是一种规律而不是例外。

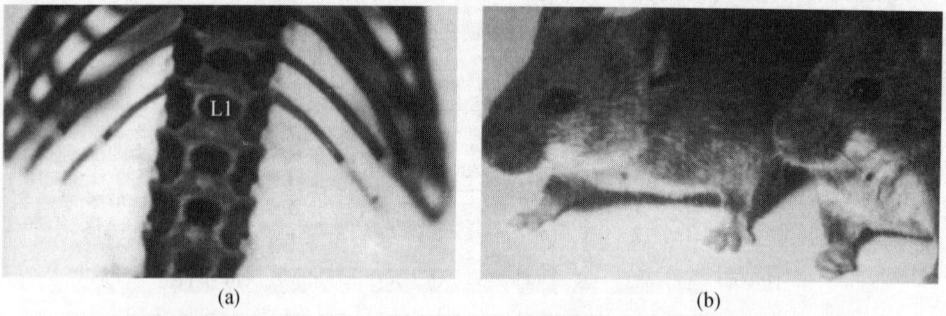

图 9.31 同源异形突变的小鼠照片。用培养的胚胎干细胞敲除 *Hoxc-8* 基因

(a) *Hoxc-8* 突变小鼠的胸椎和腰椎。野生型小鼠的第一腰椎是没有肋骨的 (b)敲除 *Hoxc-8* 基因的小鼠照片。纯合的敲除小鼠(右 4)的趾紧握。野生型小鼠的趾正常(引自 A. J. Griffiths 等，1999)

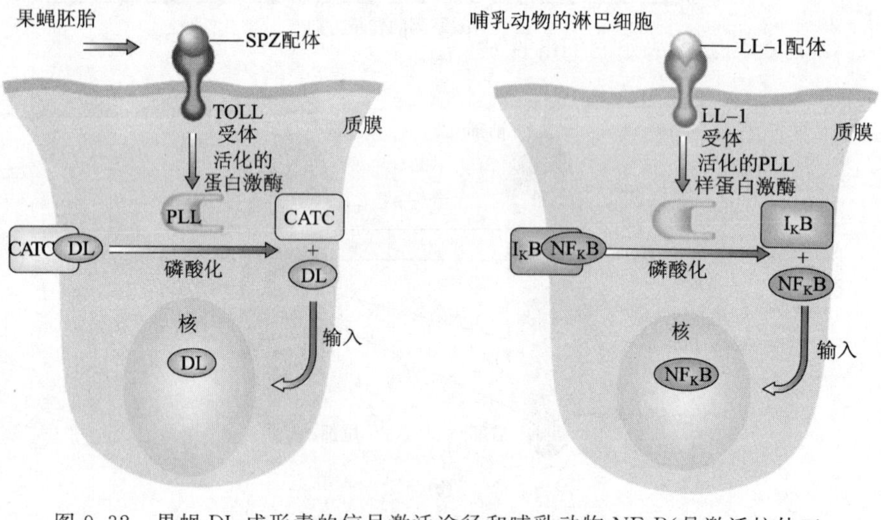

图 9.32 果蝇 DL 成形素的信号激活途径和哺乳动物 $NF_{\kappa}B$(是激活抗体亚基基因的转录因子)信号途径的平行性

在 SPZ 和 IL-1，TOLL 和 IL-1R，CACT 和 $I_{\kappa}B$，DL 和 $NF_{\kappa}B$ 之间结构蛋白的相似性(引自 A. J. Griffiths 等，1999)

第七节 动物的性别决定和分化

一、性别决定的途径

在很多生物中性别决定是和异形性染色体相关的，但这并不意味着这些物种都是由一个共同的具有异形性染色体的祖先进化而来。XX-XY 性别决定机制在进化中似乎是多次独立出现的。果蝇和哺乳动物的 XX-XY 性染色体是独立出现的，其差异见表 9.3。在果蝇和哺乳动物之间，身体的很多区域显示了性别二态性的特点，即这些区域的特点在两性中是不一致的。例如，果蝇两性的性器官本身及腹部的体色上是不同的。性别决定机制和性别二态性特点是本节重点讨论的内容。

表 9.3 果蝇和哺乳动物性别决定机制的比较

性别决定的类型	果 蝇	哺乳动物
XX-XY	性指数（X∶A 比率）	是否有 Y 染色体
XX 对 XY 的分子基础	分子分母转录因子亚基的相互作用	Y 染色体上负责睾丸决定的转录因子
性别决定产生的过程	细胞和细胞间	睾丸作为雄性决定的根本再指导其他性器官的分化
性别决定途径的开关	早期胚中 *Sxl*(Sex lethal)的转录	*SRY*（人类）～*Sry*（小鼠）基因的存在与否
下游的调节水平	mRNA 的交替剪切	转录
发育的正反馈机制	SXL 蛋白的正反馈环在 *Sxl* mRNA 上的剪切	睾丸的持续存在
性别特异基因表达的细节	*dsx*（doublesex）基因编码的蛋白质 DSX-F 是雌性特异基因的表达的激活物，是雄性特异基因表达的抑制物。DSX-M 是雄性特异基因表达的激活物，是雌性特异基因的表达的抑制物	睾酮介导激活靶组织上的睾酮受体，此受体通过和睾酮效应元件的结合来调节转录（增强子或静息子）

（引自 A. J. F. Griffiths 等，1999）

二、果蝇的性别决定

果蝇的每一个细胞系都产生了其特有的性别决定。最好的证明方法之一是分析 XX-XY 嵌合体果蝇。这些个体既含有 XX 细胞，又含有 XY 细胞。这种嵌合体依照每个细胞的基因型表现出雄性和雌性的混合表型。这些差异表明果蝇中的每个细胞都独立地决定它们的性别。

（一）果蝇 Y 染色体的功能

果蝇的 Y 染色体与精子发生有关，而尚未发现它在性别决定中有任何功能。X/O 型的果蝇可以发育为雄体，Y 染色体在体细胞中可以丢弃，但在初级精母细胞中都处于活跃状态，X/O 雄蝇精子发生受到严重的干扰，产生的精子无活动能力。

Y 染色体有 6 个雄性可育性基因（长臂 4 个，短臂 2 个）（图 9.33），而在 X 染色体上无相应的等位基因。这 6 个基因只转录不翻译，每个基因转录成一种灯刷环，这种灯刷环是一个转录单位，它们和一些蛋白质结合形成不同形态的 RNP，分别命名为套索状、棒槌状、管带状、丝状和球果样结构。一个或多个灯刷环失活都会引起雄性不育。可见这些是精子发生不可缺少的。其特点是：①不翻译；②RNA 很大，约为 1 500 kb；③有 Ys 和 Ya 两种序列，Ys 是特异序列，有 200～2 000 个拷贝；Ya 是 **Y-装配**

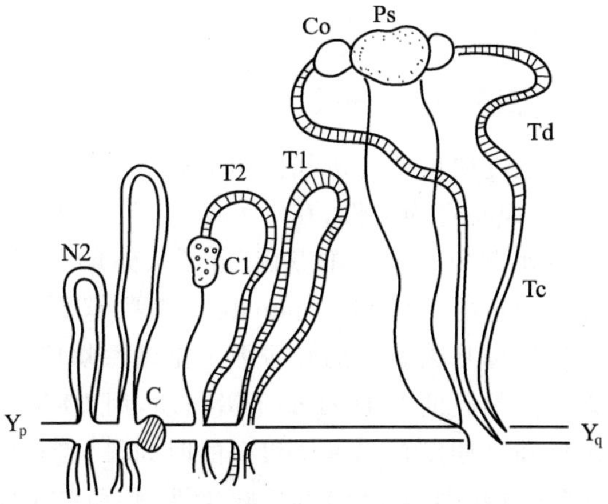

图 9.33 果蝇初级精母细胞双线期的灯刷环

C. 着丝粒；N_x.（noose）：基索；C1.（elub-like）棒状；Co(Cone-like)球果样结构；Tr(tabular riblun)，管带状；Th(thread)，丝状

序列(y-associated sequence),一个家族只出现在一个环上,长约 400 bp;④能形成二级结构;⑤能富集蛋白质,形成 RNP。

Y 染色体对某些蛋白质起着调控作用。X/0 雄果蝇精子中有 3 种蛋白质(包括微管蛋白)的量明显下降,而这些蛋白质都不是 Y 染色体编码的。微管蛋白的 mRNA 在 X/O 雄果蝇中并不减少,可见 Y 染色体可能在微管蛋白翻译水平上起到调节作用。X 染色体上的星状(stellate)位点编码 p17 蛋白,在 X/O 雄蝇的精母细胞中该蛋白质由于过多合成而形成结晶,Y 染色体对其有调节功能,调节位点不在灯刷环上,而在可育位点 K12~K13。有部分 Y-RNA 存在核内,在精子细胞中仍存在这些 RNA,它可以与 DNA 互补,通过反义抑制进行调节。Y-RNA 的二级结构是结合蛋白质所需,而且这些蛋白质可能和凝聚与去凝聚的过程有关。从上面的介绍不仅了解了果蝇 Y 染色体的功能,而且使人们不难理解为什么果蝇的性别决定似乎完全和 Y 染色体无关。

(二) 性别决定途径的调节

我们先来看一下果蝇总的性别决定途径(图 9.34):无论果蝇将来发育成雄性还是雌性,性指数(X∶A)在早期胚中都要建立。建立性别表型的指令是由总的调节"开关"和一系列下游性别特异性基因来执行的。"开关"关闭时产生性别决定的雄性途径,这一途径是由不同的转录来起始的。通过 RNA 的不同剪切来决定开关方向的维持,途径的延续。这一途径关闭,其最终点是产生雄性特异性转录因子。相反,途径的打开,其最终点是产生雌性特异性转录因子。

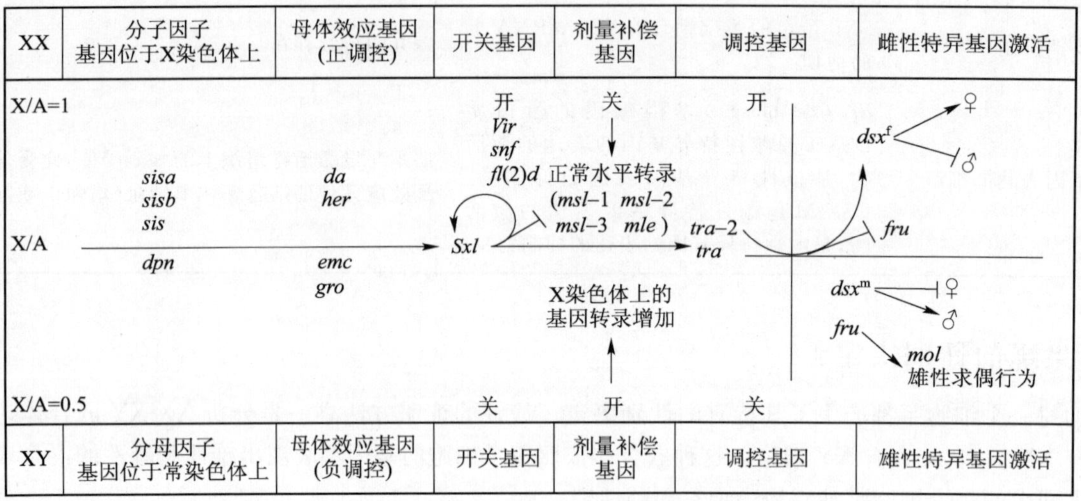

图 9.34 果蝇性别决定和分化的途径

(三) 调节开关

通过遗传学分析我们知道调节开关是 *Sxl*(Sex lethal)基因的活化。在 X∶A=1 的果蝇中,合成 SXL 蛋白,果蝇发育为雌性;在 X∶A=0.5 的果蝇中,合成无功能的 SXL 蛋白,因此果蝇发育为雄性(图 9.35)。通过一系列 X 染色体上的基因[合子表达的分子(numerator)基因]编码的蛋白质产物与常染色体上基因[合子和母体表达的分母(denominator)基因]编码的蛋白质产物相互作用,性指数启动了性别决定途径。至少部分分子和分母基因编码的转录因子是**碱性螺旋-环-螺旋**(basic helix-loop-helix,bHLH)。现在我们用 **NUM** 代表 X 染色体编码的 bHLH 分子蛋白质,用 **DEM** 代表常染色体编码的 bHLH 分母蛋白质。这些转录因子的作用仅在果蝇早期发育中一个很窄的时间段(受精后 2~3 h)才能决定调节开关— *Sxl* 基因是否打开。*Sxl* 基因"开关"在雌性中一直"打开",在雄性中一直"关闭"。当 *Sxl* 基因开关在打开时是活化的 X∶A NUM 转录因子的水平必须是高的(X∶A=1.0)。存在于早期胚中的高水平的(雌性)X∶A 转录因子与 *Sxl* 基因的增强子结合,激活 *Sxl* 基因早期启动子转录。其转录物翻译成有活性的 SXL 蛋白。相反,如果 NUM 转录因子的水平太低(如 X∶A=0.5)时,转录因子不足以激活 *Sxl* 基因转录,所以也不产生 SXL 蛋白。NUM 蛋白通过和

DEM 二聚体竞争来量度 X∶A 比值，以产生有活性的 NUM 转录因子二聚体复合体(图 9.36b)。①NUM(分子因子)单体有一个序列特异的 DNA 特异结合位点，而 DEM(分母因子)蛋白没有任何的 DNA 结合位点。②NUM 的 DNA 结合位点识别 *Sxl* 调节基因启动子上的增强子序列。这个启动子产生的转录对于 *Sxl* 基因在早期胚中的表达是必要的。③NUM 和 DEM 两种多肽的合成的水平是和细胞中编码分子蛋白基因与分母蛋白基因的拷贝数成比率。因此，X∶A＝1.0 的胚胎在每个细胞中 NUM 的多肽数目是 X∶A＝0.5 的胚胎的两倍。但无论 X∶A 的比值是多少，这些二倍体细胞中含有的 DEM 蛋白的量都是相同的。④形成重组的二聚体是完全可能的。X∶A 的比值是和细胞中 NUM 和 DEM 蛋白单体的浓度相关：NUM-NUM 同二聚体，NUM-DEM 异二聚体，DEM-DEM 同二聚体。⑤要形成一个有活性的转录因子，bHLH 二聚体的两个亚基必须要有序列特异的 DNA 结合位点。只有 NUM 同二聚体具有这个位点。在某种意义上说，DEM 单体是可以抑制转录因子 NUM 亚基的活化。

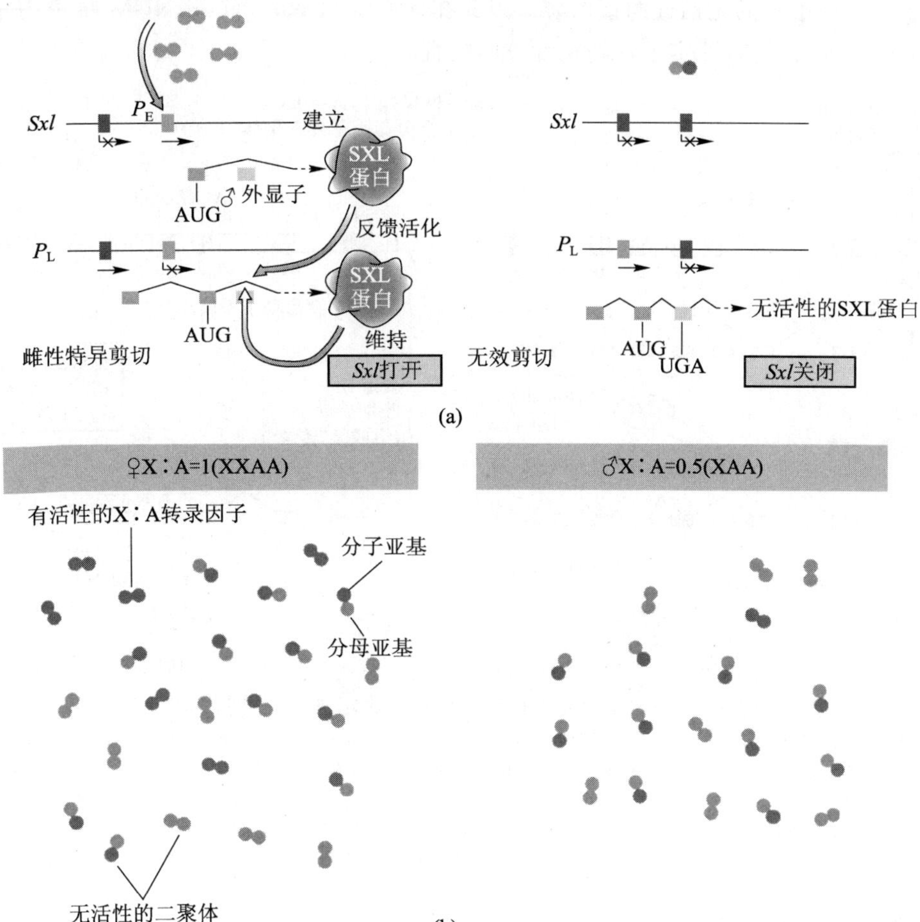

图 9.35 *Sxl* 基因开关的起始和维持

(a) 在雌体中高水平的分子-分子二聚体可激活 *Sxl* 基因的早期启动子(P_E，调节型表达)，产生有活性的 SXL 蛋白，可以正确剪切晚期启动子(P_L，组成型表达)转录的产物，使之产生有活性的 SXL 蛋白。在雄体中分子-分母二聚体不能激活 *Sxl* 基因的早期启动子，不产生有活性的 SXL 蛋白 (b)当 X∶A＝1 时，可产生分子二聚体；当 X∶A＝0.5 时，不能或较少地产生分子二聚体(引自 A. J. Griffiths 等，1999)

以上的结论是 NUM∶DEM 的高比值，细胞中将有更多活化的 NUM-NUM 转录因子。具有 X∶A＝1.0 的早期胚可预期它将比 X∶A＝0.5 的早期胚有更多的活化的分子转录因子。

(四) 性别决定开关维持在一个稳定的状态

sxl 基因有两个启动子。早期启动子(P_E)只被 NUM-NUM 转录因子活化。P_E 仅在早期胚中才有活性，

属于调节型启动子。在晚期胚或生活周史的其他时间 *Sxl* 是由晚期启动子(P_L)转录的。P_L 是组成型启动子,在细胞中将持续表达,不受 X∶A 比值的调控。由 P_L 转录的 *Sxl* 初始转录本比 P_E 的初始转录物要长得多,它的 mRNA 要经受 SXL 蛋白选择性剪切,这取决于细胞中是否存在有活性的 SXL 蛋白。SXL 蛋白是一种 RNA 结合蛋白,他可以改变由 P_L 转录的 *Sxl* 初始转录物的剪切。当有功能的 SXL 蛋白剪切后产生成熟的 mRNA 编码有活性的 SXL RNA 结合蛋白。此蛋白质转而与更多的 P_L 产生的初级转录物结合,进行剪切,形成编码有功能的 SXL 蛋白的 mRNA,就这样持续下去。此反馈环或自我调节环受到 RNA 剪切的调节,在 X∶A=1.0 的果蝇发育中维持 SXL 蛋白的活性(图 9.36)。

相反,当 X∶A=0.5 时,*Sxl* 开关处在"关"的位置。使 P_E 在早期胚中没有活性,因此 X∶A=0.5 的早期胚不产生 SXL 蛋白质。晚期 *Sxl* 启动子(P_L)的 *Sxl* 初始转录物在缺乏有功能的 SXL 蛋白时就不能进行剪切,此 mRNA 是没有功能的。这是因为在其第 3 个内含子中编码了一个终止密码子,因此翻译不久就终止了,这个雄性特异的 mRNA 产生了一个很短的无活性的蛋白质。因此在含有低水平的 NUM-NUM 转录因子的雄果蝇早期发育中缺乏有活性的 SXL 蛋白,这就注定了它朝雄性方向发育。

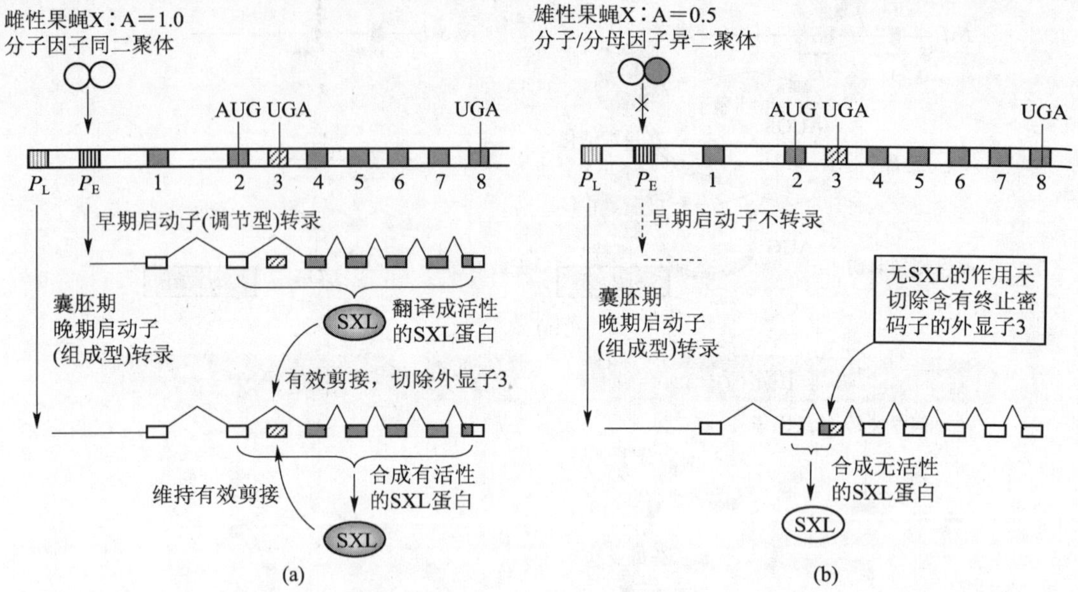

图 9.36 果蝇 SXL 蛋白充当的性别决定调节的总"开关"

(a) 在雌性中,因有两条 X 染色体,X-连锁的分子因子基因产物的量较多,所形成的同二聚体可作为 *Sxl* 基因早期启动子的转录因子,激活转录,经选择性加工,删除了含有终止密码子的第 3 个外显子,翻译成有活性的 SXL 蛋白;其晚期启动子转录的 mRNA,经 SXL 的有效剪接,切除外显子 3,同样可合成有活性的 SXL 蛋白,此蛋白质可维持晚期的有效剪接,继续产生 SXL (b) 雄性果蝇仅有一条 X 染色体,产生的分子因子和分母因子形成异二聚体,不能激活早期的转录;而晚期转录产生的 mRNA 在加工中未删除含有终止密码子的第 3 个外显子,这样,翻译就在此处终止,而产生了无活性的 SXL 蛋白

(五) 性别决定的级联调控

SXL 蛋白不仅具有反馈调节的功能,必须还能激活性别决定途径中 *Sxl* 下游的基因,使雌性特异性基因获得表达。这是通过相同的 RNA 结合活性来完成的。只有在 SXL 蛋白存在的情况下 *tra* (transformer)基因的转录物才能经剪切产生有活性 TRA 蛋白的 mRNA。

TRA 蛋白是一种 RNA 结合蛋白,可使 *dsx* (doublesex)初始 RNA 进行雌性特异性剪切。通过这种剪切产生的 DSX-F 蛋白是一种转录因子,它完全抑制雄性特异性基因的表达(图 9.37)。在缺乏 SXL 活化的蛋白质时,*tra* 初始转录物的剪切模式产生的 mRNA 不编码有功能的 TRA 蛋白。当缺乏有活性的 TRA 蛋白时,*dsx* 初始转录物的剪切模式产生的蛋白质是 DSX-M 转录因子,它抑制雌性特异性基因的表达。雌、雄果蝇在某些身体的结构、行为和生化等方面都具有明显差异。例如,雄果蝇的前腿上有**性梳**(sex comb),腹部末端有很宽的色素沉积带;在第五腹节有雄性特异的**劳伦斯肌肉**(muscle of Laurence, MOL);雄性果蝇还有特殊的求

偶行为，这些特征都由不同的性别特异基因控制。

在雄果蝇中，紧接着 *tra* 和 *tra*-2 下游存在着一条分支途径(图 9.37)，这一分支途径的前部基因是不育基因 *fru*(fruitless)，*fru* 含有与在 *dsx* 中发现的相似的调节序列，*fru* 的突变显示了 *mol* 缺陷。

果蝇中的剂量补偿作用在第六章中已做了介绍，此处不再赘述。

(六) 果蝇性别决定的分子机制

T. W. Cline(1984 年)和 B. S. Baker(1983 年)等通过分子生物学和遗传学分析果蝇改变表型性别的突变来深入研究果蝇的性别决定。他们注意到在果蝇性别的表型中，无效突变(null mutations)的效应使雌果蝇转变成了雄果蝇。突变的雄性纯合体是完全正常的。突变的基因包括 *sis-b*(sisterless-b)、*Sxl*(Sex lethal)和 *tra*(transformer)。这些基因在雄性中不是必要的，因为雄性的发育途径似乎是发育开关处在沉默(关闭)的状态。此外，果蝇的性别决定途径是一系列基因的活化，避开沉默状态而进入雌性发育途径。*sis-b* 基因是编码 bHLH 蛋白的"分子"基因，X∶A 的比值必须达到 1.0，mRNA 的剪切调节物(由 *Sxl* 和 *tra* 基因编码的 RNA 结合蛋白)必须是有活性的，雌性发育才能进行。平常在雄性中这些基因总是关闭的，如果敲除这些基因就会导致果蝇发育为雄性。*dsx*(doublesex)是控制两种性别特征的基因。敲除 *dsx* 基因，使果蝇发育成雌、雄两性的。产生这种表型的原因是当存在 DSX-F 蛋白或 DSX-M 蛋白时，它们抑制了相反性别特异基因的表达，使果蝇不能产生那些可形成另一性别表型结构特点的产物。当敲除后，不存在抑制物，构建两种性别中的每一种结构特点的基因产物同时产生，果蝇的雄性和雌性同时发育。

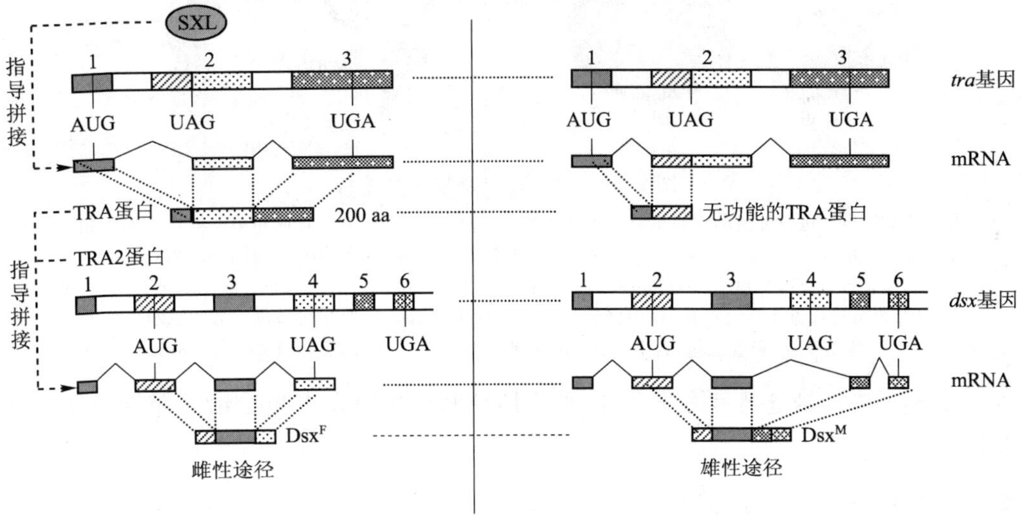

图 9.37　蝇性别分化过程中 *Sxl*、*tra* 和 *dsx* 基因以 RNA 选择性剪接的方式进行级联调控

Sxl(Sex-lethal)基因为什么称为性别致死呢？这和剂量补偿效应有关。在 2X 雌性和 1X 雄性果蝇中性连锁基因的表达，同样也是通过分子/分母的平衡及通过 *Sxl* 基因(无需 *tra* 或 *dsx*)来控制的。当正确的剂量互补效应被削弱的话会使果蝇致死。

三、哺乳动物的性别决定

一种性染色体非整倍体分析证明哺乳动物的性别决定和分化与果蝇是完全不同的。基因型为 XXY 的人是患有 Klinefelter 综合征的男性；基因型为 XO 的人是患有 Turner 综合征的女性。虽然他(她)们都存在一定的畸形，但性别是明显的。这和哺乳动物性别决定机制是相一致的。即 Y 染色体是否存在决定了哺乳动物的性别。无 Y 染色体发育为雌性，有 Y 染色体就发育为雄性。

(一) 哺乳动物生殖系统的发育和内分泌器官的控制

与果蝇相比，每个单个的人类细胞并不独立地产生性别决定。人类 XX 和 XY 嵌合体其男性或女性的外在特征不明显，通过生殖系统的生物学研究可以弄清哺乳动物性别决定的非自主性：性别的特异性表型由睾丸的存在与否来决定。在人类怀孕的头2个月中形成性腺。

初始的生殖细胞迁移到**生殖嵴**(genital ridge)，生殖嵴位于未发育的肾的顶端。生殖细胞的染色体决定性别，无论生殖细胞将迁移到生殖嵴的内部还是外周，也无论性腺发育成睾丸还是卵巢(图9.38)。如果它们形成睾丸，睾丸的**间质细胞**(leydig cells)分泌睾酮(一种决定雄性的雄性固醇类激素)。这种激素和雄性激素受体结合。此受体的功能是作为一种转录因子。它们活性取决于和同类的激素结合。这样，雄性激素和受体的复合体结合于增强子的雄性激素-效应元件上，导致活化的雄性特异性基因的表达。在染色体雌性胚胎中，性腺中没有间质细胞，不会产生睾酮，雄性激素受体不被激活。那么胚胎就会沿着默认的雌性发育途径发育。因此，睾丸的存在，通过睾酮的释放，决定了性别的表型。

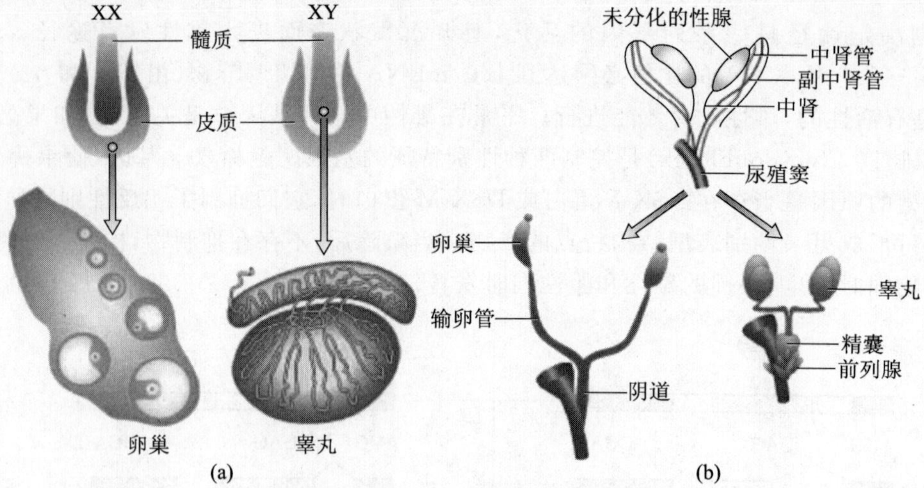

图9.38 哺乳动物泌尿生殖系统

(a)生殖嵴由髓质和包在外面的皮质组成。雌性生殖细胞迁入皮质，皮质发育成卵巢。雄性生殖细胞迁入髓质，髓质发育成睾丸 (b)在未分化的初始泌尿生殖组织中有中肾管(Wolffian)和副中肾管(Müllerian)。如果存在睾丸，它可分泌两种激素：睾酮和称为副中肾抑制物(Müllerian-inhibiting substance，MIS)的多肽激素。这些激素可导致副中肾管退化，而中肾管发育成雄性生殖管。如果存在卵巢，不产生睾酮和MIS，和雄性相反，中肾管退化，副中肾管发育成雌性生殖管(引自A. J. Griffiths等，1999)

当然，如果XY型的胚胎缺乏雄性激素受体，那么即使胚胎中有睾丸也会沿着雌性的途径发育，结果成为睾丸女性化的患者。

(二) 哺乳动物性别决定“开关”

是什么在启动哺乳动物性别决定途径呢？分子遗传学分析表明在Y染色体上已鉴别出了一个有功能的基因座位，它驱动睾丸的形成。这个假定的基因成为Y染色体上的**睾丸决定因子**(testis-determining factor，TDF/*Tdy*)(在人类中称为TDF，在小鼠中称为Tdy)。现在称为Y染色体上的**性反转基因**(sex reversal on Y)(在人类中称为*SRY*，在小鼠中称为*Sry*)。开始的鉴别是通过发育成为男性XX突变体。此外，野生型*SRY*/*Sry*基因是位于Y染色体上，这样我们很容易理解性别决定“开关”的方式。野生型XY个体是具有*SRY*/*Sry*基因，它可激活雄性发育途径，而正常的XX个体无*SRY*/*Sry*基因，其发育就沿着雌性默认途径发育。

SRY/*Sry*基因对性别决定有什么作用呢？SRY/Sry蛋白是一种转录因子，它在初始的雄性性腺中表达。SRY/Sry蛋白如何精确地启动睾丸的形成现在还不清楚。但现在已掌握了SRY/Sry蛋白序列。

Y染色体睾丸决定基因是R. Lovell-Badge和P. Goodfellow(1990年)等通过对人和小鼠的性别畸形进行作图和分析而鉴别出的。这些畸形称为**性反转**(sex reversal)。XX性反转个体的表型是男(雄)性的，在她们的基因组中带有Y染色体片段。在一般情况下染色体的重复是由于X和Y染色体之间产生了非法重组，使一条X染色体的顶端融合了Y染色体的片段。这部分Y染色体已被克隆，通过分子分析Lovell-Badge和Goodfellow鉴别出在发育的**肾囊**(kidney capsule)的适当位置中表达的转录物。这个基因编码的转录物称为Y染色体上的性反转基因,这是因为这个基因是在性反转综合征中鉴别出的,但它和早先提出的*TDY*/*Tdy*是同一个基因。

Lovell-Badge和Goodfellow用转基因鼠提供了一个十分雄辩的证据来支持他们的结论。小鼠Y染色体组的14 kb基因片段的一个克隆含有*Sry*基因,它是通过生殖系的转化插入到小鼠的基因组中,含有插入*Sry* DNA(转基因)的XX后代其内外生殖器正如所预料的那样,都是雄性的。具有含有间质细胞的睾丸(但这只小鼠是不育的,这可能因为在它的雄性生殖细胞中有两条X染色体,XXY雄性小鼠同样也是不育的)。这样一个基因就可以改变哺乳动物的性别表型,完全和*SRY*/*Sry*基因决定睾丸发育的作用一致。通过研究罕见的缺乏这种受体的**睾丸女性化**(testicular feminization,*Tfm*)小鼠,阐明了雄性激素受体的作用是接受睾酮信号并建立雄性的第二性征。核型为XY的小鼠其X连锁的*Tfm*基因突变发育成雌性小鼠,它们除了不育以外典型的特点是青春期无月经。*Tfm* XY小鼠是有睾丸的,但靶细胞无雄性激素受体,因此对睾酮的存在完全没有反应,这样小鼠就沿着雌性默认途径发育,导致表型的雌性化。

四、植物花器官的发育和分化

正如我们所见,动物中主要的发育决定是在其生命的早期,即胚胎发生时。而高等植物在营养器官(根、茎和叶)和花器官(萼片、花瓣、雄蕊和心皮)两种分生组织(meristem)中分化却持续一生。茎和根的分生组织是在胚胎发生时形成的。花的分生组织是在胚胎发生后通过茎分生组织的改组而建立的,最终分化成花器官。

在动物和植物发育中的一个最重要的区别是在高等植物中细胞团离开分生组织的扩增区,经过进一步分化,分成营养器官或繁殖器官。它们发育的命运总是由邻近细胞的相对位置来决定。在高等植物发育中位置信息(positional information)起着决定性作用,而动物发育中细胞系常常起着关键的决定作用。高等植物这种可塑性的生长模式是营养器官或繁殖器官连续产生的结果。这种模式主要的条件是光照和光的质量与强度。植物发育的可塑性给植物提供了一种适应环境的特殊能力。高等植物也能适应各种遗传的畸变。

(一) 拟南芥通过MADS盒转录因子调节花的发育

拟南芥(*Arabidopsis thaliana*)的遗传分析显示花结构遗传决定的一个重要原理。作为一个典型的显花植物拟南芥的花是以4圈同心圆的形式排列(图9.39)。该图是花的俯视图,同心圆从外到内分别以1、2、3和4来标记,在花的发育中每一轮都产生不同的花器官。第1轮长萼片(花瓣外侧绿色的托片),第2轮长花瓣,第3轮长雄蕊,第4轮长心皮(后融合成子房)。

影响到花发育的突变称为**花特征性突变**(floral identity mutations),主要有三类。其表型特征如图9.40所示。和野生型花比较,一类是缺少了萼片和花瓣,另一类是缺少了花瓣和雄蕊,第三类是缺少了雄蕊和心皮。根据这几类突变体的杂交,这些突变可以和不同的互补组相联系,从而可以定义相关的基因。控制这些突变表型的基因如表9.4所示。缺乏萼片和花瓣的突变型是由于无花瓣1(*apetala-1*,*ap1*)突变所致。缺乏雄蕊和花瓣的突变型是由于无花瓣3(*apetala-3*,*ap3*)突变或无雌蕊(*pistillata*,*pi*)突变所致。缺乏雄蕊和心皮的突变型是由于无性(*agamous*,*ag*)突变所致。这些基因编码转录因子MADS盒家族的成员。植物中的MADS-box的基因是一个序列特异的调节基因家族,其编码的MADS-box(酿酒酵母转录因子MCM1、拟南芥花同源异形基因*AGAMOUS*的产物、金鱼草花同源异形基因*DEFICIENS*的产物和人血清应答因子SRF 4种蛋白质的首字母,这4种蛋白质都含有一个由58个氨基酸组成的高度保守的模体。蛋白转录因子以二聚体化的形式通过保守的模体与特定的DNA序列结合来调控基因的表达,MADS转录因子涉及植物和少数动物的转录调节,尤其在植物花器官的发育调控中起作用。

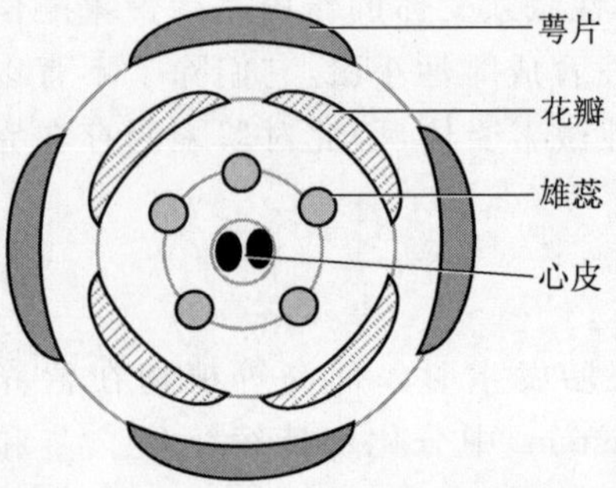

图 9.39 在花的分生组织中花器官明显以同心圆的形式排列

图 9.40 拟南芥中花突变的主要类型的表型

(a) 表示野生型的花 (b) 表示缺失了萼片的突变(*ap1*) (c) 是缺失了花瓣的突变(*pi*) (d) 是缺失了雌雄蕊的突变(*ag*)(引自 D. L. Hartl,2006)

表 9.4 拟南芥中花发育的突变体

	轮			
表型	1	2	3	4
野生型	萼片	花瓣	雄蕊	心皮
ap1/ap1	心皮	雄蕊	雄蕊	心皮
ap3/ap3	萼片	萼片	心皮	心皮
pi/pi	萼片	萼片	心皮	心皮
ag/ag	萼片	花瓣	花瓣	萼片

(二) 不同组合的基因表达控制拟南芥的花发育

ap1、*ap3*、*pi* 和 *ag* 转录因子在花器官发育中的作用能从这些基因突变体的表型加以推测。根据观察一些基因的突变可以推测 *ap1* 基因对于萼片和花瓣的发育是必需的；*ap3* 和 *pi* 对于花瓣和雄蕊的发育是必需的；*ag* 对于雄蕊和心皮的发育是必需的。由于这些突变体的表型是由于这些基因的等位基因(*apl*、*ap3*、*pi* 和 *ag*)失去功能所致。我们可以推断 *ap1* 在第 1、2 轮中表达；*ap3* 和 *pi* 在第 2、3 轮中表达；*ag* 在第 3、4 轮中表达；表 9.5 列出了这些重叠表达的模式。这种表达模式表明花的发育是由 4 个基因组合的方式来控制的。在萼片发育的组织中仅 *ap1* 有活性；花瓣是由 *ap1*、*ap3* 和 *pi* 的组合来控制的；雄蕊是由 *ap3*、*pi* 和 *ag* 的组合决定的；而心皮发育仅由 *ag* 的表达来实现。

表 9.5 花发育基因表达的所决定的性状

轮	基因表达	决 定
1	*ap1*	萼片
2	*ap1*＋*ap3* 和 *pi*	花瓣
3	*ap3* 和 *pi*＋*ag*	雄蕊
4	*ag*	心皮

1994 年 D. Weigel 和 E. M. Meyerowitz 提出了花器官形成基因调控的**花 ABC 模式**(flower ABC model)(图 9.41)。每一组基因均在相邻的两轮器官中起作用,即 A 组基因控制第 1 轮花萼和第 2 轮花瓣,B 组基因决定第 2 轮花瓣和第 3 轮雄蕊的发育,C 组基因调节第 3 轮雄蕊和第 4 轮心皮的发育。因而花的每一轮器官受一组或相邻两组基因控制。A 组基因单独作用于萼片,A 和 B 组基因决定花瓣的形成,B 和 C 组共同决定雄蕊发育,C 组基因单独决定心皮的形成。

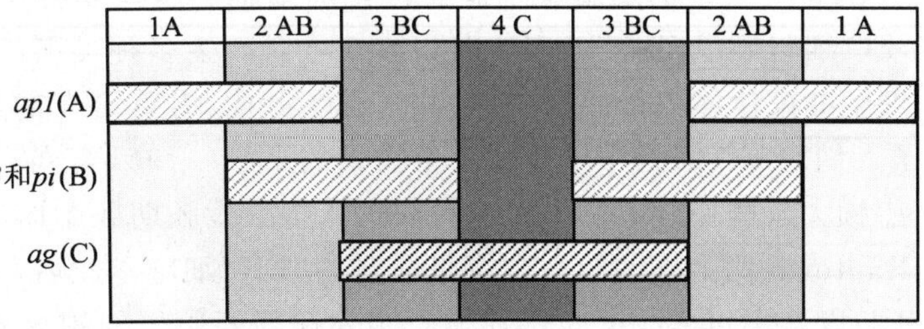

图 9.41　在拟南芥中花发育的控制是通过 4 个基因的重叠表达

萼片、花瓣、雄蕊和心皮是以同心圆排列的花器官系统。每个同心圆的发育特性是由基因 *ap1*、*ap3*、*pi* 和 *ag* 决定的,每个基因在两个邻接的同心圆中表达,因此每个同心圆都有一个特殊的活性基因的组合(A、B、C)

如果将表 9.4 和表 9.5 比较一下,可以发现一个矛盾的现象,即表 9.5 中表明野生型基因 *ap1* 决定第 1、2 轮萼片和花瓣得到发育;野生型基因 *ag* 决定第 3、4 轮雄蕊和心皮得到发育,但在表 9.4 中,*ap1* 基因的突变纯合体(*ap1*/*ap1*)第 1、2 轮却发育成心皮和雄蕊;而在 *ag* 基因的突变纯合体(*ag*/*ag*)中第 3、4 轮却发育成花瓣和萼片。这个矛盾可能用 *ap1* 和 *ag* 的表达互相排斥来解释。假设当存在 *ap1* 转录因子时,*ag* 基因被抑制;当存在 *ag* 转录因子时 *ap1* 基因被抑制。如果真是如此,那么在 *ap1* 突变体中 *ag* 可延伸到第 1、2 轮中表达;在 *ag* 突变体(*ag*)中 *ap1* 可延伸到在第 3、4 轮中表达。这样可以解释单个基因突变甚至双突变所产生的表型。

表 9.5 的模型是符合 *ap1* 和 *ag* 基因相互作用的假设。但这个假设是否成立?我们可用这些基因的标记探针,在花细胞中通过 RNA **原位分子杂交**(RNA *situ* hybridization)对表 9.5 中的模型加以验证。特别是 *ap1* 应在 1、2 轮中表达;*ap3* 和 *pi* 应在 2、3 轮中表达;*ag* 在 3、4 轮中表达,另外还要证实 *ap1* 和 *ag* 基因表达的相互排斥。在 *ap1* 突变体中,*ag* 基因在 1、2 轮表达;相反在 *ag* 突变体中 *ap1* 基因在 3、4 轮中表达。现已知道 *ap3* 和 *pi* 基因如何共同起作用。这两个基因产生的激活的转录因子是由 AP3 和 PI 多肽组成的二聚体。二聚体如果缺乏了其中的任一种多肽成分,在细胞质中都将失去活性。这两种多肽彼此结合,形成有活性的转录因子转运到细胞核中。

第八节　胚胎干细胞

一、干细胞的发现

干细胞(stem cell,SC)是一类未分化的细胞或原始细胞,具有自我复制能力的多潜能。在一定的条件下,干细胞可以分化成机体内的多功能细胞,形成任何类型的组织和器官,以实现机体内部建构和自我康复能力。根据干细胞所处的发育阶段分为**胚胎干细胞**(embryonic stem cells,ESC)和**成体干细胞**(somatic stem cells,SSC)。

后生动物(metazoans)的胚胎干细胞的发育等级较高,是**全能性**(totipotent)细胞,理论上它们可分化成任何类型的体细胞或生殖细胞。在体外,干细胞可分化成各类组织。当将干细胞注射入裸鼠皮下时,可形成畸胎瘤。胚胎的分化形成和成年组织的再生是干细胞进一步分化的结果。

成体干细胞发育等级较低,存在于一种已分化组织中的未分化细胞,能够自我更新并特化形成该类型组织,是**多能**(pluripotent)或**单能**(unipotent)干细胞。一般认为这种细胞具有组织特异性,只能分化成特定的细胞或组织。哺乳动物的**造血干细胞**(hematopoietic stem cell,HSC)和**骨髓间质干细胞**(mesenchymal stem cell)都是典型的成体干细胞。在性腺中,生殖干细胞可产生卵或精子。成体干细胞可补充在生命周期中死亡的特定体细胞。

胚胎干细胞的发现是始于1958年美国的胚胎学家L. C. Stevens研究小鼠畸胎瘤(teratocarcinomas)细胞。这种复杂的瘤含有混合的特定类型的细胞及一群非特化的细胞。这些非特化细胞称为**胚胎癌性**(embryonal carcinoma,EC)细胞,EC细胞显示多能性,在体内和体外可以产生多种类型的细胞,因此人们就想到将它用于疾病的治疗。但EC细胞的染色体数目异常,而且其来源于肿瘤,有着潜在的危险性。在实验动物中诱发畸胎瘤的深入研究,加深了人们对EC细胞和早期胚胎生物学的了解。1981年英国剑桥大学的M. J. Evans和M. H. Kaufman及美国华盛顿大学的G. R. Martin等人首次从小鼠囊胚期胚胎内细胞团中分离得到多能胚胎干细胞,当时用Evans和Kaufman两人姓的第一个字母命名为“EK”细胞。此后,小鼠胚胎干细胞的分离技术逐渐成熟,成为研究小鼠胚胎发育不可缺少的技术环节。实验证明胚胎干细胞含有正常数目的染色体和具有多能性,因此具有重要的应用价值。

二、胚胎干细胞的形成和特点

胚胎干细胞是由**胚泡**(blastocyst)**内细胞团**(inner cell mass,ICM)或**原始生殖细胞**(primordial germ cell,PGC)经体外抑制培养而筛选出的细胞。此外,胚胎干细胞还可以利用**体细胞核转移**(somatic cell nuclear transfer,SCNT)技术即**体细胞克隆**(somatic cloning)技术来获得。当一个受精卵从单个细胞开始分裂,按一定的速率很快增殖,直至分裂成16至32个细胞的细胞团,称为**桑椹胚**(morula)。这时如果将组成桑椹胚的细胞一一分开,并分别植入到母体的子宫内,则每个细胞都可以发育成一个完整的胚胎。这种细胞就是**全能干细胞**(totipotent stem cell,TSC)。这些原始的胚胎细胞可全能生长成一个完整的哺乳动物。在受精后的几天内,受精卵分裂形成了一个空心球状的细胞团,称为**囊胚**(blastula)。存在于胚泡内细胞团中的干细胞即为胚胎干细胞。

分化后的细胞,往往由于高度分化而完全丧失了再分化的能力,这样的细胞最终将衰老和死亡。然而,动物体在发育的过程中,体内却始终保留了一部分未分化的干细胞。动物体就是通过干细胞的分裂来实现细胞的更新,从而保证动物体持续生长和发育的(图9.42)。

干细胞不同于体内其他种类的细胞,所有的干细胞无论它们的来源如何,都具有以下特点:①可进行自我更新;②非特化性;③可被诱导分化。

在动物体内大部分特化细胞(如肌细胞、血细胞和神经细胞)都不能自我复制。这些细胞的补充是依赖干细胞维持的,干细胞可多次分裂、复制并分化成所需的细胞。以这种方式细胞能持续地补充死去的细胞,称为动态平衡(homeostasis)。当细胞多次自我复制时称为**增殖**(proliferation)。在实验室中开始增殖的一群干细胞增生多个月能产生数亿个细胞。如果这些细胞和亲代干细胞是相同的(此时它们自己没有特化,但能产生特化的细胞),那么这些胚胎干细胞就能长期自我更新。

科学家们对决定的特异因子和在实验室中使干细胞能长期保持非特化的条件很感兴趣。干细胞本身是非特化的,可以由其环境决定选择性地成为体内多种类型细胞中的一种。它们不能让像心肌那样启动血液在体内循环,也不能像红细胞那样将氧输送到身体的细胞中。但非特化的干细胞能产生包括心肌细胞、血细胞或神经细胞等特化细胞。它们通过精细协调基因表达和生成多代细胞的复杂模式来表现此特点。

在一定的生理或实验条件下,干细胞可被诱导分化。**分化**(differentiation)是干细胞产生特化细胞的过程。科学家们正在开始了解触发干细胞分化的信号。这些信号包括其他细胞所分泌的化学物质,和邻接细胞的接触及和小环境中一些分子的接触。这对干细胞技术的发展特别重要。细胞和组织的特定后代的分化是很难控制的。由胚胎干细胞产生的心肌细胞是组织特异分化的一个重要的例子。在机制缺陷的情况下,仅1%的胚胎干细胞形成心脏。

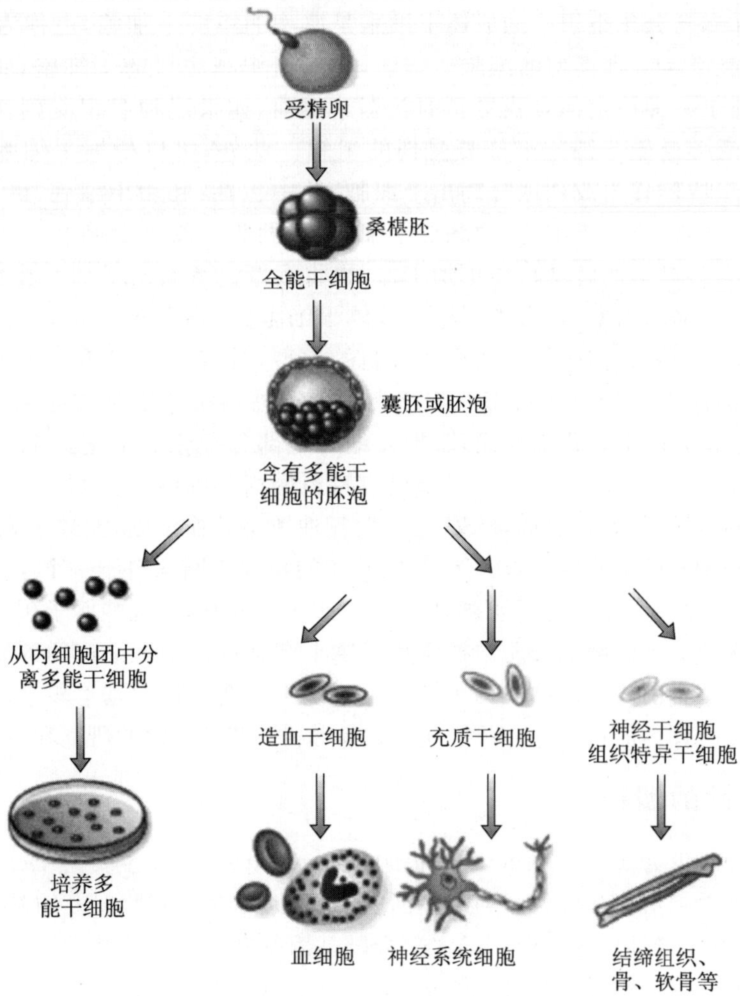

图 9.42 胚胎干细胞及其分化

受精卵分裂产生分裂球，此时的细胞是全能干细胞；然后进一步分裂，产生囊胚，囊胚中的内细胞团里的干细胞称为胚胎干(ES)细胞。ES 细胞具有多能性，它们能分化成各种不同类型的组织，但不是所有的组织。例如，发育成骨或血，但不能形成胃或皮肤

在**白血病抑制因子**(leukemia inhibitory factor，LIF)或饲养层存在的情况下，小鼠 ES 细胞经长期培养仍能保持不分化(非特化)的状态。如果从培养基中除去 LIF，细胞将开始成群的形成三维结构，称为**胚状体**(embryoid bodies，EB)，这些细胞便开始自然分化。自然分化是确定一批培养胚胎干细胞是否健康的好方法。但它并不是一个产生特异类型培养细胞的好方法。为了能产生大量特异类型的细胞，科学家采用了直接分化的程序。这是通过改变培养基中化学成分，改变培养皿的表面，或插入特异的基因修饰细胞来实现的。

根据干细胞分化潜能的大小可以分为**全能干细胞**(totipotent stem cell，TSC)、**多能干细胞**(pluripotent stem cell，PSC 或 multipotent stem cell，MSC)和**单能干细胞**(unipotent stem cell，USC)3 类。

全能干细胞具有自我更新和分化形成任何类型细胞的能力，有形成完整个体的分化潜能，如胚胎干细胞，具有分化能力，可以无限增殖并分化成为全身 200 多种细胞类型，进一步形成机体的所有组织、器官。

胚胎干细胞具有多能性，故也称为多能干细胞，它们能分化成各种不同类型的组织，但它们已失去了能生长成完整个体的全能性。受精卵在 14 d 左右，胚胎细胞继续分裂形成**神经胚**(neurula)，产生最终发育成脊柱的神经管，在此阶段，胚胎中的干细胞是多能的(multipotent)，它们能分化成一些组织，但不是所有的组织。例如，发育成骨或血，但不能形成胃或皮肤。

单能干细胞(也称专能、偏能干细胞)是在成体组织、器官中的一类细胞，此类细胞只能向单一方向分化，产

生一种类型的细胞。在许多已分化组织中的成体干细胞是典型的单能干细胞，也称为**组织干细胞**（tissue stem cell），在正常的情况下只能产生一种类型的细胞。例如，上皮组织基底层的干细胞、肌肉中的成肌细胞又叫做卫星细胞。这种组织是处于一种稳定的自我更新的状态。然而，如果这种组织受到伤害并且需要多种类型的细胞来修复时，则需要激活多潜能干细胞来修复受伤的组织。此外，可以根据干细胞组织发生的部位进行分类。目前，已经从许多组织或器官中成功地分离出干细胞，其中包括：胚胎干细胞、造血干细胞、骨髓间充质干细胞、神经干细胞、肌肉干细胞、成骨干细胞、内胚层干细胞、视网膜干细胞及胰腺干细胞等。而随着干细胞研究的进一步拓展和深入，一些命名的含义将会更加丰富，也将逐渐会有新的干细胞被发现。

很多成体组织（如骨髓、脑和内脏）含有干细胞。成体干细胞像 ES 细胞一样，进行长周期的自我更新能产生和它们自己相同的拷贝。同时它们也能产生成熟细胞的类型，具有特定的外形和功能。在完成完全的分化状态之前，干细胞代表性的产生一种中间状态的细胞类型。这种类型的细胞称为**祖先细胞**（progenitor cell）。相对于特化细胞系可进行分裂产生分化细胞而言，祖先细胞是部分分化的细胞。至今所有被鉴别过的干细胞中，**造血干细胞**（hematopoietic stem cell，HSC）是最具有特色的祖先细胞。

成体干细胞是忠于分化的细胞系。例如，HSC 能产生各种类型的血细胞，如红细胞、白细胞和血小板。以前人们相信 HSC 可能不会产生不同组织的细胞。然而，近几年的实验表明来自于一个组织的干细胞能产生各种不同组织的细胞类型。这个现象称为干细胞的可塑性（stem cell plasticity）。这些例子包括骨髓干细胞可分化成神经细胞，或分化成为能产生胰岛素的胰岛细胞。探索用成体干细胞进行细胞治疗的可能性已成为一个十分活跃的研究领域。显然，成体干细胞的可塑性已成为干细胞生物学中重新认识的基本概念。干细胞的可塑性可能是体外操作的结果，而不能反映体内的正常行为。但这一现象有利于基础理论的研究和应用于某些疾病的治疗。

三、干细胞全能性的调控

干细胞能保持胚胎的自我更新（self-renewal）和多能性（pluripotency）主要是 Oct4，Sox2 和 Nanog 三种转录因子在起作用，它们激活对多潜能和分裂有利的基因表达，而抑制介导胚胎发育的基因表达。从而使 ES 细胞维持自我更新的能力并具有全能性。这些因子的大部分靶基因是共同的。这些靶基因多编码一些转录因子，其中许多都是发育上重要同源结构域（HD）蛋白。形成了一个由自我调节和反馈（feed forward）调控的调节网络。

Oct4 是调节 ES 细胞保持全能性的主要基因之一，*Oct4* 与 *Sox2* 的转录产物组成二聚体，协同调控的靶基因包括：*FGF4*、*UTF1*、*Fbx15*、*Nanog* 及自身的 *Oct4* 和 *Sox2* 等基因。其中多数靶基因都参与了胚胎干细胞全能性的维持，体现了 Oct4/Sox2 转录复合物在胚胎干细胞转录调控网络中的核心地位。*Oct4* 和 *Sox2* 的表达还通过自身正反馈调控得到进一步的巩固。*Oct4* 的时空表达主要通过起始位点上游的启动子、**近端增强子**（proximal enhancer，PE）和**远端增强子**（distalenhancer，DE）3 个调控元件的相互作用来控制的。启动子的甲基化阻遏 *Oct4* 的表达，从而降低干细胞的多潜能性和自我更新的能力，开启细胞分化。近端增强子和远端增强子两者可能都是 *Oct4* 在 ES 细胞中表达所必需的，而后者决定着 *Oct4* 在生殖细胞中的表达。早期胚胎上胚层（epiblast）分化时，GCNF（germ cell nuclear factor）结合到 *Pou5f1* 的近端增强子，导致 *Oct4* 只表达于后期胚胎及成体中的生殖细胞。远端增强子内有 Oct4-Sox2 的结合位点（图 9.43）。

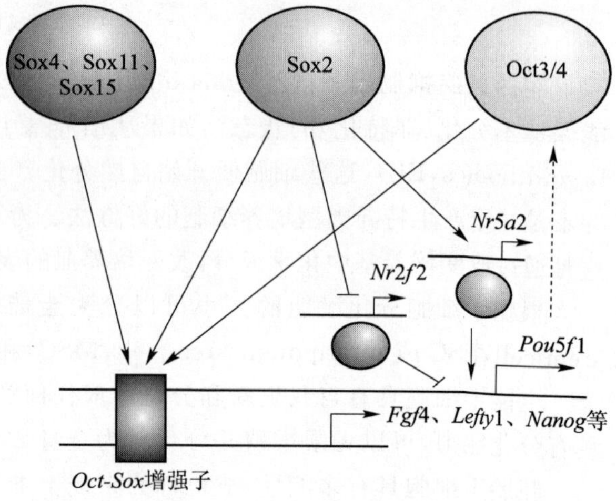

图 9.43 Oct4、Sox2 等转录产物协同调控的靶基因

Oct3/4 可直接与靶基因启动子区的保守序列“AGTCAAAT”结合，从而激活或抑制下游基因的转录；Oct4 可反馈抑制本身启动子的转录，也能抑制 *Nanog* 基因的转录。

分析小鼠 *Oct4* 基因上游的 DNA 甲基化状态显示在 ES 细胞中 *Oct4* 增强子/启动子区处于甲基化不足

(hypomethylated)，而在滋养层干细胞(Trophoblast stem，TS)中处于过度甲基化(hypermethylated)。此外，在体外，甲基化受到抑制时 *Oct4* 的增强子/启动子活化。

Sox2 基因为单外显子结构，分散在基因组中，不形成基因簇，启动子区域可能存在多个调节元件，其中一个的 CCAAT 保守模体能结合一系列转录因子。Nanog 及 Oct4-Sox2 异二聚体对 *Sox2* 基因具有正调控作用。

Nanog 是近年发现的作为 Oct4-Sox2 的靶基因之一，同时又反馈调控 *Oct4*、*Sox2* 基因。根据凯而特(Celtic)传说中的地名"Tir Nan Og"，该基因被命名为 *Nanog*。小鼠 *Nanog* 基因位于小鼠染色体的 6F2 区，全长 7.1 kb，含 4 个外显子，编码 305 个氨基酸。在第 2，3 外显子中含有同源异形盒序列。*Nanog* 属于 NK-2 家族的成员。人的 *NANOG* 基因定位于染色体 12p13 区，该区属于畸胎瘤致病区域。人的 *NANOG* 基因同样是编码 305 个氨基酸，和小鼠同源性为 58%。*Nanog* 是维持胚胎干细胞多能性的重要基因，它可以转导同 STAT 3 平行的细胞信号通路，能在 gp130/STAT 3 没有激活的情况下独立维持胚胎干细胞的多能性(图 9.44)。

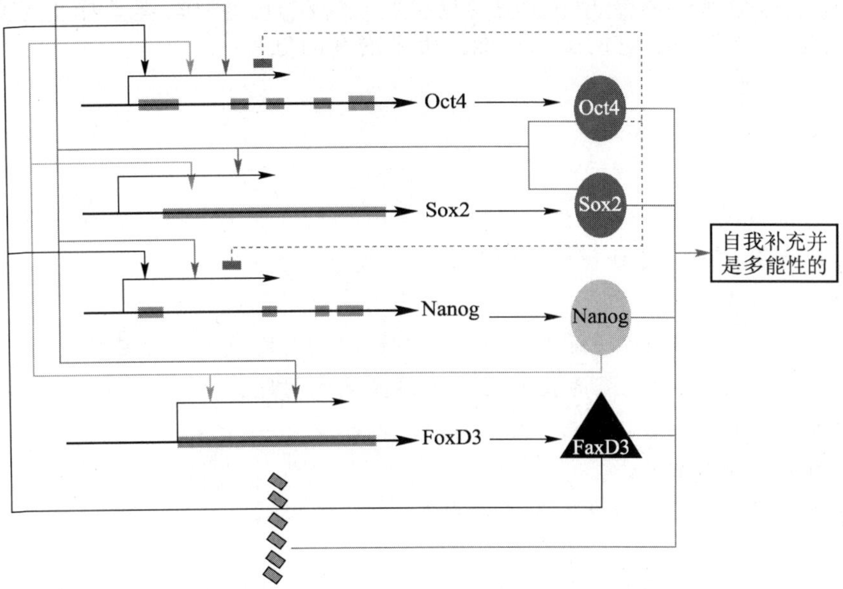

图 9.44　在维持 ES 细胞的多能性和自我更新中关键转录因子调节网络

调节因子如 Oct4、Nanog、Sox2 和 FoxD3 彼此结合在启动子上，激活或抑制靶基因的转录，形成一个互相连接，自动调节的网络，来维持 ES 细胞的多能性和自我更新，箭头和实线表示正调节；虚线和横杠表示负调控
(引自 Pan and Thomson，2007)

ES 细胞多能性是由 Oct3/4、Nanog 和 Sox2 蛋白因子来控制，这些蛋白质是转录因子，通过和基因的相关保守模体结合来调节基因的表达。若这些因子的编码基因被**敲除**(knocked down)，ES 细胞将失去多能性，将分化为成熟细胞。一系列和多能性相关的基因具有供 Oct3/4 和 Sox2 结合的增强子位点。因此，似乎正确调控全能性的模型是 Oc3/4 和 Sox2 激活这些增强子，启动它们下游的网络基因的表达。

四、干细胞研究技术的应用

ES 细胞的研究是当前生命科学的前沿领域之一。现在世界各国的科学家们都在研究各种类型干细胞对损伤组织的再生及疾病的治疗的潜在作用。

干细胞的用途非常广泛，涉及医学的多个领域。目前，科学家已经能够在体外鉴别、分离、纯化、扩增和培养人体胚胎干细胞，如从骨髓、脐带和胎盘中都可分离得到组织干细胞。人们期望将胚胎干细胞作为合适的体外研究系统并作为连接体内研究的桥梁，在基因功能分析、发育生物学研究和新药筛选等方面发挥重要作用。更为重要的是，胚胎干细胞可以作为某种特定分化细胞的理想来源，用于临床上的细胞替代疗法，修复因疾病、事故和衰老等原因造成的组织损伤，特别是可望为那些仅由一种或少数几种细胞死亡或功能失调所致的疾病，如帕金森综合征、糖尿病等，提供一种有效的治疗手段。

1998 年，美国 J. A. Thomson 等人利用不同的方法分别从人的体外受精囊胚和 PGC 中分离得到了人的全能 ES 细胞。人的 ES 细胞的分离成功引起了生物和医学界的密切关注，并为在体外培养人类所需的组织细胞，取代患者体内坏死组织细胞，治疗各种疑难病症提供了新的途径。

2007 年日本的 S. Yamanaka 和美国的 J. A. Thomson、华裔学者俞群英(Junying Yu)等用反转录病毒为载体，把 4 种基因导入皮肤细胞，使其与原有基因发生重组。体细胞是一种已经分化得十分成熟的细胞，相当于命运已经定型。但是 Yamanaka 和 Thomson 所用的 4 个基因均编码转录因子。结果表明，诱导后的细胞显示出多能干细胞的正常核型、表达出端粒酶的活性、表达细胞表面标志物和人胚胎干细胞所特异表达的基因，并具有分化为初级三胚层的潜力，与人胚胎干细胞几乎一样。这种细胞，人们称之为**诱导性多能干细胞**(induced pluripotent stem cells，iPS)。

Yamanaka 小组用了 *OCT3*、*SOX2*、*NANOG* 和 *LIN28* 4 个基因；而 Thomson 小组用了 *Oct3/4*、*Sox2*、*c-Myc* 和 *Klf4* 4 个基因，这些基因就像“时空通道”的开关一样开启了细胞“返老还童之途”。然而，*c-Myc* 基因是一个癌基因，可谓是“劣质”开关，它的引入可能会带来潜在的危害。

习 题

1. 什么是细胞的全能性？动物和植物细胞具有全能性吗？
2. 克隆羊的意义何在？
3. 克隆动物为什么要选择羊？(而不用大鼠或小鼠?)克隆的技术关键是什么？
4. 从基础理论分析，你认为克隆的技术还存在哪些技术问题？
5. 线虫发育有何特点？
6. 动物的发育有几种模式？
7. 什么是基因组等同性？转分化？愈伤组织？
8. 什么是胞质决定子？
9. 什么是时序调控和异时基因？
10. 控制果蝇的体节分化有几组基因？它们的功能是什么？
11. 什么是合胞体，体节和副节？
12. *Bicoid* 基因是怎样调节果蝇发育的？
13. 果蝇的前后轴和背腹轴是怎样决定？
14. 什么是同源异形基因？
15. 果蝇有哪两个控制发育的复合座位？它们的结构各有什么特点？
16. 试述 BX-C 遗传的结构与功能。
17. 什么是 *Hox* 基因？其功能是什么？
18. 简述果蝇性别决定的分子机制。
19. 什么是初级性分化和次级性分化？
20. 什么是 *SRY*/*Sry* 基因，有什么功能？
21. 什么是剂量补偿作用？果蝇和哺乳动物各采用何种策略来进行剂量补偿？
22. 简述哺乳动物性别决定机制和涉及的基因。
23. 什么是干细胞？干细胞有何价值？
24. 什么是诱导性多能干细胞(induced pluripotent stem cells，iPS)技术？与体细胞克隆技术相比有何优点？

第十章 分子进化

- 核酸的进化
- 基因组的进化
- 分子进化的分析方法
- 新基因的起源
- 蛋白质的进化
- 线粒体的进化和人类的起源

分子进化(molecular evolution)是指分析DNA和蛋白质的进化及其进化过程的内在机制，解释生物和基因的进化历史。

从19世纪60年代起，许多生物学家便开始着手探索生物进化途径，并以系统树的形式来描述不同种属间的亲缘关系。传统系统树的构建是依据化石资料为证据，通过推理和计算来确定不同物种间的亲缘关系、遗传距离及进化顺序。但化石资料毕竟是极不完整的，推理也带有一定的主观性，结果使很多问题众说纷纭、悬而未决。后来研究者们逐步转向以比较形态学、解剖学和比较生理学的资料为依据来研究生物的进化，建立新的系统树，勾勒出生物进化的框架。然而形态和生理性状错综复杂，难以找到较为统一的标准。分子生物学的发展为系统分类和生物进化的研究提供了新的有力的工具。由于所有生物的遗传物质都是DNA或RNA，因而科学家们通过比较分析核酸的结构和功能来研究生物进化的规律。

分子进化是生物分子水平的进化，分子进化的研究有助于进一步阐明物种进化的分子基础，探索基因起源机制，从基因进化的角度研究基因序列与功能的关系。

分子进化的特点是：①多样性程度高，比表型多态性更丰富(如细胞色素c这种蛋白质分子在进行有氧呼吸的不同物种中就有多种不同的分子结构)；②各种同源分子能很好地完成各自的功能(如脊椎动物的血红蛋白分子能运氧、各种生物的细胞色素c能在氧化磷酸化中完成电子的传递等)；③在进化的过程中，同源分子中几乎按恒定的速率发生氨基酸或核苷酸的取代。

分子进化问世以来主要的进展是：①1962年E. Zuckerkandl和L. Pauling提出**分子钟**(molecular clock)概念，这为在分子水平分析生物系统进化提供了重要的分析手段；②分子系统学的研究支持了L. Margulis(1970年)提出的真核细胞的共生起源说；③20世纪80年代通过16S rRNA序列的比较绘制的三界生物进化树，即30多亿年以前，整个生物界就分为原始真核细胞生物、原始真细菌和原始古细菌3大界；④分子系统学的研究结果不仅大部分与传统系统树相符合，而且解决了一些传统系统树上模糊不清或悬而未决的问题；⑤1986年W. Gilbert根据RNA既担负编码和储存遗传信息的作用，同时又具有催化的功能而提出了“**RNA世界学说**”(RNA world hypothesis)；⑥M. Ingman等2000年通过比较53个不同种族的人类线粒体DNA序列，重构了人类群体可能的进化关系，建立了人类的非洲起源说；⑦通过基因组的比较发现**重复**(duplication)是新基因起源的主要途径。

第一节 核酸的进化

核酶(ribozyme)是具有催化活性的一种RNA分子。1981年T. R. Cech、A. J. Zaug和P. J. Grabowski报告在四膜虫(*Tetrahymena thermophila*)中的rRNA可自我剪接，这是首次发现核酶的存在。也许在原始生物圈中，核酶是作为最初的酶作用。1986 年，W. Gilbert 根据核酶的特点首次提出了"RNA 世界学说"，认为在生命起源的早期阶段存在一个完全由 RNA 分子组成的分子系统，在这一体系中，RNA 分子进行自我复制，而且 RNA 既担负着编码和储存遗传信息的作用，同时又具有催化的功能，所以它有可能充当**原基因组**(protogenome)这一角色。由于蛋白质有 20 种氨基酸，RNA 仅有 4 种不同的碱基，蛋白质的多样性远远超过了 RNA，多肽链可折叠成三维结构，比 RNA 具有更大的可塑性，随着进化，RNA 的催化功能由蛋白质所取代。由于单链的 RNA 其磷酸二酯键不稳定，因此在大部分情况下，RNA 将编码和储存遗传信息的功能转交给了更为稳定的双链 DNA。1986 年 P. J. Grabowski 发现四膜虫 35S rRNA 丢失了 19 个 nt 后，产生的 L-19IVS 可以催化 5 个聚胞苷聚合为多聚胞苷，更加无可辩驳地证实了四膜虫 rRNA 内含子确实具有酶的催化转酯反应的功能；1992 年，美国的 H. F. Noller 等用高浓度的蛋白酶 K、强离子去污剂 SDS 及苯酚等试剂处理大肠杆菌核糖体 50 S 的大亚基，去除与 23SrRNA 结合的各种核糖体蛋白，结果得到的 23SrRNA 仍具有肽酰转移酶的活性，能催化肽链的合成；同时，T. R. Cech 实验室也发现，氨基酸与 tRNA 之间键的形成和断裂是由 rRNA 单独催化完成的；1995 年 M. Illangasekare 等人研究发现，不需要氨酰-tRNA 合成酶 RNA 也可以催化氨酰基的转移；同年 J. W. Szostak 等通过"试管内进化系统"发现了能够参与 C—N 键合成的核酶；1998 年 D. P. Bartel 等进行的体外实验发现了一种能催化合成 RNA 的单体——嘧啶核苷酸。他们还发现了一种核酶能够用一条 RNA 链作为模板合成 RNA，即使所合成的 RNA 的长度仅为 14 个核苷酸，也证明 RNA 也能自我复制。上述研究结果，都有力地支持了"RNA 世界学说"，表明早期生命活动可能主要是通过 RNA 的催化实现的。

既然在生物进化的早期，最先出现的是 RNA，那么它和病毒的起源有何联系？关于病毒的起源主要有 3 种不同的学说。

一、逆向理论

逆向理论(regressive theory)又被称为**退化理论**(degeneracy theory)：认为病毒是细胞内寄生物的退化形式。病毒可能曾经是一些寄生在较大细胞内的"小细胞"。这种细胞内寄生的产生原因可能是由于微生物对某种不能穿过细胞膜的代谢发生了严重依赖。随着时间的推移，那些在寄生生活中非必需的基因逐渐丢失，而保留了具有可进行自主复制的 DNA 复制原点、可调控复制的调控蛋白及能与宿主生物合成及复制系统相互作用的顺式元件和编码反式作用因子的基因。经自然选择，产生一种特异性细胞内寄生的 DNA 分子或质粒。

提出这种假说的依据是：在细菌与病毒之间，还存在着立克次氏体和衣原体。它们是比细菌更原始，而且是寄生于细胞内的独立生活的细胞生物。并据此推测，可能先由寄生于细胞内的低级细菌退化为立克次氏体一类的生物，再退化为衣原体一类的生物，进而退化成病毒。退化性起源学说可以把病毒的起源解释为两个阶段：首先，寄生物在细胞内产生独立复制的 DNA 质粒；其次，编码寄生物亚细胞结构的基因发生突变，形成病毒的衣壳蛋白。随着进化的发生，新获得的可在细胞间转移的特性被进一步选择下来。如果该假说成立，那就应该在病毒能够感染的动植物细胞和细菌细胞中找到这种细胞内寄生的小型细胞生物，而实际情况并非如此，况且，在立克次氏体和衣原体中未见发现病毒的报道。因此，该假说的证据不足。

二、细胞起源理论

细胞起源理论(又被称为漂荡理论)：认为病毒来源于正常细胞的 RNA 或 DNA，偶然从细胞内"逃离"出来而变为病毒，这就是目前比较流行的病毒起源的内源性学说。根据这个学说推测：DNA 病毒可能起源于质粒或转座子，反转录病毒起源于反转座子，RNA 病毒起源于自主复制的 mRNA。一些实验证据间接地支持了这个学说：病毒与质粒的相似性，有的质粒可在细胞之间传递(如 F 因子)；有很多 DNA 病毒和噬菌体，如 λ 噬菌体、植物病毒中的花椰菜花叶病毒、动物病毒中的乙肝病毒、腺病毒、疱疹病毒和乳头瘤病毒等，这些病毒的 DNA 可以整合到宿主细胞的染色体上，从而变为原噬菌体(prophage)和原病毒(provirus)。这正好是核酸从染色体中切离、外逸的逆过程；利用分子杂交技术发现很多能整合到宿主染色体上的病毒 DNA 其整合区序列与宿主染色体的插入位点序列有很高的同源性；在正常细胞中广泛地存在着反转录型可动遗传因子，如酵母细胞的 Ty 因子、果蝇的 Copia、脊椎动物的反转录型重复序列，如人的 Alu 序列，提示正常的细胞中含有 RNA 所介导的 DNA 合成反应，而这与反转录病毒的核酸的复制行为一致。这些间接证据可部分解释 DNA 病毒的起源，但仍缺乏直接证据。

三、共进化理论

病毒是地球上生物进化过程中一种最为原始的生命形式，病毒既具有化学大分子的属性，又具有生物的部分特征。这似乎提示，在从无机自然界到生命出现这一漫长的演变过程中，病毒正处于从非生物到生物的过渡位置，也就是说病毒正好填补从化学大分子到原始细胞生物中间的空白。

植物**类病毒**(viroids)和**拟病毒**(virusoids)(第三章)缺少由蛋白质形成的衣壳，但它们具有多种病毒的普遍特征，常被称为亚病毒物质。类病毒没有编码蛋白质的基因，但可以与宿主细胞作用，利用宿主来进行它们自身的复制。人的丁型肝炎病毒具有和类病毒相似的 RNA 基因组，也不能生成自己的蛋白质衣壳，但却能够利用乙型肝炎病毒的衣壳。因此，丁型肝炎病毒是一种缺陷型病毒，需要乙型肝炎病毒的帮助才能够进行复制。这些依赖于其他种类病毒的病毒被称为**"卫星病毒"**(satellite virus)，它们可能是介于类病毒和病毒之间的进化中间体。但病毒在宿主细胞内的自装配方式对研究生命起源具有一定启示意义，有一种假说就认为生命是起始于有机分子的自装配。

共进化理论认为生命的起源首先是 RNA 的形成和复制，然后演变出 RNA-蛋白质介导的一系列反应，第 3 步产生了 DNA。由于 DNA 比 RNA 稳定而最终成为遗传信息。初始的 RNA 分子，有的被包装在细胞和组织中；另一些分子则自我复制或寄生在宿主细胞中，进化成为病毒。这一理论认为病毒与宿主是共进化的。现今的类病毒和卫星 RNA，仍保留有部分的 RNA 催化功能，因而被一些学者认为是生命形式出现以前的 RNA 世界的"化石"。

人们在一种古细菌(*Myxobacteria*) 中发现了被称之为"反转录子"(retroposons)的可移动元件，它是仅含一个基因并且能自我复制的一段核酸序列，具有重要的基因捕获功能。其基因序列与宿主细胞中某些等位基因高度同源，并且在密码子的使用频率上也有高度相似性，根据对这种古细菌的年代考证，估计反转录子在 4 亿年前就已存在。随着古细菌的进化，反转录子从细菌基因库中捕获基因，扩大自己的遗传信息量，增加生物学功能，产生了最原始的感染性病毒颗粒。基本推测是：地球上最早出现的病毒可能是以 RNA 为基因组的反转录病毒，然后发展成以 DNA 为基因组的反转录病毒(乙肝病毒属于此类)，最后出现的是 DNA 病毒。

病毒的进化路线可能是：类病毒→RNA 病毒→反转录病毒→既包含 DNA 又包含 RNA 病毒→DNA 病毒(表 10.1)。

表 10.1 病毒遗传物质的进化

结构	RNA	RNA+蛋白质	RNA+蛋白质	RNA·DNA+蛋白质	DNA+蛋白质	DNA+蛋白质
表达	RNA ↓ RNA	RNA ↓ RNA→蛋白质	RNA ↓ ↑ DNA	DNA ↓ ↗ ↓ RNA→蛋白质	DNA ↓ ↗ ↓ RNA→蛋白质	DNA ↓ RNA→蛋白质
病毒类型	类病毒	RNA 病毒	反转录病毒	既包含 DNA 又包含 RNA	DNA 病毒	DNA 病毒
实例	HDV	TMV	HIV	HCMV	HBV	HPV

注：HDV：丁型肝炎病毒(hepatitis delta virus)；TMV：烟草花叶病毒(tobacco mosaic virus)；HIV：人类免疫缺陷病毒(human immunodeficiency virus)；HBV：乙型肝炎病毒(hepatitis B virus)为部分双链的 DNA 病毒，其复制过程中有一个从前基因组 RNA(progenomic RNA)到 DNA 的反转录过程；HPV：人类乳头瘤病毒(human papillomavirus)；HCMV：人类巨细胞病毒(human cytomegalovirus)，普林斯顿大学的 W. A. Bresnahan 和 T. Shenk 在 2000 年 6 月 30 日的《Science》上报道巨细胞病毒中发现编码病毒生存信息的 RNA。

酶组成的进化路线可能是：从纯 RNA 逐步过渡到纯蛋白质(表 10.2)。

表 10.2 酶组成的进化路线

纯 RNA	RNA 为主 蛋白质为辅	,RNA 和 蛋白质并重	蛋白质为主 含少量 RNA	纯蛋白质
核酶	RNAaseP	剪接体含 1/4 的 RNA	端粒酶	代谢酶类

第二节 基因组的进化

生物从低等到高等,基因组也会随之增加,这就涉及基因组的结构进化和功能进化。结构进化包括基因组 DNA 的含量和基因数目的增加及重复序列的增加;功能进化包括编码基因家族的增大、基因新功能的增加及基因调控模式的改变。

一、基因组结构的进化

在生物的进化中,基因组在不断增大,各门生物最小基因组的变化明显和其进化的地位相一致(图 10.1),但在原核生物和真核生物中基因组结构进化的情况是完全不同的(表 10.3)。

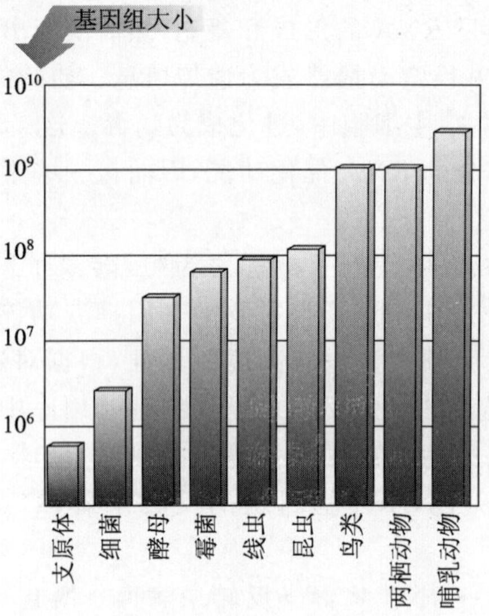

图 10.1 从原核到哺乳动物,各门生物中基因组的最小值逐次增加
(引自 B. Lewin,2004)

表 10.3 各类生物最小基因组中基因数随其复杂程度的增加而增加

生物	实例	基因数
寄生菌	生殖道支原体(*Mycoplasma genitalium*)	470
独立生活的细菌	幽门螺杆菌(*Helicobacter pylori*)	1 590
单细胞真核生物	裂殖酵母(*Schizosaccharomyces pombe*)	5 000
多细胞真核生物	秀丽隐杆线虫(*Caenorhabditis elegans*)	20 000
高等植物	拟南芥(*Arabidopsis thaliana*)	25 000
哺乳动物	人类(*Homo sapiens*)	25 000

原核生物基因组较小,其大小和基因数的多少是成比例的,一般一个基因长约 1 kb(图 10.2);基因组的大小和基因数目的多少随着进化的进行变化剧烈。例如,大肠杆菌噬菌体 Qβ(*Eerobacteriophage Qbeta*)基因组仅含 4.4 kb,编码 3 个基因;肺炎支原体(*Mycoplasma pneumoniae*)基因组含 0.82 Mb,编码 679 个基因;而大

肠杆菌(*E. coli*)基因组含 4.64 Mb,编码 4 288 个基因。而真核生物基因组较大,基因组大小和基因数目的多少随着进化的进行变化缓慢。例如,东方豚鱼(*Fugu rubripes*)基因组含 0.4 Gb,编码 3 万个基因;小鼠含 2.5 Gb,编码 3 万个基因;人类含 3.2 Gb,编码 2.5 万个基因。各门真核生物基因组的大小和其进化地位也并不完全一致(图 10.3,表 10.4)。

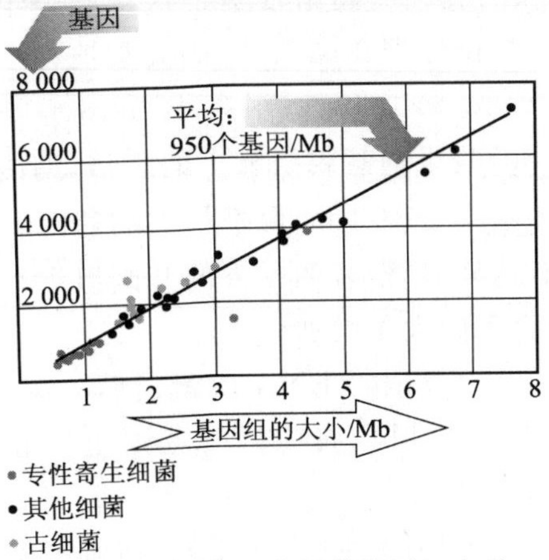

图 10.2　细菌和古细菌基因组中的基因数目与基因组的大小成正比
(引自 B. Lewin,2004)

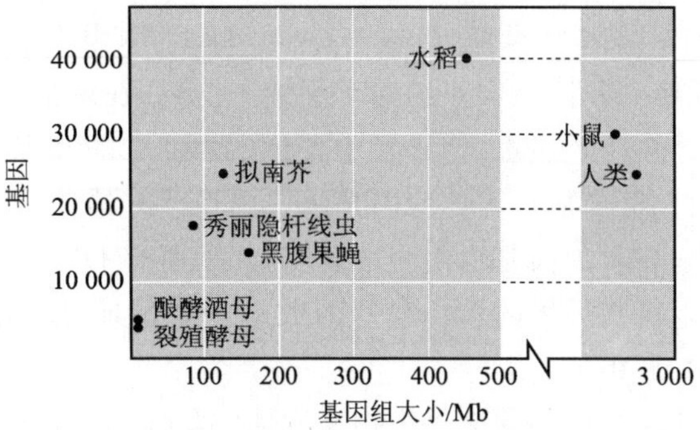

图 10.3　真核生物的基因数目从 6 000 到 40 000,但大小变化与基因组大小或生物的复杂性没有关系
(引自 B. Lewin,2008)

表 10.4　已测序的一些原核生物和真核生物基因组的大小及基因数目

门	物种	学名	基因组	基因数
支原体	生殖道支原体	*Mycoplasma genitalium*	0.58×10^6	470
立克次氏体	普氏立克次氏体	*Rickettsia prowazekii*	1.11×10^6	834
古细菌	詹氏甲烷球菌	*Methanococcus jannaschii*	1.74×10^6	1 682
	堀越氏火球菌	*Pyrococcus horikoshii*	1.74×10^6	2 061
细菌	幽门螺杆菌	*Helicobacter pylori*	1.67×10^6	1 590
	流感嗜血杆菌	*Haemophilus influenzae*	1.83×10^6	1 743
	枯草芽孢杆菌	*Bacillus subtilis subsp.*	4.21×10^6	4 100
	大肠杆菌	*E. coli*	4.64×10^6	4 288
酵母	酿酒酵母	*Saccharomyces cerevisiae*	1.21×10^7	6 275
	裂殖酵母	*Schizosaccharomyces pombe*	1.25×10^7	4 929
黏菌	盘基网柄菌	*Dictyostelium discoideum*	5.4×10^7	10 000
植物	拟南芥	*Arabidopsis thaliana*	11.9×10^7	25 498
	水稻	*Oryza sativa*	46.6×10^7	30 000
线虫	秀丽隐杆线虫	*Caenorhabditis elegans*	9.7×10^7	19 099
昆虫	黑腹果蝇	*Drosophila melanogaster*	16.5×10^7	13 601
鱼类	东方豚鱼	*Fugu rubripes*	0.4×10^9	30 000
两栖类	非洲爪蟾	*Xenopus tropicalis*	1.7×10^9	20 000～21 000
鸟类	红原鸡	*Gallus gallus*	0.94×10^9	20 000
哺乳类	鸭嘴兽	*Ornithorhynchus anatinus*	2.2×10^9	18 500
	猕猴	*Macaca mulatta*	2.87×10^9	20 000
	人类	*Homo sapiens*	3.3×10^9	25 000

每一种生物中其单倍体基因组的DNA总含量是特异的，被称为**C值**(C value)。生物C值的变化范围很大，从仅有10^6 bp的支原体的到大于10^{11} bp的一些植物和两栖动物(图10.4)。各门生物也存在着一个C值范围，在每一门中随着生物复杂性的增加，其基因组C值也随之增加。但是随着高等真核生物DNA总量的增加，在有些门类中基因组大小有很大的变化范围。有些门类的生物中其DNA含量和其进化地位不相符合，如较原始的脊椎动物肺鱼和某些两栖类细胞中的DNA含量就比鸟类和哺乳类的高出很多。这种基因组大小与遗传复杂性并非线性相关的现象，称为**C值悖理**(C value paradox)。C值悖理在昆虫、两栖类和植物中最为明显，但在鸟类和爬行类中却没有这种现象。在昆虫中，果蝇(*D. melanogaster*)的基因组大小为18×10^7 bp，编码13 601个基因，家蚕(*Bombyx mori*)的基因组大小为42.87×10^7 bp，是果蝇基因组大小的3倍，编码18 510基因，蟋蟀的基因组大小约为果蝇的11倍。在两栖类中，最小的基因组小于10^9 bp，但是最大的基因组却约为10^{11} bp。在这些昆虫、两栖类中各种生物拥有的基因组的差别并没有这样显著，表明在大的基因组中有非编码DNA的大量增加。主要原因是由于出现了多倍化，或重复序列及内含子的大量增加。

细菌和古细菌基因组测序表明，几乎所有DNA(通常是85%～88%)都编码RNA或蛋白质。图10.2显示原核生物基因组的大小和基因数的多少是成比例的，一般基因长度为1 kb。寄生菌的基因组一般都小于1.5 Mb(表10.3)。

以基因组最小的原核生物支原体(*M. gentalium*)为例，它有0.58 Mb，约编码470个基因，这确定了建立一个细胞所必需的最小功能。

古细菌的生物学特征介于原核生物和真核生物之间，其基因组的大小(1.5～3 Mb)和基因数目(1 500～2 700)与细菌相似。以古细菌和独立生活最小细菌的基因组大小来表示独立生活所需的最少基因数目。最小的古细菌如火山热原体(*Thermoplasma volcanium*)基因组约有1.58 Mb，1 499个基因。独立生活的最小细菌如风产液菌(*Aquifex aeolicus*)基因组约有1.55 Mb，1 512个基因。由此可知一个可独立生活的生物体所需的基因不少于1 500个。

细菌基因组大小为0.6～9 Mb，超过了一个数量级。具有最大基因组的细菌如除虫链霉菌(*Streptomyces avermitilis*)和蓝色链霉菌(*Streptomyces coelicolor*)的基因组大小和基因数分别为9.12 Mb，7 671个基因和9.05 Mb，7 797个基因，与酵母类似。

炭疽芽孢杆菌(*Bacillus anthracis* str.)5.23 Mb，5 308个基因，属于基因组中等大小的细菌。它是一种致病菌。在这类细菌的基因组中存在着一种致病岛“pathogenicity islands”，长为10～200 kb，在非致病菌中无致病岛的同源序列存在。致病岛可能是以质粒的形式在不同的细菌间横向传递。

原核生物基因组DNA含量相对较小，但在进化中基因组大小变化剧烈；真核生物基因组大，但在进化中基因组大小变化缓慢(图10.1，表10.3)。例如，最小的原核生物支原体，其基因组(如生殖道支原体仅含0.58 Mb)相当于一个大噬菌体的(T4含0.17 Mb)3倍。而细菌基因组多大于2 Mb。大肠杆菌的基因组就达到了4.6 Mb，比支原体要大一个数量级。

真核生物中单细胞生物的基因组也很小，但比细菌基因组大。真核生物基因组大小并非线性增加，酵母基因组可能是13 Mb，比最大的细菌基因组大不了多少。既能以单细胞又能以多细胞方式生存的盘基网柄菌(*D. discoideum*)其基因组(54 Mb)也只是细菌基因组的3倍。但要成为一个真正的多细胞生物就必须增加复杂性，如秀丽隐杆线虫(*C. elegans*)DNA含量为97 Mb。

原核生物的基因组的DNA和基因的数量变化很大，但其复杂性改变不大，基因组中只含非重复DNA，即单一序列；而在真核生物中情况相反，随着生物的进化，非重复DNA所占的比率变化很大。在低等真核生物中，大多数基因组DNA是非重复的；小于20%的DNA含有一个或多个中等重复成分；在动物细胞中，一半以上的DNA是中度或高度重复DNA；在植物和两栖类中，非重复DNA可能只占基因组的小部分，而中度重复或高度重复成分要占到基因组的80%以上(图10.5)。在这些基因组中单一序列已成为次要的成分。

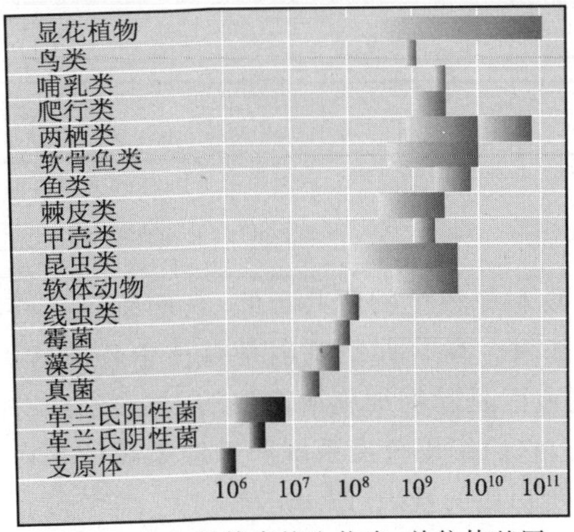

图 10.4 在低等真核生物中，单倍体基因组的 DNA 含量是和形态学复杂程度相关，但在高等真核生物中变化范围较大

一个门的生物中，其 DNA 含量的变化在图中用阴影图表示（引自 B. Lewin，2004）

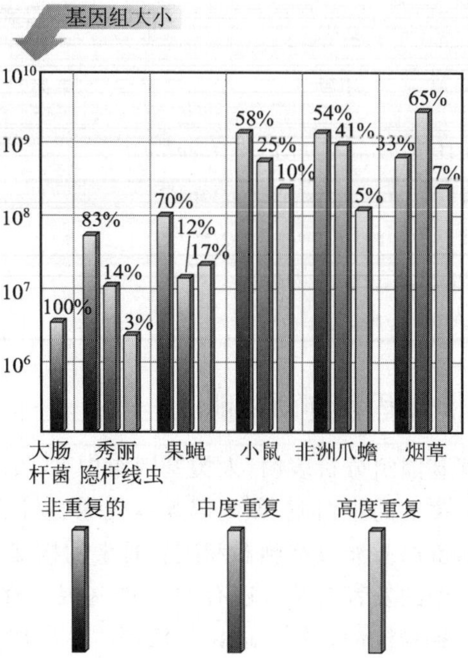

图 10.5 真核基因组中不同序列成分的比例

非重复 DNA 的绝对值随基因组大小的增加而增加，但在达到约 2×10^9 bp 高度时趋于稳定（引自 B. Lewin，2004）

非重复 DNA 的长度一般随着整个基因组的增大而增长，这种趋势直到基因组达到 3 Gb（为哺乳动物基因组的典型大小）时为止。当基因组继续增大，通常重复 DNA 的含量和比例也都增加，所以在生物基因组中很少能见到大于 2 Gb 的非重复 DNA。因此基因组中非重复 DNA 成分的含量与生物相对复杂性有较好的相关性。大肠杆菌为 4.2 Mb，秀丽隐杆线虫增加了一个数量级，达到 66 Mb；黑腹果蝇（*D. melanogaster*）增加到约 165 Mb，哺乳动物又增加了一个数量级，达到 2 Gb。这说明大的基因组中有更多的重复 DNA 的聚集。

二、基因组功能的进化

随着基因组的增大，基因的功能也在发生变化，主要表现在基因家族的增大、基因增加新的功能。

(一) 基因家族的增大

基因家族（gene family）是指由一个祖先基因经重复和变异所产生的一组同源基因。在细菌中许多基因都是单拷贝的，因此基因家族的数目和基因的总数比较接近。在真核生物中情况就大不相同，即使是酵母也存在一些基因家族。在真核生物不同的门类中基因总数的增加和基因家族数量的增加不成比例，基因家族似乎在各类真核生物中保持一定的量（图 10.6）。

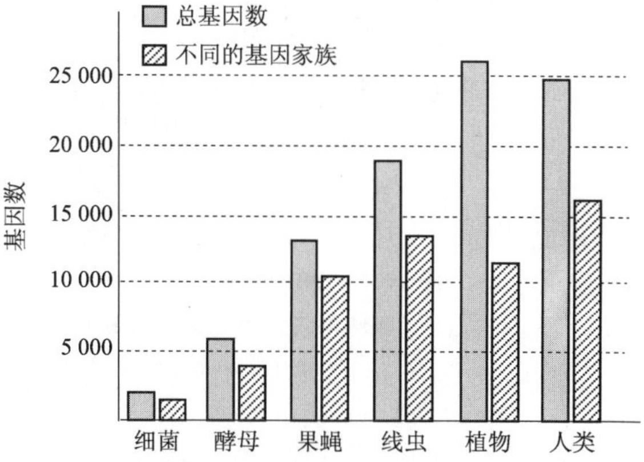

图 10.6 由于很多基因是重复的，不同基因家族的数目远小于基因总数

图表示不同门类生物的基因总数和基因家族数的比较（引自 B. Lewin，2008）

随着基因组的增大，单拷贝基因数的比例在急剧减少（表 10.5）。同时在低等生物中基因家族中的成员是较少的；而在高等生物中，基因家族中的成员通常较多。例如，基因组较大的拟南芥，其家族成员一般都超过 4 个。

表 10.5 基因家族的大小随着基因组的增加而增加

生物	单拷贝基因的比例/%	具有 2～4 个成员的基因家族的比例/%	具有>4 个成员的基因家族的比例/%
流感嗜血杆菌(*Haemophilus influenzae*)	89	10	1
酿酒酵母(*Saccharomyces cerevisiae*)	72	19	9
黑腹果蝇(*Drosophila melanogaster*)	72	14	14
秀丽隐杆线虫(*Caenorhabditis elegans*)	55	20	26
拟南芥(*Arabidopsis thaliana*)	35	24	41

(二) 基因增加新功能

根据基因组分析表明，人类基因组中 21%的基因是真核生物和原核生物所共有的，它们编码一些维持生命活动最关键的蛋白质，如编码基本代谢、复制、转录和翻译的基因。有 32%的基因是真核生物所特有的，它们编码的蛋白质涉及细胞器和细胞骨架的构建。另外的 24%的基因是动物细胞所需要的，与多细胞分化和不同组织类型的发育有关。还有 22%的基因是脊椎动物所特有的，它们编码免疫系统和神经系统的蛋白质。可见从细菌到脊椎动物每一进化阶段都需要增加一些编码新功能蛋白质的基因(图 10.7)。

人类蛋白质组(proteome)的一个突出的特点是：和其他真核生物比较，有许多新的蛋白质，但却很少有相关的新功能域，大部分蛋白质功能域几乎和动物界是共同的。图 10.8 显示跨膜蛋白和胞外蛋白大量的增加。在酵母中绝大部分蛋白质是属于细胞内蛋白质。在果蝇或线虫中细胞内蛋白质增加了两倍，但跨膜蛋白和胞外蛋白增加更为显著，这可能是由于多细胞生物细胞间相互作用的需要。高等脊椎动物，如人类细胞内蛋白质相对增加较少，但跨膜蛋白和胞外蛋白显著增加。

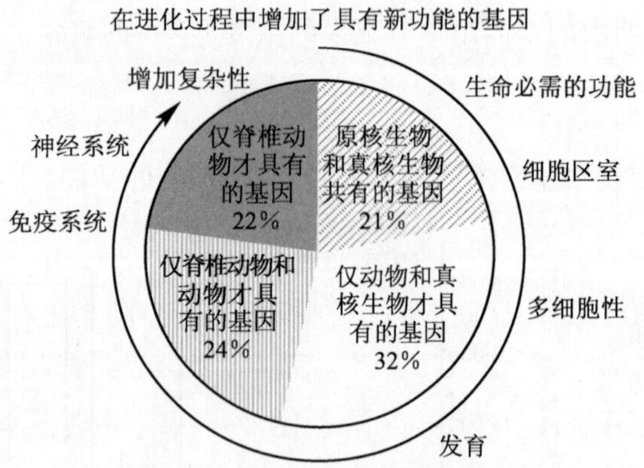

图 10.7 根据与其他物种基因的同源性可将人类基因进行分类

(引自 B. Lewin，2008)

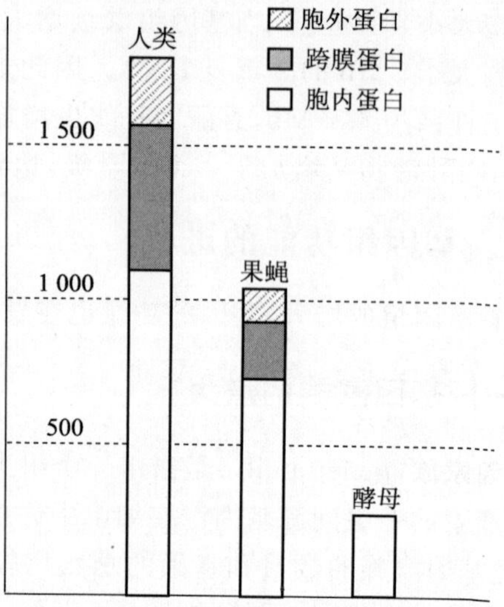

图 10.8 基因组复杂性增加需要细胞外功能

真核生物复杂性增加伴随具有跨胞和胞外功能的新蛋白质的积累(引自 B. Lewin，2008)

第三节 分子进化的分析方法

大分子如 DNA、RNA 和蛋白质是线性的亚单位多聚体。每个亚单位分子的特异序列确定其结构和功能。对物种中相关分子的序列进行比较，找出序列上的差异及这些差异与基因功能、蛋白质结构差异的相关性，对研究分子进化非常重要。

一、分子钟和中性突变学说

第一个分子钟概念是由 E. Zuckerkandl 和 L. Pauling 于 1962 年提出的。他们比较了来源于不同生物系统的血红蛋白分子的氨基酸序列之后，用化石的证据为参照，粗略地划分系统的分歧时间。并提出蛋白质中的氨基酸随着时间的推移而近似以一定比例的残基发生取代，即氨基酸在单位时间以同样的速度进行置换。

虽然蛋白质的进化速率完全不同，某些物种的某些蛋白质在进化过程中显示出氨基酸取代速率大致是恒定的。在生物的各个系谱中，明显的序列改变的恒定速率称为**分子钟**(molecular clock)。分子钟将时间量程与基因树连接起来，因此，物种分歧的时间量程是根据分子遗传学的分析，而并不依据化石的记录。

1967 年加利福尼亚大学的 A. Wilson 和 V. Sarich 通过对人和黑猩猩遗传物质的比较分析，提出可以使用"分子钟"来推算人类起源。他们研究的结果显示人科的起源只有 500 万年，这与传统上使用化石的办法估算的 2 500 万年相距甚远。但却与今天人们所普遍接受的 500 万～700 万年的起源时间相差无几。

1968 年日本的木村资生(M. Kimura)提出**中性突变学说**(neutral-mutation theory)。此学说认为蛋白质存在广泛的遗传变异，但这些突变特点对于自然选择而言是中性的，依赖一代又一代的随机漂变而被固定或趋于消失，从而形成分子水平上的进化或种内的变异。

中性学说的出发点是中性突变。为什么突变是"中性"的？这有 3 方面的原因。

(一) 同义突变的产生

众所周知有义三联密码子共 61 种，碱基只有 4 种类型，那么任何一个三联密码子的每个碱基都只有 3 种取代的可能，这样 61 个密码子就可产生 61×9=549 种变换。如果将 549 种变换对照遗传密码表逐一统计，可以发现由于遗传密码的简并性有 134/549=24.4%，即约 1/4 的取代为同义突变。

(二) 同类氨基酸之间的取代

氨基酸取代中有的是性质相似的氨基酸之间的取代，即保守替换(如 Arg 和 Lys，Phe 和 Tyr，Glu 和 Asp 等)，这种取代不影响蛋白质的性质和功能。另一些取代是属于性质不同的氨基酸之间的取代，即非保守取代(如 Asp 和 Val，Phe 和 Ser，Arg 和 Ile 等)。若每种方式以相同的概率发生，则有 53%是属于保守取代。同义突变和保守取代不改变或很少改变分子的结构与功能，所以在选择上是中性的或近中性的。

(三) 存在非编码区的突变

DNA 的非编码区包括内含子区所发生的核苷酸替换及不转译成蛋白质的假基因中所发生的变化等，也是中性或近中性的。自然选择对中性或近中性的突变不起作用，这些突变的去留完全依赖于遗传漂变。S. Wright 认为遗传漂变仅发生在小群体中，而木村则证明，遗传漂变并不限于小群体，对任何一个大小一定的群体，都能通过遗传漂变引起基因的固定，从而导致生物的进化。

(四) 即使在基因的编码区发生碱基的取代，效应也不尽相同

蛋白质实现功能的区域是结构域(domain)，结构域以外的相应编码区发生碱基的取代对蛋白质功能的影响也较小。

分子进化速率是以每年每个位置氨基酸或核苷酸替换数来表示的。以蛋白质分子为例，其进化速率为：

$$K\mathrm{aa}=\frac{D\mathrm{aa}/N\mathrm{aa}}{2T}$$

其中 $D\mathrm{aa}$ 是两种不同生物同源蛋白质的氨基酸差异数，$N\mathrm{aa}$ 是构成同源蛋白质的氨基酸个数，T 是两种生物

的分歧进化时间。式中要除以 $2T$，是因为分歧进化是向两条路线进行的。可以这样理解：从一种生物回溯到分歧点再到第二种生物，其演化时间正好是 $2T$。分子进化的特点之一是每一种生物大分子不论在何种生物都有一个大致恒定的进化速率。以血红蛋白 α-链为例，鲤鱼与马有 66 个氨基酸差异，地质资料表明鱼类约起源于4 亿多年前的志留纪，若以 4 亿年作为鲤鱼与马的分歧进化时间，则从鲤鱼到马的进化速率为：

$$K\text{aa} = 66/141 \div (2 \times 4 \times 10^8) \approx 0.6 \times 10^{-9}/\text{个(氨基酸)} \cdot \text{年}$$

马与人有 18 个氨基酸差异，高等哺乳动物的进化约出现于 8 000 万年前，如以此作为马与人的分歧进化时间，则从马到人的进化速率为：

$$K\text{aa} = 18/141 \div (2 \times 8 \times 10^7) \approx 0.8 \times 10^{-9}/\text{个(氨基酸)} \cdot \text{年}$$

即血红蛋白的 α-链分子，无论是在从鱼到马，还是在从马到人的进化过程中，其进化速率基本上都是相同的。分子进化速率与种群大小、世代寿命和物种的生殖力均无关，也不受环境因素所影响。这是自然选择学说所不能解释的，而中性学说对此却能作出合理的解释。现举一个最简单的例子，二倍体的群体中，每个基因组具有 N 个基因，二倍体共有 $2N$ 个拷贝。假设某些新的突变是中性的，这意味着这些突变对生物体的适合度没有影响。选择中性的等位基因的突变速率是每一代 μ 个基因。那么在任何一代中，预期新的选择中性的适应性基因数为 $2N\mu$。因为有 $2N\mu$ 个新的突变，新突变(序列改变)的预期数在每代中的比例是：

$$\text{中性进化的速率} = 2N\mu/2N = \mu$$

因此，中性进化的预期速率等于中性突变的速率，构成一个短的分子钟，它的滴嗒声(记录时间)是固定的突变。

分子钟假说的核心是在进化中核苷酸的置换率是恒定的。其实这是相对的，核苷酸位点的进化速率是随其功能而不同。分子进化的普遍原理是蛋白质序列的进化也适用于 DNA 序列的进化，但两者之间也有些重要的差异。

因此在应用分子钟时应注意：①一个基因的中性突变速率可能与另一基因不同，依据新的突变片段是否是中性的或接近中性的而定。对于进化非常缓慢的基因，如组蛋白 H4，大多数氨基酸的取代可能是完全有害的，所以其中性突变速率将非常缓慢。此外，对于进化非常快速的基因，如 γ 干扰素，每年氨基酸重要部分的取代可能是有利的突变，这些突变就不是中性的。②分子钟在繁殖的时间间隔不像时钟一样滴嗒作响。它是不规则的或随机的，只有在滴嗒声之间的平均间隔是可预测的。同理，放射性衰变也是一样的，是一种随机的但却是有规律的过程，而这种类推有其缺点，相对平均数而言，即分子钟的随机变异比原子钟的变异要大得多。③在许多情况下分子钟的运转状态是无法察觉的。因为序列进化沿着基因树的不同分支的速率是不同的。例如，在人类和小鼠谱系中，鼠类沿分支的序列进化的速率比人类的进化速率快两倍，这被认为是由于小鼠谱系的世代时间较短，导致沿谱系有更多的世代。重建基因树的最好的方法是考虑这种变异的原因。

总之，我们可把中性学说看做是附加在自然选择学说中的一个原理，是在分子水平上对达尔文主义的补充和发展。

二、基因树

根据同源基因间的差异构建的系统发生树称为**基因树**(gene tree)。因为序列随着时间而改变，接下来是序列差异的积累。差异的积累是分子系统学的基础，是分析分子的序列进化而推断出进化的关系。

从分子序列来重建进化史的原理最好能通过例子来说明。图 10.9 描述了 7 种生物体中每个成体血红蛋白的 β 球蛋白链的前 50 个氨基酸。这个例子中都是脊椎动物的物种。在进化研究中，比较的序列通常较长，可有许多物种，但这个小的数据集能够阐明这种方法。图 10.9a 主要用说明比对的方法。每个小点表示该位置的氨基酸与人类的分子相同。牛和羊的序列能与其他生物体的序列相对应，在 2 和 3 的位置破折号表示缺乏对应的氨基酸，或者说 DNA 缺失了 6 bp。

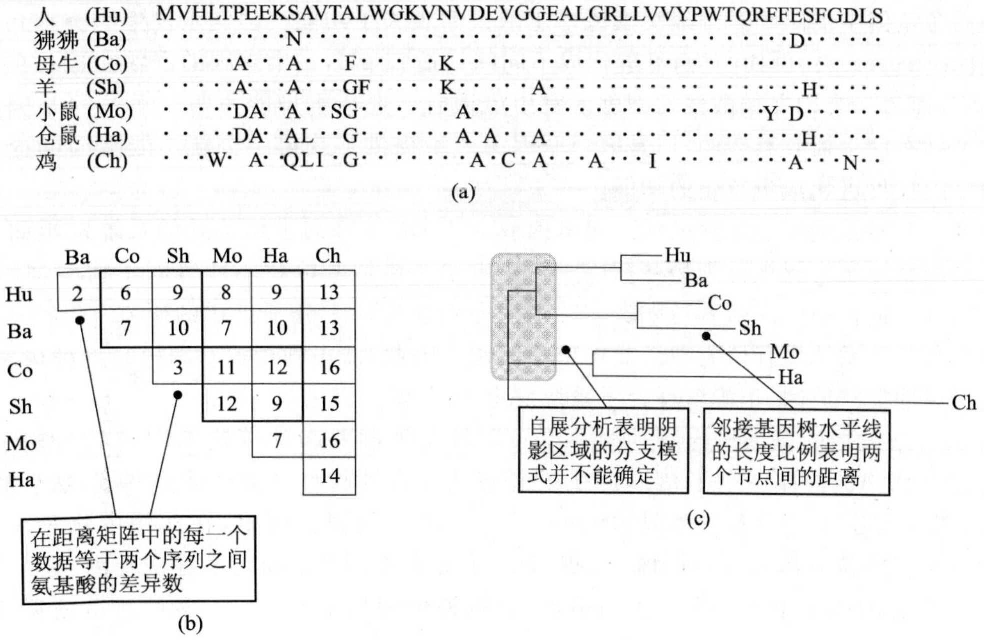

图 10.9 β-血红蛋白的序列分析

(a) 7 个分类单元的前 50 个氨基酸残基 (b) 距离矩阵表明每一对序列之间氨基酸的差异数

(c) 根据距离矩阵用邻接法建立的基因树(引自 D. L. Hartl 等,2006)

由于生物大分子序列随着时间的改变,在任何两个序列之间的差异可用来推测它们所经历的进化时间。序列的改变是偶然的,预期两个序列差异的数量与随机变异数量相同。某些突变可增强生物体的适合度,这些突变在群体中被固定的机会增多。

分子进化通常的目标是在一组序列之间推断出进化关系的模式,用以描绘分类单元之间的亲缘关系,由节点分支构成的树状图,称为**进化系统树**(phylogenetic tree),又称为支序图、分支图或进化树(cladogram)。若以单个的基因为基础,为一个**基因树**(gene tree)。在基因树中序列间进化关系的模式与物种间进化关系的模式不一定相同。许多方法可用来推断出一个基因树,标准的软件包如 PAUP 和 PHYLIP 可用于计算。其中最简单的方法是根据序列间包含的碱基对的距离而构建的树。序列可被转换成**距离矩阵**(distance matrix),提供的数据可用于分析。在图 10.9b 中显示的这种距离是两个序列间氨基酸的差异数。如果位点差异的比例较大,那么有可能一种氨基酸位点的改变已超过了相应时间范围,有必要进行矫正,使其恢复原状。在此例中则不需矫正。

每个序列的来源称为**分类单元**(taxon),分类单元是分类工作中的客观操作单位,有特定的名称和分类特征,如一个具体的目、科、属、种等。一种由距离矩阵推断基因树的方法是**邻接法**(neighbor joining method)。将距离最小的第一对分类单元组合成单独的一组,然后计算新的距离矩阵,来确定最近的一对新邻接分类单元,再将它们进行连线。邻接法概念上简单,常产生相同的基因树,或与用更复杂的方法产生的最佳的树非常相似。对于血红蛋白数据来说,在图 10.9c 中,基因树以邻接法为基础而构建,每一水平线的长度是依比例决定的距离。

在**进化系统树**上相互分离的生物类群中,由于某种自然选择或者生态环境的原因,独立地进化出相似表型的现象称为**平行进化**(parallel evolution)。在具有平行进化的表型之间,没有严格意义上的"同源性",因此,它们不能作为区分生物类群的特征。但是,这样的现象却具有相当重要的生态学和进化研究内涵。在形态学水平,最著名的平行进化实例就是澳大利亚的有袋类动物:袋鼠、袋狼、袋獾等,它们的分类地位不同,却都进化出与生殖相关的育儿袋。

在进化过程中,同一生物体中由同一祖先基因发生重复而产生的那些基因称为**种内同源基因**(paralogs gene)也称为旁系同源基因,如人类的 α 和 β 血红蛋白链的基因座位。种内同源基因是冗余的,或许大多数共同的事件是种内同源基因中的一个基因经突变或产生缺失而丧失了功能。但偶尔发生的突变可引起平行进化同源基因的**趋异**(divergerce)。例如,它们可进化成不同的最适宜 pH,一个基因的产物在比较偏碱性的细胞区室中的功能最适宜,而另一个则在偏酸性的细胞区室中最适宜。遗传重排能使两个无关的基因融合从而产生新的活性。这些重排有的是极其有害的,但是嵌合基因的产生提供了获得一个新功能基因的途径。基因重复也使得种内同源基因拷贝进化成更特化的功能。

基因树与物种树并不等同。基因树表示一组基因或一组 DNA 序列进化关系的系统发生树。而反映物种之间真实进化关系的系统发生树被称为**物种树**(species tree)。虽然基因树不能等同于物种树,但基因树的分支式样能够反映物种的进化历史。随着越来越多的基因序列被应用于分子进化的研究,随之产生的基因树和物种树的矛盾已成为分子系统发育研究中日益突出的问题。因此,需正确理解基因树和物种树之间的差异,充分注意和分析基因树冲突的原因,正确解释分子系统发育的结果。

图 10.10 表示一条途径的基因树与物种树的差异。祖先种群原来的等位基因 A_1 是被固定的,但后来经突变产生了等位基因 A_2,群体中 A 基因座产生了多态性。直到物种分离产生物种 1,然后物种 2 和 3 也进行分离。然而,最终发生了一个等位基因的丢失,另一个等位基因被固定,在此例中物种 1 和 2 中,丢失了等位基因 A_1,固定了等位基因 A_2;而物种 3 中则丢失了等位基因 A_2,固定了等位基因 A_1。这意味着从基因树中看出物种 1 和物种 2 所组成的亲缘关系最近,而物种树则显示出物种 2 和物种 3 实际上的亲缘关系最近。

由于重组使得这种情况变得更为复杂。当基因发生重组时,即意味着不同的基因有着不同的进化史。因为可能发生基因内重组,甚至有可能在同一基因的不同部分有不同的进化史。这就是为什么利用 Y 染色体的非重组部分和线粒体的 DNA 来追踪人类的起源。然而 Y 染色体树或线粒体 DNA 树的推测,与核基因的基因树不一定相同。克服基因树与物种树之间矛盾的另一种方法就是以多个基因为标准,来克服重组和随机丢失所产生的假象。

此外,具多态性的基因存留的时间相对短,或物种足够老时,基因树与物种树常常是一致的。基因树与物种树不一致性是一个潜在的问题,主要是因为基因组能长期保持这种多态性。例如,免疫系统中存在许多功能性不同的基因,它们是高度多态性的,这种多态性持续了一个新物种形成的时期或更长。在这种情况下,等位基因排序过程如图 10.10 所示,能导致基因树与物种树的差异。

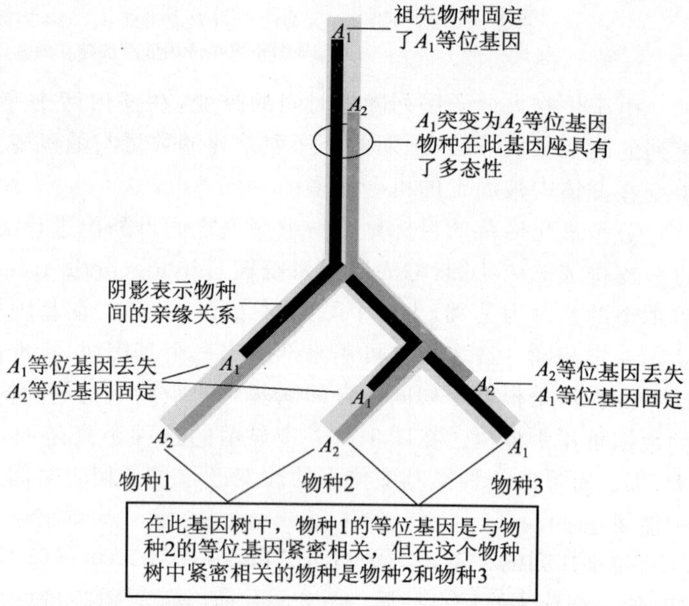

图 10.10 由于在不同的谱系中存在等位基因的多态性,所以基因树并不等同于物种树

在分子进化中,RNA 和 DNA 的序列已被用于几乎所有生物进化路线的研究。其中的工作之一是 N. R. Pace 及其同事以 16S rRNA 的序列为基础构建了一个生物进化树(图 10.11)。这个进化树反映了 3 个主要的进化群:真细菌、真核生物和古细菌。真细菌和古细菌两者是原核生物,但两者之间与真细菌和真核生物之间一样也存在差别。真细菌和古细菌在表型上进化的差别不太明显。但在比较它们的核苷酸序列后这种关系就变得很清楚。其他基因的序列,包括 5S rRNA、大的 rRNA 及某些基本蛋白质的基因支持在生物间存在这 3 大进化群。

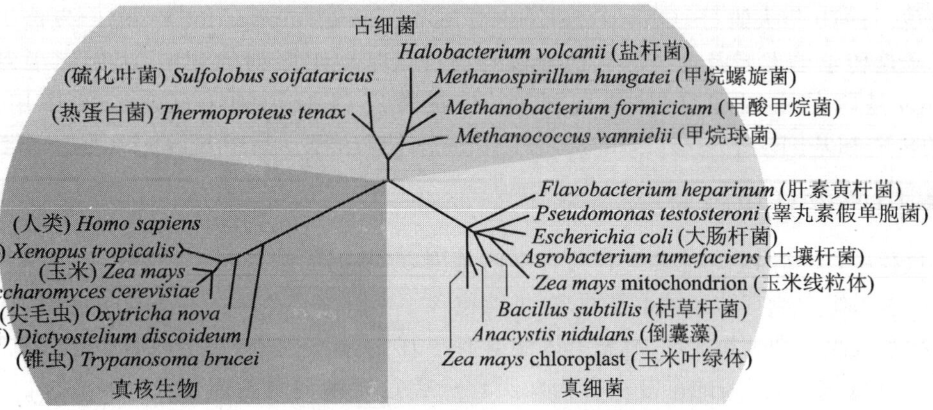

图 10.11 通过 16S rRNA 序列的比较所绘制的三界生物进化树

(引自 N. R. Pace, 1986)

三、自展分析法

基因树是在一组序列中推导出进化关系的真实模式。但这只是一种推导,因为置换的数目是随机变异的,真实的基因树是未知的。那么如何检测系统树中一个特定的分支顺序可信度的大小?例如,在图 10.9c 中,这些数据是否真实地反映了小鼠和仓鼠谱系与共同祖先的分离要早于人类、狒狒、母牛和羊谱系的分离?**自展分析法**(bootstrap analysis)就是一种在基因树中对每个节点的置信水平进行检测的方法。自展检验的基本方法是:从原数据集中抽取部分数据组成新的数据集,然后用这个新的数据集构造系统发生树。重复该过程,产生成百上千个对应的自展树,进而检验自展树对最终系统发生树各个分支的符合率。具体做法是,将最终系统发生树与各个自展树进行比较,如在各个自展系统树中出现或大量出现的那些部分将具有较高的置信度。例如,在图 10.9a 中,从序列的 50 个位点中随机选择进行置换。在自展的 50 个样本中若大多数样本得出的基因树将出现相同的分支,表明此分支是可信的;若一个分支只出现在少数的自展基因树中,此分支是不可信的。在图 10.9c 中的基因树中,1 000 个自展样本中少于 50% 支持分支顺序,包括图中阴影的部分。表明在这个小的区域内蛋白质谱系被分开的时间如此接近,不能断定哪个物种首先被分离出去。

通过分子序列进化的速率,在某种指定的时间间隔部分位点发生了改变。例如,在小鼠和人类的整个 β-血红蛋白分子中,每个氨基酸位点的序列进化的速率每 10 亿年是 1.23 个氨基酸被取代,或每 10 亿年 1.23×10^{-9} 个碱基三联体被取代(碱基三联体并不都编码)。

小鼠和人类谱系的分离约 8 000 万年,这意味着它们在 8 000 万年前持续拥有同一祖先。因此小鼠和人类分子分离的全部时间为 1.6 亿年(小鼠谱系 8 000 万年,人类谱系 8 000 万年),全部的 β 血红蛋白链是 147 个氨基酸。因此,每 10 亿年每个氨基酸位点的取代速率为 1.23×10^{-9},表明分子间差异的数是 $(1.23\times10^{-9})\times(160\times10^{6})\times147=29$。如果这些差异是沿分子平均分布的,预期的差异数在前 50 个氨基酸中将有 10 个,与所观察的数 8 个(图 10.9a)相符合。

不同的蛋白质(有时是蛋白质的不同部分)的进化速率完全不同,如组蛋白分子 H3 和 H4 的进化非常慢。例如,在水稻和人类的组蛋白 H4 的 103 个氨基酸中仅有两个位点不同。其他分子的进化速率较快。例如,小鼠和人类的抗病毒蛋白 γ 干扰素的进化大约每 10 亿年,每个氨基酸位点以 5×10^{-9} 的速率取代,比 β 球蛋白的进化速率快 4 倍,比组蛋白 H4 的进化速率更快(小鼠和人类的组蛋白 H4 没有差异)。

第四节 新基因的起源

新基因如何产生是生物进化的核心问题。J. B. S. Haldane(1932 年)和 H. J. Muller(1935 年)最先认识到基因重复在进化中的重要性。他们预言一个基因的多余拷贝也许能因变异而发生趋异,最终将会以一个新基因的形式出现。1970年大野(S. Ohno)在《Evolution by Gene Duplication》一书中发展了这个理论。

随着分子遗传学的发展及人类和其他一系列物种全基因组序列的测定，人们逐步发现和证实新基因的产生主要是通过基因的重复和趋异、外显子重排、**逆转座**(retrotransposition)的作用、可移动元件(mobile elements)的传递和基因水平转移(gene lateral transfer)等途径。其中基因的重复是最主要的原因。

一、基因的重复和趋异

在进化过程中，新基因通常来自于已经存在的基因，新基因的功能由先前的基因功能进化而来。新基因组成的"材料"是由基因组中原有的区域重复而来，可能包含一个或多个基因。在进化过程中，重复发生相对频繁，通过大量真核生物基因组序列分析表明，真核基因组含有3万个基因中估计可能每百万年就有60～600次的重复。

从进化的角度来看，基因的重复可分为两类。一类是**直系同源基因**(orthologous gene)。直系同源基因又称"种间同源基因"，是指不同物种中起源于同一祖先的那些基因。如图10.9中基因树中所示，每次的物种形成中，β-血红蛋白基因重复，即每个分支的物种具有亲本物种中存在的β-血红蛋白基因的拷贝。物种形成伴随着基因的重复，并保持同样的功能。另一种类型是**旁系同源基因**(paralogous gene)，又称为**种内同源基因**，旁系同源基因是指进化过程中，同一生物体中由一个祖先基因经重复而产生的那些基因，如β-血红蛋白基因和α球蛋白基因。虽然现在这些基因是截然不同的，但它们在序列上十分相似，从确定的序列中显示出是来自一个远祖的单一基因。因此，一个物种中的β基因和同一物种中的α基因是平行进化同源基因。

当一个基因发生重复时，平行进化同源基因是冗余的，或许在多数情况下重复的基因中有一个基因经突变后失去了原有的功能，但偶尔发生的突变可引起平行进化同源基因的**趋异**(divergence)。例如，它们可进化成不同的最适宜的pH，所以一个基因产物的功能适应于偏碱性的细胞区室环境，而另一个则适应于偏酸性的细胞区室环境。或遗传重排能使两个无关的基因融合从而产生新的功能。

随着多种生物基因组的全序列分析，科学家们已充分证明生物的新基因往往是通过基因重复获得的。例如，海鞘(*ciona intestinalis*)基因组含有6个不同的**成纤维细胞生长因子**(fibroblast growth factor，FGF)基因，而在小鼠和人类的基因组中含有至少22个*FGF*基因，表明可能是由海鞘中的*FGF*基因平均重复了4次而产生的。

通过对12种果蝇基因组的比较分析表明，基因重复是产生新基因最主要的机制，在果蝇某些种中(*D. melanogaster* or *D. yakuba*)新生的拷贝中约有80%是由串联基因的重复而产生，之后这些基因又可能以散在形式分布于基因组中。更有趣的是，研究发现有11.9%左右的新基因来源于非编码序列。证明从头起源(*de novo* origination)也是新基因起源的重要途径。同时，发现在黑腹果蝇中，有30%的新基因通过外显子重排等方式招募祖先基因不具有的序列，形成了新的嵌合基因(chimeric gene)。这样的结构为新基因提供了立即获得新的结构域和功能的机会，促使它们可以快速在群体内被自然选择固定。

此外，酵母菌的整个基因组，在1亿年前经历了重复作用。植物体内也常见基因组的完整重复现象，如小麦的6倍体，就是6个基因组的重复。

基因重复也使得新基因进化成更特化的功能。例如，图10.12所示，顶部是真核多细胞中的基因有增强子在组织1型(灰色)和组织2型(黑色)中表达。

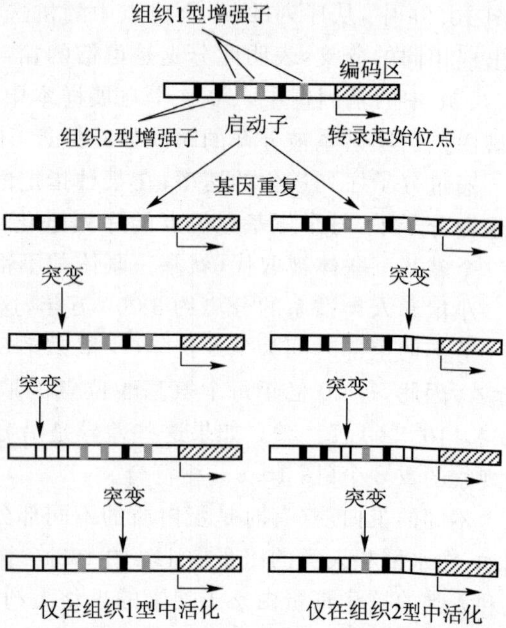

图10.12 旁系同源基因通过亚功能的形成而特化

在这个例子中旁系同源基因特化为组织特异性表达。突变可在一个拷贝中逐渐消除组织1型的增强子元件，在另一拷贝中消除组织2型增强子元件，结果产生了亚功能。在部分旁系同源基因中仅在组织1中有活性，而另一些仅在组织2型中有活性。基因的功能在不同的组织中逐步被优化

旁系同源基因特化为组织特异性表达的例子如乳酸脱氢酶

(LDH)同工酶的进化。人们用电泳,比较 DNA 序列等方法研究了 LDH 不同亚基在不同生物中的分布及表达,描绘出了一种分子进化的途径。LDH 在最原始的脊椎动物——无颌类中的七鳃鳗(Petromyzontiformes)中,仅有 LDH-A 一种亚基存在,而在软骨鱼中已发现有 LDH-A 和 LDH-B 两种亚基存在。进化到硬骨鱼类开始出现了第 3 个亚基 LDH-C,鱼类以下的动物无 LDH-C 亚基,且软骨鱼及原始的硬骨鱼肺鱼类都没有出现 LDH-C 亚基,直到鲟形目才开始出现 LDH-C 亚基。在低等的硬骨鱼中 *ldh-C* 基因在各种组织中都广泛表达。随着进化地位的升高,有的仅在肝中表达,另一类仅在眼中表达,显示了基因表达调控的组织特异性;在两栖类的黑爪异鲵(*Xenobius melanonychus*)中发现仅在雄性的肝中表达,不仅显示了组织的特异性还显示了性别的特异性,可能受到雄性激素的调控。进化到鸟类和哺乳类 *ldh-C* 仅在精子中表达,这不仅具有组织和性别的特异性,而且显示了发育阶段的特异性。以上表明基因的重复和特化是新基因产生的必要途径。通过基因克隆和分子杂交及测序,已证明鸽子的 *ldh-C* 基因和 *ldh-B* 基因连锁,且同源性较强;人类和小鼠的 *ldh-C* 和 *ldh-A* 连锁,且同源性大于 *ldh*-B、*ldh*-C 之间。研究表明哺乳动物和鸟类的 *ldh-C* 基因来源虽不相同,但都是由于相关基因二次重复和突变所形成。LDH 的进化反映了在进化过程中不仅编码区的改变,而且调控区也在发生改变,使 LDH-C 逐步具有组织的特异性、性别的特异性和发育阶段的特异性(图 10.13)。

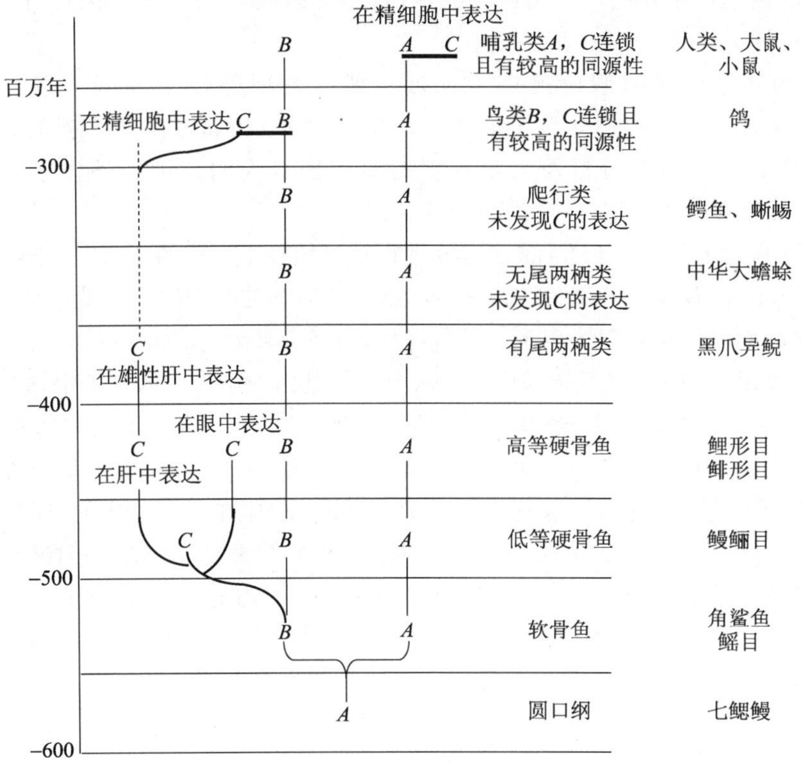

图 10.13 *ldh* 基因在脊椎动物中的进化

二、外显子混编

外显子混编(exon shuffling)又称“外显子洗牌”,是指在进化中,通过内含子介导,使基因内或基因间的外显子 DNA 片段重组在一起,构成一个具有新功能的基因。例如,血液凝结因子家族。它们的成员含有不同数量和组合的相似结构域。

这一假说是由 W. Gilbert 于 1978 年提出的,即在任何一个基因内或两个非等位基因之间的不同外显子偶尔发生混合。他认为不同的编码单个蛋白质结构域的外显子经不同“混编”或“重组”而产生一些完全不同的蛋白质。当一个基因的外显子插入到另一个基因的内含子时可产生嵌合蛋白质。另一种外显子混编是在同一个基因内外显子的重复所致(图 10.14)。

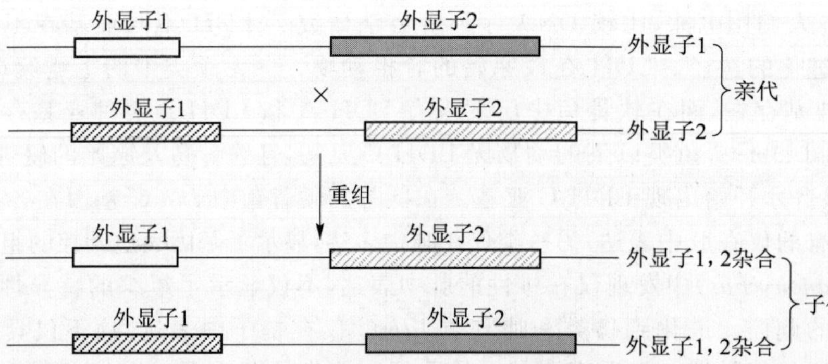

图 10.14 外显子混编可以由异常重组产生

外显子混编的分子机制是当两个转座子被同一转座酶识别而整合到染色体的邻近位置时，它们之间的DNA将变得易于被转座酶转座。如果它们之间的DNA中含有外显子，则该外显子将被切离，并可能插入另一基因之中。

由于外显子混编能迅速产生新的多个结构域的蛋白质，导致物种的变异。因此外显子混编是生物体产生新基因和基因进化多样性的途径之一。

随后的一些发现为外显子混编假说提供了证据。现已发现外显子混编可以由**异常重组**(illegitimate recombination)和反转录转座子介导的外显子插入等产生。此外，相邻基因间序列的缺失产生的基因融合也可造成外显子混编。基因组水平的分析及大量发现的实例使得人们认识到外显子重排在真核生物的新基因产生中扮演着重要角色。

一个典型的例子是1993年龙漫远(M. Long)等发现在果蝇物种中出现的新基因，即精卫基因(*jingwei*，*jgw*)。精卫基因只存在于*D. yakuba*、*D. santomea*和*D. teissieri*这3种果蝇的基因组中。黄帝基因(*yellow-emperor*)是祖先基因，位于果蝇3号染色体上，经重复产生了一个新拷贝，即炎帝基因(*yande gene*)。位于2号染色体上的*Adh*(alcoho l dehydrogenase 乙醇脱氢酶)经反转录作用插入*yande*基因的第3个内含子中，结果由5′端*yande*基因的3个外显子和3′端*Adh*基因的4个外显子混编，产生了具有新的外显子-内含子结构的融合基因(即*jgw*基因)。*Adh*基因的mRNA在反转录转座的介导下插入*yande*基因的第3个内含子中。新形成的*jgw*基因的上游有*yande*基因的3个外显子(以深灰色显示)，其下游带有*yande*基因的9个退化的外显子(以波状结构表示)。对*jgw*基因的功能研究表明，其表达产物是一种嵌合蛋白，其N端来自*yande*基因编码产生的多肽序列，C端则是*Adh*基因的多肽序列所组成(图10.15)。果蝇*D. teissieri*中的*jgw*基因在雄性中特异表达。*jgw*基因的产物——精卫酶可能参与了雄性果蝇的激素和外激素的代谢过程。M. Long等发现至少有一半以上的真核生物的基因，曾经经历了类似于*jgw*基因的起源过程，从而证明了外显子混编及基因重复在新基因起源过程中的普遍意义。

三、反转录转座

反转录转座(retrotransposition)是指RNA通过反转录产生cDNA后插入到基因组中，进行转座的过程(第八章)。由于通过这种形式产生的新拷贝一般不含启动子和5′端调控序列，使得大部分产生的cDNA序列成为**加工假基因**(processed pseudogene)，不具有转录活性。但对于真核生物RNA聚合酶Ⅲ启动子(下游启动子)调控的基因而言，其cDNA是有转录活性的，或者cDNA插入到基因组后获得外源调控序列也可能具有表达活性，进而可形成新的基因。由于真核生物基因组中具有丰富的反转录转座子(如LINE序列在人类中有10万个拷贝)，它们可介导产生反转录转座基因，因此反转录转座作为新基因产生的一种机制越来越受到人们的重视。上述的*jgw*基因的例子也涉及反转录转座。证明在反转录转座或转座子的作用下，启动不同基因间的外显子混编而构成新的外显子-内含子的重组结构导致新的基因出现。

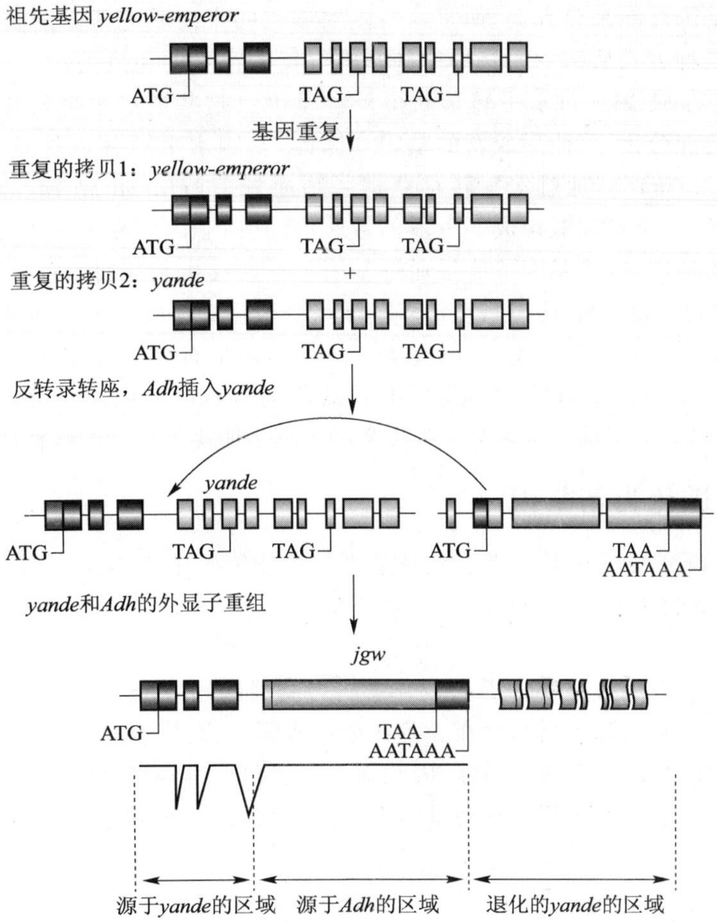

图 10.15　*jgw* 基因起源的分子机制

（引自 M. Long，1993）

yellow-emperor：黄帝基因；*yande*：炎帝基因；*Adh*：乙醇脱氢酶基因；*jgw*：精卫基因

四、基因水平转移

基因水平转移（horizontal gene transfer，HGT），又称水平基因转移或基因侧向转移（lateral gene transfer，LGT），指生物将遗传物质传递给其他细胞而非其子代的过程。

J. A. Eisen 于 2000 年提出基因水平转移，首先被转移的基因在供体中要经历进化。当达到某一阶段时，遗传物质通过载体（如病毒）或者直接（如接合）或者间接（如转化）地进行转移。这些遗传物质必须获取在受体中能长期存在的形式。不同的转移和存留方式决定了不同的水平基因转移的类型。被受体接受的遗传物质在受体群体中广泛传播，即使这些遗传物质的传播是符合中性法则的，但是选择压力仍有可能促进传播过程（如抗生素抗性的选择）。而传播过程对供体和受体的进化都具有影响，最终有可能会产生一个新的品系，这一传播过程被称为“基因的改良”（amelioration of gene）。

在原核生物中，转化、转导、接合和转染等现象是频繁发生的。因此，基因水平转移对原核生物的基因组贡献是相当大的。在三域系统的基因组比较分析中，发现大量存在水平基因转移现象。例如，海栖热袍菌（*Thermotoga maritima*）在其基因组中含有 1 877 个基因，发现有 24％的基因与古细菌基因相近，即有近 1/4 的基因可能来源于古细菌，成为古细菌与细菌之间进行侧向基因转移的有力证据。而细菌通过这种途径获得基因的百分率达 30％～50％。

高等生物的基因水平转移到细菌基因组中的例子也有报道，如耐放射异常球菌（*Deinococcus radiodurans*）全基因组共有 3 187 个基因，其中有几个是在植物中才有的基因；结核分枝杆菌（*Mycobacterium tuberculosis*）的基因组中至少含有 8 个基因可能来自人类，而且这些基因编码的蛋白质能帮助细菌逃避宿主的防御系统，可能这是结核分枝杆菌通过某种方式从宿主内获得这些基因以抵御宿主的免疫力。

真核生物则约有 10%的概率通过水平转移获得外源基因。这些通过水平转移产生的外源基因在选择的作用下，经过突变积累、功能分化，可能形成新的基因。因此，基因水平转移也是新基因的来源之一。例如，一种毛滴虫（*Trichomonas vaginalis*）通过水平转移获得了嗜血杆菌（*Haemophilus influenzae*）的一种裂解酶，此裂解酶通过插入获得了 24 个氨基酸构成的一段信号肽，使其由胞内酶变成了胞外酶。在人类基因组上已发现了 223 个来源于细菌的基因，这些基因可能是通过基因水平转移机制获得的。

通过对部分蛋白质序列比较分析，也发现有许多基因水平转移存在的证据。在细胞色素 c 的序列比较中，发现长须银柴胡（*Stellaria longipes*）和拟南芥（*Arabidopsis thaliana*）很有可能与噬菌体之间发生过水平基因转移。铜绿假单胞菌（*Pseudomonas aeruginosa*）的磷酸脂酶 D(PLDS）与真核的类似，编码该酶的基因 *pldA* 可能是通过来自真核生物的基因水平转移获得的。很多分子生物学的证据表明高等生物的线粒体和叶绿体来自真细菌。

五、非编码序列进化为新基因

王文（Wen Wang）等研究发现有 12%左右的新基因是由非编码序列“变废为宝”而来。这一发现否定了该领域长期存在的“进化不可能从头产生”的观点，证明**从头起源**（*de novo* origination）是新基因起源不可忽略的重要机制。

他们在酵母中发现了一个从头起源的新基因 *BSC4*，该基因编码一个 100 多个氨基酸的蛋白质，在近缘种及所有真菌的序列中都没有其同源序列的存在。各种证据表明这个基因编码了有功能的蛋白质。他们还发现在近缘种中的这一区域的序列都具有转录活性，因此提出了蛋白质编码基因的两步进化模型，即蛋白质编码基因的从头进化需要先经历由非编码区到拥有转录活性区的进化，然后由转录活性的序列再进一步进化成蛋白质编码基因。

第五节 蛋白质的进化

有一些蛋白质在各种不同的生物中执行着同一种功能，但是不同生物的这种蛋白质的氨基酸序列存在着差异，比较分析不同物种之间的氨基酸序列的差异，可以找出不同生物之间的进化关系。前面已介绍了蛋白质分子进化的速率和计算方法，在此不再赘述。

一、DNA 多态性与多基因家族的进化

DNA 多态性（DNA polymorphism）是指在群体中，染色体上的某个基因座具有两个或更多的等位基因。但相应表型对环境的适应值是相似的。从数量上来讲，如果杂合子基因型频率大于或等于 10%，那么这个基因常被认为是多态性的。人类基因组平均每 1 000 核苷酸位点中有一个与其他个体不同，其频率高到足以被认为是多态性的。

除了核苷酸序列通过核苷酸取代而进化以外，基因中核苷酸的数目也常发生变异。这种变异称为 DNA 长度的多态性（DNA length polymorphisms），它是通过缺失或增加一段相对短的核苷酸序列而产生的。例如，在黑腹果蝇的乙醇脱氢酶基因中发现了 DNA 长度的多态性。M. Krietman 测定了这个基因的 11 个拷贝，他发现除了核苷酸序列存在变异外，这 11 个拷贝中有 6 个插入和缺失。所有这些都在内含子和 DNA 的折叠区内，在外显子中未发现有这种情况。外显子中的插入和缺失常会改变可读框，因此它们将受到选择的作用。结果插入和缺失通常只存在 DNA 的非编码区。然而某些插入和缺失在有些基因的编码区已有发现。另一种 DNA 长度多态性涉及特殊基因拷贝数多少的差异，如在个别果蝇中核糖体基因拷贝数发生广泛的变化。棒眼基因的拷贝数在突变体中也常不同。转座子的拷贝数在个体中变化也很大，这可能引起某些 DNA 长度的多态性。

在真核生物中我们常会发现基因的多个拷贝，这些拷贝的序列都相同或相似。这样的一组基因称为**多基因家族**(multigene family)，它们是由一个祖先基因通过重复进化而来，基因家族的成员可以彼此形成基因簇或位于不同的染色体上。不同物种中，由同一祖先基因座直接进化而来的基因称为**种内同源基因**或**直系同源基因**(orthologous gene)。

血红蛋白的基因家族就是一个多基因家族，也是种内同源基因。它们由编码血红蛋白多肽链的基因组成。在人类的16号染色体上发现了7个α-血红蛋白基因，在11号染色体上发现了6个β-血红蛋白基因(图6.29)。在动物中也发现了血红蛋白基因，甚至在植物中也发现了血红蛋白样基因，表明这是一个非常古老的基因家族。在多种动物中几乎所有有功能的血红蛋白基因结构都相同，由3个外显子组成，中间间隔着两个内含子。但血红蛋白基因的数量和次序在各种动物中是不同的。由于所有的血红蛋白基因的结构和序列都是相似的，因此它们存在着一个原始的血红蛋白基因(多半和现存的肌红蛋白基因相关)。经重复和歧化而产生了原始的α-血红蛋白基因和β-血红蛋白基因。植物的豆血红蛋白基因和血红蛋白基因是相关的，它可能是该基因家族的祖先。植物豆血红蛋白基因存在着很多原始的类型，它有一个额外的内含子，尚不清楚是由一个额外的内含子插入到植物的相应基因中，还是从其他的进化路线中丢失了此内含子。

哺乳动物肌红蛋白单链的研究为我们提供了追踪血红蛋白基因的线索。它是约在8亿年前和血红蛋白进化路线分开的。肌红蛋白基因的组成和血红蛋白基因相似。因此我们可以将3个外显子结构看成是它们共同的祖先。

某些原始的鱼类只有单个类型的血红蛋白链，因此它们必然是在血红蛋白基因尚未发生重复前就歧化了出来。这个基因重复后经突变形成α和β两种不同的血红蛋白基因，这大约发生在5亿年前。在两栖动物爪蟾(*X. laevis*)中就含有α和β血红蛋白基因家族。无论是幼体型还是成体型都是如此。约在3.5亿年前，α和β血红蛋白基因进一步重复，在哺乳动物和鸟类中形成了α-血红蛋白家族和β-血红蛋白家族(图10.16)。重复在进化中是常发生的，重复也可以通过转座而产生。随着基因的重复，基因拷贝的分离可能经受序列的改变。在某些情况下，突变会使基因拷贝变得无功能，从而产生假基因。在另一些情况下，核苷酸序列的改变也可导致基因产生的蛋白质具有新的功能。

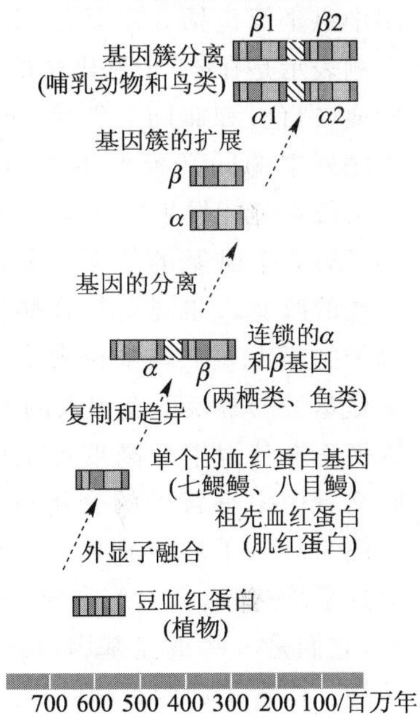

图10.16　所有的血红蛋白基因通过一系列的重复、转座和突变由单个的祖先基因进化而来

(引自B. Lewin，2004)

从研究DNA序列变异中发现是某些分子的力量维持着基因家族成员间核苷酸序列的等同，或物种间相互适应、相互依赖的同步进化。可产生在捕食者与猎物、寄生者与宿主、竞争物种之间及植物与草食性动物之间，每一寄生的DNA分子(如溶源性病毒和转座因子)与它们的宿主共同进化，以防止宿主基因活性的改变而可能减少其适应性。这种现象为**协同进化**(concerted evolution，coevolution)或**分子驱动**(molecular drive)。前面我们已经讨论过在真核生物中某些基因存在着多拷贝，如在复杂的生物中核糖体RNA基因存在几百或几千个拷贝。这些多拷贝是由于重复而产生。随着基因的重复，单个拷贝已可能发生突变和歧化。选择能限制编码区的突变，但如果有很多拷贝存在的话，预期也可能有歧化的发生，特别是在非编码序列中。但实际的情况和预期的相反，许多研究结果表明，在基因不同拷贝中的核苷酸序列常常是完全同源的。此外非编码序列也是相同的，表明单纯的选择是不起作用的。在亲缘关系很近的物种中存在着相同基因，这些基因的序列也是同源的，但常在某些物种中发现同源序列的差异。

二、人类血红蛋白的进化

蛋白质分子的演变可以用肌红蛋白(Mb)和血红蛋白(Hb)的分子演变来说明。在无颌类动物(如七鳃鳗)中，运输O_2的球蛋白只有Mb，而在绝大多数脊椎动物中，运输O_2的球蛋白有Mb和Hb。Mb由一条多肽链组成，含有153个氨基酸残基；Hb-A是成人的一种血红蛋白，由两条α链和两条β链组成($\alpha_2\beta_2$)，α链含141个氨基酸，β链含146个氨基酸。Hb-F是胎儿血红蛋白，由两条γ链组成（$\alpha_2\gamma_2$）；血红蛋白Hb-A2是成人体内一种少量的血红蛋白，由两条α链和两条δ链组成（$\alpha_2\delta_2$）。γ链和δ链的结构与β链相似，均由146个氨基酸残基组成。已知鲸的Mb与人类的各种Hb之间有115～121个（约占80%）氨基酸残基的差异，Mb和Hb的祖先分子在6亿～88亿年前就通过基因重复和随后的基因突变而开始分歧了。在人类的各种Hb多肽链之间，差异最大的是α链跟β链、γ链、δ链，有84～89个（约占60%）氨基酸残基的差异；其次是β链跟γ链，有39个（约占27%）氨基酸残基的差异；最小的是β链跟δ链，只有10个（约占7%）氨基酸残基的差异。这表明Hb的祖先基因，首先通过基因重复和基因突变分化出α基因和β基因，然后从β基因分化出γ基因，最后才分化出δ基因。Hb的α链跟β链的分歧时间发生在4.5亿～5亿年前；β链跟γ链的分歧时间发生在1.5亿～2亿年前；β链跟δ链的分歧时间发生在0.4亿～0.8亿年前。根据以上数据，就可画出Mb分子和各种Hb分子多肽链的进化系统树（图10.17）。

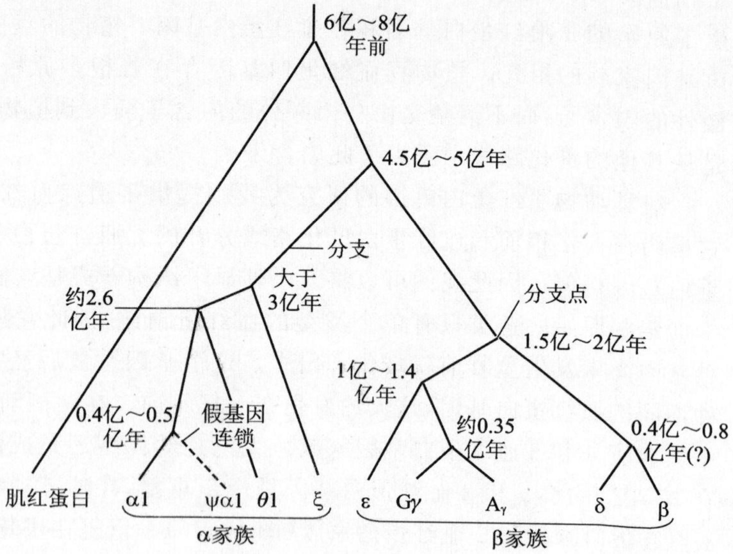

图10.17 血红蛋白的进化树

此进化树是根据人类血红蛋白基因的进化史绘制的。虚线表示连锁的假基因，图中未画α2，这是因为相关的资料不确定

不同核苷酸位点以不同的速率进化，此取决于它们在基因组中的位置和功能（图10.18）。图中纵坐标包括3个量值级，所以差异非常大。右侧表示是在43个基因中的每一个基因的同义置换（白色）和非同义置换（灰色）的速率。在编码序列中的同义置换不能引起氨基酸的置换。同义位点是能发生同义置换的位点，主要是在密码子第3个碱基的位置。非同义置换能引起氨基酸的改变。非同义核苷酸位点主要发生在密码子的第1、2个碱基位置上。在不同的蛋白质中氨基酸的置换率有很大的差异。图中，非同义置换率在基因中是高度可变的。同一基因中的同义置换率有较少的变化也更快。图10.18中左侧为对于不同级别的DNA序列的核苷酸置换的平均速率。DNA序列进化最快的那些假基因，它们是一些重复基因，由于突变已经失去其功能。内含子和四重简并位点进化的也非常快。（四重简并位点是指该位点的一个核苷酸改变为任何其他3个核苷酸都编码相同的氨基酸；二重简并位点是指该位点的一个核苷酸仅改变为其他3个核苷酸中特定的一个才能编码相同的氨基酸）。在不同等级的DNA序列中，核苷酸置换的平均速率的差异反映了核苷酸置换的不同耐受性。DNA序列中大多数核苷酸的置换是有害的，对于核苷酸的置换是相对偏窄的，核苷酸置换的速率相对较低。相反地，序列中许多核苷酸的置换对生存和繁殖的影响是相等的或几乎相等，核苷酸置换的速率相对较高。从这个观点来看，高速率的核苷酸置换在假基因中是可以理解的，内含子和四重简并位点中的高速率进化也是合理的。

为数众多的基因核苷酸序列的研究揭示了基因不同部分以不同的速率在进化。一个典型的真核生物基因其中部分核苷酸为编码序列，将不同于蛋白质中的氨基酸序列。另一部分核苷酸是非编码序列，包括内含子、前导序列和尾随序列，这些都是只转录而不翻译的区域。5′和3′的折叠序列也是不转录的。附加的非编码序列包括假基因，由于突变的存在，这种核苷酸序列不再产生有功能的基因产物。甚至在一个有功能的基因编码序列中也不是所有核苷酸的置换都能使蛋白质的氨基酸序列发生相应的改变。实际上许多发生在密码子第3个位置上的突变对蛋白质的氨基酸序列并不起作用。因为这种突变产生的是同义密码子。

基因的不同区域所承受的进化压力不同，其进化的速度也不同，哺乳动物基因的不同部分相对的进化速率，在有功能的基因中编码序列涉及同义突变的变化速率是很高的。约是非同义改变速率的5倍。同义突变并不改变蛋白质的氨基酸序列，这么高的进化速率是意料之中的事，因为这种改变不会影响到蛋白质的功能。

同义和非同义突变以相同的频率产生，但在编码序列中产生的错义突变常因有害而被自然选择所淘汰。相反同义突变不造成损害，因此它们得以保留。

不同蛋白质的进化速率也可显著地不同。例如，在小鼠和人类的整个 β-血红蛋白分子中，每个氨基酸位点的序列进化的速率为每 10 亿年 1.23 个氨基酸被置换，或进化速率为 1.23×10^{-9} 个氨基酸。小鼠和人类谱系分离了约 8 千万年，这意味着小鼠和人类在 8 千万年前拥有同一祖先。因此小鼠和人类谱系分离的全部时间为 1.6 亿年（小鼠谱系 8 千万年，人类谱系 8 千万年），全部的 β 血红蛋白链是 147 个氨基酸。因此，每 10 亿年每个氨基酸位点的氨基酸置换速率为 1.23×10^{-9}，表明分子间差异的数是 $(1.23\times10^{-9})\times(160\times10^{6})\times147=29$。如果这些差异是沿分子平均分布的，预期的差异数在前 50 个氨基酸将有 10 个，与所观察的数 8（图 10.9a）相当一致。

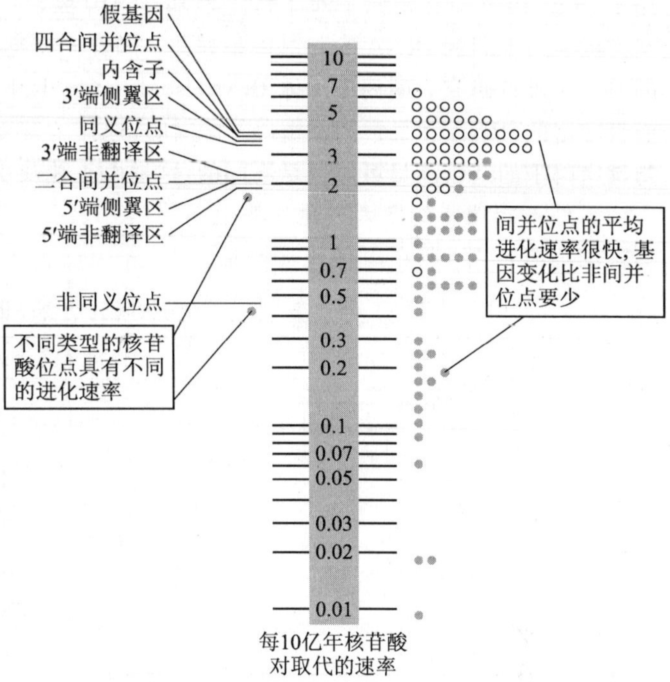

图 10.18　在哺乳基因中的核苷酸取代速率

左边表示不同类型序列的平均速率，右边表示在 43 个基因样本中非间并位点的速率（引自 D. L. Hartl 等，2006）

不同的蛋白质（有时是蛋白质的不同部分）的进化速率完全不同。例如，组蛋白分子 H3 和 H4 的进化非常慢。水稻和人类的组蛋白 H4 的 103 个氨基酸中仅有两个位点不同，其他分子的进化速率较快。例如，小鼠和人类的抗病毒蛋白 γ 干扰素的进化速率约为每 10 亿年每个氨基酸位点以 5×10^{-9} 的速率置换，比 β 血红蛋白的进化速率快 4 倍，比组蛋白 H4 的进化速率更快（小鼠和人类的组蛋白 H4 没有差异）。

在有功能基因的 3′端侧翼区的进化速率也很高。与同义突变相似，3′端折叠区的序列尚不知它对氨基酸序列有何作用。通常是对基因表达有点影响；发生在此区的大部分突变将不会被自然选择所淘汰。内含子的进化率也很高，这和同义突变及 3′端折叠区相似。虽然内含子的序列一般并不编码蛋白质，但它必须经过剪接才能形成成熟的 mRNA，进而翻译成有功能的蛋白质。内含子中的少数序列负责剪接，包括内含子 5′和 3′端的保守序列及分支点序列，结果是内含子中的变化不是所有都被保留，因此其进化速率比同义突变及 3′折叠区要略低一些，但比编码区仍然高得多。

5′端侧翼区的进化速率并不高，虽然此区既不转录，也不翻译，但它含有基因的启动子，因此它对基因的表达是十分重要的。重要的保守序列如 TATA 框就位于此处。保守序列的突变可能会妨碍基因转录，这样会损害生物的适应性；自然选择会淘汰这些突变而使该区的进化率保持在较低的水平上。

前导区和尾随区的进化速率都比 5′端折叠区的还要低。虽然这两个区域都不翻译，但要转录，并为 mRNA的加工及 mRNA 附着到核糖体上提供信号。在这两个区的核苷酸置换是很有限的。编码序列中的非同义突变的进化速率最低。这些核苷酸发生突变会改变蛋白质中氨基酸的序列，这种突变大部分被自然选择所淘汰。

没有功能的假基因进化速率最高。例如，人类的血红蛋白假基因，其核苷酸的变化率是有功能血红蛋白基因编码序列的 10 倍。这是由于这些假基因不再编码蛋白质；由于这些基因的改变并不影响人的适应性，因此也不会被自然选择所淘汰。如果我们发现了某段序列有很高的进化率，那么意味着此序列可能没有什么功能。

在研究核苷酸序列中一个很有趣的发现是，虽然有些同义突变核苷酸的进化率要比非同义突变的要高得多，但比假基因的还是要低一点。这表明同义突变的适应性也并不完全相同，自然选择可能对它们的偏爱也不同。这一假说通过发现编码序列中同义密码子的使用率不同而得到加强。例如，亮氨酸有 6 个不同的密码子（UUA、UUG、CUU、CUC、CUA 和 CUG），但在细菌中 60％的亮氨酸的密码子是用 CUG，在酵母中有 80％是用 UUG。由于同义密码子对于特定氨基酸来说都是一样的,那么必然是选择对某些密码子有所偏爱。某些同义密码子与不同的 tRNA 的配对也是如此。因此同义突变虽然并没有改变氨基酸,但可能改变了 RNA。对不同的 tRNA 进行研究表明**同工受体 tRNA**(isoacceptor tRNAs)(指不同的 tRNA 可以接受相同的氨基酸)的量不同,而最丰富的 tRNA 和最常用的密码子配对时,选择的偏爱可能是由于某些密码子相应的 tRNA 更为丰富。密码子与反密码子的结合能量可能也是不同的,这是由于涉及不同碱基的配对,可能会受到自然选择的作用。

另外不同功能的基因进化速率也不同(表 10.6)。例如,人类的催乳素基因中非同义核苷酸的置换率要比哺乳动物组蛋白 H4 的基因高 300 倍。

表 10.6 不同的哺乳动物基因的 DNA 序列中相对进化速率

基因	非同义突变进化速率/$\times10^{-9}$	同义突变进化速率/$\times10^{-9}$
催乳素	1.29	5.59
甲胎蛋白	1.21	4.90
白蛋白	0.92	6.72
β-珠蛋白	0.87	2.96
α-珠蛋白	0.56	3.94
胰岛素	0.16	5.41
组蛋白 H4	0.004	1.43

第六节 线粒体的进化和人类的起源

前面我们已介绍了线粒体基因组。近年来很多的研究者都发现 mtRNA 中的序列有变化。他们推测 mtRNA 的进化和核 DNA 的进化是不同的。例如,动物 mtDNA 中的核苷酸序列的进化速率要比核基因的编码序列快得多。其实哺乳动物的 mtDNA 进化速率要比其核 DNA 快 5~10 倍。但不知何故植物 mtDNA 的进化速率就要比核 DNA 进化速率慢得多。

还不清楚为什么动物的 mtDNA 进化速率如此之快,有可能和 mtDNA 序列的高突变率有关。在 mtDNA 存在较高突变率可能因为其缺乏修复机制或者由于在 mtDNA 复制中的 DNA 聚合酶存在较多"倾向差错"。动物 mtDNA 中有较高进化速率的另一种可能是选择压力在核基因中淘汰了很多突变,而在线粒体中这种压力松弛了。再者由 mtDNA 编码的蛋白质、tRNAs 和 rRNAs 的改变可能比核基因编码的蛋白质、tRNAs 和 rRNAs 的改变对个体适应性的影响更少一些。

无论什么原因加速了 mtDNA 进化,这些序列迅速改变的事实使人们想到应用 mtDNA 来分析亲缘关系很近的生物。例如,将 mtDNA 序列分析用于研究人类、黑猩猩、大猩猩、猩猩及长臂猿之间精确的进化关系。

mtDNA 和核 DNA 不同,所有 mtDNA 都是直接由母体遗传的,它位于细胞质里,而且只通过卵细胞带到合子中。mtDNA 没有经历过减数分裂,而且所有后代中的 mtDNA 序列应是相同的。这种遗传方式形成了母系传递,这样在一个群体中一个家族的 mtDNA 序列是相同的。

线粒体 DNA 核苷酸的差异已被用来重构人类群体可能的进化关系。1987 年美国加州大学伯克利分校的 A. Wilson 及其学生 R. Cann 和 M. Stoneking 以来自世界各地不同种族的 147 名产妇为研究对象,从她们婴儿的胎盘细胞中提取出 mtDNA,根据分析结果绘制出一个系统树。发现进化树的根部聚于非洲人群,说明至少在母系的角度上看最早的现代人来自于非洲,并将所有现代人最后追溯到 29 万~14 万年前,平均 20 万年前生活在非洲的一位妇女。从而提出了"**线粒体夏娃**"(mitochondrial Eve)假说,支持现代人的非洲起源说,并根据 mtDNA 发生突变的速率计算出从非洲人群分化出世界其他人群的时间为 18 万~9 万年前,平均约 13 万年前。认为在大约 13 万年前,这个"祖母"的一群后裔离开了他们的家园非洲,向世界各地迁徙扩散,并逐渐取代了生活在当地的土著居民直立人的后裔早期智人,从此在世界各地定居下来,逐渐演化发展成现在的我们。

1997 年 M. Krings 等对 1856 年发现的距今大约 6 万年左右的尼安德特人化石进行了 mtDNA 的抽提和 PCR 扩增，并对提取出的 DNA 进行了测序。发现尼安德特人的 mtDNA 序列中有 12 个片段与现代人类的完全不同，由此推测，尼安德特人不可能是现代人类的直系祖先，他们只成为人类演化史上的一个旁支。这一研究结果支持“非洲起源说”。其后，又有科学家成功地从出土于高加索和克罗地亚的尼安德特人化石中提取了 mtDNA 序列，同样得出尼安德特人与现代人没有遗传联系的结论。

2000 年瑞典的 U. Gyllensten 等分析了来自全世界的代表人类群体的 53 个人的 mtDNA 的全部序列而绘制了人类的系统发生树。因为 mtDNA 不经过重组，树仅有单一位点的遗传史；因为 mtDNA 是母系遗传，它也是女性的遗传史图。尽管如此，系统发生树显示出几个显著的特征：①在非洲人群中 mtDNA 的许多差异在非洲以外的人群中不存在；非洲人的 mtDNA 遗传变异是其他人的两倍；②mtDNA 4 个主要谱系中的 3 个仅在近撒哈拉沙漠(subsaharan)的非洲人(图下端)中发现；这些序列(下部圆环)的最近的共同祖先的年代约为 170 000±50 000 年；③mtDNA 谱系有限的亚型(subset)在非洲以外的人(上半部)中发现；这些序列与 5 个非洲人(下半部上端)的 mtDNA 共有比非洲人之间最近的共同祖先(most recent common ancestor, MRCA)；④mt DNA 谱系的 MRCA 与非洲人和其他人群体(上部圆环)的连接的年代约为 50 000±25 000 年(图 10.19)。

mtDNA 树的这些特征与广泛接受的预期情况相一致，所有现代人群体都来自一个从非洲迁移出的人，此事件发生在大约 100 000 年前(图 10.20)。还有更早从非洲迁移出的人，但这些早期迁移者的后代显然由那些后来者所取代。考古学发现现代人类亚种的化石在非洲时期是 130 000 年前。这个时期与图 10.20 中的(170 000±50 000 年)所有 mtDNA 谱系的 MRCA 的时期是一致的。走出非洲的大迁移的时期——100 000 年——是基于核基因的 DNA 序列和考古的证据。图 10.20 中，似乎这个时期与非洲以外的人的 mtDNA 谱系的 MRCA 的时期不一致。然而，mtDNA 的遗传史是母系遗传史，有理由去假设，最初的迁移者 mtDNA 的某些多样性在开始的几万年中及在后来的扩展中丢失了。最初的迁移者是否来自于有限的地理地区还是未知的，但是值得注意的是现代的非洲人 mtDNA 谱系(图 10.20 虚线下第一分支)呈现地理分散性。以上的假说称为“非洲起源说”。

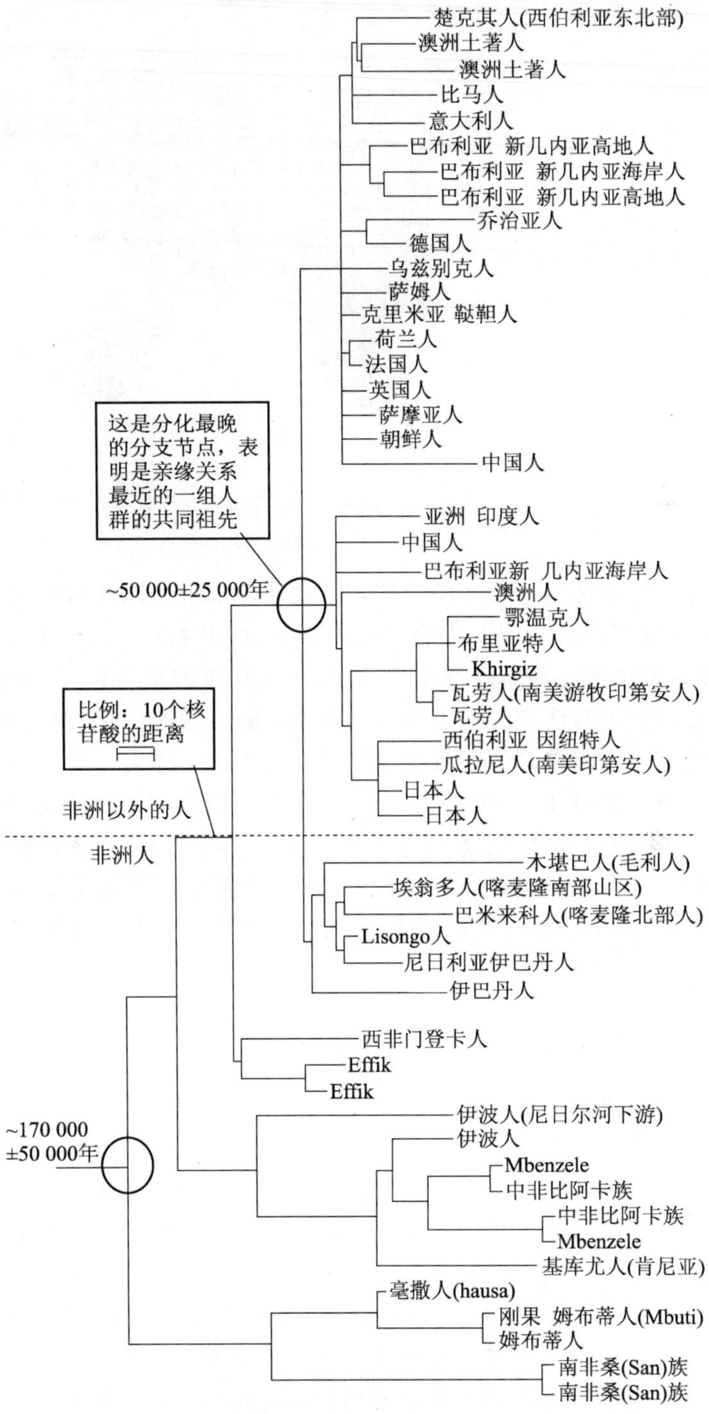

图 10.19　根据 53 个人完整的 mtDNA 序列分析制备的人类 mtDNA 系统树

(引自 M. Ingman 等，2000)

100 000 年前的大迁移始于中东和北欧(第一个化石和考古证据~40 000 年),然后从东部和南部(~67 000 年)到亚洲和澳大拉西亚(指澳大利亚,新西兰及附近南太平洋诸岛)(40 000－60 000 年),最后从东亚越过白令海峡(~20 000 年)到南美洲(~13 000 年)。序列进化的速率平均每 3 800 年有一个核苷酸的取代,来自于大迁移的、在分子全长 16.5 kb 的、任何两个 mtDNA 序列间平均的差异数约为 50 个碱基。换句话说,我们的 mtDNA 分子有 99.7%是相同的。

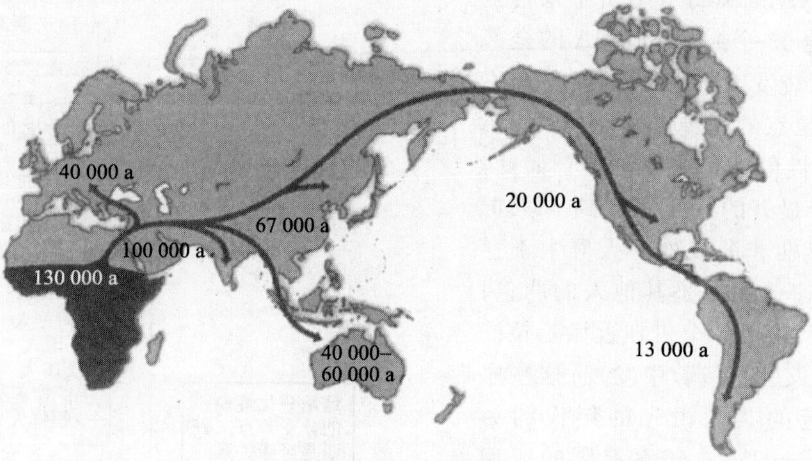

图 10.20 100 000 年前人类群体从近撒哈拉的非洲地区迁移出

此图是根据早期的化石和考古学证据绘制的(引自 S. B. Hedges,2000)

线粒体另一重要的特征是不经遗传重组。因此所有线粒体中的 DNA 分子都来自单一祖先的 DNA 分子。线粒体 DNA 也是一个很好的遗传标记,用来追踪人类的祖先,因为它比核基因 DNA 的进化更迅速。线粒体 DNA 序列的差异以每 3 800 年每个线粒体谱系约有一个碱基改变的速率积累在人类谱系中。例如,巴布亚新几内亚人与澳大利亚土著人具有相对隔离的遗传,大约从 40 000 年前和 30 000 年前起到现在分别移民到这些地区的。因此群体间进化全部的时间为 70 000 年(40 000 年巴布亚新几内亚,30 000 年澳大利亚)。

如果每 3 800 年积累一个核苷酸的改变,那么现代巴布亚、新几内亚人和澳大利亚土著人的线粒体 DNA 的平均差异数预期是 18.4 个核苷酸(以 70 000/3 800 计算),统计变化范围从两个群体中的各一对夫妻进行比较。这个例子表明线粒体 DNA 进化的速率如何被用来预期群体间的差异数量。实际上,计算通常以另一种方式,由于群体间有地理隔离,观察的两群体间差异数常用来估算年代数。

习 题

1. 什么是分子进化(molecular evolution)? 其特点是什么?
2. 关于病毒的起源有哪些学说? 这些学说的主要论点是什么?
3. 什么是 RNA 世界学说(RNA world hypothesis)? 有何依据?
4. 你认为病毒的进化路线是怎样的? 为什么?
5. 从核酶的发现,你认为酶进化的可能路线是怎样的?
6. 原核基因组和真核基因组有哪些不同的特点?
7. 什么是 C 值悖理(C value paradox)? 你认为其产生的原因是什么?
8. 基因组功能的进化主要表现在哪些方面? 试举例说明。
9. 新基因的产生主要是通过哪些途径?
10. 什么是中性突变学说(neutral-mutation theory)? 其中"中性"的含义是什么?

11. 从进化的角度来看，基因的重复可分为哪些类型？试举例说明。
12. 什么是外显子混编(exon shuffling)？在进化中有何意义？
13. 分子进化的主要分析方法有哪些？
14. 如何区分DNA多态性(DNA polymorphism)和基因突变？
15. 为什么人们常用mtDNA为材料来分析真核生物的进化？
16. 何谓人类的非洲起源说？这个学说和北京猿人化石所提供的信息是否是矛盾的？你如何理解？

主要参考文献

(1) 徐晋麟,徐沁,陈淳. 现代遗传学原理. 2版. 北京:科学出版社,2005.
(2) 杨焕明,王彩平,时亮,译. 基因的分子生物学. 5版. 北京:科学出版社,2005.
(3) 张玉静. 分子遗传学. 北京:科学出版社,2000.
(4) 陈淳,徐沁,徐晋麟,等,译. 徐晋麟校. 高级分子生物学要义. 北京:科学出版社,2000.
(5) 蔡武城,刘承健,饶玉树,译. 沈仁权,胡美浩校. 分子生物学(上). 北京:科学出版社,1991.
(6) 俞梅敏,刘序倬,译. 分子生物学(下). 北京:科学出版社,1991.
(7) 孙乃恩,孙东旭,朱德煦. 分子遗传学. 南京:南京大学出版社,1990.
(8) 盛祖嘉,沈仁权. 分子遗传学. 上海:复旦大学出版社,1988.
(9) 朱冰,孙方林,译. 表观遗传学. 北京:科学出版社,2009.
(10) 徐晋麟,赵耕春. 基础遗传学. 北京:高等教育出版社. 2008.
(11) 孙开来,主译. 人类分子遗传学. 3版. 北京:科学出版社,2007.
(12) 徐晋麟,陈淳,徐沁. 基因工程原理. 北京:科学出版社,2007.
(13) 金伯泉. 细胞和分子免疫学. 2版. 北京:科学出版社,2001.
(14) 童克中. 基因及其表达. 北京:科学出版社,2001.
(15) 贺林. 解码生命. 北京:科学出版社,2000.
(16) 曹凯鸣,李碧羽,彭泽国. 核酸化学导论. 上海:复旦大学出版社,1991.
(17) 盛祖嘉. 微生物遗传学. 北京:科学出版社,1981.
(18) 陈宜瑜,祁国荣,宋大祥,等. 英汉生物学大辞典. 北京:科学出版社,2009.
(19) 徐晋麟,赵耕春,秦敏君. 英汉遗传学名词. 北京:科学出版社,2008.
(20) 全国科学技术名词审定委员会. 遗传学名词. 2版. 北京:科学出版社,2006.
(21) 全国科学技术名词审定委员会. 英汉-汉英生物学名词. 北京:科学出版社,2000.
(22) 王金发,陈中健,杨琳,等译. TIG遗传学命名指南. 北京:科学出版社,1998.
(23) 路铁刚,丁毅. 分子遗传学. 北京:高等教育出版社,2008.
(24) Becker W M, KleinsmithL J, Hardin J, et al. The World of the Cell. 7th ed. San Francisco: Pearson Benjamin Cummings Publishing, 2009.
(25) Lewin B. Genes Ⅸ. Boston: Jones and Bartlett Publishers, Inc., 2008.
(26) Hartwell L H, Hood L, Goldberg M L, et al. Genetics: From Genes to Genomes. 3th ed. Boston: McGraw-Hill, 2008.
(27) Hartl D L and Jones E W. Essential Genetics A Genomics Perspective. 4th ed. Boston: Jones and Bartlett Publishers, Inc., 2006.
(28) Madigan M T and Martinko JM. Brock Biology of Microorganisms. 11th ed. Upper Saddle River: Pearson Prentice Hall Inc., 2006.
(29) Zhang Y, Sledge M K, Mian R M A, et al. Plant & Animal Genomes XIII Conference. San Diego: CA USA (Published), 2005.
(30) Lewin B. Genes Ⅷ. Upper Saddle River: Pearson Prentice Hall Inc., 2004.
(31) Weaver R F. Molecular Biology. 3th ed. Boston: McGraw-Hill Companies, Inc., 2004.
(32) Snustad D P, Simmons M J. Principles of Genetics. 5th ed. New York: John Wiley & Sons, Inc., 2010.

(33) Simmons S. Principles of Genetics. 3th ed. New York: John Wiley & Sons, Inc. , 2003.
(34) Alberts B, Bray D, Lewis J, et al. Molecular Biology of the Cell. 4th ed. New York: Garland Publishing. 2002.
(35) Berg J M, Tymoczko J L, Stryer L. Biochemistry. 5th ed. New York: W. H. Freeman, 2002.
(36) Freeman S. Biological Science. Upper Saddle River: Pearson Education, Inc. , 2002.
(37) Cooper GM. The Cell: A Molecular Approach. 2nd ed. Sunderland (MA): Boston University, 2000.
(38) Ivanov IP, Gurvich OL, Gesteland RF, et al. Recoding: Site-or mRNA-Specific Alteration of Genetic Readout Utilized for Gene Expression in Madame Curie Bioscience Database. Landes Bioscience: Austin (TX). 2000.
(39) King R C. A Dictionary of Genetics. 6th ed. New York: Oxford University Press, Inc. , 2000.
(40) Lewin B. GENES Ⅶ. Boston: Jones and Bartlett Publishers, Inc. , 2000.
(41) Lodish H, Berk A, Zipursky S L, et al. Molecular Cell Biology. 4th ed. New York: W H. Freeman, 2000.
(42) Nelson D L. and Cox M M. Lehninger Principles of Biochemistry. 3th. ed. New York: W. H. Freeman, 2000.
(43) Griffiths A J F, Gelbart W M, Miller J H, et al. Modern Genetic Analysis. New York: W. H. Freeman. 1999.
(44) Karp G. Cell and Molecular Biology concepts and experiments. 2th ed. New York: John Wiley & Sons, Inc. , 1999.
(45) Miesfeld R L. Applied Molecular Genetics. New York: John Wiley & Sons, Inc. , 1999.
(46) Campbell N, Reece J B, Mitchell L G. Biology. 5th ed. Menlo Park, California: Benjamin/Cummings, 1998.
(47) Calladine C R, Drew H R. Understanding DNA : the molecule and how it works. San Diego : Academic Press, 1997.
(48) Griffiths A J F, Miller J H, Suzuki D T, et al. An introduction to Genetic Analysis. 5th. ed. New York: W H. Freeman & Company, 1993.
(49) Kornberg A and Baker T A. DNA Replication. 2th ed. New York: W. H. Freeman, 1992.
(50) Russell P J. Genetics. 3th ed. New York: Harper Collins Publishers, 1992.
(51) Watson J D, Hopkins N H, Roberts J W, et al. Molecular Biology of The Gene. 4th ed. San Diego: The Benjamin/ Cummings Publishing Company, Inc. , 1987.
(52) Sager R. Cytoplasmic Genes and Organelles. New York: Academic, Press, 1972.
(53) Stubbe H. History of Genetics from Prehistoric Times to the Rediscovery of Mendel's Laws. Translated by T R W. Waters. Cambridge (MA): MIT Press, 1972.
(54) 吴启家，黄林，张翼．催化 RNA 的结构与功能．中国科学 C 辑，2009，39(1)：78-90.
(55) 查幸福，夏庆友，向仲怀．昆虫性别决定的分子机制研究进展．蚕业科学，2006. 32(2)：151-156.
(56) 赵谨，杨克恭，张学．一种新发现的基因表达调控机制——核糖开关．中国生物化学与分子生物学报，2005，21 (2) ：151-157.
(57) Choi W and Harshey R M. DNA repair by the cryptic endonuclease activity of Mu transposase. Proc Natl Acad Sci, 2010, 107: 10014-10019.
(58) Gardner PP, Bateman A and Poole AM. SnoPatrol: how many snoRNA genes are there? Journal of Biology, 2010. 9: 4.
(59) Rieder U, Kreutz C, Micura R. Folding of a transcriptionally acting preQ1 riboswitch. Proc Natl Acad Sci, 2010, 107: 10804-10809.
(60) Chapple C E, Guigó R and Krol A. SECI Saln, a web-based tool for the creation of structure-based alignments of eukaryotic SECIS elements. Bioinformatics, 2009, 25(5): 674-675.
(61) Stewart C R, Yip T K, Myles B, et al. Roles of genes 38, 39, and 40 in shutoff of host biosyntheses during infection of *Bacillus subtilis* by bacteriophage SPO1 . Virology, 2009, 392 : 271-274.
(62) Chapman E J and Carrington J C. Specialization and evolution of endogenous small RNA pathways. Nature Reviews Genetics, 2007, 8: 884-896.
(63) Pan G, Thomson JA. Nanog and transcriptional networks in embryonic stem cell Pluripotency. Cell Research, 2007, 17: 42-49
(64) Ruthenburg A J, Allis C D and Wysocka J. Methylation of lysine 4 on histone H3: intricacy of writing and reading a single epigeneti . Mol Cell, 2007, 25 : 15-30.
(65) Johnson W E. Assisted suicide for retroviruses. Nature Biotechnology. 2007, 25: 643-644.
(66) Mancini-DiNardo D, Steele S J S, Levorse J M, et al. Elongation of the Kcnq1ot1 transcript is required for genomic imprinting of neighboring genes. Genes Dev. 2006, 20: 1268-1282.
(67) Sung P and Klein H. Mechanism of homologous recombination: mediators and helicases take onregulatory functions. Nature

Reviews Molecular Cell Biology,2006,7:739-750.

(68) Boiani M,Gentile L,Gambles V,et al. Variable "reprogramming" of the pluripotent stem cell marker Oct4 in mouse clones: distinct developmental potentials in different culture environments. Stem Cells,2005,23:93-108.

(69) Brown T A,Cecconi C,Tkachuk A N,et al. Replication of mitochondrial DNA occurs by strand displacement with alternative light-strand origins,not via a strand-coupled mechanism. Genes & Dev. 2005,19:2466-2476.

(70) Ding S,Wu X,Li G,et al . Efficient transposition of the piggyBac (PB) transposon in mammalian cells and mice. Cell,2005, 122(3):473-483.

(71) Jian D,Kim Y,Maxwell K L,et al. Crystal structure of bacteriophage lambda cII and its DNA complex. Molecular Cell,2005, 19:259-269.

(72) Sarma K and Reinberg D. Nature Reviews . Molecular Cell Biology,2005,6:139-149

(73) Shi YJ,Matson C,Lan F,et al. Regulation of LSD1 histone demethylase activity by its associated factors. Mol . Cell,2005,19 (6):857-864.

(74) Taskov K,Chapple C,Kryukov G V,et al. Nematode selenoproteome:the use of the selenocysteine insertion system to decode one codon in an animal genome? Nucleic Acids Research,2005,33 (7):2227-2238.

(75) Chandler V L and Stam M. Chromatin conversations: mechanisms and implications of paramutation. Nature Reviews Genetics,2004,5:532-544.

(76) Mandal M and Breaker R R. Gene regulation by riboswitches. Nat Rev Mol Cell Biol,2004,5(6):451-463.

(77) Sioud M. Therapeutic potential of small interfering RNAs. Drugs Fut. 2004,29 (7):741-750.

(78) Akhtar A. Dosage compensation:an intertwined world of RNA and chromatin remodelling. Current opinion in genetics & development,2003,13 (2):161-169.

(79) Grummt I,Pikaard CS. Life on a planet of its own: regulation of RNA polymerase I transcription in the nucleolus. Genes & development,2003,17(14):1691-1702.

(80) Seidman MM and Glazer PM. The potential for gene repair via triple helix formation. J Clin Invest,2003,112(4):487-494.

(81) Sleutels F,Zwart R and Barlow DP. The noncoding Air RNA is required for silencing autosomal imprinted genes. Nature, 2002,415:810-813.

(82) Stam M,Belele C,Dorweiler J,et al. Differential chromatin structure within a tandem array 100 kb upstream of the maize *bl* locus is associated with paramutation. Genes and Development,2002,16:1906-1918.

(83) Bo Gao,Jingzhi Guo,Chaowen She,et al. Mutations in IHH,encoding indian hedgehog protein,cause brachydactyly type A-1. Nature Genetics,2001,28(4):386-388 .

(84) Dik C van Gent,Jan H J. Hoeijmakers & R. Kanaar . Chromosomal stability and the DNA double-stranded break connection. Nature Reviews Genetics,2001,2:196-206,

(85) Ferentz A E,Walker G C and Wagner G. Converting a DNA damage checkpoint effector ($UmuD_2C$) into a lesion bypass polymerase ($UmuD'_2C$). The EMBO Journal,2001,20:4287-4298.

(86) LahnB T,Pearson N M and Jegalian K. The human Y chromosome,in the light of evolution . Nature Reviews Genetics,2001, 2:207-216.

(87) Ostertag E M and Kazazian H H. Twin Priming:A Proposed Mechanism for the Creation of Inversions in L1 Retrotransposition. Genome Res,2001,11:2059-2065.

(88) Altuvia S and Wagner E G. Switching on and off with RNA. Proc Natl Acad Sci,2000,97(18):9824-9826.

(89) Hedges S B. A start for population genomics. Nature,2000,408:652-653.

(90) Ingman M,Kaessmann H,Paabo S,et al. Mitochondrial genome variation and the origin of modern humans. Nature,2000, 408:708-713.

(91) Rubin G M and Lewis E B. A Brief History of *Drosophila's* Contributions to Genome Research . Science,2000,5461:2216-2218.

(92) Sandman K E and Noren C J. The efficiency of *Escherichia coli* selenocysteine insertion is influenced by the immediate downstream nucleotide. Nucl Acids Res,2000,28 (3):755-761.

(93) Cohen FE. Protein Misfolding and Prion Diseases. J. Mol. Biol,1999,293:313-320.

(94) Herr A J, Atkins J F, Gesteland R F. Mutations which alter the elbow region of tRNAGly2 reduce T4 gene 60 translational bypassing efficiency. EMBO, 1999, 18: 2886-2896.

(95) Khoo G, Lim T M, Chan W K, et al. Genetic Basis of the Variegated Tail Patternin the Guppy, *Poecilia reticulata*. Zoological Science, 1999, 16(3): 431-437.

(96) Morris J R, Chen J-l, Filandrinos S T, at al . An analysis of transvection at the yellow locus of *Drosophila melanogaster*. Genetics, 1999, 151: 633-651.

(97) Haber J E. Mating-type gene switching in *Saccharomyces cerevisiae*. Annual Review of Genetics, 1998, 32: 561-599.

(98) Morris J R, Chen Ji-long, Geyer P K, et al. Two modes of transvection: Enhancer action in *trans* and bypass of a chromatin insulator in *cis* . PNAS, 1998, 95 (18): 10740-10745.

(99) Cherry J M, Ball C, Weng S, et al. Genetic and Physical Maps of *Saccharomyces cerevisiae*. Nature, 1997, 387: 67-73.

(100) Davie J R. Nuclear matrix, dynamic histone acetylation and transcriptionally active chromatin. Mol. Biol. Rep, 1997, 24: 197-209.

(101) Postnikov Y V, Herrera J E, Hock R, et al. Clusters of nucleosomes containing chromosomal protein HMG-17 in chromatin. J Mol Biol, 1997, 274 (4): 454-465.

(102) Sinclair D A, Guarente L. Extrachromosomal rDNA circles—a cause of aging in yeast. Cell, 1997, 91(7): 1033-1042.

(103) Parkinson G, Wilson C, Gunasekera A, et al . Structure of the CAP-DNA Complex at 2. 5 Angstroms Resolution: A Complete Picture of the Protein-DNA InterfaceStructure of the CAP-DNA Complex at 2. 5 Angstroms Resolution: A Complete Picture of the Protein-DNA Interface. J Mol Biol. 1996, 260(3): 395-408.

(104) Staveley B E, Hodgettss R B, O'Keefe S L, et al. Targeting of an enhancer trap to vestigzal. Dev. Biol. 1994, 165: 290-293.

(105) Long M and Langley C H. Natural selection and the origin of *jingwei*, a chimeric processed functional gene in *Drosophila*. Science, 1993, 260: 91-95.

(106) Sinclair A H, Berta P, Ellis N, et al. A gene from the human sex-determining region encodes a protein with homology to a conserved DNA-binding motif. Nature, 1990, 346: 240-244.

(107) Paterson A H, Lander E S, Tanksley S D, et al. Resolution of quantitative traits into Mendelian factors by using a complete linkage map of restriction fragment lengh polymorphisms. Nature, 1988, 355: 721-726.

(108) Kozak M, An analysis of 5′-noncoding sequences from 699 vertebrate messenger RNAs. Nucleic Acids Res, 1987, 15 (20): 8125-8148.

(109) Friend S H, Bernards R, Rogelj S, et al. A human DNA segment with properties of the gene that predisposes to retinoblastoma and osteosarcoma. Nature , 1986, 323(6089): 643-646.

(110) Kozak M. Point mutations define a sequence flanking the AUG initiator codon that modulates translation by eukaryotic ribosomes . Cell, 1986, 44: 283-292.

(111) Pace N R, Stahl D A, Lane D J, et al. The analysis of natural microbial populations by ribosomal RNA sequences. Advance of Microbial Ecology, 1986, 9: 1-55.

(112) Cline T W. Autoregulatory functioning of a Drosophila gene product that establish es and maintains the sexually determined state. Genetics, 1984, 107(2): 231-277.

(113) Shampay J, Szostak J W and Blackburn E H. DNA sequences of telomeres maintained in yeast. Nature, 1984, 310: 154-157.

(114) Belote J M and Baker B S. The dual functions of a sex determination gene in *Drosophila melanogaster*. Devel. Biol, 1983, 95: 512-517.

(115) Benedict W F, Murphree A, Banerjee A, et al. Patient with 13 chromosome deletion: evidence that the retinoblastoma gene is a recessive cancer gene. Science, 1983, 219: 973-975.

(116) Orr W T and Szostak J W. Yeast recombination: the association between double-strand gap repair and crossingover. Proc Natl Acad Sci, 1983, 80: 4417-4421.

(117) Davies R W, Waring R B, Ray J A, et al. Making ends meet: a model for RNA splicing in fungal mitochondria. Nature, 1982, 300(5894): 719-724.

(118) Van der Ploeg L H, Valerio D, De Lange T, et al. An analysis of cosmid clones of nuclear DNA from *Trypanosoma* brucei shows that the genes for variant surface glycoproteins are clustered in the genome. Nucleic Acids Res, 1982, 10(19): 5905-

5923.

(119) Cech T R, Zaug A J and Grabowski P J. *In vitro* splicing of the rRNA precursor of Tetrahymena: involvement of a guanosine nucleotide in the excision of the intervening sequence. Cell, 1981, 27: 487-496.

(120) Sparkes R S, Murphree A l, Lingua R W, et al. Regional assignment of genes for human esterase D and retinoblastoma to chromosome band 13q14. Science, 1980, 208 : 1042-1044.

(121) Yunis J J, Sawyer J R, Dunham K. The striking resemblance. of high-resolution G-banded chromosomes of man and chimpanzee. Science, 1980, 208 : 1145-1148.

(122) Germond J E, Bellard M, Oudet P, et al. Stability of nucleosomes in native and reconstituted chromatins. Nucleic Acids Res, 1976, 3(11): 3173-3192.

(123) Potter H and Dressler D. On the mechanism of genetic recombination: electron microscopic observation of recombination intermediates. Proc Natl Acad Sci, 1976, 73: 3000-3004.

(124) Rodriguez R L and Davern CI. Direction of deoxyribonucleic acid replication in *Escherichia coli* under various conditions of cell growth. J Bacteriol, 1976, 125(1): 346-352.

(125) Olins AL, Carlson RDand Olins DE. Visualization of chromatin substructure: nu-bodies. J. Cell Biol. 1975, 64: 528-537.

(126) Noll M. Subunit Structure of Chromatin. Nature, 1974, 251: 249-251.

(127) Cuzin F and Jacob F. Integration reversible de l'episome sexuel F'chez *Escherichia coli*. K12. Compt. Rend. 1963, 257: 795-797.

(128) Watanabe T and Fukasawa T. Resistance transfer factor, an episome in Entero-bacteriaceae. Biochem. Biophys Res Comm, 1960, 3: 660.

(129) Jacob F and Wollman E L. Analyse des groupes de liaison génétique de différentes souches donatrices d'*Escherichia coli* K12. C. r. Acad. Sci, 1957, 245: 1840-1843.

(130) Jacob F and Wollman E L . Recombinaison génétique et mutants de fertilité chez *Escherichia coli*. C. r. Acad. Sci, 1956, 242 : 303-306.

(131) Lederberg J, Cavalli L L and Lederberg E M. Sex compatibility in *Escherichia coli*. Genetics, 1952, 37: 720-730.

(132) Lewis E B. The phenomenon of position effect. Advances in Genet, 1950, 3: 73-115.

索　引

A

B

C

D

E

F

G

H

J

N

P

Q

R

S

T

W

X

Y

Z